地基板理论

Theory of Plates on Foundation
Théorie des Plaques de Fondation

谈至明 著

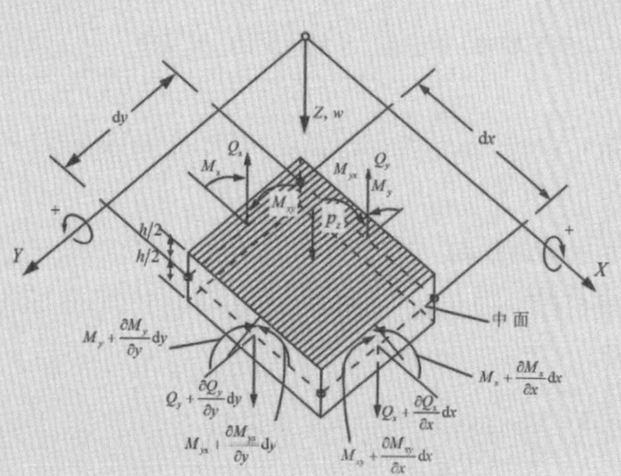

内容提要

本书汇集了近百年来国内外地基板理论的经典内容，并吸纳了近年来国内外研究的新进展和新成果，具体涵盖了各类地基(文克勒地基、双参数地基、弹性介质地基、复合地基等)、各种板理论(薄板、中厚板、厚板理论)及板形状(圆形板、环状板、扇形板、无限大板、矩形板)，以及所有力学问题(弹性、塑性、黏性和动态问题)；在解法上仅限讨论解析解，许多工程中遇到的实际问题通过例子给出，以便读者理解与应用。

本书的读者对象为土木工程、交通运输工程专业中致力于铺面工程(道路路面、机场道面、港口堆场、建筑地坪工程)、基础工程设计与研究的研究生及相关工程技术人员。

图书在版编目(CIP)数据

地基板理论/谈至明著. --上海：同济大学出版社，2022.12

ISBN 978-7-5765-0492-7

Ⅰ.①地… Ⅱ.①谈… Ⅲ.①弹性地基板—理论 Ⅳ.①TU348

中国版本图书馆 CIP 数据核字(2022)第 224334 号

地基板理论

谈至明 **著**

责任编辑 陆克丽霞　**责任校对** 徐春莲　**封面设计** 陈景亮

出版发行 同济大学出版社 www.tongjipress.com.cn
(地址:上海市四平路 1239 号 邮编:200092 电话:021-65985622)

经　销 全国各地新华书店

排　版 南京月叶图文制作有限公司

印　刷 常熟市华顺印刷有限公司

开　本 787 mm×1092 mm 1/16

印　张 23.75

字　数 593 000

版　次 2022 年 12 月第 1 版

印　次 2022 年 12 月第 1 次印刷

书　号 ISBN 978-7-5765-0492-7

定　价 142.00 元

前 言

地基板是土木工程、运输基础设施工程中较为常见的一种结构形式，可以是道路的路面工程、机场的场道工程、港口道路与堆场的铺面工程、建筑及工业的地坪工程等，也是筏板基础工程中最重要的结构类型之一。地基板理论中的弹性问题是目前各类铺面工程设计中两大设计理论(弹性层状体系理论和弹性地基板理论)之一。

对于地基板的力学解析最早可追溯至19世纪末物理学家赫兹(H. Hertz)的浮冰承载力研究。20世纪，铁摩辛柯(S. P. Timoshenko)、赖斯纳(E. Reissner)、韦斯特加德(H. M. Westergaard)、弗拉索夫(V. Z. Vlazov)、舍赫捷尔(O.Я.Шехер)、迈耶霍夫(G. G. Meyerhof)等学者对地基板理论的建立、完善及指导工程实践做出了重要贡献。自20世纪60年代起，国内外涉及地基板理论的著作越来越多，但是地基板理论只是这些著作内容中的一部分，且大多仅仅从一个侧面或某个视角来讨论与地基板有关的某个问题，未见有专门论述地基板的弹性、黏性、塑性和动态问题的理论专著。

笔者撰写《地基板理论》一书，一是有感于目前缺少一本系统且全方位论述地基板理论的书籍；二是笔者自研究生毕业留同济大学任教以来，一直关注和从事有关地基板的理论研究，发表了与地基板相关的论文60余篇，其中多项成果是首创，例如，无限大地基板的统一解、有水平摩阻的弹性地基板理论及解、弹性地基上双层板理论及解、文克勒(Winkler)地基上四边自由的矩形双层板解、考虑接缝传荷的Winkler地基上矩形薄板、Winkler地基板极限承载力的弹塑性等。撰写一本系统、完整且包含笔者多年研究成果与心得的地基板理论专著的想法已有多年，但因教学与研究工作繁忙，迟迟没有动笔，现临近退休就有了完成此心愿的迫切感。

本书不仅汇集了国内外近百年来在地基板理论方面研究的经典内容，还吸收了近年来国内外学者及笔者的研究新进展和新成果。与国内外已有涉及地基板理论的书籍相比，本书内容更加丰富完整，它包含了各类地基(Winkler地基、双参数地基、弹性介质地基和复合地基等)、各种板理论(薄板理论、中厚板理论、厚板理论)和形状(圆形板、环状板、扇形板、无限大板和矩形板)，以及所有力学问题(弹性、塑性、黏性和动态问题)，系统性和专题性更强;在解法上仅限讨论解析解,并力求解析推导过程的完整性,从而保证内容与解题思路的贯通;提供了大量案例,许多工程中遇到的实际问题通过案例给出,以便读者理解与应用。

本书面向的读者为土木工程、交通运输工程专业中致力于铺面工程(道路路面、机场道面、港口堆场、建筑地坪工程)、基础工程设计和研究的研究生及工程技术人员。

对于本书的出版,首先感谢我的研究生导师姚祖康先生在我学生时代及学术生涯中给予的指引与鼓励。其次,感谢近年来与我一起从事地基板理论研究,以及在本书撰写的这两年多时间里给予我帮助与支持的同事、同行,还有博士生和硕士生:周玉民、朱唐亮、成林燕、从志敏、谢银博、肖建、姚尧、杜建訸、杨康迪和陈景亮等,其中,本书大部分算例由成林燕完成计算并绘制成图表,书中大部分插图由谢银博绘制,封面由陈景亮设计。最后,感谢同济大学出版社对本书出版的大力支持。

2021 年 12 月于同济园

目　录

第1章　绪　　论

地基板是土木工程、运输基建设施工程中常见的结构形式，如道路的路面工程、机场的场道工程、港口道路与堆场的铺面工程、建筑及工业的地坪工程中的水泥混凝土铺面结构[1]，以及基础工程中的筏板、刚性或柔性扩大基础结构[2]等，在结构分析时均可将之视为地基上的板结构。

地基板理论主要解决在外荷载作用下，板在满足边界条件且与地基变形协调下的结构响应[3-5]。**外荷载**主要有：①作用于板面竖向的静态、移动、冲击或脉动的集中力、线分布力，或局部分布荷载；②作用于边界之上的分布弯矩或分布剪力；③温度、湿度变化引起的约束荷载。**地基**的弹性模型有三大类[6]：①将地基视为相互独立弹簧的文克勒(Winkler)地基；②在Winkler地基上增设反映地基横向联系的张力恒定薄膜，或由弹性介质简化得到的双参数地基；③视地基为弹性连续介质的弹性介质地基。弹性介质地基可细分为弹性半空间体地基、有限厚度弹性地基、横观各性同性地基和弹性层状地基，其中，弹性半空间体地基较为常见。当考察地基板动态问题或研究地基板长时间结构响应时，地基黏性常常需要被纳入，且地基黏性通常在其弹性模型中并联或串联一个或几个黏壶加以考虑，例如，较常见的开尔文(Kelvin)黏弹性地基模型就是Winkler地基中互不相关的线性弹簧上并联一个线性黏壶；对于弹性介质地基，黏性一般仅在其剪切变形中纳入，而体积变形被视为弹性。**板**可分为忽略板截面剪应变和板厚方向压应变的薄板、部分计入截面剪应变效应的中厚板以及严格符合三维弹性体的厚板(弹性层状体)三种[7, 8]，其中，严格三维弹性体——厚板的解析解仅限于无限大板的情形；在考虑冲击等动荷载引起的板结构响应时，通常需计入板的惯性，或/和黏滞阻力；在考察板极限承载力时必须考虑板的弹塑性问题。

有关地基板的力学解析最早可追溯至19世纪末物理学家赫兹(H.Hertz)在1884年发表的关于浮冰承载力的论文[9]，赫兹讨论的浮冰承载力问题具有Winkler地基板的所有特性，浮冰为薄板，水对浮冰的反力精确符合Winkler地基假设，他给出的集中力下浮冰最大挠度级数解与1950年怀曼(M. Wyman)得到的严密解析解[10]完全相同。20世纪以来，施莱克尔(F. Schleicher)[11]、海腾尼(M. Hetényi)[12]、李甫斯利(R. K. Livesley)[13]、铁摩辛柯和沃伊诺夫斯基-克里格(S. P. Timoshenko, S. Woinowsky-Krieger)[14]、波波夫(G. Ya. Popov)[15]、克尔(A. D. Kerr)[16]、弗莱巴(L. Fryba)[17]、潘克(V. Panc)[18]等众多学者对Winkler地基上无限大板问题进行过深入研究和探讨，其中，李甫斯利给出了Winkler地基上无限大板在任意荷载作用下的一般解[13]。韦斯特加德(H. M.Westergaard)[19-22]研究了圆形均布荷载位于无限大板的板中，圆形、半圆形、椭圆和半椭圆均布荷载作用于半无限大板的板边缘，以及圆形均布荷载位于 1/4 无限大的板角隅时的板最大挠度与板截面最大弯矩解；韦斯特加德提出的板截面最大弯矩计算式，以及在此基础上的修正式，迄今仍是欧美等国一些水泥混凝土路面、机场道面结构设计方法中，用于计算车辆、飞机引起的板最大荷载应力的公式。纳吉迪和罗利(P. M. Naghdi, J. C. Rowley)讨论了 Winkler 地基上无限大赖斯纳中厚板的弯曲问题[23]。弗洛年柯-鲍罗基契(M. M. Filonenko-Borodich)[24]、帕斯捷尔纳克(P.L.Pasternak)[25]、弗拉索夫和莱昂季耶夫(V.Z.Vlazov, U.N.Leontiev)[26]、潘克(V. Panc)[18]研究了双参数地基上无限大板问题。霍格(A.H.A.Hogg)[27]、霍尔(D.L. Holl)[28,29]、舍赫捷夫(Shekhter)[30, 31]和列昂尼夫(M.Ya. Leonev)[32]等对弹性介质上无限大板的轴对称问题进行了深入研究。绍博(I.Szabo)[33,34]、皮斯特和韦斯特曼(K.S. Pister, R.A.Westmann)[35]、皮斯特(K.S. Pister)[36]研究了半空间体上中厚板问题。其中，皮斯特的研究还涉及中厚板与黏弹性半空间体之间的相互作用问题。斯塔德勒(W. Stadler)[37]研究了黏弹性地基上无限大板的动力响应；霍尔在 1950 年得到了弹性半空间体上无限大板轴对称动荷载的解[38]；霍斯金和李(B. C. Hoskin, E. H. Lee)[39]、皮斯特[36]、纳戴(A. Nadai)[40]考察了有关薄板与黏弹性半空间体之间相互作用随时间变化的问题。

施莱克尔(F. Schleicher)[11]、文特和埃尔古德(Vint, Elgood)[41]、海腾尼(M. Hetényi)[12]、赖斯曼(H. Reissman)[42]、康韦(H.D. Conway)[43]等研究过 Winkler 地基上圆板上作用轴对称荷载的问题，其中，施莱克尔和赖斯曼还涉及了环形板；布罗奇(J.F. Brotchie)[44]制作了一些有关典型地基板结构的挠度、弯矩、剪力的计算图表；绍博(I. Szabo, 1951)[33]研究了 Winkler 地基上的圆形中厚板问题。双参数地基上圆板在轴对称荷载作用下的解由弗拉索夫和莱昂季耶夫(V.Z.Vlazov, U.N. Leontiev)[26]给出。弹性介质上圆板问题的基本力学方程虽简化为单一积分方程，但它是应力位移混合边界，且在圆板边界处存在因刚度突变而出现应力集中现象，缺乏严密解。对此，人们的研究主要致力于寻找简化积分方程的近似解，此内容的研究进展主要由苏联学者完成，伯威克岛(H. Borwicka)[45, 46]和戈尔布诺夫・波萨多夫(M.I. Gorbunov-Posadov)[47]提出了用幂级数表示接触应力为基础的分析方法；泽默克金(B.N. Zemochkin)[48]提出了刚性连杆(弹性半空间体与板之间沿一系列圆形环上位移相同条件)分析法；伊什科娃(A.G. Ishkova)[49]提出了改进幂级数分析法，该方法引入了一个表示边界奇异性的函数。

Winkler 地基上矩形薄板的求解方法有单三角级数的莱维(P.P. Levy)解法和双三角级数的纳维(L. Navier)解法，但它们仅适用于对边简(滑)支或四边简(滑)支矩形板；对于四边自由及其他任意边界矩形板，铁摩辛柯等诸多学者采用瑞利-里兹(Rayleigh-Ritz)法、伽辽金(Galerkin)方法求解[14, 50, 51]。弗拉索夫等[26]将伽辽金变分法用于分析双参数地基上矩形板问题，但他提出的双参数地基边界反力的近似式却不够严密，不能满足双参数地基的微分方程。有关弹性介质上矩形板的解析迄今只有与求解圆形板问题相类似的幂级数分析法[52]和刚性连杆分析法[53]。

在计入板塑性的弹性地基板极限承载力研究方面，20 世纪 60 年代初，迈耶霍夫(G.G. Meyerhof,)[54, 55]基于刚塑性假设给出了圆形均布荷载位于无限大板板中、半圆均布荷载位于半无限大板板边缘、1/4 圆均布荷载位于 1/4 无限大板板角隅时 Winkler 地基板的极限承载力计算式，其中，迈耶霍夫 1962 年提出的地基板极限承载力计算式在建筑地坪、港口和厂矿道路与堆场工程的水泥混凝土铺面结构分析和设计中得到了广泛应用，例如，我国《建筑地面设计规范》(GB 50037—2013)[56]、英国混凝土协会技术报告(以下简称 TR34)[57]、美国混凝土协会的地坪设计指南(ACI 360R - 10)[58]中均有相关内容。近年来，拉迪、兰佐尼等(E. Radi, L. Lanzoni)[59-61]采用弹塑性假设研究了 Winkler 地基和双参数地基板的极限承载力。

国内对地基板理论的研究始于 20 世纪 70 年代末，朱照宏、王秉纲、郭大智编著的《路面力学计算》[62]首次系统介绍了国外地基板理论研究的进展。80 年代，石小平与姚祖康[63]、王克林与黄义[64, 65]通过引入板刚体位移并应用两个莱维级数叠合的方法求得局部荷载下的 Winkler 地基上四边自由的矩形薄板与中厚板的级数解，此解法便于推广至任意边界条件的矩形板问题；石小平等[66]还尝试求解双参数地基上四边自由矩形板问题，但对于地基边界力欠严密的问题未加以完善。成祥生[67]、黄晓明[68, 69]、孙璐[70, 71]研究了黏弹性地基上无限大板在移动荷载作用下的结构响应，张系斌[72]、祝彦知[73]研究了黏弹性地基上圆形、矩形薄板的振动，何芳社等[74]研究了黏弹性地基上矩形板的准静态弯曲问题。笔者三十多年来一直从事并关注地基板结构分析理论及计算方法的研究，早期主要着眼于用有限元方法分析车辆荷载、装卸机械作用下水泥混凝土铺面结构的临界荷位和铺面板最大荷载应力[75-83]，近十多年来主要致力于地基板理论模型及解析解方面的研究，对弹性地基上无限大板的解析解做了系统的归纳[84, 85]；建立了弹性地基上双层板理论，包括无限大双层板的无限积分解，有限圆形双层板的贝塞尔(Bessel)函数解，以及 Winkler 地基上任意边界的矩形双层板的级数解[86]；构建了可计入弹性地基与板之间有水平摩阻的板理论；并且研究了 Winkler 地基上矩形板的接缝荷载问题[87]和 Winkler 地基板极限承载力的弹塑性解[88-90]。

20 世纪 70 年代起，随着计算机技术和有限元方法的出现和完善，地基板结构的数值分析得到快速发展，过去解析解中难以求解的无穷积分和高阶线性方程已变得不再困难。有限元方法不仅可用于分析线弹性问题，还给地基与板间有局部脱空、不规则的异形板、板间荷载传递、层间非线性接触的双层板等问题的深入研究提供了可能。我国 2002 年版和 2011 年版《公路水泥混凝土路面设计规范》(JTG D40—2002, JTG D40—2011)[91, 92]以及 2017 年版《港口道路与堆场设计规范》(JTS 168—2017)[93]中铺面板荷载应力的计算式是按有限元计算结果回归得到的。20 世纪七八十年代，国内外很多学者致力于这方面的研究，其中，国外的黄仰贤[94-96]、M. Mrazkove[97]、T. Y. Yang[98]、A. M. Ioannides[99, 100]、S. K. Wang[101]，国内的张佑启[102]、姚祖康[103-105]、王秉纲[106, 107]、邓学钧[108]、姚炳卿[109]、谈至明[75-83]等的研究成果都比较具有代表性。

随着大型结构通用程序的不断涌现与完善，人们越来越依赖采用有限元法进行工程结构分析，甚至有滥用的倾向，而对地基板理论及其解析解的关注度有所下降，例如，近十多年来，硕士和博士学位论文中对有解析解的地基板问题用近似的有限元法分析的现象时常可见。然而，有限元法的计算精度受单元类型、网格划分、单元尺寸和边界条件的处理方式等诸多因素的影响，随意处理可能离谬误更近；另外，有限元解是数值解，对问题内在规律缺少简明的表征。因此，了解与寻找地基板的力学解析解依然迫切且意义重大，即便是非闭合级数解析解，其收敛速度也远高于有限元法。

目前，涉及地基板理论的书籍虽很多，在弹性理论、板壳理论、黏弹性理论、弹塑性理论、结构动力学、铺面力学和基础工程的教科书及专著中可以找到一些有关地基板的内容，但该内容仅是这些著作中的一部分，且大多仅是从一个侧面或是从某个视角讨论地基板的某个问题，缺乏系统性与完整性，这对于从事以地基板为主要结构的道路路面工程、机场场道工程、港口堆场铺面工程和建筑地面工程以及基础筏板工程的设计人员和研究人员而言，查找、学习、研究与应用均感不便。对此，笔者多年来的一个愿望是想撰写一本系统且全方位论述地基板的弹性、黏性、塑性和动态问题的专著，以便于土木工程和交通运输工程专业的大学生、研究生学习掌握，也可供从事铺面工程、基础工程设计与研究的人员研读与应用，从而有助于减少有限元法被滥用的情况。本书汇集了国内外近百年来在地基板理论方面的典型内容，并吸纳了近年来国内外学者及笔者的研究新进展和新成果。与国内外涉及地基板理论的已有书籍相比，本书内容更加丰富完整，包含了各类地基（Winkler 地基、双参数地基、弹性介质地基、复合地基等）、各种板理论（薄板、中厚板、厚板理论）和形状（圆形板、环状板、扇形板、无限大板、矩形板），以及所有力学问题（弹性、塑性、黏性和动态问题），因而系统性与专题性更强；在解法上仅限讨论解析解，并力求解析推导过程的完整性，以保证内容与解题思路的贯通；另外，许多工程中遇到的实际问题通过例子给出，以便于读者理解与应用。

第 2 章　地基模型及解

地基板理论的主要任务是求解地基与板之间在协调变形下的板位移和内力，其中地基模型（又称地基假设）是极为关键的。地基是板的基础，它或是平整压实的天然地面，但更多的是指经人工加固等处理的层状构造物及以下天然土层的综合体。本章介绍现有地基板理论中常见的地基模型的由来、特点和解法，其中，详细推演了分布荷载与环形、直线段的线荷载作用下的双参数地基挠度解，并指出仅根据直线段的位移及一侧转角反演双参数地基上线段的线荷载是不可能的。

2.1　地基模型类型

目前，常见的弹性地基模型有三大类：Winkler 地基、双参数地基和弹性介质地基，如图 2-1 所示。

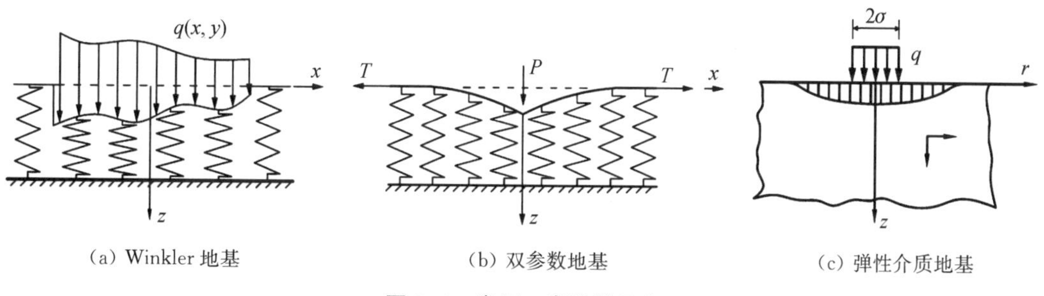

图 2-1　常见三类地基示意

Winkler 地基、双参数地基和弹性介质地基的差别可从它们对地基土体间横向联系的认识与处理上加以区分。Winkler 地基假设是 1867 年由捷克人文克勒（E. Winkler）提出的[110]，该假设忽略了地基的横向联系，将地基视为由彼此独立无联系的线性弹簧组成，地基每一点处的竖向位移与作用于该点的荷载分布集度成正比，见式（2-1）。双参数地基模型可视为在 Winkler 模型的基础上，通过引入第二个地基参数以考虑地基横向联系效应。弹性介质地基将地基视为弹性体，其中弹性半空间体地基模型最为常见，也可设置为有限厚度弹性体地基，或多层的弹性层状地基，以及可调节地基横向联系强弱的横观各向同性体模型。

$$q = kw \tag{2-1}$$

式中 q ——地基表面荷载集度；

w ——地基表面竖向位移；

k ——地基的竖向反应模量。

从数学解析的角度来看，Winkler 地基最为简单明了，双参数地基和弹性介质地基则在某些场合尚存在一些求解困难，例如，双参数地基上自由边界矩形板的边界分布力问题、弹性介质地基在其表面挠度或转角不连续处会出现地基反力集中问题。

一般情况下，在地基板的力学问题中，板与地基之间的水平摩阻是不予考虑的。上述常用的三类地基模型均仅描述了地基上竖向外荷载与地基竖向位移之间的关系。但在某些场合，如当地基表面较粗糙时，宜计入地基与板之间水平摩阻效应的影响，此时可在上述三个模型的基础上，增加一个线性水平弹簧，即地基与板之间的水平摩阻剪应力正比于板底与地基顶面对应点之间的水平位移差，如图 2-2 所示。

$$q_u = -k_u(u_p - u_f) \tag{2-2}$$

式中 q_u ——板与地基之间的水平剪应力；

k_u ——地基的水平反应模量，或称水平摩阻系数；

u_p ——板底水平位移；

u_f ——地基表面水平位移。

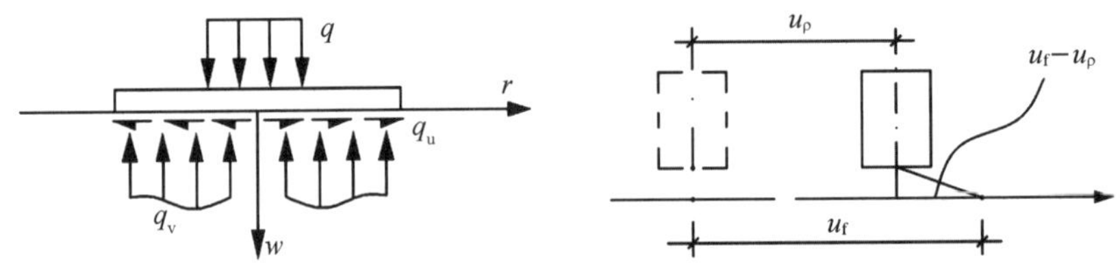

图 2-2 板与地基间水平摩阻示意

上述三类地基模型也会有复合的情况，如半空间体地基与 Winkler 地基的复合，即板与半空间体之间有一组竖向弹簧的地基；Winkler 地基与双参数地基的复合。复合地基虽更为复杂，但有时可避开或缓解某些场合双参数地基、弹性介质地基的解析困难，例如，复合地基可避开双参数地基上矩形板的边界分布力，也可减少弹性介质地基上有限尺寸板的边缘地基反力集中现象。

另外，地基的黏性、塑性力学模型大都是在上述三类地基模型基础上通过调整模型参数或增加元件(如表征黏性的黏壶等)获得的。

2.2 双参数地基

2.2.1 双参数地基的来源与基本方程

为了弥补 Winkler 地基模型忽略地基横向联系的缺陷，双参数地基模型应运而生，它有两个来源：第一种是在 Winkler 地基模型基础上，通过对相互独立弹簧增加某种横向联系，较为著名的有费洛年柯-鲍罗基契(Filonenko-Borodich)模型[24, 111]、海腾尼(Hetényi)模型[12]、帕斯捷尔纳克(Pasternak)模型[25]等；第二种是在弹性连续介质模型基础上通过引入约束，或简化的位移分布与应力的某些假设获得的，例如，赖斯纳(Reissner)模型[112]、弗拉索夫(Vlazov)模型[26]等。

1. 费洛年柯-鲍罗基契地基模型

费洛年柯-鲍罗基契模型是在 Winkler 地基表面增加一层恒定张力为 T_f 的弹性薄膜，以实现地基间横向联系，如图 2-3 所示。地基表面荷载 q (也可称为地基反力)与地基表面竖向位移 w 之间的关系式为

$$q = kw - T_f \nabla^2 w \tag{2-3}$$

式中，∇^2 为拉普拉斯算子，$\nabla^2 = \frac{\partial^2}{\partial x^2} + \frac{\partial^2}{\partial y^2} = \frac{\partial^2}{\partial r^2} + \frac{\partial}{r\partial r} + \frac{\partial^2}{r^2 \partial \theta^2}$。

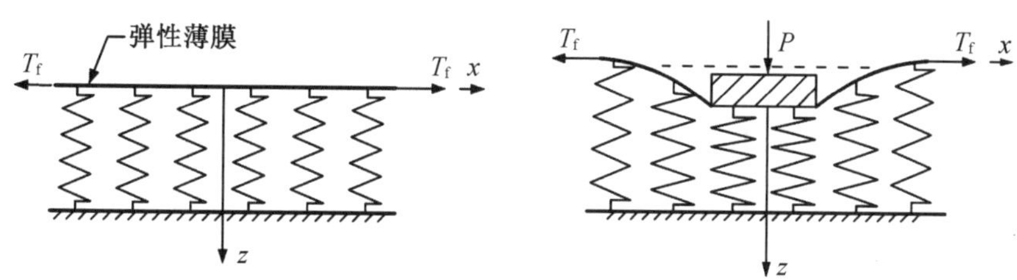

图 2-3　费洛年柯-鲍罗基契地基模型示意

2. 帕斯捷尔纳克地基模型

帕斯捷尔纳克认为地基的竖向弹簧间存在剪切的相互作用，这种剪切是由竖向弹簧间存在着只产生剪切变形的剪切层传递的，如图 2-4 所示。地基表面荷载 q 与竖向位移 w 之间的关系式为

$$q = kw - G_f \nabla^2 w \tag{2-4}$$

式中，G_f 为地基剪切层的剪切模量。

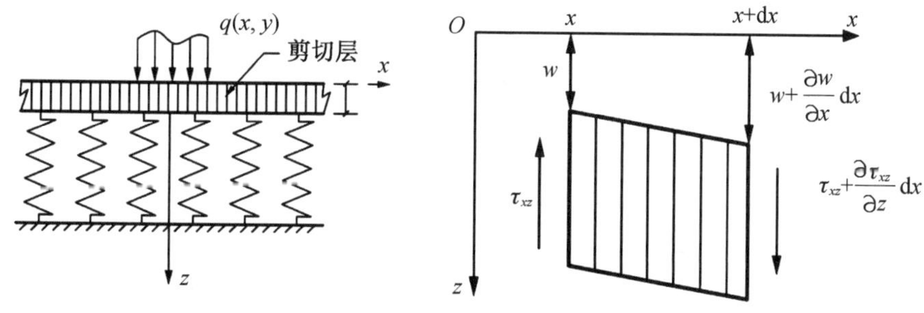

图 2-4　帕斯捷尔纳克地基模型示意

3. 弗拉索夫地基模型

弗拉索夫地基模型是通过简化各向同性线弹性体基本方程的位移约束并应用变分法导出的。弗拉索夫将地基视为刚性下卧层上的有限厚度弹性体，如图 2-5 所示，并将不同深度的地基位移假设为

$$u(x, y, z)=0, \quad w(x, y, z)=w(x, y) f_{w}(z) \tag{2-5}$$

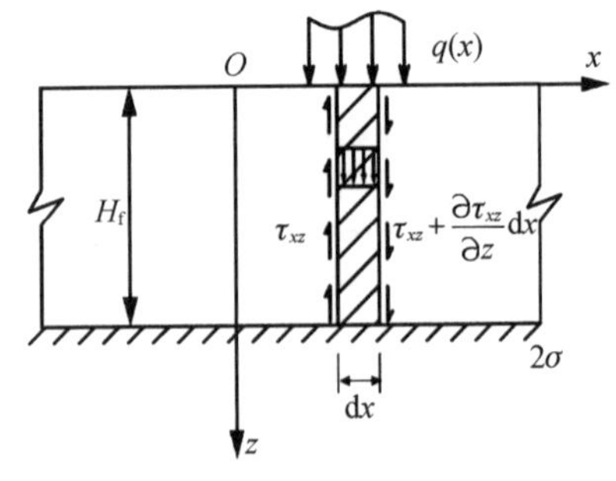

图 2-5　弗拉索夫地基模型示意

描述 z 方向土体竖向位移的变化函数 $f_w(z)$ 有线性变化和指数变化两种：

$$f_{w}(z)=1-\frac{z}{H_{f}}; \quad f_{w}(z)=\frac{\sinh \left[\alpha_{f}\left(H_{f}-z\right)\right]}{\sinh \left(\alpha_{f} H_{f}\right)} \tag{2-6}$$

式中　H_f——地基厚度；

α_f——地基材料常数。

由变分法和虚功原理可推导出：

$$\left.\begin{array}{l}q=k w-2 t \nabla^{2} w \\ k=\dfrac{E_{0}}{1-\nu_{0}^{2}} \displaystyle\int_{0}^{H_{f}}\left(\frac{\mathrm{d} f_{w}}{\mathrm{d} z}\right)^{2} \mathrm{d} z, \quad t=\dfrac{E_{0}}{4\left(1+\nu_{0}\right)} \displaystyle\int_{0}^{H_{f}} f_{w}^{2} \mathrm{d} z\end{array}\right\} \tag{2-7}$$

式中　E_0——土层的弹性模量；

ν_0——土层的泊松比。

从式(2-7)可以看到，双参数地基的两个参数 k、t 都可直接表示为土层的弹性模量 E_0 和泊松比 ν_0 的函数。土体的不同性状可通过采用函数 $f_w(z)$ 的不同形式来拟合，当土层较薄时，$f_w(z)$ 采用线性变化是合适的，地基的两个参数 k、t 的计算分别如下：

$$k=\frac{E_{0}}{H_{f}\left(1-\nu_{0}^{2}\right)}, \quad t=\frac{E_{0} H_{f}}{12\left(1+\nu_{0}\right)} \tag{2-8}$$

当土体较深时，宜采用式(2-6)中的指数形式，地基的两个参数 k、t 则分别为

$$k=\frac{E_{0}}{H_{f}\left(1-\nu_{0}^{2}\right)} \psi_{k}, \quad t=\frac{E_{0} H_{f}}{12\left(1+\nu_{0}\right)} \psi_{t} \tag{2-9}$$

其中，$\psi_{k}=\dfrac{\alpha_{f} H_{f}}{2} \cdot \dfrac{\sinh \left(\alpha_{f} H_{f}\right) \cosh \left(\alpha_{f} H_{f}\right)+\alpha_{f} H_{f}}{\sinh ^{2}\left(\alpha_{f} H_{f}\right)}$，

$\psi_{t}=\dfrac{3}{2 \alpha_{f} H_{f}} \cdot \dfrac{\sinh \left(\alpha_{f} H_{f}\right) \cosh \left(\alpha_{f} H_{f}\right)-\alpha_{f} H_{f}}{\sinh ^{2}\left(\alpha_{f} H_{f}\right)}$。

4. 海腾尼地基模型

海腾尼地基模型是在 Winkler 地基上增加具有抗弯能力的弹性板，较适合于地基表面

经过处治加固，或设置半刚性基层的场合。地基表面荷载 q 与竖向位移 w 之间的方程为

$$q = kw - D_f \nabla^4 w \tag{2-10}$$

式中，D_f 为地基的弯曲刚度。

5. 赖斯纳地基模型

赖斯纳所提出的模型也是通过引进位移和应力的约束推导出来的。它假设厚度为 H_f 的土层只有竖向压应力 σ_z，剪应力 τ_{zy}、τ_{zx}，以及相应的应变，平面应力均很小，可略去（$\sigma_x = \sigma_y = \tau_{xy} = 0$），且土体位移满足如下边界条件：

$$\left.\begin{aligned} u = v = w = 0, \quad & z = H_f \\ u = v = 0, \quad & z = 0 \end{aligned}\right\} \tag{2-11}$$

由此，得到地基表面荷载 q 与竖向位移 w 之间的方程为

$$q - \frac{c_2}{4c_1} \nabla^2 q = c_1 w - c_2 \nabla^2 w \tag{2-12}$$

其中，$c_1 = \dfrac{E_0}{H_f}$，　$c_2 = \dfrac{H_f G_0}{3}$，G_0 为土体的剪切模量。

2.2.2　双参数地基的解

比较费洛年柯-鲍罗基契地基模型、帕斯捷尔纳克地基模型和弗拉索夫地基模型的地基表面荷载与位移基本方程即式(2-3)、式(2-4)、式(2-7)可以发现，它们的基本方程是相同的，仅对地基第二个参数的物理含义解释有所不同，或为薄膜张力 T_f，或为剪切层的剪切模量 G_f，或为土体间横向荷载传播率 t，而后两个模型(海腾尼地基模型、赖斯纳地基模型)应用较少。因此，在本书后续中，除特别说明之外，双参数地基模型指前三个模型的形式，其基本方程采用式(2-13)的形式，两个参数记作 k_1、k_2，模型采用图 2-4 所示模型。

$$q = k_1 w - k_2 \nabla^2 w \tag{2-13(a)}$$

或

$$q = -k_2 (\nabla^2 - \lambda_k^2) w \tag{2-13(b)}$$

式中，λ_k 为双参数地基的横向联系柔度系数，$\lambda_k = \sqrt{\dfrac{k_1}{k_2}}$。

当为极坐标下轴对称荷载时，对式(2-13)进行零阶汉克尔(Hankel)变换及逆变换，可以得到地基表面竖向位移(挠度) w 的表达式：

$$w = \frac{1}{k_2} \int_0^\infty \frac{\bar{q}\xi}{\xi^2 + \lambda_k^2} J_0(\xi r) d\xi \tag{2-14}$$

式中，$\bar{q}$ 为地基表面竖向轴对称外荷载的零阶汉克尔变换，$\bar{q} = \int_0^\infty q J_0(r\xi) r dr$。

当外荷载非轴对称时，可将外荷载 q 和地基挠度 w 按傅里叶级数展开：

$$\left.\begin{aligned} q(r,\theta)&=\sum_{m=0}^{M}\left[q_m^{\mathrm{c}}(r)\cos m\theta+q_m^{\mathrm{s}}(r)\sin m\theta\right]\\ w(r,\theta)&=\sum_{m=0}^{M}\left[W_m^{\mathrm{c}}(r)\cos m\theta+W_m^{\mathrm{s}}(r)\sin m\theta\right]\end{aligned}\right\}\tag{2-15}$$

根据线性叠加原理，只需讨论外荷载 $q_m^{\mathrm{c}}\cos m\theta$（或 $q_m^{\mathrm{s}}\sin m\theta$）作用下的挠度 $W_m^{\mathrm{c}}\cos m\theta$（或 $W_m^{\mathrm{s}}\sin m\theta$），然后叠加得到最终挠度。据此，将荷载 $q_m^{\mathrm{c}}\cos m\theta$ 和挠度 $W_m^{\mathrm{c}}\cos m\theta$ 代入双参数地基基本方程，得到对应第 m 余弦项的微分方程：

$$k_2\left(\frac{\mathrm{d}^2}{\mathrm{d}r^2}+\frac{\mathrm{d}}{r\mathrm{d}r}-\frac{m^2}{r^2}-\lambda_{\mathrm{k}}^2\right)W_m^{\mathrm{c}}=-q_m^{\mathrm{c}}\tag{2-16}$$

再通过 m 阶汉克尔变换及逆变换，可以得到第 m 项挠度表达式：

$$W_m^{\mathrm{c}}=\frac{1}{k_2}\int_0^{\infty}\frac{\bar{q}_m^{\mathrm{c}}\xi}{\xi^2+\lambda_{\mathrm{k}}^2}\mathrm{J}_m(\xi r)\mathrm{d}\xi\tag{2-17}$$

式中，$\bar{q}_m^{\mathrm{c}}$ 为荷载 q_m^{c} 的 m 阶汉克尔变换式。

当采用直角坐标时，可对双参数地基的基本方程式(2-13)进行 x、y 二维傅里叶变换，得到地基挠度 w 的二维傅里叶变换 $\hat{w}(\xi,\zeta)$ 为

$$\hat{w}(\xi,\zeta)=\frac{\hat{q}(\xi,\zeta)}{k_2(\lambda_{\mathrm{k}}^2+\xi^2+\zeta^2)}\tag{2-18}$$

式中，$\hat{q}(\xi,\zeta)$ 为荷载 q 的二维傅里叶变换，$\hat{q}(\xi,\zeta)=\int_0^{\infty}\int_0^{\infty}q(x,y)\mathrm{e}^{-\mathrm{i}(\xi x+\zeta y)}\mathrm{d}x\,\mathrm{d}y$。

对 $\hat{w}(\xi,\zeta)$ 进行二维傅里叶逆变换，得到挠度解为

$$w=\frac{1}{4\pi^2k_2}\int_0^{\infty}\int_0^{\infty}\frac{\hat{q}(\xi,\zeta)}{\lambda_{\mathrm{k}}^2+\xi^2+\zeta^2}\mathrm{e}^{\mathrm{i}(\xi x+\zeta y)}\mathrm{d}\xi\,\mathrm{d}\zeta\tag{2-19}$$

当荷载 q 具有双轴对称性时，可转换为二维余弦变换：

$$\left.\begin{aligned}\hat{q}_{\mathrm{cc}}(\xi,\zeta)&=\int_0^{\infty}\left[\int_0^{\infty}q(x,y)\cos\xi x\,\mathrm{d}x\right]\cos\zeta y\,\mathrm{d}y\\ w&=\frac{4}{\pi^2k_2}\int_0^{\infty}\left[\int_0^{\infty}\frac{\hat{q}_{\mathrm{cc}}(\xi,\zeta)}{\lambda_{\mathrm{k}}^2+\xi^2+\zeta^2}\cos\xi x\,\mathrm{d}\xi\right]\cos\zeta y\,\mathrm{d}\zeta\end{aligned}\right\}\tag{2-20}$$

当荷载 q 具有双轴反对称性时，可转为二维正弦变换：

$$\left.\begin{aligned}\hat{q}_{ss}(\xi,\zeta)&=\int_0^{\infty}\left[\int_0^{\infty}q(x,y)\sin\xi x\,dx\right]\sin\zeta y\,dy\\ w&=\frac{4}{\pi^2k_2}\int_0^{\infty}\left[\int_0^{\infty}\frac{\hat{q}_{ss}(\xi,\zeta)}{\lambda_k^2+\xi^2+\zeta^2}\sin\xi x\,d\xi\right]\sin\zeta y\,d\zeta\end{aligned}\right\}\tag{2-21}$$

当荷载 q 具有 x 轴对称、y 轴反对称性时，则转换为对 x 轴余弦变换与对 y 轴正弦变换：

$$\left.\begin{aligned}\hat{q}_{cs}(\xi,\zeta)&=\int_0^{\infty}\left[\int_0^{\infty}q(x,y)\cos\xi x\,dx\right]\sin\zeta y\,dy\\ w&=\frac{4}{\pi^2k_2}\int_0^{\infty}\left[\int_0^{\infty}\frac{\hat{q}_{cs}(\xi,\zeta)}{\lambda_k^2+\xi^2+\zeta^2}\cos\xi x\,d\xi\right]\sin\zeta y\,d\zeta\end{aligned}\right\}\tag{2-22}$$

2.2.3 环状线荷载的解

图 2-6 为双参数地基上环状线荷载作用下的地基表面转角、竖向反力示意图，均布环状线荷载可表示为

$$q(r)=q_a\delta(r-a_p)=\frac{P_a}{2\pi a_p}\delta(r-a_p)\tag{2-23}$$

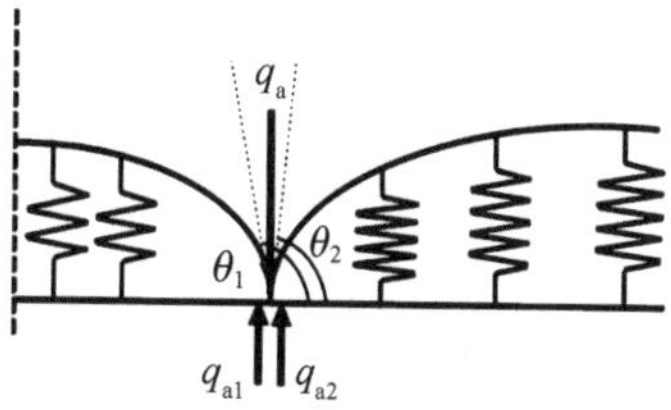

式中 a_p ——环状均布线荷载的作用半径；

q_a ——作用于半径 a_p 处的环状均布线荷载的线集度；

P_a ——作用于半径 a_p 处的环状均布线荷载的总量；

$\delta(\cdot)$ ——脉冲函数，又称为狄拉克(Dirac)函数。

图 2-6 环状线荷载作用下转角、地基反力示意

环状均布线荷载式(2-23)的零阶汉克尔变换为

$$\bar{q}=q_a\int_0^{\infty}\delta(r-a_p)J_0(\xi r)r\,dr=q_aa_pJ_0(\xi a_p)=\frac{P_a}{2\pi}J_0(\xi a_p)\tag{2-24}$$

将式(2-24)代入式(2-14)求解可得到双参数地基挠度 w 的表达式为

$$\begin{aligned}w&=\frac{q_aa_p}{k_2}\int_0^{\infty}\frac{\xi}{\xi^2+\lambda_k^2}J_0(\xi a_p)J_0(\xi r)\,d\xi\\&=\frac{q_aa_p}{k_2}\begin{cases}I_0(\lambda_kr)K_0(\lambda_ka_p), & r\leqslant a_p\\ I_0(\lambda_ka_p)K_0(\lambda_kr), & r>a_p\end{cases}\end{aligned}\tag{2-25}$$

式中，$I_0(\cdot)$、$K_0(\cdot)$为第一、第二类零阶变形贝塞尔函数。

双参数地基径向转角 w'_r 的解为

$$w'_r=\frac{dw}{dr}=\theta=\frac{q_aa_p\lambda_k}{k_2}\begin{cases}K_0(a_p\lambda_k)I_1(r\lambda_k), & r\leqslant a_p\\ -I_0(a_p\lambda_k)K_1(r\lambda_k), & r>a_p\end{cases}\tag{2-26}$$

式中，$I_1(\cdot)$、$K_1(\cdot)$为第一、第二类一阶变形贝塞尔函数。

线荷载环内外径向转角之差 $\Delta w'_{r.a}=w'|_{r=a_p-0}-w'|_{r=a_p+0}$ 与地基参数 k_2 的乘积等于线荷载分布线密度 q_a：

$$k_2\Delta w'_{r.a}=k_2 w'_r\big|_{r=a_p+0}^{r=a_p-0}=q_a a_p\lambda_k[K_0(a_p\lambda_k)I_1(a_p\lambda_k)+I_0(a_p\lambda_k)K_1(a_p\lambda_k)] \tag{2-27}$$
$$\overset{\tau=a_p\lambda_k}{=\!=\!=}q_a\tau[K_0(\tau)I_1(\tau)+I_0(\tau)K_1(\tau)]=q_a$$

其中，$\tau=a_p\lambda_k$；$\tau[K_0(\tau)I_1(\tau)+I_0(\tau)K_1(\tau)]=1$。

考察线荷载环内及环外地基反力可以发现，由地基参数 k_1 引起的环内及环外地基反力 P^*_{a1}、P^*_{a2} 正比于线荷载环的内侧径向转角 $w'^{-}_{r.a}=w'_r|_{r=a_p-0}$ 值与外侧径向转角 $w'^{+}_{r.a}=w'_r|_{r=a_p+0}$ 值，其比例系数为 $2\pi a_p k_2$，见式(2-28)和式(2-29)。

$$P^*_{a1}=\int_0^{a_p}2\pi r k_1 w\mathrm{d}r=2\pi q_a a_p K_0(\lambda_k a_p)\int_0^{a_p}(\lambda_k r)I_0(\lambda_k r)\mathrm{d}(\lambda_k r) \tag{2-28}$$
$$\overset{\tau=a_p\lambda_k}{=\!=\!=}2\pi q_a a_p\tau K_0(\tau)I_1(\tau)=2\pi a_p k_2 w'^{-}_{r.a}$$

$$P^*_{a2}=\int_{a_p}^{\infty}2\pi r k w\mathrm{d}r=-2\pi q_a a_p\tau I_0(\tau)K_1(\tau)=2\pi a_p k_2 w'^{+}_{r.a} \tag{2-29}$$

其中，$\int_0^{\tau}x I_0(x)\mathrm{d}x=\tau I_1(\tau)$，$\int_{\tau}^{\infty}x K_0(x)\mathrm{d}x=-\tau K_1(\tau)$。

当环状线荷载作用半径 a_p 趋于零时，上述解即为集中力 P 的解，其地基挠度 w 与径向转角 w'_r 的表达式为

$$\left.\begin{aligned}w&=\frac{P}{2\pi k_2}K_0(\lambda_k r)\\ w'_r&=-\frac{P\lambda_k}{2\pi k_2}K_1(\lambda_k r)\end{aligned}\right\} \tag{2-30}$$

对于一般非均布环状线荷载，不失一般性可将其展开为余弦级数：

$$q(r,\theta)=\sum_{m=0}^{\infty}q_{a.m}\delta(r-a_p)\cos m\theta \tag{2-31}$$

式中，$q_{a.m}$ 为对应于半径 a_p 环状线荷载的余弦 m 项展开的最大线集度。

将式(2-31)代入式(2-17)解得地基挠度 w：

$$\left.\begin{aligned}w&=\sum_{m=0}^{\infty}W_m\cos m\theta\\ W_m&=\frac{q_{a.m}a_p}{k_2}\begin{cases}I_m(r\lambda_k)K_m(a_p\lambda_k), & r\leqslant a_p\\ I_m(a_p\lambda_k)K_m(r\lambda_k), & r>a_p\end{cases}\end{aligned}\right\} \tag{2-32}$$

式中，$I_m(\cdot)$、$K_m(\cdot)$ 为第一、第二类 m 阶变形贝塞尔函数。

地基径向转角 w'_r 的解为

$$\left.\begin{aligned} w'_r &= \sum_{m=0}^{\infty} w'_{r.m}\cos m\theta \\ w'_{r.m} &= \frac{\mathrm{d}W_m}{\mathrm{d}r} = \frac{q_{a.m}a_p\lambda_k}{k_2}\begin{cases} K_m(a_p\lambda_k)I'_m(r\lambda_k), & r \leqslant a_p \\ I_m(a_p\lambda_k)K'_m(r\lambda_k), & r > a_p \end{cases} \end{aligned}\right\} \tag{2-33}$$

线荷载环内外径向转角之差 $\Delta w'_{r.m}$ 与地基参数 k_2 的乘积等于线荷载分布密度：

$$\left.\begin{aligned} & k_2\Delta w'_{r.m} = q_{a.m}a_p\lambda_k[K_m(a_p\lambda_k)I'_m(a_p\lambda_k) - I_m(a_p\lambda_k)K'_m(a_p\lambda_k)] \\ & \xlongequal{\lambda = a_p\lambda_k} q_{a.m}\tau[K_m(\tau)I'_m(\tau) - I_m(\tau)K'_m(\tau)] = q_{a.m} \end{aligned}\right\} \tag{2-34}$$

2.2.4　线段荷载的解

对于线段荷载 $q(x, y) = q_x(x)\delta(y)$ 作用下双参数地基表面挠度有两种解法：一种是利用集中力解式(2-30)作积分；另一种是应用直角坐标下傅里叶变换解。

利用集中力解式(2-30)，微小区域的荷载 $q\mathrm{d}u\mathrm{d}v$ 对任意点 (x, y)（uOv 坐标系与 xOy 坐标系重合）产生的挠度 $\mathrm{d}w$ 可按式(2-35)计算，由此可以推得直角坐标系 xOy 上任一点 (x, y) 的地基表面挠度 w 与 y 轴向转角 w'_y 在任意分布荷载 $q(u, v)$ 下的计算式，见式(2-36)。

$$\mathrm{d}w = \frac{q\mathrm{d}u\mathrm{d}v}{2\pi k_2}K_0\left[\lambda_k\sqrt{(u-x)^2+(v-y)^2}\right] \tag{2-35}$$

$$\left.\begin{aligned} w(x, y) &= \frac{1}{2\pi k_2}\iint_{S_q} q(u, v)K_0\left[\lambda_k\sqrt{(u-x)^2+(v-y)^2}\right]\mathrm{d}u\mathrm{d}v \\ w'_y(x, y) &= \frac{\mathrm{d}w}{\mathrm{d}y} = \frac{\lambda_k}{2\pi k_2}\left\{\iint_{S_q}\frac{q(u, v)(y-v)}{\sqrt{(u-x)^2+(v-y)^2}}K'_0\left[\lambda_k\sqrt{(u-x)^2+(v-y)^2}\right]\mathrm{d}u\mathrm{d}v\right\} \end{aligned}\right\} \tag{2-36}$$

式中　S_q——外荷载作用区域；

x、y——挠度考察点。

坐标原点设于线段中点，线段长度方向为 x 轴，线段长记作 $2b_q$，如图 2-7 所示。将线段荷载 $q(x, y) = q_x(x)\delta(y)$ 代入式(2-36)，整理得：

$$\left.\begin{aligned} w(x, y) &= \frac{1}{2\pi k_2}\int_{-b_q}^{b_q} q_x(u)K_0\left[\lambda_k\sqrt{(u-x)^2+y^2}\right]\mathrm{d}u \\ w'_y(x, y) &= -\frac{\lambda_k}{2\pi k_2}\int_{-b_q}^{b_q}\frac{q_x(u)y}{\sqrt{(u-x)^2+y^2}}K_1\left[\lambda_k\sqrt{(u-x)^2+y^2}\right]\mathrm{d}u \end{aligned}\right\} \tag{2-37}$$

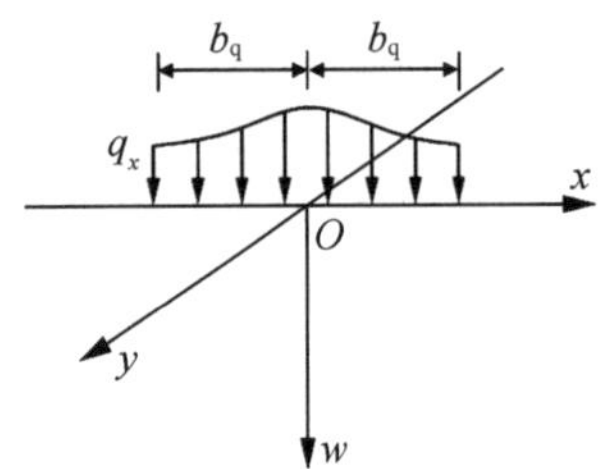

图 2-7　线段荷载示意

在线段上（$y=0$）的挠度，直接将 $y=0$ 代入式(2-37)即可，但对于垂直线段的转角却不能将 $y=0$ 代入式(2-37)获得，它涉及无穷小之比的极限收敛问题。

采用直角坐标下傅里叶变换解法，x 轴始终对称，当线荷载 y 轴对称时，则有：

$$\left.\begin{aligned} w &= -\frac{2}{\pi^2 k_2}\int_0^\infty\left(\int_0^\infty \frac{\hat{q}_{cc}\cos\xi x\,\mathrm{d}\xi}{\lambda_k^2+\xi^2+\zeta^2}\right)\cos\zeta y\,\mathrm{d}\zeta = -\frac{1}{\pi k_2}\left(\int_0^\infty \hat{q}_{cc}\frac{\mathrm{e}^{-y\sqrt{\lambda_k^2+\xi^2}}}{\sqrt{\lambda_k^2+\xi^2}}\cos\xi x\,\mathrm{d}\xi\right) \\ w'_y &= \frac{1}{\pi k_2}\left(\int_0^\infty \hat{q}_{cc}\mathrm{e}^{-y\sqrt{\lambda_k^2+\xi^2}}\cos\xi x\,\mathrm{d}\xi\right) \end{aligned}\right\} \tag{2-38}$$

$$\hat{q}_{cc} = \int_0^\infty q_x(x)\delta(y)\left\{\int_0^\infty [1-\mathrm{H}(x-b_q)]\cos\xi x\,\mathrm{d}x\right\}\cos\zeta y\,\mathrm{d}y = \int_0^{b_q} q_x(x)\cos\xi x\,\mathrm{d}x \tag{2-39}$$

式中，H(•) 为阶梯函数。

$$\int_0^\infty \frac{\cos\zeta y\,\mathrm{d}\zeta}{(\lambda_k^2+\xi^2)+\zeta^2} = \frac{\pi\mathrm{e}^{-y\sqrt{\lambda_k^2+\xi^2}}}{2\sqrt{\lambda_k^2+\xi^2}} \tag{2-40}$$

在线段上的挠度，垂直线段的转角可直接用 $y=0$ 代入式(2-38)得到：

$$\left.\begin{aligned} w\,|_{y=0} &= -\frac{1}{\pi k_2}\int_0^\infty \hat{q}_{cc}\frac{\cos\xi x}{\sqrt{\lambda_k^2+\xi^2}}\mathrm{d}\xi \\ w'_y\,|_{y=0} &= \frac{1}{\pi k_2}\int_0^\infty \hat{q}_{cc}\cos\xi x\,\mathrm{d}\xi = \frac{q_x(x)}{2k_2} \end{aligned}\right\} \tag{2-41}$$

从式(2-41)可以看到，垂直线段的转角 $w'_y|_{y=0}$ 与地基参数 k_2 的乘积等于线荷载分布密度的 1/2，由线段两侧的对称性可知，线段两侧的转角差 $\Delta w'_y$ 与地基参数 k_2 的乘积等于线荷载分布密度，这与环状线荷载的情形相同；而荷载分布与位移之间无简单的对应关系。根据线性叠加原理可以推出：对于有众多荷载作用的双参数地基，线分布荷载两侧转角差 $\Delta w'_y$ 与地基参数 k_2 的乘积也等于其线荷载的分布密度，而线荷载处地基位移与所有荷载有关。

线荷载反对称 y 轴时的地基表面挠度与 y 轴向转角的计算式为

$$\left.\begin{aligned} w &= -\frac{1}{\pi k_2}\left(\int_0^{\infty}\hat{q}_{sc}\frac{e^{-y\sqrt{\lambda_k^2+\xi^2}}}{\sqrt{\lambda_k^2+\xi^2}}\sin\xi x\,d\xi\right) \\ w'_y &= \frac{1}{\pi k_2}\left(\int_0^{\infty}\hat{q}_{sc}e^{-y\sqrt{\lambda_k^2+\xi^2}}\sin\xi x\,d\xi\right)=\frac{q_x(x)}{2k_2} \end{aligned}\right\} \tag{2-42}$$

$$\hat{q}_{sc}=\int_0^{\infty}q_x(x)\delta(y)\left\{\int_0^{\infty}[1-H(x-b_p)]\sin\xi x\,dx\right\}\cos\zeta y\,dy=\int_0^{b_p}q_x(x)\sin\xi x\,dx \tag{2-43}$$

下面给出几种荷载的傅里叶变换结果。

(1) 均布线荷载：$q(x, y)=q_0\delta(y)[H(x+b_q)-H(x-b_q)]$，其中，$q_0$ 为均布线荷载的集度。

$$\hat{q}_{cc}=\int_0^{b_q}q_x(x)\cos\xi x\,dx=q_0\frac{\sin\xi b_q}{\xi} \tag{2-44}$$

(2) 正弦线荷载(反对称)：$q(x, y)=q_s\delta(y)\sin\left(\frac{2\pi nx}{b_q}\right)[H(x+b_q)-H(x-b_q)]$，其中，$q_s$ 为正弦线段的荷载集度峰值。

$$\hat{q}_{sc}=q_s\int_0^{b_q}\sin\left(\frac{2\pi nx}{b_q}\right)\sin\xi x\,dx=-\frac{2\pi nb_q^3\sin(b_q\xi)}{(2\pi n)^2-(b_q\xi)^2}q_s \tag{2-45}$$

(3) 余弦线荷载(正对称)：$q(x, y)=q_c\delta(y)\cos\left(\frac{2\pi nx}{b_q}\right)[H(x+b_q)-H(x-b_q)]$，其中，$q_c$ 为余弦线段的荷载集度峰值。

$$\hat{q}_{cc}=q_c\int_0^{b_q}\cos\left(\frac{2\pi nx}{b_q}\right)\cos\xi x\,dx=-\frac{b_q^3\xi\sin(b_q\xi)}{(2\pi n)^2-(b_q\xi)^2}q_c \tag{2-46}$$

由于傅里叶变换的变换域为[0, ∞]，因此，仅根据线段的位移及一侧转角来反演线段的荷载分布是不可能的。也就是说，线段荷载分布规律无法用有限线段位移及一侧转角来表征。对于双参数地基上矩形板的边界反力问题，如图 2-8 所示，弗拉索夫(Vlazov)[26]在 1966 年对双参数地基二维变形问题提出了一维化的近似处理方法。在板以外任何平面上土介质的表面挠度分为三种情形：

(1) 在 $-B\leqslant y\leqslant B$ 范围内的土介质表面挠度 $w_s^{(1)}$ 表示为

$$w_s^{(1)}(x, y)=\begin{cases} w_L(y)e^{-\lambda_k(x-L)}, & x>L \\ w_{-L}(y)e^{\lambda_k(x+L)}, & x<-L \end{cases} \tag{2-47}$$

式中 $w_{\pm L}(y)$ ——长度为 $2L$ 的板边挠度，$w_{\pm L}(y)=w(\pm L, y)$；

$w(x, y)$ ——板挠度。

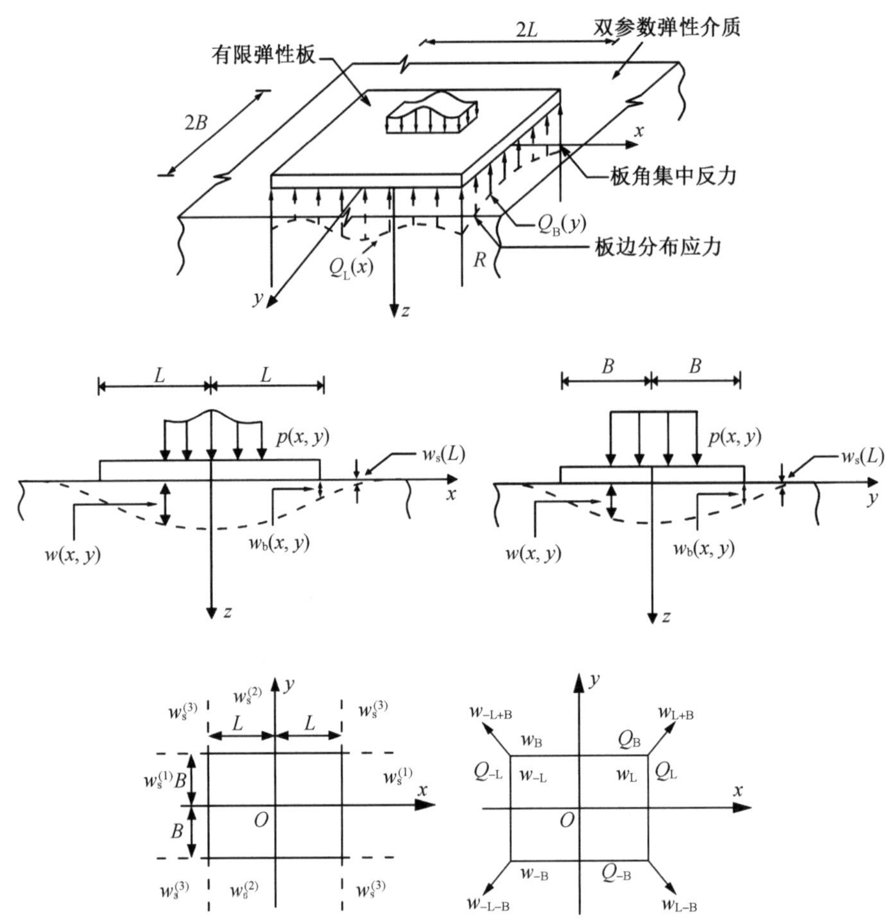

图 2-8 二维问题的弗拉索夫近似处理

(2) 在 $-L \leqslant x \leqslant L$ 范围内的土介质表面挠度 $w_s^{(2)}$ 表示为

$$w_s^{(2)}(x, y)=\begin{cases} w_B(x)e^{-\lambda_k(y-B)}, & y>B \\ w_{-B}(x)e^{\lambda_k(y+B)}, & y<-B \end{cases} \tag{2-48}$$

式中，$w_{\pm B}(x)$ 是长度为 $2B$ 的板边挠度，$w_{\pm B}(x)=w(x, \pm B)$。

(3) 在 $|x|>L$ 且 $|y|>B$ 范围内的土介质表面挠度 $w_s^{(3)}$ 表示为

$$\left.\begin{aligned} w_s^{(3)}(x, y)&=w_{L+B}e^{-\lambda_k(x-L)}e^{-\lambda_k(y-B)}, && x>L \text{ 且 } x>B \\ w_s^{(3)}(x, y)&=w_{-L+B}e^{\lambda_k(x+L)}e^{-\lambda_k(y-B)}, && x<-L \text{ 且 } y>B \\ w_s^{(3)}(x, y)&=w_{L-B}e^{-\lambda_k(x-L)}e^{\lambda_k(y+B)}, && x>L \text{ 且 } y<-B \\ w_s^{(3)}(x, y)&=w_{-L-B}e^{\lambda_k(x+L)}e^{\lambda_k(y+B)}, && x<-L \text{ 且 } y<-B \end{aligned}\right\} \tag{2-49}$$

式中，$w_{\pm L\pm B}$ 为板角挠度，$w_{\pm L\pm B}=w(\pm L, \pm B)$。

由上述三个地基表面挠度假设可推得矩形板边界 $x=L$ 的线分布剪力 Q_L，$y=B$ 的线分布剪力 Q_B，以及板角点 $x=L$、$y=B$ 的集中反力 R_c 为

$$Q_L(y)=k_2\left[\lambda_k w_L+\left(\frac{\partial w}{\partial x}\right)_L-\frac{1}{2\lambda_k}\left(\frac{\partial^2 w}{\partial y^2}\right)_L\right] \tag{2-50}$$

$$Q_B(x)=k_2\left[\lambda_k w_B+\left(\frac{\partial w}{\partial y}\right)_B-\frac{1}{2\lambda_k}\left(\frac{\partial^2 w}{\partial x^2}\right)_B\right] \tag{2-51}$$

$$R_c=\frac{3}{4}k_2 w_c \tag{2-52}$$

式中 w_c——板角 $x=L$、$y=B$ 处的挠度；

$\left(\frac{\partial w}{\partial x}\right)_L$、$\left(\frac{\partial^2 w}{\partial y^2}\right)_L$——板挠度在 $x=L$ 边界 x 轴向的一阶导数、y 轴向的二阶导数；

$\left(\frac{\partial w}{\partial y}\right)_B$、$\left(\frac{\partial^2 w}{\partial x^2}\right)_B$——板挠度在 $y=B$ 边界 y 轴向的一阶导数、x 轴向的二阶导数。

应当指出，弗拉索夫的处理方式较为粗糙且精度不高，尤其是板角集中反力计算式(2-52)是与双参数地基理论不相容的。从双参数地基的微分方程来看，集中力处的地基挠度是趋于无穷大的，也就是说，双参数地基是不能承受集中力的。迄今为止，如何更精确地表征双参数地基上矩形板的板边分布反力仍是一个有待进一步深化的未解难题。

2.3 弹性介质地基

2.3.1 弹性体的位移函数

圆柱坐标下，不计体力的各向同性弹性体的基本方程为[113]

$$\left.\begin{aligned}
&\frac{1}{1-2\nu}\frac{\partial\vartheta}{\partial r}+\nabla^2 u_r-\frac{u_r}{r^2}-\frac{2\partial u_\theta}{r^2\partial\theta}=0\\
&\frac{1}{1-2\nu}\frac{\partial\vartheta}{r\partial\theta}+\nabla^2 u_\theta-\frac{u_\theta}{r^2}+\frac{2\partial u_r}{r^2\partial\theta}=0\\
&\frac{1}{1-2\nu}\frac{\partial\vartheta}{\partial z}+\nabla^2 w=0
\end{aligned}\right\} \tag{2-53}$$

式中 ϑ——体应变，$\vartheta=\frac{\partial u_r}{\partial r}+\frac{\partial u_\theta}{r\partial\theta}+\frac{u_r}{r}+\frac{\partial w}{\partial z}$；

u_r——径向位移；

u_θ——法向位移；

w——竖向位移；

ν——材料泊松比；

r、θ、z——柱坐标；

∇^2——拉普拉斯算子，$\nabla^2=\frac{\partial^2}{\partial r^2}+\frac{\partial}{r\partial r}+\frac{\partial^2}{r^2\partial^2\theta}+\frac{\partial^2}{\partial z^2}$。

弹性体应力分量与位移之间的关系为

$$
\left.\begin{aligned}
\sigma_r &= \frac{E}{1+\nu}\left(\frac{\nu}{1-2\nu}\vartheta + \frac{\partial u_r}{\partial r}\right) \\
\sigma_\theta &= \frac{E}{1+\nu}\left(\frac{\nu}{1-2\nu}\vartheta + \frac{\partial u_\theta}{r\partial\theta} + \frac{u_r}{r}\right) \\
\sigma_z &= \frac{E}{1+\nu}\left(\frac{\nu}{1-2\nu}\vartheta + \frac{\partial w}{\partial z}\right) \\
\tau_{r\theta} &= G\left(\frac{\partial u_\theta}{\partial r} - \frac{u_\theta}{r} + \frac{\partial u_r}{r\partial\theta}\right) \\
\tau_{rz} &= G\left(\frac{\partial u_r}{\partial z} + \frac{\partial w}{\partial r}\right) \\
\tau_{\theta z} &= G\left(\frac{\partial w}{r\partial\theta} + \frac{\partial u_\theta}{\partial z}\right)
\end{aligned}\right\} \tag{2-54}
$$

式中　E、G ——材料的弹性模量、剪切模量；

σ_r、σ_θ、σ_z ——弹性体的三个正应力；

$\tau_{r\theta}$、τ_{rz}、$\tau_{\theta z}$ ——弹性体的三个剪应力。

引用两个位移函数 $\varphi(r,\theta,z)$ 和 $\psi(r,\theta,z)$，把位移分量表示为

$$
\left.\begin{aligned}
u_r &= -\frac{1}{2G}\left(\frac{\partial^2\varphi}{\partial r\partial z} - 2\frac{\partial\psi}{r\partial\theta}\right) \\
u_\theta &= -\frac{1}{2G}\left(\frac{\partial^2\varphi}{r\partial\theta\partial z} + 2\frac{\partial\psi}{\partial r}\right) \\
w &= \frac{1}{2G}\left[2(1-\nu)\nabla^2\varphi - \frac{\partial^2\varphi}{\partial z^2}\right]
\end{aligned}\right\} \tag{2-55}
$$

将式(2-55)代入式(2-54)即得应力分量的表达式：

$$
\left.\begin{aligned}
\sigma_r &= \frac{\partial}{\partial z}\left(\nu\nabla^2\varphi - \frac{\partial^2\varphi}{\partial r^2}\right) + 2\frac{\partial}{r\partial\theta}\left(\frac{\partial\psi}{\partial r} - \frac{\psi}{r}\right) \\
\sigma_\theta &= \frac{\partial}{\partial z}\left(\nu\nabla^2\varphi - \frac{\partial\varphi}{r\partial r} - \frac{\partial^2\varphi}{r^2\partial\theta^2}\right) - 2\frac{\partial}{r\partial\theta}\left(\frac{\partial\psi}{\partial r} - \frac{\psi}{r}\right) \\
\sigma_z &= \frac{\partial}{\partial z}\left[(2-\nu)\nabla^2\varphi - \frac{\partial^2\varphi}{\partial z^2}\right] \\
\tau_{r\theta} &= \frac{\partial^2}{r\partial\theta\partial z}\left(\frac{\varphi}{r} - \frac{\partial\varphi}{\partial r}\right) - \frac{\partial^2\psi}{\partial r^2} + \frac{\partial\psi}{r\partial r} + \frac{\partial^2\psi}{r^2\partial\theta^2} \\
\tau_{\theta z} &= \frac{\partial}{r\partial\theta}\left[(1-\nu)\nabla^2\varphi - \frac{\partial^2\varphi}{\partial z^2}\right] - \frac{\partial^2\psi}{\partial r\partial z} \\
\tau_{rz} &= \frac{\partial}{\partial r}\left[(1-\nu)\nabla^2\varphi - \frac{\partial^2\varphi}{\partial z^2}\right] + \frac{\partial^2\psi}{r\partial\theta\partial z}
\end{aligned}\right\} \tag{2-56}
$$

将式(2-56)代入弹性体基本方程式(2-53)，得到的位移函数 $\varphi(r, \theta, z)$ 和 $\psi(r, \theta, z)$ 应满足：

$$\left.\begin{aligned}\nabla^4\varphi(r, \theta, z)=0\\ \nabla^2\psi(r, \theta, z)=0\end{aligned}\right\} \tag{2-57}$$

对于轴对称问题，弹性体基本方程式(2-53)简化为[114]

$$\left.\begin{aligned}&\frac{1}{1-2\nu}\frac{\partial\vartheta}{\partial r}+\nabla^2 u_r-\frac{u_r}{r^2}=0\\ &\frac{1}{1-2\nu}\frac{\partial\vartheta}{\partial z}+\nabla^2 w=0\end{aligned}\right\} \tag{2-58}$$

其中，$\vartheta=\dfrac{\partial u_r}{\partial r}+\dfrac{u_r}{r}+\dfrac{\partial w}{\partial z}$，$\nabla^2=\dfrac{\partial^2}{\partial r^2}+\dfrac{\partial}{r\partial r}+\dfrac{\partial^2}{\partial z^2}$。

位移函数 ψ 恒为零，位移分量表达式简化为

$$\left.\begin{aligned}&u_r=-\frac{1}{2G}\frac{\partial^2\varphi}{\partial r\partial z}\\ &w=\frac{1}{2G}\left[2(1-\nu)\nabla^2-\frac{\partial^2}{\partial z^2}\right]\varphi\end{aligned}\right\} \tag{2-59}$$

轴对称弹性体应力分量的表达式为

$$\left.\begin{aligned}&\sigma_r=\frac{\partial}{\partial z}\left(\nu\nabla^2-\frac{\partial^2}{\partial r^2}\right)\varphi\\ &\sigma_\theta=\frac{\partial}{\partial z}\left(\nu\nabla^2-\frac{\partial}{r\partial r}\right)\varphi\\ &\sigma_z=\frac{\partial}{\partial z}\left[(2-\nu)\nabla^2-\frac{\partial^2}{\partial z^2}\right]\varphi\\ &\tau_{rz}=\frac{\partial}{\partial r}\left[(1-\nu)\nabla^2-\frac{\partial^2}{\partial z^2}\right]\varphi\end{aligned}\right\} \tag{2-60}$$

位移函数 $\varphi(r, z)$ 应满足：

$$\nabla^4\varphi(r, z)=0 \tag{2-61}$$

2.3.2　弹性层状体的解

一般弹性层状问题的位移函数 $\varphi(r, \theta, z)$ 和 $\psi(r, \theta, z)$ 可展开为[84]

$$\left.\begin{aligned}\varphi(r, \theta, z)=\sum_{n=0}^{\infty}\varphi_n(r, z)\cos n\theta\\ \psi(r, \theta, z)=\sum_{n=1}^{\infty}\psi_n(r, z)\sin n\theta\end{aligned}\right\} \tag{2-62}$$

将式(2-62)代入式(2-57)得到：

$$\left.\begin{aligned}\nabla^4\varphi(r,\theta,z)&=\sum_{n=0}^{\infty}\left(\frac{\partial^2}{\partial r^2}+\frac{1}{r}\frac{\partial}{\partial r}-\frac{k^2}{r^2}+\frac{\partial^2}{\partial z^2}\right)^2\varphi_n\cos n\theta=0\\ \nabla^2\psi(r,\theta,z)&=\sum_{n=1}^{\infty}\left(\frac{\partial^2}{\partial r^2}+\frac{1}{r}\frac{\partial}{\partial r}-\frac{k^2}{r^2}+\frac{\partial^2}{\partial z^2}\right)\psi_n\sin n\theta=0\end{aligned}\right\}\tag{2-63}$$

应用汉克尔变换及逆变换解得位移函数 $\varphi_n(r,z)$ 和 $\psi_n(r,z)$：

$$\left.\begin{aligned}\varphi_n(r,z)&=\int_0^{\infty}\xi[(A_{1n}+A_{2n}z)\mathrm{e}^{-\xi z}+(A_{3n}+A_{4n}z)\mathrm{e}^{\xi z}]\mathrm{J}_n(\xi r)\mathrm{d}\xi=0\\ \psi_n(r,z)&=\int_0^{\infty}\xi[A_{5n}\mathrm{e}^{-\xi z}+A_{6n}\mathrm{e}^{\xi z}]\mathrm{J}_n(r\xi)\mathrm{d}\xi=0\end{aligned}\right\}\tag{2-64}$$

式中，J_n 为 n 阶第一类贝塞尔函数，$n=0$ 时下标 0 或可省略。

各应力分量和位移也相应地展开为余弦函数或正弦函数：

$$\left.\begin{aligned}&\sigma_r=\sum_{n=0}^{\infty}\sigma_{r.n}\cos n\theta,\quad \sigma_\theta=\sum_{n=0}^{\infty}\sigma_{\theta.n}\cos n\theta,\quad \sigma_z=\sum_{n=0}^{\infty}\sigma_{z.n}\cos n\theta\\ &\tau_{r\theta}=\sum_{n=1}^{\infty}\tau_{r\theta.n}\sin n\theta,\quad \tau_{\theta z}=\sum_{n=1}^{\infty}\tau_{\theta z.n}\sin n\theta,\quad \tau_{rz}=\sum_{n=0}^{\infty}\tau_{rz.n}\cos n\theta\\ &u_r=\sum_{n=0}^{\infty}u_{r.n}\cos n\theta,\quad u_\theta=\sum_{n=1}^{\infty}u_{\theta.n}\sin n\theta,\quad w=\sum_{n=0}^{\infty}w_n\cos n\theta\end{aligned}\right\}\tag{2-65}$$

将式(2-64)和式(2-65)代入式(2-56)，得到各应力分量和位移的表达式为

$$\left.\begin{aligned}\sigma_{r.n}&=-\int_0^{\infty}\xi^3\{[\xi A_{1n}-(1+2\nu-\xi z)A_{2n}]\mathrm{e}^{-\xi z}-[\xi A_{3n}+(1+2\nu+\xi z)A_{4n}]\mathrm{e}^{\xi z}\}\mathrm{J}_n(\xi r)\mathrm{d}\xi+\\ &\quad\left(\frac{n+1}{2r}U_{n+1}+\frac{n-1}{2r}U_{n-1}\right)\\ \sigma_{\theta.n}&=2\nu\int_0^{\infty}\xi^3(A_{2n}\mathrm{e}^{-\xi z}+A_{4n}\mathrm{e}^{\xi z})\mathrm{J}_n(\xi r)\mathrm{d}\xi-\left(\frac{n+1}{2r}U_{n+1}+\frac{n-1}{2r}U_{n-1}\right)\\ \sigma_{z.n}&=\int_0^{\infty}\xi^3\{[\xi A_{1n}+(1-2\nu+\xi z)A_{2n}]\mathrm{e}^{-\xi z}-[\xi A_{3n}-(1-2\nu-\xi z)A_{4n}]\mathrm{e}^{\xi z}\}\mathrm{J}_n(\xi r)\mathrm{d}\xi\\ \tau_{r\theta.n}&=\int_0^{\infty}\xi^3(A_{5n}\mathrm{e}^{-\xi z}+A_{6n}\mathrm{e}^{\xi z})\mathrm{J}_n(\xi r)\mathrm{d}\xi+\left(\frac{n+1}{2r}U_{n+1}-\frac{n-1}{2r}U_{n-1}\right)\\ \tau_{\theta z.n}&=\frac{1}{2}(H_{n+1}+H_{n-1}),\quad \tau_{rz.n}=\frac{1}{2}(H_{n+1}-H_{n-1})\\ u_{r.n}&=-\frac{1+\nu}{2E}(U_{n+1}-U_{n-1}),\quad u_{\theta.n}=-\frac{1+\nu}{2E}(U_{n+1}+U_{n-1})\\ w_n&=-\frac{1+\nu}{E}\int_0^{\infty}\xi^2\{[\xi A_{1n}+(2-4\nu+\xi z)A_{2n}]\mathrm{e}^{-\xi z}+[\xi A_{3n}-(2-4\nu-\xi z)A_{4n}]\mathrm{e}^{\xi z}\}\mathrm{J}_n(\xi r)\mathrm{d}\xi\end{aligned}\right\}\tag{2-66}$$

其中，$U_{n+m}=\int_0^{\infty}\xi^2\Big\{[\xi A_{1n}-(1-\xi z)A_{2n}-2mA_{5n}]e^{-\xi z}-[\xi A_{3n}+(1+\xi z)A_{4n}+2mA_{6n}]e^{\xi z}\Big\}J_{n+m}(\xi r)d\xi$；

$H_{n+m}=\int_0^{\infty}\xi^3\Big\{[\xi A_{1n}-(2\nu-\xi z)A_{2n}-mA_{5n}]e^{-\xi z}+[\xi A_{3n}+(2\nu+\xi z)A_{4n}+mA_{6n}]e^{\xi z}\Big\}J_{n+m}(\xi r)d\xi$。

式(2-66)中待定常数 A_{1n}、A_{2n}、A_{3n}、A_{4n}、A_{5n}、A_{6n} 可通过层状体的上、下界面各三个边界条件来确定。层状体上、下界面通常分为三类：应力边界、位移界面和混合边界。边界物理量有应力（σ_z、τ_{rz}、$\tau_{\theta z}$）和位移（w、u_r、u_θ），其中有三个是独立的。

对于轴对称问题，即以上各式中下标 $n=0$ 的情形，弹性层状体的位移函数可简化为

$$\varphi(r,z)=\int_0^{\infty}\xi[(A_1+A_2z)e^{-\xi z}+(A_3+A_4z)e^{\xi z}]J_0(\xi r)d\xi \tag{2-67}$$

层状体的应力、位移分量的表达式为

$$\left.\begin{aligned}
\sigma_r&=-\int_0^{\infty}\xi^3\{[\xi A_1-(1+2\nu-\xi z)A_2]e^{-\xi z}-[\xi A_3+(1+2\nu+\xi z)A_4]e^{\xi z}\}J_0(\xi r)d\xi+\frac{1}{r}U\\
\sigma_\theta&=2\nu\int_0^{\infty}\xi^3\{A_2e^{-\xi z}+A_4e^{\xi z}\}J_0(\xi r)d\xi-\frac{1}{r}U\\
\sigma_z&=\int_0^{\infty}\xi^3\{[\xi A_1+(1-2\nu+\xi z)A_2]e^{-\xi z}-[\xi A_3-(1-2\nu-\xi z)A_4]e^{\xi z}\}J_0(\xi r)d\xi\\
\tau_{rz}&=\int_0^{\infty}\xi^3\{[\xi A_1-(2\nu-\xi z)A_2]e^{-\xi z}+[\xi A_3+(2\nu+\xi z)A_4]e^{\xi z}\}J_1(\xi r)d\xi\\
u_r&=-\frac{1+\nu}{E}U\\
w&=-\frac{1+\nu}{E}\int_0^{\infty}\xi^2\{[\xi A_1+(2-4\nu+\xi z)A_2]e^{-\xi z}+[\xi A_3-(2-4\nu-\xi z)A_4]e^{\xi z}\}J_0(\xi r)d\xi
\end{aligned}\right\}\tag{2-68}$$

其中，$U=\int_0^{\infty}\xi^2\{[\xi A_1-(1-\xi z)A_2]e^{-\xi z}-[\xi A_3+(1+\xi z)A_4]e^{\xi z}\}J_1(\xi r)d\xi$。

式(2-68)中待定常数 A_1、A_2、A_3、A_4 可通过层状体的上、下界面各两个边界条件来确定。边界物理量有应力（σ_z、τ_{rz}）和位移（w、u_r），其中有两个是独立的。

2.3.3 弹性半空间体地基

弹性半空间体地基的地基反力与表面位移的关系可由地基表面作用竖向集中力的布辛涅斯克(Boussinesq)问题,或/与地基表面作用水平集中力的西露蒂(Cerruti)问题[116]推广得到,也可按本书 2.3.2 节层状体的位移函数解获得。当地基表面有分布水平荷载,或需考察地基表面径向位移时,采用位移函数法更简捷。

1. 由 Boussinesq 问题推广

当弹性半空间体上作用竖向集中力 P(也称为 Boussinesq 问题)时,半空间体表面的竖向位移(也称挠度或弯沉)的计算式为[115]:

$$w(r)=\frac{(1-\nu_0^2)P}{\pi E_0 r} \tag{2-69}$$

式中 E_0——半空间体的弹性模量;

ν_0——半空间体的泊松比;

r——距集中力 P 的距离。

若已知半空间体上竖向分布荷载 $q(x, y)$,则由式(2-69)推广得到:

(1) 直角坐标系(坐标系 uOv 与 xOy 重合)

$$w(x, y)=\frac{1-\nu_0^2}{\pi E_0}\iint_{S_q}\frac{q(u, v)}{\sqrt{(u-x)^2+(v-y)^2}}\mathrm{d}u\mathrm{d}v \tag{2-70}$$

式中,S_p 为竖向荷载分布区域。

(2) 极坐标系(坐标系 $rO\theta$ 与 $sO\varphi$ 重合)

$$w(r, \theta)=\frac{1-\nu_0^2}{\pi E_0}\iint_{S_q}q(s, \varphi)\mathrm{d}s\mathrm{d}\varphi \tag{2-71}$$

例 2.1 求圆形均布荷载(荷载圆半径 a_p、荷载集度 q_0)作用下半空间体表面的挠度。

先计算位于荷载作用区之外的任一点 M 沉陷,如图 2-9(a)所示,M 点距圆心为 r($r>a$),在荷载范围内取微分面积 $\mathrm{d}A=s\mathrm{d}\theta\mathrm{d}s$,如图中阴影所示,由此产生 M 点的沉陷为

$$\mathrm{d}w=\frac{(1-\nu_0^2)q_0}{\pi E_0 s}\mathrm{d}A=\frac{(1-\nu_0^2)q_0}{\pi E_0}\mathrm{d}\theta\mathrm{d}s \tag{2-72}$$

因而,圆形均布荷载在 M 点的总沉陷为

$$w=\frac{(1-\nu_0^2)q_0}{\pi E_0}\iint_{S_q}\mathrm{d}\theta\mathrm{d}s \tag{2-73}$$

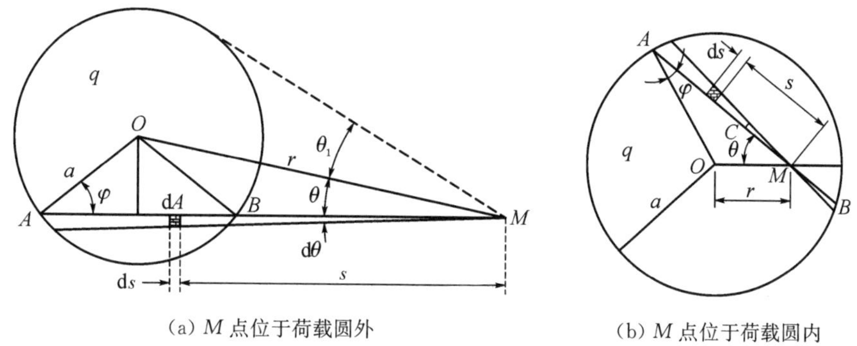

(a) M 点位于荷载圆外　　(b) M 点位于荷载圆内

图 2-9　半空间体上作用圆形均布荷载

弦 AB 的长度为 $2\sqrt{a_{\mathrm{p}}^2-r^2\sin^2\theta}$，用变量 φ 代替变量 θ，φ 与 θ 之间的关系为 $a_{\mathrm{p}}\sin\varphi=r\sin\theta$，$\theta$ 由 0 变化到 θ_1(圆的切线与 OM 之间的夹角)，φ 由 0 变化到 $\pi/2$，则 $\mathrm{d}\theta$ 为

$$\mathrm{d}\theta=\frac{a_{\mathrm{p}}\cos\varphi}{r\cos\theta}\mathrm{d}\varphi=\frac{a_{\mathrm{p}}\cos\varphi}{r\sqrt{1-\left(\dfrac{a_{\mathrm{p}}}{r}\right)^2\sin^2\varphi}}\mathrm{d}\varphi \tag{2-74}$$

则式(2-73)可改写为

$$\begin{aligned} w&=\frac{4(1-\nu_0^2)q_0}{\pi E}\int_0^{\pi/2}\frac{a_{\mathrm{p}}^2\cos^2\varphi}{r\sqrt{1-\left(\dfrac{a_{\mathrm{p}}}{r}\right)^2\sin^2\varphi}}\mathrm{d}\varphi \\ &=\frac{4(1-\nu_0^2)q_0 r}{\pi E_0}\left\{\mathrm{E}\left(\frac{a_{\mathrm{p}}}{r}\right)-\left[1-\left(\frac{a_{\mathrm{p}}}{r}\right)^2\right]\mathrm{F}\left(\frac{a_{\mathrm{p}}}{r}\right)\right\}\end{aligned} \tag{2-75}$$

其中，$\mathrm{E}(k)=\int_0^{\pi/2}\sqrt{1-k^2\sin^2\varphi}\,\mathrm{d}\varphi$，$\mathrm{F}(k)=\int_0^{\pi/2}\frac{1}{\sqrt{1-k^2\sin^2\varphi}}\mathrm{d}\varphi$，分别为第一、第二类完全椭圆积分，如图 2-10 所示。

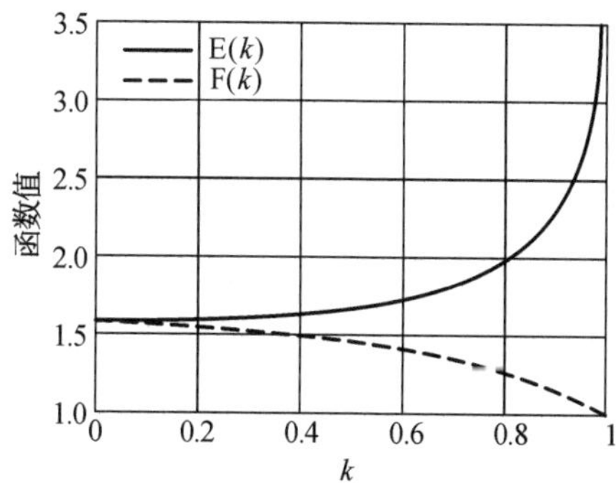

图 2-10　完全椭圆积分函数 E(k)和 F(k)

当 M 点位于圆形荷载作用区内（$r < a_p$）时，弦 AB 的长度为 $2a_p\cos\varphi$，$a_p\sin\varphi = r\sin\theta$，如图 2-9(b)所示，则有：

$$
\begin{aligned}
w &= \frac{(1-\nu_0^2)q_0}{\pi E_0}\iint_D \mathrm{d}\theta\,\mathrm{d}s = \frac{4(1-\nu_0^2)q_0}{\pi E_0}\int_0^{\pi/2} a_p\cos\varphi\,\mathrm{d}\theta \\
&= \frac{4(1-\nu_0^2)q_0 a_p}{\pi E_0}\int_0^{\pi/2}\sqrt{1-\left(\frac{r}{a_p}\right)^2\sin^2\theta}\,\mathrm{d}\theta \\
&= \frac{4(1-\nu_0^2)q_0 a_p}{\pi E_0}\mathrm{E}\left(\frac{r}{a_p}\right)
\end{aligned}
\tag{2-76}
$$

将 $r=0$ 代入式(2-76)得到荷载中心点沉陷 w_0，将 $r=a_p$ 代入式(2-75)或式(2-76)得到荷载圆边缘沉陷 w_a，二者之比为 $\pi/2$，也就是说，荷载中心处沉陷 w_0 是荷载圆边缘沉陷 w_a 的 $\pi/2$ 倍。

$$
w_0 = \frac{2(1-\nu_0^2)q_0 a_p}{E_0}, \quad w_a = \frac{4(1-\nu_0^2)q_0 a_p}{\pi E_0} \tag{2-77}
$$

2. 层状体的位移函数解

由无限深处位移、应力收敛条件可知，式(2-66)、式(2-68)的待定常数 $A_3 = A_4 = A_6 = 0$，另三个待定常数 A_1、A_2、A_5 由表面边界条件确定。地基表面的物理量有三个位移 $w|_{z=0}$、$u_r|_{z=0}$、$u_\theta|_{z=0}$，以及三个应力 $\sigma_z|_{z=0}$、$\tau_{rz}|_{z=0}$、$\tau_{\theta z}|_{z=0}$。轴对称时，需由地基表面边界条件确定的待定常数有两个：A_1、A_2，地基表面的物理量有两个位移 $w|_{z=0}$、$u_r|_{z=0}$，以及两个应力 $\sigma_z|_{z=0}$、$\tau_{rz}|_{z=0}$。

当半空间体表面作用任意荷载时，三个方向的外荷载可展开为如式(2-78)的傅里叶级数，或可将其正、余弦函数互换。

$$
\left.
\begin{aligned}
q_v(r,\theta) &= \sum_{n=0}^{\infty} q_v^n(r)\cos n\theta \\
q_r(r,\theta) &= \sum_{n=0}^{\infty} q_r^n(r)\cos n\theta \\
q_\theta(r,\theta) &= \sum_{n=1}^{\infty} q_\theta^n(r)\sin n\theta
\end{aligned}
\right\}\quad (n=0,1,2,\cdots) \tag{2-78}
$$

与式(2-78)相对应的半空间体表面位移如式(2-79)的傅里叶级数，或可将其正、余弦函数互换。

$$
u_r = \sum_{n=0}^{\infty} u_{r,n}\cos n\theta, \quad u_\theta = \sum_{n=1}^{\infty} u_{\theta,n}\sin n\theta, \quad w = \sum_{n=0}^{\infty} w_n\cos n\theta \tag{2-79}
$$

式(2-79)中的竖向位移 w_n、$u_{r,n}$、$u_{\theta,n}$ 的计算式为

$$\left.\begin{aligned}
u_{r.n}+u_{\theta.n}&=-\frac{1+\nu_0}{E_0}\int_0^{\infty}\xi^2(\xi A_{1n}-A_{2n}-2A_{5n})\,\mathrm{J}_{n+1}(\xi r)\mathrm{d}\xi\\
u_{r.n}-u_{\theta.n}&=\frac{1+\nu_0}{E_0}\int_0^{\infty}\xi^2(\xi A_{1n}-A_{2n}+2A_{5n})\,\mathrm{J}_{n-1}(\xi r)\mathrm{d}\xi\\
w_n&=-\frac{1+\nu_0}{E_0}\int_0^{\infty}\xi^2[\xi A_{1n}+(2-4\nu_0)A_{2n}]\,\mathrm{J}_n(\xi r)\mathrm{d}\xi
\end{aligned}\right\}\tag{2-80}$$

对于第 n 项，半空间体表面的外荷载为 q_{v}^n、q_r^n、q_θ^n，代入式(2-66)中，则待定常数 A_{1n}、A_{2n}、A_{5n} 可由式(2-81)确定。

$$\left.\begin{aligned}
\xi^2[\xi A_{1n}+(1-2\nu_0)A_{2n}]&=-\overline{q}_{\mathrm{v}}^{n(n)}\\
\xi^2[\xi A_{1n}-2\nu_0A_{2n}-A_{5n}]&=-\overline{(q_\theta^n+q_r^n)}^{(n+1)}\\
\xi^2[\xi A_{1n}-2\nu_0A_{2n}+A_{5n}]&=\overline{(q_\theta^n-q_r^n)}^{(n-1)}
\end{aligned}\right\}\tag{2-81}$$

其中，$\overline{q}_{\mathrm{v}}^{n(m)}=\int_0^{\infty}q_{\mathrm{v}}^n r\mathrm{J}_m(\xi r)\mathrm{d}r$，$\overline{(q_\theta^n+q_r^n)}^{(m)}=\int_0^{\infty}r(q_\theta^n+q_r^n)\mathrm{J}_m(\xi r)\mathrm{d}r$，$\overline{(q_\theta^n-q_r^n)}^{(m)}=\int_0^{\infty}r(q_\theta^n-q_r^n)\mathrm{J}_m(\xi r)\mathrm{d}r$。

求式(2-81)得到待定常数 A_{1n}、A_{2n} 和 A_{5n}：

$$\left.\begin{aligned}
\xi^3A_{1n}&=-2\nu_0\overline{q}_{\mathrm{v}}^{n(n)}+\frac{1}{2}(1-2\nu_0)\left[\overline{(q_\theta^n-q_r^n)}^{(n-1)}-\overline{(q_\theta^n+q_r^n)}^{(n+1)}\right]\\
\xi^2A_{2n}&=-\overline{q}_{\mathrm{v}}^{n(n)}-\frac{1}{2}\left[\overline{(q_\theta^n-q_r^n)}^{(n-1)}-\overline{(q_\theta^n+q_r^n)}^{(n+1)}\right]\\
\xi^2A_{5n}&=\frac{1}{2}\left[\overline{(q_\theta^n-q_r^n)}^{(n-1)}+\overline{(q_\theta^n+q_r^n)}^{(n+1)}\right]
\end{aligned}\right\}\tag{2-82}$$

当仅有竖向荷载 q_{v} 时，$A_{5n}=0$，式(2-80)改写为

$$\left.\begin{aligned}
u_{r.n}+u_{\theta.n}&=\frac{(1+\nu_0)(1-2\nu_0)}{E_0}\int_0^{\infty}\overline{q}_{\mathrm{v}}^{n(n)}\mathrm{J}_{n+1}(\xi r)\mathrm{d}\xi\\
u_{r.n}-u_{\theta.n}&=-\frac{(1+\nu_0)(1-2\nu_0)}{E_0}\int_0^{\infty}\overline{q}_{\mathrm{v}}^{n(n)}\mathrm{J}_{n-1}(\xi r)\mathrm{d}\xi\\
w_n&=\frac{2(1-\nu_0^2)}{E_0}\int_0^{\infty}\overline{q}_{\mathrm{v}}^{n(n)}\mathrm{J}_n(\xi r)\mathrm{d}\xi
\end{aligned}\right\}\tag{2-83}$$

当半空间体表面作用轴对称竖向力和水平力时，边界条件可表示为

$$\sigma_z\big|_{z=0}=-q_{\mathrm{v}},\quad \tau_{rz}\big|_{z=0}=-q_r\tag{2-84}$$

半空间体问题表面位移（w、u_r、u_θ）与外荷载（q_{v}、q_r）的关系为

$$
\left.\begin{aligned}
w &= \frac{1+\nu_0}{E_0}\int_0^{\infty}\left[2(1-\nu_0)\bar{q}_{\mathrm{v}}-(1-2\nu_0)\bar{q}_r\right]\mathrm{J}_0(\xi r)\mathrm{d}\xi \\
u_r &= \frac{1+\nu_0}{E_0}\int_0^{\infty}\left[-(1-2\nu_0)\bar{q}_{\mathrm{v}}+2(1-\nu_0)\bar{q}_r\right]\mathrm{J}_1(\xi r)\mathrm{d}\xi \\
u_\theta &= 0
\end{aligned}\right\} \tag{2-85}
$$

其中，$\bar{q}_{\mathrm{v}}=\int_0^{\infty}q_{\mathrm{v}}\mathrm{J}_0(\xi r)r\mathrm{d}r$，$\bar{q}_r=\int_0^{\infty}q_r\mathrm{J}_1(\xi r)r\mathrm{d}r$。

当仅有竖向轴对称荷载作用时，地基表面位移与外荷载的关系为

$$
\left.\begin{aligned}
w(r) &= \frac{2(1-\nu_0^2)}{E_0}\int_0^{\infty}\bar{q}_{\mathrm{v}}(\xi)\mathrm{J}_0(\xi r)\mathrm{d}\xi \\
u_r &= -\frac{(1+\nu_0)(1-2\nu_0)}{E_0}\int_0^{\infty}\bar{q}_{\mathrm{v}}\mathrm{J}_1(\xi r)\mathrm{d}\xi
\end{aligned}\right\} \tag{2-86}
$$

半空间体表面的圆形竖向分布荷载 q_{v} 通常可表示为[62]

$$
q_{\mathrm{v},m}(r)=\begin{cases} m_{\mathrm{p}}q_0\left[1-\left(\dfrac{r}{a_{\mathrm{p}}}\right)^2\right]^{m_{\mathrm{p}}-1}, & r\leqslant a_{\mathrm{p}} \\ 0, & r>a_{\mathrm{p}} \end{cases} \tag{2-87}
$$

式(2-87)竖向分布荷载的合力为 $P=\pi q_0 a_{\mathrm{p}}^2$，也就是说，$q_0$ 是荷载圆的平均分布集度。m_{p} 为荷载分布形状参数，例如，$m_{\mathrm{p}}=1$ 为圆形均布荷载；$m_{\mathrm{p}}=1.5$ 为半球形荷载；$m_{\mathrm{p}}=0.5$ 为弹性半空间体上刚性承载板荷载，参见图 2-11。

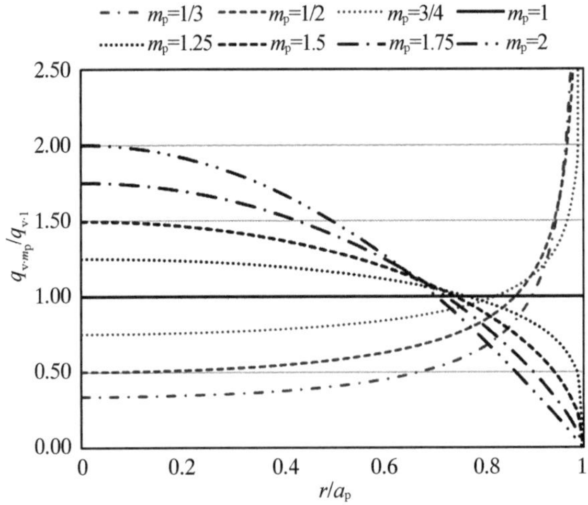

图 2-11　圆形荷载集度分布

式(2-87)的零阶汉克尔变换结果为

$$\bar{q}_{v,m_p}(\xi)=q_0a_p\left(\frac{2}{a_p\xi}\right)^{m_p-1}\frac{\Gamma(m_p+1)}{\xi}J_{m_p}(a_p\xi) \tag{2-88}$$

（1）圆形均布荷载：

$$\bar{q}_{v,1}(\xi)=q_0a_p\frac{J_1(a_p\xi)}{\xi}=\frac{q_0}{\pi a_p}\frac{J_1(a_p\xi)}{\xi} \tag{2-89}$$

（2）半球形荷载：

$$\bar{q}_{v,1.5}(\xi)=q_0a_p\sqrt{\frac{2}{a_p\xi}}\frac{\Gamma(2.5)}{\xi}J_{1.5}(a_p\xi)=q_0a_p\frac{3}{2\xi}\frac{\sin a_p\xi-a_p\xi\cos a_p\xi}{(a_p\xi)^2} \tag{2-90}$$

（3）刚性承载板荷载：

$$\bar{q}_{v,0.5}(\xi)=q_0a_p\sqrt{\frac{a_p\xi}{2}}\frac{\Gamma(1.5)}{\xi}J_{0.5}(a_p\xi)=q_0a_p\frac{\sin a_p\xi}{2\xi} \tag{2-91}$$

（4）圆形半径 a_p 趋于零，即为集中力 P：

$$\bar{q}(r)=\lim_{a_p\to 0}q_0a_p\frac{J_1(a_p\xi)}{\xi}=\lim_{a_p\to 0}q_0a_p\frac{\sin a_p\xi}{2\xi}=\frac{P}{2\pi} \tag{2-92}$$

对应式(2-88)外荷载的半空间表面的径向位移和竖向位移为

$$\left.\begin{aligned}
u_r(r)&=-\frac{(1-2\nu_0)q_0a_p}{4G_0}\frac{a_p}{r}\times\begin{cases}\left\{1-\left[1-\left(\dfrac{r}{a_p}\right)^2\right]^{m_p}\right\}, & r\leqslant a_p\\ 1, & r>a_p\end{cases}\\
w(r)&=\frac{(1-\nu_0)q_0a_p}{4G_0}\frac{a_p}{r}\times\begin{cases}\dfrac{\sqrt{\pi}\,\Gamma(m_p+1)}{\Gamma(m_p+1/2)}F\left[\dfrac{1}{2},\dfrac{1}{2}-m_p,1,\left(\dfrac{a_p}{r}\right)^2\right], & r\leqslant a_p\\ F\left[\dfrac{1}{2},\dfrac{1}{2},m_p+1,\left(\dfrac{a_p}{r}\right)^2\right], & r>a_p\end{cases}
\end{aligned}\right\} \tag{2-93}$$

例 2.2　求如图 2-12 所示的刚性球体压入弹性半空间体时的接触应力、接触角和贯入深度[117]。

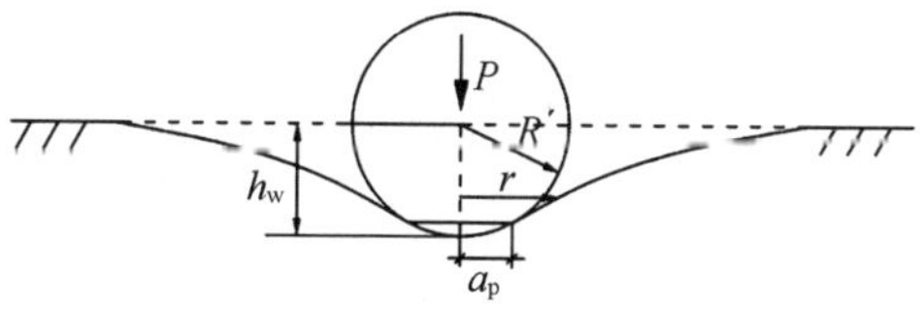

a_p—球体的压入面半径；h_w—压入深度；R—球体的半径

图 2-12　刚性球体压入半空间体示意

在半空间体上进行刚性球体压入，在不计球体与半空间体间切向摩阻的情况下，被压入体表面的边界条件可表示为

$$r \leqslant a_{\mathrm{p}}: \quad \begin{cases} w \mid_{z=0} = c \\ \tau_{rz} \mid_{z=0} = 0 \end{cases}, \quad r > a_{\mathrm{p}}: \quad \begin{cases} \sigma_z \mid_{z=0} = 0 \\ \tau_{rz} \mid_{z=0} = 0 \end{cases} \tag{2-94}$$

式中　w ——被压入体竖向位移；

c ——球体的压入圆弧盆，c：$[h_{\mathrm{w}} - w(r)]^2 + r^2 = R^2$，$r \leqslant a_{\mathrm{p}}$。

式(2-94)为应力、位移混合边界，且随着压入深度增加，球形压头与地基接触面逐渐扩大，是非线性问题，难以直接求解。为此，将其转换成如式(2-88)所示的纯应力边界条件，再通过试算拟合刚性球体与被压入体的接触区（$r \leqslant a_{\mathrm{p}}$）的圆盆状位移条件，确定荷载分布参数 m_{p}。

当被压入体为半空间体时，在表面无剪应力 $\tau_{rz} \mid_{z=0} = 0$，只有竖向荷载 $q = -\sigma_z \mid_{z=0}$ 条件下，半空间体表面位移的计算如式(2-86)所示。

计算结果表明，当相对压入深度 β_{h}（即 h_{w}/R）很小时，荷载分布参数 $m_{\mathrm{p}} = 1.5$，但随着相对压入深度 β_{h} 增大，荷载分布参数 m_{p} 逐渐减小，它们之间的近似关系可表示为

$$m_{\mathrm{p}} = 1.5 - 0.305\beta_{\mathrm{h}} \tag{2-95}$$

压入面相对半径 α_{h}（即 a_{p}/R）、相对压入深度 β_{h} 和压入球体与半空间体的最大接触应力 σ_{c} 与半空间体广义模量 $E_{\mathrm{r0}}\left(\text{即}\dfrac{E_0}{1-\nu_0^2}\right)$、竖向荷载总量 P、球半径 R 之间的近似回归关系为

$$\left.\begin{aligned} \alpha_{\mathrm{h}} &= 0.830\left(\frac{P}{E_{\mathrm{r0}}R^2}\right)^{0.317} \\ \beta_{\mathrm{h}} &= 0.861\left(\frac{P}{E_{\mathrm{r0}}R^2}\right)^{0.675} \\ \sigma_{\mathrm{c}} &= (1.5 - 0.358\alpha_{\mathrm{h}}^2)\frac{P}{\pi\alpha_{\mathrm{h}}^2R^2} \end{aligned}\right\} \tag{2-96}$$

现行球形压入试验方法中未考虑随着荷载增大，压入面逐渐增大的接触非线性，荷载分布参数 m_{p} 取 1.5，此条件下压入面相对半径 $\hat{\alpha}_{\mathrm{h}}$、相对压入深度 $\hat{\beta}_{\mathrm{h}}$ 和压入球体与半空间体的最大接触应力 $\hat{\sigma}_{\mathrm{c}}$ 的计算式为

$$\left.\begin{aligned} \hat{\alpha}_{\mathrm{h}} &= 0.908\left(\frac{P}{E_{\mathrm{r0}}R^2}\right)^{\frac{1}{3}} \\ \hat{\beta}_{\mathrm{h}} &= 0.825\left(\frac{P}{E_{\mathrm{r0}}R^2}\right)^{\frac{2}{3}} \\ \hat{\sigma}_{\mathrm{c}} &= 1.5\frac{P}{\pi\alpha^2R^2} \end{aligned}\right\} \tag{2-97}$$

图 2-13 给出了式(2-96)与式(2-97)中压入面相对半径、相对压入深度、压入球体与半空间体的最大接触应力比值，分别为 $\lambda_\alpha=\hat{\alpha}_h/\alpha_h$、$\lambda_\beta=\hat{\beta}_h/\beta_h$、$\lambda_\sigma=\hat{\sigma}_c/\sigma_c$。从图 2-13 可以看到，若忽略本问题的接触非线性，在 $\alpha_h<0.1$ 的情况下是恰当的，误差小于 1%；但当压入面相对半径 $\alpha_h\geqslant 0.1$ 时，偏差逐渐增加，精度不足。

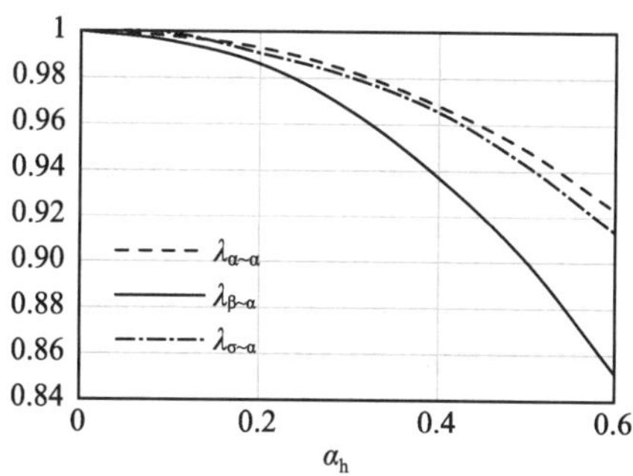

图 2-13　忽略接触非线性的偏差

2.3.4　有限深弹性地基、多层弹性地基

对于有刚性下卧层的有限深弹性地基而言，弹性地基与刚性下卧层之间常用连续条件表征，而地基表面与半空间体相同，通常为应力边界，因此，其边界条件一般可表示为

$$\left.\begin{aligned}&w\,|_{z=H}=u_r\,|_{z=H}=u_\theta\,|_{z=H}=0\\&\sigma_z\,|_{z=0}=-q_v,\quad \tau_{rz}\,|_{z=0}=-q_r,\quad \tau_{\theta z}\,|_{z=0}=-q_\theta\end{aligned}\right\}\tag{2-98}$$

式中，H 为下卧刚性层深度，也是弹性地基的厚度。

将边界条件式(2-98)代入式(2-66)，得到待定常数 A_1、A_2、A_3、A_4、A_5、A_6 的方程组如下：

$$\left.\begin{aligned}&\xi^2\{[\xi A_1+(1-2\nu)A_2]+[\xi A_3-(1-2\nu)A_4]\}=-\bar{q}_z\\&\xi^2[(\xi A_1-2\nu A_2-A_5)+(\xi A_3+2\nu A_4+A_6)]=-\overline{(q_\theta+q_r)}\\&\xi^2[(\xi A_1-2\nu A_2+A_5)+(\xi A_3+2\nu A_4-A_6)]=\overline{(q_\theta-q_r)}\\&[\xi A_1+(2-4\nu+\xi H)A_2]\mathrm{e}^{-2\xi H}+[\xi A_3-(2-4\nu-\xi H)A_4]=0\\&[\xi A_1-(1-\xi H)A_2-2A_5]\mathrm{e}^{-2\xi H}-[\xi A_3+(1+\xi H)A_4+2A_6]=0\\&[\xi A_1-(1-\xi H)A_2+2A_5]\mathrm{e}^{-2\xi H}-[\xi A_3+(1+\xi H)A_4-2A_6]=0\end{aligned}\right\}\tag{2-99}$$

对于有限厚度弹性体地基，随着层厚度的不同，有调整地基弯沉盆的深浅效应，当层厚较小时，地基弯沉盆与 Winkler 地基的趋近，中等厚度时似双参数地基，层厚较大时则为半空间体地基。

例 2.3　计算不同厚度地基在竖向圆形均布荷载作用下的地基弯沉盆，分析其基本规律。

应用式(2-98)、式(2-99)计算得到不同厚度地基在仅有竖向均布圆形荷载作用下的地基相对弯沉盆曲线，并绘于图 2-14，其中(a)图中的纵坐标 ξ_w 为相对于同荷载的无限深地基中点挠度的地基挠度值，(b)图中的纵坐标 λ_w 为相对于同厚度同荷载的中点挠度的地基挠度值。从图 2-14 可以看到，随着地基相对厚度 H/a_p 的减小，地基挠度减小且沿相对径距 r/a_p 收敛加快；从弯沉盆形状来看，随着地基相对厚度 H/a_p 的减小，其弯沉盆形状向双参数地基、Winkler 地基模型的弯沉盆形状趋近。

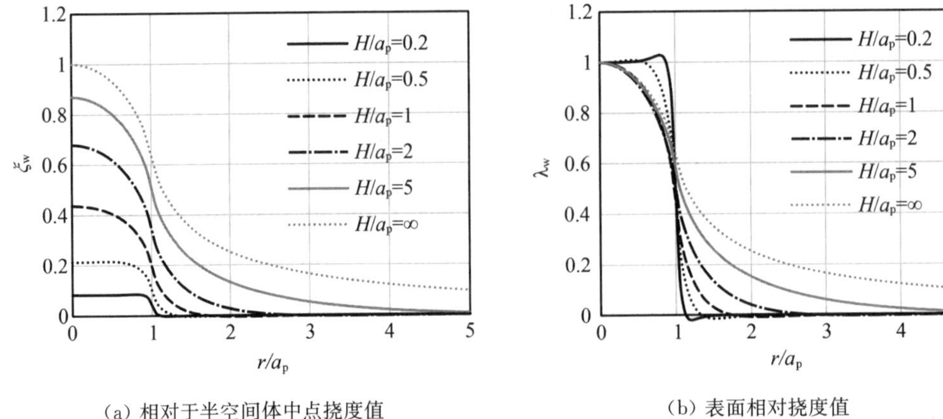

(a) 相对于半空间体中点挠度值　　(b) 表面相对挠度值

图 2-14　不同厚度地基的弯沉盆曲线(ν=0.3)

n 层弹性地基的待定常数共有 $6n$ 个：A_{1i}、A_{2i}、A_{3i}、A_{4i}、A_{5i}、A_{6i}，$i=1, 2, \cdots, n$。除 3 个表面边界条件和 3 个最下层底面边界条件之外，层与层之间接触面共有 $(n-1)$ 个，每一个接触面有 6 个界面接触条件，合计 $6(n-1)$ 个界面接触条件，加上表面、下底面各 3 个边界条件，共计 $6n$ 个条件，与待定常数个数相等。

弹性层之间接触条件一般为层间连续，即上、下 6 个界面物理量相等：

$$\left.\begin{aligned} &\sigma_{z,i}^{+}=\sigma_{z,i+1}^{-}, \quad \tau_{rz,i}^{+}=\tau_{rz,i+1}^{-}, \quad \tau_{\theta z,i}^{+}=\tau_{\theta z,i+1}^{-} \\ &w_{i}^{+}=w_{i+1}^{-}, \quad u_{r,i}^{+}=u_{r,i+1}^{-}, \quad u_{\theta,i}^{+}=u_{\theta,i+1}^{-} \end{aligned}\right\} \tag{2-100}$$

其中，下标 i 表示层次，上标“+”表示层底，上标“−”表示层顶。

2.3.5　横观各向同性体地基

横观各向同性体地基比各向同性体地基更能表征地基各种特点，但它有 5 个材料参数，稍显复杂。本小节仅讨论轴对称的半空间问题，关于非轴对称及其他层状体问题请参阅文献[84]。轴对称横观各向同性体应力-应变本构关系为[118]

$$\begin{bmatrix} \sigma_r \\ \sigma_z \\ \tau_{rz} \end{bmatrix} = \begin{bmatrix} c_{11} & c_{13} & 0 \\ c_{13} & c_{33} & 0 \\ 0 & 0 & c_{44} \end{bmatrix} \begin{bmatrix} \varepsilon_r \\ \varepsilon_z \\ \gamma_{rz} \end{bmatrix} \tag{2-101}$$

横观各向同性体有 5 个独立的弹性系数：水平向弹性模量 E_1 与泊松比 ν_1；垂直向弹性模量 E_2 与泊松比 ν_2；垂直面的剪切模量 G_2。它们与式(2-101)中的系数之间的关系为

$$\left.\begin{aligned} &c_{11}=\Delta\lambda_E(1-\lambda_E\nu_2^2), \quad c_{13}=\Delta\lambda_E\nu_2(1+\nu_1) \\ &c_{33}=\Delta(1-\nu_1^2), \quad c_{44}=G_2 \\ &\lambda_E=\frac{E_1}{E_2}, \quad \Delta=\frac{E_2}{(1+\nu_1)(1-\nu_1-2\lambda_E\nu_2^2)} \end{aligned}\right\} \tag{2-102}$$

尽管横观各向同性体有 5 个独立的弹性系数，但其值并不是随意的，根据弹性系数正定性条件，则有

$$1-\nu_1-\frac{2E_1}{E_2}\nu_2^2>0 \tag{2-103}$$

轴对称横观各向同性体的位移函数 ψ 为

$$\left.\begin{aligned} u_r&=-\frac{\partial^2\psi}{\partial r\partial z}\\ w&=\left(\alpha\ \nabla^2+\beta\frac{\partial^2}{\partial z^2}\right)F \end{aligned}\right\} \tag{2-104}$$

其中，$\alpha=\dfrac{c_{11}}{c_{13}+c_{44}}$，$\beta=\dfrac{c_{44}}{c_{13}+c_{44}}$。

位移函数 ψ 应满足：

$$\left[\frac{1}{r}\frac{\partial}{\partial r}\left(r\frac{\partial}{\partial r}\right)+\frac{1}{s_1^2}\frac{\partial^2}{\partial z^2}\right]\left[\frac{1}{r}\frac{\partial}{\partial r}\left(r\frac{\partial}{\partial r}\right)+\frac{1}{s_2^2}\frac{\partial^2}{\partial z^2}\right]\psi=0 \tag{2-105}$$

其中，$s_0^2=\dfrac{c_{11}-c_{12}}{2c_{44}}$，$s_1^2$ 和 s_2^2 为式(2-106)的两个实数根：

$$c_{33}c_{44}s^4-[c_{44}^2+c_{11}c_{33}-(c_{13}+c_{44})^2]s^2+c_{11}c_{44}=0 \tag{2-106}$$

应用汉克尔变换，得到位移函数 ψ 的汉克尔变换为

$$\bar{\psi}=\frac{1}{\xi^2}\begin{cases}A_1\mathrm{e}^{-s_1\xi z}+A_2\mathrm{e}^{-s_2\xi z}+A_3\mathrm{e}^{s_1\xi z}+A_4\mathrm{e}^{s_2\xi z}, & s_1\neq s_2\\ (A_1+s\xi zA_2)\mathrm{e}^{-s\xi z}+(A_3+s\xi zA_4)\mathrm{e}^{s\xi z}, & s_1=s_2=s\end{cases} \tag{2-107}$$

横观各向同性体的界面位移、应力的表达式为

$$\left.\begin{aligned} u_r&=\int_0^\infty\frac{\partial\bar{\psi}}{\partial z}\mathrm{J}_1(\xi r)\xi^2\mathrm{d}\xi\\ w&=\int_0^\infty\xi\left(-\alpha\xi^2\bar{\psi}+\beta\frac{\partial^2\bar{\psi}}{\partial z^2}\right)\mathrm{J}_0(\xi r)\mathrm{d}\xi\\ \tau_{rz}&=c_{44}\int_0^\infty\left[\alpha\xi^2\bar{\psi}+(1-\beta)\frac{\partial^2\bar{\psi}}{\partial z^2}\right]\mathrm{J}_1(\xi r)\xi^2\mathrm{d}\xi\\ \sigma_z&=\int_0^\infty\xi\left[(c_{13}-c_{33}\alpha)\xi^2\frac{\partial\bar{\psi}}{\partial z}+c_{33}\beta\frac{\partial^3\bar{\psi}}{\partial z^3}\right]\mathrm{J}_0(\xi r)\mathrm{d}\xi \end{aligned}\right\} \tag{2-108}$$

其中，$\dfrac{\partial\bar{\psi}}{\partial z}=-\dfrac{1}{\xi}\begin{cases}s_1A_1\mathrm{e}^{-s_1\xi z}+s_2A_2\mathrm{e}^{-s_2\xi z}+s_1A_3\mathrm{e}^{s_1\xi z}+s_2A_4\mathrm{e}^{s_2\xi z}, & s_1\neq s_2\\ s[A_1+(s\xi z-1)A_2]\mathrm{e}^{-s\xi z}+s[A_3+(s\xi z-1)A_4]\mathrm{e}^{s\xi z}, & s_1=s_2=s\end{cases}$

$$\frac{\partial^2 \bar{\psi}}{\partial z^2}=\begin{cases} s_1^2 A_1 e^{-s_1 \xi z}+s_2^2 A_2 e^{-s_2 \xi z}+s_1^2 A_3 e^{s_1 \xi z}+s_2^2 A_4 e^{s_2 \xi z}, & s_1 \neq s_2 \\ s^2[A_1+(s \xi z-1) A_2] e^{-s \xi z}+s^2[A_3+(s \xi z-1) A_4] e^{s \xi z}, & s_1=s_2=s \end{cases}$$

$$\frac{\partial^3 \bar{\psi}}{\partial z^3}=-\xi\begin{cases} s_1^3 A_1 e^{-s_1 \xi z}+s_2^3 A_2 e^{-s_2 \xi z}+s_1^3 A_3 e^{s_1 \xi z}+s_2^3 A_4 e^{s_2 \xi z}, & s_1 \neq s_2 \\ s^3[A_1+(s \xi z-1) A_2] e^{-s \xi z}+s^3[A_3+(s \xi z-1) A_4] e^{s \xi z}, & s_1=s_2=s \end{cases}$$

当为半空间体时，$A_3=A_4=0$，A_1、A_2 按地基表面边界条件确定。若轴对称，则外荷载作用的半空间体表面边界条件为

$$\left.\begin{aligned} \bar{\sigma}_z \big|_{z=0} &= -\bar{q}_v(\xi) \\ \bar{\tau}_{rz} \big|_{z=0} &= 0 \end{aligned}\right\} \tag{2-109}$$

式中，$\bar{q}_v(\xi)$ 为轴对称外荷载的零阶汉克尔变换。

将式(2-109)代入式(2-108)，解得待定系数 A_1、A_2：

$$A_1=\frac{\bar{q}_v}{\xi}\zeta_1, \quad A_2=\frac{\bar{q}_v}{\xi}\zeta_2 \tag{2-110}$$

式(2-110)中的两系数 ζ_1、ζ_2 与材料弹性常数有关：

$$\zeta_1=\begin{cases} -\dfrac{\alpha+(1-\beta) s_2^2}{\Delta_{12}}, & s_1 \neq s_2 \\ \dfrac{2(1-\beta) s}{\Delta_0}, & s_1=s_2=s \end{cases}; \quad \zeta_2=\begin{cases} \dfrac{\alpha+(1-\beta) s_1^2}{\Delta_{12}}, & s_1 \neq s_2 \\ \dfrac{\alpha / s+(1-\beta) s}{\Delta_0}, & s_1=s_2=s \end{cases} \tag{2-111}$$

其中，

$\Delta_0=[\alpha+(1-\beta) s^2](c_{13}-c_{33} \alpha+3 c_{33} \beta s^2)-2(1-\beta) s^2(c_{13}-c_{33} \alpha+c_{33} \beta s^2)$,

$\Delta_{12}=[\alpha+(1-\beta) s_2^2](c_{13}-c_{33} \alpha+c_{33} \beta s_1^2) s_1-[\alpha+(1-\beta) s_1^2](c_{13}-c_{33} \alpha+c_{33} \beta s_2^2) s_2$。

例 2.4 计算横观各向同性半空间体在圆形均布荷载下的表面挠度，比较纵横模量比 $n=E_2/E_1$、剪拉模量比 $m=2(1+\nu_2)G_2/E_2$ 对表面弯沉盆的影响。

图 2-15 给出了圆形均布荷载作用下，不同纵横模量比 n 及不同剪拉模量比 m 时的横观各向同性半空间体表面挠度曲线，其中，纵坐标为半空间体表面挠度系数 ξ_w，它被定义为横观各向同性半空间体表面挠度与均质半空间体中点挠度之比，即 $\xi_w=w(n, m, r/a_p)/w(1, 1, 0)$。从图 2-15 可以看出，随着纵横模量比 n、剪拉模量比 m 的减小，半空间体地基的表面挠度均随之增加，其中，纵横模量比 n 减小引起挠度增加的幅度大于剪拉模量比 m 减小引起挠度增加的幅度。进一步比较发现，纵横模量比 n 和剪拉模量比 m 对半空间体表面弯沉盆形状没有影响，即地基表面弯沉盆系数 $\lambda_w[w(n, m, r/a_p)/w(n, m, 0)]$ 不受 n 与 m 的影响。随着地基厚度的减小，纵横模量比 n、剪拉模量比 m 对地基挠度的影响减小，即相同 n、m($n<1, m<1$) 值时的地基表面挠度系数 ξ_w 变小，而地基表面挠度沿相

对径距 r/a_p 的收敛速度加快，如图 2-16 所示。

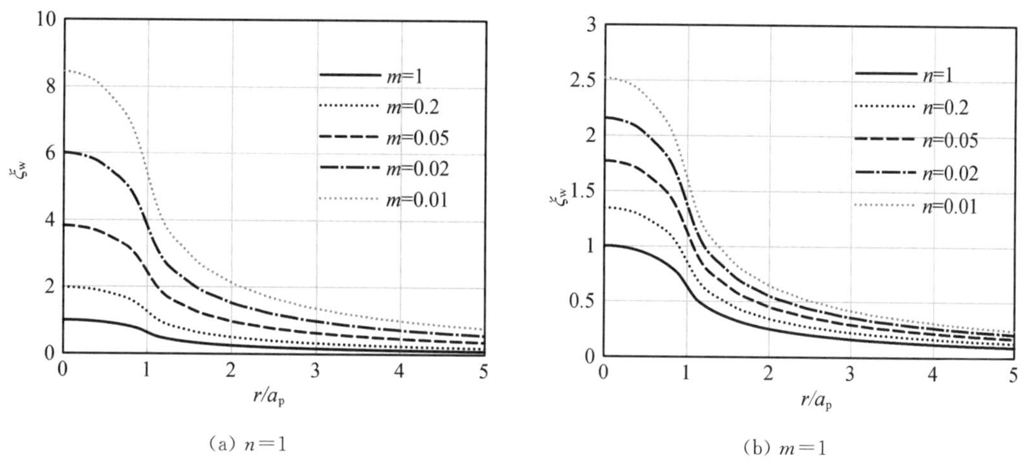

(a) $n=1$　　(b) $m=1$

图 2-15　横观各向同性半空间体的表面挠度

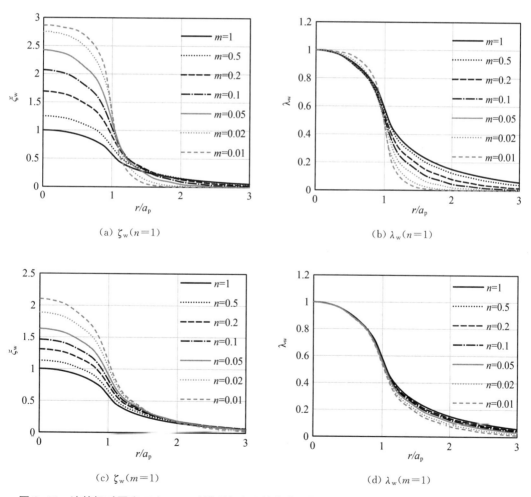

(a) $\zeta_w(n=1)$　　(b) $\lambda_w(n=1)$

(c) $\zeta_w(m=1)$　　(d) $\lambda_w(m=1)$

图 2-16　地基相对厚度 $H/a_p=5$ 时横观各向同性体表面挠度系数 ξ_w 与弯沉盆系数 $\lambda_w(\nu_2=0.3)$

2.4 其他地基模型

2.4.1 复合地基

复合地基有 Winkler 地基与半空间体地基的复合，如图 2-17 所示，其模型的基本方程为

$$\left.\begin{aligned} q_{\mathrm{v}} &= k(w_1 - w_2) \\ w_2 &= \frac{2(1-\nu_0^2)}{\pi E_0}\int_0^{\infty} \bar{q}_{\mathrm{v}}(\xi)\mathrm{J}_0(\xi r)\mathrm{d}\xi \end{aligned}\right\} \tag{2-112}$$

式中 w_1——Winkler 地基表面弯沉；

w_2——半空间体表面弯沉；

q_{v}——Winkler 地基表面竖向荷载。

对式(2-112)应用汉克尔变换，得到复合地基表面弯沉 w_1 与外荷载 q_{v} 的汉克尔变换之间的关系式为

$$\bar{w}_1 = \left[\frac{1}{k} + \frac{2(1-\nu_0^2)}{\pi E_0 \xi}\right]\bar{q}_{\mathrm{v}}(\xi) \tag{2-113}$$

图 2-18 所示为 Winkler 地基与双参数地基的复合，其模型的基本方程为

$$\left.\begin{aligned} q_{\mathrm{v}} &= k(w_1 - w_2) \\ q_{\mathrm{v}} &= k_1 w_2 - k_2 \nabla^2 w_2 \end{aligned}\right\} \tag{2-114}$$

式中 w_1——Winkler 地基表面弯沉；

w_2——双参数地基表面弯沉。

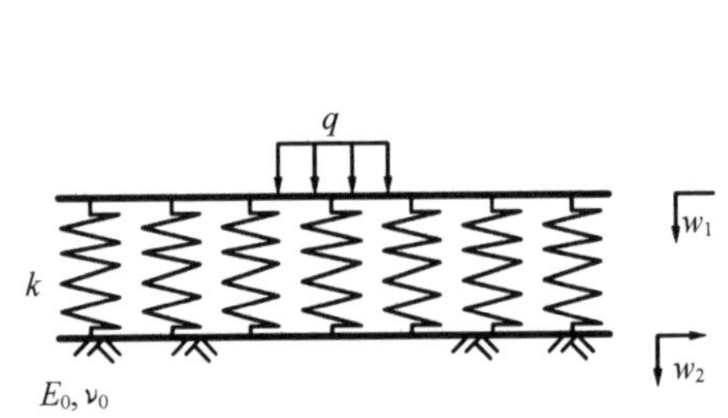

图 2-17 Winkler 地基与半空间体地基的复合

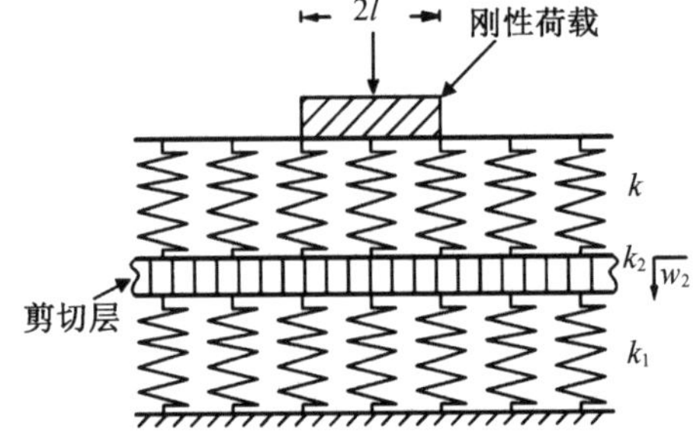

图 2-18 Winkler 地基与双参数地基的复合

对式(2-114)应用汉克尔变换，得到复合地基表面弯沉 w_1 与外荷载 q_{v} 的汉克尔变换之间的关系式为

$$\bar{w}_1=\left(\frac{1}{k_1+\xi^2k_2}+\frac{1}{k}\right)\bar{q}_v \tag{2-115}$$

复合地基兼有两种地基优势，更易满足与上层板、梁结构的变形协调关系。例如，Winkler 地基与半空间体地基的复合，可减缓上层结构不连续处(如板边缘和角隅处)的地基反力集中现象的出现；Winkler 地基与双参数地基的复合，可避免板边缘和角隅处出现地基线状反力，也可更好地反映地基的承载与变形特征，但由于地基参数的增多，使确定地基参数的工作变得更困难，结构计算分析也更为复杂。

为了完整起见，给出尚未见的双参数地基与半空间体地基的复合，如图 2-19 所示，它不太具有优势互补性，其模型的基本方程如式(2-116)所示，复合地基表面弯沉 w_1 与外荷载 q_v 的汉克尔变换之间的关系如式(2-117)所示。

$$\left.\begin{aligned}q_{v1}&=k_1(w_1-w_2)-k_2\nabla^2w_1\\q_{v2}&=k_1(w_1-w_2)\\w_2&=\frac{2(1-\nu_0^2)}{\pi E_0}\int_0^{\infty}\bar{q}_{v2}(\xi)J_0(\xi r)d\xi\end{aligned}\right\} \tag{2-116}$$

式中　q_{v1}——双参数地基反力；

q_{v2}——半空间体地基反力。

$$\bar{q}_{v1}=\left\{\left[\frac{1}{k_1}+\frac{2(1-\nu_0^2)}{\pi E_0\xi}\right]^{-1}+k_2\xi^2\right\}\bar{w}_1 \tag{2-117}$$

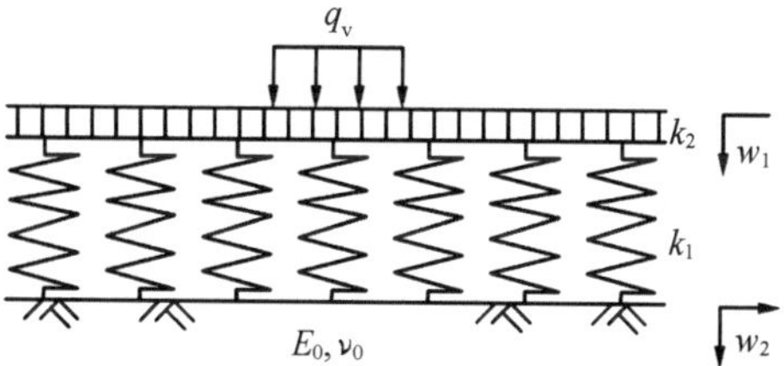

图 2-19　双参数地基与半空间体地基的复合

2.4.2　有水平摩阻地基

当地基表面较为粗糙，与上部板底之间的水平摩阻不可忽略时，可在上述三类地基上增加一个水平弹簧，假设板与地基间的水平摩阻剪应力同地基表面与板底之间的水平位移差成正比，即：

$$q_u=-k_u(u_p-u_f) \tag{2-118}$$

式中　u_p——地基板板底的水平位移；

u_f——地基表面的水平位移；

k_u ——层间水平摩阻系数。

式(2-114)中地基表面的水平位移 u_f 在 Winkler 地基与双参数地基模型中是不存在的，即恒为零；当为弹性介质地基时，即使仅有竖向荷载也存在水平位移，应予计入，u_f 的计算式已在本书 2.3.3 节中做了讨论并给出，其中，半空间体表面作用轴对称竖向力和水平力时的径向水平位移 u_r 计算式见式(2-85)和式(2-86)。

2.4.3 黏弹性地基

地基或多或少存在黏性，尤其当地基土含水量较大或荷载作用时间较长时，黏性愈加明显。对于 Winkler 地基而言，只需在弹簧上串联或并联一个黏壶即可，弹簧与黏壶串联的被称为麦克斯韦(Maxwell)黏弹性模型，弹簧与黏壶并联的被称为开尔文(Kelvin)黏弹性模型，如图 2-20(a)(b)所示。

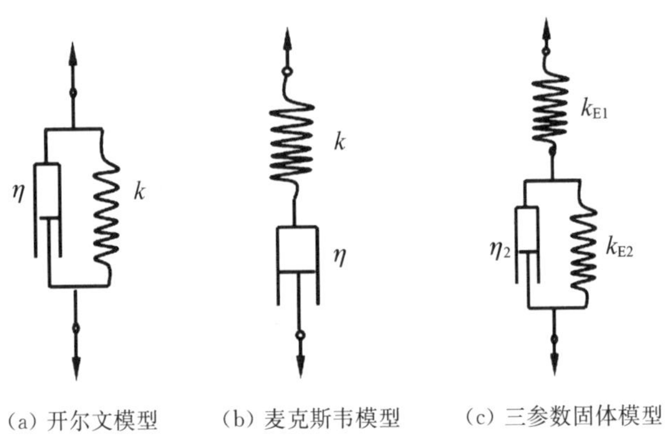

图 2-20 黏弹性模型

麦克斯韦黏弹性模型的荷载与挠度的关系式为

$$p+\frac{\eta\partial p}{k\partial t}=\eta\frac{\partial w}{\partial t} \tag{2-119}$$

式中 k ——材料弹簧模量；

η ——材料黏滞系数。

开尔文黏弹性模型的荷载与挠度的关系式为

$$p=kw+\eta\frac{\partial w}{\partial t} \tag{2-120}$$

除麦克斯韦模型、开尔文模型之外，三参数固体模型也较为常见，如图 2-20(c)所示，其微分方程为

$$(k_{E1}+k_{E2})p+\eta_2\frac{\partial p}{\partial t}=k_{E1}\left(k_{E2}w+\eta_2\frac{\partial w}{\partial t}\right) \tag{2-121}$$

式中　k_{E1}、k_{E2}——弹簧 1、弹簧 2 的弹簧常数；

η_2——与弹簧 2 组对黏壶的黏滞系数。

还有一些更复杂的黏弹性模型，如开尔文链模型和广义麦克斯韦模型也有应用，虽然增加表征地基黏弹性的参数可以更好地反映地基的力学行为，但要确定过多的地基参数是困难的，故大多停留在研究层面而实际应用并不多见。另外，如麦克斯韦模型等具有液体特性的模型在应用时需谨慎，尤其考虑荷载持久作用时。

对于双参数地基，两个地基参数 k_1、k_2 均可按 Winkler 地基方式，串、并联一个黏壶，当然，对于地基参数 k_2，串、并联是当量“黏壶”，其量纲也有别于一般黏壶。

对于均匀介质地基，若考虑其黏性，则在计算时更为复杂，其弹性模量、泊松比为时间函数。对于一般黏弹性材料，体积变化是弹性，流变性质主要表现在剪切变形方面，其应力-应变的本构方程为

$$\left.\begin{aligned} S_{ij} &= G(t) * \mathrm{d}e_{ij} \\ \sigma &= 3Ke \end{aligned}\right\} \tag{2-122}$$

式中　S_{ij}——应力偏量，$S_{ij}=\sigma_{ij}-\sigma\delta_{ij}$；

e_{ij}——应变偏量，$e_{ij}=\varepsilon_{ij}-e\delta_{ij}$；

σ_{ij}——应力张量；

ε_{ij}——应变张量；

δ_{ij}——克罗内克(Kronecker)符号；

σ——应力球张量，即平均应力值，$\sigma=\dfrac{1}{3}(\sigma_1+\sigma_2+\sigma_3)$；

e——应变球张量，即平均应变值，$e=\dfrac{1}{3}(\varepsilon_1+\varepsilon_2+\varepsilon_3)$；

$*$——卷积符号；

K——与时间无关的体积模量；

G——与时间有关的剪切模量。

当剪切变形服从麦克斯韦模型时，偏量分量表达式为

$$\frac{\mathrm{d}e_{ij}}{\mathrm{d}t}=\frac{1}{2G_{\mathrm{m}}}\frac{\mathrm{d}S_{ij}}{\mathrm{d}t}+\frac{1}{2\eta_{\mathrm{m}}}S_j \tag{2-123}$$

式中，G_{m}、η_{m} 分别为麦克斯韦模型下的材料剪切模量和黏滞系数。

剪切变形服从开尔文模型时，偏量分量表达式为

$$S_{ij}=2G_{\mathrm{k}}e_{ij}+2\eta_{\mathrm{k}}\frac{\mathrm{d}e_{ij}}{\mathrm{d}t} \tag{2-124}$$

式中，G_{k}、η_{k} 分别为开尔文模型下的材料剪切模量和黏滞系数。

2.4.4　弹塑性地基

地基塑性对上部结构的影响十分不利，应在工程结构设计中采取措施以避免地基产生

塑性变形，从而保证地基始终处于弹性工作范围。另外，地基塑性较难识别与度量，因其性能参数获取困难，故在实际工程设计中较少涉及地基塑性问题，但从研究视角来看，研究地基塑性的影响是很有必要的。材料弹塑性模型通常有如下几种。

1. 理想弹塑性模型

理想弹塑性模型如图 2-21(a)所示，应力-应变关系方程为

$$\sigma=\begin{cases}E\varepsilon, & \varepsilon\leqslant\varepsilon_e\\ \sigma_0, & \varepsilon>\varepsilon_e\end{cases}\tag{2-125}$$

式中，ε_e 为应变的弹性极限。

2. 理想刚塑性模型

如图 2-21(b)所示，将理想弹塑性模型中的弹性变形忽略不计，其应力-应变关系方程为

$$\varepsilon=\begin{cases}0, & \sigma<\sigma_y\\ \text{任意}, & \sigma=\sigma_y\end{cases}\tag{2-126}$$

式中，σ_y 为刚塑性的屈服应力。

3. 线性强化弹塑性模型

采用两段折线描述 σ-ε 曲线，如图 2-21(c)所示，应力-应变关系方程为

$$\sigma=\begin{cases}E\varepsilon, & \varepsilon\leqslant\varepsilon_e\\ \sigma_s+E_1(\varepsilon-\varepsilon_e), & \varepsilon>\varepsilon_e\end{cases}\tag{2-127}$$

式(2-127)中，当 $E_1=0$ 时退化为理想弹塑性模型；当 $E_1=0$ 且 $\varepsilon_e=0$ 时则退化为刚塑性模型；当 $E_1<0$ 时，称之为应力弱化；当 $E_1>0$ 时，称之为应力强化。

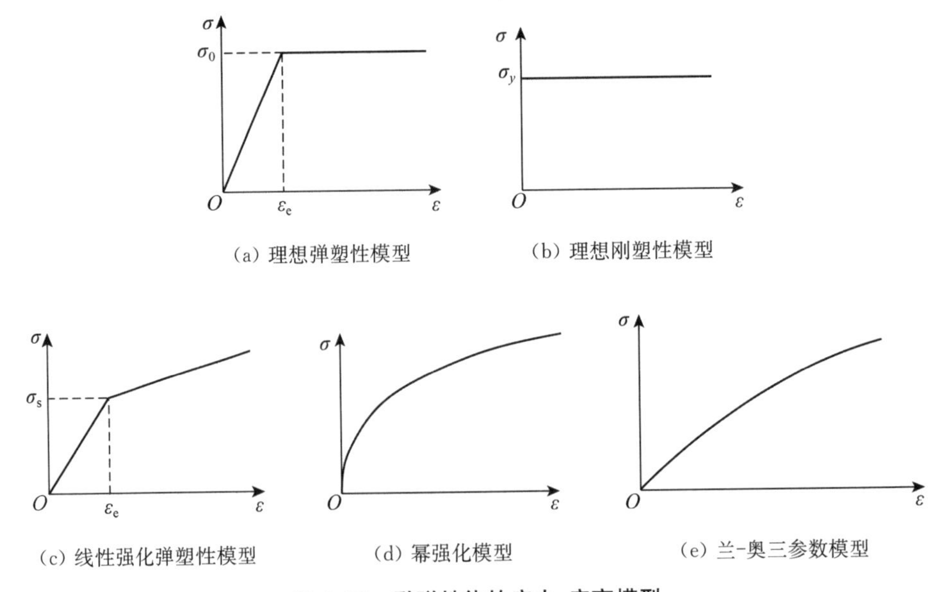

图 2-21　黏弹性体的应力-应变模型

4. 幂强化模型

如图 2-21(d)所示,幂强化模型的应力-应变关系式为

$$\sigma = A\varepsilon^{n_f} \tag{2-128}$$

其中,$0 \leqslant n_f \leqslant 1$,$n_f$ 称之为强化系数;$n_f = 0$ 为刚塑性模型;$n_f = 1$ 为弹性模型。该模型的初始模量趋于无穷大,与实际情况不符,但其优点是统一式,而前三个模型的应力-应变关系需用不同的解析式表示。

5. 兰-奥三参数模型

如图 2-21(e)所示,该模型是幂强化模型的改进型,其应力-应变关系方程为

$$\varepsilon = \frac{\sigma}{E}\left[1 + \left(\frac{\sigma}{\sigma_y}\right)^{m_f}\right], \quad m_f > 1 \tag{2-129}$$

当 $\sigma \ll \sigma_y$ 时,式(2-129)方括号内的第二项可忽略不计,即为弹性阶段;当 σ 较大时,式(2-129)方括号内的第一项可忽略不计,此时接近幂强化规律。

卸载时,可认为应力-应变之间呈线性关系,其斜率与初始模量相同。

对于 Winkler 地基、双参数地基而言,地基的竖向荷载与竖向位移的关系可直接参照上述各模型中的应力-应变关系。对于连续介质地基而言,其体积变形宜处理为弹性,剪切变形与剪应力之间的关系可按上述各模型,塑性阶段的泊松比取 0.50。

2.4.5　地基的惯性

Winkler 地基的惯性,可假设其弹簧具有质量,计入惯性的地基竖向反力表达式为

$$p = kw + m_k \frac{\partial^2 w}{\partial t^2} \tag{2-130}$$

式中,m_k 为地基振动的当量线密度。

对于双参数地基而言,其竖向弹簧的惯性也可按式(2-130)表示,而第二参数,在视其为薄膜张力或剪切模量时,按其物理意义是不存在惯性的,因此,双参数地基竖向反力的表达式为

$$p = k_1 w - k_2 \nabla^2 w + m_k \frac{\partial^2 w}{\partial t^2} \tag{2-131}$$

弹性连续介质地基惯性的计入较为复杂,在轴对称条件下,弹性连续介质的运动微分方程为

$$\left.\begin{aligned} &(\lambda + \mu)\frac{\partial \vartheta}{\partial r} + \mu\left(\nabla^2 u_r - \frac{u_r}{r^2}\right) = \rho \frac{\partial^2 u_r}{\partial t^2} \\ &(\lambda + \mu)\frac{\partial \vartheta}{\partial z} + \mu \nabla^2 w = \rho \frac{\partial^2 w}{\partial t^2} \end{aligned}\right\} \tag{2-132}$$

式中 ϑ——体应变，$\vartheta=\dfrac{\partial u}{\partial r}+\dfrac{u}{r}+\dfrac{\partial w}{\partial z}$；

λ、μ——拉梅系数；

ρ——连续介质的密度。

轴对称层状弹性体的界面物理量有位移（w、u）与应力（σ_z、τ_{zr}），它们对时间 t 的拉普拉斯变换 $\bar{u}$、$\bar{w}$、$\bar{\tau}_{zr}$、$\bar{\sigma}_z$ 可表示为

$$\left.\begin{aligned}
&\bar{\sigma}_z=\lambda\bar{e}(r,z,s)+2\mu\frac{\partial\bar{w}(r,z,s)}{\partial z}\\
&\bar{\tau}_{zr}=\mu\left[\frac{\partial\bar{u}(r,z,s)}{\partial z}+\frac{\partial\bar{w}(r,z,s)}{\partial r}\right]\\
&(\lambda+\mu)\frac{\partial\bar{e}(r,z,s)}{\partial r}+\mu\left(\nabla^2-\frac{1}{r^2}\right)\bar{u}(r,z,s)=\rho s^2\bar{u}(r,z,s)\\
&(\lambda+\mu)\frac{\partial\bar{e}(r,z,s)}{\partial z}+\mu\nabla^2\bar{w}(r,z,s)=\rho s^2\bar{w}(r,z,s)
\end{aligned}\right\}\tag{2-133}$$

对于 $r\to\infty$ 的层状体，可进行汉克尔变换，对式(2-133)中的第二、第三式进行一阶汉克尔变换，对第一、第四式进行零阶汉克尔变换，整理得到：

$$\frac{\mathrm{d}}{\mathrm{d}z}\tilde{\bar{\boldsymbol{X}}}=\boldsymbol{A}\tilde{\bar{\boldsymbol{X}}}\tag{2-134}$$

式中，$\tilde{\bar{\boldsymbol{X}}}=[\tilde{\bar{u}}_1\quad\tilde{\bar{w}}\quad\tilde{\bar{\tau}}_{zr.1}\quad\tilde{\bar{\sigma}}_z]^{\mathrm{T}}$；

$$\boldsymbol{A}=\begin{bmatrix}
0 & \xi & \dfrac{1}{\mu} & 0\\
-\dfrac{\lambda\xi}{\lambda+2\mu} & 0 & 0 & \dfrac{1}{\lambda+2\mu}\\
\rho s^2+\dfrac{4\mu(\lambda+\mu)\xi^2}{\lambda+2\mu} & 0 & 0 & \dfrac{\lambda\xi}{\lambda+2\mu}\\
0 & \rho s^2 & -\xi & 0
\end{bmatrix}。$$

$\tilde{\bar{\sigma}}_z$、$\tilde{\bar{\tau}}_{zr.1}$、$\tilde{\bar{w}}$、$\tilde{\bar{u}}_1$ 为边界应力（σ_z、τ_{zr}）和位移（w、u）对时间 t 进行拉普拉斯变换、对径向 r 进行汉克尔变换。其中，$\tilde{\bar{\tau}}_{zr.1}$、$\tilde{\bar{u}}_1$ 的下标 1 表示一阶汉克尔变换，其他则为零阶汉克尔变换。

根据矩阵理论[119]，则有：

$$\tilde{\bar{\boldsymbol{X}}}(\xi,s,z)=\mathrm{e}^{z[\boldsymbol{A}]}\tilde{\bar{\boldsymbol{X}}}^{+}\tag{2-135}$$

其中，$\tilde{\bar{\boldsymbol{X}}}^{+}=\tilde{\bar{\boldsymbol{X}}}(\xi,s,0)$ 为层顶面的值；$\mathrm{e}^{z[\boldsymbol{A}]}$ 可称之为传递矩阵，见文献[84]。

对于弹性半空间体，其表面弯沉 $w(r,0,t)$ 的拉普拉斯与汉克尔变换 $\tilde{\bar{w}}(\xi,0,s)$ 的

计算式如下：

$$\tilde{\tilde{w}}(\xi, 0, s)=-\frac{\tilde{\tilde{q}}(\xi, s)(\xi^2-\gamma_1^2)\gamma_2}{\mu[4\xi^2\gamma_1\gamma_2-(\xi^2+\gamma_1^2)^2]} \tag{2-136}$$

其中，$\gamma_1=\sqrt{\xi^2+\frac{\rho s^2}{\mu}}$，$\gamma_2=\sqrt{\xi^2+\frac{\rho s^2}{\lambda+2\mu}}$。

式(2-136)中，$\tilde{\tilde{q}}(\xi, s)$ 为半空间体表面竖向荷载的拉普拉斯与汉克尔变换：

$$\tilde{\tilde{q}}(\xi, s)=\int_0^{\infty}\left[\int_0^{\infty}q(r, t)\mathrm{e}^{-st}\mathrm{d}t\right]\mathrm{J}_0(r\xi)\, r\mathrm{d}r \tag{2-137}$$

当考虑连续介质的黏性时，只需将式(2-132)中材料的拉梅系数与应变之积改为拉梅系数与应变增量的卷积，式(2-133)—式(2-136)中的拉梅系数 λ、μ 改为其对时间 t 的拉普拉斯变换 $\bar{\lambda}(s)$、$\bar{\mu}(s)$ 即可。

第3章　板　理　论

地基板主要承受垂直于板中面的外荷载，如车辆、飞机和装卸机械的轮轴载，以及堆货荷载等。按照板的应力-应变关系可将板分为弹性板、黏弹性板和弹塑性板，也可根据板的挠曲程度分为薄板、中厚度板和厚板，还可按外荷载的动与静来区分静态或动态问题。本章首先系统介绍地基板结构分析中几种常见的弹性板理论（小挠度薄板、中厚板、大挠度板、正交异性板和有轴力板等）的基本假设以及板挠曲微分方程的导出过程；其次，详细论述笔者等人近年来提出的板与地基有水平摩阻的小挠度薄板理论、层间有双向弹簧的双层板理论；最后，给出板的惯性、黏性和塑性模型。

3.1　板理论概述

板是指由两平行面以及垂直于这两个平行面的柱面所围成的物体。两平行面被称为板面，其半厚度 $h/2$ 的理论平面被称为板的中面，而其柱面被称为侧面或板边。

就受力状况而言，在静力荷载范围内，板可以有三种形式，如图 3-1 所示，其中，(a)图为外力系作用于板的中面；(b)图为外力仅作用于垂直板中面的板面之上；(c)图为同时有平行和垂直板中面的外力。外力系作用于板的中面内属于典型的平面应力问题，是弹性力学涉及的内容，本书不予讨论。

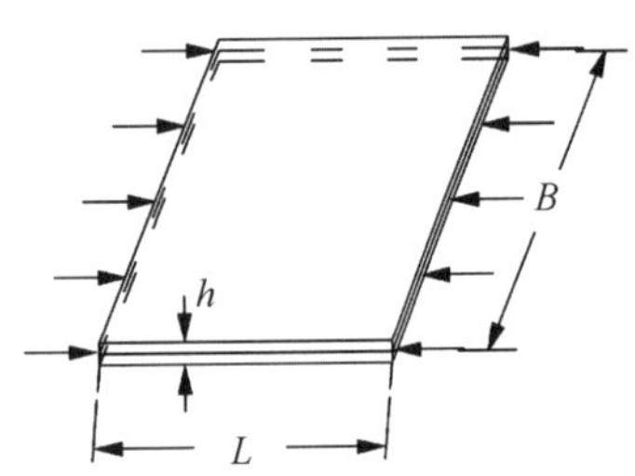

(a) 外力系作用于板的中面

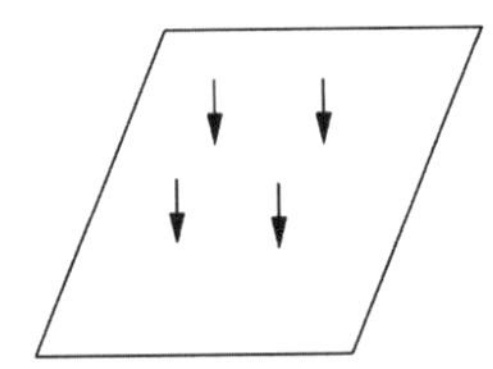
(b) 外力仅作用于垂直板中面的板面之上

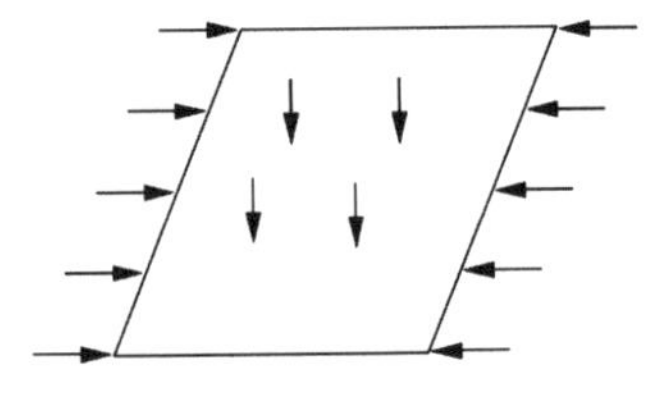
(c) 同时有平行和垂直板中面的外力

图 3-1　板的三种受力情形

在外力作用下，板内部将产生内力。板内力可分为两类：弯曲力和薄膜力，前者指弯矩、扭矩和横向剪力，后者指作用于中面内的拉力、压力和剪切力等。弯曲力使板发生弯扭变形，薄膜力则产生对应于板中面内的变形。

当板的挠度（竖向位移）w 远小于其板厚 h 时，称为小挠度问题，此时，薄膜力较弯曲力小很多,分析中可予忽略,我们常称此类板为**板或刚性板**,见图 3-2(a);当板挠度 w 远大于板厚 h 时,弯曲力远小于薄膜力,可予不计,此类板称为**绝对柔性板**,即为薄膜,如图 3-2(b)所示;当板挠度 w 与板厚 h 大小相近时,称为大挠度问题,弯曲力与薄膜力处于同一数量级,在分析必须同时考量,此类板被称为**柔性板**,即具有抗扭、抗拉的板,见图 3-2(c)。

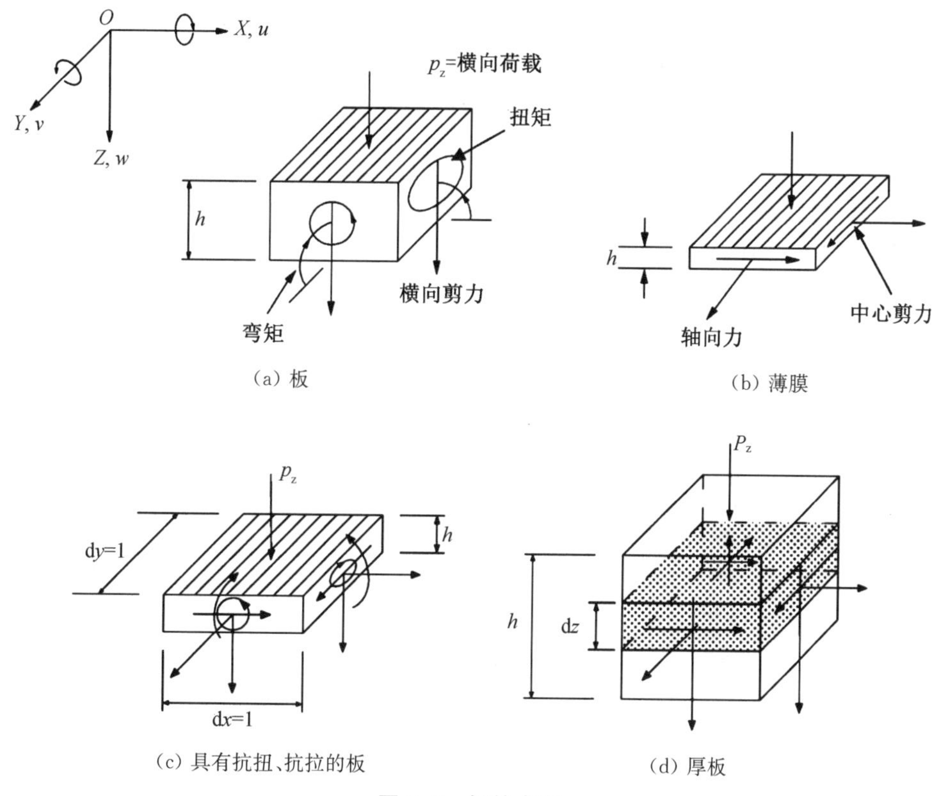

(a) 板　(b) 薄膜

(c) 具有抗扭、抗拉的板　(d) 厚板

图 3-2　板的类型

板通常可依据板厚 h 与其最小边的边长 B 的比值(B/h)划分为薄板、中厚板和厚板三种。对于一般边界支承的板来说,当 $B/h>5$ 或 8 时可视为**薄板**,但对于地基板而言,尚需补充一个条件:荷载作用半径 a_q 与板厚 h 的比值 $a_q/h>1$ 或 1.7。**中厚板**,在有些文献中也被称为厚板,是在薄板基础上部分考虑了截面横向剪应力引起剪切应变对板挠曲的影响。**厚板**,在本书中是指符合严格的三维弹性的层状体,如图 3-2(d)所示,对其的分析在数学上是较为困难的,对于地基板而言,目前仅有无限大板有简明解析解,圆形板只有在理想边界条件下才有颇为复杂的解析解,而矩形及其他形状板尚无解析解。

板理论可按照其应力-应变关系分为弹性板理论、黏弹性板理论和弹塑性板理论。另外,还可按外荷载的动与静来区分。

3.2　薄板理论

在分析弹性小挠度薄板(以下简称“薄板”)在竖向荷载作用下的弯曲问题时,如图 3-3

所示，需对板的应力、应变状况采用某些简化或假设，最早对此问题展开研究的有伯努利、纳维、泊松、圣文南和拉格朗日等，后经柯希霍夫和泊松归纳为如下三个基本假设[14,120]：

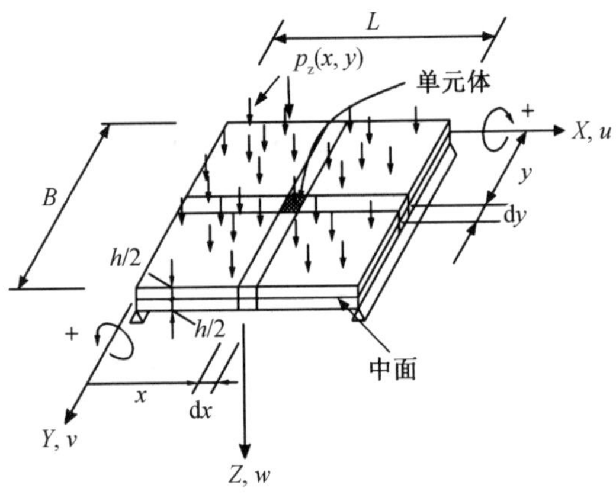

图 3-3　小挠度板的示意

(1) 垂直板中面方向的正应变 ε_z 可忽略。由此可推出，薄板全厚度各点具有相同的挠度，因此，板挠曲方程简化为 $w(x, y)$。

(2) 截面剪应力引起的变形可忽略。上述两个假设也可表述为板横截面始终保持平面。

(3) 中性面无拉伸与压缩变形。板只有弯曲变形，无轴向力，因此，中性面在弯曲时不伸缩。

由上述三个基本假设，可推出板位移有如下关系：

$$\left.\begin{aligned} u_x &= -\frac{\partial w}{\partial x}(z - z_0), \quad u_y = -\frac{\partial w}{\partial y}(z - z_0) \\ \frac{\partial u_x}{\partial z} &= -\frac{\partial w}{\partial x}, \qquad\qquad \frac{\partial u_y}{\partial z} = -\frac{\partial w}{\partial y} \end{aligned}\right\} \tag{3-1}$$

式中　u_x、u_y、w ——板 x、y、z 轴向的位移；

　　z_0 　　板截面中面位置。

板的应力（σ_x、σ_x、τ_{xy}）与应变（ε_x、ε_x、γ_{xy}）之间的关系满足胡克定律，由此得到板的物理方程：

$$\varepsilon_x = \frac{1}{E}(\sigma_x - \nu\sigma_y), \quad \varepsilon_y = \frac{1}{E}(\sigma_y - \nu\sigma_x), \quad \gamma_{xy} = \frac{1}{G}\tau_{xy} \tag{3-2}$$

式中，E、ν、G 分别为板材料的弹性模量、泊松比和剪切模量。

板的几何方程：

$$\varepsilon_x = -\frac{\partial^2 w}{\partial x^2}(z - z_0), \quad \varepsilon_y = -\frac{\partial^2 w}{\partial y^2}(z - z_0), \quad \gamma_{yx} = -2\frac{\partial^2 w}{\partial y \partial x}(z - z_0) \tag{3-3}$$

合并式(3-2)与式(3-3)，得到用挠曲位移 w 表述的板应力分量表达式：

$$\left.\begin{aligned} \sigma_x &= -\frac{E(z - z_0)}{1 - \nu^2}\left(\frac{\partial^2 w}{\partial x^2} + \nu\frac{\partial^2 w}{\partial y^2}\right) \\ \sigma_y &= -\frac{E(z - z_0)}{1 - \nu^2}\left(\frac{\partial^2 w}{\partial y^2} + \nu\frac{\partial^2 w}{\partial x^2}\right) \\ \tau_{xy} &= -\frac{E(z - z_0)}{1 - \nu^2}\frac{\partial^2 w}{\partial y \partial x} \end{aligned}\right\} \tag{3-4}$$

由式(3-4)可以得到板的内力方程为

$$\left.\begin{aligned}
&M_x=-D\left(\frac{\partial^2}{\partial x^2}+\nu\frac{\partial^2}{\partial y^2}\right)w,\quad M_y=-D\left(\frac{\partial^2}{\partial y^2}+\nu\frac{\partial^2}{\partial x^2}\right)w,\quad M_{xy}=-D(1-\nu)\frac{\partial^2 w}{\partial y\partial x}\\
&Q_x=\frac{\partial M_x}{\partial x}+\frac{\partial M_{xy}}{\partial y}=-D\frac{\partial}{\partial x}\nabla^2 w,\quad Q_y=\frac{\partial M_y}{\partial y}+\frac{\partial M_{xy}}{\partial x}=-D\frac{\partial}{\partial y}\nabla^2 w\\
&V_x=Q_x+\frac{\partial M_{xy}}{\partial y}=-D\left[\frac{\partial^3}{\partial x^3}+(2-\nu)\frac{\partial^3}{\partial y^2\partial x}\right]w,\\
&V_y=Q_y+\frac{\partial M_{xy}}{\partial x}=-D\left[\frac{\partial^3}{\partial y^3}+(2-\nu)\frac{\partial^3}{\partial y\partial x^2}\right]w
\end{aligned}\right\}\tag{3-5}$$

式中 M_x、M_y——板截面 x 方向、y 方向的弯矩；

M_{xy}——板截面扭矩；

Q_x、Q_y——板截面 x 方向、y 方向的竖向剪力；

V_x、V_y——板截面 x 方向、y 方向的广义剪力；

D——板的弯曲刚度，$D=\dfrac{Eh^3}{12(1-\nu^2)}$。

薄板矩形微元体的应力状态如图 3-4 所示，其计算式为

$$\left.\begin{aligned}
&\sigma_x=\frac{12M_x}{h^3}\left(z-\frac{h}{2}\right),\quad \sigma_y=\frac{12M_y}{h^3}\left(z-\frac{h}{2}\right)\\
&\tau_{xy}=\tau_{yx}=\frac{12M_{xy}}{h^3}\left(z-\frac{h}{2}\right)\\
&\tau_{xz}=\frac{6Q_x}{h^3}(h-z)z,\quad \tau_{yz}=\frac{6Q_y}{h^3}(h-z)z\\
&\sigma_z=-2\left[p\left(1-\frac{z}{h}\right)^2\left(\frac{z}{h}+\frac{1}{2}\right)+q\left(\frac{z}{h}\right)^2\left(\frac{3}{2}-\frac{z}{h}\right)\right]
\end{aligned}\right\}\tag{3-6}$$

式中 p——板面的竖向分布荷载；

q——板底的地基竖向反力。

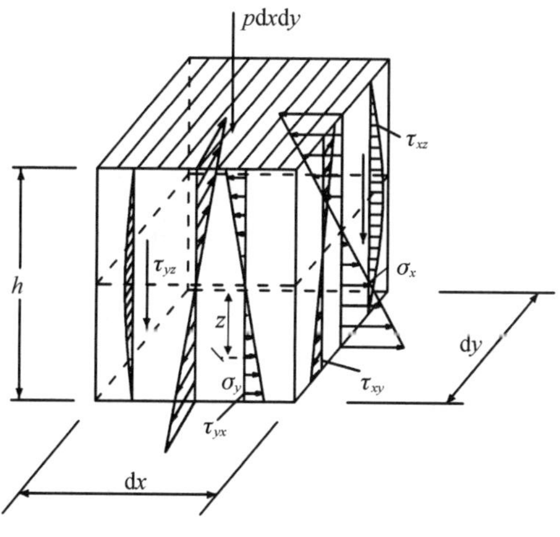

图 3-4 薄板微元体应力

薄板矩形微元体的内力状态如图 3-5 所示，根据静力平衡条件整理得到：

$$\left.\begin{aligned}&\frac{\partial Q_x}{\partial x}+\frac{\partial Q_y}{\partial y}+(p-q)=0\\&Q_x=\frac{\partial M_x}{\partial x}+\frac{\partial M_{xy}}{\partial y}\\&Q_y=\frac{\partial M_y}{\partial y}+\frac{\partial M_{xy}}{\partial x}\\&\frac{\partial^2 M_x}{\partial x^2}+2\frac{\partial^2 M_{xy}}{\partial y\partial x}+\frac{\partial^2 M_y}{\partial y^2}=-(p-q)\end{aligned}\right\}\tag{3-7}$$

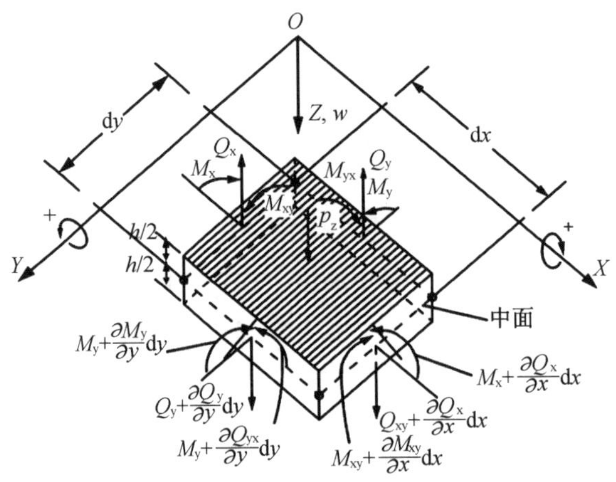

图 3-5　薄板微元体内力

将式(3-5)代入式(3-7)，得到地基上薄板的挠曲面微分方程：

$$D\,\nabla^4 w=p-q\tag{3-8}$$

式中，∇^2 为拉普拉斯算子，$\nabla^2=\frac{\partial^2}{\partial x^2}+\frac{\partial^2}{\partial y^2}$，$\nabla^4=\frac{\partial^4}{\partial x^4}+2\frac{\partial^4}{\partial x^2\partial y^2}+\frac{\partial^4}{\partial y^4}$。

弹性薄板的边界条件有固支边、简支边、滑支边和自由边四类，如图 3-6 所示。

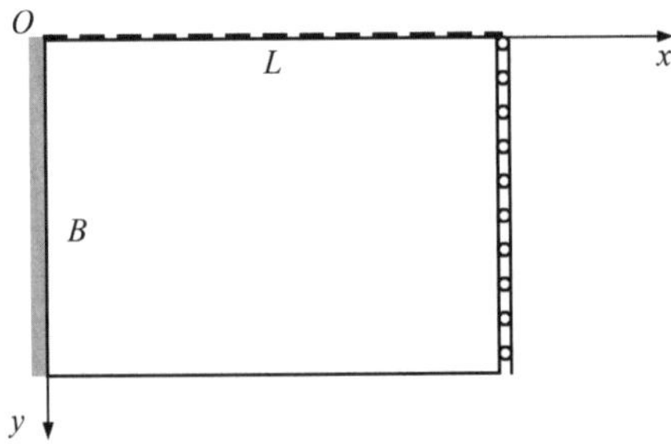

图 3-6　矩形板的边界条件

图 3-6 中，$x=0$ 边为固支边，其边界条件如式(3-9)所示；$y=0$ 边为简支边，其边界条件如式(3-10)所示。

$$w\big|_{x=0}=0,\quad \left.\frac{\partial w}{\partial x}\right|_{x=0}=0 \tag{3-9}$$

$$w\big|_{y=0}=0,\quad M_y\big|_{y=0}=-D\left(\frac{\partial^2 w}{\partial y^2}+\nu\frac{\partial^2 w}{\partial x^2}\right)=0 \tag{3-10}$$

式(3-10)中的前一边界条件指出，挠度 w 在 $y=0$ 的整个边界上恒等于零，由此可推出 $\left.\frac{\partial w}{\partial x}\right|_{y=0}=\left.\frac{\partial^2 w}{\partial x^2}\right|_{y=0}=0$ 成立，因此，弯矩 $M_y\big|_{y=0}=0$ 的条件等价为 $\left.\frac{\partial^2 w}{\partial y^2}\right|_{y=0}=0$。故简支边的边界条件可简化为

$$w\big|_{y=0}=0,\quad \left.\frac{\partial^2 w}{\partial y^2}\right|_{y=0}=0 \tag{3-11}$$

对称轴的边界条件就是滑支边，如图 3-6 中的 $x=L$ 边，其边界条件如式(3-12)所示。

$$\left.\frac{\partial w}{\partial x}\right|_{x=L}=0,\quad Q_x\big|_{x=L}=0,\quad M_{xy}\big|_{x=L}=0 \tag{3-12}$$

其中，后两个边界条件需合并为边界竖向广义分布剪力 $V_x\big|_{x=L}=0$，由式(3-12)中的前一边界条件，$\frac{\partial w}{\partial x}$ 在 $x=L$ 的整个边界上恒等于零，可推出 $\left.\frac{\partial^3 w}{\partial y^2\partial x}\right|_{x=L}=0$，因此，滑支边边界条件可改写为

$$\left.\frac{\partial w}{\partial x}\right|_{x=L}=0,\quad \left.\frac{\partial^3 w}{\partial x^3}\right|_{x=L}=0 \tag{3-13}$$

图 3-6 中，$y=B$ 边为自由边，其边界条件为

$$M_y\big|_{y=B}=0,\quad V_y\big|_{y=B}=0,\quad M_{xy}\big|_{y=B}=0 \tag{3-14}$$

式(3-14)中的第三项边界条件非独立，可由第二项代替，改写为用挠度 w 表示的自由边的边界条件为

$$\left.\left(\frac{\partial^2 w}{\partial y^2}+\nu\frac{\partial^2 w}{\partial x^2}\right)\right|_{y=B}=0,\quad \left.\left[\frac{\partial^3 w}{\partial y^3}+(2-\nu)\frac{\partial^3 w}{\partial x^2\partial y}\right]\right|_{y=B}=0 \tag{3-15}$$

弹性矩形薄板在两边相交的角点 C 有集中力 R_c：

$$R_c=2M_{xy}\big|_c=-2D(1-\nu)\left.\frac{\partial^2 w}{\partial y\partial x}\right|_c \tag{3-16}$$

若两自由边相交，需补充角点条件：

$$R_c=0 \tag{3-17}$$

对于圆板，宜采用圆柱坐标系。圆柱坐标系 (r, θ, z) 与直角坐标系 (x, y, z) 的坐标变换见式(3-18)，直角坐标与极坐标之间的关系如图 3-7 所示。

$$x = r\cos\theta,\quad y = r\sin\theta,\quad r = \sqrt{x^2 + y^2},\quad \theta = \arctan\frac{y}{x} \tag{3-18}$$

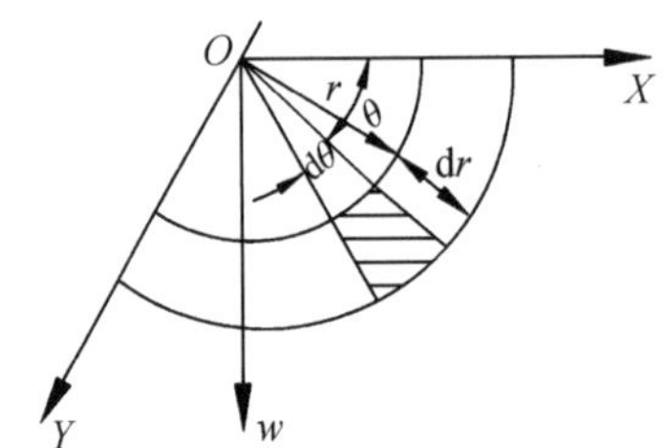

图 3-7　直角坐标与极坐标之间的关系

因为 $r = r(x, y)$ 与 $\theta = \theta(x, y)$，故有：

$$\left.\begin{aligned} &\frac{\partial r}{\partial x} = \frac{x}{r} = \cos\theta, \qquad \frac{\partial r}{\partial y} = \frac{y}{r} = \sin\theta \\ &\frac{\partial \theta}{\partial x} = -\frac{y}{r^2} = -\frac{\sin\theta}{r}, \quad \frac{\partial \theta}{\partial y} = \frac{x}{r^2} = \frac{\cos\theta}{r} \end{aligned}\right\} \tag{3-19}$$

利用式(3-18)、式(3-19)可将直角坐标系下的板挠曲面的转角与曲率改为圆柱坐标下的转角与曲率：

$$\left.\begin{aligned} &\frac{\partial w}{\partial x} = \frac{\partial w}{\partial r}\frac{\partial r}{\partial x} + \frac{\partial w}{\partial \theta}\frac{\partial \theta}{\partial x} = \frac{\partial w}{\partial r}\cos\theta - \frac{\partial w}{r\partial \theta}\sin\theta \\ &\frac{\partial w}{\partial y} = \frac{\partial w}{\partial r}\frac{\partial r}{\partial y} + \frac{\partial w}{\partial \theta}\frac{\partial \theta}{\partial y} = \frac{\partial w}{\partial r}\sin\theta + \frac{\partial w}{r\partial \theta}\cos\theta \\ &\frac{\partial^2 w}{\partial x^2} = \frac{\partial^2 w}{\partial r^2}\cos^2\theta - 2\frac{\partial^2 w}{r\partial r\partial \theta}\cos\theta\sin\theta + \frac{\partial w}{r\partial r}\sin^2\theta + 2\frac{\partial w}{r^2\partial \theta}\cos\theta\sin\theta + \frac{\partial^2 w}{r^2\partial \theta^2}\sin^2\theta \\ &\frac{\partial^2 w}{\partial y^2} = \frac{\partial^2 w}{\partial r^2}\sin^2\theta + 2\frac{\partial^2 w}{r\partial r\partial \theta}\cos\theta\sin\theta + \frac{\partial w}{r\partial r}\cos^2\theta - 2\frac{\partial w}{r^2\partial \theta}\cos\theta\sin\theta + \frac{\partial^2 w}{r^2\partial \theta^2}\cos^2\theta \\ &\frac{\partial^2 w}{\partial x\partial y} = \frac{\partial^2 w}{\partial r^2}\cos\theta\sin\theta + \frac{\partial^2 w}{r\partial r\partial \theta}\cos 2\theta - \frac{\partial w}{r\partial r}\cos\theta\cos\theta - 2\frac{\partial w}{r^2\partial \theta}\cos 2\theta - \frac{\partial^2 w}{r^2\partial \theta^2}\sin\theta\cos\theta \end{aligned}\right\}$$

$$\tag{3-20}$$

利用上述坐标变换公式，得到板的平衡方程如式(3-21)所示，板的物理方程如式(3-22)所示，板的几何方程如式(3-23)所示，板内力(弯矩、剪力和广义剪力，见图 3-8)方程如式(3-24)所示。

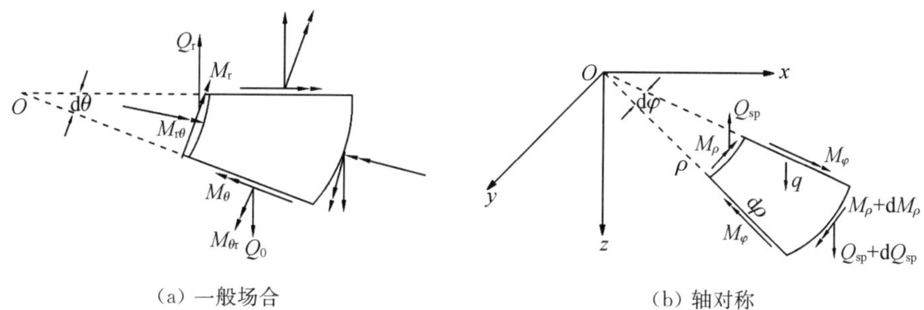

(a) 一般场合　　　　(b) 轴对称

图 3-8　极坐标板单元的内力

$$\left.\begin{aligned}&\frac{\partial Q_r}{\partial r}+\frac{Q_r}{r}+\frac{\partial Q_\theta}{r\partial\theta}+p-q=0\\&Q_r=\frac{\partial M_r}{\partial r}+\frac{M_r-M_\theta}{r}+\frac{\partial M_{\theta r}}{r\partial\theta}\\&Q_\theta=\frac{\partial M_{r\theta}}{\partial r}+\frac{\partial M_\theta}{r\partial\theta}+\frac{2M_{r\theta}}{r}\end{aligned}\right\}\tag{3-21}$$

$$\varepsilon_r=\frac{1}{E}(\sigma_r-\nu\sigma_\theta),\quad \varepsilon_\theta=\frac{1}{E}(\sigma_\theta-\nu\sigma_r),\quad \gamma_{r\theta}=\frac{1}{G}\tau_{r\theta}\tag{3-22}$$

$$\left.\begin{aligned}&\varepsilon_r=-\frac{\partial^2 w}{\partial r^2}(z-z_0),\quad \varepsilon_\theta=-\left(\frac{\partial}{r\partial r}+\frac{\partial^2}{r^2\partial\theta^2}\right)w(z-z_0),\\&\gamma_{r\theta}=-2\frac{\partial}{\partial r}\left(\frac{\partial}{r\partial\theta}\right)w(z-z_0)\end{aligned}\right\}\tag{3-23}$$

$$\left.\begin{aligned}&M_r=-D\left[\frac{\partial^2}{\partial r^2}+\nu\left(\frac{\partial}{r\partial r}+\frac{\partial^2}{r^2\partial\theta^2}\right)\right]w\\&M_\theta=-D\left[\left(\frac{\partial}{r\partial r}+\frac{\partial^2}{r^2\partial\theta^2}\right)+\nu\frac{\partial^2}{\partial r^2}\right]w\\&M_{\theta r}=-D(1-\nu)\left(\frac{\partial^2}{r\partial r\partial\theta}-\frac{\partial}{r^2\partial\theta}\right)w\\&Q_r=-D\frac{\partial}{\partial r}(\nabla^2 w)=-D\left(\frac{\partial^3}{\partial r^3}+\frac{\partial^2}{r\partial r^2}-\frac{\partial}{r^2\partial r}-2\frac{\partial^2}{r^3\partial\theta^2}\right)w\\&Q_\theta=-D\frac{\partial}{r\partial\theta}(\nabla^2 w)=-D\left(\frac{\partial^3}{r\partial^2 r\partial\theta}+\frac{\partial^2}{r^2\partial r\partial\theta}+\frac{\partial^3}{r^3\partial\theta^3}\right)w\\&V_r=Q_r+\frac{\partial M_{\theta r}}{r\partial\theta},\quad V_\theta=Q_\theta+\frac{\partial M_{\theta r}}{\partial r}\end{aligned}\right\}\tag{3-24}$$

其中，$\nabla^2=\dfrac{\partial^2}{\partial r^2}+\dfrac{\partial}{r\partial r}+\dfrac{\partial^2}{r^2\partial\theta^2}$，

$$\nabla^4=\left(\frac{\partial^2}{\partial r^2}+\frac{\partial}{r\partial r}+\frac{\partial^2}{r^2\partial\theta^2}\right)^2=\frac{\partial^4}{\partial r^4}+2\frac{\partial^3}{r\partial r^3}-\frac{\partial^2}{r^2\partial r^2}+\frac{\partial}{r^3\partial r}+2\frac{\partial^4}{r^2\partial r^2\partial\theta^2}+\frac{\partial^4}{r^4\partial\theta^4}-2\frac{\partial^3}{r^3\partial r\partial\theta^2}+4\frac{\partial^2}{r^4\partial\theta^2}。$$

轴对称时，$\gamma_{r\theta}=M_{r\theta}=Q_{\theta}=V_{\theta}=0$，板的物理方程、几何方程、板内力方程分别如式(3-25)、式(3-26)和式(3-27)所示。

$$\varepsilon_r=\frac{1}{E}(\sigma_r-\nu\sigma_\theta),\quad \varepsilon_\theta=\frac{1}{E}(\sigma_\theta-\nu\sigma_r) \tag{3-25}$$

$$\varepsilon_r=-\frac{\partial^2 w}{\partial r^2}(z-z_0),\quad \varepsilon_\theta=-\frac{\partial w}{r\partial r}(z-z_0) \tag{3-26}$$

$$\left.\begin{aligned}M_r&=-D\left(\frac{\mathrm{d}^2}{\mathrm{d}r^2}+\nu\frac{\mathrm{d}}{r\mathrm{d}r}\right)w\\M_\theta&=-D\left(\frac{\mathrm{d}}{r\mathrm{d}r}+\nu\frac{\mathrm{d}^2}{\mathrm{d}r^2}\right)w\\Q_r&=-D\left(\frac{\mathrm{d}^3}{\mathrm{d}r^3}+\frac{\mathrm{d}^2}{r\mathrm{d}r^2}-\frac{\mathrm{d}}{r^2\mathrm{d}r}\right)w\end{aligned}\right\} \tag{3-27}$$

其中，$\nabla^2=\frac{\mathrm{d}^2}{\mathrm{d}r^2}+\frac{\mathrm{d}}{r\mathrm{d}r}$，$\nabla^4=\left(\frac{\mathrm{d}^2}{\mathrm{d}r^2}+\frac{\mathrm{d}}{r\mathrm{d}r}\right)^2=\frac{\mathrm{d}^4}{\mathrm{d}r^4}+2\frac{\mathrm{d}^3}{r\mathrm{d}r^3}-\frac{\mathrm{d}^2}{r^2\mathrm{d}r^2}+\frac{\mathrm{d}}{r^3\mathrm{d}r}$。

圆板的边界条件也有固支、简支、滑支和自由四种，它们的表达式分别如下。

(1) 固支：

$$\left.\begin{aligned}w\,|_{r=R}&=0\\\left.\frac{\partial w}{\partial r}\right|_{r=R}&=0\end{aligned}\right\} \tag{3-28}$$

(2) 简支：$w\,|_{r=R}=0$，$M_r\,|_{r=R}=0$，展开弯矩为零条件得到

$$M_r\,|_{r=R}=-D\left[\frac{\partial^2}{\partial r^2}+\nu\left(\frac{1}{r}\frac{\partial}{\partial r}+\frac{1}{r^2}\frac{\partial^2}{\partial\theta^2}\right)\right]w\,|_{r=R}=0$$

由 $w|_{r=R}=0$ 条件，可推出 $\left.\frac{\partial^2 w}{\partial\theta^2}\right|_{r=R}=0$，故弯矩为零条件可改写为

$$\left(\frac{\partial^2}{\partial r^2}+\nu\frac{\partial}{r\partial r}\right)w\,|_{r=R}=0$$

由此，简支边界条件可表示为

$$\left.\begin{aligned}w\,|_{r=R}&=0\\\left(\frac{\partial^2}{\partial r^2}+\nu\frac{\partial}{r\partial r}\right)w\,|_{r=R}&=0\end{aligned}\right\} \tag{3-29}$$

(3) 滑支：$\left.\frac{\partial w}{\partial r}\right|_{r=R}=0$，$Q_r\,|_{r=R}=0$，$M_{r\theta}\,|_{r=R}=0$，后两个条件不独立，合并为广义竖向分布反力 $V_{r|r=c}=0$。展开广义竖向分布反力为零条件得到

$$V_r = Q_r \big|_{r=R} + \frac{\partial M_{r\theta}}{r\partial\theta}\bigg|_{r=R} = -D\left[\frac{\partial}{\partial r}(\nabla^2 w)\big|_{r=R} + \frac{1-\nu}{r^2}\left(\frac{\partial^3}{\partial r\partial\theta^2} - \frac{1}{r}\frac{\partial^2}{\partial\theta^2}\right)w\big|_{r=R}\right]$$

$$= -D\left(\frac{\partial^3}{\partial r^3} + \frac{\partial^2}{r\partial r^2} - \frac{1-\nu}{r^3}\frac{\partial^2}{\partial\theta^2}\right)w\big|_{r=R}$$

由此，滑支边界条件可表示为

$$\left.\begin{aligned} &\frac{\partial w}{\partial r}\bigg|_{r=R} = 0 \\ &\left(\frac{\partial^3}{\partial r^3} + \frac{\partial^2}{r\partial r^2} - \frac{1-\nu}{r^3}\frac{\partial^2}{\partial\theta^2}\right)w\big|_{r=R} = 0 \end{aligned}\right\} \tag{3-30}$$

（4）自由：$M_r\big|_{r=R}=0$，$M_{r\theta}\big|_{r=R}=0$，$Q_r\big|_{r=R}=0$，后两个条件不独立，合并为广义竖向分布反力 $V_{r|r=R}=0$。

$$\left.\begin{aligned} &\left[\frac{\partial^2}{\partial r^2} + \nu\left(\frac{1}{r}\frac{\partial}{\partial r} + \frac{1}{r^2}\frac{\partial^2}{\partial\theta^2}\right)\right]w\big|_{r=R} = 0 \\ &\left[\frac{\partial}{\partial r}\nabla^2 + \frac{1-\nu}{r^2}\left(\frac{\partial^3}{\partial r\partial\theta^2} - \frac{1}{r}\frac{\partial^2}{\partial\theta^2}\right)\right]w\big|_{r=R} = 0 \end{aligned}\right\} \tag{3-31}$$

3.3 中厚板理论

薄板理论中忽略板内剪应力的剪切效应，以及竖向压应力的压缩效应，这种忽略带来的最短边边长 B 与偏差随着板厚 h 之比（B/h）的减小，或荷载当量半径 a_p 与板厚 h 之比（a_p/h）的减小而扩大。对此，众多学者从不同视角审视此问题，提出了各种近似理论，其中，较著名的有赖斯纳（E. Reissner）中厚板理论[112, 121, 122]、汉盖（H. Hencky）中厚板理论[123]、克罗姆（A.Kromm）中厚板理论[124]、明德林（R.D.Mindlin）中厚板理论[125]、弗拉索夫（Vlazov）中厚板理论等[26]。尽管这些理论的出发点及处理方式不尽相同，但力学实质上差别细微，仅在考虑剪切效应的程度上有所不同。因此，本书只介绍赖斯纳中厚板理论和汉盖中厚板理论。

3.3.1 赖斯纳中厚板理论

赖斯纳中厚板理论是在薄板理论的基础上，部分考虑截面剪应力引起的“剪应变”。它实质上是把铁摩辛柯梁理论由一维扩展至二维，即由梁拓展至板。

赖斯纳中厚板理论的位移函数为

$$u_w = w(x, y), \quad u_x = z\psi_x(x, y), \quad u_y = z\psi_y(x, y) \tag{3-32}$$

式中 u_w、u_x、u_y ——板任一点 w、x、y 向的位移；

w ——板中面的竖向位移；

ψ_x、ψ_y ——板截面 x、y 方向的转角。

各应变分量的表达式为

$$\left.\begin{aligned}&\varepsilon_x=z\frac{\partial\psi_x}{\partial x},\quad \varepsilon_y=z\frac{\partial\psi_y}{\partial y},\quad \gamma_{xy}=\frac{z}{2}\left(\frac{\partial\psi_x}{\partial y}+\frac{\partial\psi_y}{\partial x}\right)\\&\gamma_{xz}=\frac{1}{2}\left(\psi_x+\frac{\partial w}{\partial x}\right),\quad \gamma_{yz}=\frac{1}{2}\left(\psi_y+\frac{\partial w}{\partial y}\right)\end{aligned}\right\}\tag{3-33}$$

板内力的表达式为

$$\left.\begin{aligned}&M_x=-D\left(\frac{\partial^2 w}{\partial x^2}+\nu\frac{\partial^2 w}{\partial y^2}\right)+\frac{D}{\phi^2 Gh}\left(\frac{\partial Q_x}{\partial x}+\nu\frac{\partial Q_y}{\partial y}\right)\\&M_y=-D\left(\frac{\partial^2 w}{\partial y^2}+\nu\frac{\partial^2 w}{\partial x^2}\right)+\frac{D}{\phi^2 Gh}\left(\frac{\partial Q_y}{\partial y}+\nu\frac{\partial Q_x}{\partial x}\right)\\&M_{xy}=-D(1-\nu)\left[\frac{\partial^2 w}{\partial y\partial x}+\frac{1}{\phi^2 Gh}\left(\frac{\partial Q_y}{\partial x}+\frac{\partial Q_x}{\partial y}\right)\right]\\&Q_x=\phi^2 Gh\left(\psi_x+\frac{\partial w}{\partial x}\right),\quad Q_y=\phi^2 Gh\left(\psi_y+\frac{\partial w}{\partial y}\right)\end{aligned}\right\}\tag{3-34}$$

式(3-34)中剪切系数 ϕ 的物理意义与铁摩辛柯梁理论中的剪切系数相同，它与泊松比 ν 有关：

$$\phi^2=\frac{5}{3(2-\nu)}\tag{3-35}$$

再应用静力平衡方程，可得到地基上赖斯纳中厚板微分方程为

$$\left.\begin{aligned}&\nabla^4 w=\left(\frac{1}{D}-\frac{\nabla^2}{\phi^2 Gh}\right)(p-q)\\&\left(\frac{h^2}{12\phi^2}\nabla^2-1\right)\left[\psi_x-\frac{\partial}{\partial x}(p-q)\right]=0\\&\left(\frac{h^2}{12\phi^2}\nabla^2-1\right)\left[\psi_y-\frac{\partial}{\partial y}(p-q)\right]=0\end{aligned}\right\}\tag{3-36}$$

新设位移函数 Ω，令 $\psi_x=\dfrac{\partial\Omega}{\partial x}$， $\psi_y=\dfrac{\partial\Omega}{\partial y}$，则式(3-36)可表示为

$$\left.\begin{aligned}&\nabla^4 w=\left(\frac{1}{D}-\frac{\nabla^2}{\phi^2 Gh}\right)(p-q)\\&\nabla^2\Omega+\nabla^2 w=-\frac{p-q}{\phi^2 Gh}\end{aligned}\right\}\tag{3-37(a)}$$

或

$$\left.\begin{aligned}\nabla^4 w &= \left(\frac{1}{D} - \frac{\nabla^2}{\phi^2 Gh}\right)(p-q)\\ \nabla^4 \Omega &= -\frac{p-q}{D}\end{aligned}\right\} \tag{3-37(b)}$$

赖斯纳中厚板理论的物理意义是在维持了薄板平截面假定基础上，将板中性面的转动视为由板弯矩引起的转角 $\psi_x(\psi_y)$ 和“剪应变”引起的转角 $\psi_{Q.x}(\psi_{Q.y})$ 两部分组成，即

$$\left.\begin{aligned}&\frac{\partial w}{\partial i} = \psi_i + \psi_{Qi} \quad (i = x,\ y)\\ &\psi_{Q.x} = \frac{6}{\phi^2 Gh}(Q_x + \nu Q_y), \qquad \psi_{Q.y} = \frac{6}{\phi^2 Gh}(Q_y + \nu Q_x)\\ &\frac{\partial \psi_x}{\partial x} = \frac{1}{D}(M_x - \nu M_y), \qquad \frac{\partial \psi_y}{\partial y} = \frac{1}{D}(M_y - \nu M_x)\end{aligned}\right\} \tag{3-38}$$

赖斯纳中厚板边界条件有固支、简支、滑支和自由四种，参见图 3-6，它们的表达式分别如下。

(1) 固支 $(x=0)$：

$$\left.\begin{aligned}&w\,|_{x=0} = 0\\ &\left.\frac{\partial w}{\partial x}\right|_{x=0} = 0\\ &\psi_x\,|_{x=0} = 0\end{aligned}\right\} \tag{3-39}$$

(2) 简支 $(y=0)$：$w\,|_{y=0}=0$，$M_y\,|_{y=0}=0$，展开弯矩为零条件得到

$$\left.\begin{aligned}&w\,|_{y=0} = 0\\ &\psi_x\,|_{y=0} = 0\\ &M_y\,|_{y=0} = 0\end{aligned}\right\} \tag{3-40}$$

(3) 滑支 $(x=L)$：

$$\left.\begin{aligned}&\psi_x\,|_{x=L} = 0\\ &Q_x\,|_{x=L} = 0\\ &M_{xy}\,|_{x=L} = 0\end{aligned}\right\} \tag{3-41}$$

(4) 自由 $(y=B)$：

$$\left.\begin{aligned}&M_y\,|_{y=B} = 0\\ &Q_y\,|_{y=B} = 0\\ &M_{xy}\,|_{y=B} = 0\end{aligned}\right\} \tag{3-42}$$

采用圆柱坐标，赖斯纳中厚板的位移如式(3-43)所示，板的几何方程如式(3-44)所示，

板内力方程如式(3-45)所示。

$$w=w(r,\theta),\quad u_r=z\psi_r(r,\theta),\quad u_\theta=z\psi_\theta(r,\theta) \tag{3-43}$$

$$\left.\begin{aligned}&\varepsilon_r=z\frac{\partial\psi_r}{\partial r},\quad \varepsilon_\theta=z\left(\frac{\psi_r}{r}+\frac{\partial\psi_\theta}{r\partial\theta}\right),\quad \gamma_{r\theta}=\frac{z}{2}\left(\frac{\partial\psi_r}{r\partial\theta}+\frac{\partial\psi_\theta}{\partial r}\right)\\&\gamma_{rz}=\frac{1}{2}\left(\psi_r+\frac{\partial w}{\partial r}\right),\quad \gamma_{\theta z}=\frac{1}{2}\left(\psi_\theta+\frac{\partial w}{r\partial\theta}\right)\end{aligned}\right\} \tag{3-44}$$

$$\left.\begin{aligned}&M_r=-D\left[\frac{\partial^2}{\partial r^2}+\nu\left(\frac{\partial}{r\partial r}+\frac{\partial^2}{r^2\partial\theta^2}\right)\right]w+\frac{D}{\phi^2Gh}\left[\frac{\partial Q_r}{\partial r}+\nu\left(\frac{Q_r}{r}+\frac{\partial Q_\theta}{r\partial\theta}\right)\right]\\&M_\theta=-D\left(\nu\frac{\partial^2}{\partial r^2}+\frac{\partial}{r\partial r}+\frac{\partial^2}{r^2\partial\theta^2}\right)w+\frac{D}{\phi^2Gh}\left(\frac{Q_r}{r}+\frac{\partial Q_\theta}{r\partial\theta}+\nu\frac{\partial Q_r}{\partial r}\right)\\&M_{r\theta}=-D(1-\nu)\left[\left(\frac{1}{r}\frac{\partial^2}{\partial r\partial\theta}-\frac{1}{r^2}\frac{\partial}{\partial\theta}\right)w+\frac{D}{\phi^2Gh}\left(\frac{\partial Q_\theta}{\partial r}+\frac{\partial Q_r}{r\partial\theta}\right)\right]\\&Q_r=\phi^2Gh\left(\psi_r+\frac{\partial w}{\partial r}\right),\quad Q_\theta=\phi^2Gh\left(\psi_\theta+\frac{\partial w}{r\partial\theta}\right)\end{aligned}\right\} \tag{3-45}$$

位移函数 Ω 改写为 $\psi_r=\dfrac{\partial\Omega}{\partial r}$，$\psi_\theta=\dfrac{\partial\Omega}{r\partial\theta}$，微分方程式(3-37)不变。

圆柱坐标下赖斯纳中厚板边界条件也有固支、简支、滑支和自由四种，它们的表达式分别如下。

(1) 固支：

$$\left.\begin{aligned}&w\,|_{r=R}=0\\&\psi_\theta\,|_{r=R}=0\\&\psi_r\,|_{r=R}=0\end{aligned}\right\} \tag{3-46}$$

(2) 简支：$w\,|_{r=c}=0$，$M_r\,|_{r=c}=0$，展开弯矩为零条件得到

$$\left.\begin{aligned}&w\,|_{r=R}=0\\&\psi_\theta\,|_{r=R}=0\\&M_r\,|_{r=R}=0\end{aligned}\right\} \tag{3-47}$$

(3) 滑支：

$$\left.\begin{aligned}&\psi_r\,|_{r=R}=0\\&Q_r\,|_{r=R}=0\\&M_{r\theta}\,|_{r=R}=0\end{aligned}\right\} \tag{3-48}$$

(4) 自由：

$$\left.\begin{aligned}&M_r\,|_{r=R}=0\\&Q_r\,|_{r=R}=0\\&M_{r\theta}\,|_{r=R}=0\end{aligned}\right\} \tag{3-49}$$

轴对称时，$\psi_r=\dfrac{\mathrm{d}\Omega}{\mathrm{d}r}$，$\psi_\theta=M_{r\theta}=Q_\theta=0$，上述四种状态中，每边界的三个边界条件有一个可自然满足，边界条件缩减至每边界两个。

3.3.2 汉盖中厚板理论

汉盖中厚板理论的位移函数为

$$w=w(x,y),\quad u_x=-\frac{z}{h}\psi_x(x,y),\quad u_y=-\frac{z}{h}\psi_y(x,y) \tag{3-50}$$

板内力的表达式为

$$\left.\begin{aligned}
&M_x=-D\left(\frac{\partial\psi_x}{\partial x}+\nu\frac{\partial\psi_y}{\partial y}\right)\\
&M_y=-D\left(\frac{\partial\psi_y}{\partial y}+\nu\frac{\partial\psi_x}{\partial x}\right)\\
&M_{xy}=-\frac{D}{2}(1-\nu)\left(\frac{\partial\psi_x}{\partial y}+\frac{\partial\psi_y}{\partial x}\right)\\
&Q_x=Gh\left(\frac{\partial w}{\partial x}-\psi_x\right),\quad Q_y=Gh\left(\frac{\partial w}{\partial y}-\psi_y\right)
\end{aligned}\right\} \tag{3-51}$$

应用拉格朗日变分，得到如下位移方程：

$$\left.\begin{aligned}
&\frac{\partial\psi_x}{\partial y}-\frac{\partial\psi_y}{\partial x}=\frac{h^2}{12}\nabla^2\left(\frac{\partial\psi_x}{\partial y}-\frac{\partial\psi_y}{\partial x}\right)\\
&\frac{h^2}{12}\nabla^2\left(\frac{\partial\psi_x}{\partial x}+\frac{\partial\psi_y}{\partial y}\right)=\frac{1-\nu^2}{E}(p-q)\\
&D\nabla^4 w=\left[1-\frac{h^2}{6(1-\nu)}\nabla^2\right](p-q)
\end{aligned}\right\} \tag{3-52}$$

汉盖引入一个新函数 Ω，令：

$$\psi_x(x,y)=h\frac{\partial\Omega}{\partial x},\quad \psi_y(x,y)=h\frac{\partial\Omega}{\partial y} \tag{3-53}$$

将式(3-53)代入式(3-52)，整理得到汉盖中厚板微分方程：

$$\left.\begin{aligned}
&D\nabla^4\Omega=p-q\\
&D\nabla^4 w=\left[1-\frac{h^2}{6(1-\nu)}\nabla^2\right](p-q)
\end{aligned}\right\} \tag{3-54}$$

板内力的表达式(3-51)改写为

$$
\left.\begin{aligned}
M_x &= -D\left(\frac{\partial^2}{\partial x^2}+\nu\frac{\partial^2}{\partial y^2}\right)\Omega \\
M_y &= -D\left(\frac{\partial^2}{\partial y^2}+\nu\frac{\partial^2}{\partial x^2}\right)\Omega \\
M_{xy} &= -D(1-\nu)\left(\frac{\partial^2}{\partial y\partial x}\right)\Omega \\
Q_x &= Gh\frac{\partial}{\partial x}(w-\Omega),\quad Q_y = Gh\frac{\partial}{\partial y}(w-\Omega)
\end{aligned}\right\} \tag{3-55}
$$

当采用圆柱坐标时,式(3-55)的板内力方程改写为

$$
\left.\begin{aligned}
M_r &= -D\left[\frac{\partial^2}{\partial r^2}+\nu\left(\frac{\partial}{r\partial r}+\frac{\partial^2}{r^2\partial\theta^2}\right)\right]\Omega \\
M_\theta &= -D\left(\nu\frac{\partial^2}{\partial r^2}+\frac{\partial}{r\partial r}+\frac{\partial^2}{r^2\partial\theta^2}\right)\Omega \\
M_{r\theta} &= -D(1-\nu)\left(\frac{1}{r}\frac{\partial^2}{\partial r\partial\theta}-\frac{1}{r^2}\frac{\partial}{\partial\theta}\right)\Omega \\
Q_r &= Gh\frac{\partial}{\partial r}(w-\Omega),\quad Q_\theta = Gh\frac{\partial}{r\partial\theta}(w-\Omega)
\end{aligned}\right\} \tag{3-56}
$$

3.3.3 中厚板理论的一般形式

比较赖斯纳中厚板理论和汉盖中厚板理论可以发现,二者十分相似,微分方程式(3-54)与式[3-37(b)]基本相同,仅是位移函数定义稍有不同,二者差别只是汉盖理论中缺了一个“剪切系数 ϕ”。也就是说,可将汉盖中厚板视为“剪切系数 ϕ”取 1 时的赖斯纳中厚板。从板内力计算式来看,汉盖理论的式(3-55)和式(3-56)更简便些,下文在保留“剪切系数 ϕ”的基础上采用汉盖理论解法,不再区分赖斯纳与汉盖两种理论。另外,从方便计算的角度考虑,可引入两个新的位移函数 $F(x, y)$ 和 $f(x, y)$,板的三个位移 w、ψ_x、ψ_y 定义为

$$
\left.\begin{aligned}
\psi_x &= \frac{\partial F}{\partial x}+\frac{\partial f}{\partial y} \\
\psi_y &= \frac{\partial F}{\partial y}-\frac{\partial f}{\partial x} \\
w &= F-\frac{D}{\phi^2 Gh}\nabla^2 F
\end{aligned}\right\} \tag{3-57}
$$

将式(3-57)中的第一、第二式代入式(3-36)中的第二、第三式,并分别作 $\frac{\partial}{\partial x}$、$\frac{\partial}{\partial y}$ 后再作差,将式(3-57)中的第三式代入式(3-36)中的第一式,整理得到:

$$\left.\begin{aligned}&\nabla^4 F=\frac{p-q}{D}\\&\nabla^2 f-\frac{12\phi^2}{h^2}f=0\end{aligned}\right\}\tag{3-58}$$

板的内力表达式为

$$\left.\begin{aligned}&M_x=-D\left[\frac{\partial^2 F}{\partial x^2}+\nu\frac{\partial^2 F}{\partial y^2}+(1-\nu)\frac{\partial^2 f}{\partial x\partial y}\right]\\&M_y=-D\left[\frac{\partial^2 F}{\partial y^2}+\nu\frac{\partial^2 F}{\partial x^2}-(1-\nu)\frac{\partial^2 f}{\partial x\partial y}\right]\\&M_{xy}=-\frac{D}{2}(1-\nu)\left[\frac{\partial^2 F}{\partial x\partial y}-\frac{1}{2}\left(\frac{\partial^2 f}{\partial x^2}-\frac{\partial^2 f}{\partial y^2}\right)\right]\\&Q_x=-D\left(\frac{\partial}{\partial x}\nabla^2 F+\frac{\phi^2 Gh}{D}\frac{\partial f}{\partial y}\right)\\&Q_y=-D\left(\frac{\partial}{\partial y}\nabla^2 F-\frac{\phi^2 Gh}{D}\frac{\partial f}{\partial x}\right)\end{aligned}\right\}\tag{3-59}$$

当采用圆柱坐标时，可将式(3-57)改写为式(3-60)，板内力方程式(3-59)可改写为式(3-61)。

$$\left.\begin{aligned}&\psi_r=\frac{\partial F}{\partial r}+\frac{\partial f}{r\partial\theta}\\&\psi_\theta=\frac{\partial F}{r\partial\theta}-\frac{\partial f}{\partial r}\\&w=F-\frac{D}{\phi^2 Gh}\nabla^2 F\end{aligned}\right\}\tag{3-60}$$

$$\left.\begin{aligned}&M_r=-D\left\{\left[\frac{\partial^2}{\partial r^2}+\nu\left(\frac{\partial}{r\partial r}+\frac{\partial^2}{r^2\partial\theta^2}\right)\right]F+(1-\nu)\left(\frac{\partial^2}{r\partial r\partial\theta}-\frac{\partial}{r^2\partial\theta}\right)f\right\}\\&M_\theta=-D\left[\left(\nu\frac{\partial^2}{\partial r^2}+\frac{\partial}{r\partial r}+\frac{\partial^2}{r^2\partial\theta^2}\right)F-(1-\nu)\left(\frac{\partial^2}{r\partial r\partial\theta}-\frac{\partial}{r^2\partial\theta}\right)f\right]\\&M_{r\theta}=-\frac{D}{2}(1-\nu)\left[2\left(\frac{\partial^2}{r\partial r\partial\theta}-\frac{\partial}{r^2\partial\theta}\right)F-\left(\frac{\partial^2}{\partial r^2}-\frac{\partial}{r\partial r}-\frac{\partial^2}{r^2\partial\theta^2}\right)f\right]\\&Q_r=-D\left(\frac{\partial}{\partial r}\nabla^2 F+\frac{\phi^2 Gh}{D}\frac{\partial f}{r\partial\theta}\right)\\&Q_\theta=-D\left(\frac{\partial}{r\partial\theta}\nabla^2 F-\frac{\phi^2 Gh}{D}\frac{\partial f}{\partial r}\right)\end{aligned}\right\}\tag{3-61}$$

当采用轴对称时，$f=M_{r\theta}=Q_\theta=\psi_\theta=0$，可将式(3-60)改写为式(3-62)，板内力方程式(3-61)改写为式(3-63)。

$$\psi_r=\frac{\partial F}{\partial r},\quad w=F-\frac{D}{\phi^2 Gh}\nabla^2 F \tag{3-62}$$

$$\left.\begin{aligned}
M_r&=-D\left(\frac{\partial^2}{\partial r^2}+\nu\frac{\partial}{r\partial r}\right)F\\
M_\theta&=-D\left(\nu\frac{\partial^2}{\partial r^2}+\frac{\partial}{r\partial r}\right)F\\
Q_r&=-D\frac{\partial}{\partial r}(\nabla^2 F)
\end{aligned}\right\} \tag{3-63}$$

3.4 正交各向异性薄板

正交各向异性薄板在工程中较为常见，如金属波纹板、纵横配筋不一的钢筋混凝土板等，正交各向异性薄板的位移方程和几何方程与各向同性薄板相同，而板的物理方程有所不同。当正交 x 轴和 y 轴时，各向异性薄板的物理方程为

$$\varepsilon_x=\frac{\sigma_x}{E_x}-\frac{\nu_{yx}}{E_y}\sigma_y,\quad \varepsilon_y=\frac{\sigma_y}{E_y}-\frac{\nu_{xy}}{E_x}\sigma_x,\quad \gamma_{xy}=\frac{1}{G_{xy}}\tau_{xy} \tag{3-64}$$

式中 E_x、E_y ——板材料 x 轴和 y 轴方向的弹性模量；

ν_{xy} ——板材料 x 轴方向应力引起 y 轴方向应变的泊松比；

ν_{yx} ——板材料 y 轴方向应力引起 x 轴方向应变的泊松比；

G_{yx} ——板材料 xOy 平面的剪切模量。

上述四个材料参数 E_x、E_y、ν_{xy} 和 ν_{yx} 中只有三个是独立，它们之间的关系为

$$\frac{\nu_{yx}}{E_y}=\frac{\nu_{xy}}{E_x} \tag{3-65}$$

将式(3-65)代入式(3-64)，整理得到：

$$\left.\begin{aligned}
\sigma_x&=\frac{E_x}{1-\nu_{yx}\nu_{xy}}(\varepsilon_x+\nu_{yx}\varepsilon_y)\\
\sigma_y&=\frac{E_y}{1-\nu_{yx}\nu_{xy}}(\varepsilon_y+\nu_{xy}\varepsilon_x)\\
\tau_{xy}&=G_{xy}\gamma_{xy}
\end{aligned}\right\} \tag{3-66}$$

将式(3-66)代入薄板位移方程式(3-1)和几何方程式(3-3)，得到用挠曲位移 w 表述的板应力分量表达式：

$$\left.\begin{aligned}
\sigma_x&=-\frac{E_x(z-z_0)}{1-\nu_{xy}\nu_{yx}}\left(\frac{\partial^2 w}{\partial x^2}+\nu_{yx}\frac{\partial^2 w}{\partial y^2}\right)\\
\sigma_y&=-\frac{E_y(z-z_0)}{1-\nu_{xy}\nu_{yx}}\left(\frac{\partial^2 w}{\partial y^2}+\nu_{xy}\frac{\partial^2 w}{\partial x^2}\right)\\
\tau_{xy}&=-2G_{xy}(z-z_0)\frac{\partial^2 w}{\partial y\partial x}
\end{aligned}\right\} \tag{3-67}$$

由式(3-67)可以得到板的内力方程为

$$\left.\begin{aligned}
M_x &= -D_x\left(\frac{\partial^2}{\partial x^2}+\nu_{yx}\frac{\partial^2}{\partial y^2}\right)w \\
M_y &= -D_y\left(\frac{\partial^2}{\partial y^2}+\nu_{xy}\frac{\partial^2}{\partial x^2}\right)w \\
M_{xy} &= -2D_k\frac{\partial^2 w}{\partial y\partial x} \\
Q_x &= -D_x\frac{\partial}{\partial x}\left[\frac{\partial^2}{\partial x^2}+\left(\nu_{yx}+2\frac{D_k}{D_x}\right)\frac{\partial^2}{\partial y^2}\right]w \\
Q_y &= -D_y\frac{\partial}{\partial y}\left[\frac{\partial^2}{\partial y^2}+\left(\nu_{xy}+2\frac{D_k}{D_y}\right)\frac{\partial^2}{\partial x^2}\right]w
\end{aligned}\right\} \tag{3-68}$$

式中 D_x —— x 轴方向的板弯曲刚度，$D_x=\dfrac{E_x h^3}{12(1-\nu_{xy}\nu_{yx})}$；

D_y —— y 轴方向的板弯曲刚度，$D_y=\dfrac{E_y h^3}{12(1-\nu_{xy}\nu_{yx})}$；

D_k —— xOy 平面的扭曲刚度，$D_k=\dfrac{G_{xy}h^3}{12}$。

D_x、D_y 和 D_k 三者都称为板的主刚度，将式(3-68)代入板静力平衡方程式(3-6)，整理得到地基上正交各向异性薄板挠曲面微分方程[126]：

$$D_x\frac{\partial^4 w}{\partial x^4}+2D_{xy}\frac{\partial^4 w}{\partial x^2\partial y^2}+D_y\frac{\partial^4 w}{\partial y^4}=p-q \tag{3-69}$$

其中，$D_{xy}=D_y\nu_{xy}+2D_k=D_x\nu_{yx}+2D_k$。

双向配筋率不同的混凝土薄板的弯曲主刚度计算式为[115]

$$\left.\begin{aligned}
D_x &= \frac{E_c}{1-\nu_c^2}\left[I_{cx}+(\lambda_{Esc}-1)I_{sx}\right] \\
D_y &= \frac{E_c}{1-\nu_c^2}\left[I_{cy}+(\lambda_{Esc}-1)I_{sy}\right] \\
D_k &= \frac{1-\nu_c}{2}\sqrt{D_x D_y} \\
D_{xy} &= \sqrt{D_x D_y}
\end{aligned}\right\} \tag{3-70}$$

式中 E_c、ν_c ——混凝土弹性模量和泊松比；

I_{cx}、I_{cy} ——混凝土在 x 轴和 y 轴方向的弯曲惯矩；

I_{sx}、I_{sy} ——钢筋在 x 轴和 y 轴轴方向的弯曲惯矩；

λ_{Esc} ——钢筋弹性模量与混凝土弹性模量之比，$\lambda_{Esc}=E_s/E_c$。

轴向正交各向异性薄板的弯矩方程如式(3-71)所示，剪力方程如式(3-72)所示，挠曲方程如式(3-73)所示。

$$\left.\begin{aligned}M_r&=-D_r\left[\frac{\partial^2}{\partial r^2}+\nu_\theta\left(\frac{\partial}{r\partial r}+\frac{\partial^2}{r^2\partial\theta^2}\right)\right]w\\M_\theta&=-D_\theta\left(\frac{\partial}{r\partial r}+\frac{\partial^2}{r^2\partial\theta^2}+\nu_r\frac{\partial^2}{\partial r^2}\right)w\\M_{r\theta}&=-2D_k\frac{\partial}{\partial r}\left(\frac{\partial}{r\partial\theta}\right)w\end{aligned}\right\}\tag{3-71}$$

$$\left.\begin{aligned}Q_r&=-\left[D_r\left(\frac{\partial^3}{\partial r^3}+\frac{\partial^2}{r\partial r^2}\right)+D_{r\theta}\frac{\partial^2}{r^2\partial\theta^2}\left(\frac{\partial}{\partial r}+\frac{1}{r}\right)-D_\theta\frac{1}{r^2}\left(\frac{\partial}{\partial r}+\frac{\partial^2}{r\partial\theta^2}\right)\right]w\\Q_\theta&=-\left[D_{r\theta}\frac{\partial^3}{r\partial r^2\partial\theta}+D_\theta\frac{\partial}{r^2\partial\theta}\left(\frac{\partial}{\partial r}+\frac{\partial^2}{r\partial\theta^2}\right)\right]w\end{aligned}\right\}\tag{3-72}$$

其中，$D_r=\dfrac{E_rh^3}{12(1-\nu_r\nu_\theta)}$，$D_\theta=\dfrac{E_\theta h^3}{12(1-\nu_r\nu_\theta)}$，$D_{r\theta}=D_r\nu_\theta+2D_k$，$D_k=\dfrac{Gh^3}{12}$。

$$\left[D_r\frac{\partial^4}{\partial r^4}+2D_{r\theta}\frac{\partial^4}{r^2\partial r^2\partial\theta^2}+D_\theta\frac{\partial^4}{r^4\partial\theta^4}+2D_r\frac{\partial^3}{r\partial r^3}-2D_{r\theta}\frac{\partial^3}{r^3\partial r\partial\theta^2}-D_\theta\frac{\partial^2}{r^2\partial r^2}+2(D_\theta+D_{r\theta})\frac{\partial^2}{r^4\partial\theta^2}+D_\theta\frac{\partial}{r^3\partial r}\right]w=p(r,\theta)\tag{3-73}$$

当为轴对称问题时（$M_{r\theta}=Q_\theta=0$），板的内力方程如式(3-74)所示，挠曲方程如式(3-75)所示。

$$\left.\begin{aligned}M_r&=-D_r\left(\frac{d^2}{dr^2}+\nu_\theta\frac{d}{rdr}\right)w\\M_\theta&=-D_\theta\left(\frac{d}{rdr}+\nu_r\frac{d^2}{dr^2}\right)w\\Q_r&=-\left[D_r\left(\frac{d^3}{dr^3}+\frac{d^2}{rdr^2}\right)-D_\theta\frac{d}{r^2dr}\right]w\end{aligned}\right\}\tag{3-74}$$

$$\left(\frac{d^4}{dr^4}+2\frac{d^3}{rdr^3}-\lambda_{r\theta}^2\frac{d^2}{r^2dr^2}+\lambda_{r\theta}^2\frac{d}{r^3dr}\right)w=\frac{p-q}{D_r}\tag{3-75(a)}$$

或

$$\nabla^4w-\frac{1-\lambda_{r\theta}^2}{D_r}\frac{d}{rdr}\left(\frac{dw}{rdr}\right)=\frac{p-q}{D_r}\tag{3-75(b)}$$

其中，$\lambda_{r\theta}=\sqrt{\dfrac{D_\theta}{D_r}}=\sqrt{\dfrac{E_\theta}{E_r}}$。

可作 $t=\ln(r)$ 变量变换，将式(3-75)转换为一常系数微分方程：

$$\left[\frac{\mathrm{d}^4}{\mathrm{d}t^4}-4\frac{\mathrm{d}^3}{\mathrm{d}t^3}+(5-\lambda_{r\theta}^2)\frac{\mathrm{d}^2}{\mathrm{d}t^2}-2(1-\lambda_{r\theta}^2)\frac{\mathrm{d}}{\mathrm{d}t}\right]w=\mathrm{e}^{4t}\frac{p-q}{D_r} \tag{3-76}$$

3.5 有轴向力的小挠度薄板

在有些工程问题中，板不仅承受了垂直于板面的荷载，还存在轴向力的情形，如图 3-9 所示，图中 p_x、p_y、p_{xy} 为边界的轴向拉力和剪力。

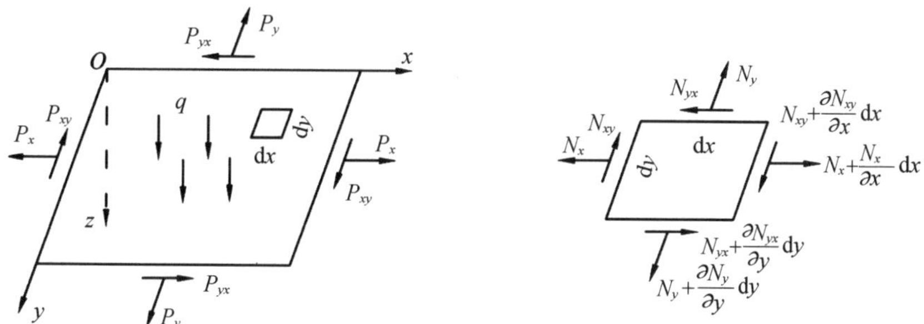

图 3-9 有轴向力作用的板

由于中性面上有轴向力作用，原薄板的第三个假设（中性面无拉伸与压缩变形）就不成立了，但板的挠曲变形仍处于小挠度范围，因此，薄板的几何方程式(3-3)仍然有效，且挠曲不影响中面上各平面的变形与应力，故其挠曲物理方程式(3-2)依旧成立。

由于薄膜力 N_x、N_y、N_{xy} 的存在，平衡方程便增加两个：

$$\left.\begin{aligned}\sum X=0:\quad &\frac{\partial N_x}{\partial x}+\frac{\partial N_{xy}}{\partial y}=0\\ \sum Y=0:\quad &\frac{\partial N_{xy}}{\partial x}+\frac{\partial N_y}{\partial y}=0\end{aligned}\right\} \tag{3-77}$$

薄膜力 N_x、N_y、N_{xy} 对 $\sum F_\mathrm{w}=0$ 有影响，如图 3-10 所示。薄膜力 N_x、N_y、N_{xy}、N_{yx} 在 w 轴的投影分别为

$$\left.\begin{aligned}&N_x\frac{\partial^2 w}{\partial x^2}\mathrm{d}x\,\mathrm{d}y+\frac{\partial N_x}{\partial x}\frac{\partial w}{\partial x}\mathrm{d}x\,\mathrm{d}y\\ &N_y\frac{\partial^2 w}{\partial y^2}\mathrm{d}x\,\mathrm{d}y+\frac{\partial N_y}{\partial y}\frac{\partial w}{\partial y}\mathrm{d}x\,\mathrm{d}y\\ &N_{xy}\frac{\partial^2 w}{\partial x\partial y}\mathrm{d}x\,\mathrm{d}y+\frac{\partial N_{xy}}{\partial x}\frac{\partial w}{\partial y}\mathrm{d}x\,\mathrm{d}y\\ &N_{yx}\frac{\partial^2 w}{\partial x\partial y}\mathrm{d}x\,\mathrm{d}y+\frac{\partial N_{yx}}{\partial y}\frac{\partial w}{\partial x}\mathrm{d}x\,\mathrm{d}y\end{aligned}\right\} \tag{3-78}$$

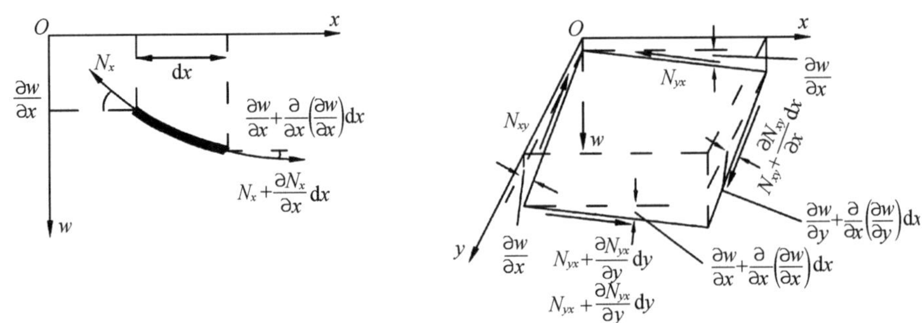

图 3-10　薄膜力 N_x、N_y、N_{xy} 在 w 轴的投影[8]

计入薄膜力 N_x、N_y、N_{xy}、N_{yx}（$N_{xy}=N_{yx}$）的 $\sum F_w=0$ 则为

$$\frac{\partial Q_x}{\partial x}+\frac{\partial Q_y}{\partial y}=-(p-q)-\left[N_x\frac{\partial^2 w}{\partial x^2}+N_y\frac{\partial^2 w}{\partial y^2}+2N_{xy}\frac{\partial^2 w}{\partial y\partial x}+\left(\frac{\partial N_x}{\partial x}+\frac{\partial N_{xy}}{\partial y}\right)\frac{\partial w}{\partial x}+\left(\frac{\partial N_y}{\partial y}+\frac{\partial N_{xy}}{\partial x}\right)\frac{\partial w}{\partial y}\right] \tag{3-79}$$

将式(3-77)代入式(3-79)并消去 Q_x、Q_y，则得到有轴向力的地基板挠曲方程式：

$$D\,\nabla^4 w=(p-q)+\left(N_x\frac{\partial^2 w}{\partial x^2}+N_y\frac{\partial^2 w}{\partial y^2}+2N_{xy}\frac{\partial^2 w}{\partial y\partial x}\right) \tag{3-80}$$

此方程也被称为圣文南方程，1883 年由圣文南导入[14]，薄膜力 N_x、N_y、N_{xy} 一般由边界约束提供，当非恒定常量时，它是一个非线性微分方程，求解析解较为困难。

当轴对称圆板边缘存在径向拉力 N 时，其挠曲方程为

$$D\,\nabla^4 w-N\,\nabla^2 w=p-q \tag{3-81}$$

3.6　大挠度薄板的弯曲理论

当板的挠度与板厚相比非小值时，板中面拉伸或压缩难以忽略的问题被称为板大挠度问题。此时，薄板的平截面假设仍然成立，即竖向压应力与截面剪应力引起的变形可忽略。

板的应变由板挠曲与中面拉伸变形两部分构成：

$$\left.\begin{aligned}\varepsilon_x&=\varepsilon_{x0}-z\frac{\partial^2 w}{\partial x^2}\\ \varepsilon_y&=\varepsilon_{y0}-z\frac{\partial^2 w}{\partial y^2}\\ \gamma_{xy}&=\gamma_{xy0}-z\frac{\partial^2 w}{\partial x\,\partial y}\end{aligned}\right\} \tag{3-82}$$

式中，ε_{x0}、ε_{y0}、γ_{xy0} 为板中面的三个应变。

板中面上应变与位移之间的关系如图 3-11 所示，其计算式：

$$\left.\begin{aligned}\varepsilon_{x0}&=\frac{\partial u_x}{\partial x}+\frac{1}{2}\left(\frac{\partial w}{\partial x}\right)^2\\ \varepsilon_{y0}&=\frac{\partial u_y}{\partial y}+\frac{1}{2}\left(\frac{\partial w}{\partial y}\right)^2\\ \gamma_{xy0}&=\frac{\partial u_x}{\partial y}+\frac{\partial u_y}{\partial x}+\frac{\partial w}{\partial y}\frac{\partial w}{\partial x}\end{aligned}\right\}\tag{3-83}$$

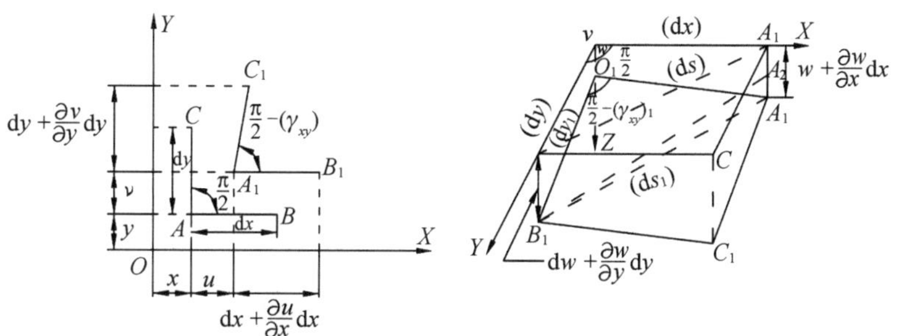

图 3-11 大挠度板的中面应变

将式(3-83)代入式(3-82)，并消去位移 u、v 得到：

$$\frac{\mathrm{d}^2\varepsilon_x}{\mathrm{d}y^2}+\frac{\mathrm{d}^2\varepsilon_y}{\mathrm{d}x^2}-\frac{\mathrm{d}^2\gamma_{xy}}{\mathrm{d}x\,\mathrm{d}y}=\left(\frac{\partial w}{\partial x\,\partial y}\right)^2-\frac{\partial^2 w}{\partial y^2}\frac{\partial^2 w}{\partial x^2}=-\Gamma\tag{3-84}$$

其中，$\Gamma=\frac{\partial^2 w}{\partial y^2}\frac{\partial^2 w}{\partial x^2}-\left(\frac{\partial w}{\partial x\,\partial y}\right)^2$ 被称为挠曲面的高斯曲率。

板的内力即三个中面薄膜力 N_x、N_y 和 N_{xy}，它们与中面应变 ε_x、ε_y 和 γ_{xy} 的关系如式(3-85)所示，而截面弯矩 M_x、M_y 和 M_{xy}，以及剪力 Q_x、Q_y 的表达式与薄板相同。

$$\left.\begin{aligned}\varepsilon_x&=\frac{1}{Eh}(N_x-\nu N_y)=\frac{\partial u_x}{\partial x}+\frac{1}{2}\left(\frac{\partial w}{\partial x}\right)^2\\ \varepsilon_y&=\frac{1}{Eh}(N_y-\nu N_x)=\frac{\partial u_y}{\partial y}+\frac{1}{2}\left(\frac{\partial w}{\partial y}\right)^2\\ \gamma_{xy}&=\frac{2(1+\nu)}{Eh}N_{xy}=\frac{\partial u_x}{\partial y}+\frac{\partial u_y}{\partial x}+\frac{\partial w}{\partial x}\frac{\partial w}{\partial y}\end{aligned}\right\}\tag{3-85}$$

板的平衡方程则为

$$\left.\begin{aligned}\frac{\partial N_x}{\partial x}+\frac{\partial N_{xy}}{\partial y}=0\\ \frac{\partial N_y}{\partial x}+\frac{\partial N_{xy}}{\partial y}=0\end{aligned}\right\}\tag{[3-86(a)]}$$

$$D\nabla^4 w-\left(N_x\frac{\partial^2 w}{\partial x^2}+2N_{xy}\frac{\partial^2 w}{\partial x\partial y}+N_y\frac{\partial^2 w}{\partial y^2}\right)=p-q \qquad [3\text{-}86(\mathrm{b})]$$

欲求解方程式(3-86)中的四个未知量 N_x、N_y、N_{xy}、w 尚缺一个方程，它可由应变连续方程式(3-87)补足。

$$\frac{\mathrm{d}^2 N_x}{\mathrm{d}y^2}+\frac{\mathrm{d}^2 N_y}{\mathrm{d}x^2}-2\frac{\mathrm{d}^2 N_{xy}}{\mathrm{d}x\,\mathrm{d}y}=Eh\left[\left(\frac{\partial w}{\partial x\partial y}\right)^2-\frac{\partial^2 w}{\partial y^2}\frac{\partial^2 w}{\partial x^2}\right] \qquad (3\text{-}87)$$

引入应力函数：$N_x=h\dfrac{\partial^2\Phi}{\partial y^2}$，$N_y=h\dfrac{\partial^2\Phi}{\partial x^2}$，$N_{xy}=-h\dfrac{\partial^2\Phi}{\partial x\partial y}$。应力函数 Φ 满足式[3-86(a)]，代入式[3-86(b)]得到卡门薄板大挠度方程[127]：

$$\left.\begin{aligned}&D\nabla^4 w=h\left(\frac{\partial^2\Phi}{\partial x^2}\frac{\partial^2 w}{\partial y^2}+\frac{\partial^2\Phi}{\partial y^2}\frac{\partial^2 w}{\partial x^2}-2\frac{\partial^2\Phi}{\partial x\partial y}\frac{\partial^2 w}{\partial x\partial y}\right)+p-q\\&\nabla^4\Phi=E\left[\left(\frac{\partial^2 w}{\partial x\partial y}\right)^2-\frac{\partial^2 w}{\partial x^2}\frac{\partial^2 w}{\partial y^2}\right]\end{aligned}\right\} \qquad (3\text{-}88)$$

大挠度薄板的边界条件需补充薄膜力条件。对于 $x=L$ 边界而言：

(1) 自由：$N_x|_{x=L}=N_{yx}|_{x=L}=0 \quad\rightarrow\quad \left.\dfrac{\partial^2\Phi}{\partial y^2}\right|_{x=L}=\left.\dfrac{\partial^2\Phi}{\partial y\partial x}\right|_{x=L}=0$

(2) 简支：$N_x|_{x=L}=u_y|_{x=L}=0 \quad\rightarrow\quad \left.\dfrac{\partial^2\Phi}{\partial y^2}\right|_{x=L}=u_y|_{x=L}=0$

$u_{y|x=L}=0$ 或放松为 $\dfrac{\partial u_y}{\partial y}|_{x=L}=0$ 且 $w=0\rightarrow \left.\dfrac{\partial^2\Phi}{\partial y^2}\right|_{x=L}=\left.\dfrac{\partial^2\Phi}{\partial x^2}\right|_{x=L}=0$

$x=0$ 及 $x=L$ 两个对边 x 方向有约束：$\displaystyle\int_0^L\left[\frac{\partial^2\Phi}{\partial y^2}-\nu\frac{\partial^2\Phi}{\partial x^2}-\frac{E}{2}\left(\frac{\partial w}{\partial x}\right)^2\right]\mathrm{d}x=0$

(3) 固支：$w|_{x=L}=\left.\dfrac{\partial w}{\partial x}\right|_{x=L}=u_x|_{x=L}=u_y|_{x=L}=0$，$u_y|_{x=L}=0$ 或放松为 $\left.\dfrac{\partial u_y}{\partial y}\right|_{x=L}=0$

卡门薄板大挠度方程式(3-88)是非线性的，求解十分困难，通常需采用能量法、摄动法等数值近似方法求解[8, 14]。譬如，逐步逼近的求解步骤如下：

Step 1：求 w_1：$D\nabla^4 w_1=p-q$；

Step 2：求 Φ_i：$\nabla^4\Phi_i=E\left[\left(\dfrac{\partial^2 w_i}{\partial x\partial y}\right)^2-\dfrac{\partial^2 w_i}{\partial x^2}\dfrac{\partial^2 w_i}{\partial y^2}\right] \quad (i=1, 2, \cdots)$；

Step 3：求 w_{i+1}：$D\nabla^4 w_{i+1}=h\left(\dfrac{\partial^2\Phi_i}{\partial x^2}\dfrac{\partial^2 w_{i+1}}{\partial y^2}+\dfrac{\partial^2\Phi_i}{\partial y^2}\dfrac{\partial^2 w_{i+1}}{\partial x^2}-2\dfrac{\partial^2\Phi_i}{\partial x\partial y}\dfrac{\partial^2 w_{i+1}}{\partial x\partial y}\right)+p-q \quad (i=1, 2, \cdots)$；

Step 4：重复 Step 2 和 Step 3，直至满足 $(\Phi_n-\Phi_{n-1})/\Phi_n\leqslant\varepsilon_\Phi$，$(w_n-w_{n-1})/w_n\leqslant\varepsilon_w$，其中 ε_Φ、ε_w 为预设的相对精度要求。

当轴对称圆板时，板中面的应变如图 3-12 所示，其方程为

$$\varepsilon_r=\frac{\mathrm{d}u_r}{\mathrm{d}r}+\frac{1}{2}\left(\frac{\mathrm{d}w}{\mathrm{d}r}\right)^2,\quad \varepsilon_\theta=\frac{u_r}{r} \tag{3-89}$$

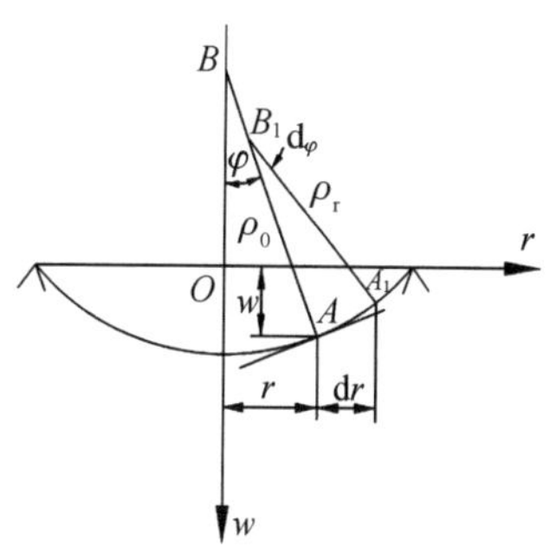

图3-12 大挠度轴对称板的中面应变

消去式(3-89)中的径向位移,得到应变连续性方程:

$$\frac{\mathrm{d}}{\mathrm{d}r}(r\varepsilon_\theta)-\varepsilon_r=-\frac{1}{2}\left(\frac{\mathrm{d}w}{\mathrm{d}r}\right)^2 \tag{3-90}$$

板微元体的弯曲力、薄膜力(图3-13)的平衡方程为

$$\left.\begin{aligned}Q_r&=\frac{\mathrm{d}M_r}{\mathrm{d}r}+\frac{M_r-M_\theta}{r}\\N_\theta&=\frac{\mathrm{d}}{\mathrm{d}r}(rN_r)\end{aligned}\right\} \tag{3-91}$$

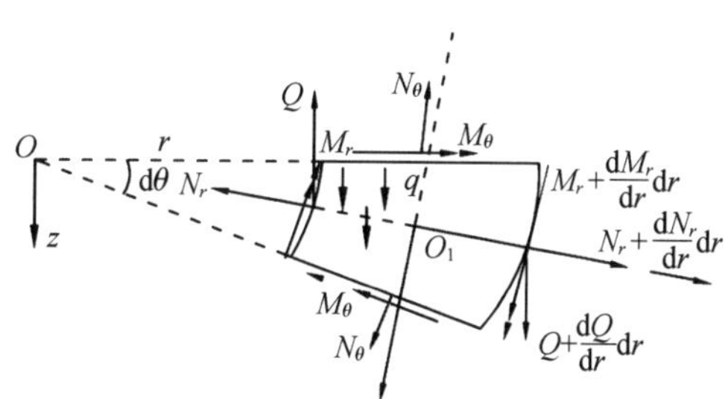

图3-13 大挠度轴对称板的内力

再由 $\sum Z=0$ 的平衡方程得到:

$$\left.\begin{aligned}&D\left(\frac{\mathrm{d}^2}{\mathrm{d}r^2}+\frac{\mathrm{d}}{r\mathrm{d}r}\right)^2w-N_r\frac{\mathrm{d}^2w}{\mathrm{d}r^2}-\frac{\mathrm{d}w}{r\mathrm{d}r}\frac{\mathrm{d}}{\mathrm{d}r}(rN_r)=p-q\\&r^2\frac{\mathrm{d}^2N_r}{\mathrm{d}r^2}+3r\frac{\mathrm{d}N_r}{\mathrm{d}r}+\frac{Eh}{2}\left(\frac{\mathrm{d}w}{\mathrm{d}r}\right)^2=0\end{aligned}\right\} \tag{3-92}$$

式(3-92)或可表示为

$$\left.\begin{aligned}&D\frac{\mathrm{d}}{\mathrm{d}r}\left[\frac{\mathrm{d}}{r\mathrm{d}r}\left(r\frac{\mathrm{d}w}{\mathrm{d}r}\right)\right]-N_r\frac{\mathrm{d}w}{\mathrm{d}r}=\frac{1}{r}\int_0^r(p-q)r\mathrm{d}r\\&r\frac{\mathrm{d}}{\mathrm{d}r}\left[\frac{\mathrm{d}}{r\mathrm{d}r}(r^2N_r)\right]+\frac{Eh}{2}\left(\frac{\mathrm{d}w}{\mathrm{d}r}\right)^2=0\end{aligned}\right\} \tag{3-93}$$

式中,$\nabla^2=\frac{\mathrm{d}}{r\mathrm{d}r}\left(r\frac{\mathrm{d}}{\mathrm{d}r}\right)$,$\nabla^4=\frac{\mathrm{d}}{r\mathrm{d}r}\left\{r\frac{\mathrm{d}}{\mathrm{d}r}\left[\frac{\mathrm{d}}{r\mathrm{d}r}\left(r\frac{\mathrm{d}}{\mathrm{d}r}\right)\right]\right\}$。

引入应力函数 Φ:

$$\frac{N_r}{h}=\sigma_{r0}=\frac{1}{r}\frac{\mathrm{d}\Phi}{\mathrm{d}r},\quad \frac{N_\theta}{h}=\sigma_{\theta0}=\frac{\mathrm{d}^2\Phi}{\mathrm{d}r^2} \tag{3-94}$$

则大挠度板方程改写为

$$\left.\begin{aligned} &D\frac{\mathrm{d}}{\mathrm{d}r}(\nabla^2 w)=\frac{1}{r}\left[\int_0^r(p-q)r\mathrm{d}r+h\frac{\mathrm{d}\Phi}{\mathrm{d}r}\frac{\mathrm{d}w}{\mathrm{d}r}\right]\\ &r\frac{\mathrm{d}}{\mathrm{d}r}(\nabla^2\Phi)=-\frac{E}{2r}\left(\frac{\mathrm{d}w}{\mathrm{d}r}\right)^2 \end{aligned}\right\}\tag{3-95}$$

有时可采用位移法求解：

$$\left.\begin{aligned} &\frac{\mathrm{d}^2u_r}{\mathrm{d}r^2}+\frac{\mathrm{d}u_r}{r\mathrm{d}r}-\frac{u_r}{r^2}=-\frac{1-\nu}{2r}\phi^2-\phi\frac{\mathrm{d}\phi}{\mathrm{d}r}\\ &\frac{\mathrm{d}^2\phi}{\mathrm{d}r^2}+\frac{\mathrm{d}\phi}{r\mathrm{d}r}-\frac{\phi}{r^2}=\frac{12}{h^2}\phi\left(\frac{\mathrm{d}u_r}{\mathrm{d}r}+\nu\frac{u_r}{\mathrm{d}r}+\frac{\phi^2}{r^2}\right)-\frac{1}{Dr}\int_0^r(p-q)r\mathrm{d}r \end{aligned}\right\}\tag{3-96}$$

其中，$\phi=-\dfrac{\mathrm{d}w}{\mathrm{d}r}$。

几种特例如下：

(1) 圆形薄膜(绝对柔性板，不计弯曲力)：

$$\left.\begin{aligned} &\int_0^r(p-q)r\mathrm{d}r+h\frac{\mathrm{d}\Phi}{\mathrm{d}r}\frac{\mathrm{d}w}{\mathrm{d}r}=0\\ &\frac{\mathrm{d}}{\mathrm{d}r}(\nabla^2\Phi)=-\frac{Eh}{2r}\left(\frac{\mathrm{d}w}{\mathrm{d}r}\right)^2 \end{aligned}\right\}\tag{3-97}$$

(2) 微弯柔性圆板(初始有挠度 w_0)：

$$\left.\begin{aligned} &D\frac{\mathrm{d}}{\mathrm{d}r}(\nabla^2 w)=\frac{1}{r}\left[\int_0^r(p-q)r\mathrm{d}r+h\frac{\mathrm{d}\Phi}{\mathrm{d}r}\left(\frac{\mathrm{d}w}{\mathrm{d}r}+\frac{\mathrm{d}w_0}{\mathrm{d}r}\right)\right]\\ &r\frac{\mathrm{d}}{\mathrm{d}r}(\nabla^2\Phi)=-\frac{Eh}{2}\left[\left(\frac{\mathrm{d}w}{\mathrm{d}r}\right)^2+\frac{\mathrm{d}w_0}{\mathrm{d}r}\frac{\mathrm{d}w}{\mathrm{d}r}\right] \end{aligned}\right\}\tag{3-98}$$

(3) 正交各向异性圆板：

$$\left.\begin{aligned} &\frac{\mathrm{d}^3w}{\mathrm{d}r^3}+\frac{\mathrm{d}^2w}{r\mathrm{d}r^2}-\frac{\lambda_{r\theta}^2\mathrm{d}w}{r^2\mathrm{d}r}=\frac{1}{D_r r}\left[\int_0^r(p-q)r\mathrm{d}r+h\frac{\mathrm{d}\Phi}{\mathrm{d}r}\frac{\mathrm{d}w}{\mathrm{d}r}\right]\\ &\frac{\mathrm{d}^3\Phi}{\mathrm{d}r^3}+\frac{\mathrm{d}^2\Phi}{r\mathrm{d}r^2}-\frac{\lambda_{r\theta}^2\mathrm{d}\Phi}{r^2\mathrm{d}r}=-\frac{E_\theta h}{2}\left(\frac{\mathrm{d}w}{\mathrm{d}r}\right)^2 \end{aligned}\right\}\tag{3-99}$$

其中，$\lambda_{r\theta}=\sqrt{\dfrac{D_\theta}{D_r}}=\sqrt{\dfrac{E_\theta}{E_r}}$。

非轴对称的一般大挠度圆形薄板的方程可表示为

$$\left.\begin{aligned}\frac{D}{h}\nabla^4 w &= L(w,\Phi)+\frac{p-q}{h}\\ \frac{1}{E}\nabla^4\Phi &= -\frac{1}{2}L(w,w)\end{aligned}\right\}\tag{3-100}$$

其中，$L(\alpha,\beta)=\frac{\partial^2\alpha}{\partial r^2}\left(\frac{\partial\beta}{r\partial r}+\frac{\partial^2\beta}{r^2\partial\theta^2}\right)-2\frac{\partial}{\partial r}\left(\frac{\partial\alpha}{r\partial r}\right)\frac{\partial}{\partial r}\left(\frac{\partial\beta}{r\partial r}\right)+\left(\frac{\partial\alpha}{r\partial r}+\frac{\partial^2\alpha}{r^2\partial\theta^2}\right)\frac{\partial^2\beta}{\partial r^2}$。

3.7 板与地基有水平摩阻的小挠度薄板

在弹性地基板结构中，地基与板之间的接触条件通常按竖向连续，即竖向接触点之间无脱开或嵌入现象，而水平间光滑无摩阻，这使得铺面板结构分析时无法考虑如车辆等流动荷载刹车等的水平荷载作用效应。然而，实际上地基与板之间的实际水平接触状况并非真正光滑，有时其摩阻效应不能忽略。

当板与地基有水平摩阻时，板面允许有水平荷载作用。板单元的平衡方程如式(3-101)、式(3-102)所示，参见图3-14。

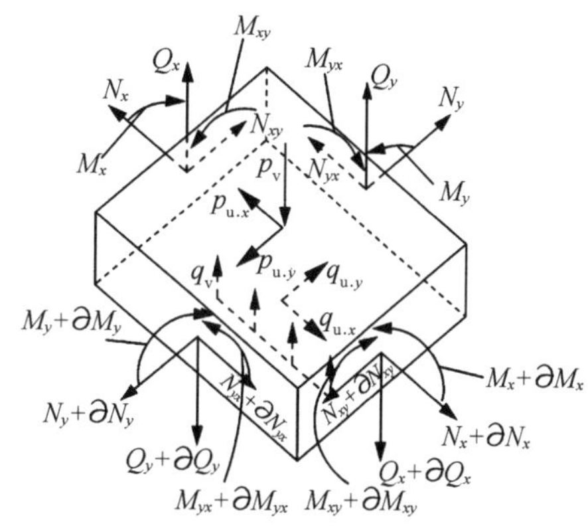

图3-14 直角坐标系有水平摩阻地基板内力

$$\left.\begin{aligned}&\sum X=0: \quad \frac{\partial N_x}{\partial x}+\frac{\partial N_{xy}}{\partial y}=p_{u.x}-q_{u.x}\\ &\sum Y=0: \quad \frac{\partial N_{xy}}{\partial x}+\frac{\partial N_y}{\partial y}=p_{u.y}-q_{u.y}\\ &\sum Z=0: \quad \frac{\partial Q_x}{\partial x}+\frac{\partial Q_y}{\partial y}=-p_v+q_v-w\left[N_x\frac{\partial^2}{\partial x^2}+N_y\frac{\partial^2}{\partial y^2}+2N_{xy}\frac{\partial^2}{\partial y\partial x}+\right.\\ &\qquad\qquad \left.\left(\frac{\partial N_x}{\partial x}+\frac{\partial N_{xy}}{\partial y}\right)\frac{\partial}{\partial x}+\left(\frac{\partial N_y}{\partial y}+\frac{\partial N_{xy}}{\partial x}\right)\frac{\partial}{\partial y}\right]\end{aligned}\right\}\tag{3-101}$$

$$\left.\begin{aligned}\frac{\partial M_x}{\partial x}+\frac{\partial M_{xy}}{\partial y}&=Q_x-\frac{h}{2}(p_{u.x}+q_{u.x})\\ \frac{\partial M_{xy}}{\partial x}+\frac{\partial M_y}{\partial y}&=Q_y-\frac{h}{2}(p_{u.y}+q_{u.y})\end{aligned}\right\}\tag{3-102}$$

式中 p_v——板顶面的竖向荷载；

$p_{u.x}$、$p_{u.y}$——板顶面 x 轴向与 y 轴向的水平荷载；

q_v——地基的竖向反力；

$q_{u.x}$、$q_{u.y}$——地基 x 轴向与 y 轴向的水平摩阻反力。

板截面弯矩 M_x、M_y、M_{xy} 与板挠度 w 之间的关系与无轴力的相同；截面剪力 Q_x、Q_y 的计算如式(3-103)所示；截面轴力 N_x、N_y、N_{xy} 与截面平均水平(板中面)位移 u_x、u_y 之间关系如式(3-104)所示。

$$\left.\begin{aligned}Q_x &= -D\frac{\partial \nabla^2 w}{\partial x}+\frac{h}{2}(p_{u,x}+q_{u,x})\\ Q_y &= -D\frac{\partial \nabla^2 w}{\partial y}+\frac{h}{2}(p_{u,y}+q_{u,y})\end{aligned}\right\} \tag{3-103}$$

$$\left.\begin{aligned}N_x &= S\left(\frac{\partial u_x}{\partial x}+\nu\frac{\partial u_y}{\partial y}\right)\\ N_y &= S\left(\nu\frac{\partial u_x}{\partial x}+\frac{\partial u_y}{\partial y}\right)\\ N_{xy} &= \frac{(1-\nu)S}{2}\left(\frac{\partial u_x}{\partial y}+\frac{\partial u_y}{\partial x}\right)\end{aligned}\right\} \tag{3-104}$$

式中，S 为板截面的拉压刚度，$S=\dfrac{Eh}{1-\nu^2}$。

整理得到板面有水平力的板挠曲方程为

$$D\nabla^4 w = p_v-q_v+w\left[N_x\frac{\partial^2}{\partial x^2}+N_y\frac{\partial^2}{\partial y^2}+2N_{xy}\frac{\partial^2}{\partial y\partial x}+(p_{u,x}-q_{u,x})\frac{\partial}{\partial x}+(p_{u,y}-q_{u,y})\frac{\partial}{\partial y}\right]+\frac{h}{2}\left(\frac{\partial p_{u,x}}{\partial x}+\frac{\partial q_{u,x}}{\partial x}+\frac{\partial p_{u,y}}{\partial y}+\frac{\partial q_{u,y}}{\partial y}\right) \tag{3 105}$$

求解板截面水平位移基本微分方程为

$$\left.\begin{aligned}\frac{\partial^2 u_x}{\partial x^2}+\frac{1-\nu}{2}\frac{\partial^2 u_x}{\partial y^2}+\frac{1+\nu}{2}\frac{\partial^2 u_y}{\partial y\partial x} &= \frac{1}{S}(p_{u,x}-q_{u,x})\\ \frac{\partial^2 u_y}{\partial y^2}+\frac{1-\nu}{2}\frac{\partial^2 u_y}{\partial x^2}+\frac{1+\nu}{2}\frac{\partial^2 u_x}{\partial y\partial x} &= \frac{1}{S}(p_{u,y}-q_{u,y})\end{aligned}\right\} \tag{3-106}$$

设位移函数 ψ：

$$u_x=\frac{\partial\psi}{\partial x},\quad u_y=\frac{\partial\psi}{\partial y} \tag{3-107}$$

将式(3-106)中的板水平位移用位移函数表示，则位移基本微分方程改写为

$$S\nabla^4\psi=\frac{\partial p_{u,x}}{\partial x}-\frac{\partial q_{u,x}}{\partial x}+\frac{\partial p_{u,y}}{\partial y}-\frac{\partial q_{u,y}}{\partial y} \tag{3-108}$$

对于小挠度弹性地基板而言，轴向力对剪力(挠度)的影响较小，若忽略该项则式(3-105)改写为一常系数板挠曲微分方程：

$$D\nabla^4 w-\frac{hS}{2}\nabla^4\psi=p_v-q_v+h\left(\frac{\partial p_{u,x}}{\partial x}+\frac{\partial p_{u,y}}{\partial y}\right) \tag{3-109}$$

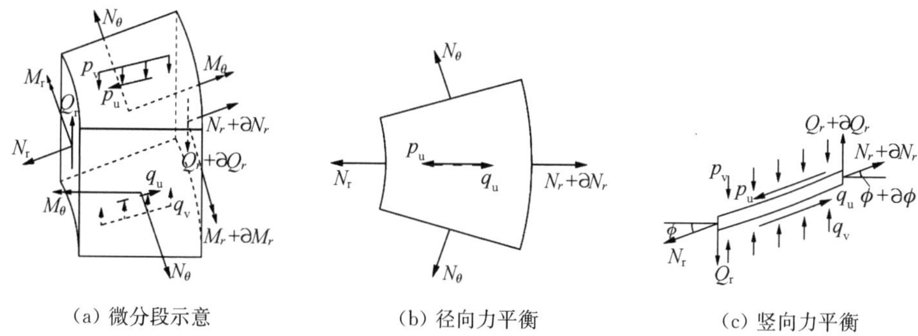

图 3-15 有水平摩阻的轴对称地基板内力

轴对称问题时，板内力如图 3-15 所示，由外力平衡条件推得板内力即弯矩（M_r、M_θ）、剪力 Q_r 和轴向力（N_r、N_θ）的表达式为

$$\left.\begin{aligned}&\frac{\mathrm{d}M_r}{\mathrm{d}r}+\frac{M_r-M_\theta}{r}=Q_r-\frac{h}{2}(p_u+q_u)\\&\frac{\mathrm{d}Q_r}{\mathrm{d}r}+\frac{Q_r}{r}=-p_v+q_v+w\left[N_r\nabla^2+(p_u-q_u)\left(\frac{\mathrm{d}}{\mathrm{d}r}+\frac{1}{r}\right)\right]\\&\frac{\mathrm{d}N_r}{\mathrm{d}r}+\frac{N_r-N_\theta}{r}=p_u-q_u\end{aligned}\right\}\tag{3-110}$$

板弯矩、剪力与板挠曲率，以及轴向力与板轴向水平位移的关系为

$$\left.\begin{aligned}&M_r=-D\left(\frac{\mathrm{d}^2}{\mathrm{d}r^2}+\nu\frac{\mathrm{d}}{r\mathrm{d}r}\right)w\\&M_\theta=-D\left(\nu\frac{\mathrm{d}^2}{\mathrm{d}r^2}+\frac{\mathrm{d}}{r\mathrm{d}r}\right)w\\&Q_r=-D\frac{\mathrm{d}}{\mathrm{d}r}(\nabla^2 w)+\frac{h}{2}(p_u+q_u)\\&N_r=S\left(\frac{\mathrm{d}}{\mathrm{d}r}+\nu\frac{1}{r}\right)u_r\\&N_\theta=S\left(\nu\frac{\mathrm{d}}{\mathrm{d}r}+\frac{1}{r}\right)u_r\end{aligned}\right\}\tag{3-111}$$

由此板面有水平力的地基板挠曲微分方程为

$$\left.\begin{aligned}&D\nabla^4 w-w\left[N_r\nabla^2+(p_u-q_u)\left(\frac{\mathrm{d}}{\mathrm{d}r}+\frac{1}{r}\right)\right]=p_v-q_v+\frac{h}{2}\left(\frac{\mathrm{d}}{\mathrm{d}r}+\frac{1}{r}\right)(p_u+q_u)\\&\frac{\mathrm{d}}{\mathrm{d}r}\left(\frac{\mathrm{d}}{\mathrm{d}r}+\frac{1}{r}\right)u_r=\frac{1}{S}(p_u-q_u)\end{aligned}\right\}\tag{3-112}$$

方程(3-112)是非常系数微分方程，求解是困难的，但对于弹性地基板而言，轴向力对

板挠曲的影响是较小的[87]，忽略该项则得到如下常系数微分方程：

$$\left.\begin{aligned}&D\,\nabla^4 w=p_{\mathrm{v}}-q_{\mathrm{v}}+\frac{h}{2}\left(\frac{\mathrm{d}}{\mathrm{d}r}+\frac{1}{r}\right)(p_{\mathrm{u}}+q_{\mathrm{u}})\\&\frac{\mathrm{d}}{\mathrm{d}r}\left(\frac{\mathrm{d}}{\mathrm{d}r}+\frac{1}{r}\right)u_r=\frac{(p_{\mathrm{u}}-q_{\mathrm{u}})}{S}\end{aligned}\right\}\tag{3-113}$$

3.8 双层板理论

地基上双层薄板可分为两类：第一类可通过某些等效原则简化为单层板问题求解，其特征是上、下层板具有同一中性轴，或上、下层板挠曲面平行，且它们的中性轴保持不变；第二类双层板之间存在可传递竖向和水平向应力的弹性夹层。因此，上、下层板的挠曲面方程通常不尽相同，它们的中性轴通常可变。

3.8.1 可简化为单层板的情况[77]

当双层薄板之间无弹性夹层且无脱开时，上、下层板拥有相同的中性面或两板中性面的挠曲面方程相同，由此可推得上、下层板的弯曲曲率 $\rho_x\left(\dfrac{\partial^2 w}{\partial x^2}\right)$、$\rho_y\left(\dfrac{\partial^2 w}{\partial y^2}\right)$ 和扭曲曲率 $\rho_{xy}\left(\dfrac{\partial^2 w}{\partial x\,\partial y}\right)$ 相等。

在双层板层间水平向光滑无摩阻状态下，上、下层板中性面分别位于各自的中面；当层间为结合（即水平方向无位移）状态，则上、下层板具有同一中性面，如图 3-16 所示，它与上、下层中面的距离 h_{s}、h_{x} 分别为

$$\left.\begin{aligned}&h_{\mathrm{s}}=\frac{h_1+h_2}{2E_{\mathrm{r1}}h_1}\left(\frac{1}{E_{\mathrm{r1}}h_1}+\frac{\alpha}{E_{\mathrm{r2}}h_2}\right)^{-1},\quad h_{\mathrm{x}}=\frac{h_1+h_2}{2E_{\mathrm{r2}}h_2}\left(\frac{1}{\alpha E_{\mathrm{r1}}h_1}+\frac{1}{E_{\mathrm{r2}}h_2}\right)^{-1}\\&\alpha=\frac{\rho_x+\nu_1\rho_y}{\rho_x+\nu_2\rho_y}\frac{\rho_y+\nu_1\rho_x}{\rho_y+\nu_2\rho_x}\end{aligned}\right\}\tag{3-114}$$

式中 h_1、h_2——上、下层板的厚度；

E_{r1}、E_{r2}——上、下层板的广义弹性模量 $\left(\dfrac{E}{1-\nu^2}\right)$。

上、下层板材料的泊松比 ν_1 与 ν_2 一般比较接近，在通常情况下，可忽略 ν_1、ν_2 的差异，记作 ν，$\alpha\approx 1$，则式(3-114)可改写为

$$h_{\mathrm{s}}=\frac{eh_0}{2E_{\mathrm{r1}}h_1},\quad h_{\mathrm{x}}=\frac{eh_0}{2E_{\mathrm{r2}}h_2}\tag{3-115}$$

式中 h_0——双层板的总厚度，$h_0=h_1+h_2$；

e——双层板截面相对抗压刚度，$e=\left(\dfrac{1}{E_{\mathrm{r1}}h_1}+\dfrac{1}{E_{\mathrm{r2}}h_2}\right)^{-1}$。

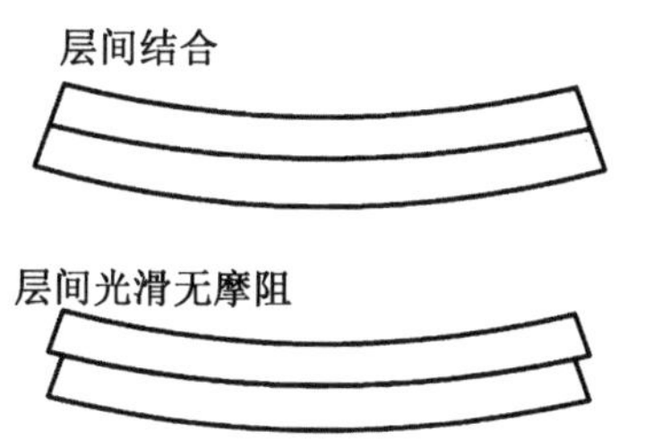

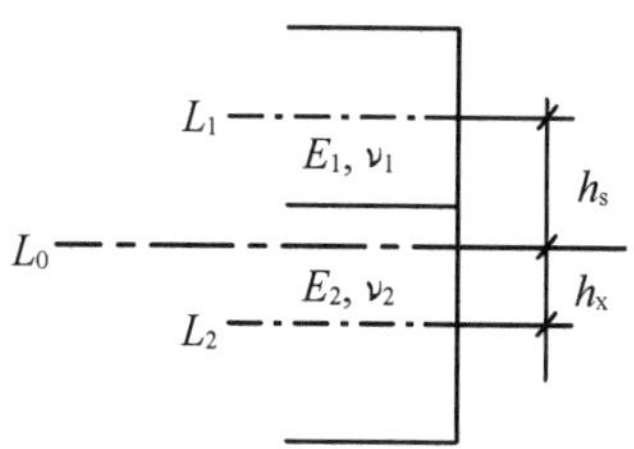

图 3-16 双层板弯曲示意

在层间接触条件从光滑向结合状况过渡的过程中，上、下板的中性轴从光滑状况的 L_1、L_2 轴向结合状况的 L_0 轴过渡，它们与 L_1、L_2 的距离分别为 $h_s\xi_u$ 和 $h_x\xi_u$，$\xi_u \in [0,1]$。当 $\xi_u=0$，层间为光滑状态；当 $\xi_u=1$，层间为结合状态；当 $0<\xi_u<1$ 时，层间为半结合状态，故 ξ_u 可称为层间结合系数，如图 3-17 所示。上、下板横截面 x 轴或 y 轴方向的轴力 $N_{x(y)}$ 为

$$N_{x(y)}=\rho_{x(y)}\frac{eh_0}{2}\xi_u \tag{3-116}$$

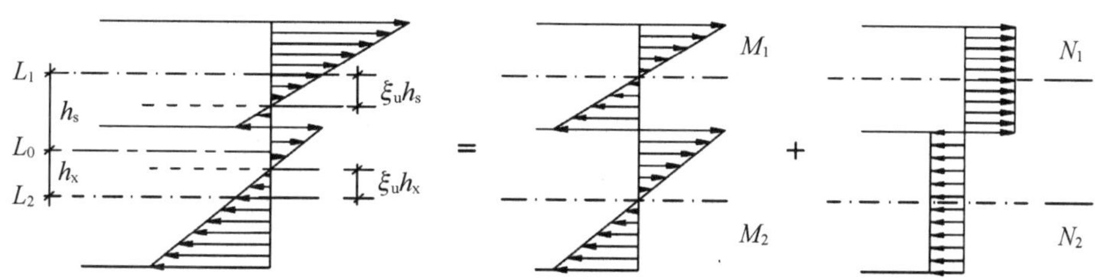

图 3-17 双层板截面弯拉应力的分解

双层板截面承担的弯矩、扭矩由三部分组成：上层板对其中面的弯矩 M_1、下层板对其中面的弯矩 M_2 和由上下板截面轴力 N 产生的弯矩 M_3，如图 3-17 所示，其表达式为

$$M_i=M_{1i}+M_{2i}+M_{3i}=\rho_i(D_1+D_2+D_3\xi_u) \quad (i=x,\ y,\ xy) \tag{3-117}$$

其中，$D_1=\dfrac{E_{r1}h_1^3}{12}$，$D_2=\dfrac{E_{r2}h_2^3}{12}$，$D_3=\dfrac{eh_0^2}{4}$。

式(3-117)中的 D_3 是层间完全连续时由上、下板轴力引起的抗弯刚度。截面的总刚度为 $D_1+D_2+D_3\xi_u$，可记作 D_g。在已知截面弯矩、扭矩 M_i 的条件下，上、下梁的弯曲应力 σ_{1i} 和 σ_{2i} 的计算式为

$$\left.\begin{aligned}\sigma_{1i}&=\frac{E_{r1}M_i}{D_g}(z_1-h_s\xi_u)\\\sigma_{2i}&=\frac{E_{r2}M_i}{D_g}(z_2+h_x\xi_u)\end{aligned}\right\}\quad(i=x,\ y,\ xy)\tag{3-118}$$

式中，z_1、z_2 分别为上、下板的计算应力点距各自中性面的距离。

3.8.2 有弹性夹层的双层板[86]

假设双层板的上、下层板之间有一符合 Goodman 假设可传递竖向反力和水平剪力的弹性夹层，夹层的竖向反力 q_v、水平剪力 q_u 的计算式为

$$\left.\begin{aligned}q_v&=k_v(w_1-w_2)\\q_{u.x}&=k_u\left(u_{x.2}-u_{x.1}+\frac{h_1}{2}\frac{\partial w_1}{\partial x}+\frac{h_2}{2}\frac{\partial w_2}{\partial x}\right)\\q_{u.y}&=k_u\left(u_{y.2}-u_{y.1}+\frac{h_1}{2}\frac{\partial w_1}{\partial y}+\frac{h_2}{2}\frac{\partial w_2}{\partial y}\right)\end{aligned}\right\}\tag{3-119}$$

式中 $u_{x.1}$、$u_{y.1}$——上层板截面 x 轴向、y 轴向的平均水平位移；

$u_{x.2}$、$u_{y.2}$——下层板截面 x 轴向、y 轴向的平均水平位移；

h_1、h_2——上、下层板板厚；

k_v、k_u——夹层竖向和水平向的反应模量。

由于夹层的竖向反应模量值一般较大，上、下层板轴向力对双层板而言近乎平衡的内力，因此，上、下层板轴向力对板剪力乃至挠曲的影响可忽略不计。

取地基上双层板结构的一微分段(图 3-18)，由外力平衡条件得到上、下层板的内力，即弯矩 ($M_{x.i}$、$M_{y.i}$)、剪力($Q_{x.i}$、$Q_{y.i}$) 和轴向力($N_{x.i}$、$N_{y.i}$) 的表达式：

$$\left.\begin{aligned}&\frac{\partial M_{x1}}{\partial x}+\frac{\partial M_{xy1}}{\partial y}=Q_{x1}-\frac{h_1}{2}q_{u.x}, &&\frac{\partial M_{x2}}{\partial x}+\frac{\partial M_{xy2}}{\partial y}=Q_{x2}-\frac{h_2}{2}q_{u.x}\\&\frac{\partial M_{y1}}{\partial y}+\frac{\partial M_{xy1}}{\partial x}=Q_{y1}-\frac{h_1}{2}q_{u.y}, &&\frac{\partial M_{y2}}{\partial y}+\frac{\partial M_{xy2}}{\partial x}=Q_{y2}-\frac{h_2}{2}q_{u.y}\\&\frac{\partial Q_{x1}}{\partial x}+\frac{\partial Q_{y1}}{\partial y}=-p+k_v(w_1-w_2), &&\frac{\partial Q_{x2}}{\partial x}+\frac{\partial Q_{y2}}{\partial y}=-k_v(w_1-w_2)+q_{v0}\\&\frac{\partial N_{x1}}{\partial x}+\frac{\partial N_{xy1}}{\partial y}=-q_{u.x}, &&\frac{\partial N_{x2}}{\partial x}+\frac{\partial N_{xy2}}{\partial y}=q_{u.x}\\&\frac{\partial N_{y1}}{\partial y}+\frac{\partial N_{xy1}}{\partial x}=-q_{u.y}, &&\frac{\partial N_{y2}}{\partial y}+\frac{\partial N_{xy2}}{\partial x}=q_{u.y}\end{aligned}\right\}\tag{3-120}$$

式中，q_{v0} 为地基竖向反力。

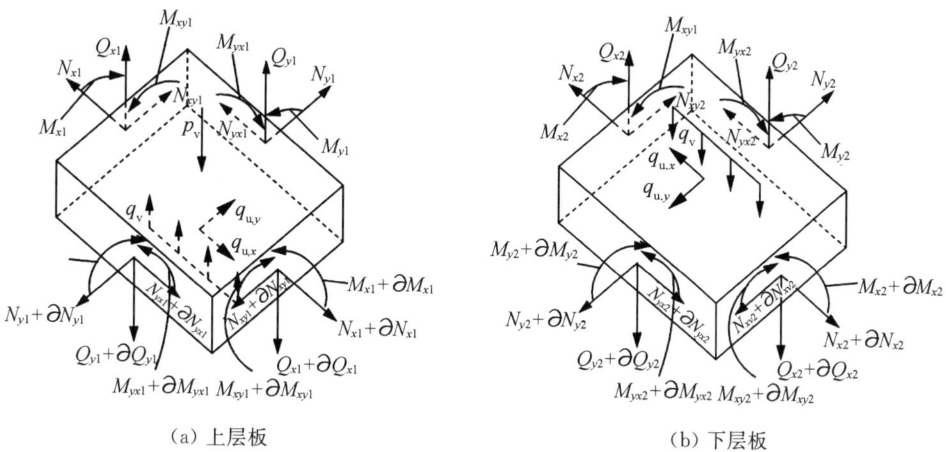

图 3-18　直角坐标系双层板截面内力

双层板弯矩与板挠曲率以及轴向力与板轴向水平位移的关系如下：

$$\left.\begin{aligned}
M_{xi} &= -D_i\left(\frac{\partial^2 w_i}{\partial x^2}+\nu_i\frac{\partial w_i}{\partial y}\right)\\
M_{yi} &= -D_i\left(\nu_i\frac{\partial^2 w_i}{\partial x^2}+\frac{\partial w_i}{\partial y}\right)\\
M_{xyi} &= -D_i(1-\nu_i)\frac{\partial^2 w_i}{\partial x\partial y}\\
Q_{xi} &= -D_i\frac{\partial}{\partial x}(\nabla^2 w_i)+\frac{h_i}{2}q_{u,x}\\
Q_{yi} &= -D_i\frac{\partial}{\partial y}(\nabla^2 w_i)+\frac{h_i}{2}q_{u,y}\\
N_{xi} &= S_i\left(\frac{\partial u_{x.i}}{\partial x}+\nu_i\frac{\partial u_{y.i}}{\partial y}\right)\\
N_{yi} &= S_i\left(\nu_i\frac{\partial u_{x.i}}{\partial x}+\frac{\partial u_{y.i}}{\partial y}\right)\\
N_{xyi} &= S_i\frac{(1-\nu_i)}{2}\left(\frac{\partial u_{x.i}}{\partial y}+\frac{\partial u_{y.i}}{\partial x}\right)
\end{aligned}\right\}\quad(i=1,\ 2)\tag{3-121}$$

式中，S_i 为上层板（$i=1$）和下层板（$i=2$）的抗压刚度，$S_i=\dfrac{hE_i}{1-\nu_i^2}$。

设位移函数 φ_1、φ_2：

$$\left.\begin{aligned}
u_{x.1}=\frac{\partial\varphi_1}{\partial x},\quad u_{y.1}=\frac{\partial\varphi_1}{\partial y}\\
u_{x.2}=\frac{\partial\varphi_2}{\partial x},\quad u_{y.2}=\frac{\partial\varphi_2}{\partial y}
\end{aligned}\right\}\tag{3-122}$$

整理得到双层挠曲、水平位移的微分方程组：

$$\left.\begin{aligned}&D_1\nabla^4 w_1+k_{\mathrm{v}}(w_1-w_2)+\frac{k_{\mathrm{u}}h_1}{2}(h_1\nabla^2 w_1+h_2\nabla^2 w_2)+\frac{k_{\mathrm{u}}h_1}{2}\nabla^2(\varphi_2-\varphi_1)=p\\&D_2\nabla^4 w_2-k_{\mathrm{v}}(w_1-w_2)+\frac{k_{\mathrm{u}}h_2}{4}(h_1\nabla^2 w_1+h_2\nabla^2 w_2)+\frac{k_{\mathrm{u}}h_2}{2}\nabla^2(\varphi_2-\varphi_1)=q_{\mathrm{v0}}\\&S_1\nabla^4\varphi_1+k_{\mathrm{u}}\nabla^2(\varphi_2-\varphi_1)+\frac{k_{\mathrm{u}}}{2}(h_1\nabla^2 w_1+h_2\nabla^2 w_2)=0\\&S_2\nabla^4\varphi_2+S_1\nabla^4\varphi_1=0\end{aligned}\right\}\tag{3-123}$$

在轴对称条件下，夹层的竖向反力 q_{v}、水平剪力 q_{u} 的计算式如下：

$$\left.\begin{aligned}&q_{\mathrm{v}}=k_{\mathrm{v}}(w_1-w_2)\\&q_{\mathrm{u}}=k_{\mathrm{u}}\left(u_2-u_1+\frac{h_1}{2}\frac{\mathrm{d}w_1}{\mathrm{d}r}+\frac{h_2}{2}\frac{\mathrm{d}w_2}{\mathrm{d}r}\right)\end{aligned}\right\}\tag{3-124}$$

取轴对称结构的一微分段(图 3-19)，由外力平衡条件得到上、下层板的内力，即弯矩(M_r、M_θ)、剪力 Q_r 和轴向力(N_r、N_θ)的表达式：

$$\left.\begin{aligned}&\frac{\mathrm{d}M_{r1}}{\mathrm{d}r}+\frac{M_{r1}-M_{\theta1}}{r}=Q_{r1}-\frac{h_1}{2}q_{\mathrm{u}},\quad &&\frac{\mathrm{d}M_{r2}}{\mathrm{d}r}+\frac{M_{r2}-M_{\theta2}}{r}=Q_{r2}-\frac{h_2}{2}q_{\mathrm{u}}\\&\frac{\mathrm{d}Q_{r1}}{\mathrm{d}r}+\frac{Q_{r1}}{r}=\quad p+k_{\mathrm{v}}(w_1-w_2),\quad &&\frac{\mathrm{d}Q_{r2}}{\mathrm{d}r}+\frac{Q_{r2}}{r}=-k_{\mathrm{v}}(w_1-w_2)+q_{\mathrm{v0}}\\&\frac{\mathrm{d}N_{r1}}{\mathrm{d}r}+\frac{N_{r1}-N_{\theta1}}{r}=-q_{\mathrm{u}},\quad &&\frac{\mathrm{d}N_{r2}}{\mathrm{d}r}+\frac{N_{r2}-N_{\theta2}}{r}=q_{\mathrm{u}}\end{aligned}\right\}\tag{3-125}$$

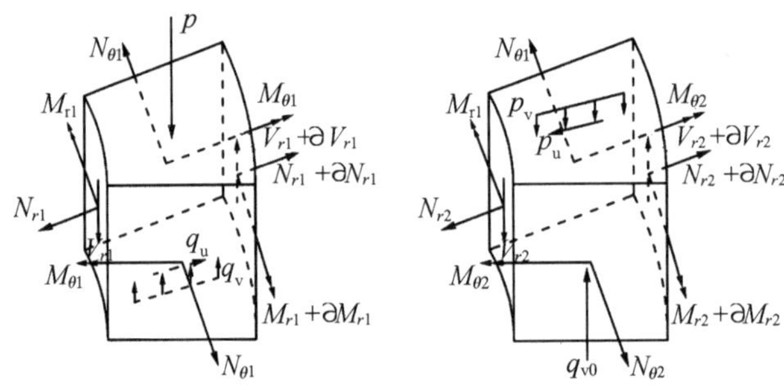

图 3-19　轴对称双层板截面内力

双层板弯矩与板挠曲率以及轴向力与板轴向水平位移的关系为

$$\left.\begin{aligned}
M_{ri} &= -D_i\left(\frac{\mathrm{d}^2 w_i}{\mathrm{d}r^2} + \nu_i \frac{\mathrm{d}w_i}{r\mathrm{d}r}\right) \\
M_{\theta i} &= -D_i\left(\nu_i \frac{\mathrm{d}^2 w_i}{\mathrm{d}r^2} + \frac{\mathrm{d}w_i}{r\mathrm{d}r}\right) \\
Q_{ri} &= -D_i \frac{\mathrm{d}}{\mathrm{d}r}(\nabla^2 w_i) + \frac{h_i}{2} q_{\mathrm{u}} \\
N_{ri} &= S_i\left(\frac{\mathrm{d}u_i}{\mathrm{d}r} + \nu_i \frac{u_i}{r}\right) \\
N_{\theta i} &= S_i\left(\nu_i \frac{\mathrm{d}u_i}{\mathrm{d}r} + \frac{u_i}{r}\right)
\end{aligned}\right\} \quad (i=1,\ 2) \tag{3-126}$$

将式(3-125)代入式(3-126),可推得有二向弹簧夹层的双层板微分方程为

$$\left.\begin{aligned}
& D_1 \nabla^4 w_1 + k_{\mathrm{v}}(w_1 - w_2) + k_{\mathrm{u}} \frac{h_1}{2}\left[\frac{S_1}{e}\left(\frac{\mathrm{d}}{\mathrm{d}r} + \frac{1}{r}\right)u_1 - \frac{1}{2}\nabla^2(h_1 w_1 + h_2 w_2)\right] = p \\
& D_2 \nabla^4 w_2 - k_{\mathrm{v}}(w_1 - w_2) + k_{\mathrm{u}} \frac{h_2}{2}\left[\frac{S_1}{e}\left(\frac{\mathrm{d}}{\mathrm{d}r} + \frac{1}{r}\right)u_1 - \frac{1}{2}\nabla^2(h_1 w_1 + h_2 w_2)\right] = -q_{\mathrm{v0}} \\
& S_1 \frac{\mathrm{d}}{\mathrm{d}r}\left(\frac{\mathrm{d}}{\mathrm{d}r} + \frac{1}{r}\right)u_1 - k_{\mathrm{u}}\left[\frac{S_1}{e}u_1 - \frac{1}{2}\frac{\mathrm{d}}{\mathrm{d}r}(h_1 w_1 + h_2 w_2)\right] = 0 \\
& S_1 u_1 + S_2 u_2 = 0
\end{aligned}\right\} \tag{3-127}$$

3.9 板的惯性、黏性和塑性

3.9.1 板的惯性

当板受冲击荷载作用或振动时,板的惯性有时不能被忽略。弹性地基上薄板的常见运动微分方程[7, 14]为

$$D \nabla^4 w + \rho h \frac{\partial^2 w}{\partial t^2} = p - q \tag{3-128}$$

式中,ρ 为板密度。

式(3-128)中计入了板的主要惯性力:板介质竖向运动的惯性力。当精度要求较高时,尚需考虑板介质因弯曲引起的径向水平运动的惯性力,即截面转动的惯性力。计入板竖向运动和截面转动的惯性力的板内力平衡方程为

$$\left.\begin{aligned}
& \frac{\partial M_x}{\partial x} + \frac{\partial M_{xy}}{\partial y} + \rho I \frac{\partial^3 w}{\partial x \partial t^2} = Q_x \\
& \frac{\partial M_y}{\partial y} + \frac{\partial M_{xy}}{\partial x} + \rho I \frac{\partial^3 w}{\partial y \partial t^2} = Q_y \\
& \frac{\partial Q_x}{\partial x} + \frac{\partial Q_y}{\partial y} - \rho h \frac{\partial^2 w}{\partial t^2} = -(p - q)
\end{aligned}\right\} \tag{3-129}$$

式中,I 为板截面弯曲惯性矩。

由此可推出板的运动微分方程为

$$D\,\nabla^4 w+\frac{\partial^2}{\partial t^2}(-\rho I\,\nabla^2 w+\rho h w)=(p-q) \tag{3-130}$$

对于中厚板而言，计入板竖向运动和截面转动的惯性力的板内力平衡方程则改写为

$$\left.\begin{aligned}&\frac{\partial M_x}{\partial x}+\frac{\partial M_{xy}}{\partial y}+\rho I\,\frac{\partial^2 \psi_x}{\partial t^2}=Q_x\\&\frac{\partial M_y}{\partial y}+\frac{\partial M_{xy}}{\partial x}+\rho I\,\frac{\partial^2 \psi_y}{\partial t^2}=Q_y\\&\frac{\partial Q_x}{\partial x}+\frac{\partial Q_y}{\partial y}-\rho h\,\frac{\partial^2 w}{\partial t^2}=-(p-q)\end{aligned}\right\} \tag{3-131}$$

将中厚板内力方程式(3-34)代入式(3-131)，则有：

$$\left.\begin{aligned}&D\left(\frac{\partial^2 \psi_x}{\partial x^2}+\frac{1-\nu}{2}\,\frac{\partial^2 \psi_x}{\partial y^2}+\frac{1+\nu}{2}\,\frac{\partial^2 \psi_y}{\partial x\,\partial y}\right)+\phi^2 Gh\left(\frac{\partial w}{\partial x}-\psi_x\right)-\rho I\,\frac{\partial^2 \psi_x}{\partial t^2}=0\\&D\left(\frac{1+\nu}{2}\,\frac{\partial^2 \psi_x}{\partial x\,\partial y}+\frac{1-\nu}{2}\,\frac{\partial^2 \psi_y}{\partial x^2}+\frac{\partial^2 \psi_y}{\partial y^2}\right)+\phi^2 Gh\left(\frac{\partial w}{\partial y}-\psi_y\right)-\rho I\,\frac{\partial^2 \psi_y}{\partial t^2}=0\\&\phi^2 Gh\left(\frac{\partial^2 w}{\partial x^2}+\frac{\partial^2 w}{\partial y^2}-\frac{\partial \psi_x}{\partial x}-\frac{\partial \psi_y}{\partial y}\right)-\rho h\,\frac{\partial^2 w}{\partial t^2}=-(p-q)\end{aligned}\right\} \tag{3-132}$$

令 $\psi_x=\frac{\partial \Omega}{\partial x}$，$\psi_y=\frac{\partial \Omega}{\partial y}$ 代入式(3-132)，对第一式作 $\frac{\partial}{\partial x}$，对第二式作 $\frac{\partial}{\partial y}$，并相加，得到：

$$\left.\begin{aligned}&D\,\nabla^4 \Omega-\rho I\,\frac{\partial^2}{\partial t^2}(\nabla^2 \Omega)+\rho h\,\frac{\partial^2 w}{\partial t^2}=p-q\\&\nabla^2 w-\nabla^2 \Omega-\frac{\rho}{\phi^2 G}\,\frac{\partial^2 w}{\partial t^2}=-\frac{p-q}{\phi^2 Gh}\end{aligned}\right\} \tag{3-133}$$

3.9.2 板的黏性

若板材料具有黏性，则板截面上存在与弯曲应变速率成正比的分布阻尼力 σ_{b}：

$$\sigma_{\mathrm{b}}=-c_{\mathrm{s}}\,\frac{\partial \varepsilon}{\partial t} \tag{3-134}$$

式中，c_{s} 为板材料黏滞系数。

截面弯曲应变 $\varepsilon_i=z\,\frac{\partial^2 w}{\partial i^2}(i=x,\ y)$，因此，分布阻尼力 σ_{b} 形成的截面阻尼弯矩为

$$M_{\mathrm{b},i}=\int_{-h/2}^{h/2} z\sigma_{\mathrm{b},i}\,\mathrm{d}z=-c_{\mathrm{s}}\,\frac{\partial^3 w}{\partial i^2\partial t}\int_{-h/2}^{h/2} z^2\,\mathrm{d}z=-c_{\mathrm{s}} I\,\frac{\partial^3 w}{\partial i^2\partial t}\quad(i=x,\ y) \tag{3-135}$$

地基上薄板一般不计截面弯曲阻尼，若计入板弯曲阻尼，则地基上薄板运动微分方程为

$$\left(D+c_s I\frac{\partial}{\partial t}\right)\nabla^4 w+\frac{\partial^2}{\partial t^2}(\rho I\,\nabla^2 w+\rho h w)=p-q \tag{3-136}$$

中厚板截面弯曲应变为 $\varepsilon_x=z\dfrac{\partial\psi_x}{\partial x}$，$\varepsilon_y=z\dfrac{\partial\psi_y}{\partial y}$。可推得计入板弯曲阻尼的地基上中厚板运动微分方程为

$$\left.\begin{aligned}&\left(D+c_s I\frac{\partial}{\partial t}\right)\nabla^4\Omega-\rho I\frac{\partial^2}{\partial t^2}(\nabla^2\Omega)+\rho h\frac{\partial^2 w}{\partial t^2}=p-q\\&\nabla^2 w-\nabla^2\Omega-\frac{\rho}{\phi^2 G}\frac{\partial^2 w}{\partial t^2}=-\frac{p-q}{\phi^2 Gh}\end{aligned}\right\} \tag{3-137}$$

3.9.3 板的塑性

当板为理想弹塑性材料时，在平截面假设条件下，板横截面的应力分布如图 3-20 所示。当板截面进入屈服阶段Ⅲ时，板截面应力 σ 可表示为[128]

$$\sigma(z)=\begin{cases}\dfrac{z-\dfrac{h}{2}}{h_e}\sigma_s, & 0\leqslant\left|z-\dfrac{h}{2}\right|\leqslant h_e\\[2ex]\sigma_s, & h_e\leqslant\left|z-\dfrac{h}{2}\right|\leqslant\dfrac{h}{2}\end{cases} \tag{3-138}$$

式中 h_e ——弹性区高度；

h ——板厚。

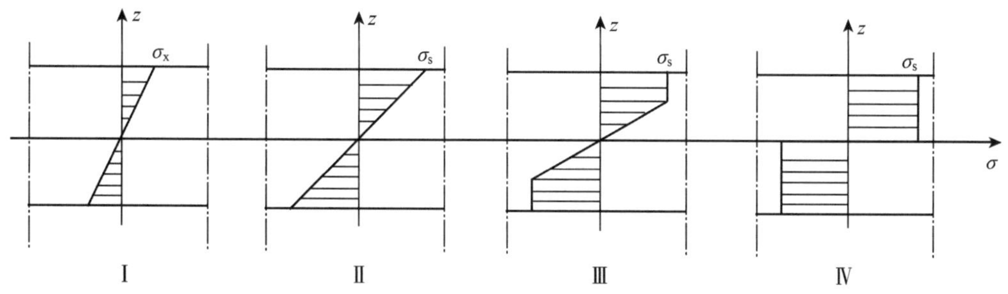

图 3-20 理想弹塑性板的截面应力分布

板截面弯矩 M 为

$$M=\sigma_s\left(\frac{h^2}{4}-\frac{h_e^2}{3}\right),\quad M\geqslant M_e \tag{3-139}$$

式中，M_e 为板截面的屈服弯矩，$M_e = \sigma_s \dfrac{h^2}{6}$。

截面弯矩 M 和屈服弯矩 M_e 之比 $\zeta_m(M/M_e)$ 与截面曲率 ρ 和截面进入塑性阶段时截面屈服曲率 ρ_e 之比 $\zeta_\rho(\rho/\rho_e)$ 之间的关系为

$$\zeta_m = \begin{cases} \zeta_\rho, & \zeta_\rho \leqslant 1 \\ \dfrac{1}{2}\left(3 - \dfrac{1}{\zeta_\rho^2}\right), & \zeta_\rho > 1 \end{cases} \tag{3-140}$$

图 3-21 绘出了板截面 $\zeta_m - \zeta_\rho$ 关系曲线，从中可见，$\zeta_m = \zeta_{ms} = 1.5$ 为渐近线，也就是说，进入全塑性时的截面弯矩 M_s（可称极限弯矩）与进入塑性阶段时截面弯矩 M_e 之比为 1.5。尽管是理想弹塑性材料，在 $\zeta_\rho > 1$ 时，$\zeta_m - \zeta_\rho$ 仍是曲线，计算仍不太方便。因此，在精度要求不太高时，可将 $\zeta_m - \zeta_\rho$ 图简化为图中虚线 OBC。

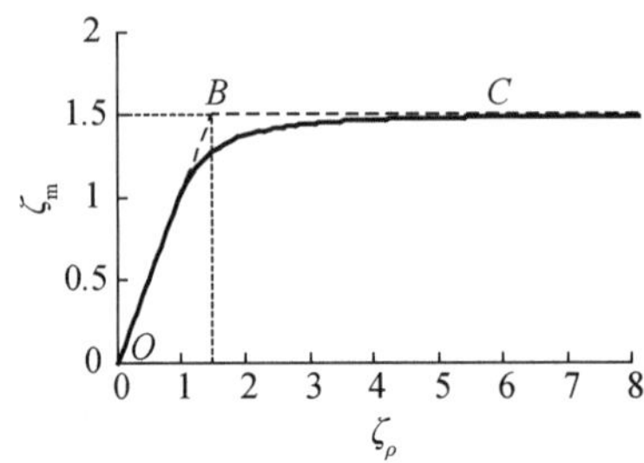

图 3-21　理想弹塑性板的 $\zeta_m - \zeta_\rho$ 曲线

当板材料为线性强化或弱化材料时，进入屈服阶段的板截面弯矩的计算式为[84]

$$M = \frac{\sigma_s}{12}\{3h^2 - 4h_e^2 + \lambda_E[h^3 + h_e(4h_e^2 - 3h^2)]\} \tag{3-141}$$

式中，λ_E 为截面屈服后与屈服前的材料广义模量比。

$$\lambda_E = E_{r1}/E_r \tag{3-142}$$

式中，E_r、E_{r1} 为板材料屈服前、后的广义弹性模量。

$\lambda_E = 0$ 为理想弹塑性材料，$\lambda_E > 0$ 为应力强化材料，$\lambda_E < 0$ 为应力弱化材料。截面弯矩比 ζ_m 与截面曲率比 ζ_ρ 之间的相互关系为

$$\zeta_m = \begin{cases} \zeta_\rho, & \zeta_\rho \leqslant 1 \\ \dfrac{1}{2}\left[3 - \dfrac{1}{\zeta_\rho^2} + \lambda_E\left(2\zeta_\rho + \dfrac{1}{\zeta_\rho^2} - 3\right)\right], & \zeta_\rho > 1 \end{cases} \tag{3-143}$$

第 4 章　弹性地基上无限大板

与弹性地基上有限尺寸板相比，弹性地基上无限大板的求解会简便一些，其原因是无限大板的边界条件仅有相对易满足的无穷远处的位移和内力收敛条件。弹性地基上无限大板的求解方法有几种，本章介绍最简明的汉克尔变换解法，并给出了各类地基（Winkler 地基、双参数地基、半空间体地基、复合地基和有水平摩阻地基）上无限大薄板、中厚板、有轴向力的薄板、双层板，以及 Winkler 地基、双参数地基上厚板的挠度、内力的计算式，同时讨论了不同类型的地基板在集中力与均布圆形荷载作用下的挠曲特征。

4.1　弹性地基上无限大薄板

当仅有竖向外荷载时，弹性地基上薄板的极坐标微分方程可统一表示为

$$D\nabla^4 w(r,\theta)=p(r,\theta)-q(r,\theta) \tag{4-1}$$

式中　w ——板挠度；

D ——板的弯曲刚度；

p ——板顶面的竖向外荷载；

q ——与地基类型有关的地基竖向反力。

将外荷载 p 展开为傅里叶级数形式：

$$p(r,\theta)=\frac{p_{c0}}{2}+\sum_{m=1}^{\infty}[p_{cm}(r)\cos m\theta+p_{sm}(r)\sin m\theta] \tag{4-2}$$

其中，$p_{cm}(r)=\frac{1}{2\pi}\int_0^{2\pi}p(r,\theta)\cos m\theta\,\mathrm{d}\theta$，$p_{sm}(r)=\frac{1}{2\pi}\int_0^{2\pi}p(r,\theta)\sin m\theta\,\mathrm{d}\theta$。

根据线性叠加原理，只需讨论外荷载 $p_{cm}(r)\cos m\theta$ $(m=0,1,2,\cdots)$ 和 $p_{sm}(r)\sin m\theta$ $(m=1,2,\cdots)$ 作用下的板挠度 $w_{cm}\cos m\theta$、$w_{sm}\sin m\theta$ 的解，然后叠加可得到其最终解：

$$w=w_{c0}+\sum_{m=1}^{\infty}(w_{cm}\cos m\theta+w_{sm}\sin m\theta) \tag{4-3}$$

将地基反力也展开为傅里叶级数 $q=\frac{q_{c0}}{2}+\sum_{m=1}^{\infty}(q_{cm}\cos m\theta+q_{sm}\sin m\theta)$。考察外荷载余弦 m 项，代入式(4-1)，则得到对应外荷载余弦 m 项的地基板挠度 w_{cm} 的基本微分方程：

$$D\left(\frac{\mathrm{d}^2}{\mathrm{d}r^2}+\frac{\mathrm{d}}{r\mathrm{d}r}-\frac{m^2}{r^2}\right)^2 w_{cm}(r)=p_{cm}(r)-q_{cm}(r) \tag{4-4}$$

对于外荷载的正弦项 $p_{sm}(r)\sin m\theta$，板挠度 $w_{sm}(r)\sin m\theta$，其微分方程和齐次解均与余弦项的相同，只需将下标 c 改为 s 即可。

由此，求解弹性地基上薄板的微分方程式(4-1)的问题，转变为求解微分方程式(4-4)。当 $m=0$ 时，与幅角 θ 无关，即为轴对称问题。

对式(4-4)进行 m 阶汉克尔变换，得到：

$$D\xi^4\bar{w}_{cm}(\xi)=\bar{p}_{cm}(\xi)-\bar{q}_{cm}(\xi) \tag{4-5}$$

其中，拉普拉斯算子的汉克尔变换为 $\overline{\nabla^2\varphi}=-\xi^2\bar{\varphi}$。

若将地基竖向分布反力汉克尔变换 $\bar{q}_{cm}$ 与地基挠度汉克尔变换 $\bar{w}_{cm}$ 之间的关系表示为

$$\bar{q}_{cm}(\xi)=f_{\mathrm{q}}(\xi)\bar{w}_{cm} \tag{4-6}$$

则板挠度汉克尔变换 $\bar{w}_{cm}$ 可表示为

$$\bar{w}_{cm}(\xi)=\frac{\bar{p}_{cm}(\xi)}{D\xi^4+f_{\mathrm{q}}(\xi)} \tag{4-7}$$

对式(4-6)和式(4-7)作汉克尔逆变换，整理得到板挠度 w_{cm}、地基反力 q_{cm} 的表达式：

$$\left.\begin{aligned} w_{cm}(\rho)&=\frac{l^2}{D}\int_0^{\infty}\bar{p}_{cm}(t)F(t)t\mathrm{J}_m(\rho t)\mathrm{d}t \\ q_{cm}(\rho)&=\frac{1}{l^2}\int_0^{\infty}\bar{p}_{cm}(t)F(t)\,\frac{l^4f_{\mathrm{q}}(t)}{D}t\mathrm{J}_m(\rho t)\mathrm{d}t \end{aligned}\right\} \tag{4-8}$$

其中，$F(t)=\dfrac{1}{t^4+\dfrac{l^4}{D}f_{\mathrm{q}}(t)}$，$t=l\xi$，$\rho=r/l$，$l$ 为地基板相对弯曲刚度半径。

由板挠度 $w_{cm}(r)\cos m\theta$ 引起的板内力(弯矩和剪力)的计算式如式(4-9)所示。对于板挠度 $w_{sm}(r)\sin m\theta$ 引起的板内力，只需将式(4-9)中的 $\cos m\theta$ 改成 $\sin m\theta$，$\sin m\theta$ 改成 $-\cos m\theta$ 即可。

$$\left.\begin{aligned} M_{r.cm}(r)\cos m\theta&=-D\left[\frac{\partial^2}{\partial r^2}+\nu\left(\frac{\partial}{r\partial r}-\frac{m^2}{r^2}\right)\right]w_{cm}\cos m\theta \\ M_{\theta.cm}(r)\cos m\theta&=-D\left[\left(\frac{\partial}{r\partial r}-\frac{m^2}{r^2}\right)+\nu\,\frac{\partial^2}{\partial r^2}\right]w_{cm}\cos m\theta \\ M_{r\theta.cm}(r)\sin m\theta&=D(1-\nu)m\,\frac{\partial}{\partial r}\left(\frac{w_{cm}}{r}\right)\sin m\theta \\ Q_{r.cm}(r)\cos m\theta&=-D\,\frac{\partial}{\partial r}\left(\frac{\partial^2}{\partial r^2}+\frac{\partial}{r\partial r}-\frac{m^2}{r^2}\right)w_{cm}\cos m\theta \\ Q_{\theta.cm}(r)\sin m\theta&=\frac{Dm}{r}\left(\frac{\partial^2}{\partial r^2}+\frac{\partial}{r\partial r}-\frac{m^2}{r^2}\right)w_{cm}\sin m\theta \end{aligned}\right\} \tag{4-9}$$

为了方便表示及分析板挠度、地基反力与板内力(弯矩和剪力)的变化规律,引入了几个无量纲系数:挠度系数 φ_{w}、地基反力系数 φ_{q}、板径向弯矩系数 φ_{Mr}、切向弯矩系数 $\varphi_{\mathrm{M}\theta}$、切向扭矩系数 $\varphi_{\mathrm{Mr}\theta}$、径向剪力系数 φ_{Qr} 和切向剪力系数 $\varphi_{\mathrm{Q}\theta}$。这些无量纲系数定义如下:

$$\left.\begin{aligned}&w=\frac{Pl^2}{D}\varphi_{\mathrm{w}},\quad q_{\mathrm{v}}=\frac{P}{l^2}\varphi_{\mathrm{q}}\\&M_r=P\varphi_{\mathrm{M_r}},\quad M_\theta=P\varphi_{\mathrm{M_\theta}},\quad M_{r\theta}=P(1+\nu)m\varphi_{\mathrm{M_{r\theta}}}\\&Q_r=\frac{P}{l}\varphi_{\mathrm{Q_r}},\quad Q_\theta=\frac{P}{l}m\varphi_{\mathrm{Q_\theta}}\end{aligned}\right\}\tag{4-10}$$

式中,P 为板上竖向外荷载总量。

结合式(4-9)与式(4-10)可知,板径向弯矩系数 φ_{Mr}、切向弯矩系数 $\varphi_{\mathrm{M}\theta}$ 均与材料泊松比 ν 有关,不够简明。因此,板径向弯矩 M_r、切向弯矩 M_θ 还有一种物理意义更明了的表示方式,如式(4-11)所示。两弯矩参数 A_{M}、B_{M} 具有明显的物理意义,对于径向弯矩而言,A_{M} 由外部作用引起,B_{M} 则为板侧向约束所致;而对于切向弯矩则恰好相反。

$$\varphi_{\mathrm{M_r}}=A_{\mathrm{M}}+\nu B_{\mathrm{M}},\quad \varphi_{\mathrm{M_\theta}}=\nu A_{\mathrm{M}}+B_{\mathrm{M}}\tag{4-11}$$

将板挠度、地基反力以及内力计算式代入式(4-9)和式(4-10),则可得到无限大薄板诸系数的计算式:

$$\left.\begin{aligned}&\varphi_{\mathrm{w}.cm}=\int_0^\infty\frac{\bar{p}_{cm}(t)}{P}F(t)t\mathrm{J}_m(\rho t)\mathrm{d}t\\&\varphi_{\mathrm{q}.cm}=\int_0^\infty\frac{\bar{p}_{cm}(t)}{P}F(t)\frac{l^4f_{\mathrm{q}}(t)}{D}t\mathrm{J}_m(\rho t)\mathrm{d}t\\&A_{\mathrm{M}.cm}+B_{\mathrm{M}.cm}=\int_0^\infty\frac{\bar{p}_{cm}(t)}{P}F(t)t^3\mathrm{J}_m(\rho t)\mathrm{d}t\\&B_{\mathrm{M}.cm}=\frac{1}{\rho}\int_0^\infty\frac{\bar{p}_{cm}(t)}{P}F(t)t\left[\frac{m(m-1)}{\rho}\mathrm{J}_m(\rho t)+t\mathrm{J}_{m+1}(\rho t)\right]\mathrm{d}t\\&\varphi_{\mathrm{Mr\theta}.cm}=-\int_0^\infty\frac{\bar{p}_{cm}(t)}{P}F(t)t\left[\frac{m-1}{\rho}\mathrm{J}_m(\rho t)-t\mathrm{J}_{m+1}(\rho t)\right]\mathrm{d}t\\&\varphi_{\mathrm{Qr}.cm}=\int_0^\infty\frac{\bar{p}_{cm}(t)}{P}F(t)t^3\left[t\mathrm{J}_{m+1}(\rho t)-\frac{m}{\rho}\mathrm{J}_m(\rho t)\right]\mathrm{d}t\\&\varphi_{\mathrm{Q\theta}.cm}=-\frac{1}{\rho}\int_0^\infty\frac{\bar{p}_{cm}(t)}{P}t^3F(t)\mathrm{J}_m(\rho t)\mathrm{d}t\end{aligned}\right\}\tag{4-12}$$

当轴对称时,$M_{r\theta}=Q_\theta=0$,式(4-12)简化为

$$\left.\begin{aligned}
\varphi_{\mathrm{w}}&=\int_0^{\infty}\frac{\bar{p}(t)}{P}F(t)t\mathrm{J}_0(\rho t)\mathrm{d}t\\
\varphi_{\mathrm{q}}&=\int_0^{\infty}\frac{\bar{p}(t)}{P}F(t)\frac{l^4 f_{\mathrm{q}}(t)}{D}t\mathrm{J}_0(\rho t)\mathrm{d}t\\
A_{\mathrm{M}}+B_{\mathrm{M}}&=\int_0^{\infty}\frac{\bar{p}(t)}{P}F(t)t^3\mathrm{J}_0(\rho t)\mathrm{d}t\\
B_{\mathrm{M}}&=\frac{1}{\rho}\int_0^{\infty}\frac{\bar{p}(t)}{P}F(t)t^2\mathrm{J}_1(\rho t)\mathrm{d}t\\
\varphi_{\mathrm{Q_r}}&=\int_0^{\infty}\frac{\bar{p}(t)}{P}F(t)t^4\mathrm{J}_1(\rho t)\,\mathrm{d}t
\end{aligned}\right\}\tag{4-13}$$

不同地基模型下函数 $f_{\mathrm{q}}(t)$，$F(t)$ 汇总如下。

（1）Winkler 地基

根据 Winkler 地基假设 $p=kw$，其中 k 为 Winkler 地基反应模量，可推得函数 $f_{\mathrm{q}}(t)$、$F(t)$ 如式(4-14)所示，板相对弯曲刚度半径 l 的计算如式(4-15)所示。

$$\left.\begin{aligned}
f_{\mathrm{q}}(t)&=k\\
F(t)&=\frac{1}{1+t^4}
\end{aligned}\right\}\tag{4-14}$$

$$l=\sqrt[4]{\frac{D}{k}}\tag{4-15}$$

（2）双参数地基

对于外荷载 $q_{cm}\cos m\theta$ 而言，代入双参数地基假设的微分方程式(2-13)，得到相对应双参数地基表面挠度 $w_{cm}\cos m\theta$ 与外荷载(地基反力) $q_{cm}\cos m\theta$ 之间的关系见式(4-16)：

$$q_{cm}=k_1\left[1-2\vartheta l^2\left(\frac{\mathrm{d}^2}{\mathrm{d}r^2}+\frac{\mathrm{d}}{r\mathrm{d}r}-\frac{m^2}{r^2}\right)\right]w_{cm}\tag{4-16}$$

式中 ϑ ——双参数地基板的地基横向联系参数，$\vartheta=\dfrac{k_2}{2k_1 l^2}=\dfrac{k_2 l^2}{2D}$；

k_1、k_2——双参数地基的两个参数；

l ——地基板刚度半径，$l=\sqrt{\dfrac{D}{k_1}}$。

对式(4-16)进行 m 级汉克尔变换，得到：

$$\bar{q}_{cm}=k_1(1+2\vartheta t^2)\bar{w}_{cm}\tag{4-17}$$

由此推得：

$$\left.\begin{aligned} f_q(t) &= k_1(1+2\vartheta t^2) \\ F(t) &= \frac{1}{t^4+2\vartheta t^2+1} \end{aligned}\right\} \tag{4-18}$$

(3) 弹性半空间体地基

对于外荷载 $q_{cm}\cos m\theta$ 作用下的弹性半空间体地基挠度如式(2-83)所示，对其作 m 阶汉克尔变换，得：

$$\bar{q}_{cm}(t) = \frac{E_0 t}{2(1-\nu_0^2)l}\bar{w}_{cm} \tag{4-19}$$

式中　E_0——半空间体的弹性模量；

ν_0——半空间体的泊松比；

l——地基板刚度半径，$l=\sqrt[3]{\dfrac{2D(1-\nu_0^2)}{E_0}}$。

由此推得：

$$\left.\begin{aligned} f_q(\xi) &= \frac{E_0 t}{2(1-\nu_0^2)l} \\ F(t) &= \frac{1}{(t^3+1)t} \end{aligned}\right\} \tag{4-20}$$

(4) Winkler 地基与弹性半空间体的复合地基

Winkler 地基与弹性半空间体的复合地基上薄板，如图 4-1 所示，对式(2-113)所示的地基反力与表面挠度之间的关系，整理得到以 Winkler 地基为基准的函数 $f_q(t)$ 和 $F(t)$ 为

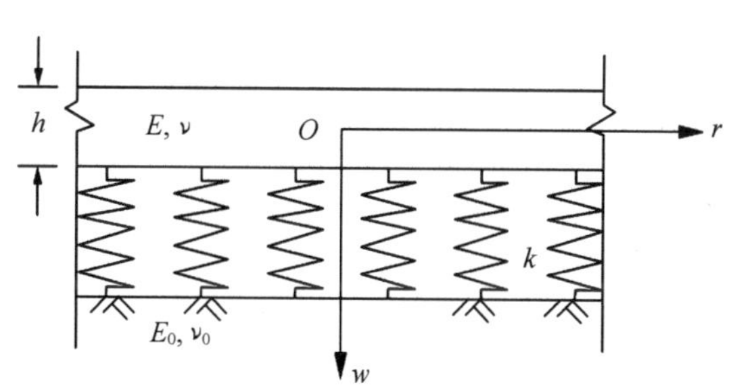

图 4-1　Winkler 地基与弹性半空间体的复合地基板

$$\left.\begin{aligned} f_q(t) &= k\frac{t}{t+\lambda_1^3} \\ F(t) &= \frac{t+\lambda_1^3}{[t^3(t+\lambda_1^3)+1]t} \end{aligned}\right\} \tag{4-21}$$

其中，$\lambda_1 = l_E/l_k$，$l_k=\sqrt[4]{\dfrac{D}{k}}$，$l_E=\sqrt[3]{\dfrac{2D(1-\nu_0^2)}{E_0}}$。

若 $E_0\to\infty$，则 $\lambda_1\to 0$，式(4-21)退化为 Winkler 地基的式(4-14)形式；若 k 很大，地基板相对弯曲半径宜以 l_E 为基准，式(4-21)改写为

$$\left.\begin{aligned} f_q(t) &= \frac{E_0}{2(1-\nu_0^2)l_E} \frac{t}{\lambda_1^{-4}t+1} \\ F(t) &= \frac{\lambda_1^{-4}t+1}{[t^3(\lambda_1^{-4}t+1)+1]t} \end{aligned}\right\} \tag{4-22}$$

(5) Winkler 地基与双参数地基的复合地基

根据式(2-115)给出的 Winkler 地基与双参数地基的复合地基(图 4-2)的表面弯沉 w_1 与外荷载 p_v 的汉克尔变换之间关系,可推得以 Winkler 地基为基准的函数 $f_q(t)$ 和 $F(t)$ 为

$$\left.\begin{aligned} f_q(t) &= k \frac{1+2\vartheta t^2}{\lambda_k+1+2\vartheta t^2} \\ F(t) &= \frac{\lambda_k+1+2\vartheta t^2}{(\lambda_k+1)t^4+1+2\vartheta t^2(t^4+1)} \end{aligned}\right\} \tag{4-23}$$

其中,$\lambda_k=\dfrac{k}{k_1}$, $\vartheta=\dfrac{k_2}{2k_1 l^2}$, $l^4=\dfrac{D}{k}$。

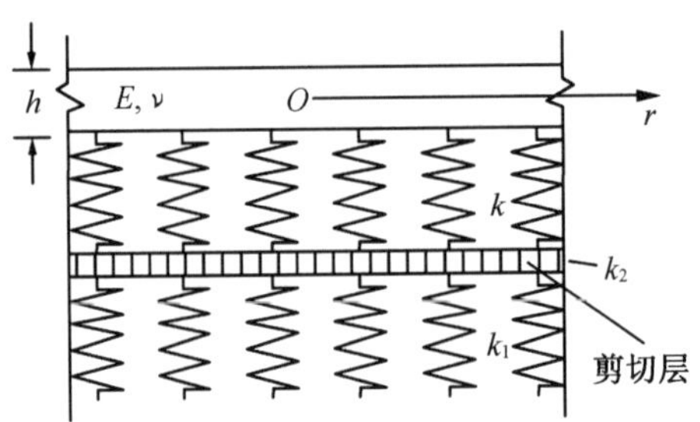

图 4-2 Winkler 地基与双参数地基的复合地基板

若 $k_1\to\infty$,则 $\lambda_k\to 0$、$\vartheta\to 0$,式(4-23)退化为 Winkler 地基的式(4-14)形式;若 k 很大,地基板相对弯曲半径宜以 $l_1=\sqrt{\dfrac{D}{k_1}}$ 为基准,式(4-23)改写为如式(4-24)的形式;当 $k\to\infty$,则 $\lambda_k^{-1}\to 0$,式(4-24)退化为如式(4-18)所示的双参数地基形式。

$$\left.\begin{aligned} f_q(t) &= k_1 \frac{1+2\vartheta t^2}{1+\lambda_k^{-1}(1+2\vartheta t^2)} \\ F(t) &= \frac{1+\lambda_k^{-1}(1+2\vartheta t^2)}{t^4+(1+2\vartheta t^2)(\lambda_k^{-1}t^4+1)} \end{aligned}\right\} \tag{4-24}$$

(6) 双参数地基与半空间体的复合地基

根据式(2-117)给出的双参数地基与半空间体的复合地基的表面弯沉 w_1 与外荷载 p_v 的汉克尔变换之间的关系,可推得以 Winkler 地基为基准的函数 $f_q(t)$ 和 $F(t)$ 为

$$\left.\begin{aligned} f_q &= k_1 \frac{t(1+2\vartheta t^2)}{t+\lambda_1^3} \\ F &= \frac{t+\lambda_1^3}{[t^3(t+\lambda_1^3)+(1+2\vartheta^2 t^2)]t} \end{aligned}\right\} \tag{4-25}$$

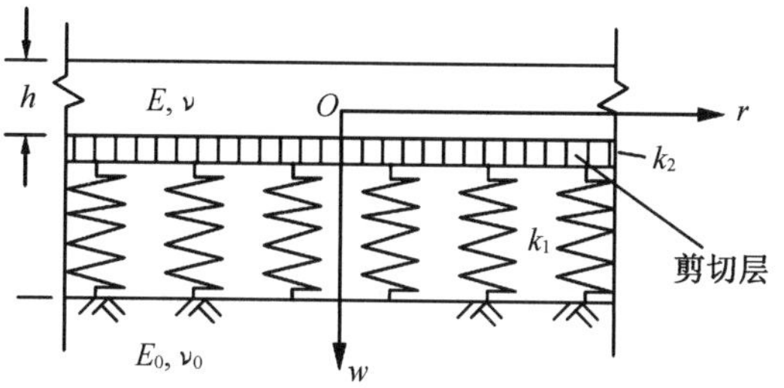

图 4-3　双参数地基与半空间体的复合地基板

若 $E_0 \to \infty$，则 $\lambda_1 \to 0$，式(4-25)退化为双参数地基的式(4-18)形式；若 $\vartheta = 0$，式(4-25)退化为 Winkler 地基与半空间体地基的式(4-21)形式；若 k_1 很大，地基板相对弯曲半径宜以 l_E 为基准，式(4-25)改写为如式(4-26)的形式；当 $k_1 \to \infty$，则 $\lambda_k^{-1} \to 0$，$\vartheta \to 0$，式(4-26)退化为如式(4-20)所示的半空间体地基形式。

$$\left.\begin{aligned} f_q &= \frac{E_0}{2(1-\nu_0^2)l_E} \frac{t(1+2\vartheta t^2)}{(\lambda_1^{-4}t+1)} \\ F &= \frac{\lambda_1^{-4}t+1}{[t^3(\lambda_1^{-4}t+1)+(1+2\vartheta t^2)]t} \end{aligned}\right\} \tag{4-26}$$

当外荷载为环状线荷载 $p(r) = p_0 \delta(r-a_p) = \dfrac{P}{2\pi a_p}\delta(r-a_p)$ 时，其中 p_0 为线荷载集度，a_p 为线荷载环半径，则 $\dfrac{\bar{p}(t)}{P} = \dfrac{1}{2\pi a_p}\displaystyle\int_0^\infty \delta(r-a_p) r \mathrm{J}_0(\xi r)\,\mathrm{d}r = \dfrac{\mathrm{J}_0(\xi a_p)}{2\pi}$，代入式(4-13)则有板挠度、内力系(参)数的计算式为

$$\left.\begin{aligned} \varphi_{\mathrm{w.a_p}} &= \frac{1}{2\pi}\int_0^\infty F(t) t \mathrm{J}_0(\xi a_p)\mathrm{J}_0(\rho t)\,\mathrm{d}t \\ \varphi_{\mathrm{q.a_p}} &= \frac{l^4}{2\pi D}\int_0^\infty F(t) f_q(t) t \mathrm{J}_0(\xi a_p)\mathrm{J}_0(\rho t)\,\mathrm{d}t \\ A_{\mathrm{M.a_p}} + B_{\mathrm{M.r_p}} &= \frac{1}{2\pi}\int_0^\infty F(t) t^3 \mathrm{J}_0(\xi a_p)\mathrm{J}_0(\rho t)\,\mathrm{d}t \\ B_{\mathrm{M.a_p}} &= \frac{1}{2\pi\rho}\int_0^\infty F(t) t^2 \mathrm{J}_0(\xi \mathrm{a_p})\mathrm{J}_1(\rho t)\,\mathrm{d}t \\ \varphi_{\mathrm{Q_r.a_p}} &= \frac{1}{2\pi}\int_0^\infty F(t) t^4 \mathrm{J}_0(\xi a_p)\mathrm{J}_1(\rho t)\,\mathrm{d}t \end{aligned}\right\} \tag{4-27}$$

环状线荷载下的地基板解即式(4-27)十分重要，任何轴对称分布荷载的解都可通过对上述解的积分获得，也就是说，式(4-27)是轴对称弹性地基薄板问题的格林函数。该方法于1938年由D.L. Holl首先提出[28, 29]，故也称为无限板的Holl法。

$$y = 2\pi\int_0^\infty p(\xi)\psi_y(\xi, \rho)\,\xi\mathrm{d}\xi \tag{4-28}$$

式中 $p(r)$——板顶轴对称的分布荷载；

y——荷载 $p(r)$ 下的板挠度、内力；

ψ_y——环状线荷载下的板挠度、内力系(参)数解，见式(4-27)。

例4.1 应用Holl法求双参数地基板在圆形均布荷载下的挠度。

由式(4-27)与式(4-18)得到环状线荷载的双参数地基板的挠度系数：

$$\varphi_{\mathrm{w.r_p}} = \frac{1}{2\pi}\int_0^\infty \frac{\mathrm{J}_0(tr_\mathrm{p}/l)t}{t^4 + 2\vartheta t^2 + 1}\mathrm{J}_0(\rho t)\,\mathrm{d}t \tag{4-29}$$

式中，r_p 为均布线荷载的半径。

圆形均布荷载 p 可表示为

$$\begin{aligned} p &= p_0[1 - \mathrm{H}(r - a_\mathrm{p})] \\ &= \frac{P}{\pi a_\mathrm{p}^2}[1 - \mathrm{H}(r - a_\mathrm{p})] \end{aligned} \tag{4-30}$$

式中 a_p——均布荷载圆半径；

p_0——荷载分布集度。

再应用式(4-28)得到圆形均布荷载下的板挠度：

$$\begin{aligned} w &= \frac{P}{\pi a_\mathrm{p}^2}\int_0^\infty [1 - \mathrm{H}(r_\mathrm{p} - a_\mathrm{p})]\left[\int_0^\infty \frac{\mathrm{J}_0(tr_\mathrm{p}/l)t}{t^4 + 2\vartheta t^2 + 1}\mathrm{J}_0(\rho t)\,\mathrm{d}t\right] r_\mathrm{p}\mathrm{d}r_\mathrm{p} \\ &= \frac{P}{\pi a_\mathrm{p}^2}\int_0^\infty \frac{\mathrm{J}_0(\rho t)t}{t^4 + 2\vartheta t^2 + 1}\left[\int_0^\infty [1 - \mathrm{H}(r_\mathrm{p} - a_\mathrm{p})]\mathrm{J}_0(tr_\mathrm{p}/l)r_\mathrm{p}\mathrm{d}r_\mathrm{p}\right]\mathrm{d}t \\ &= \frac{P}{\pi\alpha}\int_0^\infty \frac{\mathrm{J}_0(\rho t)\mathrm{J}_1(\alpha t)}{t^4 + 2\vartheta t^2 + 1}\,\mathrm{d}t \end{aligned} \tag{4-31}$$

其中，$\alpha = \dfrac{a_\mathrm{p}}{l}$。

圆形均布荷载是较常见的外荷载形式，对其直接求汉克尔变换，则有 $\dfrac{\bar{p}(t)}{P} = \dfrac{\mathrm{J}_1(\alpha t)}{\pi\alpha t}$，见式(2-89)。由此得到板挠度、内力系(参)数的计算式如下：

$$
\left.\begin{aligned}
\varphi_{w} &= \frac{1}{\pi\alpha}\int_0^\infty F(t)\mathrm{J}_1(\alpha t)\mathrm{J}_0(\rho t)\mathrm{d}t \\
\varphi_{q} &= \frac{1}{\pi\alpha}\int_0^\infty F(t)\ \frac{l^4 f_q(t)}{D}\mathrm{J}_1(\alpha t)\mathrm{J}_0(\rho t)\mathrm{d}t \\
A_M + B_M &= \frac{1}{\pi\alpha}\int_0^\infty F(t)t^2\mathrm{J}_1(\alpha t)\mathrm{J}_0(\rho t)\mathrm{d}t \\
B_M &= \frac{1}{\pi\alpha\rho}\int_0^\infty F(t)t\mathrm{J}_1(\alpha t)\mathrm{J}_1(\rho t)\mathrm{d}t \\
\varphi_{Q_r} &= \frac{1}{\pi\alpha}\int_0^\infty F(t)t^3\mathrm{J}_1(\alpha t)\mathrm{J}_1(\rho t)\mathrm{d}t
\end{aligned}\right\} \tag{4-32}
$$

另外，较常见的外荷载为集中力 P，其汉克尔变换或可由环状线荷载的半径 $a_p \to 0$ 得到，或可由均布荷载半径 $a_p \to 0$ 得到，或直接进行变换：$\frac{\bar{p}(t)}{P} = \frac{1}{2\pi}$。由此得到板挠度、内力系(参)数的计算式为

$$
\left.\begin{aligned}
\varphi_{w} &= \frac{1}{2\pi}\int_0^\infty F(t)t\mathrm{J}_0(\rho t)\mathrm{d}t \\
\varphi_{q} &= \frac{1}{2\pi}\int_0^\infty F(t)\ \frac{l^4 f_q(t)}{D}t\mathrm{J}_0(\rho t)\mathrm{d}t \\
A_M + B_M &= \frac{1}{2\pi}\int_0^\infty F(t)t^3\mathrm{J}_0(\rho t)\mathrm{d}t \\
B_M &= \frac{1}{2\pi\rho}\int_0^\infty F(t)t^2\mathrm{J}_1(\rho t)\mathrm{d}t \\
\varphi_{Q_r} &= \frac{1}{2\pi}\int_0^\infty F(t)t^4\mathrm{J}_1(\rho t)\mathrm{d}t
\end{aligned}\right\} \tag{4-33}
$$

外荷载为集中力 P 时的板挠度、内力系(参)数的计算式(4-33)十分重要，将外荷载作权重进行区域积分，可求解任何外荷载问题，详见本书第 5 章。

集中力作用下的 Winkler 地基、双参数地基和半空间体地基上薄板，其板挠度及地基反力最大值均出现在集中力作用点，它们有初等函数表达式：

Winkler 地基：
$$
w_{max} = \frac{Pl^2}{8D},\quad q_{max} = \frac{P}{8l^2} \tag{4-34(a)}
$$

双参数地基：
$$
w_{max} = \frac{1 - \frac{2}{\pi}\arcsin\vartheta}{\sqrt{1-\vartheta^2}}\ \frac{Pl^2}{8D},\quad q_{max} \to \infty \tag{4-34(b)}
$$

半空间体地基： $w_{\max}=\frac{8\sqrt{3}}{9}\cdot\frac{Pl^2}{8D}$， $q_{\max}=\frac{8\sqrt{3}}{9}\cdot\frac{P}{8l^2}$ [4-34(c)]

下面讨论集中力与圆形均布荷载作用下弹性地基板的挠度、弯矩、径向剪力和地基反力等的基本规律。

1. Winkler 地基板的挠曲特征

图 4-4 给出了几种均布荷载圆[荷载圆相对半径 $\alpha=a_p/l=0$，0.5，0.8]作用下，板挠度系数 φ_w、板截面弯矩参数 A_M 和 B_M 沿板相对径距 ρ 的变化曲线。图 4-5 绘出了圆形均布荷载作用下，板中点挠度系数 φ_{w0}、板截面弯矩参数 A_{M0} 与荷载圆相对半径 α 的关系曲线。从图 4-4 可以看出，挠度系数 φ_w 随径距 ρ 的收敛速度慢于两弯矩参数 A_M、B_M 随径距 ρ 的收敛速度；板挠度系数 φ_w 在 $\rho=4$ 左右出现微小的上翘，而弯矩参数 A_M 在 $\rho=1$ 附近转为负值；荷载圆相对半径 α 对板挠曲线的影响较小，对弯矩参数 A_M、B_M 影响明显一些，但影响范围均不太大，对 φ_w、B_M 的影响仅限于 $\rho<1.5$，对 A_M 的影响仅限于 $\rho<2.5$。从图4-5可以看出，板中挠度系数 φ_{w0} 随荷载圆相对半径 α 增大而减小的速率明显小于板中弯矩 $M_0=P(1+\nu)A_{M0}$ 的减小速率，当 $\alpha>4$ 时 A_{M0} 已趋近零，即板中部已躺平无曲率，其挠度近似为无板状态的地基位移 q_0/k，即板中挠度系数 $\varphi_w\to\frac{1}{\pi\alpha^2}$。

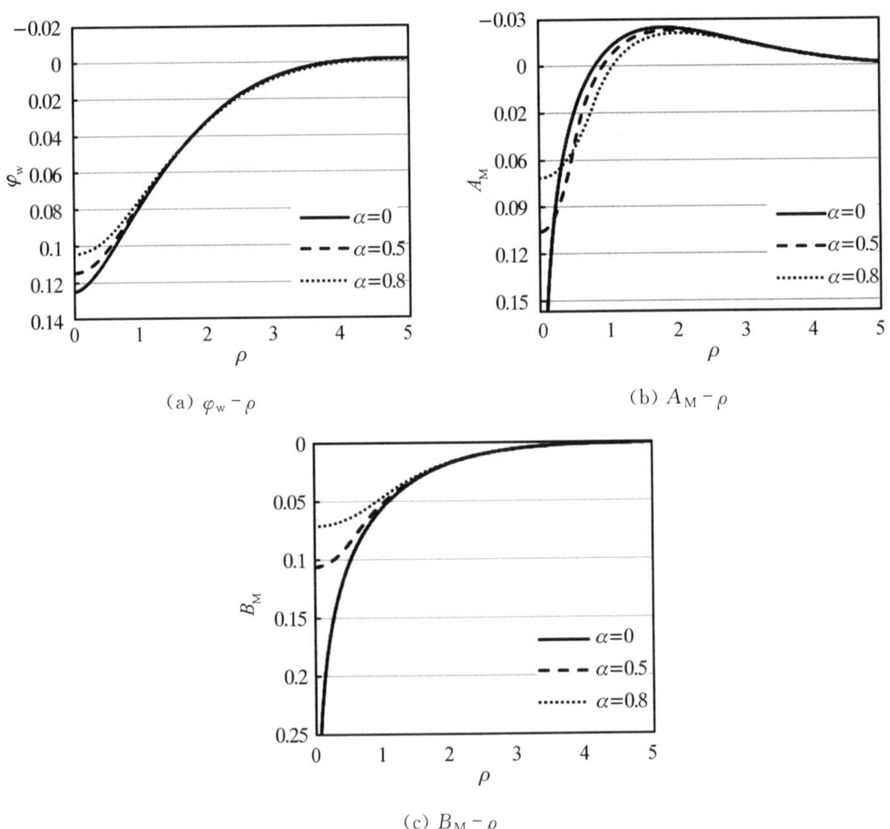

图 4-4 Winkler 地基板 φ_w、A_M、B_M 沿板相对径距 ρ 的变化曲线

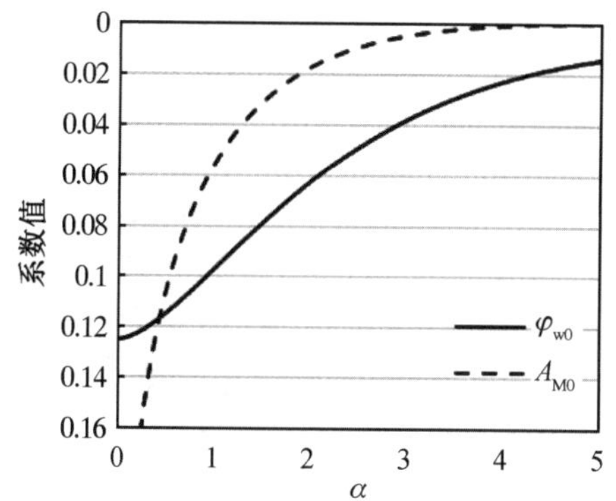

图 4-5　Winkler 地基板 $\varphi_{w0}-\alpha$ 和 $A_{M0}-\alpha$ 变化曲线

2. 双参数地基横向联系对地基板挠度、弯矩等的影响

双参数地基横向联系对地基板弯曲的影响可用双参数地基板的地基横向联系参数 ϑ 来反映。图 4-6 给出了不同的地基横向联系参数 ϑ 值的双参数地基板，在相对半径 $\alpha=0.5$ 均布圆荷载作用下，板挠度系数 φ_w、地基反力系数 φ_q 沿板相对径距 ρ 的变化曲线。从图 4-6可以看出，随着地基横向联系参数 ϑ 的增大，荷载及附近区域板挠度减小，在 $\rho\geqslant2.8$ 区域，板挠度稍有增大；荷载中心区域的地基反力系数 φ_q 随着 ϑ 增大而快速增大，但随着距荷载中点距离的增大而迅速减小，在 $\rho=1.2$ 附近，不同 ϑ 条件下的 φ_q 值相交，之后，φ_P 值随着 ϑ 增大而减小。随着地基横向联系参数 ϑ 的增大，双参数地基板的最大挠度系数 φ_{w0}、最大弯矩参数 A_{M0}（均位于荷载圆中心点）均减小，减少的幅度随着荷载圆相对半径 α 的增大而略有减小，如图 4-7 所示。

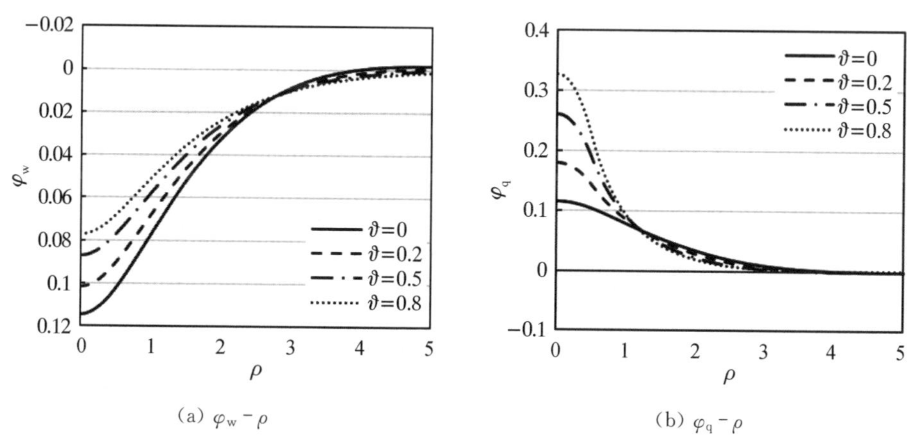

图 4-6　均布圆荷载($\alpha=0.5$)下双参数地基板 φ_w、φ_p 沿板相对径距 ρ 的变化曲线

3. 半空间体地基板与 Winkler 地基板挠曲特征比较

图 4-8 给出了几种均布荷载圆（$\alpha=0$，0.5，0.8）作用下，半空间体地基板与 Winkler 地基板挠度系数 φ_w、地基反力系数 φ_q 沿板相对径距 ρ 的变化曲线。从图 4-8(a)可以看出，首先，两种地基的挠度系数 φ_w 与距中心的相对距离 ρ 的关系曲线形状相似，但半空间

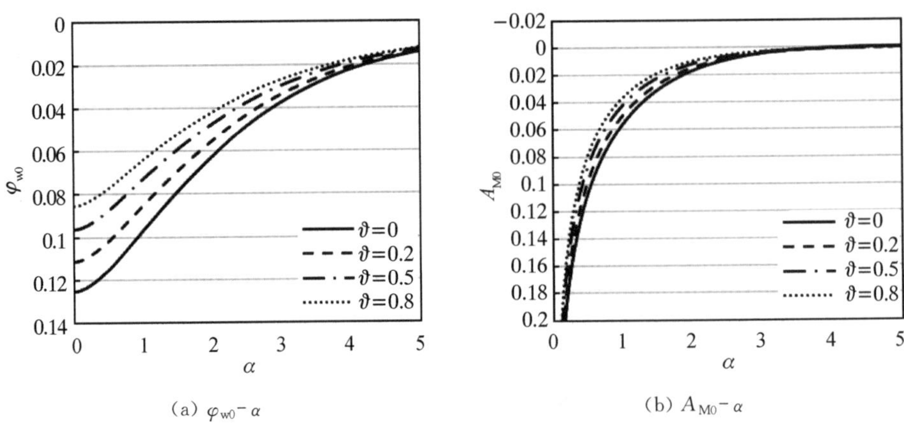

图 4-7　双参数地基板 $\varphi_{w0}-\alpha$ 和 $A_{M0}-\alpha$ 变化曲线

体地基的 φ_w 值明显大于 Winkler 地基的 φ_w 值，且收敛也较慢；其次，荷载圆相对半径 α 对挠度系数 φ_w 的影响仅局限于 $\rho<1.5$。从图 4-8(b)可以看出，荷载圆中心区域($\rho<1$)半空间体地基反力系数 φ_q 更为集中，且明显大于 Winkler 地基的 φ_q 值；在 $\rho=1\sim3$ 区域内，半空间体地基反力系数 φ_q 稍小些；在 $\rho>1$ 区域，荷载圆相对半径 α 对其的影响甚微，可不计。

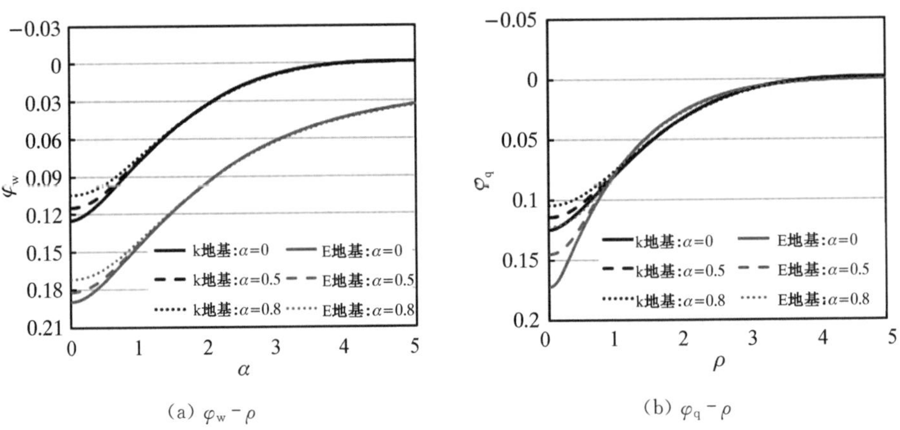

图 4-8　半空间体地基板与 Winkler 地基板的挠度系数与地基反力系数沿板相对径距 ρ 的变化曲线

图 4-9 给出了半空间体地基板与 Winkler 地基板的板中挠度系数 φ_{w0}、弯矩参数 A_{M0}、地基反力系数 φ_{q0} 与均布荷载圆相对半径 α 的关系曲线图。从图 4-9 可以看出，两种地基的荷载圆中心点的 $\varphi_{w0}-\alpha$ 曲线基本平行，在 $\alpha<1$ 范围内，半空间体地基的 φ_{w0} 值较 Winkler 地基的 φ_{w0} 值大 0.067 左右；当 α 较小时，两种地基的荷载圆中心点弯矩参数 A_{M0} 十分接近，但半空间体地基的 A_{M0} 随 α 增大而衰减的速度稍小，当 $\alpha<0.5$ 时，二者相差小于0.7%，当 $\alpha=1$ 时，半空间体地基的 A_{M0} 值较 Winkler 地基的 A_{M0} 值大 3.8%，当 $\alpha=2$ 时，半空间体地基的 A_{M0} 值较 Winkler 地基的 A_{M0} 值大 20%；当 $\alpha<1.5$ 时，半空间体地基的板中地基反力系数 φ_{q0} 大于的 Winkler 地基的地基反力系数 φ_{q0}，在 $\alpha>2.0$ 之后，二者值趋近。

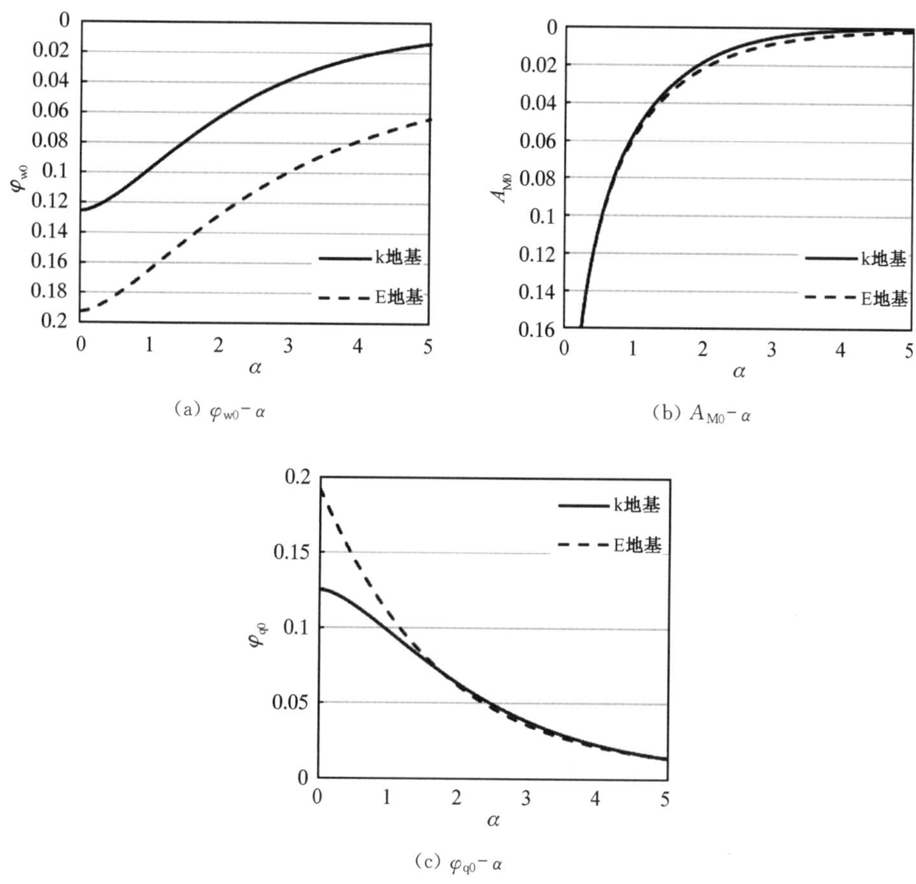

图 4-9　半空间体地基板与 Winkler 地基板的板中点挠度、弯矩和地基反力与 α 的关系曲线

4. Winkler 地基与半空间体复合地基上薄板的弯曲特征

图 4-10 为 Winkler 地基与半空间体复合地基上薄板在集中力作用下的挠曲线，图中 λ_1 为板相对两种地基的弯曲刚度半径比即（l_E/l_k）。从该图可以看到，随着 λ_1 增大，板挠度系数曲线向半空间体地基的情形趋近；当 λ_1 较小时，板挠度系数曲线接近 Winkler 地基板的情形。

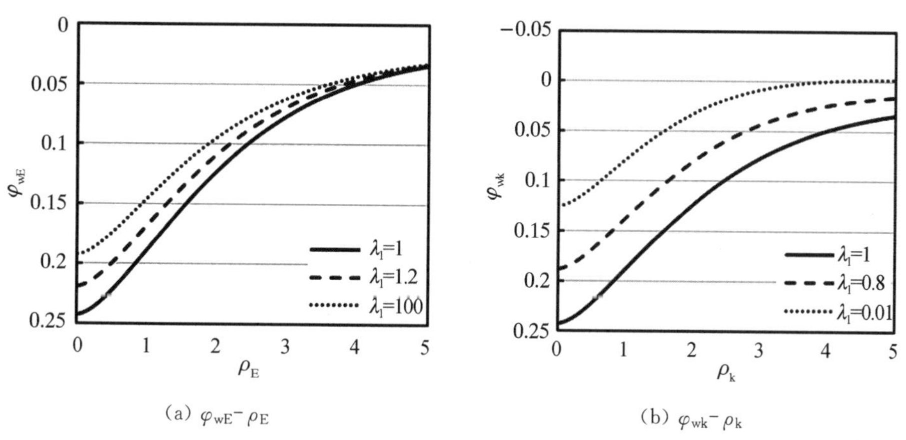

图 4-10　Winkler 地基与半空间体复合地基板的挠曲线

4.2 弹性地基上无限大中厚板

从前文可知，尽管赖斯纳中厚板、汉盖中厚板等中厚板理论的出发点有所差异，但最终微分方程是相同的，因此，弹性地基上中厚板的微分方程统一表示为式(4-35)。其中，板转角的位移函数采用汉盖理论形式，但仍保留了赖斯纳理论中的“剪切系数 ϕ”。

$$\left.\begin{aligned} D\nabla^4 w &= (1-2l^2\kappa\nabla^2)(p-q) \\ D\nabla^4 \Omega &= (p-q) \end{aligned}\right\} \tag{4-35}$$

式中 κ ——地基板截面剪应变参数，也可称地基板剪切效应系数，$\kappa=\dfrac{h^2}{12\phi^2(1-\nu)l^2}=\dfrac{D}{2\phi^2 Ghl^2}$；

l ——板弯曲刚度半径。

将任意荷载 p 展开为傅里叶级数，板挠度 w 和位移函数 Ω 也开展为傅里叶级数，由此得到对应于 $p_{cm}\cos m\theta$ 项的板挠度 $w_{cm}\cos m\theta$ 和转角位移函数 $\Omega_{cm}\cos m\theta$，并代入式(4-35)，进行 m 阶汉克尔变换，得到：

$$\left.\begin{aligned} D\xi^4 \bar{w}_{cm} &= (1+2l^2\kappa\xi^2)(\bar{p}_{cm}-\bar{q}_{cm}) \\ D\xi^4 \overline{\Omega}_{cm} &= \bar{p}_{cm}-\bar{q}_{cm} \end{aligned}\right\} \tag{4-36}$$

整理式(4-36)，并将 $\bar{q}_{cm}=f_{\mathrm{q}}(t)\bar{w}_{cm}$ 代入其中得到：

$$\left.\begin{aligned} &\frac{D}{l^4(1+2\kappa t^2)}t^4\bar{w}_{cm}+f_{\mathrm{q}}(t)\bar{w}_{cm}=\bar{p}_{cm} \\ &\bar{w}_{cm}=(1+2\kappa t^2)\overline{\Omega}_{cm} \end{aligned}\right\} \tag{4-37}$$

解式(4-37)得到：

$$\left.\begin{aligned} \bar{w}_{cm} &= \frac{l^4}{D}\bar{p}_{cm}\frac{1+2\kappa t^2}{t^4+\dfrac{l^4}{D}f_{\mathrm{q}}(t)(1+2\kappa t^2)} \\ \overline{\Omega}_{cm} &= \frac{l^4}{D}\bar{p}_{cm}\frac{1}{t^4+\dfrac{l^4}{D}f_{\mathrm{q}}(t)(1+2\kappa t^2)} \end{aligned}\right\} \tag{4-38}$$

对式(4-38)进行汉克尔逆变换，得到板挠度、转角位移函数的解为

$$\left.\begin{aligned} w_{cm} &= \frac{l^2}{D}\int_0^{\infty}\frac{\bar{p}_{cm}(1+2\kappa t^2)t}{t^4+\dfrac{l^4}{D}f_{\mathrm{q}}(t)(1+2\kappa t^2)}\mathrm{J}_m(t\rho)\,\mathrm{d}t \\ \Omega_{cm} &= \frac{l^2}{D}\int_0^{\infty}\frac{\bar{p}_{cm}t}{t^4+\dfrac{l^4}{D}f_{\mathrm{q}}(t)(1+2\kappa t^2)}\mathrm{J}_m(t\rho)\,\mathrm{d}t \end{aligned}\right\} \tag{4-39}$$

其中，$\rho = r/l$。

板内力(弯矩、剪力)的计算式如式(3-56)所示。式(4-10)定义的板挠度、地基反力、板内力的诸系数及两弯矩参数对中厚板同样适用。诸系数及两弯矩参数的计算式即式(4-12)也适用，主要的区别是被积函数 F 有所不同，其中，板挠度系数和地基反力系数的被积函数相较薄板内力系数的被积函数多了 $(1+2\kappa t^2)$ 项。

$$
\left.\begin{aligned}
&\varphi_{\mathrm{w}.cm} = \int_0^{\infty} \frac{\bar{p}_{cm}(t)}{P} F(t)(1+2\kappa t^2) t \mathrm{J}_m(\rho t)\mathrm{d}t \\
&\varphi_{\mathrm{q}.cm} = \int_0^{\infty} \frac{\bar{p}_{cm}(t)}{P} F(t) \frac{l^4 f_{\mathrm{q}}(t)}{D}(1+2\kappa t^2) t \mathrm{J}_m(\rho t)\mathrm{d}t \\
&A_{\mathrm{M}.cm} + B_{\mathrm{M}.cm} = \int_0^{\infty} \frac{\bar{p}_{cm}(t)}{P} F(t) t^3 \mathrm{J}_m(\rho t)\mathrm{d}t \\
&B_{\mathrm{M}.cm} = \frac{1}{\rho}\int_0^{\infty} \frac{\bar{p}_{cm}(t)}{P} F(t) t \left[\frac{m(m-1)}{\rho}\mathrm{J}_m(\rho t) + t\mathrm{J}_{m+1}(\rho t)\right]\mathrm{d}t \\
&\varphi_{\mathrm{M}_{r\theta}.cm} = -\int_0^{\infty} \frac{\bar{p}_{cm}(t)}{P} F(t) t \left[\frac{m-1}{\rho}\mathrm{J}_m(\rho t) - t\mathrm{J}_{m+1}(\rho t)\right]\mathrm{d}t \\
&\varphi_{\mathrm{Q}_r.cm} = \int_0^{\infty} \frac{\bar{p}_{cm}(t)}{P} F(t) t^3 \left[t\mathrm{J}_{m+1}(\rho t) - \frac{m}{\rho}\mathrm{J}_m(\rho t)\right]\mathrm{d}t \\
&\varphi_{\mathrm{Q}_\theta.cm} = -\frac{1}{\rho}\int_0^{\infty} \frac{\bar{p}_{cm}(t)}{P} t^3 F(t) \mathrm{J}_m(\rho t)\mathrm{d}t
\end{aligned}\right\} \tag{4-40}
$$

其中，$F(t) = \dfrac{1}{t^4 + \dfrac{l^4}{D} f_{\mathrm{q}}(t)(1+2\kappa t^2)}$。

当外荷载为集中力 P 时，$\dfrac{\bar{p}(t)}{P} = \dfrac{1}{2\pi}$；当外荷载为圆形均布荷载 $P = \pi a_{\mathrm{p}}^2 p_0$ 时，$\dfrac{\bar{p}(t)}{P} = \dfrac{\mathrm{J}_1(\alpha t)}{\pi \alpha t}$，$\alpha = \dfrac{a_{\mathrm{p}}}{l}$。

为了方便，以下给出不同地基模型的中厚板所对应的函数 F。

(1) Winkler 地基

$$
F(t) = \frac{1}{t^4 + 2\kappa t^2 + 1} \tag{4-41}
$$

(2) 双参数地基

$$
F(t) = \frac{1}{t^4 + (2\vartheta t^2 + 1)(1+2\kappa t^2)} \tag{4-42}
$$

(3) 弹性半空间体地基

$$F(t)=\frac{1}{(t^3+2\kappa t^2+1)t} \tag{4-43}$$

(4) Winkler 地基与弹性半空间体的复合地基

以 $l=\sqrt{D/k}$ 为基准：

$$F(t)=\frac{t+\lambda_1^3}{[t^3(t+\lambda_1^3)+2\kappa t^2+1]t} \tag{4-44(a)}$$

其中，$\lambda_1=l_E/l_k$。

以 $l_E=\sqrt[3]{2D(1-\nu_0^2)/E_0}$ 为基准：

$$F(t)=\frac{\lambda_1^{-4}t+1}{[t^3(\lambda_1^{-4}t+1)+2\kappa t^2+1]t} \tag{4-44(b)}$$

(5) Winkler 地基与双参数地基的复合地基

以 $l=\sqrt{D/k}$ 为基准：

$$F(t)=\frac{\lambda_k+1+2\vartheta t^2}{t^4(\lambda_k+1+2\vartheta t^2)+(1+2\vartheta t^2)(1+2\kappa t^2)} \tag{4-45(a)}$$

其中，$\lambda_k=k/k_1$。

以 $l_1=\sqrt{D/k_1}$ 为基准：

$$F(t)=\frac{1+\lambda_k^{-1}(1+2\vartheta t^2)}{t^4[1+\lambda_k^{-1}(1+2\vartheta t^2)]+(1+2\vartheta t^2)(1+2\kappa t^2)} \tag{4-45(b)}$$

(6) 双参数地基与半空间体的复合地基

以 $l=\sqrt{D/k}$ 为基准：

$$F(t)=\frac{t+\lambda_1^3}{[t^3(t+\lambda_1^3)+(1+2\vartheta t^2)(1+2\kappa t^2)]t} \tag{4-46(a)}$$

以 $l_E=\sqrt[3]{2D(1-\nu_0^2)/E_0}$ 为基准：

$$F(t)=\frac{\lambda_1^{-4}t+1}{[t^3(\lambda_1^{-4}t+1)+(1+2\vartheta t^2)(1+2\kappa t^2)]t} \tag{4-46(b)}$$

当轴对称时，中厚板挠度系数 φ_w、地基反力系数 φ_q、板弯矩参数 A_M 和 B_M 以及剪力系数 φ_{Qr} 的计算如下：

$$\left.\begin{aligned}
\varphi_{w} &= \int_{0}^{\infty} \frac{\bar{p}(t)}{P} F(t)(1+2\kappa t^{2}) t \mathrm{J}_{0}(\rho t) \mathrm{d}t \\
\varphi_{q} &= \int_{0}^{\infty} \frac{\bar{p}(t)}{P} F(t)(1+2\kappa t^{2}) \frac{l^{4} f_{q}(t)}{D} t \mathrm{J}_{0}(\rho t) \mathrm{d}t \\
A_{M}+B_{M} &= \int_{0}^{\infty} \frac{\bar{p}(t)}{P} F(t) t^{3} \mathrm{J}_{0}(\rho t) t \\
B_{M} &= \frac{1}{\rho} \int_{0}^{\infty} \frac{\bar{p}(t)}{P} F(t) t^{2} \mathrm{J}_{1}(\rho t) \mathrm{d}t \\
\varphi_{Q_{r}} &= \int_{0}^{\infty} \frac{\bar{p}(t)}{P} F(t) t^{4} \mathrm{J}_{1}(\rho t) \mathrm{d}t
\end{aligned}\right\} \tag{4-47}$$

例 4.2　分析比较圆形均布荷载（$\alpha=0.5$）作用下的 Winkler 地基上薄板与中厚板的挠曲特征差异。

应用式(4-37)、式(4-47)求得圆形均布荷载（$\alpha=0.5$）作用下，Winkler 地基上无限大薄板与中厚板的挠度系数 φ_w、板弯矩参数 A_M 和 B_M 以及径向剪力系数 φ_{Q_r} 沿相对径距 ρ 的变化规律如图 4-11 所示。从该图可以看到，随着地基板剪切效应系数 κ 的增大，板挠度

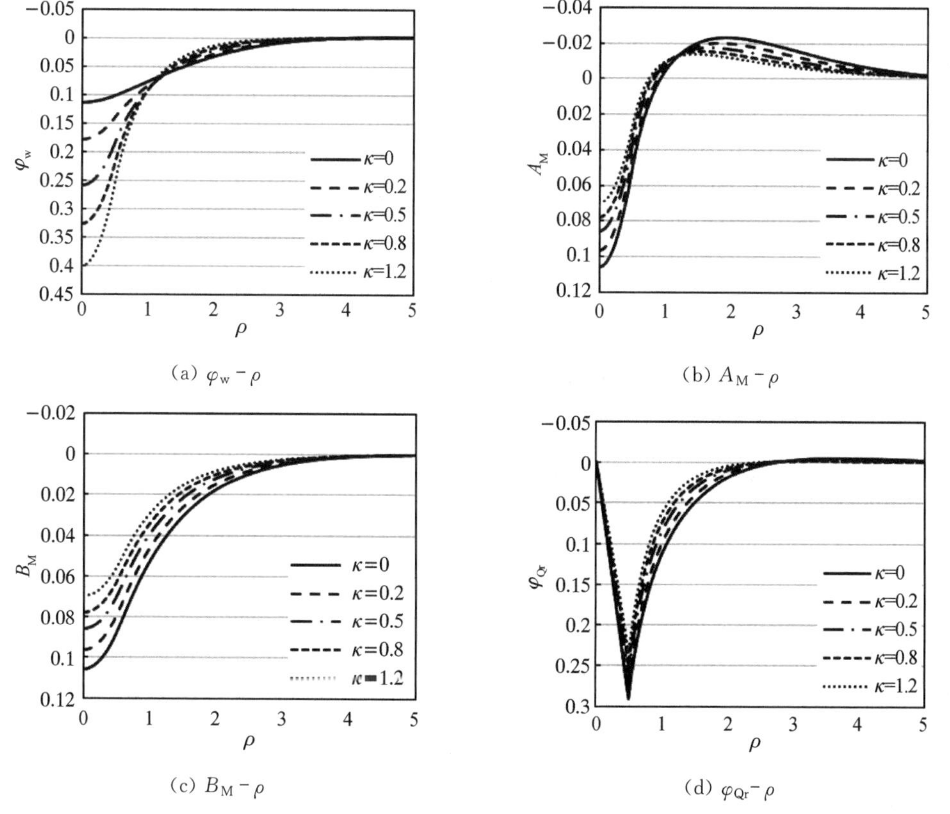

(a) $\varphi_w-\rho$　(b) $A_M-\rho$

(c) $B_M-\rho$　(d) $\varphi_{Q_r}-\rho$

图 4-11　Winkler 地基薄板与中厚板解的比较

增加，弯矩与剪力下降；从量值变化幅度来看，地基板剪切效应系数 κ 对挠度的影响最大，弯矩次之，剪力居三。

表 4-1 给出了双参数地基薄板与 Winkler 地基中厚板挠度系数与内力系数的计算式，从中可以看到，若不考虑双参数地基薄板的地基横向联系参数 ϑ、Winkler 地基中厚板的地基板截面剪应变参数 κ 的物理意义，二者对板弯曲特性的影响十分相近，仅仅是挠曲线稍有差异，Winkler 地基中厚板挠度大于双参数地基薄板，而对板内力、地基反力的影响是相同的。

表 4-1　双参数地基薄板与 Winkler 地基中厚板挠度与内力系数

双参数地基薄板	Winkler 地基中厚板
$\varphi_w=\int_0^\infty \frac{\bar{p}}{P}\frac{t}{t^4+2\vartheta t^2+1}J_0(\rho t)dt$	$\varphi_w=\int_0^\infty \frac{\bar{p}}{P}\frac{(1+2\kappa t^2)t}{t^4+2\kappa t^2+1}J_0(\rho t)dt$
$\varphi_q=\int_0^\infty \frac{\bar{p}}{P}\frac{(1+2\vartheta t^2)t}{t^4+2\vartheta t^2+1}J_0(\rho t)dt$	$\varphi_q=\int_0^\infty \frac{\bar{p}}{P}\frac{(1+2\kappa t^2)t}{t^4+2\kappa t^2+1}J_0(\rho t)dt$
$A_M+B_M=\int_0^\infty \frac{\bar{p}}{P}\frac{t^3}{t^4+2\vartheta t^2+1}J_0(\rho t)dt$	$A_M+B_M=\int_0^\infty \frac{\bar{p}}{P}\frac{t^3}{t^4+2\kappa t^2+1}J_0(\rho t)dt$
$B_M=\frac{1}{\rho}\int_0^\infty \frac{\bar{p}}{P}\frac{t^2}{t^4+2\vartheta t^2+1}J_1(\rho t)dt$	$B_M=\frac{1}{\rho}\int_0^\infty \frac{\bar{p}}{P}\frac{t^2}{t^4+2\kappa t^2+1}J_1(\rho t)dt$
$\varphi_{Q_r}=\int_0^\infty \frac{\bar{p}}{P}\frac{t^4}{t^4+2\vartheta t^2+1}J_1(\rho t)dt$	$\varphi_{Q_r}=\int_0^\infty \frac{\bar{p}}{P}\frac{t^4}{t^4+2\kappa t^2+1}J_1(\rho t)dt$

4.3　弹性地基上无限大厚板

本书中的厚板是指符合严格的三维弹性理论的弹性层状体，其解在本书第 2.3.2 节“弹性层状体的解”中已予讨论，本节只讨论无限大厚板上表面承受竖向荷载且有弹性地基的情形。

4.3.1　双参数地基上厚板

对于竖向荷载的傅里叶级数的 m 项外荷载 $q_{zm}(r)\cos m\theta$ 而言，本书第 2.3.2 节给出了厚板(层状弹性体)的通解式(2-66)中，$A_{5m}=A_{6m}=0$，稍作简化，令 $A_{1m}=\xi^3\widetilde{A}_{1m}$、$A_{2m}=\xi^2\widetilde{A}_{2m}$、$A_{3m}=\xi^3\widetilde{A}_{3m}$、$A_{4m}=\xi^2\widetilde{A}_{4m}$，则层状体的应力、位移分量的表达式为

$$\left.\begin{aligned}
&\sigma_{z.m}=\int_0^\infty \xi\{[A_{1m}+(1-2\nu+\xi z)A_{2m}]e^{-\xi z}-[A_{3m}-(1-2\nu-\xi z)A_{4m}]e^{\xi z}\}\ J_m(\xi r)d\xi\\
&\sigma_{r.m}=-\int_0^\infty \xi\{[A_{1m}-(1+2\nu-\xi z)A_{2m}]e^{-\xi z}-[A_{3m}+(1+2\nu+\xi z)A_{4m}]e^{\xi z}\}J_m(\xi r)d\xi+\\
&\qquad\frac{1}{2r}[(m+1)V_{m+1}+(m-1)V_{m-1}]\\
&\sigma_{\theta.m}=2\nu\int_0^\infty \xi(A_{2m}e^{-\xi z}+A_{4m}e^{\xi z})J_m(\xi r)d\xi-\frac{1}{2r}[(m+1)V_{m+1}+(m-1)V_{m-1}]\\
&\tau_{r\theta.m}=\frac{1}{2r}[(m+1)V_{m+1}-(m-1)V_{m-1}]\\
&\tau_{\theta z.m}=\frac{1}{2}(T_{m+1}+T_{m-1}),\quad \tau_{rz.k}=\frac{1}{2}(T_{m+1}-T_{m-1})\\
&u_{\theta.m}=-\frac{1+\nu}{2E}(V_{m+1}+V_{m-1}),\quad u_{r.m}=-\frac{1+\nu}{2E}(V_{m+1}-V_{m-1})\\
&w_m=-\frac{1+\nu}{E}\int_0^\infty\{[A_{1m}+(2-4\nu+\xi z)A_{2m}]e^{-\xi z}+[A_{3m}-(2-4\nu-\xi z)A_{4m}]e^{\xi z}\}\ J_m(\xi r)d\xi
\end{aligned}\right\}$$

(4-48)

其中，$V_{m+i}=\int_0^\infty\{[A_{1m}-(1-\xi z)A_{2m}]e^{-\xi z}-[A_{3m}+(1+\xi z)A_{4m}]e^{\xi z}\}\ J_{m+i}(\xi r)d\xi$；

$T_{m+i}=\int_0^\infty \xi\{[A_{1m}-(2\nu-\xi z)A_{2m}]e^{-\xi z}+[A_{3m}+(2\nu+\xi z)A_{4m}]e^{\xi z}\}\ J_{m+i}(\xi r)d\xi$。

厚板上表面的边界条件为 $\sigma_{z.m}=-p_{z.m}(r)$，$\tau_{zr.m}=\tau_{z\theta.m}=0$，即

$$\left.\begin{aligned}
&A_{1m}+(1-2\nu)A_{2m}-[A_{3m}-(1-2\nu)A_{4m}]=-\bar{p}_{z.m}\\
&A_{1m}-2\nu A_{2m}+A_{3m}+2\nu A_{4m}=0
\end{aligned}\right\}\tag{4-49}$$

厚板层底($z=h$)的挠度 $w_m\mid_{z=h}$、压应力 $\sigma_{z.m}\mid_{z=h}$、水平剪应力 $\tau_{rz.m}\mid_{z=h}$ 条件为

$$\left.\begin{aligned}
&\sigma_{z.m}\mid_{z=h}=-\left[k_1-k_2\left(\frac{\partial^2}{\partial r^2}+\frac{1}{r}\frac{\partial}{\partial r}-\frac{m^2}{r^2}\right)\right]w_m\mid_{z=h}\\
&\tau_{rz.m}\mid_{z=h}=0
\end{aligned}\right\}\tag{4-50}$$

对式(4-50)进行 m 阶汉克尔变换，并代入式(4-48)，整理得到方程组如下：

$$\begin{bmatrix}
-1 & -1+2\nu & 1 & -1+2\nu\\
1 & -2\nu & 1 & 2\nu\\
e^{-2\xi h} & (-2\nu+\xi h)e^{-2\xi h} & 1 & (2\nu+\xi h)\\
(\chi+1)e^{-2\xi h} & \begin{matrix}[\chi(2-4\nu+\xi h)+\\(1-2\nu-\xi h)]e^{-2\xi h}\end{matrix} & (\chi-1) & \begin{matrix}[-\chi(2-4\nu-\xi h)+\\(1-2\nu+\xi h)]\end{matrix}
\end{bmatrix}\begin{bmatrix}A_{1m}\\A_{2m}\\A_{3m}\\A_{4m}\end{bmatrix}=\begin{bmatrix}\bar{p}_{z.m}\\0\\0\\0\end{bmatrix}$$

(4-51)

其中，$\chi=-\dfrac{k_1+k_2\xi^2}{\xi}\dfrac{1+\nu}{E}$。

解式(4-51)的线性方程组，得到：

$$\left.\begin{aligned}
A_{1m}&=\frac{\bar{p}_{z.m}}{\Delta_m}[(2\nu-\xi h)\mathrm{e}^{-2\xi h}+\xi hF_m-2\nu]\\
A_{2m}&=-\frac{\bar{p}_{z.m}}{\Delta_m}(1+\xi hK_m-\mathrm{e}^{-2\xi h})\\
A_{3m}&=\frac{\bar{p}_{z.m}}{\Delta_m}[(2\nu F_m+\xi h+4\nu^2K_m-2\nu\xi hK_m)\mathrm{e}^{-2\xi h}-(2\nu K_m+F_m)\xi h-4\nu^2K_m-2\nu F_m]\\
A_{4m}&=\frac{\bar{p}_{z.m}}{\Delta_m}[(\xi hK_m-F_m-2\nu K_m)\mathrm{e}^{-2\xi h}+F_m+2\nu K_m]
\end{aligned}\right\}\tag{4-52}$$

其中，$\Delta_m=(2\xi h-\xi hK_m+2\nu K_m-1+F_m)\mathrm{e}^{-2\xi h}+(K_m-4\nu K_m-2F_m)\xi h-2\nu K_m-F_m+1$；

$F_m=\dfrac{2\chi(1-\nu)+(1-4\nu+2\xi h)}{1-2\chi(1-\nu)}\mathrm{e}^{-2\xi h}$， $K_m=\dfrac{2}{1-2\chi(1-\nu)}\mathrm{e}^{-2\xi h}$。

Winkler 地基可视为双参数地基 $k_2=0$ 的特例。在上述各式中，取 $k_2=0$，并用 k 代替 k_1，则上述各式就变为 Winkler 地基上厚板的解。

当仅有轴对称荷载时，$m=\tau_{r\theta}=\tau_{\theta z}=\tau_{rz}=u_\theta=0$，其他应力、位移计算式为

$$\left.\begin{aligned}
\sigma_z&=\int_0^\infty\xi\{[A_1+(1-2\nu+\xi z)A_2]\mathrm{e}^{-\xi z}-[A_3-(1-2\nu-\xi z)A_4]\mathrm{e}^{\xi z}\}\mathrm{J}_0(\xi r)\mathrm{d}\xi\\
\sigma_r&=-\int_0^\infty\xi\{[A_1-(1+2\nu-\xi z)A_2]\mathrm{e}^{-\xi z}-[A_3+(1+2\nu+\xi z)A_4]\mathrm{e}^{\xi z}\}\mathrm{J}_0(\xi r)\mathrm{d}\xi+\frac{V_1}{r}\\
\sigma_\theta&=2\nu\int_0^\infty\xi(A_2\mathrm{e}^{-\xi z}+A_4\mathrm{e}^{\xi z})\mathrm{J}_0(\xi r)\mathrm{d}\xi-\frac{V_1}{r}\\
u_r&=-\frac{1+\nu}{2}V_1\\
w&=-\frac{1+\nu}{E}\int_0^\infty\{[A_1+(2-4\nu+\xi z)A_2]\mathrm{e}^{-\xi z}+[A_3-(2-4\nu-\xi z)A_4]\mathrm{e}^{\xi z}\}\mathrm{J}_0(\xi r)\mathrm{d}\xi
\end{aligned}\right\}\tag{4-53}$$

其中，$V_1=\int_0^\infty\{[A_1-(1-\xi z)A_2]\mathrm{e}^{-\xi z}-[A_3+(1+\xi z)A_4]\mathrm{e}^{\xi z}\}\mathrm{J}_1(\xi r)\mathrm{d}\xi$。

例 4.3 通过一圆形均布荷载作用下的 Winkler 地基板(板厚 $h=0.3$ m，板材料弹性模量 $E=3.0\times10^4$ MPa、泊松比 $\nu=0.15$，地基反应模量 $k=100$ MPa/m)的荷载圆中心处的板挠度、弯矩的变化规律，比较不同板理论(薄板、中厚板、厚板)的差异。

图 4-12 给出了薄板、中厚板、厚板假设条件下，荷载圆中心处板挠度系数 φ_{w0}、板弯矩

参数 A_{M0}[荷载圆中点弯矩 $M_{r0}=P(1+\nu)A_{M0}$]与荷载圆相对半径 α 的关系曲线。其中，厚板的挠度与弯矩按下列等效求出：$w=w_{h/2}$，$M=6\sigma_h/h^2$（$w_{h/2}$ 为层中挠度，σ_h 为层底弯拉应力）。从图 4-12 可以看到，中厚板的挠度与厚板中面挠度非常相近，且明显大于薄板的挠度；对于板截面弯矩而言，中厚板的结果与薄板的相近，当荷载圆半径 α 较小时，厚板等效弯矩小于中厚板及薄板的弯矩。这说明中厚板理论在板挠曲方面的精度改善是明显的，但对板内力精度的提高帮助不太大。据实际地基板结构测算，中厚板截面剪应变参数 κ 很小，仅为 0.011，故对板弯矩的影响较小。

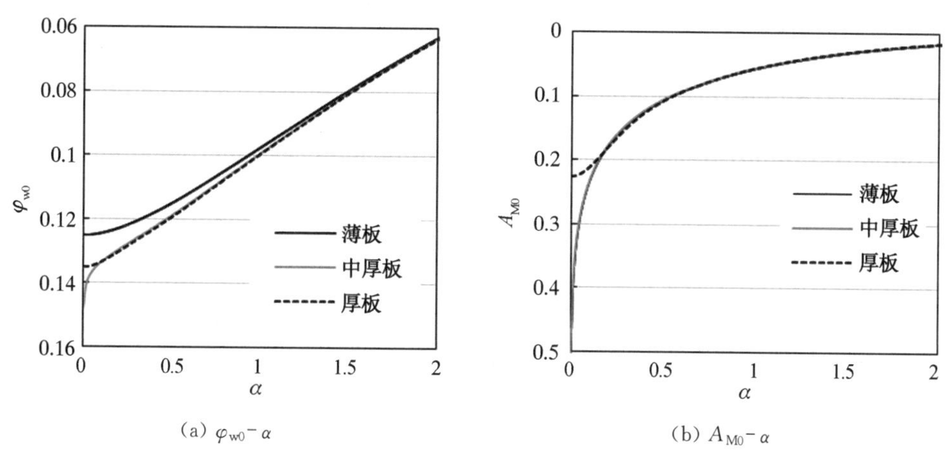

图 4-12　薄板、中厚板与厚板的比较

4.3.2　Winkler 地基与半空间体复合地基上厚板

厚板上表面的边界条件如式(4-49)所示。厚板层底的边界条件为

$$\left.\begin{aligned}&\bar{q}_m=\bar{\sigma}_{z,m}\big|_{z=h}=k(\bar{w}_{z,m}\big|_{z=h}-\bar{w}_{0,m})\\&\bar{\tau}_{rz,m}=0\\&\frac{2(1-\nu_0^2)}{E_0}\frac{\bar{q}_m(\xi)}{\xi}=\bar{w}_{0,m}(\xi)\end{aligned}\right\}\tag{4-54}$$

式中　w_0——半空间体的表面挠度；

E_0——半空间体的弹性模量；

ν_0——半空间体的泊松比。

整理式(4-54)得到用厚板层底挠度 w 与压应力 σ_z 表示的厚板层底的边界条件为

$$\left.\begin{aligned}&\chi\bar{\sigma}_{z,m}\big|_{z=h}-\frac{E}{1+\nu}\bar{w}_m\big|_{z=h}=0\\&\bar{\tau}_{rz,m}=0\end{aligned}\right\}\tag{4-55}$$

其中，$\chi=\dfrac{E}{1+\nu}\left[\dfrac{1}{k}+\dfrac{2(1-\nu_0^2)}{E_0\xi}\right]$。

由厚板顶面与层底的 4 个边界条件可得到关于待定常数 A_{1m}、A_{2m}、A_{3m}、A_{4m} 的线性方程组：

$$\begin{bmatrix} -1 & 2\nu-1 & 1 & 2\nu-1 \\ 1 & -2\nu & 1 & 2\nu \\ e^{-2\xi h} & (-2\nu+\xi h)e^{-2\xi h} & 1 & (2\nu+\xi h) \\ (\chi+1)e^{-2\xi h} & \begin{matrix}[(1-2\nu+\xi h)\chi+ \\ (2-4\nu+\xi h)]e^{-2\xi h}\end{matrix} & (1-\chi) & \begin{matrix}[(1-2\nu-\xi h)\chi- \\ (2-4\nu-\xi h)]\end{matrix} \end{bmatrix} \begin{bmatrix} A_{1m} \\ A_{2m} \\ A_{3m} \\ A_{4m} \end{bmatrix} = \begin{bmatrix} p_m \\ 0 \\ 0 \\ 0 \end{bmatrix} \tag{4-56}$$

当 $k\to\infty$ 时，复合地基厚板退化为半空间体上厚板，也就是在弹性层状体系理论中常遇到的层间光滑的双层结构问题，待定常数 A_{1m}、A_{2m}、A_{3m}、A_{4m} 的计算式为[84]

$$\left.\begin{aligned} A_{1m} &= -\frac{\bar{p}}{\Delta}\{2\nu_1 K_F + [2K_F(\xi h-\nu_1)+\xi h(2\nu_1-1-\xi h)]e^{-2\xi h}\} \\ A_{2m} &= -\frac{\bar{p}}{\Delta}[K_F+(\xi h-K_F)e^{-2\xi h}] \\ A_{3m} &= \frac{\bar{p}e^{-2\xi h}}{\Delta}[(2\nu_1+\xi h)(K_F-1-\xi h)+\xi hK_F+2\nu_1(1-K_F)e^{-2\xi h}] \\ A_{4m} &= -\frac{\bar{p}e^{-2\xi h}}{\Delta}[K_F-1-\xi h+(1-K_F)e^{-2\xi h}] \end{aligned}\right\} \tag{4-57}$$

其中，$\Delta = K_F+[2\xi h(2K_F-1)-(1+2\xi^2h^2)]e^{-2\xi h}+(1-K_F)e^{-4\xi h}$；$K_F=\dfrac{(1-\nu^2)E_0}{2(1-\nu_0^2)E}+\dfrac{1}{2}$。

4.4 有水平摩阻的弹性地基上轴对称无限大板

4.4.1 有水平摩阻的弹性地基上薄板

无水平位移的弹性地基模型，如 Winkler 地基、双参数地基以及与这二者复合的复合地基上薄板，当板与地基之间有水平摩阻时，由式(3-111)可知，地基板的微分方程可表示为

$$\left.\begin{aligned} D\nabla^4 w &= p_v - q_v + \frac{h}{2}\left(\frac{d}{dr}+\frac{1}{r}\right)(p_u+q_u) \\ \frac{d}{dr}\left(\frac{d}{dr}+\frac{1}{r}\right)u_r &= \frac{(p_u-q_u)}{S} \end{aligned}\right\} \tag{4-58}$$

式中 u_r——板中面的径向水平位移；

p_v——板顶面的竖向分布荷载；

p_u——板顶面的水平分布荷载；

S ——板截面的拉压刚度，$S=\dfrac{Eh}{1-\nu^2}$；

q_v ——弹性地基的竖向分布反力；

q_u ——板底与地基间的水平摩阻应力。

对于地基本身水平位移不计的 Winkler 地基、双参数地基等而言，q_u 的表达式为

$$q_u=k_u\left(-u_r+\frac{h}{2}\frac{dw}{dr}\right) \tag{4-59}$$

式中，k_u 为板底与地基间的摩阻系数。

将式(4-59)代入式(4-58)并作汉克尔变换，并且将 $\bar{q}_v=f_q(\xi)\bar{w}$ 代入，整理得到：

$$\left.\begin{aligned}&\left(D\xi^4+\frac{k_u h^2}{4}\xi^2+f_q\right)\bar{w}+\frac{k_u h}{2}\bar{y}=\bar{p}_v+\frac{h}{2}\bar{Z}_p\\&(S\xi^2+k_u)\bar{y}+\frac{k_u h}{2}\xi^2\bar{w}=-\bar{Z}_p\end{aligned}\right\} \tag{4-60}$$

其中，$y=\left(\dfrac{d}{dr}+\dfrac{1}{r}\right)u_r$，$Z_p=\left(\dfrac{d}{dr}+\dfrac{1}{r}\right)p_u$。

整理得到板挠度 w 及径向水平函数 y 的汉克尔变换为

$$\left.\begin{aligned}&\bar{w}=\frac{l^4}{D}\frac{(t^2+\bar{\omega})\bar{p}_v+\dfrac{h}{2}(t^2+2\bar{\omega})\bar{Z}_p}{(t^2+4\bar{\omega})t^4+(t^2+\bar{\omega})\dfrac{l^4 f_q}{D}}\\&\bar{y}=-\frac{hl^2}{2D}\frac{\bar{\omega}t^2\bar{p}_v+\dfrac{h}{6}\left[(t^2+6\bar{\omega})t^2+\dfrac{l^4 f_q}{D}\right]\bar{Z}_p}{(t^2+4\bar{\omega})t^4+(t^2+\bar{\omega})\dfrac{l^4 f_q}{D}}\end{aligned}\right\} \tag{4-61}$$

其中，$t=\xi l$，$\bar{\omega}=\dfrac{k_u l^2}{S}$，$\bar{\omega}$ 为地基板水平摩阻参数。

对式(4-61)进行汉克尔逆变换，得到板挠度 w 及径向位移函数 y 的计算式为

$$\left.\begin{aligned}&w=\frac{l^2}{D}\int_0^{\infty}[\bar{p}_v F_{wv}(t)+\bar{Z}_p F_{wu}(t)]tJ_0(t\rho)dt\\&y=-\frac{h}{2D}\int_0^{\infty}[\bar{p}_v F_{yv}(t)+\bar{Z}_p F_{yu}(t)]tJ_0(t\rho)dt\end{aligned}\right\} \tag{4-62}$$

其中，$F_{wv}(t)=\dfrac{t^2+\bar{\omega}}{\Delta}$，$F_{wu}(t)=\dfrac{h}{2}\dfrac{t^2+2\bar{\omega}}{\Delta}$，$F_{yv}(t)=\dfrac{\bar{\omega}t^2}{\Delta}$，$F_{yu}(t)=\dfrac{h}{6}\dfrac{(t^2+6\bar{\omega})t^2+\dfrac{l^4 f_q(\xi)}{D}}{\Delta}$，

$$\Delta=t^4(t^2+4\bar{\omega})+\frac{l^4}{D}f_{\mathrm{q}}(\xi)(t^2+\bar{\omega})。$$

当仅有竖向外荷载 p_{v} 作用时，板的挠度系数 φ_{w}、地基竖向反力系数 $\varphi_{\mathrm{q_v}}$、板的两弯矩参数 A_{M} 和 B_{M} 及剪力系数 φ_{Qr} 为

$$\left.\begin{aligned}
\varphi_{\mathrm{w}}&=\int_0^{\infty}\frac{\bar{p}_{\mathrm{v}}(t)}{P}\frac{t^2+\bar{\omega}}{\Delta}t\mathrm{J}_0(\rho t)\mathrm{d}t\\
\varphi_{\mathrm{q_v}}&=\int_0^{\infty}\frac{\bar{p}_{\mathrm{v}}(t)}{P}\frac{t^2+\bar{\omega}}{\Delta}\frac{l^4f_{\mathrm{q}}(t)}{D}t\mathrm{J}_0(\rho t)\mathrm{d}t\\
A_{\mathrm{M}}+B_{\mathrm{M}}&=\int_0^{\infty}\frac{\bar{p}_{\mathrm{v}}(t)}{P}\frac{t^2+\bar{\omega}}{\Delta}t^3\mathrm{J}_0(\rho t)\mathrm{d}t\\
B_{\mathrm{M}}&=\frac{1}{\rho}\int_0^{\infty}\frac{\bar{p}_{\mathrm{v}}(t)}{P}\frac{t^2+\bar{\omega}}{\Delta}t^2\mathrm{J}_1(\rho t)\mathrm{d}t\\
\varphi_{\mathrm{Q_r}}&=\int_0^{\infty}\frac{\bar{p}_{\mathrm{v}}(t)}{P}\frac{t^2+4\bar{\omega}}{\Delta}t^2\mathrm{J}_1(\rho t)\,\mathrm{d}t
\end{aligned}\right\}\tag{4-63}$$

板径向水平位移 u_r 和地基水平剪应力 q_{u} 的表达式如下：

$$\left.\begin{aligned}
q_{\mathrm{u}}&=-S\frac{\mathrm{d}y}{\mathrm{d}r}=\frac{6\bar{\omega}}{hl}P\varphi_{\mathrm{u}}\\
u_r&=-\frac{q_{\mathrm{u}}}{k_{\mathrm{u}}}+\frac{h}{2}\frac{\mathrm{d}w}{\mathrm{d}r}=\frac{6l\bar{\omega}}{Sh}P\varphi_{\mathrm{u}}
\end{aligned}\right\}\tag{4-64}$$

式中，φ_{u} 为径向水平位移及摩阻力系数，$\varphi_{\mathrm{u}}=\int_0^{\infty}\frac{\bar{p}_{\mathrm{v}}}{P}\frac{t^4}{\Delta}\mathrm{J}_1(\rho t)\mathrm{d}t$。

由板底水平摩阻力引起的板轴力 N_r、N_θ 的计算式为

$$\left.\begin{aligned}
N_r&=S\left(\frac{\mathrm{d}u_r}{\mathrm{d}r}+\nu\frac{u_r}{r}\right)\\
N_\theta&=S\left(\nu\frac{\mathrm{d}u_r}{\mathrm{d}r}+\frac{u_r}{r}\right)=S(1+\nu)y-N_r
\end{aligned}\right\}\tag{4-65}$$

如同板弯矩，板轴力也引入两轴力参数 A_{N}、B_{N} 来表征，其定义式见式(4-66)，计算式见式(4-67)。

$$N_r=\frac{6P\bar{\omega}}{h}(A_{\mathrm{N}}+\nu B_{\mathrm{N}}),\quad N_\theta=\frac{6P\bar{\omega}}{h}(\nu A_{\mathrm{N}}+B_{\mathrm{N}})\tag{4-66}$$

$$\left.\begin{aligned}
A_{\mathrm{N}}+B_{\mathrm{N}}&=\frac{h}{6P}(Sy)=-\int_0^{\infty}\frac{\bar{p}}{P}\frac{t^3}{\Delta}\mathrm{J}_0(\rho t)\mathrm{d}t\\
B_{\mathrm{N}}&=\frac{h}{6P}\left(S\frac{u_r}{r}\right)=\frac{1}{\rho}\int_0^{\infty}\frac{\bar{p}}{P}\frac{t^4}{\Delta}\mathrm{J}_1(\rho t)\mathrm{d}t
\end{aligned}\right\}\tag{4-67}$$

图 4-13 绘出了圆形均布荷载（$\alpha=0.5$）作用下，Winkler 地基上薄板的板挠度系数 φ_w、弯矩参数 A_M、B_M 以及轴力参数 A_N、B_N 沿板相对径距 ρ 的变化曲线，其中，四条曲线为地基板水平摩阻参数 $\tilde{\omega}=0$，0.2，0.5，1.0，而 $\tilde{\omega}=0$ 就是无水平摩阻力的 Winkler 地基板的情形。从图 4-13 可以看到，随着地基板水平摩阻参数 $\tilde{\omega}$ 的增大，板中部区域的板挠度、弯矩均下降，而在外区域又稍微上升，挠度上升区域约为 $r>2.5l$，弯矩上升区域约为 $r>1.3l$；截面的轴向力随着 $\tilde{\omega}$ 的增大而增大，其增幅大于挠度与弯矩的下降速率。

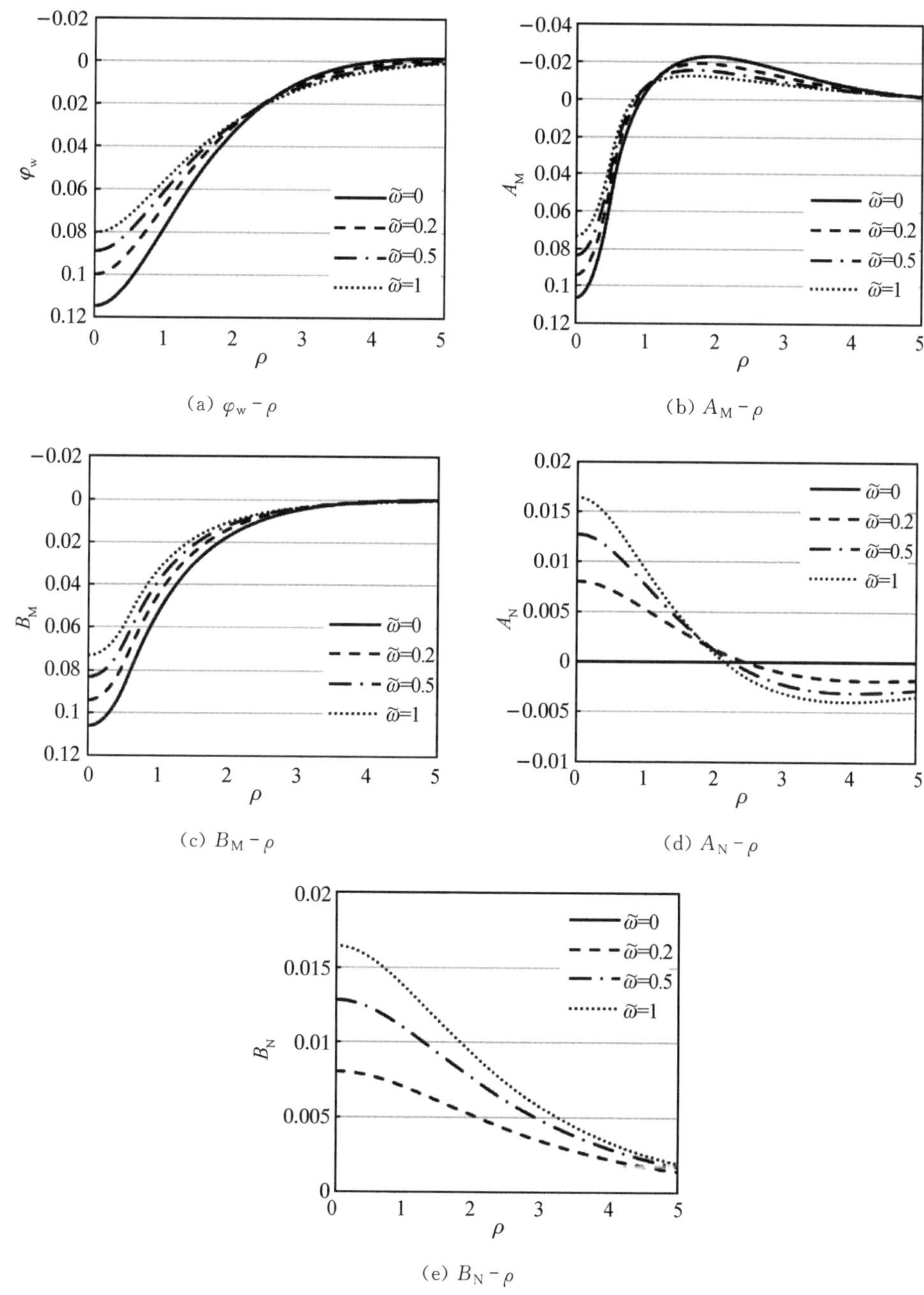

(a) $\varphi_w-\rho$　　(b) $A_M-\rho$

(c) $B_M-\rho$　　(d) $A_N-\rho$

(e) $B_N-\rho$

图 4-13　水平摩阻系数对 Winkler 地基板挠度、内力的影响

图 4-14 绘出了在集中力、圆形均布荷载($\alpha=0.1$, 1.0)作用下,有水平摩阻的 Winkler 地基上薄板中点的挠度 w_0、弯矩 M_0 相对于无水平摩阻的挠度之比 $\xi_w(w_0/w_0|_{\bar{\omega}=0})$、弯矩之比 $\xi_M(M_0/M_0|_{\bar{\omega}=0})$,以及轴力 N_0 相对于水平摩阻趋于无限时轴力之比 $\xi_w(N_0/N_0|_{\bar{\omega}=\infty})$ 随地基板水平摩阻参数 $\bar{\omega}$ 的变化曲线。从图 4-14 可以看出:当 $\bar{\omega}<0.01$ 时,地基板水平摩阻对板挠度和弯矩的影响小于 2%,可以忽略;当 $\bar{\omega}$ 在 0.1 ~ 10 范围内,水平摩阻的影响显著,随着 $\bar{\omega}$ 的增大,板中点挠度 w_0、弯矩 M_0 下降,轴力 N_0 上升;当 $\bar{\omega}>10$,板中点挠度 w_0、弯矩 M_0 和轴力 N_0 趋于稳定;另外,可以看到随着均布荷载圆相对半径 α 的增大,水平摩阻对板中点挠度 w_0、弯矩 M_0 的最大削减作用会有所降低,当 $\alpha=0.1$ 时最大可使 w_0 下降约 50%,使 M_0 下降约 72%,当 $\alpha=1$ 时最大可使 w_0 下降约 45%,使 M_0 下降约 63%,与 $\alpha=0.1$ 时的下降量相比均减少了 5 个百分点。

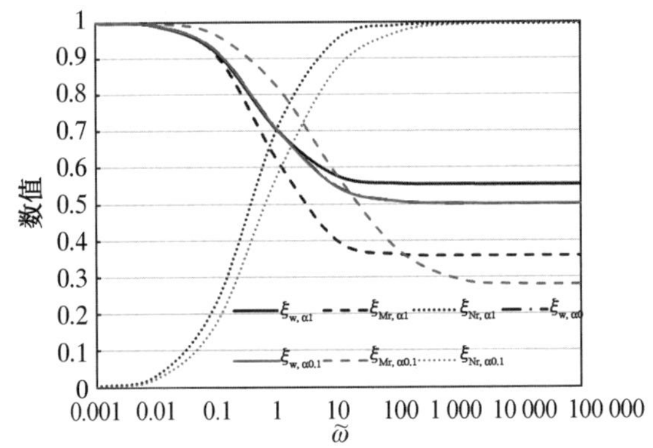

图 4-14 有水平摩阻的 Winkler 地基薄板的挠度、弯矩与轴力系数的变化曲线

4.4.2 有水平摩阻的弹性地基上中厚板

轴对称条件下,有水平摩阻力的弹性地基上中厚板的微分方程可表示为

$$\left.\begin{aligned}&D\,\nabla^4\Omega=p_v-q_v+\frac{h}{2}\left(\frac{\mathrm{d}}{\mathrm{d}r}+\frac{1}{r}\right)(p_u+q_u)\\&\nabla^2 w-\nabla^2\Omega=-\frac{1}{\phi^2 Gh}(p_v-q_v)\\&S\,\frac{\mathrm{d}}{\mathrm{d}r}\left(\frac{\mathrm{d}}{\mathrm{d}r}+\frac{1}{r}\right)u_r=(p_u-q_u)\end{aligned}\right\}\tag{4-68}$$

其中,$q_u=k_u\left(-u_r+\frac{h}{2}\frac{\mathrm{d}w}{\mathrm{d}r}\right)$。

对式(4-68)进行汉克尔变换,得到:

$$\left.\begin{aligned}&D\xi^4\bar{\Omega}+\left(\frac{k_{\mathrm{u}}h^2}{4}\xi^2+f_{\mathrm{q}}\right)\bar{w}+\frac{k_{\mathrm{u}}h}{2}\bar{y}=\bar{p}_{\mathrm{v}}+\frac{h}{2}\bar{Z}_{\mathrm{u}}\\&\xi^2\bar{w}-\xi^2\bar{\Omega}=\frac{1}{\phi^2Gh}(\bar{p}_{\mathrm{v}}-\bar{q}_{\mathrm{v}})\\&\left(\xi^2+\frac{k_{\mathrm{u}}}{S}\right)\bar{y}+\frac{k_{\mathrm{u}}}{S}\frac{h}{2}\xi^2\bar{w}=-\frac{\bar{Z}_{\mathrm{u}}}{S}\end{aligned}\right\}\tag{4-69}$$

其中，$y=\left(\frac{\mathrm{d}}{\mathrm{d}r}+\frac{1}{r}\right)u_r$，$Z_{\mathrm{u}}=\left(\frac{\mathrm{d}}{\mathrm{d}r}+\frac{1}{r}\right)p_{\mathrm{u}}$。

简化式(4-69)得到：

$$\left.\begin{aligned}&t^4\bar{\Omega}+\left(3\bar{\omega}t^2+\frac{l^4f_{\mathrm{q}}}{D}\right)\bar{w}+3\bar{\omega}\frac{2l^2\bar{y}}{h}=\frac{l^4}{D}\left(\bar{p}_{\mathrm{v}}+\frac{h}{2}\bar{Z}_{\mathrm{u}}\right)\\&\left(t^2+2\kappa\frac{l^4f_{\mathrm{q}}}{D}\right)\bar{w}-t^2\bar{\Omega}=2\kappa\frac{l^4}{D}\bar{p}_{\mathrm{v}}\\&(t^2+\bar{\omega})\frac{2l^2\bar{y}}{h}+\bar{\omega}t^2\bar{w}=-\frac{2l^4}{hS}\bar{Z}_{\mathrm{u}}\end{aligned}\right\}\tag{4-70}$$

其中，$\kappa=\frac{D}{2\phi^2Ghl^2}$，$\bar{\omega}=\frac{k_{\mathrm{u}}l^2}{S}$，$t=\xi l$。

解式(4-70)得到：

$$\left.\begin{aligned}&\bar{w}=\frac{l^4}{D}(\bar{p}_{\mathrm{v}}F_{\mathrm{wv}}+\bar{Z}_{\mathrm{u}}F_{\mathrm{wu}})\\&\bar{\Omega}=\frac{l^4}{D}(\bar{p}_{\mathrm{v}}F_{\Omega\mathrm{v}}+\bar{Z}_{\mathrm{u}}F_{\Omega\mathrm{u}})\\&\bar{y}=-\frac{l^2h}{2D}(\bar{p}_{\mathrm{v}}F_{\mathrm{yv}}+\bar{Z}_{\mathrm{u}}F_{\mathrm{yu}})\end{aligned}\right\}\tag{4-71}$$

其中，$F_{\mathrm{wv}}=\frac{(1+2\kappa t^2)(t^2+\bar{\omega})}{\Delta}$，　$F_{\Omega\mathrm{v}}=\frac{(t^2+\bar{\omega})-6\kappa\bar{\omega}t^2}{\Delta}$，　$F_{\mathrm{yv}}=\frac{\bar{\omega}t^2(1+2\kappa t^2)}{\Delta}$，

$F_{\mathrm{wu}}=\frac{h}{2}\frac{(t^2+2\bar{\omega})}{\Delta}$，　$F_{\Omega\mathrm{u}}=\frac{h}{2}\frac{(t^2+2\bar{\omega})\left(t^2+2\kappa\frac{l^4}{D}f_{\mathrm{q}}\right)}{\Delta}$，

$F_{\mathrm{yu}}(t)=\frac{h}{6}\frac{(t^2+6\bar{\omega})t^2+(1+2\kappa t^2)\frac{l^4}{D}f_{\mathrm{q}}}{\Delta}$，

$\Delta=t^4(t^2+4\bar{\omega})+\frac{l^4f_{\mathrm{q}}}{D}(1+2\kappa t^2)(t^2+\bar{\omega})$。

当仅有竖向外荷载 p_{v} 作用时，板的挠度系数 φ_{w}、地基竖向反力系数 φ_{qv}、板的两弯矩参数 A_{M}、B_{M} 及剪力系数 φ_{Qr} 为

$$
\left.\begin{aligned}
\varphi_{\mathrm{w}} &= \int_0^{\infty} \frac{\bar{p}_{\mathrm{v}}(t)}{P} F_{\mathrm{wv}}(t) t \mathrm{J}_0(\rho t) \mathrm{d}t \\
\varphi_{\mathrm{qv}} &= \int_0^{\infty} \frac{\bar{p}_{\mathrm{v}}(t)}{P} F_{\mathrm{wv}}(t) \frac{l^4 f_{\mathrm{q}}(t)}{D} t \mathrm{J}_0(\rho t) \mathrm{d}t \\
A_{\mathrm{M}} + B_{\mathrm{M}} &= \int_0^{\infty} \frac{\bar{p}_{\mathrm{v}}(t)}{P} F_{\Omega\mathrm{v}}(t) t^3 \mathrm{J}_0(\rho t) \mathrm{d}t \\
B_{\mathrm{M}} &= \frac{1}{\rho} \int_0^{\infty} \frac{\bar{p}_{\mathrm{v}}(t)}{P} F_{\Omega\mathrm{v}}(t) t^2 \mathrm{J}_1(\rho t) \mathrm{d}t \\
\varphi_{\mathrm{Q_r}} &= \int_0^{\infty} \frac{\bar{p}_{\mathrm{v}}(t)}{P} \frac{(1+2\kappa t^2)(t^2+4\tilde{\omega})}{\Delta} t^2 \mathrm{J}_1(\rho t) \mathrm{d}t
\end{aligned}\right\} \tag{4-72}
$$

地基的水平剪应力 q_{u} 和水平位移 u_r 的表达式如下：

$$
\left.\begin{aligned}
q_{\mathrm{u}} &= -S \frac{\mathrm{d}y}{\mathrm{d}r} = \frac{6\tilde{\omega}}{hl} P \varphi_{\mathrm{u}} \\
u_r &= \frac{S}{k_{\mathrm{u}}} \frac{\mathrm{d}y}{\mathrm{d}r} + \frac{h}{2} \frac{\mathrm{d}w}{\mathrm{d}r} = \frac{6l\tilde{\omega}}{Sh} P \varphi_{\mathrm{u}}
\end{aligned}\right\} \tag{4-73}
$$

其中，φ_{u} 为径向水平位移及摩阻力系数，$\varphi_{\mathrm{u}} = \int_0^{\infty} \frac{\bar{p}_{\mathrm{v}}}{P} \frac{(1+2\kappa t^2) t^4}{\Delta} \mathrm{J}_1(\rho t) \mathrm{d}t$。

由板底水平摩阻力引起的板轴力的两轴力参数 A_{N} 与 B_{N} 的计算式为

$$
\left.\begin{aligned}
A_{\mathrm{N}} + B_{\mathrm{N}} &= -\int_0^{\infty} \frac{\bar{p}_{\mathrm{v}}}{P} \frac{(1+2\kappa t^2) t^3}{\Delta} \mathrm{J}_0(\rho t) \mathrm{d}t \\
B_{\mathrm{N}} &= \frac{1}{\rho} \int_0^{\infty} \frac{\bar{p}_{\mathrm{v}}}{P} \frac{(1+2\kappa t^2) t^4}{\Delta} \mathrm{J}_1(\rho t) \mathrm{d}t
\end{aligned}\right\} \tag{4-74}
$$

4.4.3 有水平摩阻的半空间地基上薄板

弹性半空间体表面的竖向力及水平摩阻力均会引起其径向位移，因此，前两节中不计地基表面径向位移的这一假设对于弹性半空间地基是不适合的。板底径向摩阻应力的计算式为

$$
q_{\mathrm{u}} = k_{\mathrm{u}} \left(-u_r + u_{r0} + \frac{h}{2} \frac{\mathrm{d}w}{\mathrm{d}r} \right) \tag{4-75}
$$

式中 u_r ——板的径向水平位移；

u_{r0} ——半空间体表面径向水平位移。

当轴对称时，半空间体表面的竖向地基反力 $q_{\mathrm{v}}=-\sigma_{z|z=0}$、竖向位移 w_0、径向水平摩阻剪应力 $q_{\mathrm{u}}=\tau_{r|z=0}$ 和径向水平位移 u_{r0}，由式(4-53)推得计算式如下：

$$\left.\begin{aligned}
q_{\mathrm{v}}&=-\int_0^{\infty}\xi[B_1+(1-2\nu_0)B_2]\mathrm{J}_0(\xi r)\mathrm{d}\xi\\
q_{\mathrm{u}}&=\int_0^{\infty}\xi(B_1-2\nu_0B_2)\mathrm{J}_1(\xi r)\mathrm{d}\xi\\
u_{r0}&=-\frac{1+\nu_0}{E_0}\int_0^{\infty}(B_1-B_2)\mathrm{J}_1(\xi r)\mathrm{d}\xi\\
w_0&=-\frac{1+\nu_0}{E_0}\int_0^{\infty}[B_1+(2-4\nu_0)B_2]\mathrm{J}_0(\xi r)\mathrm{d}\xi
\end{aligned}\right\}\tag{4-76}$$

式中，B_1、B_2 为待定常数。

对半空间体竖向地基反力 q_{v} 进行零阶汉克尔变换，对地基水平摩阻剪应力 q_{u} 进行一阶汉克尔变换，得到式(4-76)中的待定常数 B_1、B_2，如式(4-77)所示。消去待定常数 B_1、B_2 后的竖向位移 w_0 和径向水平位移 u_{r0} 如式(4-78)所示。

$$\left.\begin{aligned}
B_1&=\bar{q}_{\mathrm{u}}-2\nu_0(\bar{q}_{\mathrm{v}}+\bar{q}_{\mathrm{u}}^1)\\
B_2&=-(\bar{q}_{\mathrm{v}}+\bar{q}_{\mathrm{u}}^1)
\end{aligned}\right\}\tag{4-77}$$

$$\left.\begin{aligned}
w_0&=\frac{1+\nu_0}{E_0}\int_0^{\infty}[2(1-\nu_0)\bar{q}_{\mathrm{v}}-(1-2\nu_0)\bar{q}_{\mathrm{u}}^1]\mathrm{J}_0(\xi r)\mathrm{d}\xi\\
u_{r0}&=\frac{1+\nu_0}{E_0}\int_0^{\infty}[-(1-2\nu_0)\bar{q}_{\mathrm{v}}+2(1-\nu_0)\bar{q}_{\mathrm{u}}^1]\mathrm{J}_1(\xi r)\mathrm{d}\xi
\end{aligned}\right\}\tag{4-78}$$

对式(4-78)作汉克尔变换，得到：

$$\left.\begin{aligned}
\bar{w}_0t&=(\bar{q}_{\mathrm{v}}+\lambda_{\mathrm{v}}\bar{q}_{\mathrm{u}}^1)\frac{l^4}{D}\\
\bar{u}_{r0}^1t&=(-\lambda_{\mathrm{v}}\bar{q}_{\mathrm{v}}-\bar{q}_{\mathrm{u}}^1)\frac{l^4}{D}
\end{aligned}\right\}\tag{4-79}$$

其中，$\lambda_{\mathrm{v}}=\dfrac{1-2\nu_0}{2(1-\nu_0)}$，$t=\xi l$。

对地基板微分方程式(4-58)及板与地基的水平摩阻应力式(4-75)进行汉克尔变换，其中，对 w、p_{v}、q_{v} 进行零阶汉克尔变换，对 p_{u}、q_{u}、u_r 进行一阶汉克尔变换，得到：

$$\left.\begin{aligned}&D\xi^4\bar{w}-\frac{h}{2}\xi\bar{q}_{\mathrm{u}}^1+\bar{q}_{\mathrm{v}}=\bar{p}_{\mathrm{v}}+\frac{h}{2}\xi\bar{p}_{\mathrm{u}}^1\\&\xi^2\bar{u}_r^1-\frac{\bar{q}_{\mathrm{u}}^1}{S}=-\frac{\bar{p}_{\mathrm{u}}^1}{S}\\&\bar{q}_{\mathrm{u}}^1=k_{\mathrm{u}}\left(-\bar{u}_r^1+\bar{u}_{r0}^1-\frac{h}{2}\xi\bar{w}\right)\end{aligned}\right\}\tag{4-80}$$

其中，$\left(\frac{\mathrm{d}}{\mathrm{d}r}+\frac{1}{r}\right)q_{\mathrm{u}}^1=\int_0^\infty\bar{q}_{\mathrm{u}}^1\xi^2\left(\frac{\mathrm{dJ}_1(\xi r)}{\mathrm{d}\xi r}+\frac{\mathrm{J}_1(\xi r)}{r\xi}\right)\mathrm{d}\xi=\int_0^\infty\bar{q}_{\mathrm{u}}^1\xi^2\mathrm{J}_0(\xi r)\mathrm{d}\xi$；

$\frac{\mathrm{d}}{\mathrm{d}r}\left(\frac{\mathrm{d}}{\mathrm{d}r}+\frac{1}{r}\right)u_{r0}^1=\int_0^\infty\bar{u}_{r0}^1\xi^3\frac{\mathrm{dJ}_0(\xi r)}{\mathrm{d}\xi r}\mathrm{d}\xi=-\int_0^\infty\bar{u}_{r0}^1\xi^3\mathrm{J}_1(\xi r)\mathrm{d}\xi$；

$\frac{\mathrm{d}}{\mathrm{d}r}w=\int_0^\infty\bar{w}\xi^2\frac{\mathrm{dJ}_0(\xi r)}{\mathrm{d}\xi r}\mathrm{d}\xi=-\int_0^\infty\bar{w}\xi^2\mathrm{J}_1(\xi r)\mathrm{d}\xi$。

联立式(4-78)、式(4-79)和式(4-80)得到：

$$\begin{bmatrix}\frac{D}{l^4}(t^3+1)&0&-\lambda_{\mathrm{v}}-\frac{h}{2l}t\\\frac{h}{2l}t+\lambda_{\mathrm{v}}&1&\frac{t}{k_{\mathrm{u}}}+\frac{l^4(1-\lambda_{\mathrm{v}}^2)}{D}\\0&k_{\mathrm{u}}t&-\bar{\omega}\end{bmatrix}\begin{bmatrix}\bar{w}t\\\bar{u}_r^1t\\\bar{q}_{\mathrm{u}}^1\end{bmatrix}=\begin{bmatrix}\bar{p}_{\mathrm{v}}+\frac{h}{2l}t\bar{p}_{\mathrm{u}}^1\\0\\-\bar{\omega}\bar{p}_{\mathrm{u}}^1\end{bmatrix}\tag{4-81}$$

消去地基反力项，得到板挠度与径向水平位移的方程组如式(4-82)所示，消去径向水平位移项，得到板挠度与地基水平摩阻力的方程组如式(4-83)所示。

$$\begin{bmatrix}t^3+1&12\frac{l^2}{h^2}\left(-\lambda_{\mathrm{v}}-\frac{h}{2l}t\right)t\\\lambda_{\mathrm{v}}+\frac{h}{2l}t&\left[1+\frac{t^2}{\bar{\omega}}+12\frac{l^2}{h^2}t(1-\lambda_{\mathrm{v}}^2)\right]\end{bmatrix}\begin{bmatrix}\bar{w}t\\\bar{u}_r^1t\end{bmatrix}=\frac{l^4}{D}\begin{bmatrix}\bar{p}_{\mathrm{v}}+\left(\frac{ht}{l}+\lambda_{\mathrm{v}}\right)\bar{p}_{\mathrm{u}}^1\\-\left[\frac{h^2}{12\bar{\omega}l^2}t+(1-\lambda_{\mathrm{v}}^2)\right]\bar{p}_{\mathrm{u}}^1\end{bmatrix}\tag{4-82}$$

$$\begin{bmatrix}\frac{D}{l^4}(t^3+1)&\left(-\lambda_{\mathrm{v}}-\frac{h}{2l}t\right)\\\frac{S}{l^2}\left(\lambda_{\mathrm{v}}+\frac{h}{2l}t\right)t&\left[1+\frac{t^2}{\bar{\omega}}+12\left(\frac{l}{h}\right)^2t(1-\lambda_{\mathrm{v}}^2)\right]\end{bmatrix}\begin{bmatrix}\bar{w}t\\\bar{q}_{\mathrm{u}}^1\end{bmatrix}=\begin{bmatrix}\bar{p}_{\mathrm{v}}+\frac{h}{2l}t\bar{p}_{\mathrm{u}}^1\\\bar{p}_{\mathrm{u}}^1\end{bmatrix}\tag{4-83}$$

解方程组(4-82)得到：

$$\left.\begin{aligned}\bar{w}&=\frac{l^4}{D}\frac{a_{\mathrm{w}}\bar{p}_{\mathrm{v}}+b_{\mathrm{w}}\bar{p}_{\mathrm{u}}^1}{t\Delta}\\ \bar{u}_r^1&=-\frac{l^4}{D}\frac{a_{\mathrm{u}}\bar{p}_{\mathrm{v}}+b_{\mathrm{u}}\bar{p}_{\mathrm{u}}^1}{t\Delta}\end{aligned}\right\}\tag{4-84}$$

其中，$a_{\mathrm{w}}=1+\dfrac{t^2}{\bar{\omega}}-12\dfrac{l^2}{h^2}(\lambda_{\mathrm{v}}^2-1)t$，　$b_{\mathrm{w}}=\dfrac{ht}{l}+\lambda_{\mathrm{v}}+\dfrac{h}{2l}t\left[\dfrac{t^2}{\bar{\omega}}-12\dfrac{l^2}{h^2}t(\lambda_{\mathrm{v}}^2-1)\right]$；

$a_{\mathrm{u}}=\left(\lambda_{\mathrm{v}}+\dfrac{h}{2l}t\right)$，　$b_{\mathrm{u}}=\left(\dfrac{ht}{l}+\lambda_{\mathrm{v}}\right)\left(\lambda_{\mathrm{v}}+\dfrac{h}{2l}t\right)+(t^3+1)\left[\dfrac{h^2}{12\bar{\omega}l^2}t-(\lambda_{\mathrm{v}}^2-1)\right]$；

$\Delta=(t^3+1)\left(1+\dfrac{t^2}{\bar{\omega}}\right)-12\dfrac{l^2}{h^2}\left[(\lambda_{\mathrm{v}}^2-1)(t^3+1)-\left(\dfrac{h}{2l}t+\lambda_{\mathrm{v}}\right)^2\right]$。

当仅有竖向外荷载 p_{v} 作用时，板挠度、径向水平位移、板底的竖向及水平向地基反力的计算式见式(4-85)：

$$\left.\begin{aligned}w&=\frac{l^2}{D}\int_0^{\infty}\frac{\bar{p}_{\mathrm{v}}a_{\mathrm{w}}}{\Delta}\mathrm{J}_0(t\rho)\,\mathrm{d}t\\ u_r&=-\frac{l^2}{D}\int_0^{\infty}\frac{\bar{p}_{\mathrm{v}}a_{\mathrm{u}}}{\Delta}\mathrm{J}_1(t\rho)\,\mathrm{d}t\\ q_{\mathrm{u}}&=-\frac{12}{h^2}\int_0^{\infty}\frac{\bar{p}_{\mathrm{v}}a_{\mathrm{u}}}{\Delta}t^2\mathrm{J}_1(t\rho)\,\mathrm{d}t\\ q_{\mathrm{v}}&=\frac{1}{l^2}\int_0^{\infty}\frac{\bar{p}_{\mathrm{v}}}{\Delta}a_{\mathrm{v}}t\mathrm{J}_1(t\rho)\,\mathrm{d}t\end{aligned}\right\}\tag{4-85}$$

板的两弯矩参数、两轴力参数和径向剪力系数为

$$\left.\begin{aligned}A_{\mathrm{M}}+B_{\mathrm{M}}&=\int_0^{\infty}\frac{\bar{p}_{\mathrm{v}}}{P}F_{\mathrm{v1}}(t)t^3\mathrm{J}_0(\rho t)\,\mathrm{d}t\\ B_{\mathrm{M}}&=\frac{1}{\rho}\int_0^{\infty}\frac{\bar{p}_{\mathrm{v}}}{P}F_{\mathrm{v1}}(t)t^2\mathrm{J}_1(\rho t)\,\mathrm{d}t\\ A_{\mathrm{N}}+B_{\mathrm{N}}&=-\int_0^{\infty}\frac{\bar{p}_{\mathrm{v}}}{P}F_{\mathrm{v2}}t\mathrm{J}_0(\rho t)\,\mathrm{d}t\\ B_{\mathrm{N}}&=\frac{1}{\rho}\int_0^{\infty}\frac{\bar{p}_{\mathrm{v}}}{P}F_{\mathrm{v2}}\mathrm{J}_1(\rho t)t\,\mathrm{d}t\\ \varphi_{\mathrm{Q_r}}&=\int_0^{\infty}\frac{\bar{p}_{\mathrm{v}}}{P}[F_{\mathrm{v1}}(t)t^2+6F_{\mathrm{v2}}]t^2\mathrm{J}_1(\rho t)\,\mathrm{d}t\end{aligned}\right\}\tag{4-86}$$

其中，$F_{\mathrm{v1}}=\dfrac{1}{t\Delta}\left[1+\dfrac{t^2}{\bar{\omega}}-12\dfrac{l^2}{h^2}(\lambda_{\mathrm{v}}^2-1)t\right]$，$F_{\mathrm{v2}}=\dfrac{1}{t\Delta}\left(\lambda_{\mathrm{v}}+\dfrac{h}{2l}t\right)$。

若是中厚板，则式(4-80)改写为式(4-87)，线性方程组式(4-81)改写为式(4-88)。

$$\left.\begin{aligned}&D\xi^4\overline{\Omega}-\frac{h}{2}\xi\bar{q}_{\mathrm{u}}^1+\bar{q}_{\mathrm{v}}=\bar{p}_{\mathrm{v}}+\frac{h}{2}\xi\bar{p}_{\mathrm{u}}^1\\&\xi^2\bar{w}-\xi^2\overline{\Omega}+\frac{1}{\phi^2Gh}\bar{q}_{\mathrm{v}}=\frac{1}{\phi^2Gh}\bar{p}_{\mathrm{v}}\\&S\xi^2\bar{u}_r^1-\bar{q}_{\mathrm{u}}^1=-\bar{p}_{\mathrm{u}}^1\\&\frac{\bar{q}_{\mathrm{u}}^1}{k_{\mathrm{u}}}=-\bar{u}_r^1+\bar{u}_{r0}^1-\frac{h}{2}\xi\bar{w}\end{aligned}\right\}\tag{4-87}$$

$$\begin{bmatrix}t^2 & 1 & 0 & \left(-\lambda_{\mathrm{v}}-\dfrac{ht}{2l}\right)\\ -1 & (t+2\kappa) & 0 & -2\kappa\lambda_{\mathrm{v}}\\ 0 & 0 & t & -\dfrac{h^2}{12l^2}\\ 0 & \left(\dfrac{ht}{2l}+\lambda_{\mathrm{v}}\right) & 1 & \left(-\lambda_{\mathrm{v}}^2+\dfrac{h^2}{12l^2}\dfrac{t}{\bar{\omega}}+1\right)\end{bmatrix}\begin{bmatrix}t^2\overline{\Omega}\\ t\bar{w}\\ \bar{u}_r^1t\\ \dfrac{l^4}{D}\bar{q}_{\mathrm{u}}^1\end{bmatrix}=\frac{l^4}{D}\begin{bmatrix}\bar{p}_{\mathrm{v}}+\dfrac{ht}{2l}\bar{p}_{\mathrm{u}}^1\\ 2\kappa\bar{p}_{\mathrm{v}}\\ -\dfrac{h^2}{12l^2}\bar{p}_{\mathrm{u}}^1\\ 0\end{bmatrix}\tag{4-88}$$

消去地基反力和转角位移函数项，得到板挠度与径向水平位移的方程组如式(4-89)所示，消去径向水平位移和转角位移函数项，得到板挠度与地基水平摩阻力的方程组如式(4-90)所示。

$$\begin{gathered}\begin{bmatrix}[1+(t+2\kappa)t^2] & -\left(\dfrac{ht}{2l}+2\kappa\lambda_{\mathrm{v}}t^2+\lambda_{\mathrm{v}}\right)t\\ \left(\dfrac{ht}{2l}+\lambda_{\mathrm{v}}\right) & \dfrac{h^2}{12l^2}\left(1+\dfrac{t^2}{\bar{\omega}}\right)+(1-\lambda_{\mathrm{v}}^2)t\end{bmatrix}\begin{bmatrix}t\bar{w}\\ \dfrac{12l^2}{h^2}\bar{u}_r^1t\end{bmatrix}\\ =\frac{l^4}{D}\begin{bmatrix}(1+2\kappa t^2)\bar{p}_{\mathrm{v}}+\left(\dfrac{ht}{l}+2\kappa\lambda_{\mathrm{v}}t^2+\lambda_{\mathrm{v}}\right)\bar{p}_{\mathrm{u}}^1\\ \left(1-\lambda_{\mathrm{v}}^2+1-\dfrac{h^2}{12l^2\bar{\omega}}t\right)\bar{p}_{\mathrm{u}}^1\end{bmatrix}\end{gathered}\tag{4-89}$$

$$\begin{gathered}\begin{bmatrix}[1+(t+2\kappa)t^2] & -\left(\dfrac{ht}{2l}+2\kappa\lambda_{\mathrm{v}}t^2+\lambda_{\mathrm{v}}\right)\\ \left(\dfrac{ht}{2l}+\lambda_{\mathrm{v}}\right)t & \dfrac{h^2}{12l^2}\left(\dfrac{t^2}{\bar{\omega}}+1\right)+(1-\lambda_{\mathrm{v}}^2)t\end{bmatrix}\begin{bmatrix}\bar{w}t\\ \dfrac{l^4}{D}\bar{q}_{\mathrm{u}}^1\end{bmatrix}\\ =\frac{l^4}{D}\begin{bmatrix}(1+2\kappa t^2)\bar{p}_{\mathrm{v}}+\left(\dfrac{ht}{2l}\right)\bar{p}_{\mathrm{u}}^1\\ \dfrac{h^2}{12l^2}\bar{p}_{\mathrm{u}}^1\end{bmatrix}\end{gathered}\tag{4-90}$$

由此解得：

$$\left.\begin{aligned}\bar{\Omega}&=\frac{l^4}{D}\frac{a_{\Omega}\bar{p}_{v}+b_{\Omega}\bar{p}_{u}^{1}}{t\Delta}\\ \bar{w}&=\frac{l^4}{D}\frac{a_{w}\bar{p}_{v}+b_{w}\bar{p}_{u}^{1}}{t\Delta}\\ \bar{u}_{r}^{1}&=\frac{l^4}{D}\frac{a_{u}\bar{p}_{v}+b_{u}\bar{p}_{u}^{1}}{t\Delta}\\ \bar{q}_{u}^{1}&=\frac{l^4}{D}\frac{a_{q}\bar{p}_{v}+b_{q}\bar{p}_{u}^{1}}{t\Delta}\end{aligned}\right\} \tag{4-91}$$

其中，$a_{\Omega}=\dfrac{1}{t^2}\left[(t+2\kappa)ta_{w}+24\kappa\lambda_{v}\dfrac{l^2}{h^2}\left(\lambda_{v}+\dfrac{ht}{2l}\right)t^2-2\kappa t\Delta\right]$；

$$b_{\Omega}=\frac{1}{t^2}\left[(t+2\kappa)tb_{w}-\frac{24\kappa\lambda_{v}l^2b_{u}t^2}{h^2}-2\kappa\lambda_{v}t\Delta\right];$$

$$a_{w}=\left[1+\frac{t^2}{\bar{\omega}}+12\frac{l^2}{h^2}(1-\lambda_{v}^{2})t\right](1+2\kappa t^2);$$

$$b_{w}=\frac{ht}{l}+\lambda_{v}+2\kappa t^2\lambda_{v}+\left(\frac{h}{2l}t+4\kappa t^2\lambda_{v}\right)\left[\frac{t^2}{\bar{\omega}}+12\frac{l^2}{h^2}(1-\lambda_{v}^{2})t\right];$$

$$a_{u}=-\left(\lambda_{v}+\frac{h}{2l}t\right)(1+2\kappa t^2)$$

$$b_{u}=-\left[\frac{ht}{l}+\lambda_{v}+2\kappa t^2\lambda_{v}\right]\left(\lambda_{v}+\frac{h}{2l}t\right)-(t^3+1+2\kappa t^2)\left[\frac{h^2}{12\bar{\omega}l^2}t+(1-\lambda_{v}^{2})\right];$$

$$a_{q}=-\frac{12l^2}{h^2}\left(\lambda_{v}+\frac{h}{2l}t\right)(1+2\kappa t^2)t^2,\quad b_{q}=\frac{12l^2}{h^2}t^2b_{u}+t\Delta;$$

$$\Delta=(t^3+1+2\kappa t^2)\left(1+\frac{t^2}{\bar{\omega}}\right)+12\frac{l^2}{h^2}\left[(1-\lambda_{v}^{2})(t^3+1)+\left(\frac{ht}{2l}+\lambda_{v}\right)^2+2\kappa t^2\left(1+\lambda_{v}\frac{ht}{2l}\right)\right]。$$

图 4-15 绘出了圆形均布荷载（$\alpha=0.5$）作用下，有水平摩阻的半空间体地基上薄板的板挠度系数 φ_{w}、弯矩参数 A_{M} 和 B_{M} 沿板相对径距 ρ 的变化曲线，其中，四条曲线为地基板水平摩阻参数 $\bar{\omega}=0$，0.05，0.2，1.0，而 $\bar{\omega}=0$ 就是无水平摩阻力的半空间体地基板的情形。从图 4-15 可以看到，随着板与地基水平摩阻参数 $\bar{\omega}$ 的增大，板挠度和弯矩均下降，其影响规律与 Winkler 地基上薄板的规律（图 4-13）基本相同，但挠度没有反升现象。

图 4-16 绘出了集中力、圆形均布荷载（$\alpha=0.1$，1.0）作用下，有水平摩阻的半空间体地基上薄板板中点的挠度 w_0、弯矩 M_0 相对于无水平摩阻的挠度之比 $\xi_{w}(w_0/w_{0|\bar{\omega}=0})$、弯矩之比 $\xi_{M}(M_0/M_0|_{\bar{\omega}=0})$，以及轴力 N_0 相对于水平摩阻趋于无限时轴力之比 $\xi_{w}(N_0/N_0|_{\bar{\omega}=\infty})$ 随地基板水平摩阻参数 $\bar{\omega}$ 的变化规律。与图 4-14 的 Winkler 地基上薄板的挠度比 ξ_{w}、弯矩比 ξ_{M} 和轴力比 ξ_{w} 相比可以看到，水平摩阻参数 $\bar{\omega}$ 对两种地基板的内力影响规律是相近的，当 $\bar{\omega}$ 在 $0.1\sim10$ 范围内时，$\bar{\omega}$ 对挠度 w_0、弯矩 M_0 下降作用明显；当 $\bar{\omega}<0.01$ 时，$\bar{\omega}$ 的影响很小可忽略；当 $\bar{\omega}>10$ 时，$\bar{\omega}$ 的影响趋于稳定。从影响幅度来看，$\bar{\omega}$ 对半空间

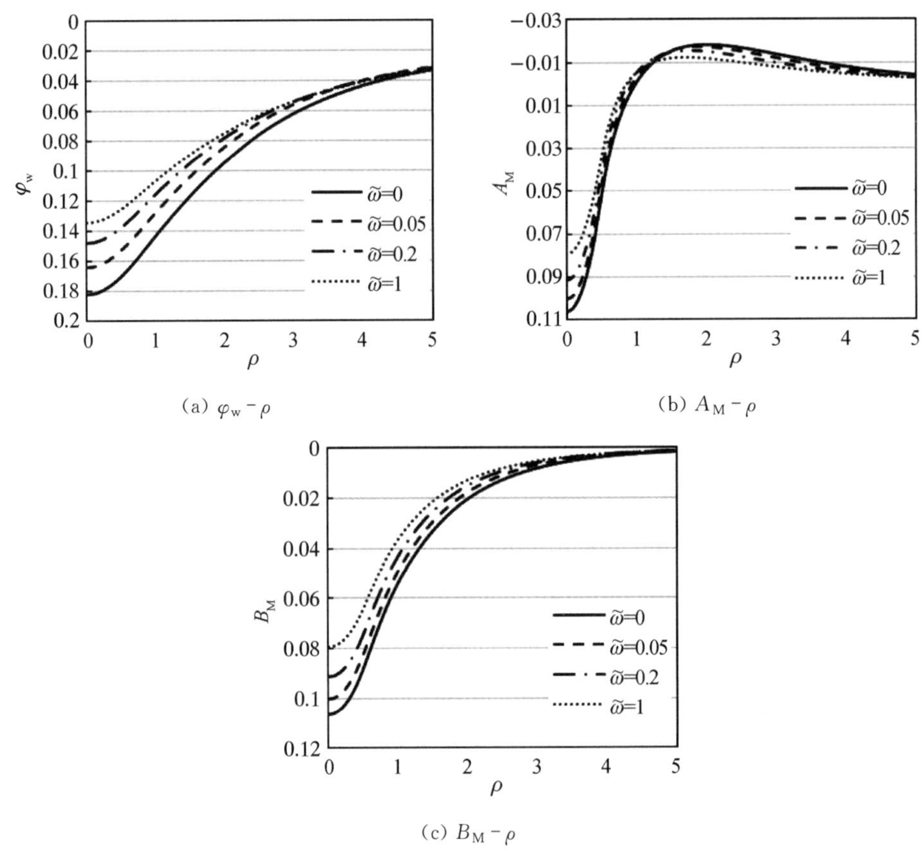

图 4-15　水平摩阻系数对半空间体地基板挠度、内力的影响

体地基板挠度、弯矩影响减小幅度明显弱于对 Winkler 地基板挠度、弯矩影响减小幅度，当 $\alpha=0.1$ 时，$\bar{\omega}$ 可使半空间体地基板挠度 w_0 下降约 30%（Winkler 地基上薄板为 50%），M_0 下降约 40%（Winkler 地基上薄板为 72%），当 $\alpha=1$ 时，最大可使 w_0 下降约 30%（Winkler 地基上薄板为 45%），M_0 下降约 21%（Winkler 地基上薄板为 63%），究其原因是仅轴对称竖向荷载时半空间体表面各点有水平位移，从而减小了板与地基间的水平位移差，使得层间摩阻效应减弱。

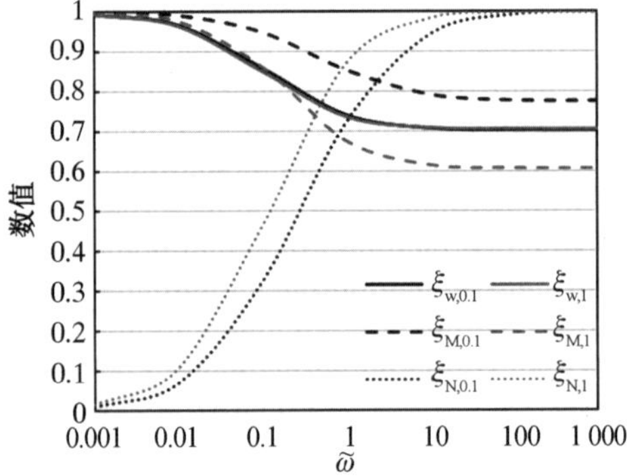

图 4-16　有水平摩阻的半空间体地基薄板挠度、弯矩与轴力系数

4.5　弹性地基上无限大双层薄板

由二向弹簧夹层的双层板微分方程式(3-123)，可以推得它放置在只有竖向反力的弹性地基时的微分方程表示为

$$\left.\begin{aligned}
&D_1\nabla^4 w_1+k_v(w_1-w_2)+k_u\frac{h_1}{2}\left[\frac{S_1}{e}\left(\frac{d}{dr}+\frac{1}{r}\right)u_1-\frac{1}{2}\nabla^2(h_1w_1+h_2w_2)\right]=p\\
&D_2\nabla^4 w_2+k_vw_2-k_vw_1+k_u\frac{h_2}{2}\left[\frac{S_1}{e}\left(\frac{d}{dr}+\frac{1}{r}\right)u_1-\frac{1}{2}\nabla^2(h_1w_1+h_2w_2)\right]=-q_0\\
&S_1\frac{d}{dr}\left(\frac{d}{dr}+\frac{1}{r}\right)u_1-k_u\left[\frac{S_1}{e}u_1-\frac{1}{2}\frac{d}{dr}(h_1w_1+h_2w_2)\right]=0\\
&S_1u_1+S_2u_2=0
\end{aligned}\right\}\tag{4-92}$$

式中　w_1、w_2——上、下层板的挠度；

u_1、u_2——上、下层板的水平径向位移；

D_1、D_2——上、下层板的弯曲刚度；

S_1、S_2——上、下层板的拉压刚度；

h_1、h_2——上、下层板的厚度；

k_v、k_u——上、下层板的层间竖向、水平向反应模量；

q_0——地基竖向反力；

e——双层板截面相对抗压刚度，$\frac{1}{e}=\frac{1-\nu_1^2}{E_1h_1}+\frac{1-\nu_2^2}{E_2h_2}$。

将式(4-92)消去上、下层板径向水平位移 u_1、u_2 两个元后，得到关于双层板挠度 w_1、w_2 的微分方程组：

$$\left.\begin{aligned}
&\left[D_1\nabla^4+k_v\left(1+\frac{h_1}{h_2}\right)\right]w_1-\frac{h_1}{h_2}\left[D_2\nabla^4+\left(1+\frac{h_2}{h_1}\right)k_v\right]w_2=p+\frac{h_1}{h_2}q_0\\
&\left[-D_2\nabla^6+\left(\frac{k_u}{e}D_2+k_u\frac{h_2^2}{4}\right)\nabla^4-k_v\left(\nabla^2-\frac{k_u}{e}\right)\right]w_2+\left(k_u\frac{h_2h_1}{4}\nabla^4+k_v\nabla^2-\frac{k_uk_v}{e}\right)w_1\\
&=\left(\nabla^2-\frac{k_u}{e}\right)q_0
\end{aligned}\right\}\tag{4-93}$$

对式(4-93)进行汉克尔变换，将地基竖向反力 $\bar{q}_0=f_q\bar{w}$ 代入，整理得到双层板挠度的汉克尔变换 $\bar{w}_1$、$\bar{w}_2$ 线性方程为

$$\begin{bmatrix}
\frac{\lambda_D}{\lambda_k}t_2^4+1+\lambda_H & -\left[\lambda_H\left(t_2^4+\lambda_k+\frac{l_2^4}{D_2}f_q\right)+\lambda_k\right]\\
\left[\lambda_u\frac{eh_1h_2}{4D_2\lambda_k}t_2^4-(t_2^2+\lambda_u)\right] & \left[(t_2^2+\lambda_u)\left(t_2^4+\lambda_k+\frac{l_2^4}{D_2}f_q\right)+3\lambda_u\frac{eh_2^2}{4D_2}t_2^4\right]
\end{bmatrix}\begin{bmatrix}k_v\bar{w}_1\\ \frac{D_2}{l_2^4}\bar{w}_2\end{bmatrix}=\begin{bmatrix}\bar{p}\\0\end{bmatrix}\tag{4-94}$$

其中，$\lambda_u=\frac{k_ul_2^2}{e}$，　$\lambda_H=\frac{h_1}{h_2}$，　$\lambda_D=\frac{D_1}{D_2}$，　$\lambda_k=\frac{l_2^4k_v}{D_2}$，　$t_2=l_2\xi$；

Winkler 地基时，$l_2=\sqrt[4]{\dfrac{D_2}{k}}$；双参数地基时，$l_2=\sqrt[4]{\dfrac{D_2}{k_1}}$；半空间体地基时，$l_2=\sqrt[3]{\dfrac{2D_2(1-\nu_0^2)}{E_0}}$。

解方程组(4-94)得到：

$$\left.\begin{aligned}&\bar{w}_1(t_2)=\frac{\bar{p}}{k_{\mathrm{v}}}G_1,\quad G_1=\frac{(t_2^2+\lambda_{\mathrm{u}})\left(t_2^4+\dfrac{l_2^4 f_{\mathrm{q}}}{D_2}+\lambda_{\mathrm{k}}\right)+\lambda_{\mathrm{u}}\dfrac{3e}{S_2}t_2^4}{(t_2^2+\lambda_{\mathrm{u}})\Omega_1+\lambda_{\mathrm{u}}t_2^4\Omega_2}\\&\bar{w}_2(t_2)=\frac{l_2^4\bar{p}}{D_2}G_2,\quad G_2=\frac{(t_2^2+\lambda_{\mathrm{u}})-\lambda_{\mathrm{u}}\lambda_{\mathrm{H}}\dfrac{3e}{\lambda_{\mathrm{k}}D_1}t_2^4}{(t_2^2+\lambda_{\mathrm{u}})\Omega_1+\lambda_{\mathrm{u}}t_2^4\Omega_2}\end{aligned}\right\}\tag{4-95}$$

其中，$\Omega_1=\left(\dfrac{\lambda_{\mathrm{D}}}{\lambda_{\mathrm{k}}}t_2^4+1\right)\left(t_2^4+\dfrac{l_2^4 f_{\mathrm{q}}}{D_2}\right)+\lambda_{\mathrm{D}}t_2^4$，$\Omega_2=\dfrac{\lambda_{\mathrm{D}}}{\lambda_{\mathrm{k}}}\left(3t_2^4+\dfrac{3e}{S_1}\dfrac{l_2^4 f_{\mathrm{q}}}{D_2}+\lambda_{\mathrm{k}}\dfrac{D_3}{D_1}\right)$。

上层板轴向水平位移 u_1 的表达式可从(4-92)推出：

$$D_1\nabla^4 w_1+D_2\nabla^4 w_2+\frac{S_1 h_0}{2}\nabla^2 y\left(\frac{\mathrm{d}}{\mathrm{d}r}+\frac{1}{r}\right)u_1=p-q\tag{4-96}$$

对式(4-96)进行汉克尔变换，整理得到：

$$S_1\bar{y}=-\lambda_{\mathrm{u}}\frac{2\bar{p}l_2^2}{h_0}\left[\frac{1-\lambda_{\mathrm{D}}G_1t_2^4-G_2\left(t_2^4+\dfrac{l_2^4 f_{\mathrm{q}}}{D_2}\right)}{t_2^2}\right]=-\lambda_{\mathrm{u}}\frac{2\bar{p}l_2^2}{h_0}G_3\tag{4-97}$$

其中，$h_0=h_1+h_2$，$y=\left(\dfrac{\mathrm{d}}{\mathrm{d}r}+\dfrac{1}{r}\right)u_1$，$G_3=\dfrac{1-\lambda_{\mathrm{D}}G_1t_2^4-G_2\left(t_2^4+\dfrac{l_2^4 f_{\mathrm{q}}}{D_2}\right)}{t_2^2}$。

双层板挠度 w_1、w_2 以及水平位移 u_1、u_2 的计算式为

$$\left.\begin{aligned}&w_1=\frac{1}{l_2^2k_{\mathrm{v}}}\int_0^{\infty}\bar{p}G_1t_2\mathrm{J}_0(\rho_2t_2)\mathrm{d}t_2\\&w_2=\frac{l_2^2}{D_2}\int_0^{\infty}\bar{p}G_2t_2\mathrm{J}_0(\rho_2t_2)\mathrm{d}t_2\\&u_1=\frac{2l_2\lambda_{\mathrm{u}}}{S_1h_0}\int_0^{\infty}\bar{p}G_3\mathrm{J}_1(\rho_2t_2)\mathrm{d}t_2\\&u_2=-\frac{2l_2\lambda_{\mathrm{u}}}{S_2h_0}\int_0^{\infty}\bar{p}G_3\mathrm{J}_1(\rho_2t_2)\mathrm{d}t_2\end{aligned}\right\}\tag{4-98}$$

双层板层间竖向反力 q_{v}、层间水平剪应力 q_{u} 和地基反力 q_0 的计算式为

$$
\left.\begin{aligned}
q_{\mathrm{v}} &= k_{\mathrm{v}}(w_1 - w_2) = \frac{1}{l_2^2}\int_0^{\infty}\bar{p}(G_1 - \lambda_{\mathrm{k}}G_2)t_2\mathrm{J}_0(\rho_2 t_2)\mathrm{d}t_2 \\
q_{\mathrm{u}} &= S_1\frac{\mathrm{d}y}{\mathrm{d}r} = -\frac{2\lambda_{\mathrm{u}}}{l_2 h_0}\int_0^{\infty}\bar{p}G_3\mathrm{J}_1(\rho_2 t_2)\, t_2^2\mathrm{d}t_2 \\
q_0 &= \frac{l_2^2}{D_2}\int_0^{\infty}\bar{p}G_2\frac{l^4 f_{\mathrm{q}}}{D}\mathrm{J}_0(\rho_2 t_2)\, t_2\mathrm{d}t_2
\end{aligned}\right\} \tag{4-99}
$$

双层板截面的弯矩（M_{ri}、$M_{\theta i}$）、径向剪力 Q_{ri} 和轴力（N_{ri}、$N_{\theta i}$）的表达式为

$$
\left.\begin{aligned}
& M_{ri} = P(A_{\mathrm{M}i} + \nu_i B_{\mathrm{M}i}), \quad M_{\theta i} = P(\nu_i A_{\mathrm{M}i} + B_{\mathrm{M}i}) \\
& Q_{ri} = \frac{P}{l_2}\varphi_{\mathrm{Q}i} \\
& N_{ri} = \frac{2P}{h_0}\lambda_{\mathrm{u}}(A_{\mathrm{N}i} + \nu_i B_{\mathrm{N}i}), \quad N_{\theta i} = \frac{2P}{h_0}\lambda_{\mathrm{u}}(\nu_i A_{\mathrm{N}i} + B_{\mathrm{N}i})
\end{aligned}\right\} \tag{4-100}
$$

弯矩参数（A_{M}、B_{M}）、径向剪力系数 φ_{Q} 和轴力参数（A_{N}、B_{N}）的表达式为

$$
\left.\begin{aligned}
& A_{\mathrm{M}i} + B_{\mathrm{M}i} = \frac{D_i}{D_2}\int_0^{\infty}\frac{\bar{p}}{P}G_i\mathrm{J}_0(\rho_2 t_2)t_2^3\mathrm{d}t_2 \\
& B_{\mathrm{M}i} = \frac{D_i}{D_2\rho_2}\int_0^{\infty}\frac{\bar{p}}{P}G_i\mathrm{J}_1(\rho_2 t_2)\, t_2^2\mathrm{d}t_2 \\
& \varphi_{\mathrm{Q}i} = -\frac{D_i}{D_2}\int_0^{\infty}\frac{\bar{p}}{P}G_i t_2^4\mathrm{J}_1(t_2\rho_2)\mathrm{d}t_2 + \frac{h_i l_2}{2}\frac{q_{\mathrm{u}}}{P} \\
& A_{\mathrm{N1}} + B_{\mathrm{N1}} = -\int_0^{\infty}\frac{\bar{p}}{P}G_3\mathrm{J}_0(\rho_2 t_2)\, t_2\mathrm{d}t_2 \\
& B_{\mathrm{N1}} = \frac{1}{\rho_2}\int_0^{\infty}\frac{\bar{p}}{P}G_3\mathrm{J}_1(\rho_2 t_2)\,\mathrm{d}t_2 \\
& A_{\mathrm{N2}} = -A_{\mathrm{N1}}, \quad B_{\mathrm{N2}} = -B_{\mathrm{N1}}
\end{aligned}\right\} \tag{4-101}
$$

当夹层无水平弹簧，即 $k_{\mathrm{u}}=0$ 时，双层板的轴力 $N_{1r}=N_{1\theta}=N_{2r}=N_{2\theta}=0$，式(4-95)中的 G_1、G_2 退化为

$$
G_1 = \frac{t_2^4 + \dfrac{l_2^4 f_{\mathrm{q}}}{D_2} + \lambda_{\mathrm{k}}}{\Omega_1}, \quad G_2 = \frac{1}{\Omega_1} \tag{4-102}
$$

当 $k_{\mathrm{v}} \to \infty$，即为双层板竖向连续水平摩阻的情形，$w_1 = w_2$，$G_1$、$G_2$、$G_3$ 可简化为

$$\left.\begin{aligned}(G_1=G_2)\big|_{k_v\to\infty}&=\frac{\lambda_u+t_2^2}{t_2^2\Omega_3+\lambda_u\Omega_4}\\G_3\big|_{k_v\to\infty}&=\frac{D_3}{D_2}\frac{t_2^2}{t_2^2\Omega_3+\lambda_u\Omega_4}\end{aligned}\right\}\tag{4-103}$$

其中，$\Omega_3=\dfrac{D_2+D_1}{D_2}t_2^4+\dfrac{l_2^4f_q}{D_2}$，$\Omega_4=\dfrac{D_1+D_2+D_3}{D_2}t_2^4+\dfrac{l_2^4f_q}{D_2}$。

各类地基模型的 Ω_1、Ω_2、Ω_3、Ω_4、G_1、G_2、G_3 函数式如下：

(1) Winkler 地基：

$$\left.\begin{aligned}G_1&=\frac{(t_2^2+\lambda_u)(t_2^4+1+\lambda_k)+\lambda_u\dfrac{3e}{S_2}t_2^4}{(t_2^2+\lambda_u)\Omega_1+\lambda_u t_2^4\Omega_2}\\G_2&=\frac{(t_2^2+\lambda_u)-\lambda_u\lambda_H\dfrac{3e}{\lambda_k D_1}t_2^4}{(t_2^2+\lambda_u)\Omega_1+\lambda_u t_2^4\Omega_2}\\G_3&=\frac{1-\lambda_k t_1^4G_1-G_2(t_2^4+1)}{t_2^2}\end{aligned}\right\},\quad\left.\begin{aligned}\Omega_1&=\left(\frac{\lambda_D}{\lambda_k}t_2^4+1\right)(t_2^4+1)+\lambda_D t_2^4\\\Omega_2&=\frac{\lambda_D}{\lambda_k}\left(3t_2^4+\frac{3e}{S_1}+\lambda_k\frac{D_3}{D_1}\right)\\\Omega_3&=\frac{D_2+D_1}{D_2}t_2^4+1\\\Omega_4&=\frac{D_1+D_2+D_3}{D_2}t_2^4+1\end{aligned}\right\}\tag{4-104}$$

(2) 双参数地基：

$$\left.\begin{aligned}G_1&=\frac{(t_2^2+\lambda_u)(t_2^4+2\vartheta t_2^2+1+\lambda_k)+\lambda_u\dfrac{3e}{S_2}t_2^4}{(t_2^2+\lambda_u)\Omega_1+\lambda_u t_2^4\Omega_2}\\G_2&=\frac{(t_2^2+\lambda_u)-\lambda_u\lambda_H\dfrac{3e}{\lambda_k D_1}t_2^4}{(t_2^2+\lambda_u)\Omega_1+\lambda_u t_2^4\Omega_2}\\G_3&=\frac{1-\lambda_D G_1t_2^4-G_2(t_2^4+2\vartheta t_2^2+1)}{t_2^2}\end{aligned}\right\},\quad\left.\begin{aligned}\Omega_1&=\left(\frac{\lambda_D}{\lambda_k}t_2^4+1\right)(t_2^4+2\vartheta t_2^2+1)+\lambda_D t_2^4\\\Omega_2&=\frac{\lambda_D}{\lambda_k}\left[3t_2^4+\frac{3e}{S_1}(2\vartheta t_2^2+1)+\lambda_k\frac{D_3}{D_1}\right]\\\Omega_3&=\frac{D_2+D_1}{D_2}t_2^4+2\vartheta t_2^2+1\\\Omega_4&=\frac{D_1+D_2+D_3}{D_2}t_2^4+2\vartheta t_2^2+1\end{aligned}\right\}\tag{4-105}$$

(3) 弹性半空间地基：

$$\left.\begin{aligned}G_1&=\frac{(t_2^2+\lambda_u)(t_2^4+t_2+\lambda_k)+\lambda_u\dfrac{3e}{S_2}t_2^4}{(t_2^2+\lambda_u)\Omega_1+\lambda_u t_2^4\Omega_2}\\G_2&=\frac{(t_2^2+\lambda_u)-\lambda_u\lambda_H\dfrac{3e}{\lambda_k D_1}t_2^4}{(t_2^2+\lambda_u)\Omega_1+\lambda_u t_2^4\Omega_2}\\G_3&=\frac{1-\lambda_D G_1t_2^4-G_2(t_2^3+1)t_2}{t_2^2}\end{aligned}\right\},\quad\left.\begin{aligned}\Omega_1&=\left(\frac{\lambda_D}{\lambda_k}t_2^4+1\right)(t_2^3+1)t_2+\lambda_D t_2^4\\\Omega_2&=\frac{\lambda_D}{\lambda_k}\left(3t_2^4+\frac{3e}{S_1}t_2+\lambda_k\frac{D_3}{D_1}\right)\\\Omega_3&=\frac{D_2+D_1}{D_2}t_2^4+t_2\\\Omega_4&=\frac{D_1+D_2+D_3}{D_2}t_2^4+t_2\end{aligned}\right\}\tag{4-106}$$

下面讨论双层板的层间状况的影响，层间反应模量的确定等问题。

1. 层间状况的影响

以圆形均布荷载作用下同厚同质双层板为例分析层间状况的影响。图 4-17 给出了圆形均布荷载 ($\alpha=0.1$) 作用下的 Winkler 地基双层板($h_1=h_2=0.15$ m，$E_1=E_2=3.0\times10^4$ MPa，$\nu_1=\nu_2=0.15$，$k=100$ MPa/m)荷载圆中点的挠度系数 (φ_{w1}、φ_{w2})、弯矩参数 (φ_{M1}、φ_{M2}) 与层间水平摩阻参数 λ_u 和竖向弹簧参数 λ_v 的关系曲线。由图 4-17 可知，上层板挠度系数 φ_{w1}、弯矩系数 φ_{M1} 随 λ_v 的增大而减小，反之，下层板挠度系数 φ_{w2}、弯矩系数 φ_{M2} 随 λ_v 的增大而增大，最终，上、下层板的挠度系数和弯矩系数渐渐趋近；当双层板竖向层间连续，即 $\lambda_v=\infty$ 时，水平摩阻参数 λ_u 越大，挠度系数 φ_{wi}、弯矩参数 φ_{Mi} 越小；上层板 φ_{w1}、φ_{M1} 的变化率随 λ_u 的增大而增大，而下层板 φ_{w2}、φ_{M2} 的变化率几乎不受 λ_u 的影响。

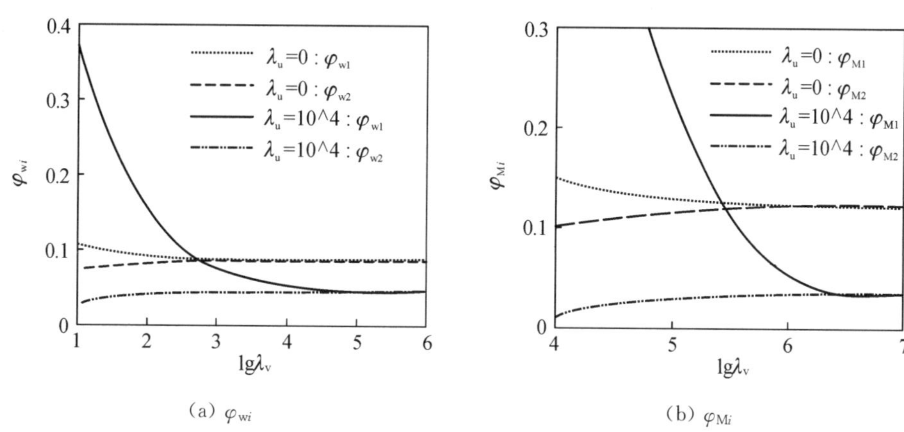

图 4-17　Winkler 地基上同厚同质双层板的力学特征

2. 夹层的广义反应模量

当双层板层间夹层较薄时，夹层的受力状态可视为纯压和纯剪的组合，当夹层与上、下层板处于非脱黏状态时，夹层本身的反应模量 $\tilde{k}_v$、$\tilde{k}_u$ 可用下式计算。

$$\left.\begin{aligned}\tilde{k}_v&=\frac{E_j}{(1-\nu_j^2)h_j}\\ \tilde{k}_u&=\frac{G_j}{h_j}=\frac{E_j}{2(1+\nu_j)h_j}\end{aligned}\right\}\tag{4-107}$$

式中　E_j ——夹层材料的模量；

ν_j ——夹层泊松比；

h_j ——夹层厚度。

当夹层的竖向反应模量 $\tilde{k}_v$ 或水平反应模量 $\tilde{k}_u$ 较大时，其层间的压应力和剪应力很大，宜计入层间压应力和剪应力对板截面的竖向拉压变形和水平剪切变形的影响。为此，文献[129]提出弹性地基上双层梁夹层计入竖向拉压变形和水平剪切变形效应的广义水平和竖

向反应模量 k_u、k_v 的计算式为

$$\left.\begin{aligned} k_u^{-1} &= \widetilde{k}_u^{-1} + C_{u1} + C_{u2} \\ k_v^{-1} &= \widetilde{k}_v^{-1} + C_{v1} + C_{v2} \end{aligned}\right\} \tag{4-108}$$

其中，C_{vi} 和 C_{ui} 分别为夹层反力引起上、下层梁的竖向拉压和水平剪切效应，其计算式可表示为

$$C_{ui} = \zeta_u \frac{h_i}{G_i}, \quad C_{vi} = \zeta_v \frac{(1-\nu_i^2)h_i}{E_i} \tag{4-109}$$

式中　G_i ——板材料的剪切模量；

ζ_u、ζ_v ——上、下层板的剪切和压缩效应系数。

对于圆形均布荷载作用下 Winkler 地基上同质同厚双层板而言，当取 $\widetilde{k}_v$、$\widetilde{k}_u$ 无穷大，双层板剪切和压缩效应系数 ζ_u 取 2/3、ζ_v 取 3/5 时，均布荷载圆中点的上、下层板的平均挠度 $(w_1+w_2)/2$、下层板板底拉应力 σ_2、双层板总弯矩 $M_1+M_2+N_1h_0/2$ 与 Winkler 地基上厚度为 h_0 的厚板（弹性层状体）的中点挠度 w_0、层底拉应力 σ_0、截面总弯矩 M_0 十分接近。也就是说，通过调节双层板层间剪切和压缩效应系数，双层板模型可以很好地考虑板的剪切和压缩效应。

3. 与等效单层板的比较

简化为等效单层板的双层板的总弯曲刚度为 $D_g = D_1 + D_2 + D_3\xi_u$，其挠度、应力等仍可用式(4-101)计算，其中的函数 G_1、G_2 为

$$G_1 = G_2 = \frac{D_2}{(D_1+D_2+D_3\xi_u)t_2^4 + D_2\chi} \tag{4-110}$$

其中，$\chi = \dfrac{l_2^4 f_q}{D_2}$。

层间结合系数 ξ_u 的几何意义虽明确，但力学意义欠严谨，与竖向连续的双层板 G_1、G_2 相比可以看到，层间结合系数 ξ_u 与层间摩阻参数 λ_u 之间没有简单的对应关系。图 4-18 给出了 Winkler 地基上同质同厚的双层板在函数 G_1、G_2 相等条件下的层间结合系数 ξ_u 与层间摩阻参数 λ_u 的关系曲线。从图 4-18 可以看到，在给定层间摩阻参数 λ_u 的情况下，层间结合系数 ξ_u 随着 t_2 的增大而减小，换言之，当层间水平接触状况采用摩阻弹簧模型时，上、下层板的中性轴可变，当简化为单层板处理时，上、下层板的中性轴始终不变。

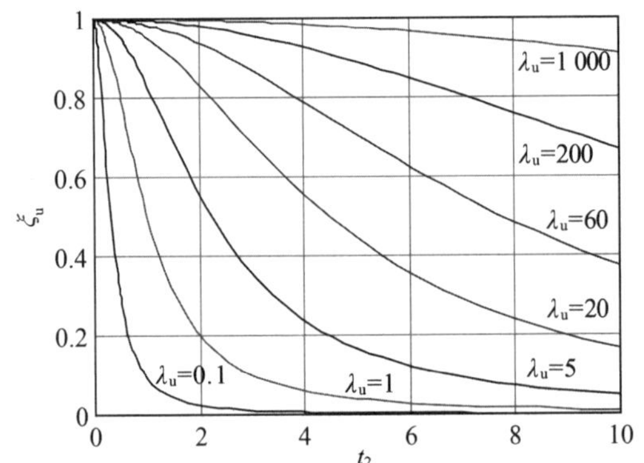

图 4-18　双层板层间结合系数与摩阻参数的对应关系曲线

第 5 章 弹性地基上圆形、环形和扇形板

弹性地基上圆形、环形板需满足内、外边界条件，其中，圆形板的内边界可视为零半径边界，薄板每边界有 2 个边界条件，中厚板每边界有 3 个边界条件。Winkler 地基、双参数地基以及它们的复合地基上薄板、中厚板有闭合解析解，而扇形板解析解的直线边仅满足简支或滑支边条件；半空间体或连续介质地基板仅有近似解。本章主要论述各类弹性地基上圆形板、环形板和扇形板的解析解及推导过程，并介绍半空间体地基薄板的两种近似解法(级数法和连杆法)。

5.1 Winkler 地基薄板

由本书第 4.1 节可知，只需讨论外荷载 $p_{cm}(r)\cos m\theta$ $(m=0,1,2,\cdots)$ 和 $p_{sm}(r)\sin m\theta$ $(m=0,1,2,\cdots)$ 作用下的板挠度 $w_{cm}\cos m\theta$、$w_{sm}\sin m\theta$ $(m=0,1,2,\cdots)$ 的解，然后叠加便可得到最终解 $w=w_0+\sum_{m=1}^{\infty}(w_{cm}\cos m\theta+w_{sm}\sin m\theta)$。余弦项外荷载下的 Winkler 地基薄板微分方程如下：

$$D\left(\frac{\mathrm{d}^2}{\mathrm{d}r^2}+\frac{1}{r}\frac{\mathrm{d}}{\mathrm{d}r}-\frac{m^2}{r^2}\right)^2 w_{cm}(r)+kw_{cm}(r)=p_{cm}(r) \tag{5-1}$$

作变量转换 $\rho=r/l$，其中 l 为 Winkler 地基板的相对弯曲刚度半径。微分方程式(5-1)的齐次方程可表示为

$$\left[\left(\frac{\mathrm{d}^2}{\mathrm{d}\rho^2}+\frac{1}{\rho}\frac{\mathrm{d}}{\mathrm{d}\rho}-\frac{m^2}{\rho^2}\right)-\mathrm{i}\right]\left[\left(\frac{\mathrm{d}^2}{\mathrm{d}\rho^2}+\frac{1}{\rho}\frac{\mathrm{d}}{\mathrm{d}\rho}-\frac{m^2}{\rho^2}\right)+\mathrm{i}\right]\widetilde{w}_{cm}(\rho)=0 \tag{5-2}$$

式中，$\widetilde{w}_{cm}$ 为微分方程式(5-1)的齐次解。

式(5-2)为两个虚宗量 $\sqrt{\pm\mathrm{i}}$ 的 m 阶贝塞尔方程，即

$$\rho^2\frac{\mathrm{d}^2\widetilde{w}_{cm}}{\mathrm{d}\rho^2}+\rho\frac{\mathrm{d}\widetilde{w}_{cm}}{\mathrm{d}\rho}+[(\rho\sqrt{\mathrm{i}})^2-m^2]\widetilde{w}_{cm}=0;$$

$$\rho^2\frac{\mathrm{d}^2\widetilde{w}_{cm}}{\mathrm{d}\rho^2}+\rho\frac{\mathrm{d}\widetilde{w}_{cm}}{\mathrm{d}\rho}+[(\rho\sqrt{-\mathrm{i}})^2-m^2]\widetilde{w}_{cm}=0。$$

对于外荷载的正弦项，板挠度 $\widetilde{w}_{sm}(r)$ 的微分方程和齐次解均与余弦项的相同，只需将

上述各式中的下标 c 改为 s 即可。

由此解得 Winkler 地基上薄板挠度 $\tilde{w}_{km}(k=\mathrm{s},\ \mathrm{c})$ 的齐次解为

$$\tilde{w}_{km}(\rho)=A_{k1m}\mathrm{ker}_m(\rho)+A_{k2m}\mathrm{kei}_m(\rho)+A_{k3m}\mathrm{ber}_m(\rho)+A_{k4m}\mathrm{bei}_m(\rho) \tag{5-3}$$

式(5-3)中四个函数 $\mathrm{ker}_m(\rho)$、$\mathrm{kei}_m(\rho)$、$\mathrm{ber}_m(\rho)$、$\mathrm{bei}_m(\rho)$ 是虚宗量 $\sqrt{\pm \mathrm{i}}$ 的 m 阶贝塞尔函数，也称为开尔文函数。式(5-3)是圆环板的齐次解，圆板为内环半径为零特例。因此，待定常数 A_{k1m}、A_{k2m}、A_{k3m}、A_{k4m} 由齐次解与特解一起满足边界条件确定。每一板边的独立边界条件有两个，常见的边界状况有 4 种。固支：$w_{km}=\dfrac{\mathrm{d}w_{km}}{\mathrm{d}\rho}=0$；简支：$w_{km}=M_{km}=0$；滑支：$\dfrac{\mathrm{d}w_{km}}{\mathrm{d}\rho}=V_{km}=0$；自由：$M_{km}=V_{km}=0$。

由 $\lim\limits_{x\to\infty}\mathrm{ber}_n(x)\to\infty$ 和 $\lim\limits_{x\to\infty}\mathrm{bei}_n(x)\to\infty$ 可知，无限大板时，Winkler 地基上薄板挠度 $\tilde{w}_{km}(k=\mathrm{s},\ \mathrm{c})$ 的齐次解为

$$\tilde{w}_{km}(\rho)=A_{k1m}\mathrm{ker}_m(\rho)+A_{k2m}\mathrm{kei}_m(\rho) \tag{5-4}$$

例 5.1 求 Winkler 地基圆板中点作用集中力 P 的解(图 5-1)，并分析圆板尺寸及边界条件对圆板中点挠度的影响规律。

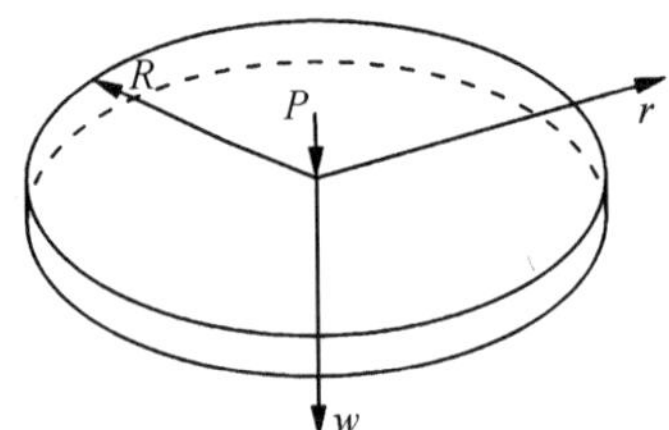

图 5-1 圆板中点作用集中力

坐标原点设于集中力 P 作用点，见图 5-1。此问题属于轴对称问题，只有 $m=0$ 一项，微分方程(5-1)的特解为零，因此，式(5-3)就是该问题的通解，即

$$w(\rho)=A_1\mathrm{ker}(\rho)+A_2\mathrm{kei}(\rho)+A_3\mathrm{ber}(\rho)+A_4\mathrm{bei}(\rho) \tag{5-5}$$

式中 ρ ——圆板相对径距，$\rho=r/l$；

l ——地基板相对弯曲半径。

因 $\mathrm{ker}(\rho)\big|_{\rho\to 0}=\infty$，而板原点位移为有限值，故 $A_1=0$。另三个待定系数 A_2，A_3，A_4 由圆板边界条件确定，其中，半径趋近零的板柱体剪力合力等于集中力 P 条件可表示为

$$\lim_{r\to 0}2\pi r\boldsymbol{Q}_r=P \tag{5-6}$$

$$\begin{aligned} Q_r&=-D\frac{\mathrm{d}}{\mathrm{d}r}(\nabla^2 w)=-\frac{D}{l^2}\frac{\mathrm{d}}{\mathrm{d}r}[A_2\mathrm{ker}(\rho)-A_3\mathrm{bei}(\rho)+A_4\mathrm{ber}(\rho)]\\ &=-\frac{D}{l^3}[A_2\mathrm{ker}'(\rho)-A_3\mathrm{bei}'(\rho)+A_4\mathrm{ber}'(\rho)] \end{aligned} \tag{5-7}$$

由 $\mathrm{bei}'(\rho)\big|_{\rho=0}=\mathrm{ber}'(\rho)\big|_{\rho=0}=0$，$\lim\limits_{\rho\to 0}\mathrm{ker}(\rho)=\ln(\rho)$，$\lim\limits_{\rho\to 0}\mathrm{ker}'(\rho)=1/\rho$，解得：

$$\lim_{r\to 0}2\pi r\boldsymbol{Q}_r=-A_2\frac{2\pi D}{l^2}\lim_{\rho\to 0}[\rho\,\mathrm{ker}'(\rho)]=-A_2\frac{2\pi D}{l^2}=P \tag{5-8}$$

故 $A_2=-\dfrac{l^2}{2\pi D}P=-\dfrac{P}{2\pi kl^2}$

与圆板外边界 2 个边界条件合并，可得到用于确定 A_2、A_3、A_4 的线性方程组。

（1）固支边条件：$w\big|_{\rho=\rho_0}=\dfrac{\mathrm{d}w}{\mathrm{d}\rho}\Big|_{\rho=\rho_0}=0$（$\rho_0=R/l$ 为圆板相对半径，R 为圆板半径）

$$\begin{bmatrix}\mathrm{kei}(\rho_0) & \mathrm{ber}(\rho_0) & \mathrm{bei}(\rho_0)\\ \mathrm{kei}'(\rho_0) & \mathrm{ber}'(\rho_0) & \mathrm{bei}'(\rho_0)\\ 1 & 0 & 0\end{bmatrix}\begin{bmatrix}A_2\\ A_3\\ A_4\end{bmatrix}=-\frac{P}{2\pi kl^2}\begin{bmatrix}0\\0\\1\end{bmatrix}\tag{5-9}$$

解式(5-9)得到两个待定常数 A_3、A_4 为

$$A_3=-\frac{P}{2\pi kl^2\Delta}[\mathrm{bei}(\rho_0)\mathrm{kei}'(\rho_0)-\mathrm{bei}'(\rho_0)\mathrm{kei}(\rho_0)]$$

$$A_4=-\frac{P}{2\pi kl^2\Delta}[\mathrm{ber}'(\rho_0)\mathrm{kei}(\rho_0)-\mathrm{ber}(\rho_0)\mathrm{kei}'(\rho_0)]$$

其中，$\Delta=\mathrm{bei}'(\rho_0)\mathrm{ber}(\rho_0)-\mathrm{bei}(\rho_0)\mathrm{ber}'(\rho_0)$。

（2）简支边条件：$w\big|_{\rho=\rho_0}=M_r\big|_{\rho=\rho_0}=0$

$$\begin{bmatrix}\mathrm{kei}(\rho_0) & \mathrm{ber}(\rho_0) & \mathrm{bei}(\rho_0)\\ \mathrm{ker}(\rho_0)-\dfrac{1-\nu}{\rho_0}\mathrm{kei}'(\rho_0) & -\mathrm{bei}(\rho_0)-\dfrac{1-\nu}{\rho_0}\mathrm{ber}'(\rho_0) & \mathrm{ber}(\rho_0)-\dfrac{1-\nu}{\rho_0}\mathrm{bei}'(\rho_0)\\ 1 & 0 & 0\end{bmatrix}\begin{bmatrix}A_2\\ A_3\\ A_4\end{bmatrix}$$
$$=-\frac{P}{2\pi kl^2}\begin{bmatrix}0\\0\\1\end{bmatrix}\tag{5-10}$$

解式(5-10)得到两个待定常数 A_3、A_4 为

$$A_3=\frac{P}{2\pi kl^2\Delta}\left\{\mathrm{ber}(\rho_0)\mathrm{ker}'(\rho_0)-\mathrm{ker}(\rho_0)\mathrm{ber}'(\rho_0)+\frac{1-\nu}{\rho_0}[-\mathrm{bei}'(\rho_0)\mathrm{ker}'(\rho_0)-\mathrm{kei}'(\rho_0)\mathrm{ber}'(\rho_0)]\right\}$$

$$A_4=\frac{P}{2\pi kl^2\Delta}\left\{\mathrm{ker}'(\rho_0)\mathrm{bei}(\rho_0)-\mathrm{ker}(\rho_0)\mathrm{bei}'(\rho_0)+\frac{1-\nu}{\rho_0}[\mathrm{kei}'(\rho_0)\mathrm{bei}'(\rho_0)-\mathrm{ker}'(\rho_0)\mathrm{ber}'(\rho_0)]\right\}$$

其中，$\Delta=\mathrm{ber}'(\rho_0)\mathrm{bei}(\rho_0)+\mathrm{bei}'(\rho_0)\mathrm{ber}(\rho_0)+\dfrac{1-\nu}{\rho_0}[\mathrm{ber}'(\rho_0)\mathrm{ber}'(\rho_0)-\mathrm{bei}'(\rho_0)\mathrm{bei}'(\rho_0)]$。

（3）滑支边条件：$\dfrac{\mathrm{d}w}{\mathrm{d}\rho}\Big|_{\rho=\rho_0}=Q_r\big|_{\rho=\rho_0}=0$

$$\begin{bmatrix} \text{kei}'(\rho_0) & \text{ber}'(\rho_0) & \text{bei}'(\rho_0) \\ \text{ker}'(\rho_0) & -\text{bei}'(\rho_0) & \text{ber}'(\rho_0) \\ 1 & 0 & 0 \end{bmatrix} \begin{bmatrix} A_2 \\ A_3 \\ A_4 \end{bmatrix} = -\frac{P}{2\pi k l^2} \begin{bmatrix} 0 \\ 0 \\ 1 \end{bmatrix} \tag{5-11}$$

解式(5-11)得到两个待定常数 A_3、A_4 为

$$A_3 = \frac{P}{2\pi k l^2 \Delta}[\text{ber}'(\rho_0)\text{kei}'(\rho_0) - \text{bei}'(\rho_0)\text{ker}'(\rho_0)]$$

$$A_4 = \frac{P}{2\pi k l^2 \Delta}[\text{ber}'(\rho_0)\text{ker}'(\rho_0) + \text{bei}'(\rho_0)\text{kei}'(\rho_0)]$$

其中，$\Delta = [\text{bei}'(\rho_0)]^2 + [\text{ber}'(\rho_0)]^2$。

(4) 自由边条件：$M_r \mid_{\rho=\rho_0} = Q_r \mid_{\rho=\rho_0} = 0$

$$\begin{bmatrix} \text{ker}'(\rho_0) & -\text{bei}'(\rho_0) & \text{ber}'(\rho_0) \\ \text{ker}(\rho_0) - \frac{1-\nu}{\rho_0}\text{kei}'(\rho_0) & -\text{bei}(\rho_0) - \frac{1-\nu}{\rho_0}\text{ber}'(\rho_0) & \text{ber}(\rho_0) - \frac{1-\nu}{\rho_0}\text{bei}'(\rho_0) \\ 1 & 0 & 0 \end{bmatrix} \begin{bmatrix} A_2 \\ A_3 \\ A_4 \end{bmatrix}$$

$$= -\frac{P}{2\pi k l^2} \begin{bmatrix} 0 \\ 0 \\ 1 \end{bmatrix} \tag{5-12}$$

解式(5-12)得到两个待定常数 A_3、A_4 为

$$A_3 = -\frac{P}{2\pi k l^2 \Delta}\left\{\text{ber}'(\rho_0)\text{ker}(\rho_0) - \text{ker}'(\rho_0)\text{ber}(\rho_0) + \frac{1-\nu}{\rho_0}[\text{ker}'(\rho_0)\text{bei}'(\rho_0) - \text{kei}'(\rho_0)\text{ber}'(\rho_0)]\right\}$$

$$A_4 = -\frac{P}{2\pi k l^2 \Delta}\left\{\text{bei}'(\rho_0)\text{ker}(\rho_0) - \text{ker}'(\rho_0)\text{bei}(\rho_0) - \frac{1-\nu}{\rho_0}[\text{ker}'(\rho_0)\text{ber}'(\rho_0) + \text{kei}'(\rho_0)\text{bei}'(\rho_0)]\right\}$$

其中，$\Delta = \text{ber}'(\rho_0)\text{bei}(\rho_0) - \text{ber}(\rho_0)\text{bei}'(\rho_0) + \frac{1-\nu}{\rho_0}\{[\text{bei}'(\rho_0)]^2 + [\text{ber}'(\rho_0)]^2\}$。

图 5-2 给出了圆板中点作用集中力 P 条件下，圆板外边 4 种边界条件时的板中点挠度系数 $\varphi_{w0}\left[w(\rho) = \frac{P}{kl^2}\varphi_w\right]$ 随圆板相对半径 ρ_0 的变化规律。从图中可以看到，滑支边和自由边的板中点挠度系数 φ_{w0} 随着 ρ_0 增大而减小，而固支边的板中点挠度系数 φ_{w0} 随着 ρ_0 增大而增大，简支边的板中点挠度系数 φ_{w0} 在 $\rho_0 = 2.5$ 左右达到最大，它们均收敛很快，当 $\rho_0 \geqslant 5$ 时，4 种边界条件间的差异已无法分辨，均十分接近无限大板的挠度系数（$\varphi_{w\infty} = 1/8$）。也就是说，对于板最大挠度而言，当板相对半径 $\rho_0 \geqslant 5$ 时，可无视其边界条件而近似为无限大板；对于板弯矩来说，当板相对半径 $\rho_0 \geqslant 8$ 时，也可视为无限大板。

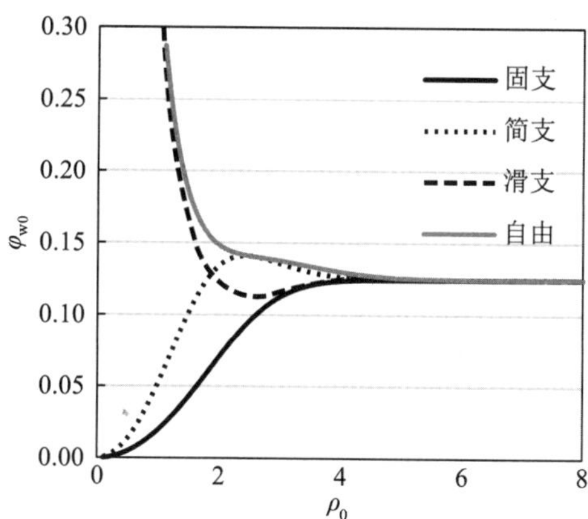

图 5-2　不同边界条件的板中点挠度系数

当圆板趋向无限大时，$\lim_{\rho\to\infty} A_3(A_4)=0$，因此，集中力 P 作用下的无限大板挠度、板弯矩、径向剪力表达式如下：

$$w(\rho)=\frac{P}{kl^2}\varphi_{\mathrm{w}},\quad M_r=P\varphi_{\mathrm{Mr}},\quad M_\theta=P\varphi_{\mathrm{M\theta}},\quad Q_r=\frac{P}{l}\varphi_{\mathrm{Qr}} \tag{5-13}$$

其中，$\varphi_{\mathrm{w}}=-\dfrac{\mathrm{kei}(\rho)}{2\pi}$，

$\varphi_{\mathrm{Mr}}=-\dfrac{1}{2\pi}\left[\mathrm{ker}(\rho)-(1-\nu)\dfrac{\mathrm{kei}'(\rho)}{\rho}\right]$，

$\varphi_{\mathrm{M\theta}}=-\dfrac{P}{2\pi}\left[\nu\,\mathrm{ker}(\rho)+(1-\nu)\dfrac{\mathrm{kei}'(\rho)}{\rho}\right]$，

$\varphi_{\mathrm{Qr}}=\dfrac{\mathrm{ker}'(\rho)}{2\pi}$。

板弯矩也可用本书第 4 章定义的两弯矩参数 A_{M}、B_{M} 表示：

$$\left.\begin{aligned}&M_{\mathrm{r}}(\rho)=P(A_{\mathrm{M}}+\nu B_{\mathrm{M}}),\quad M_\theta(\rho)=P(\nu A_{\mathrm{M}}+B_{\mathrm{M}})\\&A_{\mathrm{M}}+B_{\mathrm{M}}=\frac{\mathrm{ker}(\rho)}{2\pi},\quad B_{\mathrm{M}}=\frac{\mathrm{kei}'(\rho)}{2\pi\rho}\end{aligned}\right\} \tag{5-14}$$

无限大板在集中力作用下的解即式(5-13)或式(5-14)十分重要，利用此解以及积分法可求解无限大板上作用任意竖向荷载的问题。对于无方向性的 w、$q_z(q_z=kw)$ 而言，给定点(x_0, y_0)的力学总响应为

$$w(x_0, y_0)=\frac{1}{2\pi kl^2}\iint_S p(u, v)\mathrm{kei}(\tilde{\rho})\mathrm{d}u\mathrm{d}v \tag{5-15}$$

其中，$\tilde{\rho}=\dfrac{\sqrt{(u-x_0)^2+(v-y_0)^2}}{l}$；$S$ 是荷载集度为 $p(x, y)$ 的作用区。

对于具有方向性的 M_x、M_y 和 Q_x、Q_y 而言，需考虑方向性：

$$\left.\begin{aligned}
\sigma_x &= \iint_S p(u,\ v)[\varphi_{\mathrm{Mr}}(\tilde{\rho})\cos^2\phi + \varphi_{\mathrm{M\theta}}(\tilde{\rho})\sin^2\phi]\mathrm{d}u\mathrm{d}v \\
\sigma_y &= \iint_S p(u,\ v)[\varphi_{\mathrm{Mr}}(\tilde{\rho})\sin^2\phi + \varphi_{\mathrm{M\theta}}(\tilde{\rho})\cos^2\phi]\mathrm{d}u\mathrm{d}v \\
Q_x &= \iint_S p(u,\ v)\varphi_{\mathrm{Qr}}(\tilde{\rho})\cos^2\phi\mathrm{d}u\mathrm{d}v \\
Q_y &= \iint_S p(u,\ v)\varphi_{\mathrm{Qr}}(\tilde{\rho})\sin^2\phi\mathrm{d}u\mathrm{d}v
\end{aligned}\right\} \tag{5-16}$$

式中，ϕ 为给定点与微分点连线与 x 轴的夹角。

必须指出，由于 m^2/ρ^2 项的存在，当 $m\neq0$ 时，微分方程式(5-1)的显式特解较难寻找，一般解可采用傅里叶-贝塞尔级数法解求。

荷载 $p_{km}(r)$ 展开为傅里叶-贝塞尔级数：

$$\left.\begin{aligned}
p_{km}(r) &= \sum_n^{\infty} p_{km}^n \mathrm{J}_m\left(\alpha_n \frac{r}{R}\right) \\
p_{km}^n(\alpha_n) &= \frac{2}{[\mathrm{J}_{m+1}(\alpha_n)]^2}\int_0^1 t p_{km}(tR)\mathrm{J}_m(\alpha_n t)\mathrm{d}t
\end{aligned}\right\} \tag{5-17}$$

式中　α_n —— $\mathrm{J}_m(x)$ 正数零点；

R ——板半径。

其特解 $\hat{w}_{km}$ 也可表示为傅里叶-贝塞尔级数形式：

$$\hat{w}_{km}(r) = \sum_n^{\infty} A_{km}^n \mathrm{J}_m\left(\alpha_n \frac{r}{R}\right) \tag{5-18}$$

将式(5-17)、式(5-18)代入微分方程式(5-1)，得到特解为

$$A_{km}^n(\alpha_n) = p_{km}^n(\alpha_n)/k \tag{5-19}$$

当板半径 R 趋于无穷时，上述傅里叶-贝塞尔级数展开将转变为汉克尔变换。

例 5.2　求无限大板上作用圆形均布荷载的解。

将无限大板划分为两个区域，一个为均布荷载的圆板，另一个为带圆孔的无限大板。对于均布荷载的圆板，参见图 5-3。均布荷载圆板的通解为

$$w(\rho) = A_1\mathrm{ker}(\rho) + A_2\mathrm{kei}(\rho) + A_3\mathrm{ber}(\rho) + A_4\mathrm{bei}(\rho) + p/k \tag{5-20}$$

因圆板中心处挠度、内力为有限值，故 $A_1 = A_2 = 0$。带圆孔的无限大板的通解为

$$w(\rho) = B_1\mathrm{ker}(\rho) + B_2\mathrm{kei}(\rho) + B_3\mathrm{ber}(\rho) + B_4\mathrm{bei}(\rho) \tag{5-21}$$

由无限远处板挠度、内力收敛条件，得到 $B_3 = B_4 = 0$。两式合并得到：

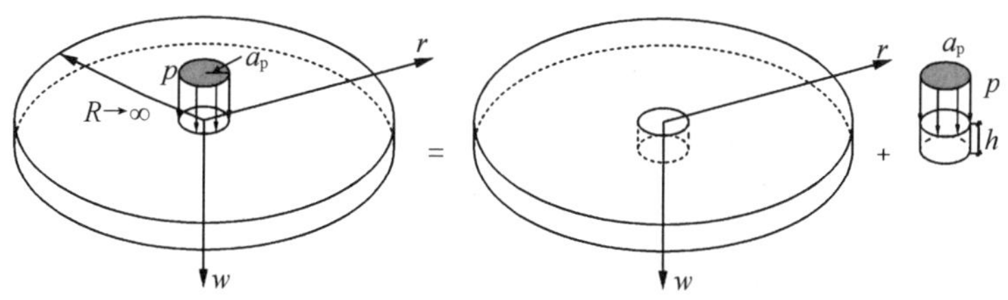

图 5-3　圆形均布荷载作用下板

$$w(\rho)=\begin{cases}A_3\operatorname{ber}(\rho)+A_4\operatorname{bei}(\rho)+p/k, & \rho\leqslant\alpha\\ B_1\operatorname{ker}(\rho)+B_2\operatorname{kei}(\rho), & \rho>\alpha\end{cases}\tag{5-22}$$

式中　p ——均布荷载集度；

α ——荷载圆相对半径(荷载圆半径 a_p 与板弯曲刚度半径 l 之比)。

由圆板与圆孔无限大板之间的挠度、转角、弯矩和剪力连续条件,得到线性方程组:

$$\begin{bmatrix}\operatorname{ber}(\alpha) & \operatorname{bei}(\alpha) & -\operatorname{ker}(\alpha) & -\operatorname{kei}(\alpha)\\ \operatorname{ber}'(\alpha) & \operatorname{bei}'(\alpha) & -\operatorname{ker}'(\alpha) & -\operatorname{kei}'(\alpha)\\ -\operatorname{bei}(\alpha) & \operatorname{ber}(\alpha) & \operatorname{kei}(\alpha) & -\operatorname{ker}(\alpha)\\ -\operatorname{bei}'(\alpha) & \operatorname{ber}'(\alpha) & \operatorname{kei}'(\alpha) & -\operatorname{ker}'(\alpha)\end{bmatrix}\begin{bmatrix}A_3\\A_4\\B_1\\B_2\end{bmatrix}=\begin{bmatrix}-p/k\\0\\0\\0\end{bmatrix}\tag{5-23}$$

由此得到式(5-22)中的 4 个待定常数,

$$\left.\begin{aligned}A_3&=\frac{p\alpha}{k}\operatorname{ker}'(\alpha),\quad A_4=-\frac{p\alpha}{k}\operatorname{kei}'(\alpha)\\ B_1&=\frac{p\alpha}{k}\operatorname{ber}'(\alpha),\quad B_2=-\frac{p\alpha}{k}\operatorname{bei}'(\alpha)\end{aligned}\right\}\tag{5-24}$$

其中,$\operatorname{ker}'(\alpha)\operatorname{bei}(\alpha)+\operatorname{kei}'(\alpha)\operatorname{ber}(\alpha)=\operatorname{bei}'(\alpha)\operatorname{ker}(\alpha)+\operatorname{ber}'(\alpha)\operatorname{kei}(\alpha)$。

无限大板上作用圆形均布荷载的通解为

$$w(\alpha,\rho)=\frac{p}{k}\begin{cases}1-\alpha[\operatorname{kei}'(\alpha)\operatorname{bei}(\rho)-\operatorname{ker}'(\alpha)\operatorname{ber}(\rho)], & \rho\leqslant\alpha\\ \alpha[\operatorname{ber}'(\alpha)\operatorname{ker}(\rho)-\operatorname{bei}'(\alpha)\operatorname{kei}(\rho)], & \rho>\alpha\end{cases}\tag{5-25}$$

赖斯纳[130]在 1955 年将此问题的解表示为

$$w(\alpha,\rho)=\frac{p}{k}\begin{cases}1+\dfrac{\pi}{2}\operatorname{Im}[\psi\alpha\,\mathrm{H}_1^{(1)}(\psi\alpha)\mathrm{J}_0(\psi\rho)], & \rho\leqslant\alpha\\ \dfrac{\pi}{2}\operatorname{Im}[\psi\alpha\,\mathrm{J}_1(\psi\alpha)\mathrm{H}_0^{(1)}(\psi\rho)], & \rho>\alpha\end{cases}\tag{5-26}$$

其中,$\mathrm{H}_1^{(1)}(\cdot)$、$\mathrm{H}_0^{(1)}(\cdot)$ 分别为一阶与零阶的第三类贝塞尔函数,$\psi=(1+\mathrm{i})/\sqrt{2}$。

板两个弯矩参数 A_M、B_M 的表达式为

$$
\left.\begin{aligned}
A_{\mathrm{M}}+B_{\mathrm{M}}&=\frac{1}{\pi\alpha}\begin{cases}\operatorname{ker}'(\alpha)\operatorname{bei}(\rho)+\operatorname{kei}'(\alpha)\operatorname{ber}(\rho), & \rho\leqslant\alpha\\ \operatorname{bei}'(\alpha)\operatorname{ker}(\rho)+\operatorname{ber}'(\alpha)\operatorname{kei}(\rho), & \rho>\alpha\end{cases}\\
B_{\mathrm{M}}&=\frac{1}{\pi\alpha\rho}\begin{cases}-\operatorname{ker}'(\alpha)\operatorname{ber}'(\rho)-\operatorname{kei}'(\alpha)\operatorname{bei}'(\rho), & \rho\leqslant\alpha\\ \operatorname{bei}'(\alpha)\operatorname{kei}'(\rho)-\operatorname{ber}'(\alpha)\operatorname{ker}'(\rho), & \rho>\alpha\end{cases}
\end{aligned}\right\}\tag{5-27}
$$

Winkler 地基上无限大板在圆形均布荷载作用下，除了荷载圆半径很大外，板位移、弯矩的最大值一般均出现在圆形荷载中点，其值为

$$
\left.\begin{aligned}
w_{\max}&=\frac{p}{k}[1+\alpha\operatorname{ker}'(\alpha)]\\
M_{r\max}&=M_{\theta\max}=\frac{p\alpha l^2}{2}(1+\nu)\operatorname{kei}'(\alpha)
\end{aligned}\right\}\tag{5-28}
$$

例 5.3 求无限大板上作用环状线荷载的解。

与例 5.2 相同，将无限大板划分为两个区域，一个为环状线荷载内的圆板，另一个为带圆孔的无限大板，见图 5-4，环状线荷载可随意作用在圆板外边缘或带孔板的孔边缘。

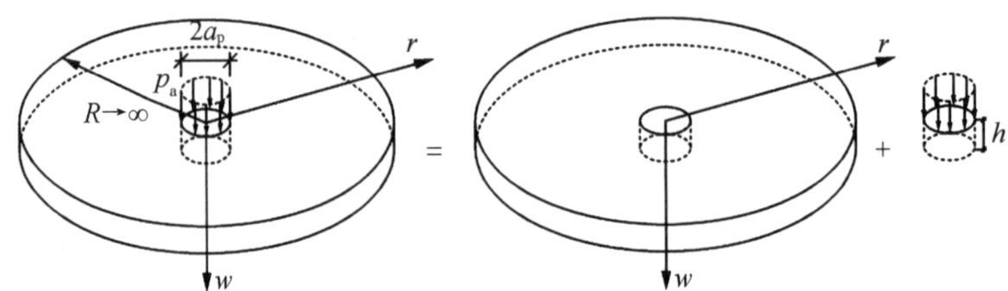

图 5-4 环状线荷载作用下板

两个区域的通解为

$$
w(\rho)=\frac{p_{\mathrm{a}}}{kl}\begin{cases}A_3\operatorname{ber}(\rho)+A_4\operatorname{bei}(\rho), & \rho\leqslant\alpha\\ B_1\operatorname{ker}(\rho)+B_2\operatorname{kei}(\rho), & \rho>\alpha\end{cases}\tag{5-29}
$$

式中 p_{a}——半径为 a_{p} 的环状线荷载的线密度；

α——环状线荷载的相对半径（环状线荷载的圆半径 a_{p} 与板弯曲刚度半径 l 之比）。

由圆板与圆孔无限大板之间的挠度、转角、弯矩相同，以及两侧剪力之差等于线荷载的线密度 p_{a}，可以得到线性方程组：

$$
\begin{bmatrix}
\operatorname{ber}(\alpha) & \operatorname{bei}(\alpha) & -\operatorname{ker}(\alpha) & -\operatorname{kei}(\alpha)\\
\operatorname{ber}'(\alpha) & \operatorname{bei}'(\alpha) & -\operatorname{ker}'(\alpha) & -\operatorname{kei}'(\alpha)\\
-\operatorname{bei}(\alpha) & \operatorname{ber}(\alpha) & \operatorname{kei}(\alpha) & -\operatorname{ker}(\alpha)\\
-\operatorname{bei}'(\alpha) & \operatorname{ber}'(\alpha) & \operatorname{kei}'(\alpha) & -\operatorname{ker}'(\alpha)
\end{bmatrix}
\begin{bmatrix}A_3\\A_4\\B_1\\B_2\end{bmatrix}=\begin{bmatrix}0\\0\\0\\1\end{bmatrix}\tag{5-30}
$$

解式(5-30)可得到 4 个待定常数：

$$\left.\begin{array}{ll} A_3=\operatorname{ker}(\alpha), & A_4=\operatorname{kei}(\alpha) \\ B_1=\operatorname{ber}(\alpha), & B_2=\operatorname{bei}(\alpha) \end{array}\right\} \tag{5-31}$$

由此得到环状线荷载作用下的 Winkler 地基板挠度解：

$$w(\rho)=\frac{p_a}{kl}\begin{cases}\operatorname{ker}(\alpha)\operatorname{ber}(\rho)+\operatorname{kei}(\alpha)\operatorname{bei}(\rho), & \rho \leqslant \alpha \\ \operatorname{ber}(\alpha)\operatorname{ker}(\rho)+\operatorname{bei}(\alpha)\operatorname{kei}(\rho), & \rho>\alpha\end{cases} \tag{5-32}$$

例 5.4　求半径为 R 的圆板仅在边界作用常量弯矩 M_R 与剪力 Q_R 的解。

边界弯矩 M_R 及剪力 Q_R 与幅角无关，如图 5-5 所示，属轴对称问题。

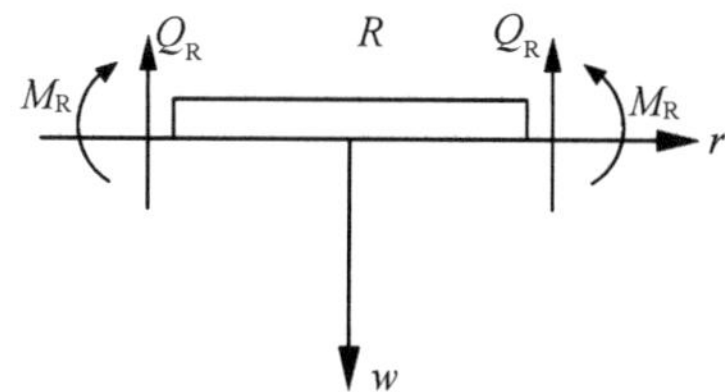

图 5-5　边缘有弯矩与剪力作用的圆板

当圆板仅有过界弯矩与剪力时，由圆板中心处的挠度与板内力有限条件可知，式(5-3)中 $A_1=A_2=0$，因此，本问题的解为

$$w(\rho)=A_3\operatorname{ber}(\rho)+A_4\operatorname{bei}(\rho) \tag{5-33}$$

将边界条件代入，得到确定待定常数 A_3、A_4 的方程组：

$$\begin{bmatrix} -\operatorname{bei}'(\rho_0) & \operatorname{ber}'(\rho_0) \\ -\operatorname{bei}(\rho_0)-\dfrac{1-\nu}{\rho_0}\operatorname{ber}'(\rho_0) & \operatorname{ber}(\rho_0)-\dfrac{1-\nu}{\rho_0}\operatorname{bei}'(\rho_0) \end{bmatrix}\begin{bmatrix} A_3 l \\ A_4 \end{bmatrix}=-\frac{1}{D}\begin{bmatrix} Q_R \\ M_R \end{bmatrix} \tag{5-34}$$

其中，$\rho_0=R/l$。

解式(5-34)得到：

$$w(\rho)=[A_Q\operatorname{ber}(\rho)+B_Q\operatorname{bei}(\rho)]\frac{Q_R}{kl}+[A_M\operatorname{ber}(\rho)+B_M\operatorname{bei}(\rho)]\frac{M_R}{kl^2} \tag{5-35}$$

其中，$A_Q=-\dfrac{1}{\Delta}\left[\operatorname{ber}(\rho_0)-\dfrac{1-\nu}{\rho_0}\operatorname{bei}'(\rho_0)\right]$，　$B_Q=-\dfrac{1}{\Delta}\left[\operatorname{bei}(\rho_0)+\dfrac{1-\nu}{\rho_0}\operatorname{ber}'(\rho_0)\right]$，

$A_M=\dfrac{1}{\Delta}\operatorname{ber}'(\rho_0)$，　$B_M=\dfrac{1}{\Delta}\operatorname{bei}'(\rho_0)$，

$\Delta=\operatorname{ber}'(\rho_0)\operatorname{bei}(\rho_0)-\operatorname{ber}(\rho_0)\operatorname{bei}'(\rho_0)+\dfrac{1-\nu}{\rho_0}\{[\operatorname{bei}'(\rho_0)]^2+[\operatorname{ber}(\rho_0)]^2\}$。

本例的解有十分广泛的应用价值。一般情况下，除了圆形均布荷载外，有限尺寸圆板的特解较难获得，采用式(5-18)的傅里叶-贝塞尔级数形式的解也相当复杂，与此相比，前

章中通过汉克尔变换获得各类荷载的无限大板的解则相对容易，因此，可将无限大板的解视为有限尺寸圆板的特解，再求出对应于圆板半径 R 处无限大板的弯矩 M_R 与剪力 Q_R，并应用式(5-35)的解，二者相减即可得到圆板的通解。

例 5.5 应用无限大板解及式(5-35)，求自由边界的有限尺寸圆板中心作用集中力 P 的解。

(1) 由式(5-13)，无限大板中心作用集中力 P 的解：

$$w_1=-\frac{P}{2\pi kl^2}\mathrm{kei}(\rho) \tag{5-36}$$

(2) 无限大板在半径 R 处的弯矩 M_R、剪力 Q_R：

$$\left.\begin{aligned} M_R&=-\frac{P}{2\pi}\left[\mathrm{ker}(\rho_0)-\frac{1-\nu}{\rho_0}\mathrm{kei}'(\rho_0)\right]\\ Q_R&=-\frac{P}{2\pi l}\mathrm{ker}'(\rho_0)\end{aligned}\right\} \tag{5-37}$$

(3) 半径 R 圆板在外边界作用 Q_R、M_R 的解：

$$w_2=[A_Q\mathrm{ber}(\rho)+B_Q\mathrm{bei}(\rho)]\frac{Q_R}{kl}+[A_M\mathrm{ber}(\rho)+B_M\mathrm{bei}(\rho)]\frac{M_R}{kl^2} \tag{5-38}$$

(4) 合成：

$$\begin{aligned} w&=w_1-w_2\\ &=-\frac{P}{2\pi kl^2}\mathrm{kei}(\rho)-[A_Q\mathrm{ber}(\rho)+B_Q\mathrm{bei}(\rho)]\frac{Q_R}{kl}-[A_M\mathrm{ber}(\rho)+B_M\mathrm{bei}(\rho)]\frac{M_R}{kl^2}\end{aligned} \tag{5-39}$$

其中，A_Q、B_Q、A_M 和 B_M 见式(5-35)。

5.2 双参数地基薄板

就与外荷载 $p_{cm}(r)\cos m\theta$ 相对应的板挠度 $w_{cm}\cos m\theta$ 而言，双参数地基上薄板的微分方程如式(5-40)所示：

$$D\left(\frac{\mathrm{d}^2}{\mathrm{d}r^2}+\frac{1}{r}\frac{\mathrm{d}}{\mathrm{d}r}-\frac{m^2}{r^2}\right)^2 w_{cm}(r)+k_2\left(\frac{\mathrm{d}^2}{\mathrm{d}r^2}+\frac{1}{r}\frac{\mathrm{d}}{\mathrm{d}r}-\frac{m^2}{r^2}\right)w_{cm}(r)+k_1w_{cm}(r)=p_{cm}(r) \tag{5-40}$$

微分方程式(5-40)的齐次方程的特征方程为

$$\left(\frac{\mathrm{d}^2}{\mathrm{d}\rho^2}+\frac{\mathrm{d}}{\rho\,\mathrm{d}\rho}-\frac{m^2}{\rho^2}+\psi_1^2\right)\left(\frac{\mathrm{d}^2}{\mathrm{d}\rho^2}+\frac{\mathrm{d}}{\rho\,\mathrm{d}\rho}-\frac{m^2}{\rho^2}+\psi_2^2\right)\tilde{w}_{cm}(\rho)=0 \tag{5-41}$$

其中，$\rho=\dfrac{r}{l}$，$l^4=\dfrac{D}{k_1}$，$\psi_n^2=-\vartheta\pm\mathrm{i}\sqrt{1-\vartheta^2}\ (n=1,\ 2)$，$\vartheta=\dfrac{k_2}{2\sqrt{k_1D}}=\dfrac{k_2l^2}{2D}$。

式(5-41)中的 ψ_1、ψ_2 可表示为式(5-42)，或可表示为式(5-43)的形式。

$$\left.\begin{aligned}\psi_1&=\sqrt{\frac{1-\vartheta}{2}}+\sqrt{\frac{1+\vartheta}{2}}\mathrm{i}\\\psi_2&=\sqrt{\frac{1-\vartheta}{2}}-\sqrt{\frac{1+\vartheta}{2}}\mathrm{i}\end{aligned}\right\}\tag{5-42}$$

$$\psi_1=\mathrm{e}^{+\mathrm{i}\phi},\quad \psi_2=\mathrm{e}^{-\mathrm{i}\phi},\quad \cos 2\phi=-\vartheta\tag{5-43}$$

分别作 $\rho_1=\rho\psi_1$，$\rho_2=\rho\psi_2$，则式(5-41)改写为两个复宗量的贝塞尔方程：

$$\left(\frac{\mathrm{d}^2}{\mathrm{d}\rho^2}+\frac{\mathrm{d}}{\rho\mathrm{d}\rho}-\frac{m^2}{\rho^2}+\psi_1^2\right)\widetilde{w}_{cm}=\left[\frac{\mathrm{d}^2}{\mathrm{d}\rho_1^2}+\frac{\mathrm{d}}{\rho_1\mathrm{d}\rho_1}+\left(1-\frac{m^2}{\rho_1^2}\right)\right]\widetilde{w}_{cm}=0$$

$$\left(\frac{\mathrm{d}^2}{\mathrm{d}\rho^2}+\frac{\mathrm{d}}{\rho\mathrm{d}\rho}-\frac{m^2}{\rho^2}+\psi_2^2\right)\widetilde{w}_{cm}=\left[\frac{\mathrm{d}^2}{\mathrm{d}\rho_2^2}+\frac{\mathrm{d}}{\rho_2\mathrm{d}\rho_2}+\left(1-\frac{m^2}{\rho_2^2}\right)\right]\widetilde{w}_{cm}=0$$

由此解得与外荷载 $p_{cm}(\rho)\cos m\theta$ 相对应的板挠度 $w_{cm}\cos m\theta$ 的双参数地基上薄板的齐次解，它可由贝塞尔函数 J_m、Y_m、$\mathrm{H}_m^{(1)}$、$\mathrm{H}_m^{(2)}$ 多种形式组合，例如：

$$\widetilde{w}_{cm}(\rho)=A_1\mathrm{J}_m(\psi_1\rho)+A_2\mathrm{Y}_m(\psi_1\rho)+A_3\mathrm{J}_m(\psi_2\rho)+A_4\mathrm{Y}_m(\psi_2\rho)\tag{5-44(a)}$$

$$\widetilde{w}_{cm}(\rho)=A_1\mathrm{H}_m^{(1)}(\psi_1\rho)+A_2\mathrm{H}_m^{(2)}(\psi_1\rho)+A_3\mathrm{H}_m^{(1)}(\psi_2\rho)+A_4\mathrm{H}_m^{(2)}(\psi_2\rho)\tag{5-44(b)}$$

$$\widetilde{w}_{cm}(\rho)=A_1\mathrm{J}_m(\psi_1\rho)+A_2\mathrm{H}_m^{(1)}(\psi_1\rho)+A_3\mathrm{J}_m(\psi_2\rho)+A_4\mathrm{H}_m^{(2)}(\psi_2\rho)\tag{5-44(c)}$$

采用式[5-44(c)]相对方便些，当 r 趋于零时，J_m 收敛，当 r 很大时，$\mathrm{H}_m^{(1)}$ 和 $\mathrm{H}_m^{(2)}$ 收敛。由于 ψ_1、ψ_2 是共轭复数，故式(5-44)中的 4 个贝塞尔函数均是复函数，但从另一方面来看，地基板上荷载及边界条件均是实数，故直接用式(5-44)运算不太方便，4 个待定常数也是复数。为了运算简便，将其实数化，注意到 ρ_1、ρ_2 是共轭复数，因此，将双参数地基上薄板挠度的齐次解改写为如下实数型函数：

$$w=A_1Z_1^0(\rho)+A_2Z_2^0(\rho)+A_3Z_3^0(\rho)+A_4Z_4^0(\rho)\tag{5-45}$$

其中，$Z_1^n(\rho)=\mathrm{Re}[\mathrm{J}_n(\psi_1\rho)]=\dfrac{1}{2}[\mathrm{J}_n(\psi_1\rho)+\mathrm{J}_n(\psi_2\rho)]$，

$Z_2^n(\rho)=\mathrm{Im}[\mathrm{J}_n(\psi_2\rho)]=\dfrac{1}{2\mathrm{i}}[\mathrm{J}_n(\psi_1\rho)-\mathrm{J}_n(\psi_2\rho)]$，

$Z_3^n(\rho)=\mathrm{Re}[\mathrm{H}_n^{(1)}(\psi_1\rho)]=\dfrac{1}{2}[\mathrm{H}_n^{(1)}(\psi_1\rho)+\mathrm{H}_n^{(2)}(\psi_2\rho)]$，

$Z_4^n(\rho)=\mathrm{Im}[\mathrm{H}_n^{(2)}(\psi_2\rho)]=\dfrac{1}{2\mathrm{i}}[\mathrm{H}_n^{(1)}(\psi_1\rho)-\mathrm{H}_n^{(2)}(\psi_2\rho)]$。

双参数地基上薄板转角表达式为

$$\frac{\mathrm{d}w}{\mathrm{d}r}=-\frac{1}{l}[A_1\theta_1(\rho)+A_2\theta_2(\rho)+A_3\theta_3(\rho)+A_4\theta_4(\rho)] \tag{5-46}$$

其中，$\theta_1(\rho)=Z_1^1\cos\phi-Z_2^1\sin\phi$，$\theta_2(\rho)=Z_1^1\cos\phi+Z_2^1\sin\phi$，

$\theta_3(\rho)=Z_3^1\cos\phi-Z_4^1\sin\phi$，$\theta_4(\rho)=Z_3^1\cos\phi+Z_4^1\sin\phi$；

$\phi=\frac{1}{2}\arccos(-\vartheta)$，$\psi_1=\mathrm{e}^{\mathrm{i}\phi}$，$\psi_2=\mathrm{e}^{-\mathrm{i}\phi}$。

双参数地基上薄板弯矩表达式为

$$\left.\begin{aligned}M_r&=\frac{D}{l^2}\Big\{A_1M_1(\rho)+A_2M_2(\rho)+A_3M_3(\rho)+A_4M_4(\rho)-(1-\nu)[A_1\bar{M}_1(\rho)+\\&\quad A_2\bar{M}_2(\rho)+A_3\bar{M}_3(\rho)+A_4\bar{M}_4(\rho)]\Big\}\\M_\theta&=\frac{D}{l^2}\Big\{\nu[A_1M_1(\rho)+A_2M_2(\rho)+A_3M_3(\rho)+A_4M_4(\rho)]+(1-\nu)[A_1\bar{M}_1(\rho)+\\&\quad A_2\bar{M}_2(\rho)+A_3\bar{M}_3(\rho)+A_4\bar{M}_4(\rho)]\Big\}\end{aligned}\right\} \tag{5-47}$$

其中，$\left.\begin{aligned}M_1(\rho)&=Z_1^0\cos2\phi-Z_2^0\sin2\phi\\M_2(\rho)&=Z_1^0\cos2\phi+Z_2^0\sin2\phi\\M_3(\rho)&=Z_3^0\cos2\phi-Z_4^0\sin2\phi\\M_4(\rho)&=Z_3^0\cos2\phi+Z_4^0\sin2\phi\end{aligned}\right\}$，$\left.\begin{aligned}\bar{M}_1(\rho)&=(Z_1^1\cos\phi-Z_2^1\sin\phi)/\rho\\\bar{M}_2(\rho)&=(Z_1^1\cos\phi+Z_2^1\sin\phi)/\rho\\\bar{M}_3(\rho)&=(Z_3^1\cos\phi-Z_4^1\sin\phi)/\rho\\\bar{M}_4(\rho)&=(Z_3^1\cos\phi+Z_4^1\sin\phi)/\rho\end{aligned}\right\}$。

双参数地基上薄板弯矩表达式为

$$Q_r=-\frac{D}{l^3}[A_1Q_1(\rho)+A_2Q_2(\rho)+A_3Q_3(\rho)+A_4Q_4(\rho)] \tag{5-48}$$

其中，$Q_1(\rho)=Z_1^1\cos3\phi-Z_2^1\sin3\phi$，$Q_2(\rho)=Z_1^1\cos3\phi+Z_2^1\sin3\phi$，

$Q_3(\rho)=Z_3^1\cos3\phi-Z_4^1\sin3\phi$，$Q_4(\rho)=Z_3^1\cos3\phi+Z_4^1\sin3\phi$。

双参数地基板的边界剪力必须注意到地基转角不连续引起的集中分布力。也就是说，即便是自由边，板边仍存在剪力。双参数地基板的边界剪力是由地基引起的，它由两部分组成，一部分正比边界处的板挠度，另一部分正比板边界处转角(图 5-6)。环状板的内边界地基边界分布力 V_m^- 和外边界地基边界分布力 V_m^+ 可用式(5-49)表示。

$$\left.\begin{aligned}V_{cm}^-|_{r=R}&=\frac{\mathrm{I}_m'(\lambda_\mathrm{k}R)}{\mathrm{I}_m(\lambda_\mathrm{k}R)}\sqrt{k_1k_2}\,w_{cm,\mathrm{R}}-k_2\theta_{cm,\mathrm{R}}^+\\V_{cm}^+|_{r=R}&=k_2\theta_{mc,\mathrm{R}}^--\frac{\mathrm{K}_m'(\lambda_\mathrm{k}R)}{\mathrm{K}_m(\lambda_\mathrm{k}R)}\sqrt{k_1k_2}\,w_{mc,\mathrm{R}}\end{aligned}\right\}\quad(m=0,1,2,\cdots) \tag{5-49}$$

式中 $w_{cm.R}$ ——板边界处的挠度，$w_{cm.R}=w_{cm}\mid_{r=R}$；

λ_k ——双参数地基的横向联系柔度系数，$\lambda_k=\sqrt{k_1/k_2}$；

$\theta^-_{cm.R}$、$\theta^+_{cm.R}$ ——板边界处的内、外转角，$\theta^-_{cm.R}=\left.\dfrac{dw_{cm}}{dr}\right|_{r=R-0}$，$\theta^+_{cm.R}=\left.\dfrac{dw_{cm}}{dr}\right|_{r=R+0}$；

I_n、K_n —— n 阶第一、第二类变形贝塞尔函数。

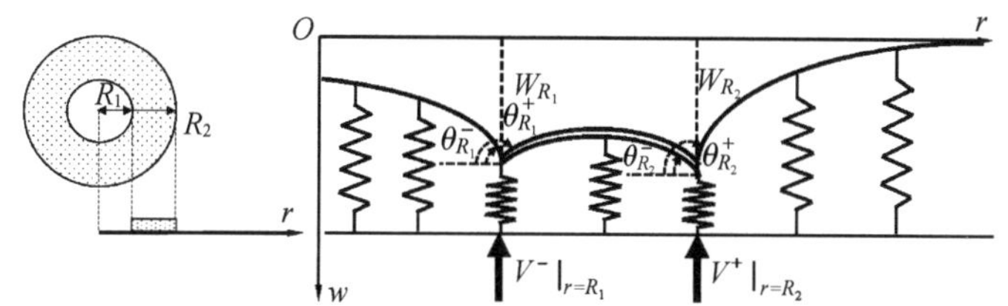

图 5-6 双参数地基上环状板的边界剪力示意

式(5-49)中的函数 $I'_m(x)/I_m(x)$、$K'_m(x)/K_m(x)$ 的值如图 5-7 所示，从图中可以看到，随着 $\lambda_k R$ 的增大，$I'_m(x)/I_m(x)$ 均收敛于 1，$K'_m(x)/K_m(x)$ 均收敛于−1。

当为轴对称问题时，内、外边界力可表示为

$$\left.\begin{aligned} V_0^-\mid_{r=R}&=\frac{I_1(\lambda_k R)}{I_0(\lambda_k R)}\sqrt{k_1k_2}\,w_R-k_2\theta_R^+\\ V_0^+\mid_{r=R}&=k_2\theta_R^-+\frac{K_1(\lambda_k R)}{K_0(\lambda_k R)}\sqrt{k_1k_2}\,w_R\end{aligned}\right\}\tag{5-50}$$

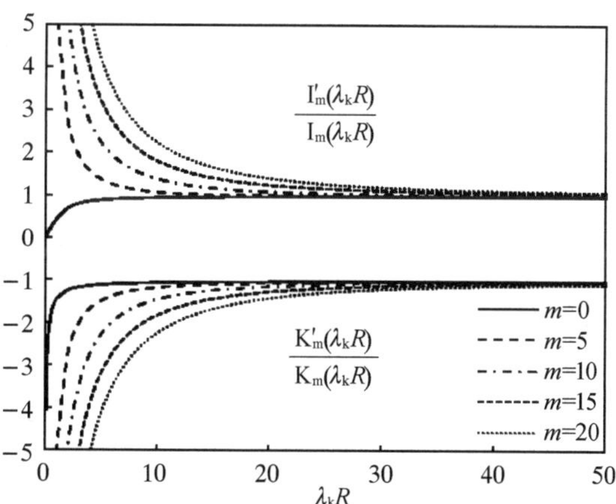

图 5-7 $I'_m(x)/I_m(x)$ 与 $K'_m(x)/K_m(x)$ 的函数值

例 5.6 双参数地基上有限尺寸圆板中点作用集中力 P，求自由边界条件下板中点挠度 w_0 及边界合力 Q_R。

集中力 P 作用时的板挠度如式(5-44)所示，无特解项。板中心点 $r=0$ 的两个边界条件分别为挠度有界和径向剪力合力等于外荷载集中力 P，即

$$\lim_{r\to 0} 2\pi r Q_r = -\lim_{r\to 0} 2\pi D r \frac{\mathrm{d}}{\mathrm{d}r}(\nabla^2 w) = -P \tag{5-51}$$

$r=R$ 处的自由边界条件表示为

$$\left.\begin{aligned} M_r \,|_{r=R} &= -D\left(\frac{\mathrm{d}^2}{\mathrm{d}r^2}+\nu\frac{\mathrm{d}}{r\mathrm{d}r}\right)w\,|_{r=R}=0 \\ V_r\,|_{r=R} &= -D\frac{\mathrm{d}}{\mathrm{d}r}(\nabla^2 w)\,|_{r=R} = -\left[k_2\theta_{\mathrm{R}}+\lambda_{\mathrm{k}}\sqrt{k_1k_2}\,w(R)\right]\end{aligned}\right\} \tag{5-52}$$

板中点挠度 $w_{0,\mathrm{R}}$ 及边界合力 Q_{R} 表示为

$$\left.\begin{aligned} w_{0,\mathrm{R}} &= w_{0,\infty}\varphi_{\mathrm{w}} \\ Q_{\mathrm{R}} &= 2\pi R p_{\mathrm{R}} = P\varphi_{\mathrm{Q}}\end{aligned}\right\} \tag{5-53}$$

式中 $w_{0,\infty}$ ——无限大双参数地基板的板中挠度，$w_{0,\infty}=\dfrac{P}{8k_1l^2\sqrt{1-\vartheta^2}}\left(1-\dfrac{2}{\pi}\arcsin\vartheta\right)$；

p_{R} ——板边缘由地基转角不连续引起的剪力的集度。

图 5-8 给出不同板尺寸条件下，板中挠度系数 φ_{w} 和板边边界力系数 φ_{Q} 的变化规律。从该图中可以看到，随着板相对半径 ρ_0 即(R/l) 的增大，Winkler 地基板 $(\vartheta=0)$ 的板中点挠度系数 φ_{w} 单调下降，而双参数地基板$(\vartheta\neq 0)$ 因存在边界剪力，挠度系数 φ_{w} 减小得更快且出现明显“反弯”现象；板边界力系数 φ_{Q} 随着板相对半径 ρ_0 增大呈下降趋势，且在 $\rho_0=3\sim6$ 区域内出现负值(向下拉力)；当 $\rho_0\geqslant 6$ 时，边界剪力趋于零，对板中挠度的影响基本消失，板中挠度趋近无限大双参数地基板的板中挠度。

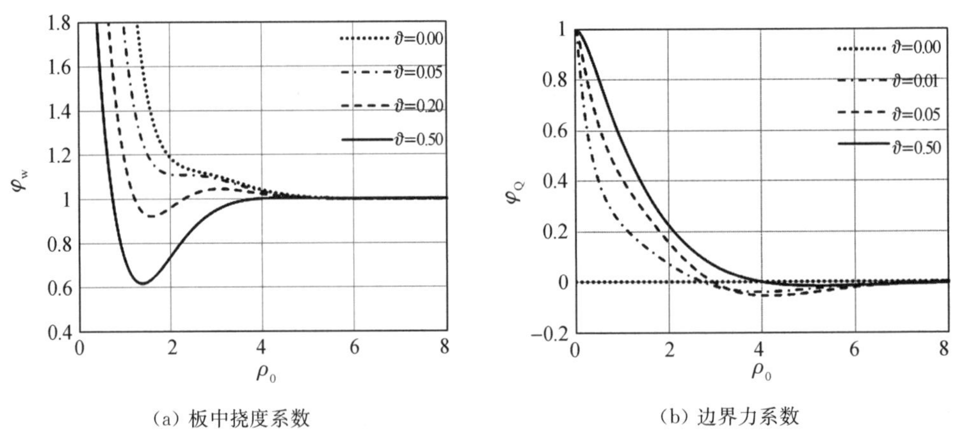

(a) 板中挠度系数 (b) 边界力系数

图 5-8 双参数地基圆板作用集中力的板中挠度和边界剪力

例 5.7 考察圆形均布荷载作用于双参数地基上有限尺寸圆板中部时，自由边界计或不计边界力的影响。

参照本书例 5.2 中的解法，将板划分为两个区域：一是圆形均布荷载的圆板(荷载圆半

径为 a_p)；二是环形板。它们的挠度解可统一用式[5-44(c)]所示，其中，圆形均布荷载作用下圆板的通解较式[5-44(c)]增加了特解项 p/k_1，环形板通解同式[5-44(c)]。利用圆形均布荷载板中 2 个边界条件，环形板外板边 2 个自由边界条件，以及 $\rho=\alpha(a_p/l)$ 处挠度、转角、弯矩和剪力连续这 4 个条件，联立求得式中的 8 个待定常数：$A_i(i=1,2,3,4)$、$B_i(i=1,2,3,4)$。

$$w(\rho)=\begin{cases}A_1\mathrm{J}_0(\psi_1\rho)+A_2\mathrm{H}_0^{(1)}(\psi_1\rho)+A_3\mathrm{J}_0(\psi_2\rho)+A_4\mathrm{H}_0^{(2)}(\psi_2\rho)+\dfrac{p}{k_1}, & \rho\leqslant\alpha\\ B_1\mathrm{J}_0(\psi_1\rho)+B_2\mathrm{H}_0^{(1)}(\psi_1\rho)+B_3\mathrm{J}_0(\psi_2\rho)+B_4\mathrm{H}_0^{(2)}(\psi_2\rho), & \alpha<\rho\leqslant\rho_0\end{cases}\tag{5-54}$$

图 5-9 给出不同相对半径圆板 ($\rho_0=R/l$) 在地基横向联系参数 $\vartheta=0.5$ 时，计及不计板边剪力时的板中弯矩系数 $\varphi_{M0}(M_0=P\varphi_{M_0})$，由此可以看到，板边界剪力对板弯矩的影响是明显的，它使弯矩变大，尤其是圆板尺寸较小时，随着板相对半径的增大，板边界剪力值及其影响会逐渐减少，对板中弯矩来说，当板相对半径 ρ_0 接近 4 时，板边界剪力的影响已很小。

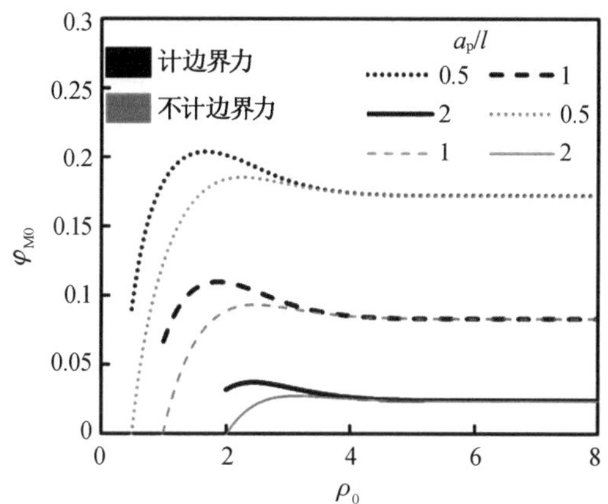

图 5-9　边界力对板中弯矩的影响

当板趋于无穷大时，板挠度有较简洁的解：

$$w(\rho)=\frac{p}{k_1}\begin{cases}1+\dfrac{\pi\alpha}{4\sqrt{1-\vartheta^2}}[\psi_2\mathrm{H}_1^{(1)}(\psi_1\alpha)\mathrm{J}_0(\psi_1\rho)+\psi_1\mathrm{H}_1^{(2)}(\psi_2\alpha)\mathrm{J}_0(\psi_2\rho)], & \rho\leqslant\alpha\\ \dfrac{\pi\alpha}{4\sqrt{1-\vartheta^2}}[\psi_2\mathrm{J}_1(\psi_1\alpha)\mathrm{H}_0^{(1)}(\psi_1\rho)+\psi_1\mathrm{J}_1(\psi_2\alpha)\mathrm{H}_0^{(2)}(\psi_2\rho)], & \rho>\alpha\end{cases}\tag{5-55}$$

式(5-55)表示为实函数形式

$$w(r)=\frac{p}{k_1}\begin{cases}1+\dfrac{\pi\alpha}{4\sqrt{1-\vartheta^2}}\{\mathrm{Re}[\psi_2\mathrm{H}_1^{(1)}(\psi_1\alpha)]\mathrm{Re}[\mathrm{J}_0(\psi_1\rho)]+\mathrm{Im}[\psi_1\mathrm{H}_1^{(2)}(\psi_2\alpha)]\mathrm{Im}[\mathrm{J}_0(\psi_2\rho)]\}, & \rho\leqslant\alpha\\ \dfrac{\pi\alpha}{4\sqrt{1-\vartheta^2}}\{\mathrm{Re}[\psi_2\mathrm{J}_1(\psi_1\alpha)]\mathrm{Re}[\mathrm{H}_0^{(1)}(\psi_1\rho)]+\mathrm{Im}[\psi_1\mathrm{J}_1(\psi_2\alpha)]\mathrm{Re}[\mathrm{H}_0^{(2)}(\psi_2\rho)]\}, & \rho>\alpha\end{cases}\tag{5-56}$$

或

$$w(r)=\frac{p}{k_1}\begin{cases}1+\dfrac{\pi\alpha}{4\sqrt{1-\vartheta^2}}[\theta_3^0(\alpha)Z_1^0(\rho)+\theta_4^0(\alpha)Z_2^0(\rho)], & \rho\leqslant\alpha\\ \dfrac{\pi\alpha}{4\sqrt{1-\vartheta^2}}[\theta_1^0(\alpha)Z_3^0(\rho)+\theta_2^0(\alpha)Z_4^0(\rho)], & \rho>\alpha\end{cases}\tag{5-57}$$

当 $a_p \to 0$ 时，均布荷载转变为集中力，即 $p=\dfrac{P}{\pi a_p^2}$，板挠度可表示为

$$w(\rho)=\frac{P}{8k_1 l^2\sqrt{1-\vartheta^2}}\left[\mathrm{H}_0^{(1)}(\psi_1\rho)+\mathrm{H}_0^{(2)}(\psi_2\rho)\right] \tag{5-58}$$

集中力 P 作用点的板挠度 $w(0)=\dfrac{P}{8k_1 l^2\sqrt{1-\vartheta^2}}\left(1-\dfrac{2}{\pi}\arcsin\vartheta\right)$，其中 $\dfrac{P}{8k_1 l^2}$ 为地基竖向反应模量的结果，而 $\varphi_\vartheta=\left(1-\dfrac{2}{\pi}\arcsin\vartheta\right)\Big/\sqrt{1-\vartheta^2}$ 是地基横向联系的影响，如图5-10所示。

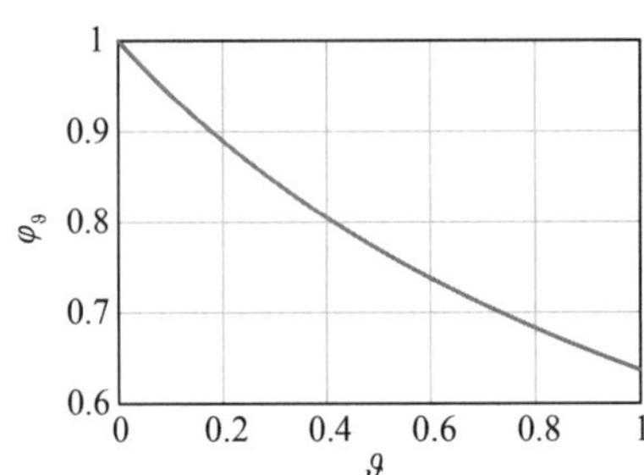

图 5-10　地基横向联系对板挠度的影响

5.3　半空间体地基薄板

弹性半空间体地基上有限尺寸的薄板尚无封闭的解析解，目前常见的近似方法是将板与地基间反力表示为一组待定常数的级数，计算由此引起的板挠度与地基表面弯沉，利用板挠度与地基表面弯沉相等条件来确定地基反力的待定常数。

在轴对称条件下，板挠度 w_1 的计算式为

$$\nabla^4 w_1(\rho)=\frac{l^4}{D}\left[p(\rho)-q(\rho)\right] \tag{5-59}$$

式中　p ——板顶上竖向外荷载；

q ——地基反力；

l ——板的相对弯曲刚度半径。

地基表面弯沉 w_2 的计算，利用 Boussinesq 竖向集中力解的积分式如式(5-60)所示；若竖向荷载的零阶汉克尔变换易得，则利用其位移函数解即式(5-61)的形式也十分方便。

$$w_2(\rho)=\frac{4(1-\nu_0^2)l}{\pi E_0}\left\{\frac{1}{\rho}\int_0^{\rho}\left[q(t)\int_0^{\pi/2}\frac{\mathrm{d}\theta}{\sqrt{1-(t/\rho)^2\sin^2\theta}}\right]\mathrm{d}t+\int_{\rho}^{R/l}\left[q(t)\int_0^{\pi/2}\frac{\mathrm{d}\theta}{\sqrt{1-(\rho/t)^2\sin^2\theta}}\right]\mathrm{d}t\right\} \tag{5-60}$$

$$w_2(\rho)=\frac{(1-\nu_0^2)l}{E_0}\int_0^{\infty}\bar{q}(t)\mathrm{J}_0(t\rho)\mathrm{d}t \tag{5-61}$$

其中，$t=\xi l$。

近似方法可分为级数法和连杆法两大类。

1. 级数法

级数法有幂级数法、改进幂级数法和傅里叶-贝塞尔级数法等。

所谓幂级数法就是将板与地基间的反力用幂函数拟合：

$$q(r)=\sum_{n=0}^{\infty}a_{2n}r^{2n} \tag{5-62}$$

由于板边界处地基反力有集中现象，因此，改进幂级数法将板与地基间的反力表示为

$$q(r)=\frac{\widetilde{a}}{\sqrt{1-\left(\frac{r}{R}\right)^2}}+\sum_{n=0}^{\infty}a_{2n}\left(\frac{r}{R}\right)^{2n} \tag{5-63}$$

式中，R 为圆板半径。

傅里叶-贝塞尔级数法则是将板挠度、板与地基间的反力表征为

$$\left.\begin{aligned}w(r)&=G_0\left(\frac{r}{R}\right)^2+\sum_{n=0}^{\infty}C_n\mathrm{J}_0(\beta_n r)\\q(r)&=p(r)-D\sum_{n=0}^{\infty}C_n\beta_n^4\mathrm{J}_0(\beta_n r)\end{aligned}\right\} \tag{5-64}$$

式中，$\beta_n R$ 为零阶贝塞尔函数 J_0 的零点，$\mathrm{J}_0(\beta_n R)=0$。

下面介绍均布荷载圆板问题的幂函数法求解过程[6]。

板与地基间的反力 q、板特解挠度 w^* 表示为

$$\left.\begin{aligned}q(r)&=\sum_{n=0}^{\infty}B_{2n}r^{2n}\\w^*(r)&=\sum_{s=2}^{\infty}A_{2s}r^{2s}\end{aligned}\right\} \tag{5-65}$$

将式(5-65)代入式(5-59)，得到：

$$D\,\nabla^4\left(\sum_{s=2}^{\infty}A_{2s}r^{2s}\right)+\sum_{n=0}^{\infty}B_{2n}r^{2n}=p_0 \tag{5-66}$$

式中，p_0 为均布外荷载集度。

解式(5-66)并加上板挠度齐次解项得到：

$$w=C_0+C_2r^2+\frac{p_0r^4}{64D}-\frac{1}{D}\sum_{n=0}^{\infty}\frac{B_{2n}}{\lambda_{2n}}r^{2n+4} \tag{5-67}$$

其中，$\lambda_{2n}=16(n+2)^2(n+1)^2$。

若 $r=R$ 为自由边，则有：

$$\left.\begin{aligned}&M_r(R)=-D\left[\frac{\mathrm{d}^2w}{\mathrm{d}r^2}+\nu\frac{\mathrm{d}w}{r\mathrm{d}r}\right]\Bigg|_{r=R}=0\\&C_2=\frac{R^2}{D}\left[-\frac{p_0}{32}\frac{(3+\nu)}{(1+\nu)}+\sum_{n=0}^{\infty}f_{2n}B_{2n}R^{2n}\right]\end{aligned}\right\} \tag{5-68}$$

其中，$f_{2n}=\dfrac{2n+4}{\lambda_{2n}2(1+\nu)}[(2n+3)+\nu]$。

应用式(5-60)计算由板与地基间的接触应力引起的半空间体的弯沉：

$$w_2(r)=\frac{2(1-\nu_2^2)R}{E_0}\sum_{m=1}^{\infty}\left\{\left(\frac{r}{R}\right)^{2m}\sum_{n=0}^{\infty}\left[\left(\frac{1\times3\times\cdots\times(2m-1)}{2\times4\times\cdots\times2m}\right)^2\frac{R^{2n}\beta_{2n}}{2n-2m+1}\right]\right\} \tag{5-69}$$

由板挠度与地基弯沉相等条件，得到式(5-67)和式(5-69)中 r 各次幂均应相同，以及板竖向力平衡方程 $p_0\pi R^2=\int_0^R q(r)r\mathrm{d}r$ 条件，从而得到求解各系数的线性方程组：

$$\left.\begin{aligned}&C_0=\frac{2R(1-\nu^2)}{E}\sum_{n=0}^{\infty}\frac{R^{2n}}{2n+1}B_{2n}\\&C_2=\frac{1-\nu^2}{2ER}\sum_{n=0}^{\infty}\frac{R^{2n}}{2n+1}B_{2n}\\&p_0=\sum_{n=0}^{\infty}\frac{R^{2n}}{n+1}B_{2n}-\frac{p_0}{8K_B}\frac{3+\nu}{1+\nu}=\sum_{n=0}^{\infty}\left(\frac{1}{2n+1}-\frac{4f_{2n}}{K_B}\right)R^{2n}B_{2n}\\&p_0=9K_B\sum_{n=0}^{\infty}\frac{R^{2n}}{2n-3}B_{2n}+B_0\\&0=\sum_{n=0}^{\infty}\frac{R^{2n}}{2n-5}B_{2n}+\frac{4R^2}{225K_B}B_2\\&\cdots\cdots\\&0=\sum_{n=0}^{\infty}\frac{R^{2n}}{2n-2m+1}B_{2n}+\left[\frac{2\times4\times6\times\cdots\times2m}{1\times3\times5\times\cdots\times(2m-1)}\right]^2\frac{R^{2m-4}B_{2m-4}}{\lambda_{2m-4}K_B}\end{aligned}\right\} \tag{5-70}$$

其中，$K_B=\dfrac{1-\nu_0^2}{6(1-\nu^2)}\dfrac{E}{E_0}\left(\dfrac{h}{R}\right)^3$。

当板绝对刚性时，$K_B\to\infty$，则：

$$\left.\begin{aligned} B_{2n} &= \frac{p_0}{2R^{2n}}\left[\frac{1\times3\times5\times\cdots\times(2m-1)}{2\times4\times6\times\cdots\times2m}\right] \\ q(r) &= \frac{p_0}{2}\sum_{n=0}^{\infty}\left[\frac{1\times3\times5\times\cdots\times(2m-1)}{2\times4\times6\times\cdots\times2m}\right]\left(\frac{r}{R}\right)^{2n} \end{aligned}\right\} \tag{5-71}$$

式(5-71)是 Boussinesq 的半空间体圆形刚性板下地基反力 $q(r)=\dfrac{p_0}{2\sqrt{1-(r/R)^2}}$ 展开为 (r/R) 的幂级数。

对于绝对刚性板而言，板上荷载分布状况不影响地基反力与板挠度，当板上荷载轴对称时，地基反力与板挠度为

$$\left.\begin{aligned} q &= \frac{P}{2\pi R^2\sqrt{1-(r/R)^2}} \\ w &= \frac{P(1-\nu_0^2)}{2RE_0} \end{aligned}\right\} \tag{5-72}$$

当板上荷载偏心时，参见图 5-11，地基反力、板挠度及倾角为

$$\left.\begin{aligned} q &= \frac{P(3\chi_a r/R+1)}{2\pi R^2\sqrt{1-(r/R)^2}} \\ w &= \frac{P(1-\nu_0^2)(2+3\chi_a r/R)}{4RE_0} \\ \tan\varphi &= \frac{3P(1-\nu_0^2)r/R}{8R^2E_0} \end{aligned}\right\} \tag{5-73}$$

式中，χ_a 为从板中心到合成荷载中心的相对距离。

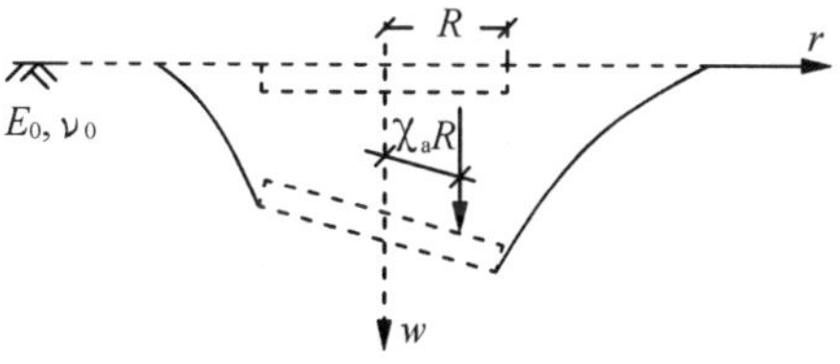

图 5-11　偏心荷载的圆板

2. 连杆法

将圆板视为简支在端边上板，见图 5-12，并沿半径等分成 n 份，每份宽度为 d，d 与板半径 R 及等分份数 n 的关系为

$$d=\frac{2R}{2n+1} \tag{5-74}$$

在等分点设置连接板与地基的刚性连杆，即板与地基间的接触反力由刚性连杆传递。连杆两侧 $d/2$ 宽度内的板上分布荷载合计为 (p_i-q_i)，其中，地基反力 q_i 是未知量，计算由

此引起的板挠度 w_1，如式(5-75)所示；连杆两侧 $d/2$ 宽度内地基反力分布荷载 q_i 引起的地基弯沉 w_2 按式(5-76)计算。

$$w_{1.i}=\sum_{m=0}^{n}(p_m-q_m)F(r_i,\ r_m,\ d)\quad(i=0,\ 1,\ \cdots,\ n-1)\tag{5-75}$$

$$w_{2.i}=\sum_{m=0}^{n}q_m f(r_i,\ r_m,\ d)\quad(i=0,\ 1,\ \cdots,\ n-1)\tag{5-76}$$

式中　$F(r_i,\ r_m)$——在 r_m 处作用单位力引起 r_i 的板挠度；

$f(r_i,\ r_m)$——在 r_m 处作用单位力引起 r_i 的地基弯沉。

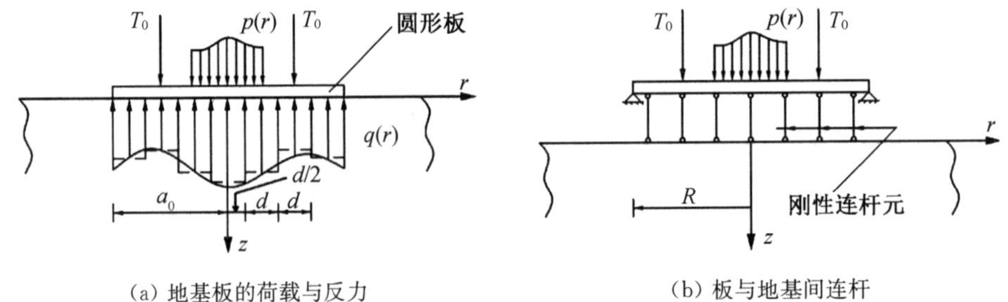

图 5-12　半空间体上圆板的连杆法示意

最后按刚性连杆假定，以及竖向力平衡方程，建立求解 q_m 的线性方程：

$$\left.\begin{aligned}&w_{1.i}=w_{2.i}-w_{2.R}\quad(i=0,\ 1,\ \cdots,\ n-1)\\&(p_0-q_0)+\sum_{i=1}^{m}8i(p_i-q_i)=0\end{aligned}\right\}\tag{5-77}$$

式中，$w_{2.R}$ 为 $r=R$ 处的地基弯沉。

下面介绍一种基于局部圆形均布荷载解的“连杆”解法。

1）圆形均布荷载下的 E 地基表面弯沉

$$w_2(q_a,\ a_p,\ r)=\frac{2(1-\nu_0^2)q_a}{E_0}f(a_p,\ r)\tag{5-78}$$

其中，$f(a_p,\ r)=a_p\int_0^{\infty}\frac{J_1(a_p\xi)}{\xi}J_0(\xi r)\mathrm{d}\xi$，见图 5-13；$a_p$ 为均布荷载圆半径。

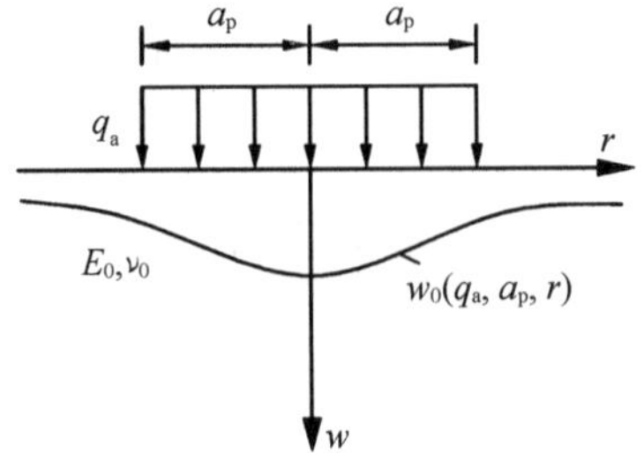

图 5-13　圆形均布荷载下的半空间体表面位移

2）圆形均布荷载下的简支圆形薄板挠度

（1）满布荷载下的简支圆形薄板

$$\left.\begin{aligned}
&w_1=\frac{p_0R^4}{64D}\left(1-\frac{r^2}{R^2}\right)\left(\frac{5+\nu}{1+\nu}-\frac{r^2}{R^2}\right)\\
&\frac{\mathrm{d}w_1}{\mathrm{d}\rho}=-\frac{p_0R^3}{16D}\left(\frac{3+\nu}{1+\nu}-\frac{r^2}{R^2}\right)\frac{\rho}{R}\\
&M_\rho=\frac{3+\nu}{16}p_0R^2\left(1-\frac{r^2}{R^2}\right)\\
&M_\theta=\frac{p_0R^2}{16}\left[(3+\nu)-(1+3\nu)\frac{r^2}{R^2}\right]
\end{aligned}\right\}\tag{5-79}$$

（2）局部均布荷载下的简支圆形薄板

在式(5-80)局部均布荷载的作用下，板挠度方程如式(5-81)所示。

$$p=\begin{cases}p_{\mathrm{a}}, & r\leqslant a_{\mathrm{p}}\\ 0, & a_{\mathrm{p}}<r\leqslant R\end{cases}\tag{5-80}$$

$$\left.\begin{aligned}
&w_1=\frac{p_{\mathrm{a}}}{D}F(a_{\mathrm{p}},R,r,\nu)\\
&F(a_{\mathrm{p}},R,r,\nu)=\begin{cases}C_3r^2+C_4+\dfrac{r^4}{64}, & r\leqslant a_{\mathrm{p}}\\ B_1\ln r+B_2r^2\ln r+B_3r^2+B_4, & a_{\mathrm{p}}<r\leqslant R\end{cases}
\end{aligned}\right\}\tag{5-81}$$

由 $r=a_{\mathrm{p}}$ 处的板两侧挠度、转角、径向弯矩、径向剪力相等，以及 $r=R$ 处位移与径向弯矩为零这 6 个边界条件，建立求解式(5-81)中 6 个待定常数（C_3、C_4、B_1、B_2、B_3、B_4）的线性方程组：

$$\begin{bmatrix}
-a_{\mathrm{p}}^2 & -1 & \ln a_{\mathrm{p}} & a_{\mathrm{p}}^2\ln a_{\mathrm{p}} & a_{\mathrm{p}}^2 & 1\\
-2a_{\mathrm{p}} & 0 & 1/a_{\mathrm{p}} & a_{\mathrm{p}}(2\ln a_{\mathrm{p}}+1) & 2a_{\mathrm{p}} & 0\\
-2 & 0 & -1/a_{\mathrm{p}}^2 & 2\ln a_{\mathrm{p}}+3 & 2 & 0\\
0 & 0 & -2/a_{\mathrm{p}}^3 & 2/a_{\mathrm{p}} & 0 & 0\\
0 & 0 & \ln R & R^2\ln R & R^2 & 1\\
0 & 0 & -(1-\nu)/R^2 & 2\ln R(1+\nu)+(3+\nu) & 2(1+\nu) & 0
\end{bmatrix}
\begin{bmatrix}C_3\\C_4\\B_1\\B_2\\B_3\\B_4\end{bmatrix}
=\frac{p_{\mathrm{a}}a_{\mathrm{p}}}{8D}
\begin{bmatrix}a_{\mathrm{p}}^3/8\\a_{\mathrm{p}}^2/2\\3a_{\mathrm{p}}/2\\3\\0\\0\end{bmatrix}\tag{5-82}$$

3）板与地基的划分

板的挠曲可视为 m 个局部均布荷载作用下的线性叠加。m 个局部均布荷载的半径可等分板半径：$a_{\mathrm{p},i}=\dfrac{R}{m}i\ (i=1,2,\cdots,m)$，也可采用不等分划分的形式，在荷载作用区及板边缘加密。对应 i 个荷载均布区，板上荷载为 (p_i-q_i)，地基反力为 q_i，见图 5-14。其中，板上外荷载项 p_i 可用式(5-83)计算得到：

$$p_i=p\left(\frac{a_{\mathrm{p},i}+a_{\mathrm{p},i-1}}{2}\right)-p\left(\frac{a_{\mathrm{p},i}+a_{\mathrm{p},i+1}}{2}\right) \tag{5-83}$$

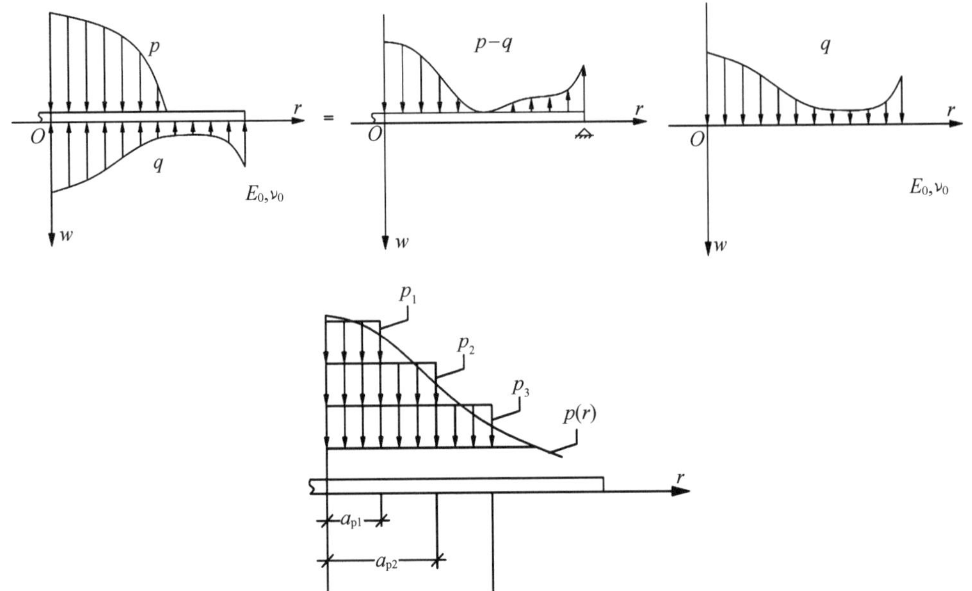

图 5-14　局部均布荷载圆法示意

4) 地基弯沉与板挠度的耦合

(1) 耦合点的选择

地基弯沉与板挠度的耦合点 $\tilde{a}_i$ 一般可按式(5-84)选取：

$$\tilde{a}_i=a_{\mathrm{p},i-1}\quad(i=1,\ 2,\ \cdots,\ m) \tag{5-84}$$

式中，$a_{\mathrm{p},i}$ 为第 i 个均布荷载区半径。

(2) 地基弯沉

$$w_{2,j}=\frac{2(1-\nu_0^2)}{E_0}\sum_{i=1}^{m}q_i f(a_{\mathrm{p},i},\ \tilde{a}_j)\quad(j=1,\ 2,\ \cdots,\ m) \tag{5-85}$$

(3) 简支板的挠度：

$$w_{1,j}=\frac{1}{D}\sum_{i=1}^{m}(p_i-q_i)F(a_{\mathrm{p},i},\ R,\ \tilde{a}_j,\ \nu)\quad(j=1,\ 2,\ \cdots,\ m) \tag{5-86}$$

若板顶外荷载 p 引起的简支板挠度 $w_{1,\mathrm{p}}$ 有简明式，则式(5-86)表示为

$$w_{1,j}=w_{1,\mathrm{p}}-\frac{1}{D}\sum_{i=1}^{m}q_i F(a_{\mathrm{p},i},\ R,\ \tilde{a}_j,\ \nu)\quad(j=1,\ 2,\ \cdots,\ m) \tag{5-87}$$

地基弯沉与板挠度耦合方程：

$$w_{2,j}-w_{2,\mathrm{R}}=w_{1,j}\quad(j=1,\ 2,\ \cdots,\ m)\tag{5-88}$$

式中，$w_{2,\mathrm{R}}$ 为地基反力引起的圆板边界地基弯沉，$w_{2,\mathrm{R}}=\dfrac{2(1-\nu_0^2)}{E_0}\sum\limits_{i=1}^{m}q_i f(a_{\mathrm{p},i},\ R)$。

式(5-88)中，板边界点($j=m$)是自动满足，故只有($m-1$)个独立方程，需再补充竖向力平衡方程：

$$\sum_{i=1}^{m}a_{\mathrm{p},i}^2 q_i=\sum_{i=1}^{m}a_{\mathrm{p},i}^2 p_i=\frac{1}{\pi}\int_0^R pr\,\mathrm{d}r\tag{5-89}$$

由式(5-88)和式(5-89)共计 m 个方程，可求得与各个半径 $a_{\mathrm{p},i}$ 相对应的地基均布反力 q_i，如此板弯矩与剪力的计算式为

$$\left.\begin{aligned}
M_r&=-\sum_{i=1}^{m}(p_i-q_i)\left[\frac{\mathrm{d}^2F(a_{\mathrm{p},i},\ R,\ r,\ \nu)}{\mathrm{d}r^2}+\nu\,\frac{\mathrm{d}F(a_{\mathrm{p},i},\ R,\ r,\ \nu)}{r\mathrm{d}r}\right]\\
M_\theta&=-\sum_{i=1}^{m}(p_i-q_i)\left[\nu\,\frac{\mathrm{d}^2F(a_{\mathrm{p},i},\ R,\ r,\ \nu)}{\mathrm{d}r^2}+\frac{\mathrm{d}F(a_{\mathrm{p},i},\ R,\ r,\ \nu)}{r\mathrm{d}r}\right]\\
Q_r&=-\sum_{i=1}^{m}(p_i-q_i)\,\frac{\mathrm{d}}{\mathrm{d}r}[\nabla^2F(a_{\mathrm{p},i},\ R,\ r,\ \nu)]
\end{aligned}\right\}\tag{5-90}$$

其中，$\dfrac{\mathrm{d}F(a_{\mathrm{p}},\ R,\ r,\ \nu)}{r\mathrm{d}r}=\begin{cases}2C_3+\dfrac{r^2}{16}, & r\leqslant a_{\mathrm{p}},\\ \dfrac{B_1}{r^2}+B_2(2\ln r+1)+2B_3, & a_{\mathrm{p}}<r\leqslant R;\end{cases}$

$$\frac{\mathrm{d}^2F(a_{\mathrm{p}},\ R,\ r,\ \nu)}{\mathrm{d}r^2}=\begin{cases}2C_3+\dfrac{3r^2}{16}, & r\leqslant a_{\mathrm{p}},\\ -2\,\dfrac{B_1}{r^2}+B_2(2\ln r+3)+2B_3, & a_{\mathrm{p}}<r\leqslant R;\end{cases}$$

$$\frac{\mathrm{d}[\nabla^2F(a_{\mathrm{p}},\ R,\ r,\ \nu)]}{\mathrm{d}r}=\begin{cases}\dfrac{r}{2}, & r\leqslant a_{\mathrm{p}},\\ 2\,\dfrac{B_1}{r^3}+4\,\dfrac{B_2}{r}, & a_{\mathrm{p}}<r\leqslant R。\end{cases}$$

5.4 弹性地基中厚板

将双参数地基反力 $q=k_1w-k_2\nabla^2w$ 代入中厚板挠曲微分方程式(3-57)和式(3-58)，得到双参数地基上中厚板的挠曲微分方程：

$$\left.\begin{aligned}&\nabla_\rho^4 F+(1-2\vartheta\,\nabla_\rho^2)(1-2\kappa\,\nabla_\rho^2)F=\frac{p}{k_1}\\&\nabla^2 f-\frac{12\phi^2}{h^2}f=0\end{aligned}\right\}\tag{5-91}$$

其中，$\kappa=\dfrac{B}{2l^2}=\dfrac{h^2}{12l^2\phi^2(1-\nu)}=\dfrac{D}{2\phi^2 Ghl^2}$，$\vartheta=\dfrac{k_2}{2k_1 l^2}$，$l^4=\dfrac{D}{k_1}$，$\rho=r/l$；

$\nabla_\rho^2=\dfrac{\partial^2}{\partial\rho^2}+\dfrac{\partial}{\rho\partial\rho}+\dfrac{\partial^2}{\rho^2\partial\theta^2}$，$\nabla^2=\dfrac{\partial^2}{\partial r^2}+\dfrac{\partial}{r\partial r}+\dfrac{\partial^2}{r^2\partial\theta^2}$。

对于外荷载 $p_{cm}(r)\cos m\theta$（$m=0，1，2，\cdots$），有相对应的 $F_{cm}\cos m\theta$ 和 $f_{cm}\cos m\theta$ 解，代入式(5-91)则有：

$$\left.\begin{aligned}&\nabla_\rho^4 F_{cm}+(1-2\vartheta\,\nabla_\rho^2)(1-2\kappa\,\nabla_\rho^2)F_{cm}=\frac{p_{cm}}{k_1}\\&\nabla^2 f_{cm}-\frac{12\phi^2}{h^2}f_{cm}=0\end{aligned}\right\}\tag{5-92}$$

式(5-92)中第一式整理为式(5-93)，第二式整理为式(5-94)。

$$[(1+4\vartheta\kappa)\,\nabla_\rho^4-2(\kappa+\vartheta)\,\nabla_\rho^2+1]F_{cm}=\frac{p_{cm}}{k_1}\tag{5-93}$$

式(5-93)可简化为 $(\nabla_\rho^2+\psi_1^2)(\nabla_\rho^2+\psi_2^2)F_{cm}=\dfrac{p_{cm}}{(1+4\vartheta\kappa)k_1}$

其中，$\psi_1^2=-\dfrac{1}{1+4\vartheta\kappa}\left[\kappa+\vartheta+\mathrm{i}\sqrt{1-(\kappa-\vartheta)^2}\right]$，$\psi_2^2=-\dfrac{1}{1+4\vartheta\kappa}\left[\kappa+\vartheta-\mathrm{i}\sqrt{1-(\kappa-\vartheta)^2}\right]$。

$$(\gamma\rho)^2\frac{\mathrm{d}^2 f_{cm}}{\mathrm{d}(\gamma\rho)^2}+(\gamma\rho)\frac{\mathrm{d}f_{cm}}{\mathrm{d}(\gamma\rho)}-[m^2+(\gamma\rho)^2]f_{cm}=0\tag{5-94}$$

其中，$\gamma^2=\dfrac{12\phi^2 l^2}{h^2}$。

从式(5-93)和式(5-94)可以看到，F_{cm} 的齐次解和 f_{cm} 均为贝塞尔函数，其解可表示为

$$\left.\begin{aligned}&F_{cm}(\rho)=A_{1m}\mathrm{J}_m(\psi_1\rho)+A_{2m}\mathrm{J}_m(\psi_2\rho)+A_{3m}\mathrm{H}_m^{(1)}(\psi_1\rho)+A_{4m}\mathrm{H}_m^{(2)}(\psi_2\rho)+\hat{F}_{cm}\\&f_{cm}(\rho)=B_{1m}\mathrm{I}_m(\gamma\rho)+B_{2m}\mathrm{K}_m(\gamma\rho)\end{aligned}\right\}\tag{5-95(a)}$$

式中，$\hat{F}_{cm}$ 为方程的特解。

或实数型的：

$$\left.\begin{aligned}F_{cm}(\rho)=&A_{1m}\mathrm{Re}[\mathrm{J}_m(\psi_1\rho)]+A_{2m}\mathrm{Im}[\mathrm{J}_m(\psi_2\rho)]+A_{3m}\mathrm{Re}[\mathrm{H}_m^{(1)}(\psi_1\rho)]+\\&A_{4m}\mathrm{Im}[\mathrm{H}_m^{(2)}(\psi_2\rho)]+\hat{F}_{cm}\\f_{cm}(\rho)=&B_{1m}\mathrm{I}_m(\gamma\rho)+B_{2m}\mathrm{K}_m(\gamma\rho)\end{aligned}\right\}\tag{5-95(b)}$$

式(5-95)中 F_{cm} 的特解 $\hat{F}_{cm}$ 可取本书 4.2 节“弹性地基上无限大中厚板”的解，待定常数 A_1、A_2、A_3、A_4、B_1、B_2 由环状板内外边界的边界条件确定，而无孔圆板只有外边界的 3 个边界条件，另外 3 个条件则由圆心的有限收敛条件代替。

中厚板的位移、地基反力计算式为

$$\left.\begin{aligned} w_{cm} &= F_{cm} - 2\kappa\,\nabla_\rho^2 F_{cm} \\ q_{cm} &= k_1(1-2\vartheta\,\nabla_\rho^2)(1-2\kappa\,\nabla_\rho^2)F_{cm} \end{aligned}\right\} \tag{5-96}$$

中厚板的内力计算式为

$$\left.\begin{aligned} M_{r.cm} &= -D\left\{\left[\frac{\partial^2}{\partial r^2}+\nu\left(\frac{\partial}{r\partial r}+\frac{\partial^2}{r^2\partial\theta^2}\right)\right]F_{cm}+(1-\nu)\left(\frac{\partial^2}{r\partial r\partial\theta}-\frac{\partial}{r^2\partial\theta}\right)f_{cm}\right\} \\ M_{\theta.cm} &= -D\left[\left(\nu\frac{\partial^2}{\partial r^2}+\frac{\partial}{r\partial r}+\frac{\partial^2}{r^2\partial\theta^2}\right)F_{cm}-(1-\nu)\left(\frac{\partial^2}{r\partial r\partial\theta}-\frac{\partial}{r^2\partial\theta}\right)f_{cm}\right] \\ M_{r\theta.cm} &= -\frac{D}{2}(1-\nu)\left[2\left(\frac{\partial^2}{r\partial r\partial\theta}-\frac{\partial}{r^2\partial\theta}\right)F_{cm}-\left(\frac{\partial^2}{\partial r^2}-\frac{\partial}{r\partial r}-\frac{\partial^2}{r^2\partial\theta^2}\right)f_{cm}\right] \\ Q_{r.cm} &= -D\left(\frac{\partial}{\partial r}\nabla^2 F_{cm}+\frac{1}{2\kappa l^2}\frac{\partial f_{cm}}{r\partial\theta}\right) \\ Q_{\theta.cm} &= -D\left(\frac{\partial}{r\partial\theta}\nabla^2 F_{cm}-\frac{1}{2\kappa l^2}\frac{\partial f_{cm}}{\partial r}\right) \end{aligned}\right\} \tag{5-97}$$

当为轴对称问题时，$m=0$，$M_{r\theta}=Q_\theta=\psi_\theta=0$，由式(5-97)中 $M_{r\theta}=0$ 可推得 $f=0$，本问题的函数 F 的解如式(5-98)所示，板位移与内力的计算如式(5-99)所示。

$$F(\rho)=A_1\mathrm{J}_0(\psi_1\rho)+A_2\mathrm{J}_0(\psi_2\rho)+A_3\mathrm{H}_0^{(1)}(\psi_1\rho)+A_4\mathrm{H}_0^{(2)}(\psi_2\rho)+\hat{F} \tag{5-98}$$

$$\left.\begin{aligned} w &= (1-2\kappa\,\nabla_\rho^2)F \\ M_r &= -D\left(\frac{\mathrm{d}^2}{\mathrm{d}r^2}+\nu\frac{\mathrm{d}}{r\mathrm{d}r}\right)F \\ M_\theta &= -D\left(\nu\frac{\mathrm{d}^2}{\mathrm{d}r^2}+\frac{\mathrm{d}}{r\mathrm{d}r}\right)F \\ Q_r &= -D\frac{\mathrm{d}}{\mathrm{d}r}(\nabla^2 F) \end{aligned}\right\} \tag{5-99}$$

中厚板内外边界的边界条件，从非轴对称时的 3 个减为 2 个。固支：$w\big|_{r=c}=\dfrac{\mathrm{d}F}{\mathrm{d}r}\Big|_{r=c}=0$；简支：$w\big|_{r=c}=M_r\big|_{r=c}=0$；滑支：$\dfrac{\mathrm{d}F}{\mathrm{d}r}\Big|_{r=c}=Q_r\big|_{r=c}=0$；自由：$M_r\big|_{r=c}=Q_r\big|_{r=c}=0$。

在以上各式中，令 $k_2=\vartheta=0$，则退化为 Winkler 地基上中厚板问题。

例 5.7　求 Winkler 地基上无限大中厚板在圆形均布荷载作用下的贝塞尔函数解。

将受荷区与非受荷区划分为两个区域，参见图 5-3，它们的解可表示为

$$F(\rho)=\begin{cases}A_1J_0(\psi_1\rho)+A_2J_0(\psi_2\rho)+A_3H_0^{(1)}(\psi_1\rho)+A_4H_0^{(2)}(\psi_2\rho)+\dfrac{p}{k}, & \rho\leqslant\alpha\\ B_1J_0(\psi_1\rho)+B_2J_0(\psi_2\rho)+B_3H_0^{(1)}(\psi_1\rho)+B_4H_0^{(2)}(\psi_2\rho), & \rho>\alpha\end{cases} \tag{5-100}$$

其中，$\psi_1^2==-\kappa+i\sqrt{1-\kappa^2}$， $\psi_2^2=-\kappa-i\sqrt{1-\kappa^2}$。

根据 $r=0$ 处板挠度有限与转角为零，以及 $r\to\infty$ 时板挠度与转角有限条件，式(5-100)可改写为

$$F(\rho)=\frac{p}{k}\begin{cases}1+A_1\mathrm{Re}[J_0(\psi_1\rho)]+A_2\mathrm{Im}[J_0(\psi_2\rho)], & \rho\leqslant\alpha\\ B_1\mathrm{Re}[H_0^{(1)}(\psi_1\rho)]+B_2\mathrm{Im}[H_0^{(2)}(\psi_2\rho)], & \rho>\alpha\end{cases} \tag{5-101}$$

$\alpha=a_p/l$ 处的连续条件为 $w(\alpha^+)=w(\alpha^-)$、$\theta(\alpha^+)=\theta(\alpha^-)$、$M_r(\alpha^+)=M_r(\alpha^-)$、$Q(\alpha^+)=Q(\alpha^-)$，它等价于：

$$F(\alpha^+)=F(\alpha^-),\ \frac{\mathrm{d}F(\alpha^+)}{\mathrm{d}r}=\frac{\mathrm{d}F(\alpha^-)}{\mathrm{d}r},\ \nabla^2F(\alpha^+)=\nabla^2F(\alpha^-),\ \frac{\mathrm{d}\nabla^2F(\alpha^+)}{\mathrm{d}r}=\frac{\mathrm{d}\nabla^2F(\alpha^-)}{\mathrm{d}r} \tag{5-102}$$

其中，$\alpha^+=\dfrac{a_p+\varepsilon}{l}$， $\alpha^-=\dfrac{a_p-\varepsilon}{l}$， $\varepsilon\to0$。

对比本书第 5.2 节的内容可以发现，上面几个式子中的板位移函数 F 与圆形均布荷载作用下的双参数地基薄板挠度 w 在形式上完全相同，由此，承受竖向圆形均布荷载的无限大中厚板的位移函数 F 的解为

$$F(r)=\frac{p}{k}\begin{cases}1+\dfrac{\pi\alpha}{4\sqrt{1-\kappa^2}}[\psi_2H_1^{(1)}(\psi_1\alpha)J_0(\psi_1\rho)+\psi_1H_1^{(2)}(\psi_2\alpha)J_0(\psi_2\rho)], & \rho\leqslant\alpha\\ \dfrac{\pi\alpha}{4\sqrt{1-\kappa^2}}[\psi_2J_1(\psi_1\alpha)H_0^{(1)}(\psi_1\rho)+\psi_1J_1(\psi_2\alpha)H_0^{(2)}(\psi_2\rho)], & \rho>\alpha\end{cases} \tag{5-103(a)}$$

或实数形式：

$$F(\rho)=\frac{p}{k}\begin{cases}1+\dfrac{\pi\alpha}{4\sqrt{1-\kappa^2}}\{\mathrm{Re}[\psi_2H_1^{(1)}(\psi_1\alpha)]\mathrm{Re}[J_0(\psi_1\rho)]+\mathrm{Im}[\psi_1H_1^{(2)}(\psi_2\alpha)]\mathrm{Im}[J_0(\psi_2\rho)]\}, & \rho\leqslant\alpha\\ \dfrac{\pi\alpha}{4\sqrt{1-\kappa^2}}\{\mathrm{Re}[\psi_2J_1(\psi_1\alpha)]\mathrm{Re}[H_0^{(1)}(\psi_1\rho)]+\mathrm{Im}[\psi_1J_1(\psi_2\alpha)]\mathrm{Re}[H_0^{(2)}(\psi_2\rho)]\}, & \rho>\alpha\end{cases} \tag{5-103(b)}$$

当 $a_p\to0$ 时，均布荷载转变为集中力，$p=\dfrac{P}{\pi a_p^2}$，板挠度可表示为

$$F(\rho)=\frac{P}{8kl^2\sqrt{1-\kappa^2}}[\mathrm{H}_0^{(1)}(\psi_1\rho)+\mathrm{H}_0^{(2)}(\psi_2\rho)] \tag{5-104}$$

由式(5-99)可知,当 Winkler 地基中厚板的剪切效应参数 κ 与双参数地基上薄板的地基板横向联系参数 ϑ 在数值上相等时,二者的板内力情况为:弯矩与剪力是相同的,板挠度则是中厚板的要大一些。

5.5　有水平摩阻弹性地基板

在轴对称条件下,Winkler 地基上增加水平摩阻的薄板微分方程如下:

$$\left.\begin{aligned}&D\,\nabla^4 w-k_{\mathrm{u}}\left(\frac{h}{2}\right)^2\nabla^2 w+kw+k_{\mathrm{u}}\frac{h}{2}\left(\frac{\mathrm{d}}{\mathrm{d}r}+\frac{1}{r}\right)u_r=p_{\mathrm{v}}+\frac{h}{2}\left(\frac{\mathrm{d}}{\mathrm{d}r}+\frac{1}{r}\right)p_{\mathrm{u}}\\&S\frac{\mathrm{d}}{\mathrm{d}r}\left(\frac{\mathrm{d}}{\mathrm{d}r}+\frac{1}{r}\right)u_r-k_{\mathrm{u}}u_r+k_{\mathrm{u}}\frac{h}{2}\frac{\mathrm{d}w}{\mathrm{d}r}=p_{\mathrm{u}}\end{aligned}\right\} \tag{5-105}$$

式中　u_r——板中面的径向水平位移;

k——弹性地基的竖向反力模量;

k_{u}——板底与地基之间摩阻系数;

S——板截面的拉压刚度,$S=\dfrac{Eh}{1-\nu^2}$;

p_{v}、p_{u}——板顶面承受的轴对称竖向、水平荷载。

式(5-105)消元得到两个独立的常微分方程:

$$\left.\begin{aligned}&\frac{SD}{k_{\mathrm{u}}k}\nabla^6 w-\left[\frac{S}{k}\left(\frac{h}{2}\right)^2+\frac{D}{k}\right)\nabla^4 w+\left(\frac{S}{k_{\mathrm{u}}}\right)\nabla^2 w-w=\frac{1}{k}\left[\left(\frac{S}{k_{\mathrm{u}}}\nabla^2-1\right)p_{\mathrm{v}}+\left(\frac{S}{k_{\mathrm{u}}}\nabla^2-2\right)\frac{h}{2}Z_{\mathrm{u}}\right]\\&\frac{SD}{k_{\mathrm{u}}k}\nabla^6 y-\left[\frac{S}{k}\left(\frac{h}{2}\right)^2+\frac{D}{k}\right)\nabla^4 y+\left(\frac{S}{k_{\mathrm{u}}}\right)\nabla^2 y-y=\frac{1}{k}\left[-\frac{h}{2}\nabla^2 p_{\mathrm{v}}+\left(\frac{D\,\nabla^4+k}{k_{\mathrm{u}}}-\frac{h^2}{2}\nabla^2\right)Z_{\mathrm{u}}\right]\end{aligned}\right\} \tag{5-106}$$

其中,$y=\left(\dfrac{\mathrm{d}}{\mathrm{d}r}+\dfrac{1}{r}\right)u_{\mathrm{r}}$,　$Z_{\mathrm{u}}=\left(\dfrac{\mathrm{d}}{\mathrm{d}r}+\dfrac{1}{r}\right)p_{\mathrm{u}}$。

整理上式得到:

$$\left.\begin{aligned}&\nabla_\rho^6 w-4\bar{\omega}\,\nabla_\rho^4 w+\nabla_\rho^? w-\bar{\omega}w=\frac{1}{k_{\mathrm{v}}}\left[(\nabla_\rho^?-\bar{\omega})p_{\mathrm{v}}+(\nabla_\rho^2-2\omega)\frac{h}{2}Z_{\mathrm{u}}\right]\\&\nabla_\rho^6 y-4\bar{\omega}\,\nabla_\rho^4 y+\nabla_\rho^2 y-\bar{\omega}y=\frac{h}{2k_{\mathrm{v}}l^2}\left[-\bar{\omega}\,\nabla_\rho^2 p_{\mathrm{v}}+(\nabla_\rho^4+1-6\bar{\omega}\,\nabla_\rho^2)\frac{h}{6}Z_{\mathrm{u}}\right]\end{aligned}\right\} \tag{5-107}$$

其中，$\tilde{\omega}=\frac{k_u l^2}{S}=\frac{k_u}{2}\sqrt{\frac{h}{3Ek}}$，$l^4=\frac{D}{k}$，$\rho=r/l$。

上式中参数 $\tilde{\omega}$ 反映了地基与板间水平摩阻的影响，可称之为地基板水平摩阻参数，由此微分方程式(5-107)的齐次解的特征方程为

$$\nabla_\rho^6\lambda-4\tilde{\omega}\,\nabla_\rho^4\lambda+\nabla_\rho^2\lambda-\tilde{\omega}=0 \tag{5-108}$$

记 $\varphi+\phi=\nabla^2\lambda$，$\phi=\frac{4\tilde{\omega}}{3}$，则式(5-108)改写为

$$\varphi^3+(1-3\phi^2)\varphi+\left(\frac{1}{4}-2\phi^2\right)\phi=0 \tag{5-109}$$

应用一元三次方程的卡尔丹公式，它满足判别式 $\Delta=\left(\frac{A_q}{2}\right)^2+\left(\frac{B_q}{3}\right)^3>0$，其中，$\frac{B_q}{3}=\frac{1}{3}-\phi^2$，$\frac{A_q}{2}=\left(\frac{1}{8}-\phi^2\right)\phi$。从而解得：

$$\varphi_1=x_1+x_2,\quad \varphi_2=-\frac{x_1+x_2}{2}+\mathrm{i}\frac{\sqrt{3}}{2}(x_1-x_2),\quad \varphi_3=-\frac{x_1+x_2}{2}-\mathrm{i}\frac{\sqrt{3}}{2}(x_1-x_2),$$

$$x_1=\sqrt[3]{-\frac{A_q}{2}+\sqrt{\Delta}},\quad x_2=\sqrt[3]{-\frac{A_q}{2}-\sqrt{\Delta}}$$

式(5-109)的解可表示为

$$(\nabla_\rho^2+\gamma^2)(\nabla_\rho^2+\psi_1^2)(\nabla_\rho^2+\psi_2^2)w(\text{or}:y)=0 \tag{5-110}$$

其中，$\gamma^2=-(\phi+\varphi_1)$，$\psi_1^2=-(\phi+\varphi_2)$，$\psi_2^2=-(\phi+\varphi_3)$。

由此得到有水平摩阻弹性地基板的齐次解为

$$\left.\begin{aligned}\tilde{w}(\rho)&=A_1\phi_1(\rho)+A_2\phi_2(\rho)+A_3\mathrm{J}_0(\psi_1\rho)+A_4\mathrm{J}_0(\psi_2\rho)+A_5\mathrm{H}_0^{(1)}(\psi_1\rho)+A_6\mathrm{H}_0^{(2)}(\psi_2\rho)\\ \tilde{y}(\rho)&=B_1\phi_1(\rho)+B_2\phi_2(\rho)+B_3\mathrm{J}_0(\psi_1\rho)+B_4\mathrm{J}_0(\psi_2\rho)+B_5\mathrm{H}_0^{(1)}(\psi_1\rho)+B_6\mathrm{H}_0^{(2)}(\psi_2\rho)\end{aligned}\right\} \tag{5-111}$$

其中，$\phi_1(\rho)$和 $\phi_2(\rho)$为实函数，$\phi_1(\rho)=\begin{cases}\mathrm{J}_0(\gamma\rho), & \gamma^2\geqslant 0,\\ \mathrm{I}_0(-\mathrm{i}\gamma\rho), & \gamma^2<0;\end{cases}$ $\phi_2(\rho)=\begin{cases}\mathrm{Y}_0(\gamma\rho), & \gamma^2\geqslant 0,\\ \mathrm{K}_0(-\mathrm{i}\gamma\rho), & \gamma^2<0。\end{cases}$

ψ_1^2、ψ_2^2 是共轭复数，$\mathrm{J}_0(\psi_1\rho)$、$\mathrm{J}_0(\psi_2\rho)$、$\mathrm{H}_0^{(1)}(\psi_1\rho)$、$\mathrm{H}_0^{(2)}(\psi_2\rho)$ 为复函数，待定常数 A_3、A_4、A_5、A_6 和 B_3、B_4、B_5、B_6 是复数。为了方便，可将式(5-111)改为实函数：

$$\left.\begin{aligned}\tilde{w}(\rho)=&A_1\phi_1(\rho)+A_2\phi_2(\rho)+A_3\mathrm{Re}[\mathrm{J}_0(\psi_1\rho)]+A_4\mathrm{Im}[\mathrm{J}_0(\psi_2\rho)]+\\ &A_5\mathrm{Re}[\mathrm{H}_0^{(1)}(\psi_1\rho)]+A_6\mathrm{Im}[\mathrm{H}_0^{(2)}(\psi_2\rho)]\\ \tilde{y}(\rho)=&B_1\phi_1(\rho)+B_2\phi_2(\rho)+B_3\mathrm{Re}[\mathrm{J}_0(\psi_1\rho)]+B_4\mathrm{Im}[\mathrm{J}_0(\psi_2\rho)]+\\ &B_5\mathrm{Re}[\mathrm{H}_0^{(1)}(\psi_1\rho)]+B_6\mathrm{Im}[\mathrm{H}_0^{(2)}(\psi_2\rho)]\end{aligned}\right\} \tag{5-112}$$

式(5-112)中，待定常数 A_1、A_2、…、A_6 和 B_1、B_2、…、B_6 是相关的，它们之间的关系如式(5-113)所示。

$$S\nabla^2 y - k_u y + k_u \frac{h}{2}\nabla^2 w = Z_u \tag{5-113}$$

截面剪力 Q_r、径向水平位移 u_r，以及轴向力 N_r、N_θ 的表达式分别为

$$\left.\begin{aligned} Q_r &= -D\frac{\mathrm{d}}{\mathrm{d}r}\left(\nabla^2 w + \frac{6}{h}y\right) + \frac{h}{2}p_u \\ u_r &= \frac{\mathrm{d}}{\mathrm{d}r}\left(\frac{S}{k_u}y + \frac{h}{2}w\right) - \frac{p_u}{k_u} \\ N_r &= S\left(\frac{\mathrm{d}u_r}{\mathrm{d}r} + \nu\frac{u_r}{r}\right) \\ N_\theta &= S\left(\nu\frac{\mathrm{d}u_r}{\mathrm{d}r} + \frac{u_r}{r}\right) = S(1+\nu)y - N_r \end{aligned}\right\} \tag{5-114}$$

板的内外边界共有 6 个物理量：挠度 w、转角 θ、弯矩 M_r、剪力 Q_r、径向水平位移 u_r 和径向轴力N_r，前 4 个中有 2 个是独立的，后 2 个中只有 1 个是独立的。径向水平位移 u_r 和径向轴力 N_r 的边界条件：边界固支、滑支，$u_r=0$；边界有滑轮的简支、自由，$N_r=0$。

对于无孔圆板，式(5-112)可简化为

$$\left.\begin{aligned} \tilde{w}(\rho) &= A_1\phi_1(\rho) + A_3\mathrm{Re}[\mathrm{J}_0(\psi_1\rho)] + A_4\mathrm{Im}[\mathrm{J}_0(\psi_1\rho)] \\ \tilde{y}(\rho) &= B_1\phi_1(\rho) + B_3\mathrm{Re}[\mathrm{J}_0(\psi_1\rho)] + B_4\mathrm{Im}[\mathrm{J}_0(\psi_1\rho)] \end{aligned}\right\} \tag{5-115}$$

在式(5-105)中，用 $k_1 w + k_2\nabla^2 w$ 代替 kw，则变为有水平摩阻的双参数地基薄板的微分方程：

$$\left.\begin{aligned} &D\nabla^4 w - \left[k_u\left(\frac{h}{2}\right)^2 + k_2\right]\nabla^2 w + k_1 w + k_u\frac{h}{2}\left(\frac{\mathrm{d}}{\mathrm{d}r} + \frac{1}{r}\right)u_r = p_v + \frac{h}{2}\left(\frac{\mathrm{d}}{\mathrm{d}r} + \frac{1}{r}\right)p_u \\ &S\frac{\mathrm{d}}{\mathrm{d}r}\left(\frac{\mathrm{d}}{\mathrm{d}r} + \frac{1}{r}\right)u_r - k_u u_r + k_u\frac{h}{2}\frac{\mathrm{d}w}{\mathrm{d}r} = p_u \end{aligned}\right\} \tag{5-116}$$

式(5-116)消元后得到两个独立的、有水平摩阻的双参数地基板的常微分方程：

$$\left.\begin{aligned} &\nabla_\rho^6 w - (2\vartheta + 4\bar{\omega})\nabla_\rho^4 w + \nabla_\rho^2 w - \bar{\omega}w = (\nabla_\rho^2 - \bar{\omega})\frac{p_v}{k_1} + (\nabla_\rho^2 - 2\bar{\omega})\frac{h}{2}\frac{Z_u}{k_1} \\ &\nabla_\rho^6 y - (2\vartheta + 4\bar{\omega})\nabla_\rho^4 y + \nabla_\rho^2 y - \bar{\omega}y = \frac{h}{2k_1 l^2}\left[-\bar{\omega}\nabla_\rho^2 p_v + (\nabla_\rho^4 + 1 - 6\bar{\omega}\nabla_\rho^2)\frac{h}{6}Z_u\right] \end{aligned}\right\} \tag{5-117}$$

微分方程式(5-117)的齐次解的特征方程为

$$\nabla_{\rho}^{6}\lambda-2(\vartheta+2\bar{\omega})\nabla_{\rho}^{4}\lambda+\nabla_{\rho}^{2}\lambda-\theta=0 \tag{5-118}$$

记 $\varphi+\phi=\nabla^{2}\lambda$， $\phi=\dfrac{2\vartheta+4\bar{\omega}}{3}$，则式(5-118)改写成与式(5-110)相同的形式，其微分方程的解与式(5-111)、式(5-112)的相同，只是 ψ_1、ψ_2、γ 值稍有不同。另外，当双参数地基板边界是自由时，有边界力存在。

例 5.8 求 Winkler 地基上边界自由的圆板中点作用集中力的解，并讨论地基板水平摩阻参数 $\bar{\omega}$ 对集中力作用点挠度的影响。

计地基水平摩阻的 Winkler 地基板在集中力作用下的解可表示为

$$\left.\begin{aligned}
w(\rho)&=A_1\phi_1(\rho)+A_2\phi_2(\rho)+A_3\mathrm{J}_0(\psi_1\rho)+A_4\mathrm{J}_0(\psi_2\rho)+A_5\mathrm{H}_0^{(1)}(\psi_1\rho)+A_6\mathrm{H}_0^{(2)}(\psi_2\rho)\\
y(\rho)&=B_1\phi_1(\rho)+B_2\phi_2(\rho)+B_3\mathrm{J}_0(\psi_1\rho)+B_4\mathrm{J}_0(\psi_2\rho)+B_5\mathrm{H}_0^{(1)}(\psi_1\rho)+B_6\mathrm{H}_0^{(2)}(\psi_2\rho)\\
u_r(\rho)&=C_1\phi_1'(\rho)+C_2\phi_2'(\rho)+C_3\mathrm{J}_1(\psi_1\rho)+C_4\mathrm{J}_1(\psi_2\rho)+C_5\mathrm{H}_1^{(1)}(\psi_1\rho)+C_6\mathrm{H}_1^{(2)}(\psi_2\rho)
\end{aligned}\right\} \tag{5-119}$$

板中点集中力的边界条件可表示为

$$u_r\big|_{r=0}=0,\quad \left.\frac{\mathrm{d}w}{\mathrm{d}r}\right|_{r=0}=0,\quad 2\pi\delta Q_r\big|_{\delta\to0}=-2\pi\delta D\frac{\mathrm{d}}{\mathrm{d}r}\left(\nabla^2w+\frac{6}{h}y\right)\bigg|_{\delta\to0}=-P \tag{5-120}$$

外边界的自由边界条件为

$$\left.\begin{aligned}
&M_r\big|_{r=R}=-D\left(\frac{\mathrm{d}^2}{\mathrm{d}r^2}+\nu\frac{\mathrm{d}}{r\mathrm{d}r}\right)w\big|_{r=R}=0\\
&Q_r\big|_{r=R}=-D\frac{\mathrm{d}}{\mathrm{d}r}\left(\nabla^2w+\frac{6}{h}y\right)\bigg|_{r=R}=0\\
&N_r\big|_{r=R}=S\left(\frac{\mathrm{d}}{\mathrm{d}r}+\nu\frac{1}{r}\right)u_r\big|_{r=R}=0
\end{aligned}\right\} \tag{5-121}$$

从图 5-15 可以看到，集中力作用处的板中点挠度系数 φ_{w0} 随着地基板水平摩阻参数 $\bar{\omega}$ 的增加而减小，尤其在 $\bar{\omega}=0.1\sim100$ 范围内变化明显，板挠度减小量随着板尺寸的增大而加大，无限大板时，板中挠度可减小一半，当板相对半径 $R/l=2$ 时，板中挠度约下降 1/3。

轴对称条件下，有水平摩阻力的弹性地基上中厚板的微分方程可表示为

$$\left.\begin{aligned}
&D\nabla^4\Omega=p_{\mathrm{v}}-q_{\mathrm{v}}+\frac{h}{2}\left(\frac{\mathrm{d}}{\mathrm{d}r}+\frac{1}{r}\right)(p_{\mathrm{u}}+q_{\mathrm{u}})\\
&\nabla^2w-\nabla^2\Omega=-\frac{1}{\phi^2Gh}(p_{\mathrm{v}}-q_{\mathrm{v}})\\
&S\frac{\mathrm{d}}{\mathrm{d}r}\left(\frac{\mathrm{d}}{\mathrm{d}r}+\frac{1}{r}\right)u_r+q_{\mathrm{u}}=p_{\mathrm{u}}
\end{aligned}\right\} \tag{5-122}$$

其中，$q_{\mathrm{u}}=k_{\mathrm{u}}\left(-u_r+\dfrac{h}{2}\dfrac{\mathrm{d}w}{\mathrm{d}r}\right)$。

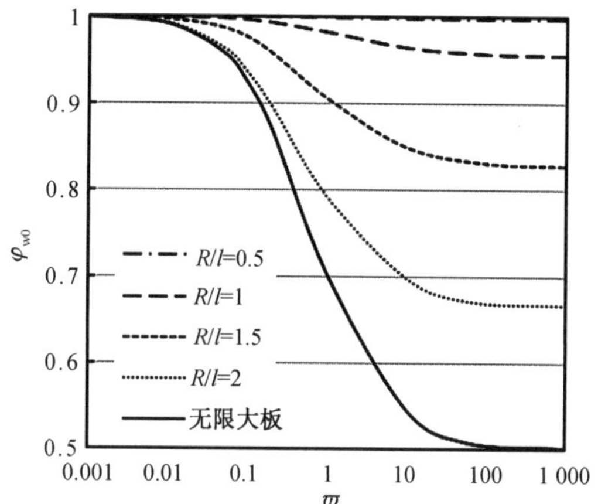

图 5-15　有水平摩阻地基圆板在集中力作用下的板中挠度

将双参数地基反力 $q_v=k_1w-k_2\nabla^2w=k_1(1-2\vartheta\nabla_\rho^2)w$ 代入式(5-122)，整理得到有水平摩阻的双参数地基上中厚板微分方程：

$$\left.\begin{aligned}&\nabla_\rho^4\Omega+[1-(2\vartheta+3\bar{\omega})\nabla_\rho^2]w+\frac{6l^2\bar{\omega}}{h}y=\frac{1}{k_1}\left(p_v+\frac{h}{2}Z_u\right)\\&\nabla_\rho^2\Omega+[2\kappa-(1+4\vartheta\kappa)\nabla_\rho^2]w=\frac{2\kappa p_v}{k_1}\\&(\nabla_\rho^2-\bar{\omega})\frac{2l^2}{h}y+\bar{\omega}\nabla_\rho^2w=\frac{h}{6}\frac{\bar{Z}_u}{k_1}\end{aligned}\right\}\tag{5-123}$$

消去变量 y 得到：

$$\left.\begin{aligned}&(\nabla_\rho^2-\bar{\omega})\nabla_\rho^4\Omega-[(2\vartheta\nabla_\rho^2-1)\nabla_\rho^2+\bar{\omega}(3\nabla_\rho^4-2\vartheta\nabla_\rho^2+1)]w=(\nabla_\rho^2-\bar{\omega})\frac{p_v}{k_1}+(\nabla_\rho^2-2\bar{\omega})\frac{h}{2}\frac{Z_u}{k_1}\\&\nabla_\rho^2\Omega+[2\kappa-(1+4\vartheta\kappa)\nabla_\rho^2]w=\frac{2\kappa p_v}{k_1}\end{aligned}\right\}\tag{5-124}$$

进而整理得到三个独立的常微分方程：

$$\left.\begin{aligned}&\{(1+4\vartheta\kappa)\nabla_\rho^6-2[2\bar{\omega}(\vartheta\kappa+1)+\vartheta+\kappa]\nabla_\rho^4+[1+2\bar{\omega}(\kappa+\vartheta)]\nabla_\rho^2-\bar{\omega}\}w\\&\quad=(\nabla_\rho^2-\bar{\omega})(1-2\kappa\nabla_\rho^2)\frac{p_v}{k_1}+(\nabla_\rho^2-2\bar{\omega})\frac{h}{2}\frac{Z_u}{k_1}\\&\{(1+4\vartheta\kappa)\nabla_\rho^6-2[2\bar{\omega}(\vartheta\kappa+1)+\vartheta+\kappa]\nabla_\rho^4+[1+2\bar{\omega}(\kappa+\vartheta)]\nabla_\rho^2-\bar{\omega}\}\Omega\\&\quad-[(6\kappa\bar{\omega}-1)\nabla_\rho^2+\bar{\omega}]\nabla_\rho^2\frac{p_v}{k_1}+(\nabla_\rho^2-2\bar{\omega})\frac{h}{2}\frac{Z_u}{k_1}\\&\{(1+4\vartheta\kappa)\nabla_\rho^6-2[2\bar{\omega}(\vartheta\kappa+1)+\vartheta+\kappa]\nabla_\rho^4+[1+2\bar{\omega}(\kappa+\vartheta)]\nabla_\rho^2-\bar{\omega}\}y\\&\quad=-\bar{\omega}\nabla_\rho^2(1-2\kappa\nabla_\rho^2)\frac{p_v}{k_1}+[(1+4\vartheta\kappa)\nabla_\rho^6-2(\vartheta+\kappa)\nabla_\rho^4+1]\frac{h}{6}\frac{Z_u}{k_1}\end{aligned}\right\}\tag{5-125}$$

后续的求解方法和过程与薄板相似，在此不再赘述。

5.6　复合地基上板

本节仅讨论 Winkler 地基与双参数地基的复合地基上薄板的轴对称问题，见图 5-16。由式(2-110)与式(3-8)，得到 Winkler 地基与双参数地基的复合地基上薄板的微分方程方程为

$$\left.\begin{aligned} D\,\nabla^4 w_1 + k(w_1 - w_2) = p \\ kw_1 = (k_1 + k)w_2 - k_2\,\nabla^2 w_2 \end{aligned}\right\} \tag{5-126}$$

式中　w_1——板、Winkler 地基表面弯沉；

w_2——双参数地基表面弯沉。

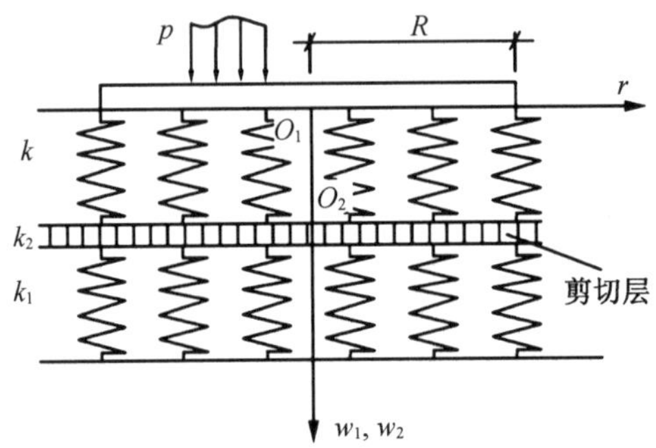

图 5-16　Winkler 地基与双参数地基的复合地基上薄板

对式(5-126)消元处理得到关于 w_1、w_2 的微分方程：

$$\left.\begin{aligned} \left[2\vartheta\frac{kk_1}{(k_1+k)^2}\nabla_\rho^6 - \nabla_\rho^4 + 2\vartheta\frac{k}{k+k_1}\nabla_\rho^2 - 1\right]w_1 = -\left[1 - 2\vartheta\frac{kk_1}{(k_1+k)^2}\nabla_\rho^2\right]\frac{p}{1/k_1+1/k} \\ \left[2\vartheta\frac{kk_1}{(k_1+k)^2}\nabla_\rho^6 - \nabla_\rho^4 + 2\vartheta\frac{k}{k+k_1}\nabla_\rho^2 - 1\right]w_2 = -\frac{p}{1/k_1+1/k} \end{aligned}\right\} \tag{5-127}$$

其中，ϑ 为复合地基板的横向联系系数，$\vartheta = \dfrac{k_2 l^2}{2D}$，$l^4 = D(1/k_1 + 1/k)$。

式(5-127)的齐次方程可写成：

$$ax^3 - x^2 + bx - 1 = 0 \tag{5-128}$$

其中，$x = \nabla^2 w_{1,2}$，　$a = 2\vartheta\dfrac{kk_1}{(k_1+k)^2}$，　$b = 2\vartheta\dfrac{k}{k+k_1}$。

再作变换，$x = y + \dfrac{1}{3a}$，整理得到：

$$y^3+\frac{1}{a}\left(b-\frac{1}{3a}\right)y+\frac{1}{a}\left(\frac{b}{3a}-\frac{2}{27a^2}-1\right)=0 \tag{5-129}$$

应用一元三次方程的卡尔丹公式，求得下列方程中的三个根：

$$(\nabla_\rho^2+\gamma^2)(\nabla_\rho^2+\psi_1^2)(\nabla_\rho^2+\psi_2^2)w_1(\text{or}:w_2)=0 \tag{5-130}$$

由此得到 Winkler 地基与双参数地基的复合地基上薄板的齐次解为

$$\left.\begin{aligned}\tilde{w}_1(\rho)&=A_1\phi_1(\rho)+A_2\phi_2(\rho)+A_3\mathrm{J}_0(\psi_1\rho)+A_4\mathrm{J}_0(\psi_2\rho)+A_5\mathrm{H}_0^{(1)}(\psi_1\rho)+A_6\mathrm{H}_0^{(2)}(\psi_2\rho)\\ \tilde{w}_2(\rho)&=B_1\phi_1(\rho)+B_2\phi_2(\rho)+B_3\mathrm{J}_0(\psi_1\rho)+B_4\mathrm{J}_0(\psi_2\rho)+B_5\mathrm{H}_0^{(1)}(\psi_1\rho)+B_6\mathrm{H}_0^{(2)}(\psi_2\rho)\end{aligned}\right\} \tag{5-131}$$

其中，$\phi_1(\rho)=\begin{cases}\mathrm{J}_0(\gamma\rho), & \gamma^2\geqslant 0,\\ \mathrm{I}_0(-\mathrm{i}\gamma\rho), & \gamma^2<0;\end{cases}$ $\phi_2(\rho)=\begin{cases}\mathrm{Y}_0(\gamma\rho), & \gamma^2\geqslant 0,\\ \mathrm{K}_0(-\mathrm{i}\gamma\rho), & \gamma^2<0。\end{cases}$

将其表示为实函数形式：

$$\left.\begin{aligned}\tilde{w}_1(\rho)=&A_1\phi_1(\rho)+A_2\phi_2(\rho)+A_3\mathrm{Re}[\mathrm{J}_0(\psi_1\rho)]+A_4\mathrm{Im}[\mathrm{J}_0(\psi_2\rho)]+\\ &A_5\mathrm{Re}[\mathrm{H}_0^{(1)}(\psi_1\rho)]+A_6\mathrm{Im}[\mathrm{H}_0^{(2)}(\psi_2\rho)]\\ \tilde{w}_2(\rho)=&B_1\phi_1(\rho)+B_2\phi_2(\rho)+B_3\mathrm{Re}[\mathrm{J}_0(\psi_1\rho)]+B_4\mathrm{Im}[\mathrm{J}_0(\psi_2\rho)]+\\ &B_5\mathrm{Re}[\mathrm{H}_0^{(1)}(\psi_1\rho)]+B_6\mathrm{Im}[\mathrm{H}_0^{(2)}(\psi_2\rho)]\end{aligned}\right\} \tag{5-132}$$

式(5-132)中，待定常数 A_1、A_2、…、A_6 与 B_1、B_2、…、B_6 是相关的，它们之间的关系为

$$\left.\begin{aligned}A_1&=\left(1+\frac{k_1-\gamma^2k_2}{k}\right)B_1,\quad A_2=\left(1+\frac{k_1-\gamma^2k_2}{k}\right)B_2\\ A_3&=\left(1+\frac{k_1-\alpha^2k_2}{k}\right)B_3,\quad A_4=\left(1+\frac{k_1-\beta^2k_2}{k}\right)B_4\\ A_5&=\left(1+\frac{k_1-\alpha^2k_2}{k}\right)B_5,\quad A_6=\left(1+\frac{k_1-\beta^2k_2}{k}\right)B_6\end{aligned}\right\} \tag{5-133}$$

边界条件除了板边简支、固支、滑支或自由外，尚有双参数地基边界条件，而双参数地基边界有简支与自由两种。自由条件时由于没有板边直接作用，双参数地基无转角突变、无集中线分布反力，因此有：

$$V^-|_{r=R}=\frac{\mathrm{I}_0'(\lambda_\mathrm{k}R)}{\mathrm{I}_0(\lambda_\mathrm{k}R)}\sqrt{k_1k_2}\,w_{2.\mathrm{R}}-k_2\frac{\mathrm{d}w_{2.\mathrm{R}}}{\mathrm{d}r}=0 \tag{5-134(a)}$$

$$V^+|_{r=R}=k_2\frac{\mathrm{d}w_{2.\mathrm{R}}}{\mathrm{d}r}-\frac{\mathrm{K}_0'(\lambda_\mathrm{k}R)}{\mathrm{K}_0(\lambda_\mathrm{k}R)}\sqrt{k_1k_2}\,w_{2.\mathrm{R}}=0 \tag{5-134(b)}$$

式中 V^-——环状板的内边界地基边界分布力；

V^+——外边界地基边界分布力；

λ_k——双参数地基的横向联系柔度系数，$\lambda_\mathrm{k}=\sqrt{k_1/k_2}$。

由此得到双参数地基内、外边界的自由边界条件：

$$\left.\begin{aligned}\frac{\mathrm{d}w_{2,R^-}}{\mathrm{d}r}&=\frac{\mathrm{I}_0'(\lambda_k R)}{\mathrm{I}_0(\lambda_k R)}\lambda_k w_{2,R^-}\\ \frac{\mathrm{d}w_{2,R^+}}{\mathrm{d}r}&=\frac{\mathrm{K}_0'(\lambda_k R)}{\mathrm{K}_0(\lambda_k R)}\lambda_k w_{2,R^+}\end{aligned}\right\}\tag{5-135}$$

例 5.9 求在自由边界，相对半径 $R/l_1=2$、5 的圆形板中部作用圆形均布荷载($a_p/l_1=0.5$)的解，并讨论复合地基在竖向综合反应模量$(1/k+1/k_1=c)$相同条件下，Winkler 地基反应模量与双参数地基竖向反应模量之比 χ_k(即 k_1/k)和复合地基板的横向联系系数 ϑ 对板中点挠度、弯矩、地基反力及双参数地基挠度的影响规律。

柱坐标原点设于板中心，并将圆板划分为两个区域，一个是半径为 a_p 受均布荷载的圆板，另一个是内径为 a_p 外径为 R 的环状板，地基板的挠度解可表示为

$$w_1(\rho)=\begin{cases}A_1\mathrm{J}_0(\gamma\rho)+A_3\mathrm{Re}[\mathrm{J}_0(\psi_1\rho)]+A_4\mathrm{Im}[\mathrm{J}_0(\psi_2\rho)]+p\left(\dfrac{1}{k}+\dfrac{1}{k_1}\right), & \rho\leqslant\alpha\\ B_1\mathrm{J}_0(\gamma\rho)+B_2\mathrm{Y}_0(\gamma\rho)+B_3\mathrm{Re}[\mathrm{J}_0(\psi_1\rho)]+B_4\mathrm{Im}[\mathrm{J}_0(\psi_2\rho)]+ & \\ B_5\mathrm{Re}[\mathrm{H}_0^{(1)}(\psi_1\rho)]+B_6\mathrm{Im}[\mathrm{H}_0^{(2)}(\psi_2\rho)], & \rho>\alpha\end{cases}\tag{5-136}$$

双参数地基表面的挠度 w_2：

$$w_2(\rho)=\begin{cases}A_1\psi_1\mathrm{J}_0(\gamma\rho)+A_2\psi_2\mathrm{Re}[\mathrm{J}_0(\psi_1\rho)]+A_3\psi_3\mathrm{Im}[\mathrm{J}_0(\psi_2\rho)]+\dfrac{p}{k_1}, & \rho\leqslant\alpha\\ B_1\psi_1\mathrm{J}_0(\gamma\rho)+B_2\psi_1\mathrm{Y}_0(\gamma\rho)+B_3\psi_2\mathrm{Re}[\mathrm{J}_0(\psi_1\rho)]+B_4\psi_3\mathrm{Im}[\mathrm{J}_0(\psi_2\rho)]+ & \\ B_5\psi_2\mathrm{Re}[\mathrm{H}_0^{(1)}(\psi_1\rho)]+B_6\psi_3\mathrm{Im}[\mathrm{H}_0^{(2)}(\psi_2\rho)], & \rho>\alpha\end{cases}\tag{5-137}$$

$\alpha=a_p/l$ 处连续条件：

$$\left.\begin{aligned}&w_1(\alpha-\varepsilon)=w_1(\alpha+\varepsilon), && \frac{\mathrm{d}[w_1(\alpha-\varepsilon)]}{\mathrm{d}r}=\frac{\mathrm{d}[w_1(\alpha+\varepsilon)]}{\mathrm{d}r}\\ &\nabla^2w_1(\alpha-\varepsilon)=\nabla^2w_1(\alpha+\varepsilon), && \frac{\mathrm{d}[\nabla^2w_1(\alpha-\varepsilon)]}{\mathrm{d}r}=\frac{\mathrm{d}[\nabla^2w_1(\alpha+\varepsilon)]}{\mathrm{d}r}\\ &w_2(\alpha-\varepsilon)=w_2(\alpha+\varepsilon), && \frac{\mathrm{d}[w_2(\alpha-\varepsilon)]}{\mathrm{d}r}=\frac{\mathrm{d}[w_2(\alpha+\varepsilon)]}{\mathrm{d}r}\end{aligned}\right\}\tag{5-138}$$

圆板外边界条件：

$$\left.\begin{aligned}&\left(\frac{\mathrm{d}^2w_1}{\mathrm{d}r^2}+\nu\frac{\mathrm{d}w_1}{r\mathrm{d}r}\right)\bigg|_{\rho=R/l}=0\\ &\frac{\mathrm{d}\,\nabla^2w_1}{\mathrm{d}r}\bigg|_{\rho=R/l}=0\\ &\frac{\mathrm{d}w_2}{\mathrm{d}r}\bigg|_{\rho=R/l}=\frac{\mathrm{K}_0'(\lambda_kR)}{\mathrm{K}_0(\lambda_kR)}\lambda_kw_2\bigg|_{\rho=R/l}\end{aligned}\right\}\tag{5-139}$$

图 5-17 给出了 Winkler 地基反应模量与双参数地基竖向反应模量之比 χ_k（即 k_1/k）不同情况下，板中点挠度系数 φ_{w0}、双参数地基中点挠度系数 φ_{w20} 和地基反力系数 φ_q，这三个系数的定义为

$$\varphi_{w0}=w_{10}\frac{D}{Pl^2},\quad \varphi_{w20}=w_{20}\frac{D}{Pl^2},\quad \varphi_q=\frac{k}{Pl^2}(w_2-w_1) \tag{5-140}$$

其中，$l^4=\dfrac{k+k_1}{kk_1}D$。

从图 5-17(a)、(b)可以看到，随着两地基的竖向反应模量之比 χ_k 增大，板中点挠度从双参数地基板形态向 Winkler 地基板形态转变，变化较显著的是在 $\chi_k=0.1\sim10$ 范围内；从图 5-17(c)可以看到，当 χ_k 较小偏向双参数地基板形态时，板边缘附近的地基反力将出现集中现象，当 χ_k 趋于零时，板边缘反力集中区持续缩小而数值增大最终变为双参数地基板的边界分布力。

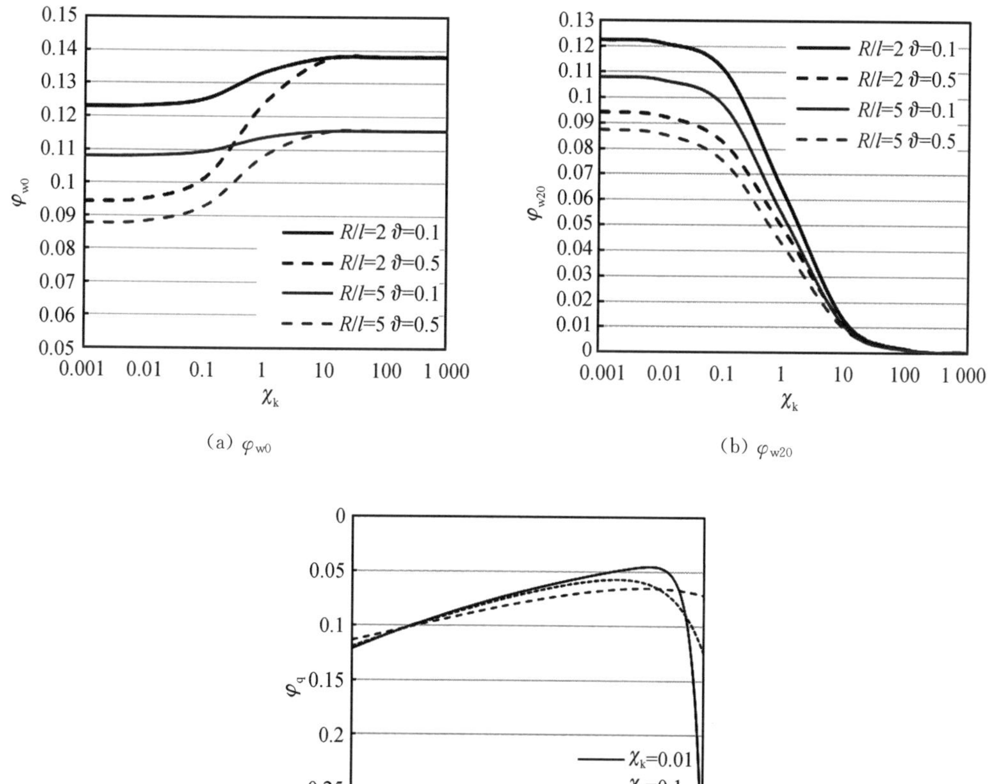

(a) φ_{w0}　　(b) φ_{w20}

(c) φ_q

图 5-17　复合地基上圆板的挠度、地基反力

5.7 弹性地基双层板

本节仅讨论弹性地基双层板的轴对称问题。弹性地基上有二向弹簧夹层的双层板的微分方程可表示为

$$
\left.\begin{aligned}
&D_1\nabla^4 w_1+k_v(w_1-w_2)+k_u\frac{h_1}{2}\left[\frac{S_1}{e}\left(\frac{d}{dr}+\frac{1}{r}\right)u_1-\frac{1}{2}\nabla^2(h_1w_1+h_2w_2)\right]=p\\
&D_2\nabla^4 w_2+k_vw_2-k_vw_1+k_u\frac{h_2}{2}\left[\frac{S_1}{e}\left(\frac{d}{dr}+\frac{1}{r}\right)u_1-\frac{1}{2}\nabla^2(h_1w_1+h_2w_2)\right]=-q\\
&S_1\frac{d}{dr}\left(\frac{d}{dr}+\frac{1}{r}\right)u_1-k_u\left[\frac{S_1}{e}u_1-\frac{1}{2}\frac{d}{dr}(h_1w_1+h_2w_2)\right]=0\\
&S_1u_1+S_2u_2=0
\end{aligned}\right\}\tag{5-141}
$$

其中，$\frac{1}{e}=\frac{1-\nu_1^2}{E_1h_1}+\frac{1-\nu_2^2}{E_2h_2}$

式中 k_v、k_u——上、下层板之间的竖向、水平向反应模量；

q——地基分布反力，当为 Winkler 地基时，$q=kw_2$；当为双参数地基时，$q=(k_1+k_2\nabla^2)w_2$。

将双参数地基反力式代入式(5-141)，整理得到关于上、下层板挠度 w_1、w_2 的微分方程组：

$$
\left.\begin{aligned}
&[(\lambda_u-\nabla_\rho^2)\Omega_1+\lambda_u\nabla_\rho^4\Omega_2]w_1=\frac{1}{k_v}\left[(\lambda_u-\nabla_\rho^2)(\nabla_\rho^4-2\vartheta\nabla_\rho^2+1+\lambda_k)+\lambda_u\frac{3e}{S_2}\nabla_\rho^4\right]p\\
&[(\lambda_u-\nabla_\rho^2)\Omega_1+\lambda_u\nabla_\rho^4\Omega_2]w_2=\frac{l_2^4}{D_2}\left[(\lambda_u-\nabla_\rho^2)-\lambda_u\lambda_H\frac{3e}{\lambda_kD_1}\nabla_\rho^4\right]p
\end{aligned}\right\}\tag{5-142}
$$

其中，$\lambda_u=\frac{k_ul_2^2}{e}$，$\lambda_H=\frac{h_1}{h_2}$，$\lambda_D=\frac{D_1}{D_2}$，$\lambda_k=\frac{l_2^4k_v}{D_2}$，$t_2=l_2\xi$，$\vartheta=\frac{k_2}{2k_1l_2^2}$，$\rho=\frac{r}{l_2}$，$l_2^4=\frac{D_2}{k_1}$，

$\Omega_1=\left(\frac{\lambda_D}{\lambda_k}\nabla_\rho^4+1\right)(\nabla_{\rho_2}^4-2\vartheta\nabla_\rho^2+1)+\lambda_D\nabla_\rho^4$，

$\Omega_2=\frac{\lambda_D}{\lambda_k}\left[3\nabla_\rho^4+\frac{3e}{S_1}(1-2\vartheta\nabla_\rho^2)+\lambda_k\frac{D_3}{D_1}\right]$。

板水平位移的微分方程可表示为

$$\left(\nabla^2-\frac{k_u}{e}\right)y=-\frac{k_u}{2S_1}(h_1\nabla^2 w_1+h_2\nabla^2 w_2) \tag{5-143}$$

式中，y 为水平位移参数，$y=\left(\frac{\mathrm{d}}{\mathrm{d}r}+\frac{1}{r}\right)u_1$。

由此得到上、下层板挠度 w_1、w_2，以及水平位移参数 y 的齐次微分方程：

$$[(\lambda_u-\nabla_\rho^2)\Omega_1+\lambda_u\nabla_\rho^4\Omega_2]\chi=0 \quad (\chi=\widetilde{w}_1,\ \widetilde{w}_2,\ y) \tag{5-144}$$

方程(5-144)解之，有：

$$(\nabla_\rho^2-\gamma^2)(\nabla_\rho^2+\psi_1^2)(\nabla_\rho^2+\psi_2^2)(\nabla_\rho^2+\phi_1^2)(\nabla_\rho^2+\phi_2^2)\chi=0 \quad (\chi=\widetilde{w}_1,\ \widetilde{w}_2,\ y) \tag{5-145}$$

其中，γ^2 是实数，ψ_1^2、ψ_2^2 和 ϕ_1^2、ϕ_2^2 为两对共轭复数。

式(5-145)的齐次解可表示为

$$\left.\begin{aligned}
\widetilde{w}_1&=A_1\mathrm{I}_0(\gamma\rho)+A_2\mathrm{K}_0(\gamma\rho)+A_3\mathrm{J}_0(\psi_1\rho)+A_4\mathrm{J}_0(\psi_2\rho)+A_5\mathrm{H}_0^{(1)}(\psi_1\rho)+A_6\mathrm{H}_0^{(2)}(\psi_2\rho)+\\
&\quad A_7\mathrm{J}_0(\phi_1\rho)+A_8\mathrm{J}_0(\phi_2\rho)+A_9\mathrm{H}_0^{(1)}(\phi_1\rho)+A_{10}\mathrm{H}_0^{(2)}(\phi_2\rho)\\
\widetilde{w}_2&=B_1\mathrm{I}_0(\gamma\rho)+B_2\mathrm{K}_0(\gamma\rho)+B_3\mathrm{J}_0(\psi_1\rho)+B_4\mathrm{J}_0(\psi_2\rho)+B_5\mathrm{H}_0^{(1)}(\psi_1\rho)+B_6\mathrm{H}_0^{(2)}(\psi_2\rho)+\\
&\quad B_7\mathrm{J}_0(\phi_1\rho)+B_8\mathrm{J}_0(\phi_2\rho)+B_9\mathrm{H}_0^{(1)}(\phi_1\rho)+B_{10}\mathrm{H}_0^{(2)}(\phi_2\rho)\\
y&=C_1\mathrm{I}_0(\gamma\rho)+C_2\mathrm{K}_0(\gamma\rho)+C_3\mathrm{J}_0(\psi_1\rho)+C_4\mathrm{J}_0(\psi_2\rho)+C_5\mathrm{H}_0^{(1)}(\psi_1\rho)+C_6\mathrm{H}_0^{(2)}(\psi_2\rho)+\\
&\quad C_7\mathrm{J}_0(\phi_1\rho)+C_8\mathrm{J}_0(\phi_2\rho)+C_9\mathrm{H}_0^{(1)}(\phi_1\rho)+C_{10}\mathrm{H}_0^{(2)}(\phi_2\rho)
\end{aligned}\right\} \tag{5-146}$$

式(5-146)中的待定常数 A_1、A_2、…、A_{10}，B_1、B_2、…、B_{10} 和 C_1、C_2、…、C_{10} 只有 10 个是独立的，由双层板边界条件确定。双层板边界条件有上下层圆板的内、外边界简支、滑支、固支与自由条件，每边界各 2 个，共计 8 个，另外 2 个为边界水平位移或轴力条件。待定常数 A_1、A_2、…、A_{10}，B_1、B_2、…、B_{10} 和 C_1、C_2、…、C_{10} 的相关关系可从式(5-145)推出。

当双层板层间视为水平光滑，即不计双层板层间的水平剪应力时，只需将 $k_u=\lambda_u=0$ 代入以上各式即可。其中，双参数地基上不计双层板层间水平剪应力的双层薄板的挠度 w_1、w_2 的微分方程为

$$\left.\begin{aligned}
&\left\{\frac{D_1D_2}{k_vk_1}\nabla^8-\frac{D_1k_2}{k_vk_1}\nabla^6+\left[\frac{D_1(k_1+k_v)}{k_1k_v}+\frac{D_2}{k_0}\right]\nabla^4-\frac{k_2}{k_1}\nabla^2+1\right\}w_1=\left(\frac{D_2}{k_1}\nabla^4-\frac{k_2}{k_1}\nabla^2+1+\frac{k_v}{k_1}\right)p\\
&\left\{\frac{D_1D_2}{k_vk_1}\nabla^8-\frac{D_1k_2}{k_vk_1}\nabla^6+\left[\frac{D_1(k_0+k_v)}{k_0k_v}+\frac{D_2}{k_1}\right]\nabla^4-\frac{k_2}{k_1}\nabla^2+1\right\}w_2=\frac{p}{k_1}
\end{aligned}\right\} \tag{5-147}$$

微分方程式(5-147)的齐次解可表示为

$$\{\lambda_1^4 \nabla_\rho^8 - 2\vartheta\lambda_1^4 \nabla_\rho^6 + [\lambda_1^4(1+\lambda_k)+1] \nabla_\rho^4 - 2\vartheta \nabla_\rho^2 + 1\} w_{1,2} = 0 \tag{5-148}$$

其中，$\lambda_1 = \dfrac{l_2}{l_1}$，$\lambda_k = \dfrac{k_v}{k_1}$，$\vartheta = \dfrac{k_2}{2k_1 l_2^2}$，$\rho = \dfrac{r}{l_2}$，$l_1^4 = \dfrac{D_1}{k_v}$。

方程(5-148)解之，有：

$$(\nabla_\rho^2 + \psi_1^2)(\nabla_\rho^2 + \psi_2^2)(\nabla_\rho^2 + \phi_1^2)(\nabla_\rho^2 + \phi_2^2) w_{1,2} = 0 \tag{5-149}$$

其中，ψ_1^2、ψ_2^2 和 ϕ_1^2、ϕ_2^2 为两对共轭复数。

由此得到双参数地基上双层薄板的挠度 w_1、w_2 的齐次解为

$$\left.\begin{aligned}
\widetilde{w}_1 = {} & A_1 J_0(\psi_1\rho) + A_2 J_0(\psi_2\rho) + A_3 H_0^{(1)}(\psi_1\rho) + A_4 H_0^{(2)}(\psi_2\rho) + \\
& A_5 J_0(\phi_1\rho) + A_6 J_0(\phi_2\rho) + A_7 H_0^{(1)}(\phi_1\rho) + A_8 H_0^{(2)}(\phi_2\rho) \\
\widetilde{w}_2 = {} & B_1 J_0(\psi_1\rho) + B_2 J_0(\psi_2\rho) + B_3 H_0^{(1)}(\psi_1\rho) + B_4 H_0^{(2)}(\psi_2\rho) + \\
& B_5 J_0(\phi_1\rho) + B_6 J_0(\phi_2\rho) + B_7 H_0^{(1)}(\phi_1\rho) + B_8 H_0^{(2)}(\phi_2\rho)
\end{aligned}\right\} \tag{5-150(a)}$$

或实函数形式：

$$\left.\begin{aligned}
\widetilde{w}_1 = {} & A_1 \mathrm{Re}[J_0(\psi_1\rho)] + A_2 \mathrm{Im}[J_0(\psi_2\rho)] + A_3 [H_0^{(1)}(\psi_1\rho)] + A_4 \mathrm{Im}[H_0^{(2)}(\psi_2\rho)] + \\
& A_5 \mathrm{Re}[J_0(\phi_1\rho)] + A_6 \mathrm{Im}[J_0(\phi_2\rho)] + A_7 [H_0^{(1)}(\phi_1\rho)] + A_8 \mathrm{Im}[H_0^{(2)}(\phi_2\rho)] \\
\widetilde{w}_2 = {} & B_1 \mathrm{Re}[J_0(\psi_1\rho)] + B_2 \mathrm{Im}[J_0(\psi_2\rho)] + B_3 [H_0^{(1)}(\psi_1\rho)] + B_4 \mathrm{Im}[H_0^{(2)}(\psi_2\rho)] + \\
& B_5 \mathrm{Re}[J_0(\phi_1\rho)] + B_6 \mathrm{Im}[J_0(\phi_2\rho)] + B_7 [H_0^{(1)}(\phi_1\rho)] + B_8 \mathrm{Im}[H_0^{(2)}(\phi_2\rho)]
\end{aligned}\right\} \tag{5-150(b)}$$

式(5-150)中的待定常数 A_1、A_2、…A_8 与 B_1、B_2、…B_8 是相关的，如式(5-151)所示。共计 8 个需由板边界条件确定的待定常数。

$$k_v \widetilde{w}_1 = (D_2 \nabla_\rho^4 - k_2 \nabla_\rho^2 + k_1 + k_v) \widetilde{w}_2 \tag{5-151}$$

确定 8 个待定常数的边界条件有上下层圆板的内、外边界的简支、滑支、固支和自由条件，每边界各 2 个，共计 8 个。

在以上各式中，令 $k_2 = \vartheta = 0$，则退化为 Winkler 地基上双层板问题。

5.8 弹性地基上扇形板

如图 5-18 所示的双参数地基上扇形薄板的微分方程为

$$D \nabla^4 w(r,\theta) - k_2 \nabla^2 w(r,\theta) + k_1 w(r,\theta) = q(r,\theta) \tag{5-152}$$

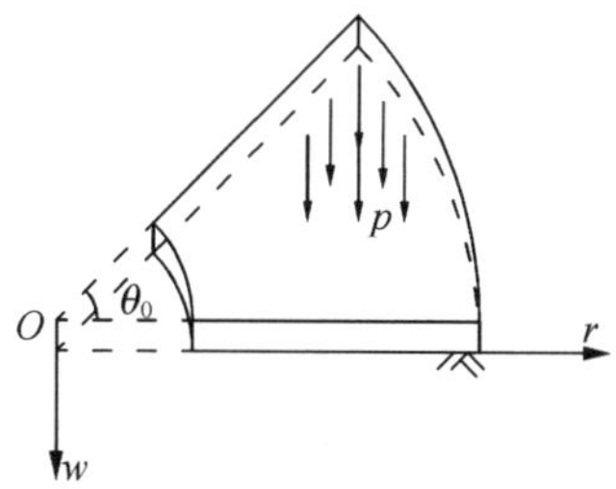

图 5-18　扇形地基板示意

对板挠度 w 进行分离变量，设 $w(r,\theta)=W(r)\Theta(\theta)$，代入式(5-152)，得到：

$$\left[\left(\frac{d^2}{d\rho^2}+\frac{d}{\rho d\rho}+\frac{d^2\Theta}{\rho^2\Theta d\theta^2}\right)^2-2\vartheta\left(\frac{d^2}{d\rho^2}+\frac{d}{\rho d\rho}+\frac{d^2\Theta}{\rho^2\Theta d\theta^2}\right)+1\right]W\times\Theta=\frac{q(\rho,\theta)}{k_1} \tag{5-153}$$

其中，$\rho=r/l$，$l^4=D/k_1$。

若式(5-154)成立，则式(5-153)改写为(5-155)。

$$\frac{d^2\Theta_m}{\Theta d\theta^2}=-m^2 \tag{5-154}$$

其中，m^2 可以是实数、虚数或复数。

$$\left[\left(\frac{d^2}{d\rho^2}+\frac{d}{\rho d\rho}-\frac{m^2}{\rho^2}\right)^2-2\vartheta\left(\frac{d^2}{d\rho^2}+\frac{d}{\rho d\rho}-\frac{m^2}{\rho^2}\right)+1\right]W_m\times\Theta_m=\frac{q_m(\rho,\theta)}{k_1} \tag{5-155}$$

对于函数 W_m 而言，其齐次方程为

$$\left[\left(\frac{d^2}{d\rho^2}+\frac{d}{\rho d\rho}-\frac{m^2}{\rho^2}\right)^2-2\vartheta\left(\frac{d^2}{d\rho^2}+\frac{d}{\rho d\rho}-\frac{m^2}{\rho^2}\right)+1\right]W_m=0 \tag{5-156}$$

解式(5-156)得到：

$$\left[\rho^2\frac{d^2}{d\rho^2}+\rho\frac{d}{d\rho}+(\psi_1^2\rho^2-m^2)\right]\left[\rho^2\frac{d^2}{d\rho^2}+\rho\frac{d}{d\rho}+(\psi_2^2\rho^2-m^2)\right]W_m=0 \tag{5-157}$$

其中，$\psi_1^2=-\vartheta+i\sqrt{1-\vartheta^2}$，　$\psi_2^2=-\vartheta-i\sqrt{1-\vartheta^2}$。

由此解得函数 W_m 的齐次解为

$$W_m=A_{1.m}J_m(\psi_1\rho)+A_{2.m}H_m^{(1)}(\psi_1\rho)+A_{3.m}J_m(\psi_2\rho)+A_{4.m}H_m^{(2)}(\psi_2\rho) \tag{5-158(a)}$$

或用实函数表示为

$$W_m = A_{1.m}\mathrm{Re}[\mathrm{J}_m(\psi_1\rho)] + A_{2.m}\mathrm{Im}[\mathrm{J}_m(\psi_2\rho)] + A_{3.m}\mathrm{Re}[\mathrm{H}_m^{(1)}(\psi_1\rho)] + A_{4.m}\mathrm{Im}[\mathrm{H}_m^{(2)}(\psi_2\rho)] \tag{5-158(b)}$$

式(5-158)中的四个待定常数 $A_{1.m}$、$A_{3.m}$、$A_{3.m}$、$A_{4.m}$ 可满足扇形内、外扇弧的任意板径向边界条件。板挠度及径向转角、弯矩和剪力的计算式分别为

$$\left.\begin{aligned}
&w_m = W_m\Theta_m\\
&\psi_{r.m} = \frac{\partial w_m}{\partial r} = \frac{\mathrm{d}W_m}{\mathrm{d}r}\Theta_m\\
&M_{r.m} = -D\left[\frac{\partial^2}{\partial r^2} + \nu\,\frac{1}{r}\left(\frac{\partial}{\partial r} + \frac{1}{r^2}\,\frac{\partial^2}{\partial\theta^2}\right)\right]w_m = -D\left[\frac{\mathrm{d}^2}{\mathrm{d}r^2} + \nu\left(\frac{1}{r}\,\frac{\mathrm{d}}{\mathrm{d}r} - \frac{m^2}{r^2}\right)\right]W_m\times\Theta_m\\
&M_{\theta r.m} = -D(1-\nu)\,\frac{\partial}{r\partial\theta}\left(\frac{\partial}{\partial r} - \frac{1}{r}\right)w_m = -D(1-\nu)\left(\frac{1}{r}\,\frac{\mathrm{d}}{\mathrm{d}r} - \frac{1}{r^2}\right)W_m\,\frac{\mathrm{d}\Theta_m}{\mathrm{d}\theta}\\
&Q_{r.m} = -D\,\frac{\partial}{\partial r}(\nabla^2 w_m) = -D\,\frac{\mathrm{d}}{\mathrm{d}r}\left(\frac{\mathrm{d}^2}{\mathrm{d}r^2} + \frac{1}{r}\,\frac{\mathrm{d}}{\mathrm{d}r} - \frac{m^2}{r^2}\right)W_m\times\Theta_m\\
&V_{r.m} = Q_{r.m} + \frac{\partial M_{r\theta.m}}{r\partial\theta} = -D\left[\frac{\mathrm{d}}{\mathrm{d}r}\left(\frac{\mathrm{d}^2}{\mathrm{d}r^2} + \frac{1}{r}\,\frac{\mathrm{d}}{\mathrm{d}r} - \frac{m^2}{r^2}\right) + (1-\nu)\left(\frac{\mathrm{d}}{\mathrm{d}r} - \frac{1}{r}\right)\frac{m^2}{r^2}\right]W_m\Theta_m
\end{aligned}\right\} \tag{5-159}$$

考察扇形板直线边的边界条件，在式(5-154)成立的前提下，扇形板直线边的挠度 w、法向转角 ψ_θ、法向弯矩 M_θ、扭矩 $M_{\theta r}$、法向剪力 Q_θ 和广义剪力 V_θ 的表达为

$$\left.\begin{aligned}
&w_m = W_m\Theta_m\\
&\psi_{\theta.m} = \frac{\partial w_m}{r\partial\theta} = \frac{W_m}{r}\,\frac{\mathrm{d}\Theta_m}{\mathrm{d}\theta}\\
&M_{\theta.m} = -D\left(\frac{1}{r}\,\frac{\partial}{\partial r} + \frac{1}{r^2}\,\frac{\partial^2}{\partial\theta^2} + \nu\,\frac{\partial^2}{\partial r^2}\right)w_m = -D\left(\frac{1}{r}\,\frac{\mathrm{d}}{\mathrm{d}r} - \frac{m^2}{r^2} + \nu\,\frac{\mathrm{d}^2}{\mathrm{d}r^2}\right)W_m\times\Theta_m\\
&Q_{\theta.m} = -D\,\frac{\partial}{r\partial\theta}(\nabla^2 w_m) = -\frac{D}{r}\left(\frac{\mathrm{d}^2}{\mathrm{d}r^2} + \frac{1}{r}\,\frac{\mathrm{d}}{\mathrm{d}r} - \frac{m^2}{r^2}\right)W_m\,\frac{\mathrm{d}\Theta_m}{\mathrm{d}\theta}\\
&V_{\theta.m} = Q_{\theta.m} + \frac{\partial M_{\theta r.m}}{\partial r} = -D\left[\frac{1}{r}\left(\frac{\mathrm{d}^2}{\mathrm{d}r^2} + \frac{1}{r}\,\frac{\mathrm{d}}{\mathrm{d}r} - \frac{m^2}{r^2}\right) + (1-\nu)\,\frac{\mathrm{d}}{\mathrm{d}r}\left(\frac{1}{r}\,\frac{\mathrm{d}}{\mathrm{d}r} - \frac{1}{r^2}\right)\right]W_m\,\frac{\mathrm{d}\Theta_m}{\mathrm{d}\theta}
\end{aligned}\right\} \tag{5-160}$$

从式(5-160)可以看到，在 $\theta=\theta_0$ 边界，当 $\Theta_m(\theta_0)=0$ 时，可满足板简支条件，即板挠度 w_m 与法向弯矩 $M_{\theta.m}$ 均等于零；当 $\left.\frac{\mathrm{d}\Theta_m}{\mathrm{d}\theta}\right|_{\theta=\theta_0}=0$ 时，可满足板滑支条件，即板法向转角 $\psi_{\theta.m}$、扭矩 $M_{\theta r.m}$、法向剪力 $Q_{\theta.m}$ 和广义剪力 $V_{\theta.m}$ 均等于零；但无法满足固定与自由边界条件。

式(5-154)的解为

$$\Theta_m(\theta)=\begin{cases}A\cos(m\theta)+B\sin(m\theta), & m^2>0\\ A\mathrm{e}^{m\theta}+B\mathrm{e}^{-m\theta}, & m^2<0\\ \mathrm{e}^{a\theta}[A\cos(b\theta)+B\sin(b\theta)]+\mathrm{e}^{-a\theta}[C\cos(b\theta)+D\sin(b\theta)], & m^2=(a+b\mathrm{i})^2\end{cases} \tag{5-161}$$

通常情况可仅取 $m^2>0$ 的形式。当扇形板二直线边简支时，函数 $\Theta_m(\theta)$ 的解如式[5-162(a)]所示；当直线边滑支时，函数 $\Theta_m(\theta)$ 的解如式[5-162(b)]所示。其中，当外荷载对称扇形角平分线时，n 为偶数；当外荷载反对称扇形角平分线时，n 为奇数。

$$\Theta_m(\theta)=\sin\left(\frac{n\pi\theta}{\theta_0}\right)\quad(n=1,\ 2,\ \cdots) \tag{5-162(a)}$$

$$\Theta_m(\theta)=\cos\left(\frac{n\pi\theta}{\theta_0}\right)\quad(n=0,\ 1,\ 2,\ \cdots) \tag{5-162(b)}$$

由式(5-162)得到分离变量解的特征值 m 为

$$m=\frac{n\pi}{\theta_0} \tag{5-163}$$

双参数地基上扇形薄板的齐次解 $\tilde{w}$ 如式(5-164)所示，其中，当两直边简支时，取 sin，当两直边滑支时，取 cos。四个待定常数由扇形内、外弧的边界条件确定。

$$\tilde{w}=\sum_{n=0}^{\infty}\tilde{w}_{cn}\cos\left(\frac{n\pi\theta}{\theta_0}\right)+\sum_{n=1}^{\infty}\tilde{w}_{sn}\sin\left(\frac{n\pi\theta}{\theta_0}\right) \tag{5-164}$$

其中，$\tilde{w}_{cn}=\sum_{n=1}^{\infty}[A_{1n}\mathrm{J}_m(\psi_1\rho)+A_{2n}\mathrm{J}_m(\psi_2\rho)+A_{3n}\mathrm{H}_m^{(1)}(\psi_1\rho)+A_{4n}\mathrm{H}_m^{(2)}(\psi_2\rho)]$，

$\tilde{w}_{sn}=\sum_{n=1}^{\infty}[B_{1n}\mathrm{J}_m(\psi_1\rho)+B_{2n}\mathrm{J}_m(\psi_2\rho)+B_{3n}\mathrm{H}_m^{(1)}(\psi_1\rho)+B_{4n}\mathrm{H}_m^{(2)}(\psi_2\rho)]$。

或实函数形式：

$$\tilde{w}_{cn}=\sum_{n=1}^{\infty}\{A_{1n}\mathrm{Re}[\mathrm{J}_m(\psi_1\rho)]+A_{2n}\mathrm{Im}[\mathrm{J}_m(\psi_2\rho)]+A_{3n}\mathrm{Re}[\mathrm{H}_m^{(1)}(\psi_1\rho)]+A_{4n}\mathrm{Im}[\mathrm{H}_m^{(2)}(\psi_2\rho)]\},$$

$$\tilde{w}_{sn}=\sum_{n=1}^{\infty}\{B_{1n}\mathrm{Re}\{\mathrm{J}_m(\psi_1\rho)]+B_{2n}\mathrm{Im}[\mathrm{J}_m(\psi_2\rho)]+B_{3n}\mathrm{Re}[\mathrm{H}_m^{(1)}(\psi_1\rho)]+B_{4n}\mathrm{Im}[\mathrm{H}_m^{(2)}(\psi_2\rho)]\}。$$

扇形板的荷载项 $p(r,\ \theta)$ 展开为幅角 θ 的傅里叶级数，即

$$p(\rho,\ \theta)=p_{c0}(\rho)+\sum_{n=1}^{\infty}\left[p_{sn}(\rho)\sin\left(\frac{n\pi\theta}{\theta_0}\right)+p_{cn}(\rho)\cos\left(\frac{n\pi\theta}{\theta_0}\right)\right] \tag{5-165}$$

对于荷载 $p_{sn}\sin(n\pi\theta/\theta_0)$ 或 $p_{cn}\cos(n\pi\theta/\theta_0)$，则有 $W_{sn}\sin(n\pi\theta/\theta_0)$ 或 $W_{cn}\cos(n\pi\theta/\theta_0)$ 与之对应。对应 $\sin(n\pi\theta/\theta_0)$ 项的双参数地基上扇形薄板的特解微分方

程如式(5-164)所示,对应 $\cos(n\pi\theta/\theta_0)$ 项的只需将 p_{sn}、$\hat{w}_{sn}$ 改为 p_{cn}、$\hat{w}_{cn}$ 即可。但特解 $\hat{w}_{sn}$ 或 $\hat{w}_{cn}$ 不太容易得到。

$$\left\{\left[\frac{\mathrm{d}^2}{\mathrm{d}\rho^2}+\frac{\mathrm{d}}{\rho\mathrm{d}\rho}-\left(\frac{n\pi}{\theta_0\rho}\right)^2\right]^2-2\vartheta\left[\frac{\mathrm{d}^2}{\mathrm{d}\rho^2}+\frac{\mathrm{d}}{\rho\mathrm{d}\rho}-\left(\frac{n\pi}{\theta_0\rho}\right)^2\right]+1\right\}\hat{w}_{sn}=p_{sn}(\rho) \tag{5-166}$$

Winkler 地基可视为 $\vartheta=0$ 的特例,其齐次解如式(5-167)所示,特解如式(5-168)所示。

$$\tilde{w}=\sum_{n=1}^{\infty}\left[A_{1.m}\mathrm{bei}_m(\rho)+A_{2.m}\mathrm{ber}_m(\rho)+A_{3.m}\mathrm{kei}_m(\rho)+A_{4.m}\mathrm{ker}_m(\rho)\right]\begin{cases}\sin\left(\dfrac{n\pi\theta}{\theta_0}\right)\\ \cos\left(\dfrac{n\pi\theta}{\theta_0}\right)\end{cases} \tag{5-167}$$

$$\left\{\left[\frac{\mathrm{d}^2}{\mathrm{d}\rho^2}+\frac{\mathrm{d}}{\rho\mathrm{d}\rho}-\left(\frac{m}{\rho}\right)^2\right]^2+1\right\}\hat{w}_{sn/cn}=p_{sn/cn}(\rho) \tag{5-168}$$

其中,$m=\dfrac{n\pi}{\theta_0}$。

例 5.10 求如图 5-19 所示的 Winkler 地基上两直边简支,外弧边自由的扇形薄板,在内孤边作用均匀线荷载的解。

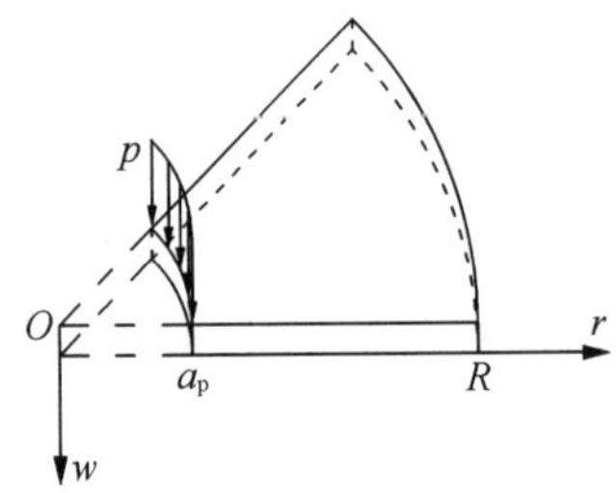

图 5-19 内弧边作用线荷载的扇形薄板

根据题意,只有 sin 项,且无特解项,因此,本问题的解为

$$\tilde{w}=\sum_{n=1}^{\infty}\left[A_{1.n}\mathrm{bei}_m(\rho)+A_{2.n}\mathrm{ber}_m(\rho)+A_{3.n}\mathrm{kei}_m(\rho)+A_{4.n}\mathrm{ker}_m(\rho)\right]\sin\left(\frac{n\pi\theta}{\theta_0}\right) \tag{5-169}$$

扇形薄板内孤边作用均匀线荷载 p_0 的展开余弦级数,即

$$p_{sn}=\frac{1}{\theta_0}\int_0^{\theta_0}p_0\sin\left(\frac{n\pi\theta}{\theta_0}\right)\mathrm{d}\theta=\frac{p_0}{n\pi}[1-\cos(n\pi)] \tag{5-170}$$

扇形内弧边界 $\alpha=a_p/l$ 剪力条件:$M_r|_{\rho_a}=0$, $Q_r|_{\rho_a}=-p_0$;扇形外边界 $\rho_R=R/l$ 处

的自由条件：$M_r|_{\rho_R}=Q_r|_{\rho_R}=0$。由此得到确定待定常数 $A_{1.n}$、$A_{2.n}$、$A_{3.n}$、$A_{4.n}$ 的方程为

$$\begin{bmatrix} \Lambda\,\mathrm{bei}_m(\alpha) & \Lambda\,\mathrm{ber}_m(\alpha) & \Lambda\,\mathrm{kei}_m(\alpha) & \Lambda\,\mathrm{ker}_m(\alpha) \\ X\,\mathrm{bei}_m(\alpha) & X\,\mathrm{ber}_m(\alpha) & X\,\mathrm{kei}_m(\alpha) & X\,\mathrm{ker}_m(\alpha) \\ \Lambda\,\mathrm{bei}_m(\rho_R) & \Lambda\,\mathrm{ber}_m(\rho_R) & \Lambda\,\mathrm{kei}_m(\rho_R) & \Lambda\,\mathrm{ker}_m(\rho_R) \\ X\,\mathrm{bei}_m(\rho_R) & X\,\mathrm{ber}_m(\rho_R) & X\,\mathrm{kei}_m(\rho_R) & X\,\mathrm{ker}_m(\rho_R) \end{bmatrix}\begin{bmatrix} A_{1.n} \\ A_{2.n} \\ A_{3.n} \\ A_{4.n} \end{bmatrix}=\frac{p_{sn}}{D}\begin{bmatrix} 1 \\ 0 \\ 0 \\ 0 \end{bmatrix} \tag{5-171}$$

其中，$X=\frac{\mathrm{d}^2}{\mathrm{d}r^2}+\nu\left(\frac{1}{r}\frac{\mathrm{d}}{\mathrm{d}r}-\frac{m^2}{r^2}\right)$，　$\Lambda=\frac{\mathrm{d}}{\mathrm{d}r}\left(\frac{\mathrm{d}^2}{\mathrm{d}r^2}+\frac{1}{r}\frac{\mathrm{d}}{\mathrm{d}r}-\frac{m^2}{r^2}\right)$。

绘制板挠度三维图(图 5-20)，$\alpha=1$、$R/l=2$，$\alpha=1$、$R/l=3$，$\alpha=2$、$R/l=3$。

板最大挠度、最大弯矩位于：$r=a_{\mathrm{p}}$，$\theta=\theta_0/2$。

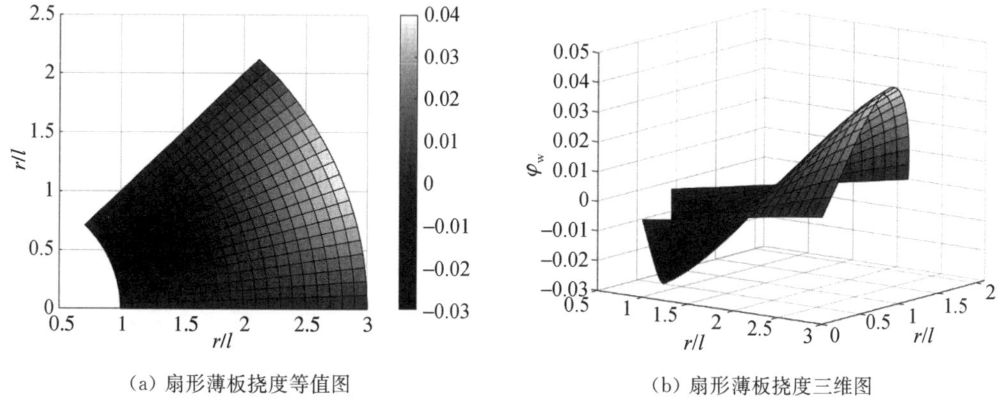

(a) 扇形薄板挠度等值图　　(b) 扇形薄板挠度三维图

图 5-20　扇形薄板挠度的等值及三维图

对于双参数地基上中厚板，当扇形板两直线边简支时，可将其位移函数 F、f 展开为正弦级数：

$$\left.\begin{aligned} F(r,\theta)&=\sum_{n=1}^{\infty}\Omega_n(r)\sin\left(\frac{n\pi}{\theta_0}\theta\right) \\ f(r,\theta)&=\sum_{n=1}^{\infty}\Lambda_n(r)\sin\left(\frac{n\pi}{\theta_0}\theta\right) \end{aligned}\right\} \tag{5-172}$$

其中，$m=\frac{n\pi}{\theta_0}$。

当两直线边滑支时，将式(5-172)中的 sin 改为 cos，n 从零开始即可。式(5-172)代入双参数地基上中厚板微分方程式(5-91)，整理得到其齐次方程：

$$\left.\begin{aligned} &\left(\frac{\mathrm{d}^2}{\mathrm{d}\rho^2}+\frac{\mathrm{d}}{\rho\,\mathrm{d}\rho}-\frac{m^2}{\rho^2}+\alpha^2\right)\left(\frac{\mathrm{d}^2}{\mathrm{d}\rho^2}+\frac{\mathrm{d}}{\rho\,\mathrm{d}\rho}-\frac{m^2}{\rho^2}+\beta^2\right)\widetilde{\Omega}_n=0 \\ &\left(\frac{\mathrm{d}^2}{\mathrm{d}\rho^2}+\frac{\mathrm{d}}{\rho\,\mathrm{d}\rho}-\frac{m^2}{\rho^2}-\gamma^2\right)\widetilde{\Lambda}_n=0 \end{aligned}\right\} \tag{5-173}$$

其中，$\alpha^2=-\frac{(\vartheta+\kappa)}{(1+4\vartheta\kappa)}+\mathrm{i}\sqrt{\frac{1}{(1+4\vartheta\kappa)}-\frac{(\vartheta+\kappa)^2}{(1+4\vartheta\kappa)^2}}$，$\beta^2=-\frac{(\vartheta+\kappa)}{(1+4\vartheta\kappa)}-\mathrm{i}\sqrt{\frac{1}{(1+4\vartheta\kappa)}-\frac{(\vartheta+\kappa)^2}{(1+4\vartheta\kappa)^2}}$，$\gamma^2=\frac{12\phi^2 l^2}{h^2}$。

由此得到：

$$\left.\begin{aligned}\widetilde{\Omega}_n&=A_{1n}\mathrm{J}_m(\alpha\rho)+A_{2n}\mathrm{J}_m(\beta\rho)+A_{3n}\mathrm{H}_m^{(1)}(\alpha\rho)+A_{4n}\mathrm{H}_m^{(2)}(\beta\rho)\\\widetilde{\Lambda}_n&=A_{5n}\mathrm{I}_m(\gamma\rho)+A_{6n}\mathrm{K}_m(\gamma\rho)\end{aligned}\right\}\tag{5-174}$$

其他解法与薄板的相同。

第 6 章　弹性地基上矩形板

弹性地基上矩形板在工程中最为常见，公路与城市道路路面、机场道面、港口堆场铺面以及建筑地面的水泥混凝土板绝大多数是矩形的。弹性地基上矩形板求解较无限大板、圆形板或环形板的求解要复杂很多，大多是非闭合的级数解。弹性地基上矩形板解需满足矩形板四条边的边界条件，当薄板的两条自由边相交时，需引入板刚体位移，以满足角点反力为零的条件。本章首先介绍四边简(滑)支板的纳维解、对边简(滑)支板的莱维解，并扩展引出无限大板的傅里叶变换解；其次，详细叙述可满足各种板(薄板、中厚板、正交各向异性板、双层板)的任意边界条件，引入板刚体位移的双向莱维级数解的推导过程及应用；再次，给出半空间体地基薄板的三种近似解法(幂级数法、连杆法、余弦级数法)；最后，讨论在国际铺面结构设计中应用最广泛的 Winkler 地基板的挠度与应力韦斯特加德解的精度，介绍我国公路水泥混凝土路面、港口堆场道路水泥混凝土铺面设计方法中荷载应力与温度翘曲应力计算式的由来。

6.1　四边简(滑)支板的纳维解

6.1.1　双参数地基上薄板

如图 6-1 所示的四边简支双参数地基矩形薄板，直角坐标的原点设于板的一角点，x 轴与 y 轴为矩形板的两条边，在任意荷载下双参数地基薄板的微分方程为

$$D\nabla^4 w(x, y)-k_2\nabla^2 w(x, y)+k_1 w(x, y)=p(x, y) \tag{6-1}$$

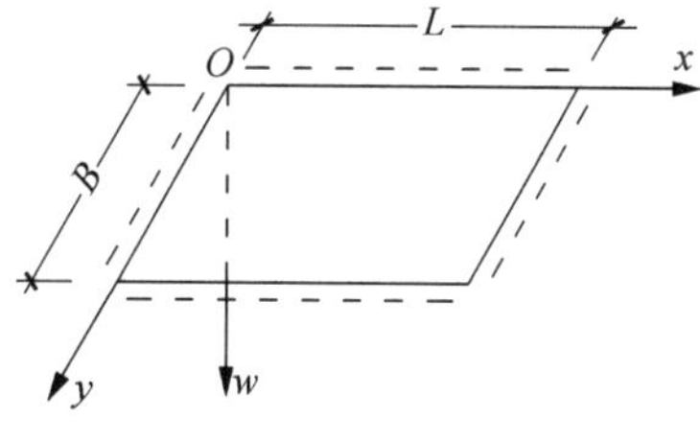

图 6-1　四边简支的矩形板

四边简支的边界条件为

$$\left.\begin{aligned}&w\big|_{x=0}=w\big|_{x=L}=w\big|_{y=0}=w\big|_{y=B}=0\\&\left.\frac{\partial^2 w}{\partial x^2}\right|_{x=0}=\left.\frac{\partial^2 w}{\partial x^2}\right|_{x=L}=\left.\frac{\partial^2 w}{\partial y^2}\right|_{y=0}=\left.\frac{\partial^2 w}{\partial y^2}\right|_{y=B}=0\end{aligned}\right\} \tag{6-2}$$

纳维把挠度 $w(x, y)$ 表示为两个三角函数的乘积：

$$w=\sum_{m=1}^{\infty}\sum_{n=1}^{\infty}A_{mn}\sin(\alpha_m x)\sin(\beta_n y) \tag{6-3}$$

其中，$\alpha_m=\dfrac{m\pi}{L}$， $\beta_n=\dfrac{n\pi}{B}$。

当 m 和 n 为任意正整数时，式(6-2)的边界条件均可满足，将式(6-3)代入双参数地基薄板的微分方程式(6-1)，整理得到：

$$D\sum_{m=1}^{\infty}\sum_{n=1}^{\infty}\left[(\alpha_m^2+\beta_n^2)^2+\frac{k_2}{D}(\alpha_m^2+\beta_n^2)+\frac{k_1}{D}\right]A_{mn}\sin(\alpha_m x)\sin(\beta_n y)=p \tag{6-4}$$

将外荷载 $p(x, y)$ 展开为与挠度 $w(x, y)$ 相同的重三角级数：

$$p(x, y)=\sum_{n=1}^{\infty}\sum_{m=1}^{\infty}p_{mn}\sin(\alpha_m x)\sin(\beta_n y) \tag{6-5}$$

解式(6-5)得到 p_{mn} 为

$$p_{mn}=\frac{4}{LB}\int_0^L\int_0^B p(x, y)\sin(\alpha_m x)\sin(\beta_n y)\mathrm{d}x\,\mathrm{d}y \tag{6-6}$$

将式(6-5)、式(6-6)代入式(6-4)，解得挠度 w 的待定常数 A_{mn} 为

$$A_{mn}=\frac{4\int_0^L\int_0^B p(x, y)\sin(\alpha_m x)\sin(\beta_n y)\mathrm{d}x\,\mathrm{d}y}{D\left[(\alpha_m^2+\beta_n^2)^2+\frac{k_2}{D}(\alpha_m^2+\beta_n^2)+\frac{k_1}{D}\right]LB} \tag{6-7}$$

式(6-7)时常表示为

$$A_{mn}=\frac{Pl^2}{D}\frac{4\int_0^{L/l}\int_0^{B/l}p(t_x, t_y)\sin\left(\frac{m\pi l t_x}{L}\right)\sin\left(\frac{n\pi l t_y}{B}\right)\mathrm{d}t_x\,\mathrm{d}t_y\Big/\left[\int_0^{L/l}\int_0^{B/l}p(t_x, t_y)\mathrm{d}t_x\,\mathrm{d}t_y\right]}{\frac{L}{l}\frac{B}{l}\left\{\pi^4\left[m^2\left(\frac{l}{L}\right)^2+n^2\left(\frac{l}{B}\right)^2\right]^2+2\vartheta\pi^2\left[m^2\left(\frac{l}{L}\right)^2+n^2\left(\frac{l}{B}\right)^2\right]+1\right\}} \tag{6-8}$$

其中，$t_x=x/l$，$t_y=y/l$，$\vartheta=\dfrac{k_2 l^2}{2D}=\dfrac{k_2}{2k_1 l^2}$，$l=\sqrt[4]{\dfrac{D}{k_1}}$。

当薄板受满布的均布荷载 p_0 时，待定常数 A_{mn} 则为

$$A_{mn}=\frac{4p_0[1-\cos(m\pi)][1-\cos(n\pi)]}{\pi^2 mnD\left[(\alpha_m^2+\beta_n^2)^2+\frac{k_2}{D}(\alpha_m^2+\beta_n^2)+\frac{k_1}{D}\right]} \tag{6-9}$$

或 $$A_{mn}=\frac{16p_0}{\pi^2 mnD\left[(\alpha_m^2+\beta_n^2)^2+\frac{k_2}{D}(\alpha_m^2+\beta_n^2)+\frac{k_1}{D}\right]}\quad(m=1, 3, 5, \cdots; n=1, 3, 5, \cdots)$$

当薄板在任意点 (x_0, y_0) 受集中力 P 作用时,待定常数 A_{mn} 则为

$$A_{mn}=\frac{4P\sin(\alpha_m x_0)\sin(\beta_n y_0)}{D\left[(\alpha_m^2+\beta_n^2)^2+\frac{k_2}{D}(\alpha_m^2+\beta_n^2)+\frac{k_1}{D}\right]LB} \tag{6-10}$$

Winkler 地基上薄板可视为 $k_2=0$、$k_1=k$ 的特解。

例 6.1 集中力 P 位于四边简支的 Winkler 地基方形板中点$(L/2, L/2)$,求方形板中点挠度。

由式(6-7)得到待定常数 A_{mn} 为

$$A_{mn}=\frac{Pl^2}{D}\frac{4\sin\left(\frac{m\pi}{2}\right)\sin\left(\frac{n\pi}{2}\right)}{\pi^4(m^2+n^2)^2\left(\frac{l}{L}\right)^2+\left(\frac{L}{l}\right)^2} \tag{6-11}$$

方板中点挠度计算如式(6-12)所示,其中,不同板宽 L/l 的挠度系数 φ_w 见图 6-2。

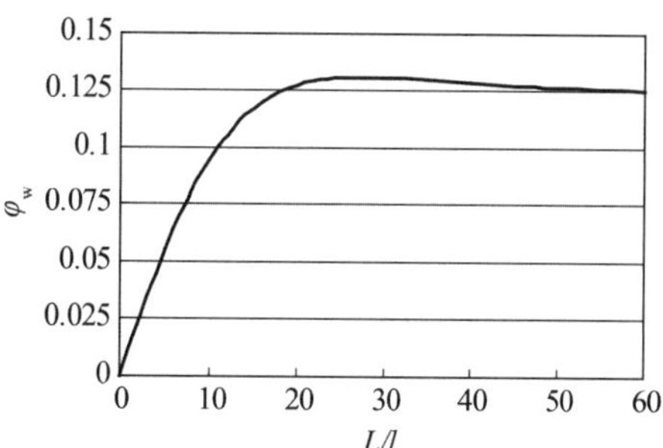

图 6-2 集中力下的板中点挠度系数

$$w=\frac{Pl^2}{D}\varphi_w \tag{6-12}$$

$$\varphi_w=\sum_{m=1}^{\infty}\sum_{n=1}^{\infty}\frac{4}{\pi^4[(2m-1)^2+(2n-1)^2]^2\left(\frac{l}{L}\right)^2+\left(\frac{l}{L}\right)^2} \tag{6-13}$$

例 6.2 局部矩形均布荷载位于四边简支的 Winkler 地基上方形板中心时,考察荷载在不同长宽条件下的板中点挠度、弯矩。

矩形均布荷载方程可写为

$$p(x, y)=\begin{cases}\frac{P}{a_p b_p}, & \frac{L-a_p}{2}\leqslant x\leqslant\frac{L+a_p}{2}\cap\frac{L-b_p}{2}\leqslant y\leqslant\frac{L+b_p}{2}\\ 0, & \text{其他}\end{cases} \tag{6-14}$$

式中 P ——荷载合力;

a_p、b_p ——矩形荷载的长与宽。

矩形均布荷载展开系数 p_{mn}:

$$\begin{aligned}p_{mn}&=\frac{4}{L^2}\int_0^L\int_0^B p(x, y)\sin(\alpha_m x)\sin(\beta_n y)\mathrm{d}x\,\mathrm{d}y\\&=\frac{4}{L^2}\frac{P}{a_p b_p}\int_{\frac{L-a_p}{2}}^{\frac{L+a_p}{2}}\sin(\alpha_m x)\mathrm{d}x\int_{\frac{L-b_p}{2}}^{\frac{L+b_p}{2}}\sin(\beta_n y)\mathrm{d}y\\&=\frac{16}{mn\pi^2}\frac{P}{a_p b_p}\sin\left(\frac{m\pi}{2}\right)\sin\left(\frac{n\pi}{2}\right)\sin\left(\frac{\alpha_m a_p}{2}\right)\sin\left(\frac{\beta_n b_p}{2}\right)\end{aligned} \tag{6-15}$$

由式(6-7)得到待定常数 A_{mn} 为

$$A_{mn}=P\frac{16\sin\left(\frac{m\pi}{2}\right)\sin\left(\frac{n\pi}{2}\right)\sin\left(\frac{\alpha_m a_p}{2}\right)\sin\left(\frac{\beta_n b_p}{2}\right)}{mn\pi^2 D\left[\left(\frac{\pi}{L}\right)^4(m^2+n^2)^2+\frac{k}{D}\right]a_p b_p} \tag{6-16}$$

板中点的挠度、弯矩的计算式分别为

$$\left.\begin{aligned}&w_0=\frac{Pl^2}{D}\varphi_{w0}\\&M_{x0}=P\varphi_{M0}=P(A_{M0}+\nu B_{M0})\\&M_{y0}=P\varphi_{M0}=P(B_{M0}+\nu A_{M0})\end{aligned}\right\} \tag{6-17}$$

板中点的挠度系数 φ_{w0} 以及弯矩的两个参数 A_{M0}、B_{M0} 的计算式分别为

$$\left.\begin{aligned}&\varphi_{w0}=\sum_{m=1,3,\cdots}^{\infty}\sum_{n=1,3\cdots}^{\infty}\frac{16\sin\left(\frac{\alpha_m a_p}{2}\right)\sin\left(\frac{\beta_n b_p}{2}\right)}{mn\pi^2\left[\left(\frac{\pi l}{L}\right)^4(m^2+n^2)^4+1\right]\frac{a_p b_p}{l^2}}\\&A_{M0}=\sum_{m=1,3,\cdots}^{\infty}\sum_{n=1,3\cdots}^{\infty}\frac{16\sin\left(\frac{\alpha_m a_p}{2}\right)\sin\left(\frac{\beta_n b_p}{2}\right)}{\left(\frac{L}{l}\right)^2\left[\left(\frac{\pi l}{L}\right)^4(m^2+n^2)^4+1\right]\frac{a_p b_p}{l^2}}\frac{m}{n}\\&B_{M0}=\sum_{m=1,3,\cdots}^{\infty}\sum_{n=1,3\cdots}^{\infty}\frac{16\sin\left(\frac{\alpha_m a_p}{2}\right)\sin\left(\frac{\beta_n b_p}{2}\right)}{\left(\frac{L}{l}\right)^2\left[\left(\frac{\pi l}{L}\right)^4(m^2+n^2)^4+1\right]\frac{a_p b_p}{l^2}}\frac{n}{m}\end{aligned}\right\} \tag{6-18}$$

图 6-3 给出了不同长宽比时，大板($L/l=20$)板中挠度系数 φ_{w0} 的变化规律。图中横坐标 r_a/l 为矩形面积相等的圆半径 r_a(即 $\sqrt{a_p b_p/\pi}$)与板弯曲刚度半径 l 之比，从中可以看到，随着矩形的扁平化(即 a_p/b_p 的增大)，板中点挠度减小，减小幅度随着荷载面积扩大而增加。对于板中点弯矩而言，垂直荷载长边方向弯矩参数 B_{M0} 稍大于方形荷载的板中点弯矩参数 B_{M0}，B_{M0} 最大值出现在 $a_p/b_p=2$ 时，而垂直荷载短边方向弯矩参数 A_{M0} 较方形荷载的板中点弯矩 A_{M0} 小一些，如图 6-4 所示。

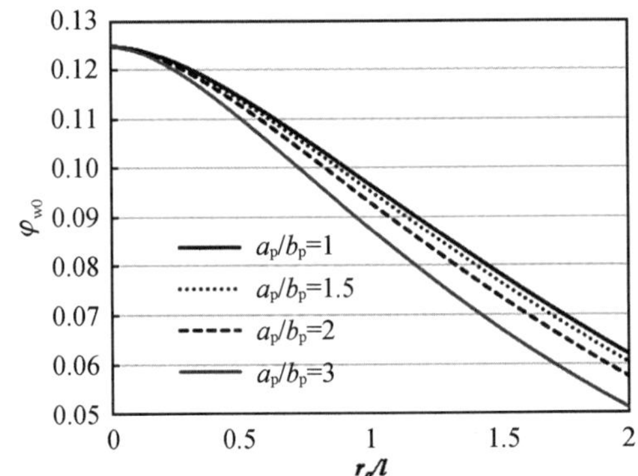

图 6-3　矩形荷载下的板中点挠度系数

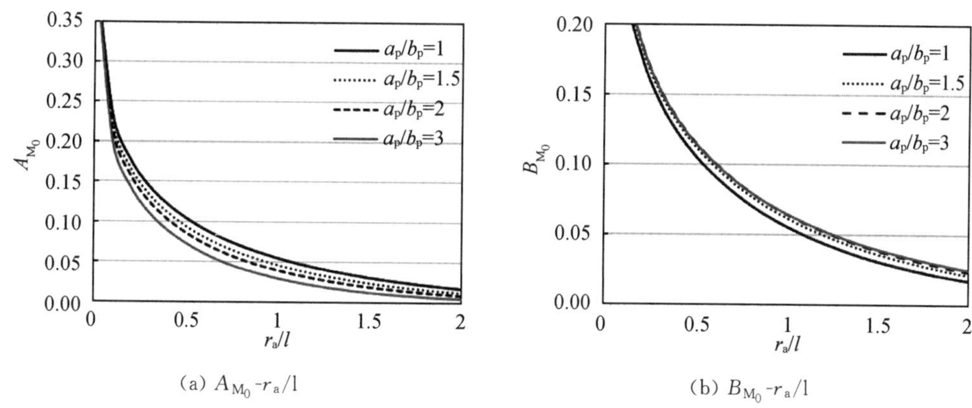

(a) A_{M_0}-r_a/l　　　　(b) B_{M_0}-r_a/l

图 6-4　矩形荷载下的板中点弯矩系数

表 6-1 给出了几个荷载面积条件下，圆形荷载和四个长宽比的矩形荷载引起的板中点弯矩系数 $\varphi_M(\nu=0.15)$，其中，长宽比 $a_p/b_p\neq1$ 的三个矩形荷载引起的弯矩分别给出了垂直长边和垂直短边的两个弯矩系数 φ_{Mx}、φ_{My}。从表 6-1 可以看到，垂直于荷载长边方向的弯矩系数 φ_{My} 之间差异较小，其中，圆形和矩形荷载的 φ_{My} 之间差异不大于 1%；而垂直于短边方向的弯矩系数 φ_{Mx} 之间差异较为明显，当长宽比 $a_p/b_p=3$ 时，φ_{Mx} 与 φ_{My} 之间偏差可达 10%～20%。

表 6-1　圆形与不同长宽比矩形荷载的板中点弯矩系数

荷载类型		系数	r_a/l				
			0.1	0.15	0.2	0.25	0.3
圆		φ_{M0}	0.267	0.230	0.204	0.183	0.167
矩形 a_p/b_p	1	φ_{My}	0.265	0.228	0.202	0.182	0.165
	1.5		0.271	0.234	0.208	0.188	0.171
	2		0.271	0.235	0.209	0.189	0.173
	3		0.267	0.232	0.207	0.187	0.172
	1.5	φ_{Mx}	0.257	0.219	0.192	0.172	0.155
	2		0.248	0.210	0.184	0.163	0.146
	3		0.232	0.196	0.170	0.149	0.133

若将挠度 w 展开式(6-3)中的 sin 改为 cos，则有

$$w=\sum_{m=0}^{\infty}\sum_{n=0}^{\infty}A_{mn}\cos(\alpha_m x)\cos(\beta_n y) \tag{6-19}$$

考察式(6-19)可以发现，它可满足四边滑支的边界条件。因此，上述四边简支的解法和计算式，只需将正弦函数与余弦函数互换就是四边滑支的解，式(6-19)中，$m=0$，$n=0$ 的

系数 A_{mn} 表征板的刚体位移，其中，A_{00} 表征板刚度下陷，A_{10} 表征板 x 轴向的转动，A_{01} 表征板 y 轴向的转动。由此推论，对边简支、对边滑支的解也可套用上述解法和公式，只需将滑支对边对应的 x 或 y 项的正弦函数与余弦函数互换即可。

稍加推广，纳维解可求解滑支与简支混合边界条件问题。

例 6.3 求如图 6-5 所示的两邻边简支，另两边滑支的 Winkler 地基上薄板在任何竖向荷载作用下的解。

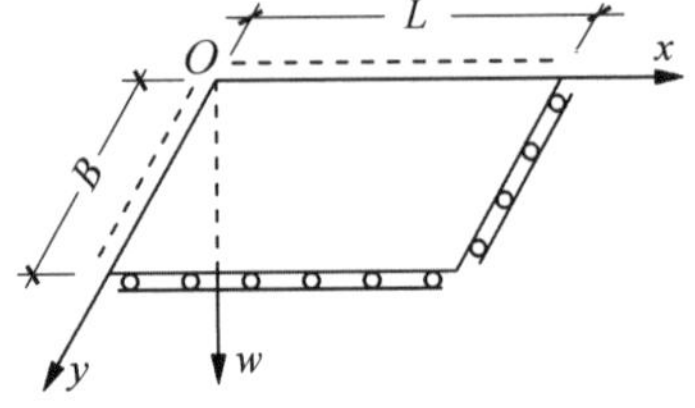

图 6-5　两邻边简支、两邻边滑支板

板挠度展开为如下形式：

$$w=\sum_{m=0}^{\infty}\sum_{n=0}^{\infty}A_{mn}\sin\left(\frac{2m+1}{2L}\pi x\right)\sin\left(\frac{2n+1}{2B}\pi y\right) \tag{6-20}$$

从式(6-20)可以看到，其 $x=0$、$y=0$ 两边满足简支条件，而 $x=L$、$y=B$ 两边满足滑支条件。外荷载 $p(x, y)$ 展开与挠度 $w(x, y)$ 相同的重三角级数：

$$p(x, y)=\sum_{n=0}^{\infty}\sum_{m=0}^{\infty}p_{mn}\sin\left(\frac{2m+1}{2L}\pi x\right)\sin\left(\frac{2n+1}{2B}\pi y\right) \tag{6-21}$$

其中，$p_{mn}=\dfrac{4}{LB}\displaystyle\int_0^L\int_0^B p(x, y)\sin\left(\frac{2m+1}{2L}\pi x\right)\sin\left(\frac{2n+1}{2B}\pi y\right)\mathrm{d}x\,\mathrm{d}y$。

将式(6-20)与式(6-21)代入 Winkler 地基上薄板的微分方程，整理得到式(6-20)中的待定常数 A_{mn} 为

$$A_{mn}=\frac{p_{mn}}{D\pi^4\left[\left(\frac{2m+1}{2L}\right)^2+\left(\frac{2n+1}{2B}\right)^2\right]+k}=\frac{p_{mn}}{k}\frac{1}{\pi^4\left[\left(\frac{m+1/2}{L/l}\right)^2+\left(\frac{n+1/2}{B/l}\right)^2\right]+1} \tag{6-22}$$

6.1.2　双参数地基上中厚板

双参数地基上中厚板的微分方程为

$$\left.\begin{aligned}&\nabla^4 F+\frac{1}{D}(k_1-k_2\nabla^2)\left(1-\frac{D}{\phi^2 Gh}\nabla^2\right)F=\frac{p}{D}\\&\nabla^2 f-\frac{12\phi^2}{h^2}f=0\end{aligned}\right\} \tag{6-23}$$

整理得到：

$$\left.\begin{aligned}&[(1+4\vartheta\kappa)\nabla_\rho^4-2(\kappa+\vartheta)\nabla_\rho^2+1]F=\frac{p}{k_1}\\&\left(\nabla^2-\frac{12\phi^2}{h^2}\right)f=0\end{aligned}\right\} \tag{6-24}$$

其中，$\vartheta=\dfrac{k_2}{2\sqrt{k_1 D}}$，　$\kappa=\dfrac{h^2}{12l^2\phi^2(1-\nu)}$，　$l^4=\dfrac{D}{k_1}$；　$\nabla_\rho^2=\dfrac{\partial^2}{\partial t_x^2}+\dfrac{\partial^2}{\partial t_y^2}$，　$t_x=\dfrac{x}{l}$，　$t_y=\dfrac{y}{l}$。

四边简支的边界条件为

$$\left.\begin{aligned}
&F\big|_{x=0}=F\big|_{x=L}=F\big|_{y=0}=F\big|_{y=B}=0\\
&\frac{\partial^2 F}{\partial x^2}\bigg|_{x=0}=\frac{\partial^2 F}{\partial x^2}\bigg|_{x=L}=\frac{\partial^2 F}{\partial y^2}\bigg|_{y=0}=\frac{\partial^2 F}{\partial y^2}\bigg|_{y=B}=0\\
&\left(\frac{\partial F}{\partial y}-\frac{\partial f}{\partial x}\right)\bigg|_{x=0}=\left(\frac{\partial F}{\partial y}-\frac{\partial f}{\partial x}\right)\bigg|_{x=L}=\left(\frac{\partial F}{\partial y}-\frac{\partial f}{\partial x}\right)\bigg|_{y=0}=\left(\frac{\partial F}{\partial y}-\frac{\partial f}{\partial x}\right)\bigg|_{y=B}=0
\end{aligned}\right\}$$

(6-25)

把板挠度 $w(x, y)$、转角函数 $\Omega(x, y)$ 和外荷载 $p(x, y)$ 展开为重三角级数：

$$\left.\begin{aligned}
F&=\sum_{m=1}^{\infty}\sum_{n=1}^{\infty}A_{mn}\sin(\alpha_m x)\sin(\beta_n y)\\
f&=\sum_{m=1}^{\infty}\sum_{n=1}^{\infty}B_{mn}\cos(\alpha_m x)\cos(\beta_n y)\\
q&=\sum_{m=1}^{\infty}\sum_{n=1}^{\infty}q_{mn}\sin(\alpha_m x)\sin(\beta_n y)
\end{aligned}\right\}\qquad(6\text{-}26)$$

其中，$\alpha_m=\dfrac{m\pi}{L}$，$\beta_n=\dfrac{n\pi}{B}$。

将式(6-26)中的位移函数 $F(x, y)$、$f(x, y)$ 代入式(6-25)可以发现，其简支边界条件可自动满足。将式(6-26)代入式(6-24)，则有：

$$\left.\begin{aligned}
&\sum_{m=1}^{\infty}\sum_{n=1}^{\infty}\left[(1+4\kappa\vartheta)l^4(\alpha_m^2+\beta_n^2)^2+2(\kappa+\vartheta)l^2(\alpha_m^2+\beta_n^2)+1\right]A_{mn}\sin(\alpha_m x)\sin(\beta_n y)\\
&=\frac{1}{k_1}\sum_{m=1}^{\infty}\sum_{n=1}^{\infty}q_{mn}\sin(\alpha_m x)\sin(\beta_n y)\\
&\sum_{m=1}^{\infty}\sum_{n=1}^{\infty}B_{mn}\left[l^2(\alpha_m^2+\beta_n^2)+\frac{12\phi^2}{h^2}\right]\cos(\alpha_m x)\cos(\beta_n y)=0
\end{aligned}\right\}$$

(6-27)

由此得到 $f=0$，待定常数 A_{mn} 的表达式：

$$A_{mn}=\frac{1}{k_1}\frac{p_{mn}}{(1+4\kappa\vartheta)l^4(\alpha_m^2+\beta_n^2)^2+2(\kappa+\vartheta)l^2(\alpha_m^2+\beta_n^2)+1}\qquad(6\text{-}28)$$

板挠度、内力的计算式则为

$$
\left.\begin{aligned}
w &= \sum_{m=1}^{\infty}\sum_{n=1}^{\infty} A_{mn}[1+2\kappa l^2(\alpha_m^2+\beta_n^2)]\sin(\alpha_m x)\sin(\beta_n y)\\
M_x &= -D\sum_{m=1}^{\infty}\sum_{n=1}^{\infty} A_{mn}(\alpha_m^2+\nu\beta_n^2)\sin(\alpha_m x)\sin(\beta_n y)\\
M_y &= -D\sum_{m=1}^{\infty}\sum_{n=1}^{\infty} A_{mn}(\nu\alpha_m^2+\beta_n^2)\sin(\alpha_m x)\sin(\beta_n y)\\
M_{xy} &= -\frac{D}{2}(1-\nu)\sum_{m=1}^{\infty}\sum_{n=1}^{\infty} A_{mn}\alpha_m\beta_n\sin(\alpha_m x)\sin(\beta_n y)\\
Q_x &= -D\sum_{m=1}^{\infty}\sum_{n=1}^{\infty} A_{mn}\alpha_m(\alpha_m^2+\beta_n^2)\cos(\alpha_m x)\sin(\beta_n y)\\
Q_y &= -D\sum_{m=1}^{\infty}\sum_{n=1}^{\infty} A_{mn}\beta_n(\alpha_m^2+\beta_n^2)\sin(\alpha_m x)\cos(\beta_n y)
\end{aligned}\right\} \tag{6-29}
$$

6.1.3 Winkler 地基上正交异性板

Winkler 地基上正交异性板的微分方程为

$$
D_x\frac{\partial^4 w}{\partial x^4}+2D_{xy}\frac{\partial^4 w}{\partial x^2\partial y^2}+D_y\frac{\partial^4 w}{\partial y^4}+kw=p \tag{6-30}
$$

式(6-3)同样可满足 Winkler 地基上简支的正交异性板边界条件，将其代入式(6-30)，得到：

$$
\sum_{m=1}^{\infty}\sum_{n=1}^{\infty} A_{mn}[D_x\alpha_m^4+2D_{xy}\alpha_m^2\beta_n^2+D_y\beta_n^4+k]\sin(\alpha_m x)\sin(\beta_n y)=p \tag{6-31}
$$

外荷载 p 采用式(6-5)形式展开为重三角级数，代入式(6-31)则可得到 Winkler 地基上正交异性板挠度 w 的重三角级数的常数项为

$$
A_{mn}=\frac{p_{mn}}{D_x\alpha_m^4+2D_{xy}\alpha_m^2\beta_n^2+D_y\beta_n^4+k} \tag{6-32}
$$

例 6.4 求局部方形均布荷载作用在 Winkler 地基上四边简支方板中部时的挠曲方程，并分析两向模量比、弯扭刚度比的影响规律。

直角坐标系的原点设于板一角隅，方板尺寸记作 $L\times L$，局部方形均布荷载的尺寸记作 $a_{\mathrm{p}}\times a_{\mathrm{p}}$，荷载中心点坐标为$(L/2,\ L/2)$，见图 6-6。

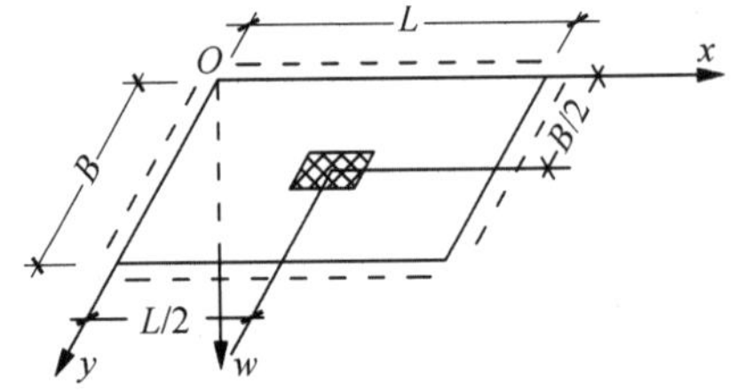

图 6-6 板中作用方形均布荷载的正交异性板

作用在 Winkler 地基上四边简支方板中部的方形均布荷载可表示为

$$p=p_0\left[\mathrm{H}\left(x-\frac{L}{2}+\frac{a_\mathrm{p}}{2}\right)-\mathrm{H}\left(x-\frac{L}{2}-\frac{a_\mathrm{p}}{2}\right)\right]\left[\mathrm{H}\left(y-\frac{L}{2}+\frac{a_\mathrm{p}}{2}\right)-\mathrm{H}\left(y-\frac{L}{2}-\frac{a_\mathrm{p}}{2}\right)\right] \tag{6-33}$$

式中　p_0——均布荷载的集度；

H——阶梯函数。

将局部分布荷载 p 展开为与挠度 w 相同的重三角级数：

$$\begin{aligned}p_{mn}&=\frac{4}{L^2}\int_0^L\int_0^L p\sin(\alpha_m x)\sin(\beta_n y)\mathrm{d}x\,\mathrm{d}y\\&=\frac{4p_0}{\pi^2 mn}\cos(\alpha_m x)\Bigg|_{\frac{L}{2}-\frac{a_\mathrm{p}}{2}}^{\frac{L}{2}+\frac{a_\mathrm{p}}{2}}\cos(\beta_n y)\Bigg|_{\frac{L}{2}-\frac{a_\mathrm{p}}{2}}^{\frac{L}{2}+\frac{a_\mathrm{p}}{2}}\\&=\frac{16p_0}{\pi^2 mn}\sin(\alpha_m a_\mathrm{p})\sin(\beta_n a_\mathrm{p})\sin\left(\frac{m\pi}{2}\right)\sin\left(\frac{n\pi}{2}\right)\end{aligned} \tag{6-34}$$

由此解板挠度中待定常数 A_{mn} 的表达式为

$$A_{mn}=\frac{16p_0}{\pi^2 mn}\frac{\sin(\alpha_m a_\mathrm{p})\sin(\beta_n a_\mathrm{p})\sin\left(\frac{m\pi}{2}\right)\sin\left(\frac{n\pi}{2}\right)}{D_x\alpha_m^4+2D_{xy}\alpha_m^2\beta_n^2+D_y\beta_n^4+k} \tag{6-35}$$

则板中部作用局部方形均布荷载下的 Winkler 地基上四边简支方板挠曲方程为

$$w=\frac{16p_0}{\pi^2}\sum_{m=1,3,\cdots}^{\infty}\sum_{n=1,3,\cdots}^{\infty}\left[\frac{\sin(\alpha_m a_\mathrm{p})\sin(\beta_n a_\mathrm{p})\sin\left(\frac{m\pi}{2}\right)\sin\left(\frac{n\pi}{2}\right)}{mn(D_x\alpha_m^4+2D_{xy}\alpha_m^2\beta_n^2+D_y\beta_n^4+k)}\right]\sin(\alpha_m x)\sin(\beta_n y) \tag{6-36}$$

当 $a_\mathrm{p}\to 0$ 即均布荷载变为集中力时，则有：

$$A_{mn}=\frac{16P}{L^2}\frac{\sin\left(\frac{m\pi}{2}\right)\sin\left(\frac{n\pi}{2}\right)}{D_x\alpha_m^4+2D_{xy}\alpha_m^2\beta_n^2+D_y\beta_n^4+k} \tag{6-37}$$

x 轴与 y 轴向的弹性模量比记作 λ_E（$\lambda_\mathrm{E}=E_y/E_x$），剪切模量 G_{xy} 与以 x 轴模量为均质体时的剪切模量 G_x^* 之比记作 λ_G（$\lambda_\mathrm{G}=G_{xy}/G_x^*$）。图 6-7 给出了地基板 $L=10l_x$、$a_\mathrm{p}=0.5l_x$ 条件下，板中挠度系数 $\varphi_{\mathrm{w}0}$、弯矩参数 $A_{\mathrm{M}0}$、$B_{\mathrm{M}0}$ 与两向弹性模量比 λ_E、剪切模量比 λ_G 的关系曲线，其中，正交异性板的挠度系数 $\varphi_{\mathrm{w}0}$、弯矩参数 $A_{\mathrm{M}0}$、$B_{\mathrm{M}0}$ 分别定义为

$$w=\frac{Pl_x^2}{D}\varphi_\mathrm{w},\quad A_\mathrm{M}=D_x\frac{\partial^2 w}{\partial x^2},\quad B_\mathrm{M}=D_y\frac{\partial^2 w}{\partial y^2},\quad l_x^4=\frac{D_x}{k} \tag{6-38}$$

从图 6-7 可以看到，板中挠度系数随着两向弹性模量比的增大而减小，板中弯矩参数

A_{M0}随着两向弹性模量比的增大而减小，板中弯矩参数 B_{M0} 随着两向弹性模量比的增大而增大，当两向模量比为 1 时，板中弯矩参数 A_{M0} 和板中弯矩参数 B_{M0} 相等；板中挠度随着弯扭刚度比的增加而减小，板中弯矩参数 A_{M0}、B_{M0} 均随着弯扭刚度比的增大而减小，且变化曲线基本重合。

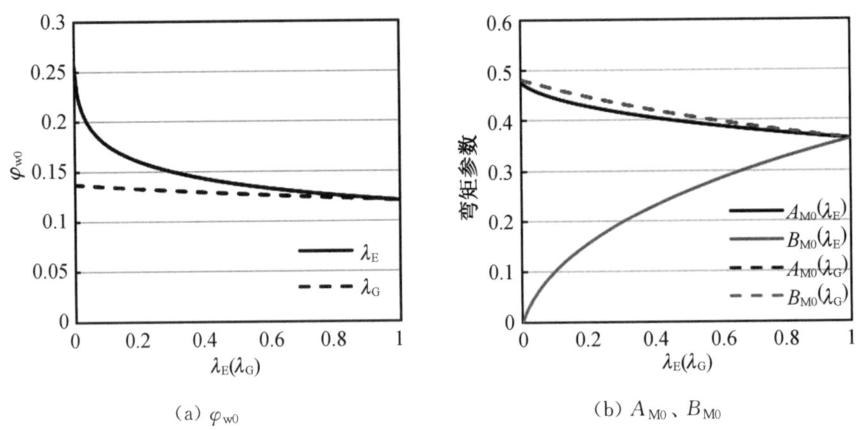

(a) φ_{w0}　　(b) A_{M0}、B_{M0}

图 6-7　局部荷载下正交异性板的板中挠度与弯矩

6.1.4　纳维解的推广

当板的长 L、宽 B 均很大时，在局部荷载作用下，其刚体位移趋于零，若荷载远离板边，则边界条件的影响很微小。为此，将 xOy 坐标系的原点移至板中点，双参数地基板的挠曲解可表示为

$$w=\sum_{m=1}^{\infty}\sum_{n=1}^{\infty}[A_{mn}^{cc}\cos(\alpha_m x)\cos(\beta_n y)+A_{mn}^{sc}\sin(\alpha_m x)\cos(\beta_n y)+ A_{mn}^{cs}\cos(\alpha_m x)\sin(\beta_n y)+A_{mn}^{ss}\sin(\alpha_m x)\sin(\beta_n y)] \tag{6-39}$$

荷载展开为

$$p=\frac{1}{LB}\sum_{m=1}^{\infty}\sum_{n=1}^{\infty}[p_{mn}^{cc}\cos(\alpha_m x)\cos(\beta_n y)+p_{mn}^{sc}\sin(\alpha_m x)\cos(\beta_n y)+ p_{mn}^{cs}\cos(\alpha_m x)\sin(\beta_n y)+p_{mn}^{ss}\sin(\alpha_m x)\sin(\beta_n y)] \tag{6-40}$$

其中，$p_{mn}^{cc}=\dfrac{1}{LB}\int_0^{L/2}\int_0^{B/2}p(x,y)\cos(\alpha_m x)\cos(\beta_n y)\,\mathrm{d}x\,\mathrm{d}y$，

$p_{mn}^{sc}=\dfrac{1}{LB}\int_0^{L/2}\int_0^{B/2}p(x,y)\sin(\alpha_m x)\cos(\beta_n y)\,\mathrm{d}x\,\mathrm{d}y$，

$p_{mn}^{cs}=\dfrac{1}{LB}\int_0^{L/2}\int_0^{B/2}p(x,y)\cos(\alpha_m x)\sin(\beta_n y)\,\mathrm{d}x\,\mathrm{d}y$，

$$p_{mn}^{ss}=\frac{1}{LB}\int_0^{L/2}\int_0^{B/2}p(x,y)\sin(\alpha_m x)\sin(\beta_n y)\mathrm{d}x\mathrm{d}y。$$

式(6-40)中，p_{mn}^{cc} 为双轴对称荷载，p_{mn}^{sc} 为反对称 x 轴、对称 y 轴荷载，p_{mn}^{cs} 为对称 x 轴、反对称 y 轴荷载，p_{mn}^{ss} 为双轴反对称荷载。代入两参数地基板微分方程，则有：

$$\left.\begin{aligned}
A_{mn}^{cc}&=\frac{p_{mn}^{cc}}{D\left[(\alpha_m^2+\beta_n^2)^2+\dfrac{k_2}{D}(\alpha_m^2+\beta_n^2)+\dfrac{k_1}{D}\right]},\quad A_{mn}^{sc}=\frac{p_{mn}^{sc}}{D\left[(\alpha_m^2+\beta_n^2)^2+\dfrac{k_2}{D}(\alpha_m^2+\beta_n^2)+\dfrac{k_1}{D}\right]}\\
A_{mn}^{cs}&=\frac{p_{mn}^{cs}}{D\left[(\alpha_m^2+\beta_n^2)^2+\dfrac{k_2}{D}(\alpha_m^2+\beta_n^2)+\dfrac{k_1}{D}\right]},\quad A_{mn}^{ss}=\frac{p_{mn}^{ss}}{D\left[(\alpha_m^2+\beta_n^2)^2+\dfrac{k_2}{D}(\alpha_m^2+\beta_n^2)+\dfrac{k_1}{D}\right]}
\end{aligned}\right\} \tag{6-41}$$

当 $L\to\infty$、$B\to\infty$时，令 $u_x=\dfrac{m\pi l}{L}$，$u_y=\dfrac{n\pi l}{B}$，其中，$l^4=\dfrac{D}{k_1}$，则有 $\mathrm{d}u_x=\dfrac{\pi l}{L}$，$\mathrm{d}u_y=\dfrac{\pi l}{B}$，式(6-39)改写为

$$\left.\begin{aligned}
w^{cc}&=\frac{1}{\pi^2 k_1}\int_0^{\infty}\int_0^{\infty}\left[\frac{\int_0^{\infty}\int_0^{\infty}p(\rho_x,\rho_y)\cos(\rho_x u_x)\cos(\rho_y u_y)\mathrm{d}\rho_x\mathrm{d}\rho_y}{(u_x^2+u_y^2)^2+2\vartheta(u_x^2+u_y^2)+1}\cos(\rho_x u_x)\cos(\rho_y u_y)\right]\mathrm{d}u_x\mathrm{d}u_y\\
w^{sc}&=\frac{1}{\pi^2 k_1}\int_0^{\infty}\int_0^{\infty}\left[\frac{\int_0^{\infty}\int_0^{\infty}p(\rho_x,\rho_y)\sin(\rho_x u_x)\cos(\rho_y u_y)\mathrm{d}\rho_x\mathrm{d}\rho_y}{(u_x^2+u_y^2)^2+2\vartheta(u_x^2+u_y^2)+1}\cos(\rho_x u_x)\cos(\rho_y u_y)\right]\mathrm{d}u_x\mathrm{d}u_y\\
w^{cs}&=\frac{1}{\pi^2 k_1}\int_0^{\infty}\int_0^{\infty}\left[\frac{\int_0^{\infty}\int_0^{\infty}p(\rho_x,\rho_y)\cos(\rho_x u_x)\sin(\rho_y u_y)\mathrm{d}\rho_x\mathrm{d}\rho_y}{(u_x^2+u_y^2)^2+2\vartheta(u_x^2+u_y^2)+1}\cos(\rho_x u_x)\cos(\rho_y u_y)\right]\mathrm{d}u_x\mathrm{d}u_y\\
w^{ss}&=\frac{1}{\pi^2 k_1}\int_0^{\infty}\int_0^{\infty}\left[\frac{\int_0^{\infty}\int_0^{\infty}p(\rho_x,\rho_y)\sin(\rho_x u_x)\sin(\rho_y u_y)\mathrm{d}\rho_x\mathrm{d}\rho_y}{(u_x^2+u_y^2)^2+2\vartheta(u_x^2+u_y^2)+1}\cos(\rho_x u_x)\cos(\rho_y u_y)\right]\mathrm{d}u_x\mathrm{d}u_y
\end{aligned}\right\} \tag{6-42}$$

其中，$\vartheta=\dfrac{k_2}{2k_1 l^2}$，　$\rho_x=\dfrac{x}{l}$，　$\rho_y=\dfrac{y}{l}$。

当双参数地基上无限大板有一荷载集度为 q_0、长宽为 $a_p\times b_p$ 的均布荷载作用时，xOy 坐标原点 O 设于荷载中点，则为双轴对称问题，地基板挠曲解为

$$w=\frac{P}{\pi^2 a_p b_p k_1}\int_0^{\infty}\int_0^{\infty}\left\{\frac{\sin\left(\dfrac{a_p u_x}{2l}\right)\sin\left(\dfrac{b_p u_y}{2l}\right)\cos(\rho_x u_x)\cos(\rho_y u_y)}{u_x u_y[(u_x^2+u_y^2)^2+2\vartheta(u_x^2+u_y^2)+1]}\right\}\mathrm{d}u_x\mathrm{d}u_y \tag{6-43}$$

其中，式(6-42)中 $\int_0^{\infty}\int_0^{\infty} p(\rho_x,\ \rho_y)\cos(\rho_x u_x)\cos(\rho_y u_y)\mathrm{d}\rho_x\mathrm{d}\rho_y = \frac{p_0}{u_x u_y}\sin(\rho_x u_x)\Big|_0^{a_p/2l}$ $\sin(\rho_y u_y)\Big|_0^{b_p/2l} = \frac{P}{a_p b_p u_x u_y}\sin\left(\frac{a_p u_x}{2l}\right)\sin\left(\frac{b_p u_y}{2l}\right)$

当 $a_p \to 0$、$b_p \to 0$，均布荷载变为集中力时，地基板挠度为

$$w = \lim_{\substack{a_p\to 0\\ b_p\to 0}} \frac{P}{4\pi^2 l^2 k_1}\int_0^{\infty}\int_0^{\infty}\left\{\frac{\sin\left(\frac{a_p u_x}{2l}\right)\sin\left(\frac{b_p u_y}{2l}\right)\cos(\rho_x u_x)\cos(\rho_y u_y)}{\left(\frac{a_p u_x}{2l}\right)\left(\frac{b_p u_y}{2l}\right)\left[(u_x^2+u_y^2)^2+2\vartheta(u_x^2+u_y^2)+1\right]}\right\}\mathrm{d}u_x\mathrm{d}u_y$$

$$= \frac{P}{4\pi^2 l^2 k_1}\int_0^{\infty}\int_0^{\infty}\frac{\cos(\rho_x u_x)\cos(\rho_y u_y)}{(u_x^2+u_y^2)^2+2\vartheta(u_x^2+u_y^2)+1}\mathrm{d}u_x\mathrm{d}u_y \tag{6-44}$$

Winkler 地基板的集中力 P 作用点($\rho_x = 0$、$\rho_y = 0$) 的挠度为

$$w(0,\ 0) = \frac{P}{4\pi^2 l^2 k}\int_0^{\infty}\int_0^{\infty}\frac{\mathrm{d}u_x\mathrm{d}u_y}{(u_x^2+u_y^2)^2+1} = \frac{P}{8l^2 k}$$

双参数地基板的集中力 P 作用点($x = 0$、$y = 0$) 的挠度为

$$w(0,\ 0) = \frac{P}{4\pi^2 l^2 k_1}\int_0^{\infty}\int_0^{\infty}\frac{\mathrm{d}u_x\mathrm{d}u_y}{(u_x^2+u_y^2)^2+2\vartheta(u_x^2+u_y^2)+1} = \frac{P}{8l^2 k_1\sqrt{1+\vartheta^2}}\left(1-\frac{2}{\pi}\arcsin\vartheta\right)$$

无限大地基板的推广纳维解就是地基板 x、y 轴双向重傅里叶变换解，在具有轴对称或反对称性时，进行余弦或正弦变换，与圆柱坐标的汉克尔变换解相比，它需进行二次无穷积分，当荷载为矩形，或具有轴对称性时，本节的重傅里叶变换解更具有优势。

6.2 对边简(滑)支板的莱维解

6.2.1 对边简(滑)支的薄板

对于矩形薄板的 $x=0$ 和 $x=L$ 两边简支，另两边 $y=0$ 和 $y=B$ 为任意边界，承受任意竖向荷载 q 的情形，见图 6-8。莱维把挠度 w 取为如下的三角级数：

$$w = \sum_{m=1}^{\infty} Y_m \sin(\alpha_m x) \tag{6-45}$$

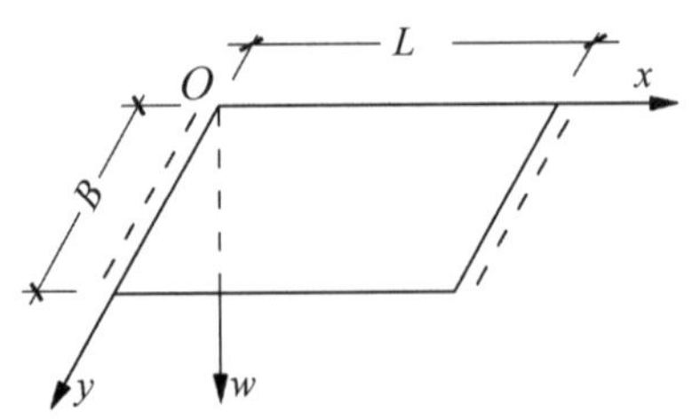

图 6-8 对边简支的薄板

其中，$\alpha_m = \frac{m\pi}{L}$。

式(6-45)满足 $x=0$ 和 $x=L$ 两边简支边的边界条件，将式(6-45)代入 Winkler 地基薄板的微分方程得到：

$$D\sum_{m=1}^{\infty}\left[Y_m^{(4)}(y)-2\alpha_m^2Y_m^{(2)}(y)+\left(\alpha_m^4+\frac{k}{D}\right)Y_m(y)\right]\sin(\alpha_m x)=p \tag{6-46}$$

将 p 展开为 $\sin(\alpha_m x)$ 级数：

$$\left.\begin{aligned}p&=\sum_{m=1}^{\infty}p_m(y)\sin(\alpha_m x)\\ p_m(y)&=\frac{2}{L}\int_0^L p(x,\ y)\sin(\alpha_m x)\mathrm{d}x\end{aligned}\right\} \tag{6-47}$$

由此，式(6-46)改写为

$$Y_m^{(4)}(y)-2\alpha_m^2Y_m^{(2)}(y)+\left(\alpha_m^4+\frac{k}{D}\right)Y_m(y)=\frac{p_m(y)}{D} \tag{6-48}$$

由此将求解偏微分方程问题简化成求解常微分方程问题，即无穷多个弹性地基梁叠加问题，式(6-47)的齐次解特征方程为

$$\lambda^4-2\alpha_m^2\lambda^2+\alpha_m^4+\frac{k}{D}=0 \tag{6-49}$$

解方程式(6-49)得到 4 个特征根为

$$\lambda_{1,2,3,4}=\pm\frac{1}{l}\sqrt{\alpha_m^2l^2\pm\mathrm{i}}=\pm\gamma_m\pm\mathrm{i}\eta_m \tag{6-50}$$

其中，$\gamma_m=\dfrac{1}{\sqrt{2}l}\sqrt{\sqrt{\alpha_m^4l^4+1}-\alpha_m^2l^2}$，　$\eta_m=\dfrac{1}{\sqrt{2}l}\sqrt{\sqrt{\alpha_m^4l^4+1}+\alpha_m^2l^2}$，　$l^4=\dfrac{D}{k}$。

由此得到：

$$\begin{aligned}Y_m(y)=&\sinh(\gamma_m y)[A_{1m}\cos(\eta_m y)+A_{2m}\sin(\eta_m y)]+\\&\cosh(\gamma_m y)[A_{3m}\cos(\eta_m y)+A_{4m}\sin(\eta_m y)]+\hat{Y}_m(y)\end{aligned} \tag{6-51}$$

其中，$\hat{Y}_m(y)$ 为方程特解项，由 $p_m(y)$ 确定；待定常数 A_{1m}、A_{2m}、A_{3m}、A_{4m} 由 $y=0$、$y=B$ 边界条件确定。

对于双参数地基板，板挠度展开同式(6-45)，Y_m 的解同式(6-51)。其中 γ_m、η_m 为

$$\pm\gamma_m\pm\mathrm{i}\eta_m=\pm\frac{1}{l}\sqrt{\alpha_m^2l^2+\vartheta\pm\mathrm{i}\sqrt{1-\vartheta^2}} \tag{6-52}$$

其中，$\gamma_m=\sqrt{\dfrac{(\alpha_m l)^2+\vartheta+\sqrt{(\alpha_m l)^4+2\vartheta(\alpha_m l)^2+1}}{2}}$，$\eta_m=\sqrt{\dfrac{(\alpha_m l)^2+\vartheta-\sqrt{(\alpha_m l)^4+2\vartheta(\alpha_m l)^2+1}}{2}}$。

若将式(6-45)中的 sin 改为 cos,并含 $m=0$ 项,则对边简支问题变成了对边滑支问题。

例 6.5 如图 6-9 所示对边简支的半无限长板,端边自由,在自由边的边缘中点作用集中力 P,求解集中力作用点的板挠度。

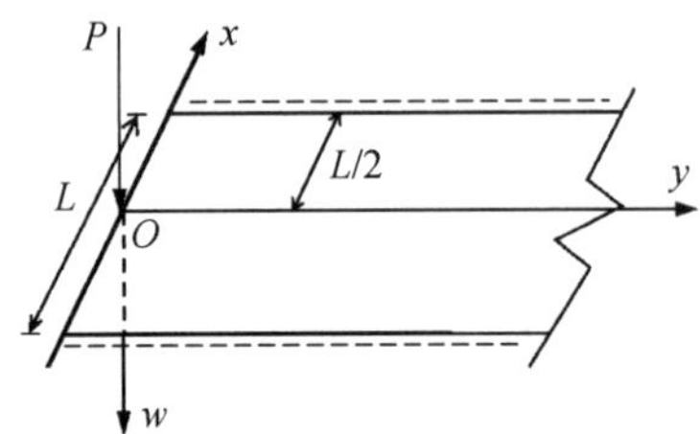

图 6-9 对边简支半无限长板端部中点作用集中力

地基板挠度方程见式(6-45),其中半无限长板的 Y_m 为

$$Y_m(y)=e^{-\gamma_m y}[A_m\cos(\eta_m y)+B_m\sin(\eta_m y)] \tag{6-53}$$

代入式(6-45)得该问题的解:

$$w=\sum_{m=1}^{\infty}e^{-\gamma_m y}[A_m\cos(\eta_m y)+B_m\sin(\eta_m y)]\sin(\alpha_m x) \tag{6-54}$$

待定常数 A_m、B_m 由端部边界条件 $M_y\mid_{y=0}=0$,$V_y\mid_{y=0}=-P$ 确定。M_y、V_y 的表达式为

$$\left.\begin{aligned}M_y&=-D\left(\frac{\partial^2 w}{\partial y^2}+\nu\frac{\partial^2 w}{\partial x^2}\right)=-D\sum_{m=1}^{\infty}\left(\frac{d^2Y_m}{dy^2}-\nu\alpha_m^2Y_m\right)\sin(\alpha_m x)\\V_y&=-D\left[\frac{\partial^3 w}{\partial x^3}+(2-\nu)\frac{\partial^3 w}{\partial y^2\partial x}\right]=-D\sum_{m=1}^{\infty}\left[\frac{d^3Y_m}{dy^3}-(2-\nu)\alpha_m^2\frac{dY_m}{dy}\right]\sin(\alpha_m x)\end{aligned}\right\} \tag{6-55}$$

将集中力 P 展开为 $\sin(\alpha_m x)$ 级数:

$$p=P\delta\left(x-\frac{L}{2},\ y\right)=\sum_{m=1}^{\infty}p_m\sin(\alpha_m x) \tag{6-56}$$

其中,$p_m=\dfrac{2P}{L}\delta(y)\sin\left(\dfrac{m\pi}{2}\right)$

代入边界条件,得到方程组:

$$\left.\begin{aligned}&(\gamma_m^2-\eta_m^2-\nu\alpha_m^2)A_m-2\gamma_m\eta_mB_m=0\\&\gamma_m[3\eta_m^2-\gamma_m^2+(2-\nu)\alpha_m^2]A_m+\eta_m[3\gamma_m^2-\eta_m^2-(2-\nu)\alpha_m^2]B_m=\frac{2P}{DL}\sin\left(\frac{m\pi}{2}\right)\end{aligned}\right\} \tag{6-57}$$

解式(6-57)得:

$$\left.\begin{aligned}&A_m=\frac{2P}{DL\Omega_m}\sin\left(\frac{m\pi}{2}\right),\quad B_m=\frac{2P}{DL\Omega_m}\alpha_m^2(1-\nu)\sin\left(\frac{m\pi}{2}\right)\\&\Omega_m=\gamma_m\{2\eta_m^2[\sqrt{\alpha_m^4l^4+1}-\nu\alpha_m^2l^2]+\alpha_m^2l^2(1-\nu)[\sqrt{\alpha_m^4l^4+1}+\nu\alpha_m^2l^2]\}\end{aligned}\right\}\quad(6\text{-}58)$$

给定集中力作用点坐标$(L/2,0)$处的板挠度为

$$\left.\begin{aligned}&w_{\max}=\frac{Pl^2}{D}\varphi_{\mathrm{w}}\\&\varphi_{\mathrm{w}}=\sum_{m=1}^{\infty}\frac{1}{\Omega_m}\left(\sin\frac{m\pi}{2}\right)^2=\sum_{n=1}^{\infty}\frac{1}{\Omega_{2n-1}}\end{aligned}\right\}\quad(6\text{-}59)$$

不同板宽度 L/l、泊松比 ν 条件下的挠度系数 φ_{w} 见图 6-10。从图 6-10 可以看到，随着板宽 L/l 加大，挠度系数 φ_{w} 迅速上升，在 $L/l=5$ 附近，达到最大，之后缓慢下降并收敛，挠度系数收敛值 $\varphi_{\mathrm{w}\infty}$ 即为无限大地基板板边作用集中力的挠度系数。不同泊松比 ν 条件下的无限大板板边作用集中力的挠度系数 $\varphi_{\mathrm{w}\infty}$ 见图 6-11。从图 6-11 可以看到，挠度系数 $\varphi_{\mathrm{w}\infty}$ 随着泊松比 ν 加大而增大，它们之间的近似关系式为

$$\varphi_{\mathrm{w}\infty}=0.408+0.107\nu+0.234\nu^2\quad(6\text{-}60)$$

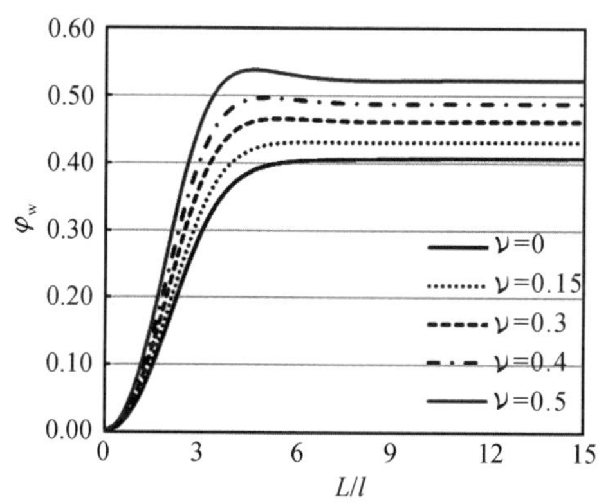

图 6-10　板边作用集中力的挠度系数 φ_{w}

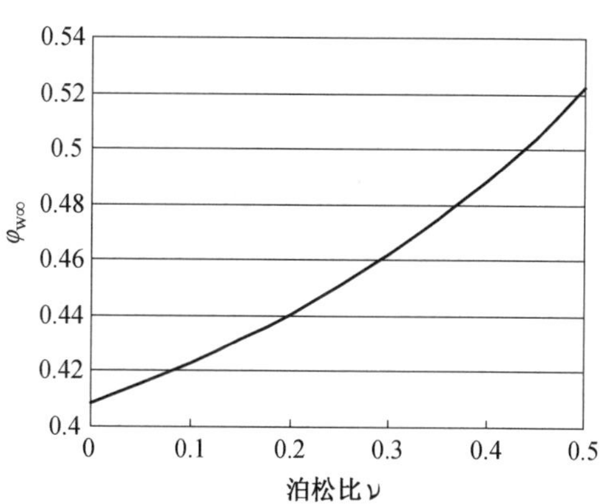

图 6-11　板边最大挠度与泊松比关系

例 6.6　集中力作用在对边简支的无限长条形板的中点，求其最大挠度。

将例 6.5 中 $y=0$ 处的边界条件改为滑支，集中力改为 $P/2$，即为本问题。

由边界条件，得到求解待定常数的方程组：

$$\left.\begin{aligned}&-\gamma_mA_m+\eta_mB_m=0\\&\gamma_m(3\eta_m^2-\gamma_m^2)A_m+\alpha_m(3\gamma_m^2-\eta_m^2)B_m=\frac{P}{DL}\sin\left(\frac{m\pi}{2}\right)\end{aligned}\right\}\quad(6\text{-}61)$$

解得待定常数 A_m、B_m：

$$A_m=\frac{P\sin\left(\frac{m\pi}{2}\right)}{2\gamma_m(\gamma_m^2+\eta_m^2)DL},\quad B_m=\frac{P\sin\left(\frac{m\pi}{2}\right)}{2\eta_m(\gamma_m^2+\eta_m^2)DL}\quad(6\text{-}62)$$

将给定集中力作用点坐标$(L/2,0)$处的板挠度为

$$
\left.\begin{aligned}
w &= \frac{Pl^2}{D}\varphi_w \\
\varphi_w &= \sum_{m=1}^{\infty} \frac{l}{\sqrt{2}L\sqrt{\sqrt{\alpha_m^4 l^4+1}+\alpha_m^2 l^2}\sqrt{\alpha_m^4 l^4+1}}
\end{aligned}\right\} \tag{6-63}
$$

不同板宽度L/l条件下的挠度系数φ_w见图 6-12,从中可以看到,随着板宽L/l加大,挠度系数φ_w迅速上升,在$L/l=4.5$附近达到最大,之后缓慢下降,最终收敛于 0.125。

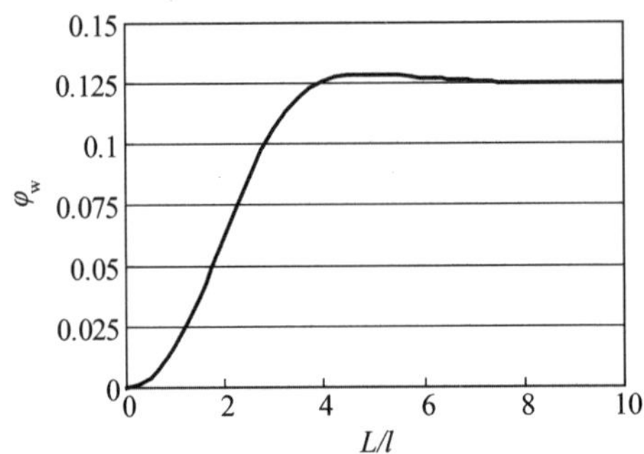

图 6-12　条形板的中点挠度系数

6.2.2　对边简支的中厚板

对边简支的 Winkler 地基上中厚板的微分方程为

$$
\left.\begin{aligned}
&[D\nabla^4+k(1-2\kappa l^2\nabla^2)]F=p \\
&\left(\nabla^2-\frac{12\phi^2}{h^2}\right)f=0
\end{aligned}\right\} \tag{6-64}
$$

其中,$\kappa=\dfrac{h^2}{12l^2\phi^2(1-\nu)}$。

中厚板的位移函数$F(x,y)$、$f(x,y)$和外荷载$p(x,y)$展开为三角级数:

$$
\left.\begin{aligned}
F &= \sum_{m=1}^{\infty} Y_m(y)\sin(\alpha_m x) \\
f &= \sum_{m=1}^{\infty} Z_m(y)\cos(\alpha_m x) \\
p &= \sum_{m=1}^{\infty} p_m(y)\sin(\alpha_m x)
\end{aligned}\right\} \tag{6-65}
$$

其中,$\alpha_m=\dfrac{m\pi}{L}$。

式(6-65)中的位移函数 $F(x, y)$、$f(x, y)$ 可以满足 $x=0$ 和 $x=L$ 两对边简支的边界条件。将其代入式(6-64)，整理得到 $Y_m(y)$、$Z_m(y)$：

$$\left.\begin{aligned} &Y_m^{(4)}-2\left(\alpha_m^2+\frac{\kappa}{l^2}\right)Y_m^{(2)}+\left(\alpha_m^4+\frac{2\kappa\alpha_m^2}{l^2}+\frac{1}{l^4}\right)Y_m=\frac{p_m}{D} \\ &\frac{\mathrm{d}^2 Z_m}{\mathrm{d}y^2}-\left(\alpha_m^2+\frac{12\phi^2}{h^2}\right)Z_m=0 \end{aligned}\right\} \tag{6-66}$$

解式(6-66)得到 $Y_m(y)$、$Z_m(y)$ 的通解为

$$\left.\begin{aligned} Y_m(y)=&\sinh(\gamma_m y)[A_{1m}\cos(\eta_m y)+A_{2m}\sin(\eta_m y)]+ \\ &\cosh(\gamma_m y)[A_{3m}\cos(\eta_m y)+A_{4m}\sin(\eta_m y)]+\hat{Y}_m(y) \\ Z_m(y)=&B_{1m}\sinh(\phi_m y)+B_{2m}\cosh(\phi_m y) \end{aligned}\right\} \tag{6-67}$$

其中，$\phi_m=\sqrt{\frac{12\phi^2}{h^2}+\alpha_m^2}$；$\gamma_m\pm \mathrm{i}\eta_m=\frac{1}{l}\sqrt{(\alpha_m l)^2+\kappa\pm \mathrm{i}\sqrt{1-\kappa^2}}$；$\hat{Y}_m(y)$ 为 $Y_m(y)$ 的特解。

双参数地基上中厚板时，$Z_m(y)$不变，$Y_m(y)$的微分方程如式[6-68(a)]所示，其解同式(6-67)，其中的参数 γ_m、η_m 如式[6-68(b)]所示。

$$(1+4\vartheta\kappa)Y_m^{(4)}-2[(1+4\vartheta\kappa)\alpha_m^2+(\kappa+\vartheta)]Y_m^{(2)}+[(1+4\vartheta\kappa)\alpha_m^4+2(\kappa+\vartheta)\alpha_m^2+1]Y_m=\frac{p_m}{k_1} \tag{6-68(a)}$$

$$\gamma_m\pm \mathrm{i}\eta_m=\frac{1}{l}\sqrt{(\alpha_m l)^2+\frac{\kappa+\vartheta\pm \mathrm{i}\sqrt{1-(\kappa-\vartheta)^2}}{1+4\vartheta\kappa}} \tag{6-68(b)}$$

中厚板另一对边($y=0$ 和 $y=B$)可满足任意边界条件，若 $y=0$ 为自由边界时，则需满足 $M_y|_{y=0}=M_{xy}|_{y=0}=Q_y|_{y=0}=0$ 条件，如式(6-69)所示，将式(6-65)代入得到如式(6-70)所示的表达式。

$$\left.\begin{aligned} &M_y|_{y=0}=-D\left[\frac{\partial^2 F}{\partial y^2}+\nu\frac{\partial^2 F}{\partial x^2}-(1-\nu)\frac{\partial^2 f}{\partial x\partial y}\right]\bigg|_{y=0}=0 \\ &M_{xy}|_{y=0}=-\frac{D}{2}(1-\nu)\left[\frac{\partial^2 F}{\partial x\partial y}-\frac{1}{2}\left(\frac{\partial^2 f}{\partial x^2}-\frac{\partial^2 f}{\partial y^2}\right)\right]\bigg|_{y=0}=0 \\ &Q_y|_{y=0}=-D\left(\frac{\partial}{\partial y}\nabla^2 F-\frac{1}{2\kappa}\frac{\partial f}{\partial x}\right)\bigg|_{y=0}=0 \end{aligned}\right\} \tag{6-69}$$

$$\left.\begin{aligned} &\left[\frac{\mathrm{d}^2 Y_m}{\mathrm{d}y^2}-\nu\alpha_m^2 Y_m+(1-\nu)\frac{\mathrm{d}Z_m}{\mathrm{d}y}\alpha_m\right]\bigg|_{y=0}=0 \\ &\left(2\frac{\mathrm{d}Y_m}{\mathrm{d}y}\alpha_m+\frac{\mathrm{d}^2 Z_m}{\mathrm{d}y^2}+\alpha_m^2 Z_m\right)\bigg|_{y=0}=0 \\ &\left(\frac{\mathrm{d}^3 Y_m}{\mathrm{d}y^3}-\alpha_m^2\frac{\mathrm{d}Y_m}{\mathrm{d}y}+\frac{1}{2\kappa}Z_m\alpha_m\right)\bigg|_{y=0}=0 \end{aligned}\right\} \tag{6-70}$$

若 $y=B$ 为固定边界，则需满足 $w\mid_{y=B}=\left.\frac{\partial w}{\partial y}\right|_{y=B}=\psi_y\mid_{y=B}=0$ 条件，如式(6-71)所示，将式(6-65)代入，得到如式(6-72)所示的表达式。

$$\left.\begin{aligned}&w\mid_{y=0}=(1-2\kappa\ \nabla^2)F\mid_{y=B}=0\\&\left.\frac{\partial w}{\partial y}\right|_{y=0}=\frac{\partial}{\partial y}(1-2\kappa\ \nabla^2)F\mid_{y=B}=0\\&\psi_y\mid_{y=0}=h\left(\frac{\partial F}{\partial y}-\frac{\partial f}{\partial x}\right)\bigg|_{y=B}=0\end{aligned}\right\}\tag{6-71}$$

$$\left.\begin{aligned}&\left[-2\kappa\frac{\mathrm{d}^2Y_m}{\mathrm{d}y^2}+(2\kappa\alpha_m^2+1)Y_m\right]\bigg|_{y=B}=0\\&\left[-2\kappa\frac{\mathrm{d}^3Y_m}{\mathrm{d}y^3}+(2\kappa\alpha_m^2+1)\frac{\mathrm{d}Y_m}{\mathrm{d}y}\right]\bigg|_{y=B}=0\\&\left(\frac{\mathrm{d}Y_m}{\mathrm{d}y}+\alpha_m^2Z_m\right)\bigg|_{y=B}=0\end{aligned}\right\}\tag{6-72}$$

若 $y=L$ 为滑支边界，则需满足 $\psi_y\mid_{y=B}=Q_y\mid_{y=B}=M_{xy}\mid_{y=B}=0$ 条件，如式(6-73)所示，将式(6-60)代入得到如式(6-74)所示的表达式。

$$\left.\begin{aligned}&\psi_y\mid_{y=B}=h\left(\frac{\partial F}{\partial y}-\frac{\partial f}{\partial x}\right)\bigg|_{y=B}=0\\&M_{xy}\mid_{y=B}=-\frac{D}{2}(1-\nu)\left[\frac{\partial^2F}{\partial x\partial y}-\frac{1}{2}\left(\frac{\partial^2f}{\partial x^2}-\frac{\partial^2f}{\partial y^2}\right)\right]\bigg|_{y=B}=0\\&Q_y\mid_{y=B}=-D\left(\frac{\partial}{\partial y}\nabla^2F-\frac{1}{2\kappa}\frac{\partial f}{\partial x}\right)\bigg|_{y=B}=0\end{aligned}\right\}\tag{6-73}$$

$$\left.\begin{aligned}&\left(\frac{\mathrm{d}Y_m}{\mathrm{d}y}+\alpha_mZ_m\right)\bigg|_{y=B}=0\\&\left(2\frac{\mathrm{d}Y_m}{\mathrm{d}y}\alpha_m+\frac{\mathrm{d}^2Z_m}{\mathrm{d}y^2}+\alpha_m^2Z_m\right)\bigg|_{y=B}=0\\&\left(\frac{\mathrm{d}^3Y_m}{\mathrm{d}y^3}-\alpha_m^2\frac{\mathrm{d}Y_m}{\mathrm{d}y}+\frac{\alpha_m}{2\kappa}Z_m\right)\bigg|_{y=B}=0\end{aligned}\right\}\tag{6-74}$$

两条对边共计 6 个边界条件，从而可求解式(6-67)中的 6 个待定常数：A_{1m}、A_{2m}、A_{3m}、A_{4m}、B_{1m}、B_{2m}。

例 6.7 如图 6-13 所示的 Winkler 地基上中厚板，$x=0$ 为简支，$y=0$ 和 $x=L$ 为两边滑支，$y=B$ 为广义滑支，已知转角为 $\phi_B(x)$，求板的挠度及转角。

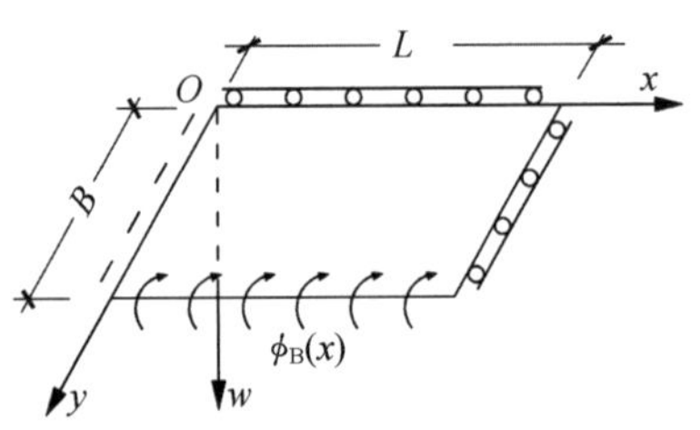

图 6-13 已知某边转角的 Winkler 地基中厚板

基于 x 轴的两对边分别为一简支、另一滑支的情况，将位移函数展开为

$$
\left.\begin{aligned}
F=&\sum_{m=0}^{\infty}[A_{1m}\cosh(\gamma_m y)\cos(\eta_m y)+A_{2m}\sinh(\gamma_m y)\sin(\eta_m y)+A_{3m}\sinh(\gamma_m y)\cos(\eta_m y)+\\
&A_{4m}\cosh(\gamma_m y)\sin(\eta_m y)]\sin(\hat{\alpha}_m x)\\
f=&\sum_{m=1}^{\infty}[B_{1m}\sinh(\lambda_{ym}y)+B_{2m}\cosh(\lambda_{ym}y)]\cos(\hat{\alpha}_m x)
\end{aligned}\right\}
\tag{6-75}
$$

其中，$\gamma_m\pm i\eta_m=\frac{1}{l}\sqrt{(\hat{\alpha}_m l)^2+\kappa\pm i\sqrt{1-\kappa^2}}$，$\hat{\alpha}_m=\frac{(2m+1)\pi}{2L}$，$\lambda_{ym}=\sqrt{\hat{\alpha}_m^2+\frac{12\phi^2}{h^2}}$。

将已知转角展开为与式(6-75)同形式的三角级数：

$$
\phi_B(x)=\sum_{m=1}^{\infty}\phi_m\sin(\hat{\alpha}_m x)
\tag{6-76}
$$

式(6-75)可满足 $x=0$ 简支、$x=L$ 滑支的边界条件。再应用 $y=0$ 的三个滑支边界条件：

$$
\left.\begin{aligned}
&\psi_y\big|_{y=0}=\frac{\partial F}{\partial y}\bigg|_{y=0}=0\\
&M_{xy}\big|_{y=0}=-\frac{D}{2}(1-\nu)\left[\frac{\partial^2 F}{\partial x\partial y}-\frac{1}{2}\left(\frac{\partial^2 f}{\partial x^2}-\frac{\partial^2 f}{\partial y^2}\right)\right]\bigg|_{y=0}=0\\
&Q_y\big|_{y=0}=-D\left(\frac{\partial}{\partial y}\nabla^2 F-\frac{1}{2\kappa}\frac{\partial f}{\partial x}\right)\bigg|_{y=0}=0
\end{aligned}\right\}
\tag{6-77}
$$

将式(6-75)代入式(6-77)，得到 $A_{3m}=A_{4m}=B_{2m}=0$。再应用 $y=L$ 的三个广义滑支边界条件：

$$
\left.\begin{aligned}
&\psi_y\big|_{y=B}=\frac{\partial F}{\partial y}\bigg|_{y=B}=\sum_{m=1}^{\infty}\phi_m\sin(\hat{\alpha}_m x)\\
&M_{xy}\big|_{y=B}=-\frac{D}{2}(1-\nu)\left[\frac{\partial^2 F}{\partial x\partial y}-\frac{1}{2}\left(\frac{\partial^2 f}{\partial x^2}-\frac{\partial^2 f}{\partial y^2}\right)\right]\bigg|_{y=B}=0\\
&Q_y\big|_{y=B}=-D\left(\frac{\partial}{\partial y}\nabla^2 F-\frac{1}{2\kappa}\frac{\partial f}{\partial x}\right)\bigg|_{y=B}=0
\end{aligned}\right\}
\tag{6-78}
$$

从而解得：

$$
A_{1m}=\chi_{1m}\phi_m,\quad A_{2m}=\chi_{2m}\phi_m,\quad B_{1m}=\chi_{3m}\phi_m
\tag{6-79}
$$

其中，$\chi_{1m}[\gamma_m\cosh(\gamma_m B)\cos(\eta_m B)-\eta_m\sinh(\gamma_m B)\sin(\eta_m B)]+\chi_{2m}[\gamma_m\sinh(\gamma_m B)\sin(\eta_m B)+\eta_m\cosh(\gamma_m B)\cos(\eta_m B)]=1$，

$\chi_{1m}[\gamma_m(\gamma_m^2-3\eta_m^2-\hat{\alpha}_m^2)\cosh(\gamma_m y)\cos(\eta_m y)-\eta_m(3\gamma_m^2-\eta_m^2-\hat{\alpha}_m^2)\sinh(\gamma_m y)\sin(\eta_m y)]+\chi_{2m}[\gamma_m(\gamma_m^2-3\eta_m^2-\hat{\alpha}_m^2)\sinh(\gamma_m y)\sin(\eta_m y)+\eta_m(3\gamma_m^2-\eta_m^2-\hat{\alpha}_m^2)\cosh(\gamma_m y)\cos(\eta_m y)]=-\frac{1}{2\kappa}\chi_{3m}$，

$\chi_{3m}=\frac{2\hat{\alpha}_m}{(\lambda_{ym}^2+\hat{\alpha}_m^2)\sinh(\lambda_{ym}B)}$。

6.2.3 对边简(滑)支的正交异性板

对边简(滑)支的 Winkler 地基上正交异性板的挠度 $w(x, y)$的展开式同式(6-45),代入其微分方程式(6-30),整理得到:

$$D_y Y_m^{(4)} - 2D_{xy}\alpha_m^2 Y_m^{(2)} + (D_x\alpha_m^4 + k)Y_m = p_m \tag{6-80}$$

式(6-80)的齐次解特征方程为

$$D_y\lambda^4 - 2D_{xy}\alpha_m^2\lambda^2 + (D_x\alpha_m^4 + k) = 0 \tag{6-81}$$

式(6-81)的解为

$$\lambda_{1,2,3,4} = \pm\alpha_m\sqrt{\frac{D_{xy}}{D_y} \pm \mathrm{i}\sqrt{\frac{D_x}{D_y} + \frac{k}{\alpha_m^4 D_y} - \left(\frac{D_{xy}}{D_y}\right)^2}} = \pm\gamma_m \pm \mathrm{i}\eta_m \tag{6-82}$$

由此得到 Y_m 与式(6-51)相同形式的解。

例 6.8 对边简支、另对边自由的 Winkler 地基上正交各向异性方形板,自由边的边缘中部有局部方形均布荷载作用,求荷载作用于自由缘边中点时的板挠度解。

直角坐标系的原点设于板一角隅,方板尺寸记作 $L \times L$,局部方形均布荷载的尺寸记作 $a_p \times a_p$,荷载中心点坐标为$(L/2, a_p/2)$,见图 6-14。

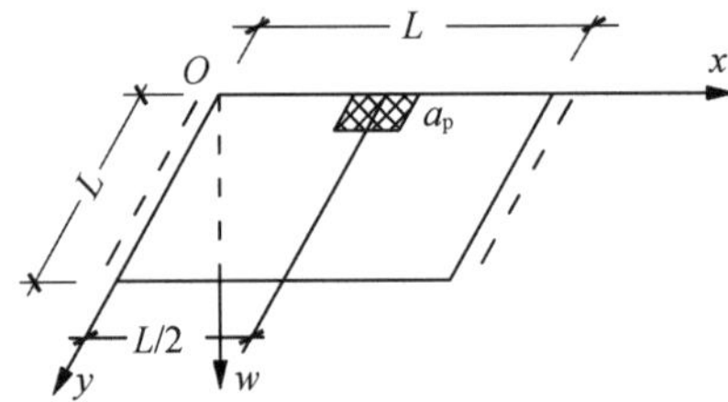

图 6-14 对边简支的 Winkler 地基正交各向异性板

根据题意,外荷载可表示为

$$p(x, y) = p_0\left[\mathrm{H}\left(x - \frac{L}{2} + \frac{a_p}{2}\right) - \mathrm{H}\left(x - \frac{L}{2} - \frac{a_p}{2}\right)\right][1 - \mathrm{H}(y - a_p)] \tag{6-83}$$

将外荷载展开为

$$p(x, y) = \sum_{m=1}^{\infty} p_m \sin(\alpha_m x) \tag{6-84}$$

其中, $p_m = \dfrac{2}{L}\displaystyle\int_0^L p(x, y)\sin(\alpha_m x)\mathrm{d}x$

$$= \frac{2p_0}{L}[1 - \mathrm{H}(y - a_p)]\int_0^L\left[\mathrm{H}\left(x - \frac{L}{2} + \frac{a_p}{2}\right) - \mathrm{H}\left(x - \frac{L}{2} - \frac{a_p}{2}\right)\right]\sin(\alpha_m x)\mathrm{d}x$$

$$= \frac{4p_0}{L}[1 - \mathrm{H}(y - a_p)]\cos(m\pi)\sin(\alpha_m a_p)。$$

本问题的通解可表示为

$$w=\sum_{m=1}^{\infty}Y_m(y)\sin(\alpha_m x) \tag{6-85}$$

将式(6-85)代入其微分方程,可得到 $Y_m(y)$ 的表达式为

$$Y_m(y)=\begin{cases}\sinh(\gamma_m y)[A_{1m}\cos(\eta_m y)+A_{2m}\sin(\eta_m y)]+\\ \cosh(\gamma_m y)[A_{3m}\cos(\eta_m y)+A_{4m}\sin(\eta_m y)]+\dfrac{p_m}{D_x\alpha_m^4+k}, & 0\leqslant y\leqslant a_{\mathrm{p}}\\ \sinh(\gamma_m y)[B_{1m}\cos(\eta_m y)+B_{2m}\sin(\eta_m y)]+\\ \cosh(\gamma_m y)[B_{3m}\cos(\eta_m y)+B_{4m}\sin(\eta_m y)], & y>a_{\mathrm{p}}\end{cases} \tag{6-86}$$

利用 $y=a_{\mathrm{p}}$ 处的板挠度、转角、弯矩与剪力的连续条件,以及 $y=0$、B 的板自由边界条件,可确定式中的 8 个待定常数:A_{1m}、A_{2m}、A_{3m}、A_{4m}、B_{1m}、B_{2m}、B_{3m}、B_{4m}。它需求解八元线性方程组,也可按下述方法将其视为对称与反对称性结构的组合,改求两个四元线性方程组。

$$\left.\begin{aligned}&Y_m(y)=Y_{1.m}(y)+Y_{2.m}(y)\\ &Y_{1.m}(y)=\begin{cases}A_{2m}\sin(\eta_m y)\sinh(\gamma_m y)+A_{3m}\cos(\eta_m y)\cosh(\gamma_m y)+\dfrac{p_m}{2(D_x\alpha_m^4+k)}, & 0\leqslant y\leqslant a_{\mathrm{p}}\\ B_{2m}\sin(\eta_m y)\sinh(\gamma_m y)+B_{3m}\sin(\eta_m y)\cosh(\gamma_m y), & y>a_{\mathrm{p}}\end{cases}\\ &Y_{2.m}(y)=\begin{cases}A_{1m}\cos(\eta_m y)\sinh(\gamma_m y)+A_{4m}\sin(\eta_m y)\cosh(\gamma_m y)+\dfrac{p_m}{2(D_x\alpha_m^4+k)}, & 0\leqslant y\leqslant a_{\mathrm{p}}\\ B_{1m}\cos(\eta_m y)\sinh(\gamma_m y)+B_{4m}\sin(\eta_m y)\cosh(\gamma_m y), & y>a_{\mathrm{p}}\end{cases}\end{aligned}\right\} \tag{6-87}$$

对称问题的 $Y_{1.m}(y)$,$y=a_{\mathrm{p}}$ 的连续条件为挠度与弯矩连续,边界条件是弯矩为零,而其非对称的连续及边界条件自然满足。反对称问题的 $Y_{2.m}(y)$,$y=a_{\mathrm{p}}$ 的连续条件为转角与剪力连续,边界条件是剪力为零,而其对称的连续及边界条件自然满足。

6.2.4　莱维解的推广

莱维解很容易推广至半无限大板问题。下面讨论一个已知边缘弯矩与剪力的 Winkler 地基上半无限大薄板问题。

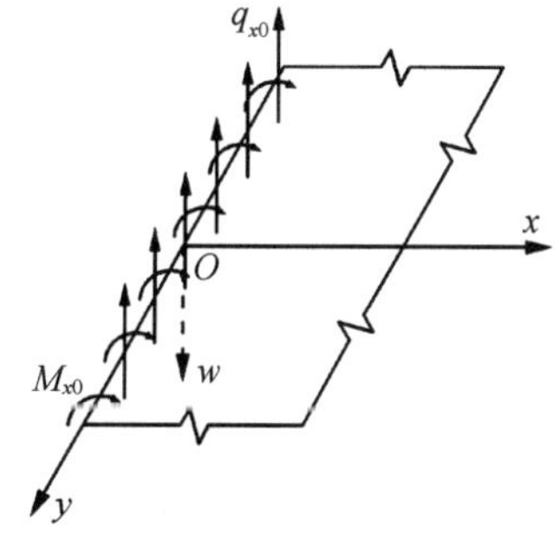

图 6-15　已知边缘弯矩与剪力的双参数地基上半无限薄板

如图 6-15 所示的已知边缘弯矩与剪力的 Winkler 地基上薄板,其微分方程与边界条件为

$$\left.\begin{aligned}&D\nabla^4 w+kw=0\\&-D\left(\frac{\partial^2 w}{\partial x^2}+\nu\frac{\partial^2 w}{\partial y^2}\right)\bigg|_{x=0}=m_{x0}(y)\\&-D\left[\frac{\partial^3 w}{\partial x^3}+(2-\nu)\frac{\partial^3 w}{\partial y^2\partial x}\right]\bigg|_{x=0}=q_{x0}(y)\end{aligned}\right\}\tag{6-88}$$

式中，m_{x0}、q_{x0} 分别为 $x=0$ 边缘的弯矩与剪力。

若边缘弯矩 m_{x0} 与剪力 q_{x0} 对 y 轴有对称性时，则将板挠度的 y 轴方向进行余弦变换：

$$\bar{w}_y(x,\alpha)=\int_0^\infty w(x,y)\cos(\alpha y)\mathrm{d}y\tag{6-89}$$

代入板微分方程则有：

$$\frac{\mathrm{d}^4\bar{w}_y}{\mathrm{d}x^4}-2\alpha^2\frac{\mathrm{d}^2\bar{w}_y}{\mathrm{d}x^2}+(\alpha^4+1)\varphi=0\tag{6-90}$$

其中，$\alpha^2\bar{w}_y(x,\alpha)=-\int_0^\infty\frac{\partial^2 w(x,y)}{\partial y^2}\cos(\alpha y)\mathrm{d}y$，$\alpha^4\bar{w}_y(x,\alpha)=\int_0^\infty\frac{\partial^4 w(x,y)}{\partial y^4}\cos(\alpha y)\mathrm{d}y$。

式(6-90)的特征方程：

$$\lambda^4-2\alpha^2\lambda^2+\alpha^4+1=0\tag{6-91}$$

式(6-91)的 4 个根为

$$\lambda_{1,2,3,4}=\pm\sqrt{\alpha^2\pm\mathrm{i}}=\pm\gamma\pm\mathrm{i}\eta。$$

则板挠度的 y 轴余弦变换 $\bar{w}_y$ 的解为

$$\bar{w}_y=\mathrm{e}^{-\gamma x}[B_1\sin(\eta x)+B_2\cos(\eta x)]\tag{6-92}$$

将边缘弯矩 m_0 与剪力 p_0 进行余弦变换：

$$\left.\begin{aligned}&m_{x0}(y)=\frac{2}{\pi}\int_0^\infty\bar{m}_{x0}(y)\cos(\alpha y)\mathrm{d}\alpha,\quad \bar{m}_{x0}(\alpha)=\int_0^\infty m_{x0}(y)\cos(\alpha y)\mathrm{d}y\\&q_{x0}(y)=\frac{2}{\pi}\int_0^\infty\bar{q}_{x0}(y)\cos(\alpha y)\mathrm{d}\alpha,\quad \bar{q}_{x0}(\alpha)=\int_0^\infty q_{x0}(y)\cos(\alpha y)\mathrm{d}y\end{aligned}\right\}\tag{6-93}$$

应用式(6-88)中的边界条件得到：

$$\left.\begin{aligned}&-D\left(\frac{\partial^2\bar{w}_y}{\partial^2 x}-\nu\alpha^2\bar{w}_y\right)\bigg|_{x=0}=\bar{m}_{x0}(\alpha)\\&-D\left[\frac{\partial^3\bar{w}_y}{\partial^3 x}-(2-\nu)\alpha^2\frac{\partial\bar{w}_y}{\partial x}\right]\bigg|_{x=0}=\bar{q}_{x0}(\alpha)\end{aligned}\right\}\tag{6-94}$$

其中，$\left.\dfrac{\partial \bar{w}_y}{\partial x}\right|_{x=0}=\eta B_1-\gamma B_2$，

$\left.\dfrac{\partial^2 \bar{w}_y}{\partial x^2}\right|_{x=0}=-2\gamma\eta B_1+(\gamma^2-\eta^2)B_2$，

$\left.\dfrac{\partial^3 \bar{w}_y}{\partial x^3}\right|_{x=0}=(3\gamma^2-\eta^2)\eta B_1-(\gamma^2-3\eta^2)\gamma B_2$。

待定常数 B_1、B_2 可由式(6-95)求出。

$$\left.\begin{aligned}&-2\gamma\eta B_1+(\gamma^2-\eta^2-\nu\alpha^2)B_2=-\frac{1}{D}\bar{m}_{x0}(\alpha)\\&[3\gamma^2-\eta^2-(2-\nu)\alpha^2]\eta B_1-[\gamma^2-3\eta^2-(2-\nu)\alpha^2]\gamma B_2=-\frac{1}{D}\bar{q}_{x0}(\alpha)\end{aligned}\right\}\tag{6-95}$$

求得函数 $\bar{w}_y$ 之后，再对其进行余弦逆变换，即可求得板挠度 w：

$$w(x,\ y)=\frac{2}{\pi}\int_0^\infty \bar{w}_y(x,\ \alpha)\cos(\alpha y)\mathrm{d}\alpha\tag{6-96}$$

由于边界无限长，无端部问题，因此上述问题对于双参数地基薄板也适用。已知边缘弯矩与剪力的双参数地基上薄板问题可表达为

$$\left.\begin{aligned}&D\ \nabla^4 w-k_2\ \nabla^4 w+k_1 w=0\\&-D\left(\frac{\partial^2 w}{\partial x^2}+\nu\frac{\partial^2 w}{\partial y^2}\right)\bigg|_{x=0}=m_{x0}(y)\\&-D\left[\frac{\partial^3 w}{\partial x^3}+(2-\nu)\frac{\partial^3 w}{\partial y^2\partial x}\right]\bigg|_{x=0}=q_{x0}(y)+V_{x0}(y)\end{aligned}\right\}\tag{6-97}$$

式中，V_{x0} 为 $x=0$ 的双参数地基边界反力。

双参数地基的边界反力余弦变换 $\bar{V}_{x0}$ 可表示为

$$\bar{V}_{x0}(\alpha)=k_2\left(\sqrt{\lambda_{\mathrm{k}}^2+\alpha^2}\,\bar{w}\ |_{x=0}-\bar{\theta}_x\ |_{x=0}\right)\tag{6-98}$$

其中，$\bar{w}\ |_{x=0}$ 和 $\bar{\theta}_x\ |_{x=0}$ 分别为板在 $x=0$ 边界处的挠度与转角的余弦变换：

$$\left.\begin{aligned}&\bar{w}\ |_{x=0}=\bar{w}_y(0,\ \alpha)=\int_0^\infty w(0,\ y)\cos(\alpha y)\mathrm{d}y\\&\bar{\theta}\ |_{x=0}=\frac{\partial \bar{w}_y}{\partial x}\bigg|_{x=0}=\int_0^\infty \frac{\partial w(x,\ y)}{\partial x}\bigg|_{x=0}\cos(\alpha y)\mathrm{d}y\end{aligned}\right\}\tag{6-99}$$

代入板微分方程则有：

$$\frac{\mathrm{d}^4 \bar{w}_y}{\mathrm{d}x^4}-2(\vartheta+\alpha^2)\frac{\mathrm{d}^2 \bar{w}_y}{\mathrm{d}x^2}+(\alpha^4+2\vartheta\alpha^2+1)\bar{w}_y=0\tag{6-100}$$

式(6-100)的特征方程及根为

$$\left.\begin{aligned}&\lambda^4-2(\vartheta+\alpha^2)\lambda^2+(\alpha^4+2\vartheta\alpha^2+1)=0\\&\lambda_{1,2,3,4}=\pm\sqrt{(\vartheta+\alpha^2)\pm\mathrm{i}\sqrt{1-\vartheta^2}}=\pm\gamma\pm\mathrm{i}\eta\end{aligned}\right\}\tag{6-101}$$

函数 $\bar{w}_y$ 解的形式同式(6-92)。代入式(6-97)中的边界条件,得到用于求解 B_1、B_2 的线性方程组:

$$\left.\begin{aligned}&\left(\frac{\partial^2\bar{w}_y}{\partial^2 x}-\nu\alpha^2\bar{w}_y\right)\Big|_{x=0}=-\frac{\bar{m}_{x0}(\alpha)}{D}\\&\left\{\frac{\partial^3\bar{w}_y}{\partial^3 x}-\left[\frac{k_2}{D}+(2-\nu)\alpha^2\right]\frac{\partial\bar{w}_y}{\partial x}+\frac{k_2}{D}\sqrt{\lambda_{\mathrm{k}}^2+\alpha^2}\,\bar{w}_y\right\}\Big|_{x=0}=-\frac{\bar{q}_{x0}(\alpha)}{D}\end{aligned}\right\}\tag{6-102}$$

当边缘弯矩与剪力反对称原点时,进行正弦变换即可。一般荷载拆分为对称与反对称荷载之叠加,或通过傅里叶变换求解。

6.3 Winkler 地基上四边自由正交异性矩形板

想要严格满足板四边自由边界要求是较为困难的。下面介绍了引入板刚性位移,二重三角级数开展,且需求解超大线性方程组的 Winkler 地基上四边自由正交异性矩形板的级数解法。

直角坐标系原点设于矩形板中点,见图 6-16。

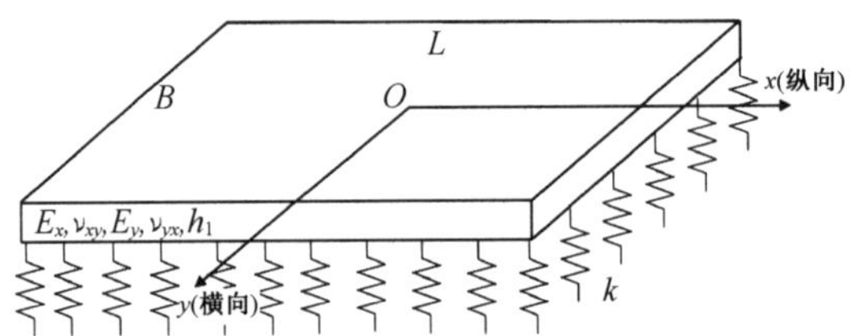

图 6-16 Winkler 地基上正交异性板示意

取 x 轴为弹性主方向(纵向),在 Winkler 地基上正交异性矩形薄板弯曲时挠曲面的微分方程为

$$D_x\frac{\partial^4 w}{\partial x^4}+2D_{xy}\frac{\partial^4 w}{\partial x^2\partial y^2}+D_y\frac{\partial^4 w}{\partial y^4}+kw=p(x,y)\tag{6-103}$$

4 条自由边界应满足边界弯矩 $M_{x(y)}$、广义剪力 $V_{x(y)}$ 为零的条件,4 条自由边总计 8 个边界条件,式(6-103)为 4 阶两变量偏微分方程,有 8 个待定常数,但 4 条自由边的 4 个角点反力尚应满足零的条件,故需引入待定量加以补充。已往研究[64, 131]中引入板的刚体位移和纯扭曲,其板位移函数为

$$w=\bar{w}+\bar{\omega}_0+\bar{\omega}_x x+\bar{\omega}_y y+\bar{\omega}_{xy}xy \tag{6-104}$$

式中，$\bar{\omega}_0$、$\bar{\omega}_x$、$\bar{\omega}_y$、$\bar{\omega}_{xy}$ ——待定常数；

$\bar{\omega}_0$——板刚体下沉；

$\bar{\omega}_x x$ ——板绕 x 轴的刚体转动；

$\bar{\omega}_y y$ ——板绕 y 轴的刚体转动；

$\bar{\omega}_{xy}xy$ ——板纯扭曲变形。

文献[84]和文献[132]研究表明，4 个角点反力为零条件只有 3 个是独立，板纯扭曲项不存在。当外荷载对称于 x 轴和 y 轴时，仅有板刚体下沉项 $\bar{\omega}_0$；当外荷载对称于 x 轴而反对称于 y 轴时，仅有板刚体转动项 $\bar{\omega}_y$；当外荷载对称于 y 轴而反对称于 x 轴时，仅有板刚体转动项 $\bar{\omega}_x$；当外荷载反对称于 x 轴和 y 轴时，4 个角点反力为零自动满足。因此，式(6-104)中应撤去纯扭曲变形项，剩下板刚体下沉项及绕 x 轴和 y 轴的刚体转动项这三项。

将撤去纯扭曲变形项后的式(6-104)代入式(6-103)得到：

$$D_x\frac{\partial^4\bar{w}}{\partial x^4}+2D_{xy}\frac{\partial^4\bar{w}}{\partial x^2\partial y^2}+D_y\frac{\partial^4\bar{w}}{\partial y^4}+kw=p(x,\ y)-k(\bar{\omega}_0+\bar{\omega}_x x+\bar{\omega}_y y) \tag{6-105}$$

微分方程式(6-105)的解由齐次解 $\tilde{w}$ 和特解 $\hat{w}$ 之和构成，其中，齐次解满足式(6-106)，特解为满足式(6-107)的任意一个解，4 条边自由的边界条件由通解 $\bar{w}=\tilde{w}+\hat{w}$ 共同满足。

$$D_x\frac{\partial^4\tilde{w}}{\partial x^4}+2D_{xy}\frac{\partial^4\tilde{w}}{\partial x^2\partial y^2}+D_y\frac{\partial^4\tilde{w}}{\partial y^4}+k\tilde{w}=0 \tag{6-106}$$

$$D_x\frac{\partial^4\hat{w}}{\partial x^4}+2D_{xy}\frac{\partial^4\hat{w}}{\partial x^2\partial y^2}+D_y\frac{\partial^4\hat{w}}{\partial y^4}+k\hat{w}=p(x,\ y)-k(\bar{\omega}_0+\bar{\omega}_x x+\bar{\omega}_y y) \tag{6-107}$$

齐次解由 x、y 二维莱维解叠加构成，即

$$\tilde{w}=\sum_{m=1,\ 3,\ \cdots}^{\infty}Y_m[C_{x.m}\cos(\alpha_m x)+S_{x.m}\sin(\alpha_m x)]+\sum_{n=1,\ 3,\ \cdots}^{\infty}X_n[C_{y.n}\cos(\beta_n y)+S_{y.n}\sin(\beta_n y)] \tag{6-108}$$

其中，$\alpha_m=\dfrac{m\pi}{L}$，$\beta_n=\dfrac{n\pi}{B}$。

将式(6-108)代入式(6-106)解得：

$$\left.\begin{aligned}D_y\frac{\mathrm{d}^4Y_m}{\mathrm{d}y^4}-2D_{xy}\alpha_m^2\frac{\mathrm{d}^2Y_m}{\mathrm{d}y^2}+(D_x\alpha_m^4+k)Y_m=0\\D_x\frac{\mathrm{d}^4X_n}{\mathrm{d}x^4}-2D_{xy}\beta_n^2\frac{\mathrm{d}^2X_n}{\mathrm{d}x^2}+(D_y\beta_n^4+k)X_n=0\end{aligned}\right\} \tag{6-109}$$

微分方程式(6-109)的特征根为

$$\lambda_{Y1,2,3,4}=\pm\sqrt{\left(\frac{D_{xy}}{D_y}\right)\alpha_m^2\pm \mathrm{i}\sqrt{\frac{k}{D_y}-\left[\left(\frac{D_{xy}}{D_y}\right)^2-\frac{D_x}{D_y}\right]\alpha_m^4}}=\pm\gamma_{1m}\pm \mathrm{i}\gamma_{2m},$$

$$\lambda_{X1,2,3,4}=\pm\sqrt{\left(\frac{D_{xy}}{D_x}\right)\beta_n^2\pm \mathrm{i}\sqrt{\frac{k}{D_x}-\left[\left(\frac{D_{xy}}{D_x}\right)^2-\frac{D_y}{D_x}\right]\beta_n^4}}=\pm\eta_{1n}\pm \mathrm{i}\eta_{2n}。$$

由此得到：

$$\left.\begin{aligned}Y_m&=[A_{1m}\cos(\gamma_{2m}y)+A_{2m}\sin(\gamma_{2m}y)]\cosh(\gamma_{1m}y)+[A_{3m}\cos(\gamma_{2m}y)+A_{4m}\sin(\gamma_{2m}y)]\sinh(\gamma_{1m}y)\\X_n&=[B_{1n}\cos(\eta_{2n}x)+B_{2n}\sin(\eta_{2n}x)]\cosh(\eta_{1n}x)+[B_{3n}\cos(\eta_{2n}x)+B_{4n}\sin(\eta_{2n}x)]\sinh(\eta_{1n}x)\end{aligned}\right\}\tag{6-110}$$

基于式(6-110)形式的齐次解 $\tilde{w}$ 引起的板弯矩 $\tilde{M}_x$、$\tilde{M}_y$，广义剪力 $\tilde{V}_x$、$\tilde{V}_y$ 和扭矩 $\tilde{M}_{xy}$ 分别为

$$\left.\begin{aligned}
\tilde{M}_x&=-D_x\Big\{\sum_{m=1,3,\cdots}^{\infty}\left(\nu_{yx}\frac{\mathrm{d}^2Y_m}{\mathrm{d}y^2}-\alpha_m^2Y_m\right)[C_{x.m}\cos(\alpha_mx)+S_{x.m}\sin(\alpha_mx)]+\\
&\qquad\sum_{n=1,3,\cdots}^{\infty}\left(\frac{\mathrm{d}^2X_n}{\mathrm{d}x^2}-\nu_{yx}\beta_n^2X_n\right)[C_{y.n}\cos(\beta_ny)+S_{y.n}\sin(\beta_ny)]\Big\}\\
\tilde{M}_y&=-D_y\Big\{\sum_{m=1,3,\cdots}^{\infty}\left(\frac{\mathrm{d}^2Y_m}{\mathrm{d}y^2}-\nu_{xy}\alpha_m^2Y_m\right)[C_{x.m}\cos(\alpha_mx)+S_{x.m}\sin(\alpha_mx)]+\\
&\qquad\sum_{n=1,3,\cdots}^{\infty}\left(\nu_{xy}\frac{\mathrm{d}^2X_n}{\mathrm{d}x^2}-\beta_n^2X_n\right)[C_{y.n}\cos(\beta_ny)+S_{y.n}\sin(\beta_ny)]\Big\}\\
\tilde{V}_x&=-D_x\Big\{\sum_{m=1,3,\cdots}^{\infty}\alpha_m\left[\alpha_m^2Y_m-\left(4\frac{D_\mathrm{k}}{D_x}+\nu_{yx}\right)\frac{\mathrm{d}^2Y_m}{\mathrm{d}y^2}\right][C_{x.m}\sin(\alpha_mx)-S_{x.m}\cos(\alpha_mx)]+\\
&\qquad\sum_{n=1,3,\cdots}^{\infty}\left[\frac{\mathrm{d}^3X_n}{\mathrm{d}x^3}-\left(4\frac{D_\mathrm{k}}{D_x}+\nu_{yx}\right)\beta_n^2\frac{\mathrm{d}X_n}{\mathrm{d}x}\right][C_{y.n}\cos(\beta_ny)+S_{y.n}\sin(\beta_ny)]\Big\}\\
\tilde{V}_y&=-D_y\Big\{\sum_{m=1,3,\cdots}^{\infty}\left[\frac{\mathrm{d}^3Y_m}{\mathrm{d}y^3}-\left(4\frac{D_\mathrm{k}}{D_y}+\nu_{xy}\right)\alpha_n^2\frac{\mathrm{d}Y_m}{\mathrm{d}y}\right][C_{x.m}\cos(\alpha_mx)+S_{x.m}\sin(\alpha_mx)]+\\
&\qquad\sum_{n=1,3,\cdots}^{\infty}\beta_n\left[\beta_n^2X_n-\left(4\frac{D_\mathrm{k}}{D_y}+\nu_{xy}\right)\frac{\mathrm{d}^2X_n}{\mathrm{d}x^2}\right][C_{y.n}\sin(\beta_ny)-S_{y.n}\cos(\beta_ny)]\Big\}\\
\tilde{M}_{xy}&=2D_\mathrm{k}\Big\{\sum_{m=1,3,\cdots}^{\infty}\alpha_m\frac{\mathrm{d}Y_m}{\mathrm{d}y}[C_{x.m}\sin(\alpha_mx)-S_{x.m}\cos(\alpha_mx)]+\\
&\qquad\sum_{n=1,3,\cdots}^{\infty}\beta_n\frac{\mathrm{d}X_n}{\mathrm{d}x}[C_{y.n}\sin(\beta_ny)-S_{y.n}\cos(\beta_ny)]\Big\}
\end{aligned}\right\}\tag{6-111}$$

对于作用任意外荷载的地基板而言，均可分解为如图 6-17 所示的双轴对称，x 轴对称、y 轴反对称，y 轴对称、x 轴反对称及双轴反对称四种情况的叠加。

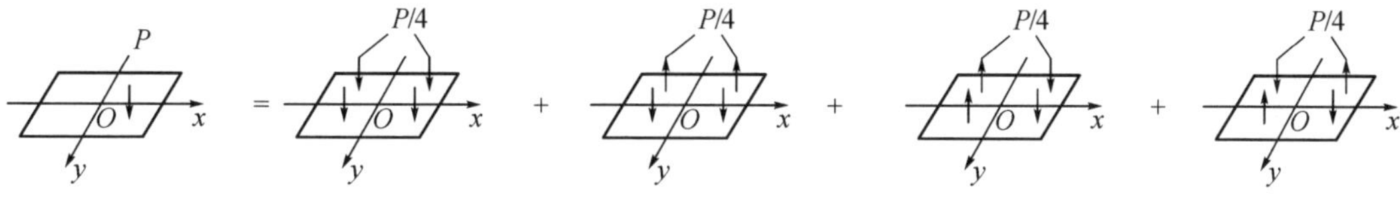

图 6-17　任意荷载的分解

板竖向外荷载 $p(x, y)$展开为如下形式的双三角级数：

$$p(x, y)=\sum_{m=1,3,\cdots}^{\infty}\sum_{n=1,3,\cdots}^{\infty}[p_{1mn}\cos(\alpha_m x)\cos(\beta_n y)+p_{2mn}\cos(\alpha_m x)\sin(\beta_n y)+p_{3mn}\sin(\alpha_m x)\cos(\beta_n y)+p_{4mn}\sin(\alpha_m x)\sin(\beta_n y)] \tag{6-112}$$

其中，$p_{1mn}=\dfrac{4}{LB}\displaystyle\int_{-L/2}^{L/2}\int_{-B/2}^{B/2}p(x, y)\cos(\alpha_m x)\cos(\beta_n y)\mathrm{d}x\,\mathrm{d}y$，

$p_{2mn}=\dfrac{4}{LB}\displaystyle\int_{-L/2}^{L/2}\int_{-B/2}^{B/2}p(x, y)\cos(\alpha_m x)\sin(\beta_n y)\mathrm{d}x\,\mathrm{d}y$，

$p_{3mn}=\dfrac{4}{LB}\displaystyle\int_{-L/2}^{L/2}\int_{-B/2}^{B/2}p(x, y)\sin(\alpha_m x)\cos(\beta_n y)\mathrm{d}x\,\mathrm{d}y$，

$p_{4mn}=\dfrac{4}{LB}\displaystyle\int_{-L/2}^{L/2}\int_{-B/2}^{B/2}p(x, y)\sin(\alpha_m x)\sin(\beta_n y)\mathrm{d}x\,\mathrm{d}y$。

式(6-112)右边第一项为双轴对称，第二项为对称于 x 轴、反对称于 y 轴，第三项为反对称于 x 轴、对称于 y 轴，第四项为双轴反对称。下面详细讨论双轴对称，一轴对称、一轴反对称，以及双轴反对称三种情况，而式(6-112)中第二、第三项为一轴对称、一轴反对称的两种情形，即为 x、y 轴相互对调。

1. 双轴对称问题

双轴对称时，$\bar{\omega}_x=\bar{\omega}_y=0$，特解为

$$\hat{w}=\sum_{m=1,3,\cdots}\sum_{n=1,3,\cdots}(a_{mn}+b_{mn}\bar{\omega}_0)\cos(\alpha_m x)\cos(\beta_n y) \tag{6-113}$$

将式(6-113)代入微分方程式(6-107)，解得待定常数 a_{mn}、b_{mn} 为

$$a_{mn}=\frac{p_{1mn}}{e_{mn}},\quad b_{mn}=(-1)^{\frac{m+n}{2}}\frac{16k}{mn\pi^2 e_{mn}} \tag{6-114}$$

其中，$e_{mn}=k+D_x\alpha_m^4+2D_{xy}\alpha_m^2\beta_n^2+D_y\beta_n^4$。

齐次解 $\tilde{w}$ 式(6-110)中，$A_{2m}=A_{3m}=B_{2n}=B_{3n}=0$，式(6-111)中的 $S_{xm}=S_{yn}=0$，$C_{xm}=C_{yn}=1$。通解 $\tilde{w}+\hat{w}$ 需满足的边界条件为

$$M_x\big|_{x=\frac{L}{2}}=M_y\big|_{y=\frac{B}{2}}=V_x\big|_{x=\frac{L}{2}}=V_y\big|_{y=\frac{B}{2}}=M_{xy}\big|_{x=\frac{L}{2},\ y=\frac{B}{2}}=0 \tag{6-115}$$

由式(6-115)中的两弯矩为零条件，得到：

$$\left(\frac{\mathrm{d}^2X_n}{\mathrm{d}x^2}-\nu_{yx}\beta_n^2X_n\right)\bigg|_{x=\frac{L}{2}}=0,\quad \left(\frac{\mathrm{d}^2Y_m}{\mathrm{d}y^2}-\nu_{xy}\alpha_m^2Y_m\right)\bigg|_{y=\frac{B}{2}}=0 \tag{6-116}$$

整理式(6-116)得到：

$$B_{1n}=B_{4n}\lambda B_n,\quad A_{1m}=A_{4m}\lambda A_m \tag{6-117}$$

其中，$\lambda B_n=-\dfrac{(\eta_{1n}^2-\eta_{2n}^2-\nu_{yx}\beta_n^2)\sin\left(\frac{\eta_{2n}L}{2}\right)\sinh\left(\frac{\eta_{1n}L}{2}\right)+2\eta_{1n}\eta_{2n}\cos\left(\frac{\eta_{2n}L}{2}\right)\cosh\left(\frac{\eta_{1n}L}{2}\right)}{(\eta_{1n}^2-\eta_{2n}^2-\nu_{yx}\beta_n^2)\cos\left(\frac{\eta_{2n}L}{2}\right)\cosh\left(\frac{\eta_{1n}L}{2}\right)-2\eta_{1n}\eta_{2n}\sin\left(\frac{\eta_{2n}L}{2}\right)\sinh\left(\frac{\eta_{1n}L}{2}\right)}$，

$$\lambda A_m=-\frac{(\gamma_{1m}^2-\gamma_{2m}^2-\nu_{xy}\alpha_m^2)\sin\left(\frac{\gamma_{2m}B}{2}\right)\sinh\left(\frac{\gamma_{1m}B}{2}\right)+2\gamma_{1m}\gamma_{2m}\cos\left(\frac{\gamma_{2m}B}{2}\right)\cosh\left(\frac{\gamma_{1m}B}{2}\right)}{(\gamma_{1m}^2-\gamma_{2m}^2-\nu_{xy}\alpha_m^2)\cos\left(\frac{\gamma_{2m}B}{2}\right)\cosh\left(\frac{\gamma_{1m}B}{2}\right)-2\gamma_{1m}\gamma_{2m}\sin\left(\frac{\gamma_{2m}B}{2}\right)\sinh\left(\frac{\gamma_{1m}B}{2}\right)}。$$

齐次解 $\tilde{w}$ 可进一步简化为

$$\tilde{w}=\sum_{m=1,3,\cdots}^{\infty}A_mY_m^*\cos(\alpha_mx)+\sum_{n=1,3,\cdots}^{\infty}B_nX_n^*\cos(\beta_ny) \tag{6-118}$$

式(6-118)中的 A_m 和 B_n 即 A_{4m} 和 B_{4n}，Y_m^*、X_n^* 为已知函数：

$$\left.\begin{aligned}Y_m^*&=\lambda A_m\cosh(\gamma_{1m}y)\cos(\gamma_{2m}y)+\sinh(\gamma_{1m}y)\sin(\gamma_{2m}y)\\X_n^*&=\lambda B_n\cosh(\eta_{1n}x)\cos(\eta_{2n}x)+\sinh(\eta_{1n}x)\sin(\eta_{2n}x)\end{aligned}\right\} \tag{6-119}$$

竖向力 V_x、V_y 表示为

$$\left.\begin{aligned}-\frac{V_y}{D}\bigg|_{y=\frac{B}{2}}&=\sum_{m=1}^{\infty}\Big[A_m\rho_{ym}+\xi_{ym}+\zeta_{ym}w_0+\sum_{n=1,3,\cdots}^{\infty}\xi X_{mn}B_n\Big]\cos(\alpha_mx)\\-\frac{V_x}{D}\bigg|_{x=\frac{L}{2}}&=\sum_{n=1}^{\infty}\Big[B_n\rho_{xn}+\xi_{xn}+\zeta_{xn}w_0+\sum_{m=1,3,\cdots}^{\infty}\xi Y_{mn}A_m\Big]\cos(\beta_ny)\end{aligned}\right\} \tag{6-120}$$

其中，

$$\left.\begin{aligned}
\rho_{ym} &= \frac{\mathrm{d}^3 Y_n^*(B/2)}{\mathrm{d}x^3} - \left(4\frac{D_\mathrm{k}}{D_y} + \nu_{xy}\right)\alpha_m^2 \frac{\mathrm{d}Y_n^*(B/2)}{\mathrm{d}x} \\
\xi_{ym} &= \sum_{n=1,3,\cdots}^{\infty} (-1)^{\frac{n-1}{2}} \beta_n \left[\left(4\frac{D_\mathrm{k}}{D_y} + \nu_{xy}\right)\alpha_m^2 + \beta_n^2\right] a_{mn} \\
\zeta_{ym} &= \sum_{n=1,3,\cdots}^{\infty} (-1)^{\frac{n-1}{2}} \beta_n \left[\left(4\frac{D_\mathrm{k}}{D_y} + \nu_{xy}\right)\alpha_m^2 + \beta_n^2\right] b_{mn} \\
\xi X_{nm} &= (-1)^{\frac{n-1}{2}} \frac{2\beta_n}{L} \int_{-L/2}^{L/2} \left[\beta_n^2 X_n^*(x) - \left(4\frac{D_\mathrm{k}}{D_x} + \nu_{yx}\right) \frac{\mathrm{d}^2 X_n^*(x)}{\mathrm{d}x^2}\right] \cos(\alpha_m x)\,\mathrm{d}x
\end{aligned}\right\},$$

$$\left.\begin{aligned}
\rho_{xn} &= \frac{\mathrm{d}^3 X_n^*(L/2)}{\mathrm{d}x^3} - \left(4\frac{D_\mathrm{k}}{D_x} + \nu_{yx}\right)\beta_n^2 \frac{\mathrm{d}X_n^*(L/2)}{\mathrm{d}x} \\
\xi_{xn} &= \sum_{m=1,3,\cdots}^{\infty} (-1)^{\frac{m-1}{2}} \alpha_m \left[\left(4\frac{D_\mathrm{k}}{D_x} + \nu_{yx}\right)\beta_n^2 + \alpha_m^2\right] a_{mn} \\
\zeta_{xn} &= \sum_{m=1,3,\cdots}^{\infty} (-1)^{\frac{m-1}{2}} \alpha_m \left[\left(4\frac{D_\mathrm{k}}{D_x} + \nu_{yx}\right)\beta_n^2 + \alpha_m^2\right] b_{mn} \\
\xi Y_{mn} &= (-1)^{\frac{m-1}{2}} \frac{2\alpha_m}{B} \int_{-B/2}^{B/2} \left[\alpha_m^2 Y_m^*(x) - \left(4\frac{D_\mathrm{k}}{D_y} + \nu_{xy}\right) \frac{\mathrm{d}^2 Y_m^*(y)}{\mathrm{d}y^2}\right] \cos(\beta_n y)\,\mathrm{d}y
\end{aligned}\right\}。$$

将 V_x、V_y 在边界上为零的条件代入式(6-120),则有:

$$\left.\begin{aligned}
&\rho_{ym} A_m + \sum_{n=1,3,\cdots}^{\infty} \xi X_{nm} B_n + \zeta_{ym} w_0 = -\xi_{ym} \quad (m=1,3,5,\cdots) \\
&\sum_{m=1,3,\cdots}^{\infty} \xi Y_{mn} A_m + \rho_{xn} B_n + \zeta_{xn} w_0 = -\xi_{xn} \quad (n=1,3,5,\cdots)
\end{aligned}\right\} \tag{6-121}$$

若 m、n 各取 K 项,则共有 $(2K+1)$ 个待定常数:$A_m(m=1, 3, 5, \cdots, 2K-1)$ 和 B_n $(n=1, 3, 5, \cdots, 2K-1)$ 以及刚性下沉量 w_0,式(6-121)给出了 $2K$ 个方程,另一个方程则由板角点竖向力 R 为零(即角点处扭矩为零)给出:

$$\begin{aligned}
&\sum_{m=1,3,\cdots}^{\infty} (-1)^{\frac{m-1}{2}} \alpha_m \left.\frac{\mathrm{d}Y_m}{\mathrm{d}y}\right|_{y=\frac{B}{2}} A_m + \sum_{n=1,3,\cdots}^{\infty} (-1)^{\frac{n-1}{2}} \beta_n \left.\frac{\mathrm{d}X_n}{\mathrm{d}x}\right|_{x=\frac{L}{2}} B_n + \\
&\sum_{n=1,3,\cdots}^{\infty} \sum_{m=1,3,\cdots}^{\infty} (-1)^{\frac{m+n}{2}} \alpha_m \beta_n (a_{mn} + \bar{\omega}_0 b_{mn}) = 0
\end{aligned} \tag{6-122}$$

2. 双轴反对称问题

双轴反对称时,$\bar{\omega}_0 = \bar{\omega}_x = \bar{\omega}_y = 0$, $q_{1mn} = q_{2mn} = q_{3mn} = 0$。特解 $\hat{w}$ 取:

$$\hat{w} = \sum_{m=1,3,\cdots}^{\infty} \sum_{n=1,3,\cdots}^{\infty} a_{mn} \sin(\alpha_m x) \sin(\beta_n y) \tag{6-123}$$

其中,$a_{mn} = \dfrac{p_{4mn}}{e_{mn}}$。

齐次解 $\tilde{w}$ 式(6-110)中的 $A_{1m}=A_{4m}=B_{1n}=B_{4n}=0$，式(6-111)中的 $C_{xm}=C_{yn}=0$，$S_{xm}=S_{yn}=1$。应用边界广义剪力为零（$V_x=V_y=0$）条件，可得到：

$$\left.\begin{aligned}&\frac{\mathrm{d}^3X_n(L/2)}{\mathrm{d}x^3}-\left(4\frac{D_\mathrm{k}}{D_x}+\nu_{yx}\right)\beta_n^2\frac{\mathrm{d}X_n(L/2)}{\mathrm{d}x}=0\\&\frac{\mathrm{d}^3Y_m(B/2)}{\mathrm{d}y^3}-\left(4\frac{D_\mathrm{k}}{D_y}+\nu_{xy}\right)\alpha_m^2\frac{\mathrm{d}Y_m(B/2)}{\mathrm{d}y}=0\end{aligned}\right\}\tag{6-124}$$

整理式(6-124)得到：

$$B_{2n}=B_{3n}\lambda B_n,\quad A_{2m}=A_{3m}\lambda A_m\tag{6-125}$$

其中，

$$\lambda B_n=-\frac{\eta_{1n}\left[\eta_{1n}^2-3\eta_{2n}^2-\left(4\frac{D_\mathrm{k}}{D_x}+\nu_{yx}\right)\beta_n^2\right]\cos\left(\frac{\eta_{2n}L}{2}\right)\cosh\left(\frac{\eta_{1n}L}{2}\right)+\eta_{2n}\left[\eta_{2n}^2-3\eta_{1n}^2+\left(4\frac{D_\mathrm{k}}{D_x}+\nu_{yx}\right)\beta_n^2\right]\sin\left(\frac{\eta_{2n}L}{2}\right)\sinh\left(\frac{\eta_{1n}L}{2}\right)}{\eta_{1n}\left[\eta_{1n}^2-3\eta_{2n}^2-\left(4\frac{D_\mathrm{k}}{D_x}+\nu_{yx}\right)\beta_n^2\right]\sin\left(\frac{\eta_{2n}L}{2}\right)\sinh\left(\frac{\eta_{1n}L}{2}\right)-\eta_{2n}\left[\eta_{2n}^2-3\eta_{1n}^2+\left(4\frac{D_\mathrm{k}}{D_x}+\nu_{yx}\right)\beta_n^2\right]\cos\left(\frac{\eta_{2n}L}{2}\right)\cosh\left(\frac{\eta_{1n}L}{2}\right)},$$

$$\lambda A_m=-\frac{\gamma_{1m}\left[\gamma_{1m}^2-3\gamma_{2m}^2-\left(4\frac{D_\mathrm{k}}{D_y}+\nu_{xy}\right)\alpha_m^2\right]\cos\left(\frac{\gamma_{2m}B}{2}\right)\cosh\left(\frac{\gamma_{1m}B}{2}\right)+\gamma_{2m}\left[\gamma_{2m}^2-3\gamma_{1m}^2+\left(4\frac{D_\mathrm{k}}{D_y}+\nu_{xy}\right)\alpha_m^2\right]\sin\left(\frac{\gamma_{2m}B}{2}\right)\sinh\left(\frac{\gamma_{1m}B}{2}\right)}{\gamma_{1m}\left[\gamma_{1m}^2-3\gamma_{2m}^2-\left(4\frac{D_\mathrm{k}}{D_y}+\nu_{xy}\right)\alpha_m^2\right]\sin\left(\frac{\gamma_{2m}B}{2}\right)\sinh\frac{\gamma_{1m}B}{2}-\gamma_{2m}\left[\gamma_{2m}^2-3\gamma_{1m}^2+\left(4\frac{D_\mathrm{k}}{D_x}+\nu_{yx}\right)\alpha_m^2\right]\cos\left(\frac{\gamma_{2m}B}{2}\right)\cosh\left(\frac{\gamma_{1m}B}{2}\right)}。$$

齐次解 $\tilde{w}$ 可进一步简化为

$$\left.\begin{aligned}&\tilde{w}=\sum_{m=1,3,\cdots}^{\infty}A_mY_m^*\sin(\alpha_mx)+\sum_{n=1,3,\cdots}^{\infty}B_nX_n^*\sin(\beta_ny)\\&Y_m^*=\lambda A_m\cosh(\gamma_{1m}y)\sin(\gamma_{2m}y)+\sinh(\gamma_{1m}y)\cos(\gamma_{2m}y)\\&X_n^*=\lambda B_n\cosh(\eta_{1n}x)\sin(\eta_{2n}x)+\sinh(\eta_{1n}x)\cos(\eta_{2n}x)\end{aligned}\right\}\tag{6-126}$$

式(6-126)中的 A_m 和 B_n 即为 A_{3m} 和 B_{3n}。边界弯矩 M_x、M_y 的表达式为

$$\left.\begin{aligned}&M_x|_{x=L/2}=(\tilde{M}_x+\hat{M}_x)|_{x=L/2}=-D_x\sum_{n=1,3,\cdots}^{\infty}\left(\sum_{m=1,3,\cdots}^{\infty}\xi Y_{mn}A_m+\rho_{xn}B_n+\xi_{xn}\right)\sin(\beta_ny)\\&M_y|_{y=B/2}=(\tilde{M}_y+\hat{M}_y)|_{y=B/2}=-D_y\sum_{m=1,3,\cdots}^{\infty}\left(\sum_{n=1,3,\cdots}^{\infty}\xi X_{nm}B_n+\rho_{ym}A_m+\xi_{ym}\right)\sin(\alpha_my)\end{aligned}\right\}\tag{6-127}$$

$$\text{其中，}\left.\begin{aligned}&\rho_{xn}=\frac{\mathrm{d}^2X_n^*(L/2)}{\mathrm{d}x^2}-\nu_{yx}\beta_n^2X_n^*(L/2)\\&\xi_{xn}=\sum_{m=1,3,\cdots}^{\infty}(-1)^{\frac{m+1}{2}}a_{mn}(\alpha_m^2+\nu_{yx}\beta_n^2)\\&\xi Y_{mn}=(-1)^{\frac{m+1}{2}}\frac{2}{B}\int_{-B/2}^{B/2}\left(\nu_{yx}\frac{\mathrm{d}^2Y_m^*}{\mathrm{d}y^2}-\alpha_m^2Y_m^*\right)\sin(\beta_ny)\mathrm{d}y\end{aligned}\right\},$$

$$\left.\begin{aligned}
\rho_{ym} &= \frac{\mathrm{d}^2 Y_m^*(B/2)}{\mathrm{d}y^2} - \nu_{xy}\alpha_m^2 Y_m^*(B/2)\\
\xi_{ym} &= \sum_{n=1,3,\cdots}^{\infty} (-1)^{\frac{n+1}{2}} a_{mn}(\nu_{xy}\alpha_m^2 + \beta_n^2)\\
\xi X_{nm} &= (-1)^{\frac{n+1}{2}} \frac{2}{L} \int_{-L/2}^{L/2} \left(\nu_{xy}\frac{\mathrm{d}^2 X_n^*}{\mathrm{d}x^2} - \beta_n^2 X_n^*\right)\sin(\alpha_m x)\mathrm{d}x
\end{aligned}\right\}。$$

将边界弯矩为零条件代入式(6-127),则有:

$$\left.\begin{aligned}
\rho_{ym}A_m + \sum_{n=1,3,\cdots}^{\infty} \xi X_{nm}B_n &= -\xi_{ym} \quad (m=1,3,5,\cdots)\\
\sum_{m=1,3,\cdots}^{\infty} \xi Y_{mn}A_m + \rho_{xn}B_n &= -\xi_{xn} \quad (n=1,3,5,\cdots)
\end{aligned}\right\} \tag{6-128}$$

角点处扭矩为零自然满足。

若 m,n 各取 K 项,则共有 $2K$ 个待定常数:$A_m(m=1,3,5,\cdots,2K-1)$ 和 $B_n(n=1,3,5,\cdots,2K-1)$,式(6-128)给出了 $2K$ 个方程。

3. 一轴对称、另一轴反对称问题

y 轴对称、x 轴反对称,$\bar{\omega}_0=\bar{\omega}_y=0$,$q_{1mn}=q_{3mn}=q_{4mn}=0$。特解 $\hat{w}$ 取:

$$\hat{w} = \sum_{m=1,3,\cdots}^{\infty}\sum_{n=1,3,\cdots}^{\infty}(a_{mn}+b_{mn}\bar{\omega}_x)\sin(\alpha_m x)\cos(\beta_n y) \tag{6-129}$$

其中,$a_{mn}=\dfrac{p_{2mn}}{e_{mn}}$,　$b_{mn}=(-1)^{\frac{m+n}{2}}\dfrac{16kL}{m^2 n\pi^3 e_{mn}}$。

齐次解 $\tilde{w}$ 式(6-110)简化为

$$\left.\begin{aligned}
\tilde{w} &= \sum_{m=1,3,\cdots}^{\infty} A_m Y_m^* \sin(\alpha_m x) + \sum_{n=1,3,\cdots}^{\infty} B_n X_n^* \cos(\beta_n y)\\
Y_m^* &= \lambda A_m \cosh(\gamma_{1m}y)\cos(\gamma_{2m}y) + \sinh(\gamma_{1m}y)\sin(\gamma_{2m}y)\\
X_n^* &= \lambda B_n \cosh(\eta_{1n}x)\sin(\eta_{2n}x) + \sinh(\eta_{1n}x)\cos(\eta_{2n}x)
\end{aligned}\right\} \tag{6-130}$$

式(6-130)中的 λA_m 是根据 $y=B/2$,$-B/2$ 边界弯矩为零建立的,同式(6-117);λB_n 是根据 $x=L/2$,$-L/2$ 边界竖向力为零建立的,同式(6-125)。

由 $y=B/2$,$-B/2$ 边界竖向力为零,$x=L/2$,$-L/2$ 边界弯矩为零条件,有:

$$\left.\begin{aligned}
\rho_{ym}A_m + \sum_{n=1,3,\cdots}^{\infty} \xi X_{nm}B_n + \zeta_{ym}\bar{\omega}_x &= -\xi_{ym} \quad (m=1,3,5,\cdots)\\
\sum_{m=1,3,\cdots}^{\infty} \xi Y_{mn}A_m + \rho_{xn}B_n + \zeta_{xn}\bar{\omega}_x &= -\xi_{xn} \quad (n=1,3,5,\cdots)
\end{aligned}\right\} \tag{6-131}$$

$$\left.\begin{aligned}
\text{其中，}\rho_{ym}&=\frac{\mathrm{d}^3Y_m^*(B/2)}{\mathrm{d}y^3}-\alpha_m^2\left(\nu_{xy}+4\frac{D_\mathrm{k}}{D_y}\right)\frac{\mathrm{d}Y_m^*(B/2)}{\mathrm{d}y},\\
\xi X_{nm}&=(-1)^{\frac{n-1}{2}}\frac{2\beta_n}{L}\int_{-L/2}^{L/2}\left[X_n^*(x)\beta_n-\left(\nu_{xy}+4\frac{D_\mathrm{k}}{D_y}\right)\frac{\mathrm{d}^2X_n^*(x)}{\mathrm{d}x^2}\right]\sin(\alpha_m x)\mathrm{d}x,\\
\zeta_{ym}&=\sum_{n=1,3,\cdots}(-1)^{\frac{n-1}{2}}\beta_n\left[\beta_n^2+\left(\nu_{xy}+4\frac{D_\mathrm{k}}{D_y}\right)\alpha_m^2\right]b_{mn},\\
\xi_{ym}&=\sum_{n=1,3,\cdots}(-1)^{\frac{n-1}{2}}\beta_n\left[\beta_n^2+\left(\nu_{xy}+4\frac{D_\mathrm{k}}{D_y}\right)\alpha_m^2\right]a_{mn},
\end{aligned}\right\},$$

$$\left.\begin{aligned}
\xi Y_{mn}&=(-1)^{\frac{m-1}{2}}\frac{2}{B}\int_{-B/2}^{B/2}\left[\nu_{yx}\frac{\mathrm{d}^2Y_m^*(x)}{\mathrm{d}x^2}-\alpha_m^2Y_m^*(y)\right]\cos(\beta_n y)\mathrm{d}y,\\
\rho_{xn}&=\frac{\mathrm{d}^3X_n^*(L/2)}{\mathrm{d}x^3}-\nu_{yx}\beta_n^2X_n^*(L/2),\\
\zeta_{xn}&=\sum_{m=1,3,\cdots}^{\infty}(-1)^{\frac{m-1}{2}}[\alpha_m^2+\nu_{yx}\beta_n^2]b_{mn},\\
\xi_{xn}&=\sum_{m=1,3,\cdots}^{\infty}(-1)^{\frac{m-1}{2}}[\alpha_m^2+\nu_{yx}\beta_n^2]a_{mn}.
\end{aligned}\right\}。$$

由角点处扭矩为零条件得到最后一个方程：

$$\sum_{n=1,3,\cdots}^{\infty}(-1)^{\frac{n-1}{2}}\beta_n\frac{\mathrm{d}X_n^*}{\mathrm{d}x}B_n=0 \tag{6-132}$$

对于 x 轴反对称、y 轴对称的问题只需将以上各式进行 x、y 互换即可。另外，上述解中，只需将 $D_x=D_y=D_{xy}=D$，$\nu_{xy}=\nu_{yx}=\nu$ 即可退化为 Winkler 地基上四边自由的矩形板问题。

应用上述结果，可方便拓展至求解两邻边自由另两边任意支承下的 Winkler 地基上矩形。

(1) 滑支边：直接进行对称延拓，将原滑支边转变为对称轴的问题。

(2) 简支边：做关于简支边的反对称延拓，然后按反对称问题求解。

(3) 固定边：做关于固定边的对称延拓，将原固定边转变为对称轴的问题求解。为使原固定边位移为零，在延拓后的板上沿延拓轴施加一线荷载，线荷载用展开的三角函数表示，其系数则由延拓轴的挠度为零条件确定。

如图 6-18 所示的两邻边自由（$x=L$、$y=B$），沿 $y=0$ 边固定，沿 $x=0$ 边简支的 Winkler 地基上矩形薄板，外荷载 $p(x, y)$。

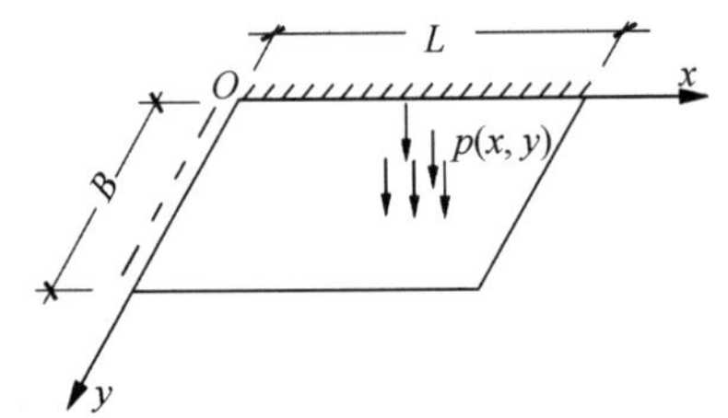

图 6-18　两邻边自由、一边固定另一边简支的矩形板

将板延拓为 $2L\times 2B$，x 轴为对称轴、y 轴为反对称轴的四边自由的 Winkler 地基上矩形薄板。关于 x 轴对称、y 轴反对称的四边自由 Winkler 地基上矩形薄板求解见本节的相关内容，需补充沿原固定边 $y=0$ 的分布线荷载：

$$p_1(x, y)=\sum_{m=1, 3, \cdots}^{\infty} c_m \delta(y) \sin(\alpha_m x) \tag{6-133}$$

其中，$\alpha_m=\dfrac{m\pi}{2L}$。

因此，对称反对称问题中的荷载展开项 p_{2mn} 用($p_{2mn}+c_m$)代替。其中，p_{2mn} 在 $L\times B$ 展开：

$$p_{2mn}=\frac{16}{LB}\int_0^L\int_0^B p(x, y)\sin(\alpha_m x)\cos(\beta_n y)\,\mathrm{d}y\,\mathrm{d}x \tag{6-134}$$

其中，$\beta_n=\dfrac{n\pi}{2B}$。

为了求解 c_m，需补充一组方程式，其条件为 $w|_{y=0}=0$，得到：

$$\begin{aligned} w|_{y=0} &=(\tilde{w}+\hat{w})|_{y=0} \\ &=\sum_{m=1, 3, \cdots}^{\infty}\left[\sum_{n=1, 3, \cdots}^{\infty}(a_{mn}+b_{mn}\tilde{\omega}_x)+A_m Y_m^*|_{y=0}+\sum_{n=1, 3, \cdots}^{\infty}\zeta X_{nm}^* B_n\right]\sin(\alpha_m x)=0 \end{aligned} \tag{6-135}$$

其中，$\zeta X_{nm}=\dfrac{4}{L}\displaystyle\int_0^L X_{nm}^*(x)\sin(\alpha_m x)\mathrm{d}x$。

由此得到补充的线性方程组：

$$\frac{c_m}{e_{mn}}+\sum_{n=1, 3, \cdots}^{\infty} b_{mn}\tilde{\omega}_x+Y_m^*|_{y=0}A_m+\sum_{n=1, 3, \cdots}^{\infty}\zeta X_{nm}^* B_n=-\sum_{n=1, 3, \cdots}^{\infty}\frac{p_{2mn}}{e_{mn}} \quad (m=1, 3, \cdots) \tag{6-136}$$

例 6.9　求 Winkler 地基上矩形板四边作用正向弯矩 M_T 时的解[133]。

根据题意，坐标原点设于板中点，板长、宽记为 L、B，则为双轴对称问题，因板表面无竖向荷载，只需解满足边界正向弯矩条件的齐次解即可。板挠度 w 分解为

$$\left.\begin{aligned} w &=\sum_{m=0, 2, 4\cdots}^{\infty} Y_m(y)\cos(\alpha_m x)+\sum_{n=0, 2, 4\cdots}^{\infty} X_n(x)\cos(\beta_n y) \\ Y_m(y) &=A_{1m}\cosh(\gamma_{1m} y)\cos(\gamma_{2m} y)+A_{2m}\sinh(\gamma_{1m} y)\sin(\beta_m y) \\ X_n(x) &=B_{1n}\cosh(\eta_{1n} x)\cos(\eta_{2n} x)+B_{2n}\sinh(\eta_{1n} x)\sin(\eta_{2n} x) \end{aligned}\right\} \tag{6-137}$$

其中，$\alpha_m=\dfrac{m\pi}{L}$，$\beta_n=\dfrac{n\pi}{B}$。

边界可表示为

$$\left.\begin{aligned}
&-\frac{M_y}{D}\bigg|_{y=\pm\frac{B}{2}}=\sum_{m=0,2,4\cdots}^{\infty}\left[\frac{\mathrm{d}^2Y_m(B/2)}{\mathrm{d}y^2}-\nu\alpha_m^2Y_m(B/2)\right]\cos(\alpha_m x)+\\
&\qquad(-1)^{\frac{n}{2}}\sum_{n=0,2,4\cdots}^{\infty}\left[\nu\frac{\mathrm{d}^2X_n(x)}{\mathrm{d}x^2}-\beta_n^2X_n(x)\right]=\frac{M_{\mathrm{T}}}{D}\\
&-\frac{M_x}{D}\bigg|_{x=\pm\frac{L}{2}}=\sum_{n=0,2,4\cdots}^{\infty}\left[\frac{\mathrm{d}^2X_n(L/2)}{\mathrm{d}x^2}-\nu\beta_n^2X_n(L/2)\right]\cos(\beta_n y)+\\
&\qquad(-1)^{\frac{m}{2}}\sum_{m=0,2,4\cdots}^{\infty}\left[\nu\frac{\mathrm{d}^2Y_m(y)}{\mathrm{d}y^2}-\alpha_m^2Y_m(y)\right]=\frac{M_{\mathrm{T}}}{D}\\
&-\frac{V_y}{D}\bigg|_{y=\pm\frac{B}{2}}=\sum_{m=0,2,4\cdots}^{\infty}\left[\frac{\mathrm{d}^3Y_m(B/2)}{\mathrm{d}y^3}-(2-\nu)\alpha_m^2\frac{\mathrm{d}Y_m(B/2)}{\mathrm{d}y}\right]\cos(\alpha_m x)=0\\
&-\frac{V_x}{D}\bigg|_{y=\pm\frac{L}{2}}=\sum_{n=0,2,4\cdots}^{\infty}\left[\frac{\mathrm{d}^3X_n(L/2)}{\mathrm{d}x^3}-(2-\nu)\alpha_m^2\frac{\mathrm{d}X_n(L/2)}{\mathrm{d}x}\right]\cos(\beta_n y)=0
\end{aligned}\right\}\tag{6-138}$$

利用 $\cos(\alpha_m x)[\cos(\beta_n y)]$ 的正交性，对弯矩 $M_y(M_x)$ 条件乘上 $\cos(\alpha_m x)[\cos(\beta_n y)]$ 并对整梁长积分，得到：

$$\left.\begin{aligned}
&\left\{\left[\frac{\mathrm{d}^2Y_m(B/2)}{\mathrm{d}y^2}-\nu\alpha_m^2Y_m(B/2)\right]\left[1+\frac{\sin(m\pi)}{m\pi}\right]+(-1)^{\frac{n}{2}}\frac{2}{L}\right.\\
&\left.\sum_{n=0,2,4\cdots}^{\infty}\int_{-L/2}^{L/2}\left[\nu\frac{\mathrm{d}^2X_n(x)}{\mathrm{d}x^2}-\beta_n^2X_n(x)\right]\cos(\alpha_m x)\mathrm{d}x\right\}=\frac{2}{D}\frac{\sin(m\pi)}{m\pi},\quad(m=0,2,\cdots)\\
&\left\{\left[\frac{\mathrm{d}^2X_n(L/2)}{\mathrm{d}x^2}-\nu\beta_n^2X_n(L/2)\right]\left[1+\frac{\sin(n\pi)}{n\pi}\right]+(-1)^{\frac{m}{2}}\frac{2}{B}\right.\\
&\left.\sum_{m=0,2,4\cdots}^{\infty}\int_{-B/2}^{B/2}\left[\nu\frac{\mathrm{d}^2Y_m(y)}{\mathrm{d}y^2}-\alpha_m^2Y_m(y)\right]\cos(\beta_n y)\mathrm{d}y\right\}=\frac{2}{D}\frac{\sin(n\pi)}{n\pi},\quad(n=0,2,\cdots)
\end{aligned}\right\}\tag{6-139}$$

当 m 和 n 的上限取 $2K$ 时，上述方程中共有 $(4K+4)$ 个未知量：A_{1m}、$A_{2m}(m=0,2,4\cdots,K)$、B_{1n}、$B_{2n}(n=0,2,4\cdots,K)$。式(6-139)共有 $(2K+2)$ 个线性方程，式(6-138)中关于 V_x、V_y 也有 $(2K+2)$ 个线性方程，合计为 $(4K+4)$ 个线性方程。求此线性方程即可求得所有的未知量。

6.4 考虑接缝传荷的 Winkler 地基上矩形薄板

如图 6-19 所示的两块板间接缝有传荷效应的 Winkler 地基上矩形薄板，其中 $y=0$ 为板间接缝传荷边，$x=0$、$x=L$ 和 $y=\pm B$ 为自由边。

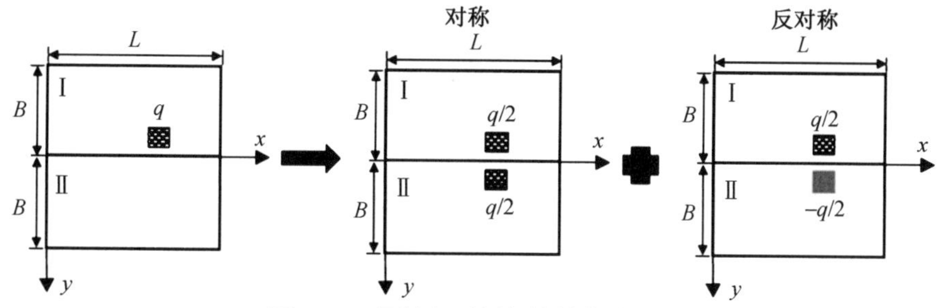

图 6-19 两块矩形板间接缝传荷示意

假设地基板Ⅰ、Ⅱ之间缝间弯矩和剪力传递量的大小与板间接缝处的两板相对转角差和位移差成正比，即

$$M_{\mathrm{I}.y}\big|_{y=0}=-M_{\mathrm{II}.y}\big|_{y=0}=k_{\mathrm{M}}\left(\frac{\mathrm{d}w_{\mathrm{I}}}{\mathrm{d}y}\bigg|_{y=0}-\frac{\mathrm{d}w_{\mathrm{II}}}{\mathrm{d}y}\bigg|_{y=0}\right)$$
$$V_{\mathrm{I}.y}\big|_{y=0}=-V_{\mathrm{II}.y}\big|_{y=0}=k_{\mathrm{V}}(w_{\mathrm{I}}\big|_{y=0}-w_{\mathrm{II}}\big|_{y=0}) \tag{6-140}$$

式中 k_{M}——接缝弯矩传递刚度；

k_{V}——接缝剪力传递刚度。

接缝弯矩传递刚度 k_{M}、接缝剪力传递刚度 k_{V} 宜化为无量纲参量：

$$\xi_{\mathrm{V}}=\frac{k_{\mathrm{V}}l^3}{D},\quad \xi_{\mathrm{M}}=\frac{k_{\mathrm{M}}l}{D} \tag{6-141}$$

式(6-141)中的两个无量纲参数 ξ_{V}、ξ_{M} 可称为板间剪力传递刚度系数和弯矩传递刚度系数。

当荷载作用于矩形板Ⅰ，可分解为对于接缝对称和反对称两种情况的组合，见图 6-19。在对称情况下，两块板间无位移差，只传递弯矩，接缝处只有转角差且等于板Ⅰ边缘转角的 2 倍；在反对称情况下，两块板间无转角差，只传递剪力，接缝处只有位移差且等于板Ⅰ边缘位移的 2 倍。因此，两块矩形板间接缝的传荷问题转化为讨论一块板的弯曲问题，即 1/2 外荷载且接缝边界作用与其转角成正比的分布弯矩 $M*$，以及 1/2 外荷载且接缝边界作用与其位移成正比的分布剪力 $V*$ 两种情况下的薄板弯曲解的叠加。

板三条自由边的边界条件为

$$\left.\begin{aligned}y=B:\quad & M_y(x,y)\big|_{y=B}=V_y(x,y)\big|_{y=B}=0\\ x=0:\quad & M_x(x,y)\big|_{x=0}=V_x(x,y)\big|_{x=0}=0\\ x=L:\quad & M_x(x,y)\big|_{x=L}=V_x(x,y)\big|_{x=L}=0\end{aligned}\right\} \tag{6-142}$$

板间传荷边的边界条件表示如下。

(1) 正对称时：

$$M_y\big|_{y=0}=\xi_{\mathrm{M}}\frac{D}{l}\frac{\partial w}{\partial y}\bigg|_{y=0},\quad V_y\big|_{y=0}=0 \tag{6-143}$$

(2) 反对称时:

$$M_y\mid_{y=0}=0,\quad V_y\mid_{y=0}=\xi_V\frac{D}{l^3}w\mid_{y=0}\tag{6-144}$$

另外,尚有4个角点反力为零条件(只有3个角点条件是独立的):

$$R_c\mid_{y=0,\,B\cap x=0,\,L}=2M_{xy}\mid_{y=0,\,B\cap x=0,\,L}=0\tag{6-145}$$

地基板微分方程的齐次解 $\tilde{w}$ 和特解 $\hat{w}$ 分别为

$$\left.\begin{aligned}&\frac{D}{k}\nabla^4\tilde{w}(x,y)+\tilde{w}(x,y)=0\\&\frac{D}{k}\nabla^4\hat{w}(x,y)+\hat{w}(x,y)=\frac{q(x,y)}{k}-W(x,y)\end{aligned}\right\}\tag{6-146}$$

其中,$W(x,y)=\bar{\omega}_0+\bar{\omega}_x y+\bar{\omega}_y y$,为板刚性位移。

齐次解 $\tilde{w}$ 采用 x、y 二维莱维解叠加构成:

$$\left.\begin{aligned}\tilde{w}=&\sum_{m=1,3\cdots}^{\infty}Y_m\sin(\alpha_m x)+\sum_{n=1,3\cdots}^{\infty}X_n\sin(\beta_n y)\\Y_m=&A_{1m}\cosh(\gamma_{1m}y)\cos(\gamma_{2m}y)+A_{2m}\cosh(\gamma_{1m}y)\sin(\gamma_{2m}y)+\\&A_{3m}\sinh(\gamma_{1m}y)\cos(\gamma_{2m}y)+A_{4m}\sinh(\gamma_{1m}y)\sin(\gamma_{2m}y)\\X_n=&B_{1n}\cosh(\eta_{1n}x)\cos(\eta_{2n}x)+B_{2n}\cosh(\eta_{1n}x)\sin(\eta_{2n}x)+\\&B_{3n}\sinh(\eta_{1n}x)\cos(\eta_{2n}x)+B_{4n}\sinh(\eta_{1n}x)\sin(\eta_{2n}x)\end{aligned}\right\}\tag{6-147}$$

式中,$\alpha_m=\dfrac{m\pi}{L}$, $\gamma_{1m}=\dfrac{1}{\sqrt{2}l}\sqrt{\sqrt{(l\alpha_m)^4+1}+(l\alpha_m)^2}$, $\gamma_{2m}=\dfrac{1}{\sqrt{2}l}\sqrt{\sqrt{(l\alpha_m)^4+1}-(l\alpha_m)^2}$,

$l=\sqrt[4]{\dfrac{D}{k}}$,

$\beta_n=\dfrac{n\pi}{B}$,$\eta_{1n}=\dfrac{1}{\sqrt{2}l}\sqrt{\sqrt{(l\beta_n)^4+1}+(l\beta_n)^2}$, $\eta_{2n}=\dfrac{1}{\sqrt{2}l}\sqrt{\sqrt{(l\beta_n)^4+1}-(l\beta_n)^2}$。

当坐标原点设于传荷边中点时,可处理为对称 x 轴与反对称 x 轴两种情形的组合,当对称 x 轴时,X_n 仅存对称项,$B_{2n}=B_{3n}=0$;当反对称 x 轴时,X_n 只有反对称项,$B_{1n}=B_{4n}=0$。

特解 $\hat{w}$ 在板内(不含边界)展开为

$$\hat{w}=\sum_{m=1}^{\infty}\sum_{n=1}^{\infty}\left(\frac{q_{mn}}{k}-\bar{W}_{mn}\right)\sin(\alpha_m x)\sin(\beta_n y)\tag{6-148}$$

其中,$\bar{W}_{mn}=a_{mn}\bar{\omega}_0+b_{mn}\bar{\omega}_x+c_{mn}\bar{\omega}_y$。

在应用板间传荷边的边界条件:$M_y\mid_{y=0}=\xi_M\dfrac{D}{l}\dfrac{\partial w}{\partial y}\Big|_{y=0}$,$V_y\mid_{y=0}=\xi_V\dfrac{D}{l^3}w\mid_{y=0}$ 时,特

解 $\hat{w}$ 中的刚体位移 W 需额外展开：

$$\left.\begin{aligned}\left.\frac{\mathrm{d}\bar{W}}{\mathrm{d}y}\right|_{y=0} &= \tilde{\omega}_y = \tilde{\omega}_y \sum_{m=1}^{\infty} a_m \sin(\alpha_m x) \\ \bar{W}(x, y)\,|_{y=0} &= \tilde{\omega}_0 + \tilde{\omega}_x x = \tilde{\omega}_0 \sum_{m=1}^{\infty} b_m \sin(\alpha_m x) + \tilde{\omega}_x \sum_{m=1}^{\infty} c_m \sin(\alpha_m x)\end{aligned}\right\} \quad (6\text{-}149)$$

其中，$a_m = b_m = \dfrac{2}{\alpha_m L}[1-\cos(m\pi)]$，$c_m = -\dfrac{2}{\alpha_m}\cos(m\pi)$。

当 $L\to\infty$、$B\to\infty$ 即趋于无穷的半无限大板时，无刚体位移项，边界只剩 $y=0$ 的传荷边，因此，齐次解 $\tilde{w}$ 也更简洁，当外荷载对称 x 轴时：

$$\tilde{w}(x, y) = \frac{2}{\pi}\int_0^{\infty} \mathrm{e}^{-\beta y}[A_1\cos(\gamma y) + A_2\sin(\gamma y)]\cos(\alpha x)\mathrm{d}\alpha \qquad [6\text{-}150(\mathrm{a})]$$

其中，$\beta = \dfrac{1}{l}\sqrt{\dfrac{\sqrt{\alpha^4+1}+\alpha^2}{2}}$，　$\gamma = \dfrac{1}{l}\sqrt{\dfrac{\sqrt{\alpha^4+1}-\alpha^2}{2}}$。

当外荷载反对称 x 轴时：

$$\tilde{w}(x, y) = \frac{2}{\pi}\int_0^{\infty} \mathrm{e}^{-\beta y}[A_1\cos(\gamma y) + A_2\sin(\gamma y)]\sin(\alpha x)\mathrm{d}\alpha \qquad [6\text{-}150(\mathrm{b})]$$

式(6-150)中的待定常数 A_1、A_2 由其通解代入传荷边的边界条件确定。

例 6.10　两块 Winkler 地基上矩形板，方形均布荷载位于两块板相邻缝的一侧边缘中部，见图 6-20，分析板间弯矩、剪力传荷的受荷挠度和应力的影响规律[87]。

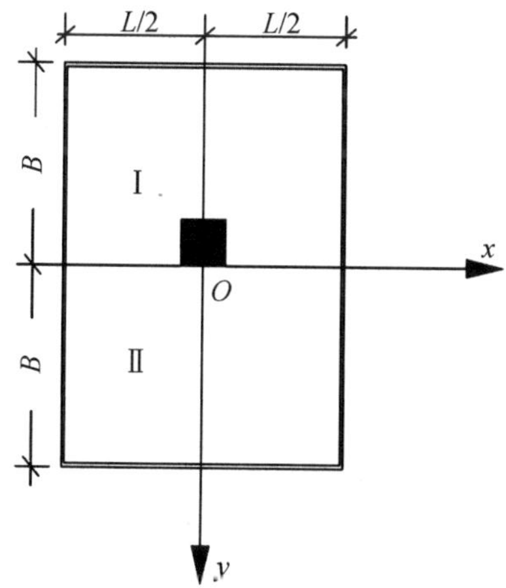

图 6-20　荷载位于板边缘时的板间传荷示意

两块板间具有传荷效应的 Winkler 地基板的挠度与应力统一表示为[83]

$$\left.\begin{aligned} w(\xi_V, \xi_M) &= w(0, 0)[1-(1-\lambda_V^w)f_V^w(\xi_V)-(1-\lambda_M^w)f_M^w(\xi_M)] \\ \sigma(\xi_V, \xi_M) &= \sigma(0, 0)[1-(1-\lambda_V^\sigma)f_V^\sigma(\xi_V)-(1-\lambda_M^\sigma)f_M^\sigma(\xi_M)] \end{aligned}\right\} \tag{6-151}$$

式中 $w(0, 0)$、$\sigma(0, 0)$——四边自由矩形板的位移和板底弯拉应力；

λ_V^w——接缝剪力极限传递挠度比，$\lambda_V^w = \dfrac{w\,|_{\xi_V\to\infty}}{w_0}$；

λ_M^w——接缝弯矩极限传递挠度比，$\lambda_M^w = \dfrac{w\,|_{\xi_M\to\infty}}{w_0}$；

λ_V^σ——接缝剪力极限传递应力比，$\lambda_V^\sigma = \dfrac{\sigma\,|_{\xi_V\to\infty}}{\sigma_0}$；

λ_M^σ——接缝弯矩极限传递应力比，$\lambda_M^\sigma = \dfrac{\sigma\,|_{\xi_M\to\infty}}{\sigma_0}$；

$w\,|_{\xi_V\to\infty}$、$w\,|_{\xi_M\to\infty}$——当 $\xi_V\to\infty$ 和 $\xi_M\to\infty$ 时的矩形板挠度；

$\sigma\,|_{\xi_V\to\infty}$、$\sigma\,|_{\xi_M\to\infty}$——当 $\xi_V\to\infty$ 和 $\xi_M\to\infty$ 时的矩形板弯拉应力；

$f_V^w(\xi_V)$——接缝剪力传递对板挠度的影响系数，$f_V^w(\xi_V)\in[0, 1]$；

$f_V^\sigma(\xi_V)$——接缝剪力传递对板弯拉应力的影响系数，$f_V^\sigma(\xi_V)\in[0, 1]$；

$f_M^w(\xi_M)$——接缝弯矩传递对板挠度的影响系数，$f_M^w(\xi_M)\in[0, 1]$；

$f_M^\sigma(\xi_M)$——接缝弯矩传递对板弯拉应力的影响系数，$f_M^\sigma(\xi_M)\in[0, 1]$。

计算结果表明，上述四个经归0～1化处理的影响：f_V^w、f_M^w、f_V^σ、f_M^σ 均呈S形曲线，其中，影响系数 f_V^w、f_M^w、f_M^σ 与板尺寸、荷载尺寸(可用等效荷载圆相对半径 α_p 表征)及板泊松比无关，而影响系数 f_V^σ 与板尺寸、板泊松比无关，但会随着荷载尺寸的增大而加大，如图6-21所示。4个影响系数的近似回归式为

$$f_i = \frac{1-\exp(-A_1\alpha_p^{B_1}\xi_i^{C_1})}{1+\exp(-A_2\alpha_p^{B_2}\xi_i^{C_2})} \tag{6-152}$$

其中，i 可取 V 和 M；A_1、A_2、B_1、B_2、C_1、C_2 为回归系数，见表6-2。

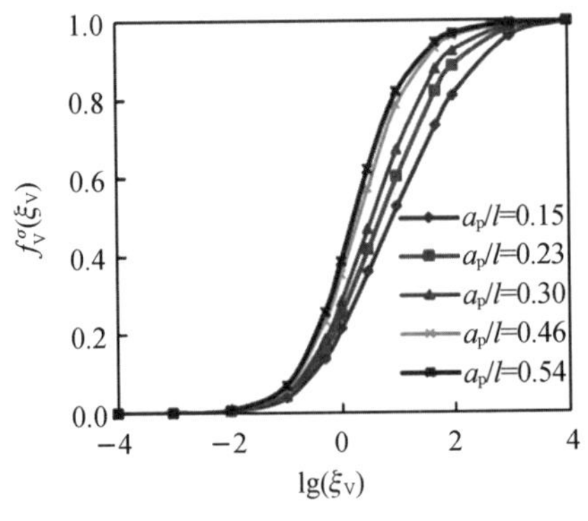

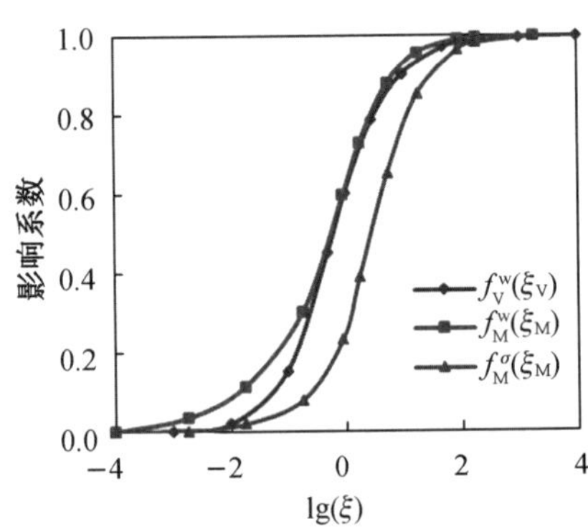

图6-21 荷载位于传荷边中部时传荷影响系数

表 6-2　传荷影响系数的回归系数

影响系数	回归系数						标准误差
	A_1	A_2	B_1	B_2	C_1	C_2	
$f_V^w(\xi_V)$	1.943	0.997	0	0	0.804	0.356	1.18%
$f_M^w(\xi_M)$	1.419	1.558	0	0	0.505	0.264	1.37%
$f_V^\sigma(\xi_V)$	1.268	1.063	0.566	0.869	0.682	0.410	2.99%
$f_M^\sigma(\xi_M)$	0.490	0.726	0	0	0.832	0.347	2.15%

接缝剪力极限传荷挠度比 $\lambda_V^w \approx 0.5$，板长、荷载尺寸、板泊松比对其影响甚微可忽略；其他三个参数：接缝弯矩极限传荷挠度比 λ_M^w、接缝剪力极限传荷应力比 λ_V^σ 及接缝弯矩极限传荷应力比 λ_M^σ 与荷载圆相对半径 α_p、板尺寸$(L/l,\ B/l)$及泊松比 ν 有关，在常见的铺面结构中，λ_M^w、λ_V^σ、λ_M^σ 的回归式可统一表示为

$$\lambda = \zeta_\nu(1-\zeta_L)\zeta_\alpha \tag{6-153}$$

式中　ζ_L——板长修正系数，$\zeta_L = b_1\exp\left(-b_2\dfrac{L}{l}\right)$，回归系数 b_1、b_2 见表 6-3；

ζ_α——荷载尺寸影响系数，$\zeta_\alpha = c_1 - c_2\alpha_p^2 + c_3\alpha_p$，回归系数 c_1、c_2、c_3 见表 6-3；

ζ_ν——泊松比影响系数，三个比值的表达式不同，见表 6-3。

表 6-3　接缝传荷挠度、应力比的回归系数

比值	ζ_L		ζ_α			ζ_ν	残差标准差
	b_1	b_2	c_1	c_2	c_3		
λ_M^w	0.8	0.8	0.794	0.056	0.166	$1-0.15(\nu-0.15)$	0.07%
λ_V^σ	−0.35	0.8	0.523	0.130	0.038	$1+0.48\alpha_p^{0.5}(\nu-0.15)$	0.26%
λ_M^σ	−0.5	0.8	0.930	0.068	0.107	$(\nu/0.15)^{0.05}$	0.23%

6.5　Winkler 地基上四边自由矩形中厚板

Winkler 地基上中厚板的弯曲微分方程：

$$\left.\begin{aligned} &[D\nabla_\rho^4 + k(1-2\kappa l^2\nabla_\rho^2)]F = \frac{p}{k} \\ &\nabla^2 f - \frac{12\phi^2}{h^2}f = 0 \end{aligned}\right\} \tag{6-154}$$

其中，$\kappa=\dfrac{\sqrt{kD}}{2\phi^2Gh}=\dfrac{h^2}{12\phi^2(1-\nu)l^2}=\dfrac{D}{2\phi^2Ghl^2}$， $l=\sqrt[4]{\dfrac{D}{k}}$。

式(6-154)中，板位移函数 F、f 与板挠度 w 和转角 ψ_x、ψ_y 的关系如式(3-57)所示，板内力计算式如式(3-59)所示。

综上可知，纳维法可满足四边简支、四边滑支和简滑支混合的边界条件，而莱维法适用于对边简支、对边滑支和对边简滑支混合，而另两边任意边界的情形。因此，微分方程式(6-154)的特解采用纳维法求解，齐次解采用莱维法求解。

微分方程式(6-154)的齐次解 $\widetilde{F}$ 如式(6-155)所示，$\widetilde{f}$ 如式(6-156)所示：

$$\left.\begin{aligned}&\widetilde{F}(x,y)=\sum_m^{\infty}Y_m(y)\cos(\alpha_m x)[\text{or: }\sin(\alpha_m x)]+\sum_n^{\infty}X_n(x)\cos(y)[\text{or: }\sin(\beta_n y)]\\&Y_m(t_y)=A_{1m}\varphi_{1m}(y)+A_{2m}\varphi_{2m}(y)+A_{3m}\varphi_{3m}(y)+A_{4m}\varphi_{4m}(y)\\&X_n(t_x)=B_{1n}\phi_{1n}(x)+B_{2n}\phi_{2n}(x)+B_{3n}\phi_{1n}(x)+B_{4n}\phi_{1n}(x)\end{aligned}\right\}\tag{6-155}$$

其中，$\alpha_m=\dfrac{m\pi}{L}$， $\beta_n=\dfrac{n\pi}{B}$；

$\varphi_{1m}(y)=\cosh(\gamma_{1m}y)\cos(\gamma_{2m}y)$， $\varphi_{2m}(y)=\sinh(\gamma_{1m}y)\sin(\gamma_{2m}y)$，

$\varphi_{3m}(y)=\cosh(\gamma_{1m}y)\sin(\gamma_{2m}y)$， $\varphi_{4m}(y)=\sinh(\gamma_{1m}y)\cos(\gamma_{2m}y)$，

$\phi_{1n}(x)=\cosh(\eta_{1n}x)\cos(\eta_{2n}x)$， $\phi_{2n}(x)=\sinh(\eta_{1n}x)\sin(\eta_{2n}x)$，

$\phi_{3n}(x)=\cosh(\eta_{1n}x)\sin(\eta_{2n}x)$， $\phi_{4n}(x)=\sinh(\eta_{1n}x)\cos(\eta_{2n}x)$；

$\gamma_{1m}\pm \mathrm{i}\gamma_{2m}=\dfrac{1}{l}\sqrt{(\alpha_m l)^2+\kappa\pm \mathrm{i}\sqrt{1-\kappa^2}}$， $\eta_{1m}\pm \mathrm{i}\eta_{2m}=\dfrac{1}{l}\sqrt{(\beta_m l)^2+\kappa\pm \mathrm{i}\sqrt{1-\kappa^2}}$。

$$\begin{aligned}\widetilde{f}(x,y)=&\sum_m^{\infty}[a_{1m}\sinh(\lambda_{ym}y)+a_{2m}\cosh(\lambda_{ym}y)]\cos(\alpha_m x)[\text{or: }\sin(\alpha_m x)]+\\&\sum_n^{\infty}[b_{1n}\sinh(\lambda_{xn}x)+b_{2n}\cosh(\lambda_{xn}x)]\cos(\beta_n y)[\text{or: }\sin(\beta_n y)]\end{aligned}\tag{6-156}$$

其中，$\lambda_{ym}=\sqrt{\alpha_m^2+\dfrac{12\phi^2}{h^2}}$， $\lambda_{xn}=\sqrt{\beta_n^2+\dfrac{12\phi^2}{h^2}}$。

微分方程式(6-154)的特解 $\hat{F}$、$\hat{f}$ 为

$$\left.\begin{aligned}&\hat{F}=\sum_m^{\infty}\sum_n^{\infty}\hat{A}_{mn}\sin(\alpha_m x)[\text{or: }\cos(\alpha_m x)]\sin(\beta_n y)[\text{or: }\cos(\beta_n y)]\\&\hat{f}=0\end{aligned}\right\}\tag{6-157}$$

根据板面竖向荷载 $p(x,y)$的轴对称性，任何一般问题可拆分成双轴对称、双轴反对称和两个一轴对称、另一轴反对称四种情形。为了方便起见，研究 $l/4$ 板，原板尺寸为 $2L\times 2B$，则 $l/4$ 板尺寸为 $L\times B$。

1. 双轴对称

双轴对称问题可分解为以下三种情形，如图 6-22 所示：

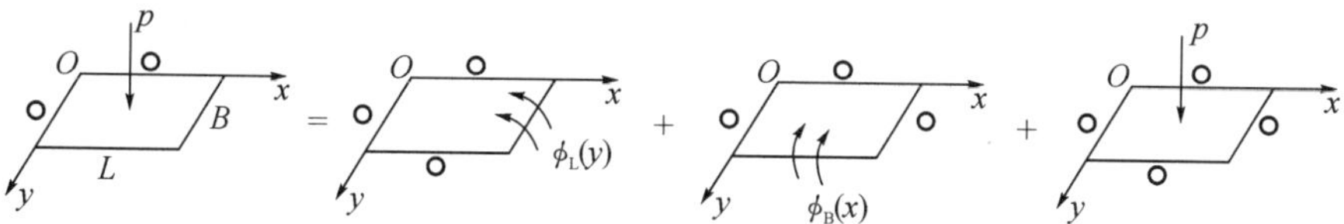

图 6-22　双轴对称问题的分解

情形 1：三边滑支，$x=L$ 为广义滑支边，已知转角为 $\phi_{\mathrm{L}}(y)$。

情形 2：三边滑支，$y=B$ 为广义滑支边，已知转角为 $\phi_{\mathrm{B}}(x)$。

情形 3：四边滑支，板面竖向荷载 $p(x, y)$。

对于情形 1，将 $x=L$ 边界上已知转角 $\phi_{\mathrm{L}}(y)$ 用级数表示：

$$\phi_{\mathrm{L}}(y)=\sum_{n=0}^{\infty} C_n \cos(\beta_n y) \tag{6-158}$$

位移函数 $F(x, y)$、$f(x, y)$的齐次解分别表示为

$$\left.\begin{aligned}\widetilde{F}_1&=\sum_{n=0}^{\infty}[C_{1n}\phi_{1n}(x)+C_{2n}\phi_{2n}(x)]\cos(\beta_n y)\\ \widetilde{f}_1&=-\sum_{n=1}^{\infty}C_{3n}\sinh(\lambda_{xn}x)\sin(\beta_n y)\end{aligned}\right\} \tag{6-159}$$

式(6-159)中的两个位移函数自然满足 $y=0$、$y=B$、$x=0$ 滑支边的边界条件。应用 $x=L$ 广义滑支边界的三个条件 $Q_x\big|_{x=L}=0$、$M_{xy}\big|_{x=L}=0$、$\psi_x\big|_{x=L}=\phi_{\mathrm{L}}(y)$，得到线性方程组：

$$\begin{bmatrix}\dfrac{\mathrm{d}\phi_{1n}(L)}{\mathrm{d}x} & \dfrac{\mathrm{d}\phi_{2n}(L)}{\mathrm{d}x} & \dfrac{\lambda_{xn}^2+\beta_n^2}{2\beta_n}\sinh(\lambda_{xn}L)\\ \left(\dfrac{\mathrm{d}^3\phi_{1n}(L)}{\mathrm{d}x^3}-\beta_n^2\dfrac{\mathrm{d}\phi_{1n}(L)}{\mathrm{d}x}\right) & \left(\dfrac{\mathrm{d}^3\phi_{2n}(L)}{\mathrm{d}x^3}-\beta_n^2\dfrac{\mathrm{d}\phi_{2n}(L)}{\mathrm{d}x}\right) & \dfrac{\beta_n}{2\kappa}\sinh(\lambda_{xn}L)\\ \dfrac{\mathrm{d}\phi_{1n}(L)}{\mathrm{d}x} & \dfrac{\mathrm{d}\phi_{2n}(L)}{\mathrm{d}x} & \beta_n\cosh(\lambda_{xn}L)\end{bmatrix}\begin{bmatrix}C_{1n}\\ C_{2n}\\ C_{3n}\end{bmatrix}=\begin{bmatrix}0\\ 0\\ C_n\end{bmatrix} \tag{6-160}$$

解式(6-160)得到待定常数 $C_{in}(i=1, 2, 3)$ 的表达式：

$$C_{1n}=\theta_{1n}C_n,\quad C_{2n}=\theta_{2n}C_n,\quad C_{3n}=\rho_{sn}C_n \tag{6-161}$$

从而式(6-159)将改写为

$$\left.\begin{aligned}\widetilde{F}_1&=\sum_{n=0}^{\infty}C_n[\theta_{1n}\phi_{1n}(x)+\theta_{2n}\phi_{2n}(x)]\cos(\beta_n y)\\ \widetilde{f}_1&=-\sum_{n=1}^{\infty}C_n\rho_{sn}\sinh(\lambda_{xn}x)\sin(\beta_n y)\end{aligned}\right\} \tag{6-162}$$

将情形 1 中的 x 轴与 y 轴互换即为情形 2 问题，其位移函数为

$$\left.\begin{aligned}
\phi_{\mathrm{B}}(x) &= \sum_{m=0}^{\infty} D_m \cos(\alpha_m x) \\
\widetilde{F}_2 &= \sum_{m=0}^{\infty} D_m [\vartheta_{1m}\varphi_{1m}(y) + \vartheta_{2m}\varphi_{2m}(y)] \cos(\alpha_m x) \\
\widetilde{f}_2 &= -\sum_{m=1}^{\infty} D_m \rho_{sm} \sinh(\lambda_{xm} y) \sin(\alpha_m x)
\end{aligned}\right\} \tag{6-163}$$

情形 3 中的特解：

$$\left.\begin{aligned}
\hat{F}_3 &= \sum_{m=0}^{\infty}\sum_{n=0}^{\infty} \hat{A}_{mn} \cos(\alpha_m x)\cos(\beta_n y) \\
\hat{A}_{mn} &= \frac{4\int_0^L\int_0^B p(x,\ y)\cos(\alpha_m x)\cos(\beta_n y)\mathrm{d}x\,\mathrm{d}y}{D\left\{\pi^4\left[\left(\frac{m}{L}\right)^2 + \left(\frac{n}{B}\right)^2\right]^2 + 2\kappa\pi^2\left[\left(\frac{m}{L}\right)^2 + \left(\frac{n}{B}\right)^2\right] + \frac{k}{D}\right\} LB}
\end{aligned}\right\} \tag{6-164}$$

由此得到双轴对称问题的解为

$$\left.\begin{aligned}
F &= \sum_{n=0}^{\infty} C_n X_n^* \cos(\beta_n y) + \sum_{m=0}^{\infty} D_m Y_m^* \cos(\alpha_m x) + \sum_{m=0}^{\infty}\sum_{n=0}^{\infty} \hat{A}_{mn}\cos(\alpha_m x)\cos(\beta_n y) \\
f &= -\sum_{n=1}^{\infty} C_n \rho_{sn} \sinh(\lambda_{xn} x)\sin(\beta_n y) - \sum_{m=1}^{\infty} D_m \rho_{sm} \sinh(\lambda_{ym} y)\sin(\alpha_m x)
\end{aligned}\right\} \tag{6-165}$$

其中，$X_n^* = \theta_{1n}\phi_{1n}(x) + \theta_{2n}\phi_{2n}(x)$， $Y_m^* = \vartheta_{1m}\varphi_{1m}(y) + \vartheta_{2m}\varphi_{2m}(y)$。

式(6-165)尚需满足两个边界条件：

$$\left.\begin{aligned}
M_x\big|_{x=L} &= -D\left[\frac{\partial^2 F}{\partial x^2} + \nu\frac{\partial^2 F}{\partial y^2} + (1-\nu)\frac{\partial^2 f}{\partial x \partial y}\right]\Bigg|_{x=L} = 0 \\
M_y\big|_{y=B} &= -D\left[\frac{\partial^2 F}{\partial y^2} + \nu\frac{\partial^2 F}{\partial x^2} - (1-\nu)\frac{\partial^2 f}{\partial x \partial y}\right]\Bigg|_{y=B} = 0
\end{aligned}\right\} \tag{6-166}$$

将式(6-165)代入式(6-166)，并把所得结果展开为同类型的三角函数，从而建立求解待定常数 C_n、D_m 的线性方程：

$$\left.\begin{aligned}
C_n\xi_{\mathrm{C}n} + \sum_{m=0}^{\infty} D_m \zeta_{\mathrm{D}m} &= \sum_{m=0}^{\infty}(\alpha_m^2 + \nu\beta_n^2)\hat{A}_{mn}\cos(m\pi) \quad (n=0,\ 1,\ 2,\ \cdots) \\
\sum_{n=0}^{\infty} C_n\zeta_{\mathrm{C}n} + D_m\xi_{\mathrm{D}m} &= \sum_{n=0}^{\infty}(\nu\alpha_m^2 + \beta_n^2)\hat{A}_{mn}\cos(n\pi) \quad (m=0,\ 1,\ 2,\ \cdots)
\end{aligned}\right\} \tag{6-167}$$

其中，$\xi_{Cn}=\dfrac{\mathrm{d}^2X_n^*(L)}{\mathrm{d}x^2}-\nu\beta_n^2X_n^*(L)-(1-\nu)\lambda_{xn}\beta_n\rho_{sn}\cosh(\lambda_{xn}L)$，

$$\xi_{Dm}=\frac{\mathrm{d}^2Y_m^*(B)}{\mathrm{d}y^2}-\nu\alpha_m^2Y_m^*(B)+(1-\nu)\lambda_{ym}\alpha_m\rho_{sm}\cosh(\lambda_{ym}B),$$

$$\zeta_{Cn}=\frac{2\cos m\pi}{B}\int_0^B\left[\alpha_m^2Y_m^*-\nu\frac{\mathrm{d}^2Y_m^*}{\mathrm{d}y^2}-(1-\nu)\lambda_{ym}\alpha_m\rho_{sm}\cosh(\lambda_{ym}y)\right]\cos(\beta_ny)\mathrm{d}y,$$

$$\zeta_{Dm}=\frac{2\cos n\pi}{L}\int_0^B\left[\beta_n^2X_n^*-\nu\frac{\mathrm{d}^2X_n^*}{\mathrm{d}x^2}+(1-\nu)\lambda_{xn}\beta_n\rho_{sn}\cosh(\lambda_{xn}x)\right]\cos(\alpha_mx)\mathrm{d}x。$$

2. 双轴反对称

双轴反对称问题的分解可为以下三种情形，如图6-23所示：

情形1：$x=0$、$y=0$ 两边简支，$y=B$ 滑支，$x=L$ 广义滑支，已知转角为 $\phi_L(y)$。

情形2：$x=0$、$y=0$ 两边简支，$x=B$ 滑支，$y=B$ 广义滑支，已知转角为 $\phi_B(x)$。

情形3：$x=0$、$y=0$ 两边简支，$x=L$、$y=B$ 滑支，板面承受荷载 $p(x, y)$。

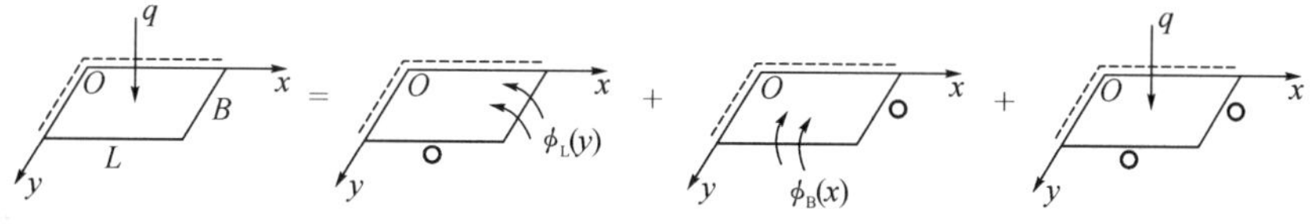

图6-23　双轴反对称问题的分解

情形1中满足边界条件的位移函数为

$$\left.\begin{aligned}\phi_L(y)&=\sum_{n=1,3,\cdots}^{\infty}C_n\sin(\hat{\beta}_ny)\\ \widetilde{F}_1&=\sum_{n=1,3,\cdots}^{\infty}C_n[\theta_{3n}\phi_{3n}(x)+\theta_{4n}\phi_{4n}(x)]\sin(\hat{\beta}_ny)\\ \widetilde{f}_1&=-\sum_{n=1,3,\cdots}^{\infty}C_n\rho_{sn}\cosh(\lambda_{xn}x)\cos(\hat{\beta}_ny)\end{aligned}\right\}\tag{6-168}$$

其中，$\hat{\beta}_n=\dfrac{(n+1/2)\pi}{B}$。

把式(6-162)中的函数 φ_{1n}、φ_{2n} 和 sinh 分别用 φ_{3m}、φ_{4m} 和 cosh 替换，就可得到 θ_{3n}、θ_{4n} 和 ρ_{cn}。

将情形1的 x 轴与 y 轴互换即为情形2问题。位移函数 $F(x, y)$ 和 $f(x, y)$ 为

$$\left.\begin{aligned}\phi_B(x)&=\sum_{m=1,3,\cdots}^{\infty}D_m\sin(\hat{\alpha}_mx)\\ \widetilde{F}_2&=\sum_{m=1,3,\cdots}^{\infty}D_m[\vartheta_{3m}\varphi_{3m}(y)+\vartheta_{4m}\varphi_{4m}(y)]\sin(\hat{\alpha}_mx)\\ \widetilde{f}_2&=-\sum_{m=1,3,\cdots}^{\infty}D_m\rho_{sm}\cosh(\lambda_{ym}y)\cos(\hat{\alpha}_mx)\end{aligned}\right\}\tag{6-169}$$

其中，$\hat{\alpha}_m = \dfrac{(m+1/2)\pi}{L}$。

情形 3 中的特解：

$$\left.\begin{aligned}&\hat{F}_3 = \sum_{m=1,3,\cdots}^{\infty}\sum_{n=1,3\cdots}^{\infty}\hat{A}_{mn}\sin(\hat{\alpha}_m x)\sin(\hat{\beta}_n y)\\&\hat{A}_{mn} = \frac{4\int_0^L\int_0^B p(x,y)\sin(\hat{\alpha}_m x)\sin(\hat{\beta}_n y)\mathrm{d}x\,\mathrm{d}y}{D\left\{\pi^4\left[\left(\frac{m+1/2}{L}\right)^2+\left(\frac{n+1/2}{B}\right)^2\right]^2+2\kappa\pi^2\left[\left(\frac{m+1/2}{L}\right)^2+\left(\frac{n+1/2}{B}\right)^2\right]+\frac{k}{D}\right\}LB}\end{aligned}\right\} \tag{6-170}$$

双轴反对称问题的解则为

$$\left.\begin{aligned}F &= \sum_{n=1,3,\cdots}^{\infty}C_n X_n^*\sin(\hat{\beta}_n y)+\sum_{m=1,3,\cdots}^{\infty}D_m Y_m^*\sin(\hat{\alpha}_m x)+\\&\quad\sum_{m=1,3,\cdots}^{\infty}\sum_{n=1,3,\cdots}^{\infty}\hat{A}_{mn}\sin(\hat{\alpha}_m x)\sin(\hat{\beta}_n y)\\f &= -\sum_{n=1,3,\cdots}^{\infty}C_n\rho_{cn}\cosh(\lambda_{xn}x)\cos(\hat{\beta}_n y)-\sum_{m=1,3,\cdots}^{\infty}D_m\rho_{sm}\cosh(\lambda_{ym}y)\cos(\hat{\alpha}_m x)\end{aligned}\right\} \tag{6-171}$$

其中，$X_n^* = \theta_{3n}\phi_{3n}(x)+\theta_{4n}\phi_{4n}(x)$， $Y_m^* = \vartheta_{3m}\varphi_{3m}(y)+\vartheta_{4m}\varphi_{4m}(y)$。

式(6-171)尚需满足式(6-166)两个边界条件，从而建立求解待定常数 C_m、D_n 的线性方程。

$$\left.\begin{aligned}&C_n\xi_{Cn}+\sum_{m=1,3,\cdots}^{\infty}D_m\zeta_{Dm} = \sum_{m=1,3,\cdots}^{\infty}(\hat{\alpha}_m^2+\nu\hat{\beta}_n^2)\hat{A}_{mn}\cos(m\pi)\quad(n=1,3,\cdots)\\&\sum_{n=1,3,\cdots}^{\infty}C_n\zeta_{Cn}+D_m\xi_{Dm} = \sum_{n=1,3,\cdots}^{\infty}(\nu\hat{\alpha}_m^2+\hat{\beta}_n^2)\hat{A}_{mn}\cos(n\pi)\quad(m=1,3,\cdots)\end{aligned}\right\} \tag{6-172}$$

其中，$\xi_{Cn} = \dfrac{\mathrm{d}^2X_n^*(L)}{\mathrm{d}x^2}-\nu\hat{\beta}_n^2X_n^*(L)+(1-\nu)\lambda_{xn}\hat{\beta}_n\rho_{sn}\sinh(\lambda_{xn}L)$，

$$\xi_{Dm} = \frac{\mathrm{d}^2Y_m^*(B)}{\mathrm{d}y^2}-\nu\hat{\alpha}_m^2Y_m^*(B)-(1-\nu)\lambda_{ym}\hat{\alpha}_m\rho_{sm}\sinh(\lambda_{ym}B),$$

$$\zeta_{Cn} = \frac{2\cos(m\pi)}{B}\int_0^B\left[\nu\frac{\mathrm{d}^2Y_m^*}{\mathrm{d}y^2}-\hat{\alpha}_m^2Y_m^*+(1-\nu)\lambda_{ym}\hat{\alpha}_m\rho_{sm}\sinh(\lambda_{ym}y)\right]\cos(\hat{\beta}_n y)\mathrm{d}y,$$

$$\zeta_{Dm}=\frac{2\cos(n\pi)}{L}\int_0^B\left[\nu\frac{d^2X_n^*}{dx^2}-\hat{\beta}_n^2X_n^*-(1-\nu)\lambda_{xn}\hat{\beta}_n\rho_{sn}\sinh(\lambda_{xn}x)\right]\cos(\hat{\alpha}_m x)dx。$$

3. 一轴对称、另一轴反对称

一轴对称、另一轴反对称问题可分解为以下三种情形，如图 6-24 所示：

情形 1：$x=0$ 简支，$y=0$ 和 $y=B$ 两边滑支，$x=L$ 广义滑支，已知转角为 $\phi_L(y)$。

情形 2：$x=0$ 简支，$y=0$ 和 $x=L$ 两边滑支，$y=B$ 广义滑支，已知转角为 $\phi_B(x)$。

情形 3：$x=0$ 简支，另三边滑支，板面承受荷载 $p(x,y)$。

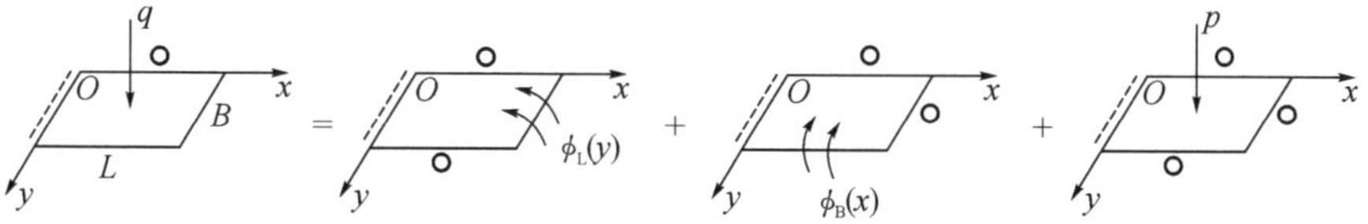

图 6-24　一轴对称另一轴反对称问题的分解

情形 1 中满足边界条件的位移函数为

$$\left.\begin{aligned}\phi_L(y)&=\sum_{n=0}^{\infty}C_n\cos(\beta_n y)\\ \widetilde{F}_1&=\sum_{n=0}^{\infty}C_n[\theta_{3n}\phi_{3n}(x)+\theta_{4n}\phi_{4n}(x)]\cos(\beta_n y)\\ \widetilde{f}_1&=\sum_{n=1}^{\infty}C_n\rho_{sn}\cosh(\lambda_{xn}x)\sin(\beta_n y)\end{aligned}\right\}\tag{6-173}$$

情形 2 的位移函数为

$$\left.\begin{aligned}\phi_B(x)&=\sum_{m=1,3,\cdots}^{\infty}D_m\sin(\hat{\alpha}_m x)\\ \widetilde{F}_2&=\sum_{m=1,3,\cdots}^{\infty}D_m[\vartheta_{1m}\varphi_{1m}(y)+\vartheta_{2m}\varphi_{2m}(y)]\sin(\hat{\alpha}_m x)\\ \widetilde{f}_2&=\sum_{m=1,3,\cdots}^{\infty}D_m\rho_{sm}\sinh(\lambda_{ym}y)\cos(\hat{\alpha}_m x)\end{aligned}\right\}\tag{6-174}$$

情形 3 中的特解：

$$\left.\begin{aligned}\hat{F}_3&=\sum_{m=1,3,\cdots}^{\infty}\sum_{n=0}^{\infty}\hat{A}_{mn}\sin(\hat{\alpha}_m x)\cos(\beta_n y)\\ \hat{A}_{mn}&=\frac{4\int_0^L\int_0^B p(x,y)\sin(\hat{\alpha}_m x)\cos(\beta_n y)dxdy}{D\left\{\pi^4\left[\left(\frac{m+1/2}{L}\right)^2+\left(\frac{n}{B}\right)^2\right]^2+2\kappa\pi^2\left[\left(\frac{m+1/2}{L}\right)^2+\left(\frac{n}{B}\right)^2\right]+\frac{k}{D}\right\}LB}\end{aligned}\right\}\tag{6-175}$$

一轴对称、另一轴反对称问题的解则为

$$\left.\begin{aligned}F&=\sum_{n=0}^{\infty}C_nX_n^*\cos(\beta_ny)+\sum_{m=1,3,\cdots}^{\infty}D_mY_m^*\sin(\hat{\alpha}_mx)+\sum_{m=1,3,\cdots}^{\infty}\sum_{n=0}^{\infty}\hat{A}_{mn}\sin(\hat{\alpha}_mx)\cos(\beta_ny)\\f&=\sum_{n=1}^{\infty}C_n\rho_{cn}\cosh(\lambda_{xn}x)\sin(\beta_ny)+\sum_{m=1,3,\cdots}^{\infty}D_m\rho_{sm}\sinh(\lambda_{ym}y)\cos(\hat{\alpha}_mx)\end{aligned}\right\}\tag{6-176}$$

其中，$X_n^*=\theta_{3n}\phi_{3n}(x)+\theta_{4n}\phi_{4n}(x)$， $Y_m^*=\vartheta_{1m}\varphi_{1m}(y)+\vartheta_{2m}\varphi_{2m}(y)$。

式(6-176)尚需满足式(6-166)两个边界条件，从而建立求解待定常数 C_m、D_n 的线性方程。

$$\left.\begin{aligned}&C_n\xi_{Cn}+\sum_{m=0}^{\infty}D_m\zeta_{Dm}=\sum_{m=0}^{\infty}(\hat{\alpha}_m^2+\nu\beta_n^2)\hat{A}_{mm}\cos(m\pi)\quad(n=0,1,2,\cdots)\\&\sum_{n=0}^{\infty}C_n\zeta_{Cn}+D_m\xi_{Dm}=\sum_{n=0}^{\infty}(\nu\hat{\alpha}_m^2+\beta_n^2)\hat{A}_{mn}\cos n\pi\qquad(m=1,3,\cdots)\end{aligned}\right\}\tag{6-177}$$

其中，$\xi_{Cn}=\dfrac{\mathrm{d}^2X_n^*(L)}{\mathrm{d}x^2}-\nu\beta_n^2X_n^*(L)+(1-\nu)\lambda_{xn}\beta_n\rho_{sn}\sinh(\lambda_{xn}L)$，

$\xi_{Dm}=\dfrac{\mathrm{d}^2Y_m^*(B)}{\mathrm{d}y^2}-\nu\hat{\alpha}_m^2Y_m^*(B)+(1-\nu)\lambda_{ym}\hat{\alpha}_m\rho_{sm}\cosh(\lambda_{ym}B)$；

$\zeta_{Cn}=\dfrac{2\cos(m\pi)}{B}\displaystyle\int_0^B\left[\nu\dfrac{\mathrm{d}^2Y_m^*}{\mathrm{d}y^2}-\hat{\alpha}_m^2Y_m^*-(1-\nu)\lambda_{ym}\hat{\alpha}_m\rho_{sm}\cosh(\lambda_{ym}y)\right]\cos(\beta_ny)\mathrm{d}y$，

$\zeta_{Dm}=\dfrac{2\cos(n\pi)}{L}\displaystyle\int_0^B\left[\nu\dfrac{\mathrm{d}^2X_n^*}{\mathrm{d}x^2}-\beta_n^2X_n^*-(1-\nu)\lambda_{xn}\beta_n\rho_{sn}\sinh(\lambda_{xn}x)\right]\cos(\hat{\alpha}_mx)\mathrm{d}x$。

6.6 弹性半空间体上四边自由的矩形板

弹性半空间体上矩形薄板，其长、宽为 $2L\times2B$，Oxy 坐标系原点设于板中，见图 6-25，其微分方程可改写为

$$\beta^2\frac{\partial^4w}{\partial X^4}+2\frac{\partial^4w}{\partial X^2\partial Y^2}+\frac{1}{\beta^2}\frac{\partial^4w}{\partial Y^4}=\lambda_0[p(x,y)-q(x,y)]\tag{6-178}$$

其中，$X=x/L$， $Y=y/B$， $\beta=B/L$， $\lambda_0=L^2B^2/D$。

由式(2-70)可知，弹性半空间体的挠度 $w^*(x,y)$与其表面外荷载 $q(x,y)$之间的关系可表示为

$$w^*(x,y)=\frac{(1-\nu)LB}{2\pi G}\int_0^1\int_0^1\frac{q(u_x,u_y)\mathrm{d}u_x\mathrm{d}u_y}{\sqrt{L^2(X-u_x)^2+B^2(Y-u_y)^2}}\tag{6-179}$$

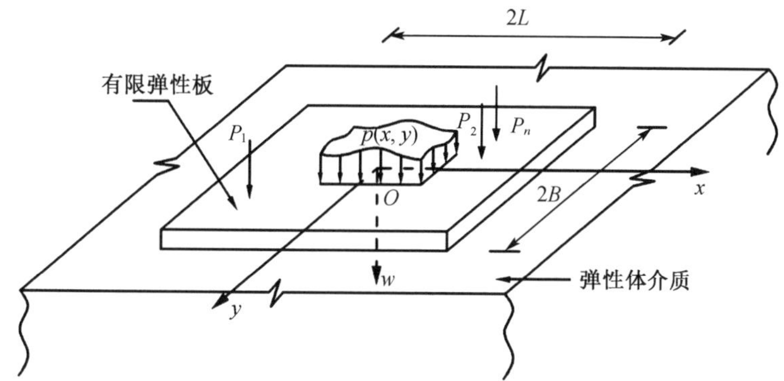

图 6-25　弹性半空间体上矩形板

四边自由的边界条件可表示为

$$
\left.\begin{aligned}
&\frac{\partial^2 w}{\partial X^2}+\nu\frac{1}{\beta^2}\frac{\partial^2 w}{\partial Y^2}=0, && X=\pm 1\\
&\frac{\partial^3 w}{\partial X^3}+(2-\nu)\frac{1}{\beta^2}\frac{\partial^3 w}{\partial X\partial Y^2}=0, && X=\pm 1\\
&\frac{\partial^2 w}{\partial Y^2}+\nu\beta^2\frac{\partial^2 w}{\partial X^2}=0, && Y=\pm 1\\
&\frac{\partial^3 w}{\partial Y^3}+(2-\nu)\beta^2\frac{\partial^3 w}{\partial X^2\partial Y}=0, && Y=\pm 1
\end{aligned}\right\} \tag{6-180}
$$

以及角点剪力为零条件：

$$
\left.\frac{\partial^2 w}{\partial X\partial Y}\right|_c=0 \tag{6-181}
$$

常见求解方法有幂级数法、连杆法与余弦级数法。

1. 幂级数法

此方法是由戈尔布诺夫・波萨多夫(Gorbunov-Posadov)在 1939—1940 年提出的。现介绍双轴对称下的幂级数解法。将外荷载 $p(X, Y)$ 以及板与地基之间接触应力 $q(X, Y)$ 展开为重幂级数：

$$
\left.\begin{aligned}
q(X, Y)&=\sum_{i=0}^{N}\sum_{j=0}^{N-i}q_{2i,2j}X^{2i}Y^{2j}\\
p(X, Y)&=\sum_{i=0}^{N}\sum_{j=0}^{N-i}p_{2i,2j}X^{2i}Y^{2j}
\end{aligned}\right\} \tag{6-182}
$$

将式(6-182)代入式(6-178)，整理得到：

$$
\beta^2\frac{\partial^4 w}{\partial X^4}+2\frac{\partial^4 w}{\partial X^2\partial Y^2}+\frac{1}{\beta^2}\frac{\partial^4 w}{\partial Y^4}=\lambda_0\sum_{i=0}^{N}\sum_{j=0}^{N-i}pq_{2i,2j}X^{2i}Y^{2j} \tag{6-183}
$$

其中，$pq_{2i,2j}=p_{2i,2j}-q_{2i,2j}$。

为了使等式两边在形式上保持一致，板的挠度展开为

$$w=\sum_{m=0}^{M}\sum_{n=0}^{M-m}A_{2m,2n}X^{2n}Y^{2m} \tag{6-184}$$

将式(6-184)代入式(6-183)，比较两边同次幂的系数，得到：

$$\frac{(2i+4)!}{(2i)!}\beta^2A_{2i+4,2j}+2\frac{(2i+2)!\ (2j+2)!}{(2i)!\ (2j)!}A_{2i+2,2j+2}+\frac{(2j+4)!}{(2j)!}\frac{1}{\beta^2}A_{2i,2j+4}=-\lambda_0pq_{2i,2j} \tag{6-185}$$

其中，$i=0,1,2,\cdots,n$；$j=0,1,2,\cdots,n-i$；$M=N+2$。

式(6-185)是一组未涉及板边界条件的方程组，由此可用 $A_{2m,0}$ 和 $A_{0,2n}$ 表示所有其余的 $A_{k,l}(2\leqslant m+n\leqslant N+2)$。

代入式(6-180)中 $X=\pm1$ 弯矩为零的边界条件，可得：

$$\sum_{m=1}^{N+2}2m(2m-1)A_{2m,2n}+\nu\frac{1}{\beta^2}(2n+2)(2n+1)\sum_{m=0}^{N-n-2}A_{2m,2n+2}=0\quad(n=0,1,2,\cdots,N+1) \tag{6-186}$$

代入式(6-180)中 $X=\pm1$ 剪力为零的边界条件，可得：

$$\sum_{m=2}^{N+2}2m(2m-1)(2m-2)A_{2m,2n}+\frac{2-\nu}{\beta^2}(2n+2)(2n+1)\sum_{m=1}^{N-n-2}2mA_{2m,2n+1}=0\quad(n=0,1,2,\cdots,N+1) \tag{6-187}$$

同理，可得 $Y=\pm1$ 弯矩为零与剪力为零的两个方程。它们与式(6-186)和式(6-187)是对称的，仅 x 与 y、m 与 n、M 与 N 互换而已。

当 $M=N+2$ 时，式(6-184)中含有 $\frac{1}{2}(N+2)(N+5)+1$ 个待定常数 $A_{2m,2n}$，式(6-185)共有 $\frac{1}{2}(N+2)(N+3)+1$ 个方程，而式(6-186)、式(6-187)及 $Y=\pm1$ 时的两组对称式共计 $(4N+6)$ 个方程，二者相减为 $\left[\frac{1}{2}(N+2)(N+3)+1\right]+(4N+6)-\left[\frac{1}{2}(N+2)(N+5)+1\right]=2(N+1)+1$，即多余 $2(N+1)+1$ 个方程式。在式(6-186)及对称方程中，当 N 为偶数时取前 $\frac{1}{2}(N+2)$ 个方程式，当 N 为奇数时取前 $\frac{1}{2}(N+1)$ 个方程式；在式(6-187)及对称方程中，当 N 为偶数时取前 $\frac{1}{2}(N+2)$ 个方程式，当 N 为奇数时

取前 $\frac{1}{2}(N+1)$ 个方程式。另外，所考虑的 $A_{0,0}$ 由板中挠度确定，则方程数与待定系数个数相等。

为保证精度，当 $\beta>2$ 时，应加上 x 轴分布的总力矩 $\int M_y\mathrm{d}x$ 与外力及地基反力引起力矩相等这一条件：

$$\sum_{i=0}^{4}\frac{A_{2i,2}}{2i+1}+\nu\beta^2\sum_{i=1}^{5}iA_{2i,0}=\lambda\beta\left(2\frac{P_1}{B}+\frac{P_2}{\beta^2}-\beta\sum_{j=0}^{3}\frac{1}{j+1}\sum_{j=0}^{3-j}\frac{pq_{2i,2j}}{2i+1}\right)\tag{6-188}$$

式(6-188)及其对称式可补入求解方程组，删除式(6-186)中最后一个方程。此外，板的平衡方程需满足：

$$\int_0^1\int_0^1 q(X,Y)\mathrm{d}X\mathrm{d}Y=\sum_{i=0}^{N}\sum_{j=0}^{N-i}\frac{q_{2i,2j}}{(2i+1)(2j+1)}=\frac{P}{4LB}\tag{6-189}$$

由板与地基接触反力 $q(X,Y)=\sum_{i=0}^{N}\sum_{j=0}^{N-i}q_{2i,2j}X^{2i}Y^{2j}$ 引起的地基表面的弯沉 w_{s}：

$$w_{\mathrm{s}}=\sum_{m=0}^{M}\sum_{n=0}^{M-m}A_{2m,2n}X^{2n}Y^{2m}\tag{6-190}$$

其中，$A_{2m,2n}=\frac{1-\nu_0^2}{\pi E_0}\sum_{i=0}^{2N}\sum_{j=0}^{2N-i}C_{2m,2n,2i,2j}q_{2i,2j}$。

当板中有集中力时，板挠度可表示为

$$w(X,Y)=\sum_{n=0}^{\infty}\sum_{m=0}^{\infty}A_{2n,2m}X^{2n}Y^{2m}+\frac{PL^2}{8\pi D}\left(\frac{r}{L}\right)^2\lg\left(\frac{r}{L}\right)\tag{6-191}$$

2. 连杆法

连杆法将四边简支的板视为“基本结构”，先求“基本结构”在外荷载作用下的解；再将地基划分为 $M\times N$ 个小区域，每一小区域的地基反力被视为均布并集中于该区域形心并通过刚性连杆与板相连传递作用力，如图 6-26 所示；计算连杆传递的作用力引起的板挠度和地基弯沉；再通过板挠度与半空间体表面的位移相容条件确定各区域的作用力。

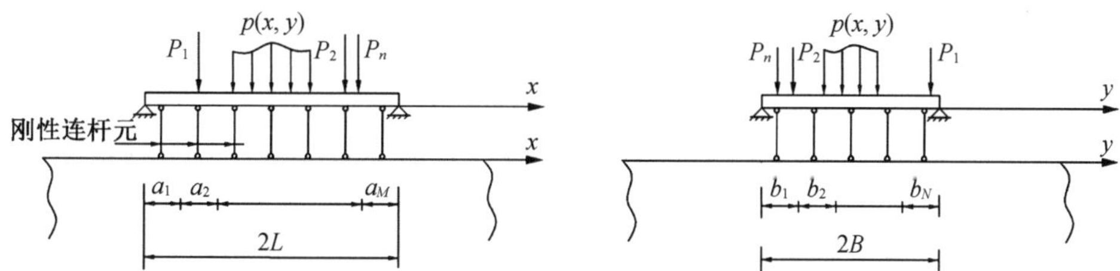

图 6-26　半空间体上矩形板连杆结构

1）“基本结构”的纳维解

外荷载作用下“基本结构”的纳维解为

$$\left.\begin{aligned} w_{\mathrm{p}}(x, y) &= \sum_{n=1}^{\infty}\sum_{m=1}^{\infty} A_{n,m}\sin\left(\frac{m\pi x}{2L}\right)\sin\left(\frac{n\pi y}{2B}\right) \\ A_{n,m} &= \frac{16}{\pi^4 DLB}\frac{\int_0^L\int_0^B p(x, y)\sin\left(\frac{m\pi x}{2L}\right)\sin\left(\frac{n\pi y}{2B}\right)\mathrm{d}x\,\mathrm{d}y}{\left(\frac{m^2}{L^2}+\frac{n^2}{B^2}\right)^2} \end{aligned}\right\} \tag{6-192}$$

2）地基挠度

小区域面积为 $a\times b$，不等分时记 $a_m\times b_n$，且有 $L=\sum_{m=1}^{M}a_m$，$B=\sum_{n=1}^{N}b_n$，中点位置为 (x_m, y_n)，其均布荷载 $Q_{m,n}/a_m b_n$。地基任一点的弯沉为

$$w_{0,m,n}(x, y)=\frac{(1-\nu_0^2)Q_{m,n}}{2\pi a_m b_n G_0}I_{m,n}(x, y) \tag{6-193}$$

式中，G_0、ν_0 分别为地基的剪切模量和泊松比。

其中，$$I_{m,n}(x, y)=\int_{x_m-a_m/2}^{x_m+a_m/2}\int_{y_n-b_n/2}^{y_n+b_n/2}\frac{\mathrm{d}t_x\,\mathrm{d}t_y}{\sqrt{[(x_m-x)-t_x]^2+[(y_n-y)-t_y]^2}}$$

$$\approx\begin{cases}\displaystyle\int_{x_m-a_m/2}^{x_m+a_m/2}\int_{y_n-b_n/2}^{y_n+b_n/2}\frac{\mathrm{d}t_x\,\mathrm{d}t_y}{\sqrt{t_x^2+t_y^2}}, & x=x_m\cup y=y_n \\ \displaystyle\frac{1}{\sqrt{(x_m-x)^2+(y_n-y)^2}}, & x\neq x_m\cap y\neq y_n\text{。}\end{cases}$$

所有区域影响合计：

$$w_0(x, y)=\frac{(1-\nu_0^2)}{2\pi G_0}\sum_{n=1}^{N}\sum_{m=1}^{M}\frac{1}{a_m b_n}Q_{m,n}I_{m,n}(x, y) \tag{6-194}$$

3）地基反力引起的板挠度

地基反力引起“基本结构”的板挠度按纳维法求解：

$$w_{\mathrm{s},m,n}(x, y)=\frac{16Q_{m,n}}{\pi^6 a_m b_n D}J_{m,n}(x, y) \tag{6-195}$$

其中，$J_{m,n}(x, y)=\sum_{n=1}^{\infty}\sum_{m=1}^{\infty}\frac{\cos\left(\frac{m\pi x_m}{L}\right)\cos\left(\frac{n\pi y_n}{B}\right)\cos\left(\frac{m\pi a_m}{2L}\right)\cos\left(\frac{n\pi b_n}{2B}\right)}{mn\left[\left(\frac{m}{L}\right)^2+\left(\frac{n}{B}\right)^2\right]^2}\sin\left(\frac{m\pi x}{2L}\right)$

$\sin\left(\frac{n\pi y}{2B}\right)$。

所有区域影响合计：

$$w_s(x, y)=\frac{16}{\pi^6 D}\sum_{n=1}^{N}\sum_{n=1}^{M}\frac{1}{a_m b_n}Q_{m,n}J_{m,n}(x, y) \tag{6-196}$$

4) 方程组建立

取板中部某一点(x_0, y_0)作为板挠度与地基弯沉相容的参照点，则有：

$$w_p(x, y)-w_p(x_0, y_0)-w_s(x, y)+w_s(x_0, y_0)=w_0(x, y)-w_0(x_0, y_0) \tag{6-197}$$

对于连杆点 $x_m(m=1, 2, \cdots, M)$、$y_n(n=1, 2, \cdots, N)$，总计$M\times N$个点，除去一个参照点，共计$(M\times N-1)$个方程。未知量共有 $M\times N$ 个地基反力 $Q_{m,n}(m=1, 2, \cdots, M)$、$y_n(n=1, 2, \cdots, N)$。故补充式(6-198)的平衡方程，构成$M\times N$个方程。

$$\sum_{m=1}^{M}\sum_{n=1}^{N}Q_{m,n}=\int_0^L\int_0^B q\,\mathrm{d}x\,\mathrm{d}y \tag{6-198}$$

这种近似解可保证边界合力为零，但在板边与角隅处的边界力不能各自平衡，也就是说板边缘地基反力的失真难以避免。这种失真程度虽随着边缘分割区域面积的缩小而减少，但收敛速度并不快。

3. 余弦级数法

余弦级数法是纳维法与莱维法的复合，板挠度假设为

$$\begin{aligned}w=&\sum_{m=0}^{\infty}\sum_{n=0}^{\infty}A_{mn}\cos(\alpha_m x)\cos(\beta_n y)+\\&\sum_{m=0}^{\infty}\left\{\left[(2-\nu)\alpha_m^2\frac{4By^3-4B^2y^2-y^4}{24B^2}+\frac{2By-y^2}{2B^2}\right]C_m+\right.\\&\left.\left[(2-\nu)\alpha_m^2\frac{y^4-2B^2y^2}{24B^2}+\frac{y^2}{2B^2}\right]D_m\right\}\cos(\alpha_m x)+\\&\sum_{n=0}^{\infty}\left\{\left[(2-\nu)\beta_n^2\frac{4Lx^3-4L^2x^2-x^4}{24L^2}+\frac{2Lx-x^2}{2L^2}\right]G_n+\right.\\&\left.\left[(2-\nu)\beta_n^2\frac{x^4-2L^2x^2}{24L^2}+\frac{x^2}{2L^2}\right]H_n\right\}\cos(\beta_n y)\end{aligned} \tag{6-199}$$

其中，$\alpha_m=\frac{m\pi}{L}$，$\beta_n=\frac{n\pi}{B}$；A_{mn}、C_m、D_m、G_n、H_n 为待定系数。

不难验证，式(6-199)具有 4 阶连续可导，且满足四边剪力为零条件。板弯矩表达式为

$$
\left.
\begin{aligned}
M_x = & D\sum_{m=0}^{\infty}\sum_{n=0}^{\infty}A_{mn}(\alpha_m^2+\nu\beta_n^2)\cos(\alpha_m x)\cos(\beta_n y)+ \\
& D\sum_{m=0}^{\infty}\alpha_m^2\left\{\left[(2-\nu)\alpha_m^2\frac{4By^3-4B^2y^2-y^4}{24B^2}+\frac{2By-y^2}{2B^2}-\right.\right. \\
& \left.\nu(2-\nu)\frac{6By-2B^2-3y^2}{6B^2}+\frac{\nu}{\alpha_m^2B^2}\right]C_m+ \\
& \left[(2-\nu)\alpha_m^2\frac{y^4-2B^2y^2}{24B^2}+\frac{y^2}{2B^2}-\right. \\
& \left.\left.\nu(2-\nu)\frac{3y^2-B^2}{6B^2}-\frac{\nu}{\alpha_m^2B^2}\right]D_m\right\}\cos(\alpha_m x)+ \\
& D\sum_{n=0}^{\infty}\beta_n^2\left\{\left[\nu(2-\nu)\beta_n^2\frac{4Lx^3-4L^2x^2-x^4}{24L^2}+\right.\right. \\
& \left.\nu\frac{2Lx-x^2}{2L^2}-(2-\nu)\frac{6Lx-2L^2-3x^2}{6L^2}+\frac{1}{\beta_n^2L^2}\right]G_n+ \\
& \left[\nu(2-\nu)\beta_n^2\frac{x^4-2L^2x^2}{24L^2}+\nu\frac{x^2}{2L^2}-\right. \\
& \left.\left.(2-\nu)\frac{3x^2-B^2}{6L^2}-\frac{1}{\beta_n^2L^2}\right]H_n\right\}\cos(\beta_n y) \\
M_y = & D\sum_{m=0}^{\infty}\sum_{n=0}^{\infty}A_{mn}(\nu\alpha_m^2+\beta_n^2)\cos(\alpha_m x)\cos(\beta_n y)+ \\
& D\sum_{m=0}^{\infty}\alpha_m^2\left\{\left[\nu(2-\nu)\alpha_m^2\frac{4By^3-4B^2y^2-y^4}{24B^2}+\nu\frac{2By-y^2}{2B^2}-\right.\right. \\
& \left.(2-\nu)\frac{6By-2B^2-3y^2}{6B^2}+\frac{1}{\alpha_m^2B^2}\right]C_m+ \\
& \left[\nu(2-\nu)\alpha_m^2\frac{y^4-2B^2y^2}{24B^2}+\nu\frac{y^2}{2B^2}-\right. \\
& \left.\left.(2-\nu)\frac{3y^2-B^2}{6B^2}-\frac{1}{\alpha_m^2B^2}\right]D_m\right\}\cos(\alpha_m x)+ \\
& D\sum_{n=0}^{\infty}\beta_n^2\left\{\left[(2-\nu)\beta_n^2\frac{4Lx^3-4L^2x^2-x^4}{24L^2}+\frac{2Lx-x^2}{2L^2}-\right.\right. \\
& \left.\nu(2-\nu)\frac{6Lx-2L^2-3x^2}{6L^2}+\frac{\nu}{\beta_n^2L^2}\right]G_n+ \\
& \left[(2-\nu)\beta_n^2\frac{x^4-2L^2x^2}{24L^2}+\frac{x^2}{2L^2}-\right. \\
& \left.\left.\nu(2-\nu)\frac{3x^2-B^2}{6L^2}-\frac{\nu}{\beta_n^2L^2}\right]H_n\right\}\cos(\beta_n y)
\end{aligned}
\right\}
\quad (6\text{-}200)
$$

$$
\left.\begin{aligned}
\nabla^4 w = & \sum_{m=0}^{\infty}\sum_{n=0}^{\infty} A_{mn}(\alpha_m^2+\beta_n^2)^2\cos(\alpha_n x)\cos(\beta_n y) + \\
& \sum_{m=0}^{\infty}\alpha_m^4\left\{\left[(2-\nu)\alpha_m^2\frac{4By^3-4B^2y^2-y^4}{24B^2}+\frac{2By-y^2}{2B^2}-\right.\right. \\
& \left. 2(2-\nu)\frac{6By-2B^2-3y^2}{6B^2}+\frac{\nu}{\alpha_m^2B^2}\right]C_m + \\
& \left[(2-\nu)\alpha_m^2\frac{y^4-2B^2y^2}{24B^2}+\frac{y^2}{2B^2}-\right. \\
& \left.\left. 2(2-\nu)\frac{3y^2-B^2}{6B^2}-\frac{\nu}{\alpha_m^2B^2}\right]D_m\right\}\cos(\alpha_n x) + \\
& \sum_{n=0}^{\infty}\beta_n^4\left\{\left[(2-\nu)\beta_n^2\frac{4Lx^3-4L^2x^2-x^4}{24L^2}+\frac{2Lx-x^2}{2L^2}-\right.\right. \\
& \left. 2(2-\nu)\frac{6Lx-2L^2-3x^2}{6L^2}+\frac{\nu}{\beta_n^2L^2}\right]G_n + \\
& \left[(2-\nu)\beta_n^2\frac{x^4-2L^2x^2}{24L^2}+\frac{x^2}{2L^2}-\right. \\
& \left.\left. 2(2-\nu)\frac{3x^2-B^2}{6L^2}-\frac{\nu}{\beta_n^2L^2}\right]H_n\right\}\cos(\beta_n y)
\end{aligned}\right\} \tag{6-201}
$$

将外荷载 p 与地基反力 q 展开重余弦级数

$$
\left.\begin{aligned}
p &= \sum_{m=0}^{\infty}\sum_{n=0}^{\infty}\lambda_{mn}p_{mn}\cos(\alpha_m x)\cos(\beta_n y) \\
q &= \sum_{m=0}^{\infty}\sum_{n=0}^{\infty}\lambda_{mn}q_{mn}\cos(\alpha_m x)\cos(\beta_n y)
\end{aligned}\right\} \tag{6-202}
$$

其中，$\alpha_m=\dfrac{m\pi}{L}$，$\beta_n=\dfrac{n\pi}{B}$；$\lambda_{mn}=\begin{cases}1/4, & m=n=0,\\ 1/2, & m=0 \cup n=0,\\ 1, & m>0 \cap n>0;\end{cases}$

$$p_{mn}=\frac{4}{BL}\int_0^L\int_0^B p(x,y)\cos(\alpha_m x)\cos(\beta_n y)\,\mathrm{d}x\,\mathrm{d}y,$$

$$q_{mn}=\frac{4}{BL}\int_0^L\int_0^B q(x,y)\cos(\alpha_m x)\cos(\beta_n y)\,\mathrm{d}x\,\mathrm{d}y。$$

将式(6-201)、式(6-202)代入板微分方程 $D\nabla^4 w=p-q$，比较等式系数，并将补充项展开余弦级数，整理得到：

$$2\left[(2-\nu)B^2\alpha_m^6\left(\frac{h_n}{\beta_n^4B^4}-\frac{\bar{h}_n}{90}\right)+\alpha_m^4\left(\frac{3-2\nu}{\beta_n^2B^2}+\frac{\bar{h}_n}{6}\right)+\frac{\nu\alpha_m^2}{2B^2}\bar{h}_n\right]C_m+$$

$$2\left[(2-\nu)B^2\alpha_m^6\left(\frac{h_n}{\beta_n^4B^4}+\frac{7\bar{h}_n}{720}\right)+\alpha_m^4\left(\frac{3-2\nu}{\beta_n^2B^2}-\frac{\bar{h}_n}{12}\right)+\frac{\nu\alpha_m^2}{2B^2}\bar{h}_n\right](-1)^{n+1}D_m+$$

$$2\left[(2-\nu)L^2\beta_n^6\left(\frac{h_m}{\alpha_m^4L^4}-\frac{\bar{h}_m}{90}\right)+\beta_n^4\left(\frac{3-2\nu}{\alpha_m^2L^2}+\frac{\bar{h}_m}{6}\right)+\frac{\nu\beta_n^2}{2L^2}\bar{h}_m\right]G_n+$$

$$2\left[(2-\nu)L^2\beta_n^6\left(\frac{h_m}{\alpha_m^4L^4}+\frac{7\bar{h}_m}{720}\right)+\beta_n^4\left(\frac{3-2\nu}{\alpha_m^2L^2}-\frac{\bar{h}_m}{12}\right)+\frac{\nu\beta_n^2}{2L^2}\bar{h}_m\right](-1)^{n+1}H_n+$$

$$A_{mn}(\alpha_m^2+\beta_n^2)^2=\frac{\lambda_{mn}}{D}(p_{mn}-q_{mn}) \tag{6-203}$$

其中，$h_i=\begin{cases}1, & i\neq 0,\\ 0, & i=0;\end{cases}$ $\bar{h}_i=\begin{cases}0, & i\neq 0,\\ 1, & i=0。\end{cases}$

再应用边界弯矩为零条件，由 $M_x\mid_{x=0}=0$ 得到：

$$\sum_{m=0}^{\infty}A_{mn}(\alpha_m^2+\nu\beta_n^2)+2\sum_{m=0}^{\infty}\left[(2-\nu)B^2\alpha_m^4\left(\frac{h_n}{\beta_n^4B^4}-\frac{\bar{h}_n}{90}\right)-\alpha_m^2\left[\frac{1-\nu}{\beta_n^2B^2}h_n-\frac{\bar{h}_n}{6}\right]+\frac{\nu\bar{h}_n}{2B^2}\right]C_m+$$

$$2(-1)^{n+1}\sum_{m=0}^{\infty}\left[(2-\nu)B^2\alpha_m^4\left(\frac{h_n}{\beta_n^4B^4}+\frac{7\bar{h}_n}{720}\right)-\alpha_m^2\left[\frac{(1-\nu)^2}{\beta_n^2B^2}h_n+\frac{\bar{h}_n}{12}\right]+\frac{\nu\bar{h}_n}{2B^2}\right]D_m+$$

$$\left[\frac{2-\nu}{3}\beta_n^2+\frac{1}{L^2}\right]G_n+\left[\frac{2-\nu}{6}\beta_n^2-\frac{1}{L^2}\right]H_n=0\quad(n=0,1,2,\cdots) \tag{6-204}$$

由 $M_x\mid_{x=L}=0$ 得到：

$$\sum_{m=0}^{\infty}(-1)^mA_{mn}(\alpha_m^2+\nu\beta_n^2)+2\sum_{m=0}^{\infty}(-1)^m\left[(2-\nu)B^2\alpha_m^4\left(\frac{h_n}{\beta_n^4B^4}-\frac{\bar{h}_n}{90}\right)-\right.$$

$$\left.\alpha_m^2\left[\frac{1-\nu}{\beta_n^2B^2}h_n-\frac{\bar{h}_n}{6}\right]+\frac{\nu\bar{h}_n}{2B^2}\right]C_m+$$

$$2(-1)^{n+1}\sum_{m=0}^{\infty}\left[(2-\nu)B^2\alpha_m^4\left(\frac{h_n}{\beta_n^4B^4}+\frac{7\bar{h}_n}{720}\right)-\alpha_m^2\left[\frac{(1-\nu)^2}{\beta_n^2B^2}h_n+\frac{\bar{h}_n}{12}\right]+\frac{\nu\bar{h}_n}{2B^2}\right]D_m+$$

$$\left[-\frac{\nu(2-\nu)}{24}\alpha_m^2\beta_n^2+\frac{2\nu-1}{3}\beta_n^2+\frac{1}{L^2}\right]G_n+\left[-\frac{\nu(2-\nu)}{6}\alpha_m^2\beta_n^2+\frac{5\nu-4}{6}\beta_n^2-\frac{1}{L^2}\right]H_n=0$$

$$(n=0,1,2,\cdots) \tag{6-205}$$

同理，得到与上两式对称的 $M_y\mid_{y=0}=0$ 与 $M_y\mid_{y=B}=0$ 条件的方程。

若地基反力已知，则式(6-203)、式(6-204)与式(6-205)以及它们的对称方程所提供的方程数为 $(N+1)(M+1)+2(N+1)+2(M+1)$，恰好是方程未知量 A_{mn}、D_m、D_m、G_n、H_n 的个数。

地基弯沉也展开为重余弦级数：

$$w_0=\sum_{m=0}^{\infty}\sum_{n=0}^{\infty}\lambda_{mn}\omega_{0.mn}\cos(\alpha_m x)\cos(\beta_n y) \tag{6-206}$$

其中，$\omega_{0.mn}=\dfrac{4}{LB}\int_0^L\int_0^B w_0\cos(\alpha_m x)\cos(\beta_n y)\mathrm{d}x\,\mathrm{d}y$。

局部余弦分布荷载引起的地基弯沉的计算式为

$$\omega_{0.mn}=\frac{2}{\pi^2 LB}\frac{(\lambda_0+2G_0)}{(\lambda_0+G_0)G_0}\sum_{j=0}^{\infty}\sum_{k=0}^{\infty}Q_{jk}\lambda_{jk}\eta_{jk.mn} \tag{6-207}$$

其中，

$$\eta_{jk.mn}=\int_{-\infty}^{\infty}\int_{-\infty}^{\infty}\frac{[(-)^j\mathrm{e}^{\mathrm{i}\xi L}-1][(-)^k\mathrm{e}^{\mathrm{i}\zeta B}-1][(-)^m\mathrm{e}^{\mathrm{i}\xi L}-1][(-)^n\mathrm{e}^{\mathrm{i}\zeta B}-1]}{(\xi^2+\zeta^2)\xi^2\zeta^2\left[1-\left(\frac{\alpha_m}{\xi}\right)^2\right]\left[1-\left(\frac{\beta_n}{\zeta}\right)^2\right]\left[1-\left(\frac{j\pi}{L\xi}\right)^2\right]\left[1-\left(\frac{k\pi}{B\zeta}\right)^2\right]}\mathrm{d}\xi\mathrm{d}\zeta。$$

由板挠度与地基弯沉相等条件，得到：

$$\begin{aligned}
&\frac{2}{\pi^2 LB}\frac{(\lambda_0+2G_0)}{(\lambda_0+G_0)G_0}\sum_{j=0}^{\infty}\sum_{k=0}^{\infty}Q_{jk}\lambda_{jk}\eta_{jk.mn}=A_{mn}+\\
&2\left[(2-\nu)B^2\alpha_m^2\left(\frac{h_n}{\beta_n^4B^4}-\frac{\bar{h}_n}{90}\right)-\frac{h_n}{\beta_n^2B^4}+\frac{\bar{h}_n}{6}\right]C_m+\\
&2\left[(2-\nu)B^2\alpha_m^2\left(\frac{h_n}{\beta_n^4B^4}+\frac{7\bar{h}_n}{720}\right)-\frac{h_n}{\beta_n^2B^4}-\frac{\bar{h}_n}{12}\right](-)^{n+1}D_m+\\
&2\left[(2-\nu)L^2\beta_n^2\left(\frac{h_m}{\alpha_m^4L^4}-\frac{\bar{h}_m}{90}\right)-\frac{h_m}{\alpha_m^2L^4}+\frac{\bar{h}_m}{6}\right]G_n+\\
&2\left[(2-\nu)L^2\beta_n^2\left(\frac{h_m}{\alpha_m^4L^4}+\frac{7\bar{h}_m}{720}\right)-\frac{h_m}{\alpha_m^2L^4}-\frac{\bar{h}_m}{12}\right](-)^{n+1}H_n
\end{aligned} \tag{6-208}$$

式(6-208)提供$(N+1)\times(M+1)$个方程，与地基反力未知量 Q_{mn} 的个数相等。

6.7　弹性地基上双层矩形板

6.7.1　引入板刚体位移的双层板微分方程

Winkler 地基上双层矩形板如图 6-27 所示，双层板之间仅考虑竖向力传递，其值与两板之间的位移差成正成，其比例系数记作 k_v。

引入不产生板内力的板刚体位移的 Winkler 地基上双层矩形板的微分方程为

$$\left.\begin{aligned}
(D_1\nabla^4+k_v)w_1-k_v w_2&=p-k_v(W_1-W_2)\\
(D_2\nabla^4+k_v+k_0)w_2-k_v w_1&=k_v W_1-(k_v+k_0)W_2
\end{aligned}\right\} \tag{6-209}$$

式中　p ——上层板分布荷载；

W_1、W_2——上、下板的刚体位移：

$$W_i = \tilde{\omega}_{i,0} + \tilde{\omega}_{i,x}x + \tilde{\omega}_{i,y}y \tag{6-210}$$

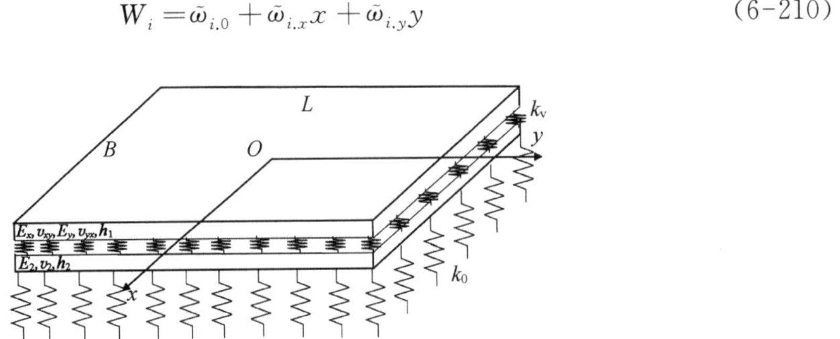

图 6-27　Winkler 地基上双层矩形板

整理式(6-209)得到：

$$\left.\begin{aligned}&\left[\frac{D_1D_2}{k_vk_0}\nabla^8+\left(\frac{D_1}{k_v}+\frac{D_1}{k_0}+\frac{D_2}{k_0}\right)\nabla^4+1\right]w_1=\frac{p}{k_0}\left(\frac{D_2}{k_v}\nabla^4+1+\frac{k_0}{k_v}\right)-\left(\frac{D_2}{k_0}\nabla^4+1\right)W_1+\frac{D_2}{k_0}\nabla^4W_2\\&\left[\frac{D_1D_2}{k_vk_0}\nabla^8+\left(\frac{D_1}{k_v}+\frac{D_1}{k_0}+\frac{D_2}{k_0}\right)\nabla^4+1\right]w_2=\frac{p}{k_0}+\frac{D_1}{k_0}\nabla^4W_1-\left[\left(\frac{D_1}{k_0}+\frac{D_1}{k_v}\right)\nabla^4+1\right]W_2\end{aligned}\right\} \tag{6-211(a)}$$

或表示为

$$\left.\begin{aligned}&(l_1^4l_2^4\nabla^8+l_{12}^4\nabla^4+1)w_1=\frac{p}{k_0}(1+\lambda_k+\lambda_kl_2^4\nabla^4)-(l_2^4\nabla^4+1)W_1+l_2^4\nabla^4W_2\\&(l_1^4l_2^4\nabla^8+l_{12}^4\nabla^4+1)w_2=\frac{p}{k_0}+\frac{l_1^4}{\lambda_k}\nabla^4W_1-[(1+\lambda_k^{-1})l_1^4\nabla^4+1]W_2\end{aligned}\right\} \tag{6-211(b)}$$

其中，$l_1^4=\dfrac{D_1}{k_v}$，　$l_2^4=\dfrac{D_2}{k_0}$，　$\lambda_k=\dfrac{k_0}{k_v}$，　$l_{12}^4=\dfrac{D_1}{k_v}+\dfrac{D_1+D_2}{k_0}=(1+\lambda_k^{-1})l_1^4+l_2^4$。

6.7.2　双层板四边简支(滑支)的解

当上、下层板均四边简支时，板无刚体位移：$W_1=W_2=0$，Winkler 地基上双层板可用纳维法求解。双层板的挠度与外荷载均展开为满足边界条件的重正弦级数：

$$\left.\begin{aligned}w_1&=\sum_{m=1}^{\infty}\sum_{n=1}^{\infty}A_{mn}\sin(\alpha_mx)\sin(\beta_ny)\\w_2&=\sum_{m=1}^{\infty}\sum_{n=1}^{\infty}B_{mn}\sin(\alpha_mx)\sin(\beta_ny)\\p&=\sum_{m=1}^{\infty}\sum_{n=1}^{\infty}p_{mn}\sin(\alpha_mx)\sin(\beta_ny)\end{aligned}\right\} \tag{6-212}$$

其中，$\alpha_m = \dfrac{m\pi}{L}$，　$\beta_n = \dfrac{n\pi}{B}$；　$p_{mn} = \dfrac{4}{LB}\int_0^L\int_0^B p\sin(\alpha_m x)\sin(\beta_n y)\mathrm{d}x\,\mathrm{d}y$。

代入方程[6-211(b)]，得到待定常数 A_{mn}、B_{mn}：

$$\left.\begin{aligned} A_{mn} &= \frac{p_{mn}}{k_0}\frac{1+\lambda_k+\lambda_k l_2^4 C_{mn}^4}{l_1^4 l_2^4 C_{mn}^8+[(1+\lambda_k^{-1})l_1^4+l_1^4]C_{mn}^4+1} \\ B_{mn} &= \frac{p_{mn}}{k_0}\frac{1}{l_1^4 l_2^4 C_{mn}^8+[(1+\lambda_k^{-1})l_1^4+l_1^4]C_{mn}^4+1} \end{aligned}\right\} \tag{6-213}$$

其中，$C_{mn}^2 = \alpha_m^2 + \beta_n^2$。

双层板的挠度计算式则为

$$\left.\begin{aligned} w_1 &= \frac{1}{k_0}\sum_{m=1}^{\infty}\sum_{n=1}^{\infty}\frac{(1+\lambda_k+\lambda_k l_2^4 C_{mn}^4)p_{mn}}{l_1^4 l_2^4 C_{mn}^8+[(1+\lambda_k^{-1})l_1^4+l_1^4]C_{mn}^4+1}\sin(\alpha_m x)\sin(\beta_n y) \\ w_2 &= \frac{1}{k_0}\sum_{m=1}^{\infty}\sum_{n=1}^{\infty}\frac{p_{mn}}{l_1^4 l_2^4 C_{mn}^8+[(1+\lambda_k^{-1})l_1^4+l_1^4]C_{mn}^4+1}\sin(\alpha_m x)\sin(\beta_n y) \end{aligned}\right\} \tag{6-214}$$

式(6-215)满足上、下层板协调条件：

$$\frac{D_2}{k_v}\nabla^4 w_2 + \left(1+\frac{k_0}{k_v}\right)w_2 = w_1 \tag{6-215}$$

双层板的层间分布反力的合力 Q_{12} 及地基反力的合力 Q_2 的计算式为

$$\begin{aligned} Q_{12} &= k_v\int_0^L\int_0^B (w_1 - w_2)\mathrm{d}x\,\mathrm{d}y \\ &= \frac{k_v}{k_0}\sum_{m=1}^{\infty}\sum_{n=1}^{\infty}\int_0^L\int_0^B\frac{(\lambda_k+\lambda_k l_2^4 C_{mn}^4)p_{mn}}{l_1^4 l_2^4 C_{mn}^8+[(1+\lambda_k^{-1})l_1^4+l_1^4]C_{mn}^4+1}\sin(\alpha_m x)\sin(\beta_n y)\mathrm{d}x\,\mathrm{d}y \\ &= \frac{LB}{\pi^2}\sum_{m=1}^{\infty}\sum_{n=1}^{\infty}\frac{(1+l_2^4 C_{mn}^4)[1-\cos(m\pi)][1-\cos(n\pi)]}{\{l_1^4 l_2^4 C_{mn}^8+[(1+\lambda_k^{-1})l_1^4+l_1^4]C_{mn}^4+1\}mn}p_{mn} \end{aligned} \tag{6-216(a)}$$

$$\begin{aligned} Q_2 &= k_0\int_0^L\int_0^B w_2\mathrm{d}x\,\mathrm{d}y \\ &= \sum_{m=1}^{\infty}\sum_{n=1}^{\infty}\int_0^L\int_0^B\frac{p_{mn}}{l_1^4 l_2^4 C_{mn}^8+[(1+\lambda_k^{-1})l_1^4+l_1^4]C_{mn}^4+1}\sin(\alpha_m x)\sin(\beta_n y)\mathrm{d}x\,\mathrm{d}y \\ &= \frac{LB}{\pi^2}\sum_{m=1}^{\infty}\sum_{n=1}^{\infty}\frac{[1-\cos(m\pi)][1-\cos(n\pi)]}{\{l_1^4 l_2^4 C_{mn}^8+[(1+\lambda_k^{-1})l_1^4+l_1^4]C_{mn}^4+1\}mn}p_{mn} \end{aligned} \tag{6-216(b)}$$

当上、下层板均四边滑支时，将式(6-212)的正弦函数改为余弦函数，若 m、n 有零项，则无须保留板刚体位移项。

$$\left.\begin{aligned} w_1 &= \sum_{m=0}^{\infty}\sum_{n=0}^{\infty} A_{mn}\cos(\alpha_m x)\cos(\beta_n y) \\ w_2 &= \sum_{m=0}^{\infty}\sum_{n=0}^{\infty} B_{mn}\cos(\alpha_m x)\cos(\beta_n y) \\ p &= \sum_{m=0}^{\infty}\sum_{n=0}^{\infty} p_{mn}\cos(\alpha_m x)\cos(\beta_n y) \end{aligned}\right\} \tag{6-217}$$

其中，$p_{mn} = \dfrac{4\lambda_{mn}}{LB}\int_0^L\int_0^B p\cos(\alpha_m x)\cos(\beta_n y)\mathrm{d}x\,\mathrm{d}y$，$\lambda_{mn} = \begin{cases} 1/4, & m=0 \cap n=0, \\ 1/2, & m=0 \cup n=0, \\ 1, & m>0 \cap n>0。 \end{cases}$

代入式(6-211)，得到待定常数 A_{mn}、B_{mn} 的表达式与式(6-214)相同，但荷载项 p_{mn} 为重余弦级数。

6.7.3 任意边界的解

Winkler 地基上双层板边界非四边简支或滑支时，满足边界条件相对较为困难。可利用重三角级数的纳维法与单三角级数的莱维组合进行求解，一般的求解步骤如下：

(1) 特解形式选择

双层板挠度一般可选择展开为重正弦级数，如式(6-218)所示。若上、下层板四边滑支时，可展开余弦级数。

$$\hat{w}_i = \sum_{m=1,2,\cdots}^{\infty}\sum_{n=1,2,\cdots}^{\infty} \hat{w}_{i,mn}\sin(\alpha_m x)\sin(\beta_n y) \quad (i=1,2) \tag{6-218}$$

其中，$\alpha_m = \dfrac{m\pi}{L}$，$\beta_n = \dfrac{n\pi}{B}$。

(2) 外荷载展开

外荷载展开成与特解形式相同的级数：

$$p(x,y) = \sum_{m=1,2,\cdots}^{\infty}\sum_{n=1,2,\cdots}^{\infty} p_{mn}\sin(\alpha_m x)\sin(\beta_n y) \tag{6-219}$$

其中，$p_{mn} = \dfrac{4}{\pi LB}\int_0^L\int_0^B p\sin(\alpha_m x)\sin(\beta_n y)\mathrm{d}x\,\mathrm{d}y$。

(3) 板刚体位移的展开

板刚体位移 $W_i = \omega_{i,0} + \omega_{i,x}x + \omega_{i,y}y$ 展开为重正弦级数，若特解为重余弦级数，只需增加 $m=0$，$n=0$ 项即可，不必另加刚体位移。

$$F_{mn}(W_i)=\zeta_{0.mn}\tilde{\omega}_{i.0}+\zeta_{x.mn}\tilde{\omega}_{i.x}+\zeta_{y.mn}\tilde{\omega}_{i.y} \tag{6-220}$$

其中，$\zeta_{0.mn}=\frac{4}{LB}\int_0^L\int_0^B \sin(\alpha_m x)\sin(\beta_n y)\mathrm{d}x\,\mathrm{d}y=\frac{4[1-\cos(m\pi)][1-\cos(n\pi)]}{mn\pi^2}$，

$\zeta_{x.mn}=\frac{4}{LB}\int_0^L\int_0^B x\sin(\alpha_m x)\sin(\beta_n y)\mathrm{d}x\,\mathrm{d}y=-\frac{4L\cos(m\pi)[1-\cos(n\pi)]}{mn\pi^2}$，

$\zeta_{y.mn}=\frac{4}{LB}\int_0^L\int_0^B y\sin(\alpha_m x)\sin(\beta_n y)\mathrm{d}x\,\mathrm{d}y=-\frac{4B[1-\cos(m\pi)]\cos(n\pi)}{mn\pi^2}$。

（4）特解

包含板刚体位移的特解为

$$\left.\begin{aligned}
\hat{w}_{1.mn}&=\frac{(l_2^4C_{mn}^4+\lambda_k^{-1}+1)\dfrac{p_{mn}}{k_v}-(l_2^4C_{mn}^4+1)F_{mn}(W_1)+l_2^4C_{mn}^4F_{mn}(W_2)}{l_1^4l_2^4C_{mn}^8+[(1+\lambda_k^{-1})+l_1^4]C_{mn}^4+1}\\
\hat{w}_{2.mn}&=\frac{\dfrac{p_{mn}}{k_0}+\dfrac{l_1^4}{\lambda_k}C_{mn}^4F_{mn}(W_1)-[(1+\lambda_k^{-1})l_1^4C_{mn}^4+1]F_{mn}(W_2)}{l_1^4l_2^4C_{mn}^8+[(1+\lambda_k^{-1})+l_1^4]C_{mn}^4+1}
\end{aligned}\right\} \tag{6-221}$$

（5）齐次解

齐次解的莱维形式三角级数展开为

$$\tilde{w}_i=\sum_{m=1,2,3,\cdots}^{\infty}Y_{i.m}\sin(\alpha_m x)+\sum_{n=1,2,3,\cdots}^{\infty}X_{i.n}\sin(\beta_n y)\quad(i=1,2) \tag{6-222(a)}$$

$$\left.\begin{aligned}
Y_{1.m}&=\psi_1[A_{1m}\,A_{2m}\,A_{3m}\,A_{4m}][SC(y,\gamma_{1m},\hat{\gamma}_{1m})]^{\mathrm{T}}+\psi_2[A_{5m}\,A_{6m}\,A_{7m}\,A_{8m}][SC(y,\gamma_{2m},\hat{\gamma}_{2m})]^{\mathrm{T}}\\
Y_{2.m}&=[A_{1m}\,A_{2m}\,A_{3m}\,A_{4m}][SC(y,\gamma_{1m},\hat{\gamma}_{1m})]^{\mathrm{T}}+[A_{5m}\,A_{6m}\,A_{7m}\,A_{8m}][SC(y,\gamma_{2m},\hat{\gamma}_{2m})]^{\mathrm{T}}\\
X_{1.n}&=\psi_1[B_{1n}\,B_{2n}\,B_{3n}\,B_{4n}][SC(x,\eta_{1n},\hat{\eta}_{1n})]^{\mathrm{T}}+\psi_2[B_{5n}\,B_{6n}\,B_{7n}\,B_{8n}][SC(x,\eta_{2n},\hat{\eta}_{2n})]^{\mathrm{T}}\\
X_{2.n}&=[B_{1n}\,B_{2n}\,B_{3n}\,B_{4n}][SC(x,\eta_{1n},\hat{\eta}_{1n})]^{\mathrm{T}}+[B_{5n}\,B_{6n}\,B_{7n}\,B_{8n}][SC(x,\eta_{2n},\hat{\eta}_{2n})]^{\mathrm{T}}
\end{aligned}\right\} \tag{6-222(b)}$$

其中，$\gamma_{1m,2m}=\frac{1}{\sqrt{2}}\sqrt{\sqrt{\theta_m^4+\frac{\phi\pm\sqrt{\phi^2-1}}{l_1^2l_2^2}}+\theta_m^2}$，$\hat{\gamma}_{1m,2m}=\frac{1}{\sqrt{2}}\sqrt{\sqrt{\theta_m^4+\frac{\phi\pm\sqrt{\phi^2-1}}{l_1^2l_2^2}}-\theta_m^2}$，

$\eta_{1n,2n}=\frac{1}{\sqrt{2}}\sqrt{\sqrt{\vartheta_n^4+\frac{\phi\pm\sqrt{\phi^2-1}}{l_1^2l_2^2}}+\vartheta_n^2}$，$\hat{\eta}_{1n,2n}=\frac{1}{\sqrt{2}}\sqrt{\sqrt{\vartheta_n^4+\frac{\phi\pm\sqrt{\phi^2-1}}{l_1^2l_2^2}}-\vartheta_n^2}$，

$\phi=\frac{l_{12}^4}{2l_1^2l_2^2}$；

$[SC(t,a,b)]=[\cosh(at)\cos(bt)\ \cosh(at)\sin(bt)\ \sinh(at)\cos(bt)\ \sinh(at)\sin(bt)]$。

式[6-222(b)]中 ψ_1、ψ_2 可从如下的上、下层板变形协调方程推出：

$$D_2 \nabla^4 w_2 + (k_0 + k_v) w_2 = k_v w_1 \tag{6-223}$$

$Y_{i,m}(i=1, 2)$ 有 8 个待定常数，$X_{i,n}(i=1, 2)$ 有 8 个待定常数，共有 16 个待定常数。

(6) 通解及板内力表达式

板的通解：

$$w_i = \hat{w}_i + \tilde{w}_i = \sum_{m=1}^{M}\sum_{n=1}^{N} \hat{w}_{i,mn} \sin(\alpha_m x)\sin(\beta_n y) + \sum_{m=1}^{M} Y_{im}\sin(\alpha_m x) + \sum_{n=1}^{N} X_{in}\sin(\beta_n y) \tag{6-224}$$

板内力表达式：

$$-\frac{M_{i,x}}{D_i} = \left(\frac{\partial^2}{\partial x^2} + \nu_i \frac{\partial^2}{\partial y^2}\right)(\hat{w}_i + \tilde{w}_i)$$

$$= \sum_{m=1}^{\infty}(\nu_i Y_{i,m}^{(2)} - Y_{i,m}\alpha_m{}^2)\sin(\alpha_m x) + \sum_{n=1}^{\infty}(X_{i,n}^{(2)} - \nu_i X_{i,n}\beta_n^2)\sin(\beta_n y) -$$

$$\sum_{m=1}^{\infty}\sum_{n=1}^{\infty}\hat{w}_{i,mn}(\alpha_m^2 + \nu_i\beta_n^2)\sin(\alpha_m x)\sin(\beta_n y) \tag{6-225(a)}$$

$$-\frac{M_{i,y}}{D_i} = \left(\frac{\partial^2}{\partial y^2} + \nu_i \frac{\partial^2}{\partial x^2}\right)(\hat{w}_i + \tilde{w}_i)$$

$$= \sum_{m=1}^{\infty}(Y_{i,m}^{(2)} - \nu_i Y_{i,m}\alpha_m^2)\sin(\alpha_m x) + \sum_{n=1}^{\infty}(\nu_i X_{i,n}^{(2)} - X_{i,n}\beta_n^2)\sin(\beta_n y) -$$

$$\sum_{m=1}^{\infty}\sum_{n=1}^{\infty}\hat{w}_{1,mn}(\nu_i\alpha_m^2 + \vartheta_n^2)\sin(\alpha_m x)\sin(\beta_n y) \tag{6-225(b)}$$

$$-\frac{V_{i,x}}{D_i} = \left[\frac{\partial^3}{\partial x^3} + (2-\nu_i)\frac{\partial^3}{\partial x\partial y^2}\right](\hat{w}_i + \tilde{w}_i)$$

$$= -\sum_{m=1}^{\infty}[Y_{i,m}\alpha_m^2 - (2-\nu_i)Y_{i,m}^{(2)}]\alpha_m\cos(\alpha_m x) +$$

$$\sum_{n=1}^{\infty}[X_{i,n}^{(3)} - (2-\nu_i)X_{i,n}^{(1)}\beta_n^2]\sin(\beta_n y) -$$

$$\sum_{m=1}^{\infty}\sum_{n=1}^{\infty}\hat{w}_{i,mn}[\alpha_m^2 + (2-\nu_i)\beta_n^2]\alpha_m\cos(\alpha_m x)\sin(\beta_n y) \tag{6-225(c)}$$

$$-\frac{V_{i,y}}{D_i} = \left[\frac{\partial^3}{\partial y^3} + (2-\nu_i)\frac{\partial^3}{\partial y\partial x^2}\right](\hat{w}_i + \tilde{w}_i)$$

$$= \sum_{m=1}^{\infty}[Y_{i,m}^{(3)} - (2-\nu_i)Y_{i,m}^{(1)}\alpha_m^2]\sin(\alpha_m x) -$$

$$\sum_{n=1}^{\infty}[X_{i,n}\beta_n^2 - (2-\nu_i)X_{i,n}^{(2)}]\beta_n\cos(\beta_n y) -$$

$$\sum_{m=1}^{\infty}\sum_{n=1}^{\infty}\hat{w}_{i,mn}[\beta_n^2 + (2-\nu_i)\alpha_m^2]\beta_n\cos(\alpha_m x)\sin(\beta_n y) \tag{6-225(d)}$$

$$-\frac{R_i}{2D_i(1-\nu_i)}=\frac{\partial^2}{\partial x\partial y}(\hat{w}_i+\tilde{w}_i)$$
$$=\sum_{m=1}^{\infty}Y_{i,m}^{(1)}\alpha_m\cos(\alpha_m x)+\sum_{n=1}^{\infty}X_{i,n}^{(1)}\beta_n\cos(\vartheta_n y)+$$
$$\sum_{m=1}^{\infty}\sum_{n=1}^{\infty}\hat{w}_{i,mn}\alpha_m\beta_n\cos(\alpha_m x)\cos(\beta_n y) \qquad [6\text{-}225(\mathrm{e})]$$

(7) 代入边界条件

对于给定的 n 和 m，共有 16 个待定常数：$A_{im}(i=1,\ 2,\ \cdots,\ 8)$；$B_{in}(i=1,\ 2,\ \cdots,\ 8)$；每条边有 2 个边界条件，上、下层板共有 16 个方程。当两条自由边相交，有刚体位移，需补充角点剪力 R_c 为零的条件。从而获得与待定系数总数相等的方程组。

例 6.11　上层板固支、下层板简支的 Winkler 地基上双层板的解。

上层板固支、下层板简支，故上、下层板均无刚性位移，因此就有：

(1) 上、下层板的特解

$$\left.\begin{aligned}&\hat{w}_1=\sum_{m=1}^{\infty}\sum_{n=1}^{\infty}\hat{w}_{1,mn}\sin(\alpha_m x)\sin(\beta_n y),\quad \hat{w}_{1,mn}=\frac{p_{mn}}{k_{\mathrm{v}}}\frac{l_2^4C_{mn}^4+\lambda_{\mathrm{k}}^{-1}+1}{l_1^4l_2^4C_{mn}^8+[(1+\lambda_{\mathrm{k}}^{-1})+l_1^4]C_{mn}^4+1}\\&\hat{w}_2=\sum_{m=1}^{\infty}\sum_{n=1}^{\infty}\hat{w}_{2,mn}\sin(\alpha_m x)\sin(\beta_n y),\quad \hat{w}_{2,mn}=\frac{p_{mn}}{k_0}\frac{1}{l_1^4l_2^4C_{mn}^8+[(1+\lambda_{\mathrm{k}}^{-1})+l_1^4]C_{mn}^4+1}\end{aligned}\right\} \tag{6-226}$$

其中，$p_{mn}=\dfrac{4}{\pi LB}\int_0^L\int_0^B p\sin(\alpha_m x)\sin(\beta_n y)\mathrm{d}x\,\mathrm{d}y$。

(2) 上、下层板的齐次解

$$\left.\begin{aligned}\tilde{w}_1=\sum_{m=1}^{\infty}Y_{1,m}\sin(\alpha_m x)+\sum_{n=1}^{\infty}X_{1,n}\sin(\beta_n y)\\\tilde{w}_2=\sum_{m=1}^{\infty}Y_{2,m}\sin(\alpha_m x)+\sum_{n=1}^{\infty}X_{2,n}\sin(\beta_n y)\end{aligned}\right\} \tag{6-227}$$

其中，$Y_{1,m}$、$Y_{2,m}$、$X_{1,n}$、$X_{2,n}$ 如式[6-222(b)]所示。

(3) 上、下层板的通解

$$\left.\begin{aligned}w_1=\sum_{m=1}^{\infty}Y_{1,m}\sin(\alpha_m x)+\sum_{n=1}^{\infty}X_{1,n}\sin(\beta_n y)+\sum_{m=1}^{\infty}\sum_{n=1}^{\infty}\hat{w}_{1,mn}\sin(\alpha_m x)\sin(\beta_n y)\\w_2=\sum_{m=1}^{\infty}Y_{2,m}\sin(\alpha_m x)+\sum_{n=1}^{\infty}X_{2,n}\sin(\beta_n y)+\sum_{m=1}^{\infty}\sum_{n=1}^{\infty}\hat{w}_{2,mn}\sin(\alpha_m x)\sin(\beta_n y)\end{aligned}\right\} \tag{6-228}$$

(4) 边界条件

通解代入如下边界条件：

$$\left.\begin{aligned}\frac{\partial w_1}{\partial x}\bigg|_{x=0,\,L}=\frac{\partial w_1}{\partial y}\bigg|_{y=0,\,B}=w_1\big|_{x=0,\,L}=w_1\big|_{y=0,\,B}=0\\ w_2\big|_{x=0,\,L}=w_2\big|_{y=0,\,B}=M_{2x}\big|_{x=0,\,L}=M_{2y}\big|_{y=0,\,B}=0\end{aligned}\right\}\tag{6-229}$$

代入上层板边界条件，在 n 取 1, 2, …, N 和 m 取 1, 2, …, M 时，得到 $(4N+4M)$ 个方程：

$$\left.\begin{aligned}&X_{1.n}\big|_{x=0}=X_{1.n}\big|_{x=0}=Y_{1.m}\big|_{y=0}=Y_{1.m}\big|_{y=B}=0\\&\sum_{m=1}^{\infty}\overline{Y_{1.m}}\alpha_m+\frac{\partial X_{1.n}}{\partial x}\bigg|_{x=0}+\sum_{m=1}^{\infty}\hat{w}_{1.mn}\alpha_m=0\\&\sum_{m=1}^{\infty}\overline{Y_{1.m}}\alpha_m\cos(m\pi)+\frac{\partial X_{1.n}}{\partial x}\bigg|_{x=L}+\sum_{m=1}^{\infty}\hat{w}_{1.mn}\alpha_m\cos(m\pi)=0\\&\frac{\partial Y_{1.n}}{\partial x}\bigg|_{y=0}+\sum_{n=1}^{\infty}\overline{X_{1.n}}\beta_n+\sum_{n=1}^{\infty}\hat{w}_{1.mn}\beta_n=0\\&\frac{\partial Y_{1.n}}{\partial x}\bigg|_{y=0}+\sum_{n=1}^{\infty}\overline{X_{1.n}}\beta_n\cos(n\pi)+\sum_{n=1}^{\infty}\hat{w}_{1.mn}\beta_n\cos(n\pi)=0\end{aligned}\right\}\tag{6-230}$$

其中，$\overline{Y_{1.m}}=\dfrac{2}{\pi B}\displaystyle\int_0^L Y_{1.m}\sin(\beta_n y)\mathrm{d}y$，$\overline{X_{1.n}}=\dfrac{2}{\pi L}\displaystyle\int_0^L X_{1.n}\sin(\alpha_m x)\mathrm{d}x$。

代入下层板边界条件，得到 $(4N+4M)$ 个方程：

$$\left.\begin{aligned}&X_{2.n}\big|_{x=0}=X_{2.n}\big|_{x=0}=Y_{2.m}\big|_{y=0}=Y_{2.m}\big|_{y=B}=0\\&(X_{2.n}^{(2)}-\nu_2X_{2.n}\beta_n^2)\big|_{x=0,\,L}=0\\&(Y_{2.m}^{(2)}-\nu_2Y_{2.m}\alpha_m^2)\big|_{y=0,\,B}=0\end{aligned}\right\}\tag{6-231}$$

联立式(6-230)和式(6-231)，可解得 $(8N+8M)$ 个待定常数：$A_{im}(i=1,\ 2,\ \cdots,\ 8)$、$B_{in}(i=1,\ 2,\ \cdots,\ 8)$。

6.7.4 上层正交异性、下层各向同性的四边自由双层板

如图 6-27 所示的 Winkler 地基上双层矩形板，上层为正交异性板，下层为普通薄板，坐标原点设于板中心，其挠曲微分方程为

$$\left.\begin{aligned}D_{1x}\nabla_{\mathrm{H}}^4w_1=p-k_{\mathrm{v}}(w_1-w_2)\\D_2\nabla^4w_2=k_{\mathrm{v}}(w_1-w_2)-k_0w_2\end{aligned}\right\}\tag{6-232}$$

式中，$\nabla_{\mathrm{H}}^4=\left(\dfrac{\partial^4}{\partial x^4}+2\dfrac{H_{1xy}}{D_{1x}}\dfrac{\partial^4}{\partial x^2\partial y^2}+\dfrac{D_{1y}}{D_{1x}}\dfrac{\partial^4}{\partial y^4}\right)$，$\nabla^4=\left(\dfrac{\partial^4}{\partial x^4}+2\dfrac{\partial^4}{\partial x^2\partial y^2}+\dfrac{\partial^4}{\partial y^4}\right)$。

四边自由双层板需增设上、下层板的刚体位移项，并将刚体位移项作为荷载项加入微分方程中，得到新微分方程组：

$$\left.\begin{aligned}&\left(D_{1x}\frac{\partial^4}{\partial x^4}+2H_{1xy}\frac{\partial^4}{\partial x^2\partial y^2}+D_{1y}\frac{\partial^4}{\partial y^4}+k_v\right)w_1-k_vw_2=p-k_v(W_1-W_2)\\&(D_2\nabla^4+k_v+k_0)w_2-k_vw_1=k_vW_1-(k_v+k_0)W_2\end{aligned}\right\}\tag{6-233}$$

式中，W_1、W_2 分别为上、下层板的刚体位移项：

$$W_i=\tilde{\omega}_{i.0}+\tilde{\omega}_{i.x}x+\tilde{\omega}_{i.x}y\quad(i=1,\ 2)\tag{6-234}$$

式中　$\tilde{\omega}_{i.0}$——板刚体下沉；

$\tilde{\omega}_{i.x}$——板绕 x 轴刚体转角；

$\tilde{\omega}_{i.y}$——板绕 y 轴刚体转角。

整理微分方程组式(6-233)得到两个关于上、下层板挠度的常系数偏微分方程：

$$\left.\begin{aligned}&\nabla^4\nabla_{\mathrm{H}}^4w_1+\frac{k_0+k_v}{D_2}\nabla_{\mathrm{H}}^4w_1+\frac{k_v}{D_{1x}}\nabla^4w_1+\frac{k_vk_0}{D_2D_{1x}}w_1=\\&\frac{k_vk_0}{D_2D_{1x}}\left(1+\frac{k_0}{k_v}+\frac{D_2}{k_v}\nabla^4\right)\frac{p}{k_0}-\left(1+\frac{D_2}{k_0}\nabla^4\right)\frac{k_0k_v}{D_2D_{1x}}W_1+\frac{k_vk_0}{D_2D_{1x}}\frac{D_2}{k_0}\nabla^4W_2\\&\nabla^4\nabla_{\mathrm{H}}^4w_2+\frac{k_0+k_v}{D_2}\nabla_{\mathrm{H}}^4w_2+\frac{k_v}{D_{1x}}\nabla^4w_2+\frac{k_vk_0}{D_2D_{1x}}w_2=\\&\frac{k_vk_0}{D_2D_{1x}}\frac{p}{k_0}+\frac{k_v}{D_2}\nabla_{\mathrm{H}}^4W_1-\left(\frac{k_0+k_v}{D_2}\nabla_{\mathrm{H}}^4+\frac{k_vk_0}{D_2D_{1x}}\right)W_2\end{aligned}\right\}\tag{6-235}$$

微分方程组式(6-235)的齐次方程为

$$\nabla^4\nabla_{\mathrm{H}}^4w_i+\frac{k_0+k_v}{D_2}\nabla_{\mathrm{H}}^4w_i+\frac{k_v}{D_{1x}}\nabla^4w_i+\frac{k_vk_0}{D_{1x}D_2}w_i=0\quad(i=1,\ 2)\tag{6-236}$$

齐次解 $\bar{w}_i$ 可采用 x，y 二维莱维解叠加构成：

$$\left.\begin{aligned}\bar{w}_1=&\sum_{m=1,\,3,\,\cdots}^{\infty}Y_{1.m}[S_{x1.m}\sin(\alpha_mx)+C_{x1.m}\cos(\alpha_mx)]+\\&\sum_{n=1,\,3,\,\cdots}^{\infty}X_{1.n}[S_{y1.n}\sin(\beta_ny)+C_{y1.n}\cos(\beta_ny)]\\\bar{w}_2=&\sum_{m=1,\,3,\,\cdots}^{\infty}Y_{2.m}[S_{x2.m}\sin(\alpha_mx)+C_{x2.m}\cos(\alpha_mx)]+\\&\sum_{n=1,\,3,\,\cdots}^{\infty}X_{2.n}[S_{y2.n}\sin(\beta_ny)+C_{y2.n}\cos(\beta_ny)]\end{aligned}\right\}\tag{6-237}$$

其中，$\alpha_m=\dfrac{m\pi}{L}$，　$\beta_n=\dfrac{n\pi}{B}$。

将式(6-237)代入齐次方程(6-236)中，可得到对应的特征方程：

$$\lambda^8 - 2\left(\frac{D_{1y}+H_{1xy}}{D_{1y}}\right)\chi^2\lambda^6 + \left[\left(\frac{D_{1x}}{D_{1y}} + 4\frac{H_{1xy}}{D_{1y}} + 1\right)\chi^4 + \left(\frac{k_0+k_v}{D_2} + \frac{k_v}{D_{1x}}\frac{D_{1x}}{D_{1y}}\right)\right]\lambda^4 - 2\left[\left(\frac{H_{1xy}+D_{1x}}{D_{1y}}\right)\chi^4 + \frac{1}{D_{1y}}\left(\frac{k_0+k_v}{D_2}H_{1xy} + \frac{k_v}{D_{1x}}D_{1x}\right)\right]\chi^2\lambda^2 + \frac{D_{1x}}{D_{1y}}\left[\chi^8 + \left(\frac{k_0+k_v}{D_2} + \frac{k_v}{D_{1x}}\right)\chi^4 + \frac{k_v k_0}{D_{1x}D_2}\right] = 0 \tag{6-238}$$

其中，$\chi = \begin{cases}\alpha_m \\ \beta_n\end{cases}$。

特征方程(6-238)的特征根形式如下：

$$\left.\begin{aligned} \lambda_{m=1,2\cdots 8} &= \pm\gamma_{1m} \pm i\hat{\gamma}_{1m};\quad \pm\gamma_{2m} \pm i\hat{\gamma}_{2m} \\ \lambda_{n=1,2\cdots 8} &= \pm\eta_{1n} \pm i\hat{\eta}_{1n};\quad \pm\eta_{2n} \pm i\hat{\eta}_{2n} \end{aligned}\right\} \tag{6-239}$$

由此得到 Y_{im}、X_{in} $(i=1, 2)$ 如式[6-222(b)]形式的解。

$$\left.\begin{aligned} Y_{i.m} &= [A^i_{1m}\ A^i_{2m}\ A^i_{3m}\ A^i_{4m}][SC(y, \gamma_{1m}, \hat{\gamma}_{1m})]^{\mathrm{T}} + [A^i_{5m}\ A^i_{6m}\ A^i_{7m}\ A^i_{8m}][SC(y, \gamma_{2m}, \hat{\gamma}_{2m})]^{\mathrm{T}} \\ X_{i.n} &= [B^i_{1n}\ B^i_{2n}\ B^i_{3n}\ B^i_{4n}][SC(x, \eta_{1n}, \hat{\eta}_{1n})]^{\mathrm{T}} + [B^i_{5n}\ B^i_{6n}\ B^i_{7n}\ B^i_{8n}][SC(x, \eta_{2n}, \hat{\eta}_{2n})]^{\mathrm{T}} \end{aligned}\right\} \tag{6-240}$$

其中，$[SC(t, a, b)] = [\cosh(at)\cos(bt)\ \cosh(at)\sin(bt)\ \sinh(at)\cos(bt)\ \sinh(at)\sin(bt)]$。

上、下层板的挠度因夹层的弹性作用而互为耦合，根据式(6-233)第二式可得到 $Y_{1.m}$、$Y_{2.m}$ 以及 $X_{1.n}$、$X_{2.n}$ 应满足如下协调关系：

$$\left.\begin{aligned} Y_{1.m} &= \left[\frac{D_2}{k_v}\left(\frac{\mathrm{d}^2}{\mathrm{d}y^2} - \alpha_m^2\right)^2 + \left(\frac{k_0}{k_v} + 1\right)\right]Y_{2.m} \\ X_{1.n} &= \left[\frac{D_2}{k_v}\left(\frac{\mathrm{d}^2}{\mathrm{d}x^2} - \beta_n^2\right)^2 + \left(\frac{k_0}{k_v} + 1\right)\right]X_{2.n} \end{aligned}\right\} \tag{6-241}$$

由此得到 $Y_{1.m}$、$Y_{2.m}$ 以及 $X_{1.n}$、$X_{2.n}$ 中各系数之间的关系，具体如下：

$$\begin{bmatrix} A^1_{1m} \\ A^1_{2m} \\ A^1_{3m} \\ A^1_{4m} \\ A^1_{5m} \\ A^1_{6m} \\ A^1_{7m} \\ A^1_{8m} \end{bmatrix} = \frac{D_2}{k_v}\begin{bmatrix} \chi_{11m} & & & -\chi_{21m} & & & & \\ & \chi_{11m} & \chi_{21m} & & & & & \\ & -\chi_{21m} & \chi_{11m} & & & & & \\ \chi_{21m} & & & \chi_{11m} & & & & \\ & & & & \chi_{12m} & & & -\chi_{22m} \\ & & & & & \chi_{12m} & \chi_{22m} & \\ & & & & & -\chi_{22m} & \chi_{12m} & \\ & & & & \chi_{22m} & & & \chi_{12m} \end{bmatrix}\begin{bmatrix} A^2_{1m} \\ A^2_{2m} \\ A^2_{3m} \\ A^2_{4m} \\ A^2_{5m} \\ A^2_{6m} \\ A^2_{7m} \\ A^2_{8m} \end{bmatrix} + \left(\frac{k_0}{k_v} + 1\right)\begin{bmatrix} A^2_{1m} \\ A^2_{2m} \\ A^2_{3m} \\ A^2_{4m} \\ A^2_{5m} \\ A^2_{6m} \\ A^2_{7m} \\ A^2_{8m} \end{bmatrix} \tag{6-242}$$

$$\begin{bmatrix} B_{1n}^1 \\ B_{2n}^1 \\ B_{3n}^1 \\ B_{4n}^1 \\ B_{5n}^1 \\ B_{6n}^1 \\ B_{7n}^1 \\ B_{8n}^1 \end{bmatrix} = \frac{D_2}{k_v} \begin{bmatrix} \kappa_{11n} & & & -\kappa_{21n} & & & & \\ & \kappa_{11n} & \kappa_{21n} & & & & & \\ & -\kappa_{21n} & \kappa_{11n} & & & & & \\ \kappa_{21n} & & & \kappa_{11n} & & & & \\ & & & & \kappa_{12n} & & & -\kappa_{22n} \\ & & & & & \kappa_{12n} & \kappa_{22n} & \\ & & & & & -\kappa_{22n} & \kappa_{12n} & \\ & & & & \kappa_{22n} & & & \kappa_{12n} \end{bmatrix} + \left(\frac{k_0}{k_v}+1\right) \begin{bmatrix} B_{1n}^2 \\ B_{2n}^2 \\ B_{3n}^2 \\ B_{4n}^2 \\ B_{5n}^2 \\ B_{6n}^2 \\ B_{7n}^2 \\ B_{8n}^2 \end{bmatrix} \tag{6-243}$$

其中，

$$\left.\begin{aligned} \chi_{11m} &= \gamma_{1m}^4 - 2(\alpha_m^2 + 3\hat{\gamma}_{1m}^2)\gamma_{1m}^2 + (\alpha_m^2 + \hat{\gamma}_{1m}^2)^2 \\ \chi_{12m} &= \gamma_{2m}^4 - 2(\alpha_m^2 + 3\hat{\gamma}_{2m}^2)\gamma_{2m}^2 + (\alpha_m^2 + \hat{\gamma}_{2m}^2)^2 \\ \chi_{21m} &= 4\gamma_{1m}\hat{\gamma}_{1m}(\alpha_m^2 - \gamma_{1m}^2 + \hat{\gamma}_{1m}^2) \\ \chi_{22m} &= 4\gamma_{2m}\hat{\gamma}_{2m}(\alpha_m^2 - \gamma_{2m}^2 + \hat{\gamma}_{2m}^2) \end{aligned}\right\};\quad \left.\begin{aligned} \kappa_{11n} &= \eta_{1n}^4 - 2(\beta_n^2 + 3\hat{\eta}_{1n}^2)\beta_{1n}^2 + (\beta_n^2 + \hat{\eta}_{1n}^2)^2 \\ \kappa_{12n} &= \eta_{2n}^4 - 2(\beta_n^2 + 3\hat{\eta}_{2n}^2)\beta_{2n}^2 + (\beta_n^2 + \hat{\eta}_{2n}^2)^2 \\ \kappa_{21n} &= 4\eta_{1n}\hat{\eta}_{1n}(\beta_n^2 - \eta_{1n}^2 + \hat{\eta}_{1n}^2) \\ \kappa_{22n} &= 4\eta_{2n}\hat{\eta}_{2n}(\beta_n^2 - \eta_{2n}^2 + \hat{\eta}_{2n}^2) \end{aligned}\right\}。$$

对于作用任意外荷载的地基板，均可分解成如图 6-17 所示的双轴对称、x 轴对称 y 轴反对称、y 轴对称 x 轴反对称和双轴反对称四种情况的叠加。

(1) 对于双轴对称的情况，齐次解式(6-240)中，$A_{2m}^1 = A_{3m}^1 = A_{6m}^1 = A_{7m}^1 = B_{2n}^1 = B_{3n}^1 = B_{6n}^1 = B_{7n}^1 = 0$；$A_{2m}^2 = A_{3m}^2 = A_{6m}^2 = A_{7m}^2 = B_{2n}^2 = B_{3n}^2 = B_{6n}^2 = B_{7n}^2 = 0$，$S_{x1m} = S_{y1m} = S_{x2m} = S_{y2m} = 0$，$C_{x1m} = C_{y1m} = C_{x2m} = C_{y2m} = 1$，齐次解则为

$$\left.\begin{aligned} \tilde{w}_1 &= \sum_{m=1,3,\cdots}^{\infty} Y_{1,m}\cos(\alpha_m x) + \sum_{n=1,3,\cdots}^{\infty} X_{1,n}\cos(\beta_n y) \\ \tilde{w}_2 &= \sum_{m=1,3,\cdots}^{\infty} Y_{2,m}\cos(\alpha_m x) + \sum_{n=1,3,\cdots}^{\infty} X_{2,n}\cos(\beta_n y) \end{aligned}\right\} \tag{6-244}$$

特解中 $\bar{\omega}_{1x}$、$\bar{\omega}_{1y}$、$\bar{\omega}_{2x}$、$\bar{\omega}_{2y}$ 均为 0，因此，特解为

$$\left.\begin{aligned} \hat{w}_1 &= \sum_{m=1,3,\cdots}^{\infty}\sum_{n=1,3,\cdots}^{\infty} A_{mn}\cos(\alpha_m x)\cos(\beta_n y) \\ \hat{w}_2 &= \sum_{m=1,3,\cdots}^{\infty}\sum_{n=1,3,\cdots}^{\infty} B_{mn}\cos(\alpha_m x)\cos(\beta_n y) \\ A_{mn} &= \frac{\left(1+\dfrac{k_0}{k_v}+\dfrac{D_2}{k_v}C_{2,mn}\right)\dfrac{p_{1mn}}{k_0} - \left(1+\dfrac{D_2}{k_0}C_{2,mn}\right)\lambda_{1,0mn}\bar{\omega}_{1,0} + \dfrac{D_2}{k_0}C_{2,mn}\lambda_{2,0mn}\bar{\omega}_{2,0}}{\dfrac{D_2 D_{1x}}{k_0 k_v}C_{2,mn}C_{1,mn} + \dfrac{D_{1x}}{k_v}\dfrac{k_0+k_v}{k_0}C_{1,mn} + \dfrac{D_2}{k_0}C_{2,mn} + 1} \\ B_{mn} &= \frac{\dfrac{p_{1mn}}{k_0} + \dfrac{D_{1x}}{k_0}C_{1,mn}\lambda_{1,0mn}\bar{\omega}_{1,0} - \left(\dfrac{D_{1x}}{k_v}\dfrac{k_0+k_v}{k_0}C_{1,mn}+1\right)\lambda_{2,0mn}\bar{\omega}_{2,0}}{\dfrac{D_2 D_{1x}}{k_0 k_v}C_{2,mn}C_{1,mn} + \dfrac{D_{1x}}{k_v}\dfrac{k_0+k_v}{k_0}C_{1,mn} + \dfrac{D_2}{k_0}C_{2,mn} + 1} \end{aligned}\right\} \tag{6-245}$$

其中，$C_{1.mn}=\beta_n^4+2\dfrac{H_{1xy}}{D_{1x}}\alpha_m^2\beta_n^2+\dfrac{D_{1y}}{D_{1x}}\alpha_m^4$，$C_{2.mn}=\beta_n^4+2\alpha_m^2\beta_n^2+\alpha_m^4$，

$$\lambda_{1.0mn}=\lambda_{2.0mn}=\frac{16\sin\left(\dfrac{m\pi}{2}\right)\sin\left(\dfrac{n\pi}{2}\right)}{mn\pi^2\left(\dfrac{D_2D_{1x}}{k_0k_v}C_{2.mn}C_{1.mn}+\dfrac{D_{1x}}{k_v}\dfrac{k_0+k_v}{k_0}C_{1.mn}+\dfrac{D_2}{k_0}C_{2.mn}+1\right)}。$$

其通解 $\tilde{w}_i+\hat{w}_i(i=1,\ 2)$ 需满足 $x=L/2$、$y=B/2$ 边界弯矩与广义剪力为零条件，以及两边交点 $(x=L/2$、$y=B/2)$ 的角隅反力为零条件。

(2) 对于双轴反对称的情况，齐次解式(6-240)中，$A_{1m}^i=A_{4m}^i=A_{5m}^i=A_{8m}^i=B_{1n}^i=B_{4n}^i=B_{5n}^i=B_{8n}^i=0(i=1,\ 2)$，$C_{x1m}=C_{y1m}=C_{x2m}=C_{y2m}=0$，$S_{x1m}=S_{y1m}=S_{x2m}=S_{y2m}=1$。

$$\left.\begin{aligned}\tilde{w}_1&=\sum_{m=1,3,\cdots}^{\infty}Y_{1.m}\sin(\alpha_m x)+\sum_{n=1,3,\cdots}^{\infty}X_{1.n}\sin(\beta_n y)\\ \tilde{w}_2&=\sum_{m=1,3,\cdots}^{\infty}Y_{2.m}\sin(\alpha_m x)+\sum_{n=1,3,\cdots}^{\infty}X_{2.n}\sin(\beta_n y)\end{aligned}\right\}\tag{6-246}$$

特解中 $\bar{\omega}_{1x}$、$\bar{\omega}_{1y}$、$\bar{\omega}_{10}$、$\bar{\omega}_{2x}$、$\bar{\omega}_{2y}$、$\bar{\omega}_{20}$ 均为 0，因此，特解为

$$\left.\begin{aligned}\hat{w}_1&=\sum_{m=1,3,\cdots}^{\infty}\sum_{n=1,3,\cdots}^{\infty}A_{mn}\sin(\alpha_m x)\sin(\beta_n y)\\ \hat{w}_2&=\sum_{m=1,3,\cdots}^{\infty}\sum_{n=1,3,\cdots}^{\infty}B_{mn}\sin(\alpha_m x)\sin(\beta_n y)\\ A_{mn}&=\frac{\left(1+\dfrac{k_0}{k_v}+\dfrac{D_2}{k_v}C_{2.mn}\right)\dfrac{p_{4mn}}{k_0}}{\dfrac{D_2D_{1x}}{k_vk_0}C_{2.mn}C_{1.mn}+\dfrac{D_{1x}}{k_v}\dfrac{k_0+k_v}{k_0}C_{1.mn}+\dfrac{D_2}{k_0}C_{2.mn}+1}\\ B_{mn}&=\frac{\dfrac{p_{4mn}}{k_0}}{\dfrac{D_2D_{1x}}{k_vk_0}C_{2.mn}C_{1.mn}+\dfrac{D_{1x}}{k_v}\dfrac{k_0+k_v}{k_0}C_{1.mn}+\dfrac{D_2}{k_0}C_{2.mn}+1}\end{aligned}\right\}\tag{6-247}$$

其通解 $\tilde{w}_i+\hat{w}_i(i=1,\ 2)$ 需满足 $x=L/2$、$y=B/2$ 边界弯矩与广义剪力为零条件。

(3) y 轴对称、x 轴反对称条件，齐次解式(6-240)中，$A_{2m}^i=A_{3m}^i=A_{6m}^i=A_{7m}^i=B_{1n}^i=B_{4n}^i=B_{5n}^i=B_{8n}^i=0(i=1,\ 2)$，$C_{x1m}=S_{x1n}=C_{x2m}=S_{x2n}=0$，$S_{x1m}=C_{y1n}=S_{x2m}=C_{y2n}=1$。

$$\left.\begin{aligned}\tilde{w}_1&=\sum_{m=1,3,\cdots}^{\infty}Y_{1.m}\sin(\alpha_m x)+\sum_{n=1,3,\cdots}^{\infty}X_{1.n}\cos(\beta_n y)\\ \tilde{w}_2&=\sum_{m=1,3,\cdots}^{\infty}Y_{2.m}\sin(\alpha_m x)+\sum_{n=1,3,\cdots}^{\infty}X_{2.n}\cos(\beta_n y)\end{aligned}\right\}\tag{6-248}$$

特解中 $\bar{\omega}_{10}$、$\bar{\omega}_{1y}$、$\bar{\omega}_{20}$、$\bar{\omega}_{2y}$ 均为 0，因此，特解取为

$$\left.\begin{aligned}
\hat{w}_1 &= \sum_{m=1,3,\cdots}^{\infty}\sum_{n=1,3,\cdots}^{\infty} A_{mn}\sin(\alpha_m x)\cos(\beta_n y)\\
\hat{w}_2 &= \sum_{m=1,3,\cdots}^{\infty}\sum_{n=1,3,\cdots}^{\infty} B_{mn}\sin(\alpha_m x)\cos(\beta_n y)\\
A_{mn} &= \frac{\left(1+\dfrac{k_0}{k_v}+\dfrac{D_2}{k_v}C_{2.mn}\right)\dfrac{p_{2mn}}{k_0}-\left(1+\dfrac{D_2}{k_0}C_{2.mn}\right)\lambda_{1.xmn}\tilde{\omega}_{1.x}+\dfrac{D_2}{k_0}C_{2.mn}\lambda_{2.xmn}\tilde{\omega}_{2.x}}{\dfrac{D_2 D_{1x}}{k_v k_0}C_{2.mn}C_{1.mn}+\dfrac{D_{1x}}{k_v}\dfrac{k_0+k_v}{k_0}C_{1.mn}+\dfrac{D_2}{k_0}C_{2.mn}+1}\\
B_{mn} &= \frac{\dfrac{p_{2mn}}{k_0}+\dfrac{D_{1x}}{k_0}C_{1.mn}\lambda_{1.xmn}\tilde{\omega}_{1.x}-\left(\dfrac{D_{1x}}{k_v}\dfrac{k_0+k_v}{k_0}C_{1.mn}+1\right)\lambda_{2.xmn}\tilde{\omega}_{2.x}}{\dfrac{D_2 D_{1x}}{k_v k_0}C_{2.mn}C_{1.mn}+\dfrac{D_{1x}}{k_v}\dfrac{k_0+k_v}{k_0}C_{1.mn}+\dfrac{D_2}{k_0}C_{2.mn}+1}
\end{aligned}\right\}\tag{6-249}$$

其中，$\lambda_{1.xmn}=\lambda_{2.xmn}=\dfrac{16L\sin\left(\dfrac{m\pi}{2}\right)\sin\left(\dfrac{n\pi}{2}\right)}{m^2 n\pi^3\left(\dfrac{D_2 D_{1x}}{k_0 k_v}C_{2.mn}C_{1.mn}+\dfrac{D_{1x}}{k_v}\dfrac{k_0+k_v}{k_0}C_{1.mn}+\dfrac{D_2}{k_0}C_{2.mn}+1\right)}$。

其通解 $\tilde{w}_i+\hat{w}_i(i=1,2)$ 需满足 $x=L/2$、$y=B/2$ 边界弯矩与广义剪力为零条件，以及两边交点 $(x=L/2$、$y=B/2)$ 的角隅反力为零条件。

(4) x 轴对称、y 轴反对称条件，齐次解式(6-240)中，$A^i_{1m}=A^i_{4m}=A^i_{5m}=A^i_{8m}=B^i_{2n}=B^i_{3n}=B^i_{6n}=B^i_{7n}=0(i=1,2)$，$S_{x1m}=C_{y1n}=S_{x2m}=C_{y2n}=0$，$C_{x1m}=S_{x1n}=C_{x2m}=S_{x2n}=1$。

$$\left.\begin{aligned}
\tilde{w}_1 &= \sum_{m=1,3,\cdots}^{\infty} Y_{1.m}\cos(\alpha_m x)+\sum_{n=1,3,\cdots}^{\infty} X_{1.n}\sin(\beta_n y)\\
\tilde{w}_2 &= \sum_{m=1,3,\cdots}^{\infty} Y_{2.m}\cos(\alpha_m x)+\sum_{n=1,3,\cdots}^{\infty} X_{2.n}\sin(\beta_n y)
\end{aligned}\right\}\tag{6-250}$$

特解中 $\tilde{\omega}_{10}$、$\tilde{\omega}_{1x}$、$\tilde{\omega}_{20}$、$\tilde{\omega}_{2x}$ 均为 0，因此，特解为

$$\left.\begin{aligned}
\hat{w}_1 &= \sum_{m=1,3,\cdots}^{\infty}\sum_{n=1,3,\cdots}^{\infty} A_{mn}\cos(\alpha_m x)\sin(\beta_n y)\\
\hat{w}_2 &= \sum_{m=1,3,\cdots}^{\infty}\sum_{n=1,3,\cdots}^{\infty} B_{mn}\cos(\alpha_m x)\sin(\beta_n y)\\
A_{mn} &= \frac{\left(1+\dfrac{k_0}{k_v}+\dfrac{D_2}{k_v}C_{2.mn}\right)\dfrac{p_{3mn}}{k_0}-\left(1+\dfrac{D_2}{k_0}C_{2.mn}\right)\lambda_{1.ymn}\tilde{\omega}_{1.y}+\dfrac{D_2}{k_0}C_{2.mn}\lambda_{2.ymn}\tilde{\omega}_{2.y}}{\dfrac{D_2 D_{1x}}{k_v k_0}C_{2.mn}C_{1.mn}+\dfrac{D_{1x}}{k_v}\dfrac{k_0+k_v}{k_0}C_{1.mn}+\dfrac{D_2}{k_0}C_{2.mn}+1}\\
B_{mn} &= \frac{\dfrac{p_{3mn}}{k_0}+\dfrac{D_{1x}}{k_0}C_{1.mn}\lambda_{1.ymn}\tilde{\omega}_{1.y}-\left(\dfrac{D_{1x}}{k_v}\dfrac{k_0+k_v}{k_0}C_{1.mn}+1\right)\lambda_{2.ymn}\tilde{\omega}_{2.y}}{\dfrac{D_2 D_{1x}}{k_v k_0}C_{2.mn}C_{1.mn}+\dfrac{D_{1x}}{k_v}\dfrac{k_0+k_v}{k_0}C_{1.mn}+\dfrac{D_2}{k_0}C_{2.mn}+1}
\end{aligned}\right\}\tag{6-251}$$

其中，$\lambda_{1.ymn}=\lambda_{2.ymn}=\dfrac{16B\sin\left(\frac{m\pi}{2}\right)\sin\left(\frac{n\pi}{2}\right)}{mn^2\pi^3\left(\frac{D_2D_{1x}}{k_0k_v}C_{2.mn}C_{1.mn}+\frac{D_{1x}}{k_v}\frac{k_0+k_v}{k_0}C_{1.mn}+\frac{D_2}{k_0}C_{2.mn}+1\right)}$。

其通解 $\tilde{w}_i+\hat{w}_i(i=1,\ 2)$ 需满足 $x=L/2$、$y=B/2$ 边界弯矩与广义剪力为零条件，以及两边交点($x=L/2$、$y=B/2$)的角隅反力为零条件。

式(6-240)中待定常数 A_{1m}^i、A_{2m}^i、A_{3m}^i、A_{4m}^i、A_{5m}^i、A_{6m}^i、A_{7m}^i、$A_{8m}^i(m=1,\ 3,\ 5,\ \cdots,\ M)$ 和 B_{1n}^i、B_{2n}^i、B_{3n}^i、B_{4n}^i、B_{5n}^i、B_{6n}^i、B_{7n}^i、$B_{8n}^i(n=1,\ 3,\ 5,\ \cdots,\ N)$，外加刚体位移 $\tilde{\omega}_{1x}$、$\tilde{\omega}_{1y}$、$\tilde{\omega}_{10}$、$\tilde{\omega}_{2x}$、$\tilde{\omega}_{2y}$、$\tilde{\omega}_{20}$，共计 $[4(M+1)+4(N+1)+6]=4(M+N)+14$。利用双轴对称和反对称性，以及 Y_{1m} 与 Y_{2m}(X_{1n} 与 X_{2n})的协调关系，当双轴对称，一轴对称、另一轴反对称时，均可构建 $[(M+1)+(N+1)+2]=(M+N)+4$ 个线性方程；当双轴反对称时，角点反力为零条件自动满足，可构建 $(M+N)+2$ 个线性方程，合计 $4(M+N)+14$ 个线性方程组，由此可得到所有的待定常数，获得矩形板弯曲问题通解。

需要说明的是，本节解具有很好的拓展性，其通解可满足任意边界条件，例如，将上、下层板位移函数中的刚体位移项撤去，并将边界条件改为挠度 w_x、w_y 和转角 θ_x、θ_y 为零条件，即可求解 Winkler 地基上四边固支双层矩形板的弯曲问题，又如取 $D_{1x}=D_{1y}=D_{1xy}=D_1$，则退化为 Winkler 地基上双层薄板解。

例 6.12 载重卡车双轮荷载位于双层板中部，如图 6-28 所示，上层板结构参数：$h_1=0.17\sim0.40$ m，$E_{1x}=20\,000\sim40\,000$ MPa，$\nu_1=0.15$；下层板结构参数：$h_2=0.14\sim0.22$ m，$E_2=1\,500\sim20\,000$ MPa，$\nu_2=0.25$；$k_0=40\sim240$ MPa/m；板平面尺寸 $L\times B=5\text{ m}\times3.75\text{ m}$。分析上层板的各向异性对其荷载应力的影响规律。

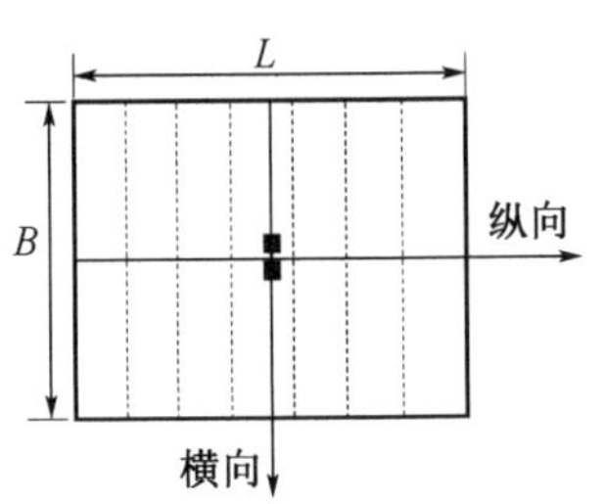

图 6-28 车辆轮载作用位置

当上层板各向同性时，双轮荷载的当量荷载圆相对刚度半径 $a_p/l_{12}=0.1\sim0.6$，双层板层底最大弯拉应力值回归式如下：

$$\left.\begin{aligned}\sigma_{1M}&=\frac{D_1}{D_1+\varphi_D D_2}\frac{6P}{h_1^2}M_c\\\sigma_{2M}&=\frac{\varphi_D D_2}{\varphi_D D_2+D_1}\frac{6P}{h_2^2}M_c\\M_c&=0.030\left[ln\left(\frac{l_{12}}{a_p}\right)-1.299\left(\frac{a_p}{l_{12}}\right)^2+1.446\right]\end{aligned}\right\}\tag{6-252}$$

其中，$a_p=\sqrt{\delta^2+(d_s/2)^2}$，$\delta=\sqrt{P/(2p\pi)}$，$l_{12}=\sqrt[4]{\dfrac{D_1+D_2}{\tilde{k}}}$，$\dfrac{1}{\tilde{k}}=\dfrac{1}{k_0}+\dfrac{1}{k_v}$。

式中 a_p——当量荷载半径，m；

d_s ——双轮距，m；

δ ——一侧双轮载的等效荷载面积半径，m；

P ——车辆轴载量，MN；

p ——轮胎接地压力，MPa；

σ_{1M}、σ_{2M} ——上层板和下层板层底弯拉应力值，MPa；

l_{12} ——双层板相对弯曲刚度半径，m；

φ_D ——面层板与基层板的弯矩分配系数，其近似关系式：

$$\left.\begin{aligned}\varphi_D &= 1-0.381\exp\left(-2.527\frac{k_v}{k_{v0}}\right)\\ k_{v0}^{-1} &= \frac{3}{5}\left(\frac{h_1}{E_1}+\frac{h_2}{E_2}\right)\end{aligned}\right\}\tag{6-253}$$

当上层板正交异性时，上层板正交异性对双层板底最大弯拉应力值的影响可通过引入两个正交异性修正系数 $\xi_{\sigma1}$、$\xi_{\sigma2}$ 来考量，

$$\left.\begin{aligned}\sigma_{1,\max} &= \sigma_{1M}\xi_{\sigma1}(\lambda_E,\ a_p/l_{1xy},\ D_2/D_1)\\ \sigma_{2,\max} &= \sigma_{2M}\xi_{\sigma2}(\lambda_E,\ a_p/l_{1xy},\ D_2/D_1)\end{aligned}\right\}\tag{6-254}$$

两个正交异性修正系数 $\xi_{\sigma1}$、$\xi_{\sigma2}$ 与上层板两向模量比 λ_E（即 E_{1x}/E_{1y}）、当量荷载圆相对半径 a_p/l_{1xy}、上下层板的弯曲刚度比 D_2/D_1 有关，当 $\lambda_E=0.05\sim1.0$，$a_p/l_{1xy}=0.1\sim0.7$时，两个正交异性修正系数 $\xi_{\sigma1}$、$\xi_{\sigma2}$ 的近似回归式为

$$\left.\begin{aligned}\xi_{\sigma1} &= \lambda_E^{\left(0.016\frac{ap}{l1xy}-0.137\right)\exp\left(-1.448\frac{D2}{D1}\right)}\\ \xi_{\sigma2} &= \lambda_E^{\left(0.159\frac{ap}{l1xy}-0.394\right)\exp\left(-0.610\frac{D2}{D1}\right)}\end{aligned}\right\}\tag{6-255}$$

式中，l_{1xy} 为上层板沿 x、y 方向综合相对刚度半径，按式(6-256)计算：

$$l_{1xy}=\sqrt[4]{\frac{D_{1xy}}{k_0}},\quad D_{1xy}=\frac{\sqrt{E_{1x}E_{1y}}h^3}{12(1-\nu_{1x}\nu_{1y})}\tag{6-256}$$

6.8　韦斯特加德解的讨论

韦斯特加德（H. M. Westergaard）[19-22] 在 20 世纪 20—50 年代对 Winkler 地基板在局部竖向均布荷载作用下的结构响应进行了长期不懈的研究，分别于 1926 年、1933 年、1939 年和 1948 年提出和改进了三种典型场合：①无限大板板中承受圆形均布荷载；②半无限大板的自由边缘中部作用圆形、半圆形、椭圆均布荷载；③两边自由的板角隅作用圆形均布荷载（图 6-29）的板

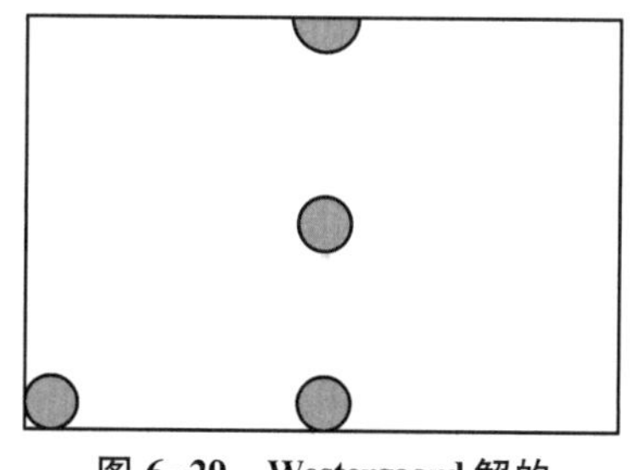

图 6-29　Westergaard 解的三种典型场合

应力、挠度的计算公式。这些公式及其修正式被广泛地应用于水泥混凝土铺面结构设计。

6.8.1 板中受荷

Westergaard 于 1926 年给出了如式(6-257)所示的圆形均布荷载中点的挠度和板底应力计算式；于 1939 年给出了适用范围更宽的圆形均布荷载中点的挠度和板底应力计算式，如式(6-258)所示。

$$\left.\begin{aligned}\sigma_i&=\frac{3(1+\nu)P}{2\pi h^2}\left[\ln\left(\frac{2l}{a_p}\right)-\gamma+0.5\right]\\ w_i&=\frac{Pl^2}{8D}\left\{1+\frac{a_p^2}{2\pi^2 l^2}\left[\ln\left(\frac{2l}{a_p}\right)+\gamma-1.25\right]\right\}\end{aligned}\right\}\tag{6-257}$$

式中 a_p——荷载圆半径；

γ——欧拉常数，取 $\gamma=0.577\ 2$；

σ_i——荷载位于板中时的板底应力；

w_i——荷载位于板中时的板最大挠度。

$$\left.\begin{aligned}\sigma_i&=\frac{3(1+\nu)P}{2\pi h^2}\left[\ln\left(\frac{2l}{a_p}\right)-\gamma+0.5+\frac{\pi}{32}\left(\frac{a_p}{l}\right)^2\right]\\ w_i&=\frac{Pl^2}{8D}\left\{1+\frac{a_p^2}{2\pi^2 l^2}\left[\ln\left(\frac{2l}{a_p}\right)+\gamma-1.25\right]-\frac{10.666}{2\ 048}\left(\frac{a_p}{l}\right)^4\right\}\end{aligned}\right\}\tag{6-258}$$

Winkler 地基上无限大板板中作用圆形均布荷载是轴对称问题，有如式(6-259)所示的理论解析解，推导过程见本书第 4 章。

$$\left.\begin{aligned}\sigma_i&=\frac{3(1+\nu)P}{\pi h^2}\frac{\mathrm{kei}'(a_p/l)}{a_p/l}\\ w_i&=\frac{P}{\pi k a_p^2}[1+(a_p/l)\mathrm{ker}'(a_p/l)]\end{aligned}\right\}\tag{6-259}$$

Westergaard 板中受荷的板最大应力、挠度的计算式实质上是理论解析解用初等级数展开时前两项[式(6-257)]和前三项[式(6-258)]。图 6-30 给出了板中受荷时板中挠度系数 φ_w、应力系数 φ_σ 的理论解[记作 w_0、σ_0，式(6-259)]、式(6-257)结果(记作 w_1、σ_1)和式(6-258)结果(记作 w_2、σ_2)与荷载圆相对半径 α（荷载圆半径 a_p 与板相对弯曲刚度半径 l 之比即 a_p/l)的关系曲线。其中，挠度系数 φ_w 和应力系数 φ_σ 分别定义为

$$\left.\begin{aligned}\sigma_i&=\frac{3(1+\nu)P}{2\pi h^2}\varphi_\sigma\\ w_i&=\frac{Pl^2}{8D}\varphi_w\end{aligned}\right\}\tag{6-260}$$

如图 6-30 所示，当荷载圆相对半径 α（即 a_p/l)很小时，式(6-257)和式(6-258)的结果

均有很好的精度，但随着 α 增大，式(6-257)和式(6-258)的结果偏差逐渐增大，以偏差 1%和 1‰为限所对应的 α 值见表 6-4。从表 6-4 可以看到，挠度计算精度优于应力的，式(6-258)的精度优于式(6-257)；当计算精度要求较高(<1‰)时，应用式(6-257)的 α 值需小于 0.12，而应用式(6-258)的 α 值范围可扩大 4 倍，达 0.48，可基本涵盖常见水泥混凝土铺面结构。

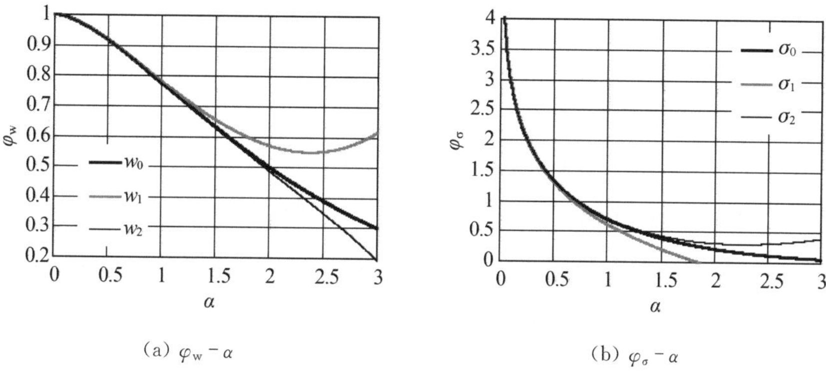

(a) $\varphi_w-\alpha$　　　　(b) $\varphi_\sigma-\alpha$

图 6-30　板中受荷的挠度系数和应力系数与荷载圆相对半径 α 的关系曲线

表 6-4　式(6-257)、式(6-258)的允许偏差所对应的 α 值

偏差	σ_1	σ_2	w_1	w_2
1%	0.40	0.93	1.10	1.17
1‰	0.12	0.48	0.55	1.05

6.8.2　板边受荷

1926 年，Westergaard 发表了半圆均布荷载作用于半无限板边缘处的板边底面最大挠度和应力计算式：

$$\left.\begin{aligned}\sigma_e&=\frac{0.529(1+0.54\nu)P}{h^2}\left[\lg\left(\frac{Eh^3}{ka_p^4}\right)-0.71\right]\\ w_e&=0.408(1+0.4\nu)\frac{P}{kl^2}\end{aligned}\right\}\tag{6-261}$$

式中，σ_e、w_e 分别为荷载位于板边时的板底最大应力与板最大挠度。

1948 年，Westergaard 提出了椭圆或半椭圆均布荷载作用于板边边缘的板最大挠度和应力计算式，其中，椭圆荷载相应的计算式为

$$\left.\begin{aligned}\sigma_e&=\frac{3(1+\nu)P}{\pi(3+\nu)h^2}\left\{\ln\left[\frac{Eh^3}{100k\left(\frac{\delta_a+\delta_b}{2}\right)^4}\right]+1.84+(1+\nu)\frac{\delta_a+\delta_b}{\delta_a-\delta_b}-\right.\\ &\left.\frac{4\nu}{3}+2(1-\nu)\frac{\delta_a\delta_b}{(\delta_a+\delta_b)^2}+1.18(1+2\nu)\frac{\delta_b}{l}\right\}\\ w_e&=P\sqrt{\frac{2+1.2\nu}{Eh^3k}}\left[1-(0.76+0.4\nu)\frac{\delta_b}{l}\right]\end{aligned}\right\}\tag{6-262}$$

式中 δ_a——平行于板边的椭圆长半轴；

δ_b——垂直于板的椭圆短半轴。

半圆荷载位于板边边缘的板最大挠度和应力计算式为

$$\left.\begin{aligned}\sigma_e&=\frac{3(1+\nu)P}{\pi(3+\nu)h^2}\left[\ln\left(\frac{Eh^3}{100k\delta_a^4}\right)+3.84-\frac{4\nu}{3}+0.5(1+2\nu)\frac{\delta_b}{l}\right]\\ w_e&=P\sqrt{\frac{2+1.2\nu}{Eh^3k}}\left[1-(0.323+0.17\nu)\frac{\delta_b}{l}\right]\end{aligned}\right\}\tag{6-263}$$

当 $\nu=0.15$，$\delta_a=\delta_b=a_p$ 时，式(6-262)改写为式[6-264(a)]，式(6-263)改写为式[6-264(b)]，并将半圆半径改用同面积的当量半径 a_p 代替：

$$\left.\begin{aligned}\sigma_e&=\frac{0.803P}{h^2}\left[4\lg\left(\frac{l}{a_p}\right)+0.666\left(\frac{a_p}{l}\right)-0.034\right]\\ w_e&=\frac{0.431P}{kl^2}\left[1-0.82\left(\frac{a_p}{l}\right)\right]\end{aligned}\right\}\tag{6-264(a)}$$

$$\left.\begin{aligned}\sigma_e&=\frac{0.803P}{h^2}\left[4\lg\left(\frac{l}{a_p}\right)+0.199\left(\frac{a_p}{l}\right)+1.252\right]\\ w_e&=\frac{0.431P}{kl^2}\left[1-0.247\left(\frac{a_p}{l}\right)\right]\end{aligned}\right\}\tag{6-264(b)}$$

上述式(6-257)、式(6-258)及式(6-261)至式(6-263)，Westergaard 是基于 Winkler 地基上薄板理论推演得到的，1985 年 A.M. Ioannides 等[99]人将有限元方法得到的结果与 Westergaard 公式进行对比后认为：Westergaard 1926 年提出的公式计算结果偏小，而 1948 年提出的公式与有限元结果相符。

矩形均布荷载位于无限大板板边缘的理论解可按本书 6.2.2 节方法求得，方形均布荷载且 $a_p/l=0.01\sim1$ 范围内的板最大挠度和应力的近似回归式为

$$\left.\begin{aligned}\sigma_e&=0.733f(0.66,\ 0.19)\frac{P}{h^2}\left[4\lg\left(\frac{l}{a_p}\right)+0.607f(1.0,\ 0.3)\left(\frac{a_p}{l}\right)+0.021f(-9.0,\ -3.4)\right]\\ w_e&=0.410f(0.26,\ 0.56)\frac{P}{kl^2}\left[1-0.712f(0.29,\ 0.25)\left(\frac{a_p}{l}\right)+0.141f(1.42,\ 1.20)\left(\frac{a_p}{l}\right)^2\right]\end{aligned}\right\}\tag{6-265}$$

其中，$f(x,\ y)=1+x\nu+y\nu^2$。

当 $\nu=0.15$ 时，式(6-265)简化为

$$\left.\begin{aligned}\sigma_e&=\frac{0.803P}{h^2}\left[4\lg\left(\frac{l}{a_p}\right)+0.710\left(\frac{a_p}{l}\right)-0.04\right]\\ w_e&=\frac{0.432P}{kl^2}\left[1-0.748\left(\frac{a_p}{l}\right)+0.175\left(\frac{a_p}{l}\right)^2\right]\end{aligned}\right\}\tag{6-266}$$

式[6-264(a)]中的应力计算值与式(6-266)中的应力计算值十分相近，当 $a_p/l < 0.5$ 时，二者偏差不超过 1%；但式[6-264(a)]中的挠度计算值与式(6-266) 中的偏差较大。仔细考察发现，式(6-262)中的“$(0.76+0.4\nu)\dfrac{\delta_b}{l}$”项中的“+”，似为“−”之误！若将“+”改为“−”，则 $a_p/l < 0.5$ 时偏差几近消失。半圆荷载的应力和挠度解式[6-264(b)]的结果均明显偏大。

图 6-31 给出不同长(平行板边缘)宽比 L/B 的矩形均布荷载作用下的板最大挠度 w_L 和应力 σ_L 与同面积方形均布荷载的板最大挠度 w_a 和应力 σ_a 之比 $\lambda_w(w_L/w_a)$、$\lambda_\sigma(\delta_L/\delta_a)$ 的变化曲线，图中，S1 的荷载面积为 $(0.35l)^2$，S2 的荷载面积为 l^2。从图 6-31 可以看到，当 $L/B<1$，λ_w、λ_σ 均小于 1；随着荷载区长度增大，挠度 λ_w 呈现出先升后降，最大值出现 $L/B=4$ 附近；λ_σ 最大值出现在 L/B 稍大于 1 处，其值不超过 1.02。

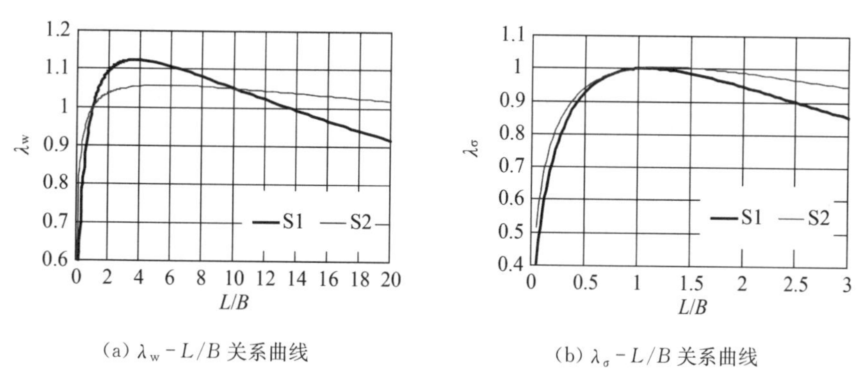

(a) λ_w-L/B 关系曲线　　(b) $\lambda_\sigma-L/B$ 关系曲线

图 6-31　矩形荷载长宽比的影响($\nu=0.15$)

6.8.3　角隅受荷

Westergaard 在 1926 年应用逐次近似和最小位能原理，推演了圆形均布荷载位于板角隅时的板挠度和应力近似公式。沿板角分角线的挠度曲线方程为

$$w=\left(1.1\mathrm{e}^{-\frac{x}{l}}-0.88\frac{\sqrt{2}a_p}{l}\mathrm{e}^{\frac{2x}{l}}\right)\frac{P}{kl^2} \tag{6-267}$$

式中，x 是角隅为原点，其分角线为 x 轴的距原点的距离。

最大挠度 w_c 出现在角隅($x=0$)：

$$w_c=\left[1.1-1.244\left(\frac{a_p}{l}\right)\right]\frac{P}{kl^2} \tag{6-268}$$

板角顶面的最大拉应力 σ_c 发生在分角线上距原点 $2.378\sqrt{a_p l}$ 处，其近似式为

$$\sigma_c=\frac{3P}{h^2}\left[1-\left(\frac{\sqrt{2}a_p}{l}\right)^{0.6}\right] \tag{6-269}$$

矩形均布荷载位于 1/4 无限大板板角的理论解可按本书 6.3 节中的方法求解，方形均

布荷载的等效圆荷载半径 $a_p/l=0.01\sim1$ 范围内的板最大挠度和应力的近似回归式为

$$\left.\begin{aligned}\sigma_c&=\frac{P}{h^2}\left[0.316-0.72\ln\left(\frac{a_p}{l}\right)\right]\\ w_c&=\left[1-0.666\left(\frac{a_p}{l}\right)\right]\frac{P}{kl^2}\end{aligned}\right\}\tag{6-270}$$

比较发现，Westergaard 最大应力计算式即式(6-269)和最大挠度式即式(6.268)与式(6-270)有较大的差距。Westergaard 最大应力计算式的结果偏小，最大挠度计算值在 $a_p/l>0.2$ 时也偏小。

6.8.4 荷载圆半径的修正

Westergaard 注意到当板较厚、荷载圆半径较小时，忽略竖向压应力和剪应力引起的形变的薄板假设会使板中、板边受荷时的板应力计算结果偏大，为此，Westergaard 提出了修正荷载圆半径的方法来考虑弥补薄板假设的不足。修正荷载圆半径的公式为

$$\tilde{a}_p=\begin{cases}\sqrt{\beta a_p^2+h^2}-\theta h, & a_p\leqslant\lambda h\\ a_p, & a_p>\lambda h\end{cases}\tag{6-271}$$

其中，$\tilde{a}_p$ 为修正后的当量荷载圆半径；$\theta=0.675$，$\beta=1.6$，$\lambda=1.724$。

Winkler 地基上薄板和厚板(弹性体)的有限元计算结果表明[83]，当方形荷载位于板中时，若将式(6-271)中的系数 θ 取 0.65、λ 取 0.63，则其误差可控制在 5‰以下；当方形荷载位于板边缘中部时，式(6-271)中的系数改为 $\beta=1.85$、$\theta=0.65$、$\lambda=0.95$，误差可控制在 ±1%左右。

Winkler 地基上弹性层状体解析解(见本书 4.3 节)的结果表明，Westergaard 修正方法的误差在±4%范围内，但公式给出的适用范围过大。将式(6-271)中的系数 θ 取 0.66、λ 取 0.60，则其误差可控制在 7‰以下。还有一个形式更为复杂，但可适用于全范围且精度更高的修正公式：

$$\tilde{a}_p=a_p+\frac{c_1 l-c_2 a_p}{1+\exp\left(c_3\dfrac{a_p}{l}\right)}\tag{6-272}$$

其中，$c_1=1.28\exp(-0.587x)$，$c_2=1.03x^{0.1}$，$c_3=1.7\exp(0.52x)$，$x=\lg(a_p/l)$。

另外，需要指出的是当荷载位于板角隅时，厚板的板顶最大弯拉应力较薄板的解大，且位置也更靠近角隅。因此，式(6-272)的形式并不十分适用。

6.9 矩形板的温度翘曲应力

6.9.1 边界虚拟弯矩

当板厚度方向温度呈线性分布时，由于板材料的热膨胀，板将发生变形，若板不受约

束，板内应变仅为热膨胀应变，而不产生应力，板将呈圆弧状翘曲。板不受约束且周边作用正向的单一弯矩时，板变形也呈圆弧状。因此，温度梯度引起的板变形可用四边作用一虚拟弯矩 M_T 所代替。这一虚拟等效弯矩 M_T 为

$$M_T = -D\alpha_c T_g \tag{6-273}$$

式中　α_c ——板材料的热膨胀系数，1/℃；

T_g ——板厚度方向的温度梯度，℃/m。

由于受地基的约束，地基板不可能自由翘曲，部分热膨胀应变将受限从而产生温度应力，而未受限的热膨胀应变则与周边作用虚拟等效弯矩 M_T 板所产生的应变相同。因此，热膨胀应变将受限而产生板弯沉 w、截面弯矩 $M_{x,y}$ 和剪力 $Q_{x,y}$，可表示为

$$\left.\begin{aligned} & w = \xi_w M_T \\ & M_{x,y} = (C_{x,y} + \nu C_{y,x}) M_T \\ & Q_{x,y} = \xi_{Qx,y} M_T \end{aligned}\right\} \tag{6-274}$$

式中　ξ_w、ξ_Q ——单位四边虚拟弯矩所产生的板弯沉和剪力，可称为板弯沉系数和剪力系数；

$C_{x,y}$ ——物理意义为单位四边虚拟弯矩作用下受限板 x、y 方向的曲率 $\rho_x = \dfrac{\partial^2 w}{\partial x^2}$、$\rho_y = \dfrac{\partial^2 w}{\partial y^2}$ 与未受限板的曲率 $\tilde{\rho}_x = \tilde{\rho}_y = -\alpha_c T_g$ 之差值，也可称为翘曲应力系数。

6.9.2 Winkler 地基板

Westergaard 在分析温度梯度引起 Winkler 地基上四边自由矩形板的结构响应时，采用了如下的近似处理方法：

$$w(x, y) = w_x(x) + w_y(y) \tag{6-275}$$

由此温度梯度引起的 Winkler 地基上四边自由矩形板的结构响应，转变为求解两组两端作用虚拟弯矩的 Winkler 地基上梁的问题。对于坐标原点设于中点且长宽为 $L \times B$ 的矩形板而言，x 轴方向板弯沉系数 φ_{wx}、弯矩参数 C_x 和剪力系数 φ_{Qx} 分别为

$$\left.\begin{aligned} & \varphi_{wx} = -\frac{A_1 \sinh(\beta x)\sin(\beta x) + A_2 \cosh(\beta x)\cos(\beta x)}{4D\beta^2} \\ & C_x = A_1 \cosh(\beta x)\cos(\beta x) - A_2 \sinh(\beta x)\sin(\beta x) - 1 \\ & \varphi_{Qx} = A_1[\sinh(\beta x)\cos(\beta x) - \cosh(\beta x)\sin(\beta x)] - \\ & \qquad A_2[\cosh(\beta x)\sin(\beta x) - \sinh(\beta x)\cos(\beta x)] \end{aligned}\right\} \tag{6-276}$$

其中，$A_1 = \dfrac{\sinh\beta_L \cos\beta_L + \cosh\beta_L \sin\beta_L}{\cosh\beta_L \sinh\beta_L + \cos\beta_L \sin\beta_L}$，$A_2 = \dfrac{\sinh\beta_L \cos\beta_L - \cosh\beta_L \sin\beta_L}{\cosh\beta_L \sinh\beta_L + \cos\beta_L \sin\beta_L}$，$\beta$ 为地基梁相对柔度，$\beta^4 = \dfrac{k}{4D}$，$\beta_L = \dfrac{\beta L}{2} = \dfrac{L}{2\sqrt{2}\,l}$。

同理可得，y 轴方向的弯沉系数 φ_{wy}、翘曲应力系数 C_y 和剪力系数 φ_{Qy}，只需在式(6-276)中用 B 代替 L 即可。

当板底应力(常称为温度翘曲应力)位于板中时，可用式[6-277(a)]计算，当位于板边缘时可用式[6-277(b)]计算。式(6-277)被称为 Bradbury 温度翘曲应力计算式[35, 134]。

$$\sigma_{x,y}=\frac{E\alpha_c T_g h}{2(1-\nu^2)}(C_{x,y}+\nu C_{y,x}) \tag{6-277(a)}$$

$$\sigma_{x,y}=\frac{E\alpha_c T_g h}{2}C_{x,y} \tag{6-277(b)}$$

当翘曲应力位于板中点或板边中点时，系数 C_x、C_y 可简化为

$$C_x=1-F\left(\frac{\beta L}{2}\right),\quad C_y=1-F\left(\frac{\beta B}{2}\right) \tag{6-278}$$

其中，$F(t)=\dfrac{\sinh t\cos t+\sin t\cosh t}{\sinh t\cosh t+\cos t\sin t}$。

6.9.3 弹性半空间体地基板

弹性半空间体地基板在温度梯度作用下的结构响应参照 Westergaard 近似处理方法，即将 E 地基板视为两组垂直交叉半平面体地基梁的叠加。因此，板温度翘曲应力可直接按式(6-277)计算。

半平面体地基梁两端作用虚拟等效弯矩 M_T 的结构响应采用有限元方法分析，由于地基在梁外区域尚有残余变形，因此，分两种情况：一是半平面体地基之上只有一根有限尺寸梁；二是地基上满铺无数相同有限尺寸梁，每一梁两端均受到虚拟弯沉作用，此时，梁端地基深度方向具有对称性，可用滑支边界表征。

梁中点温度翘曲应力系数 C 的有限元计算结果如图 6-32 所示，其中，散点"△"为一根梁位于半平面体地基之上的计算结果，散点"□"为梁端地基深度方向具有对称性的结果。分析这两种计算结果发现，当$C>0.1$时，它们可采用式(6-279)形式表示，当一根梁位于半平面体地基之上时，回归系数 $A_s=0.46$、$A_c=0.74$；当梁端地基深度方向为滑支边界时，$A_s=0.75$、$A_c=0.45$；在图 6-32 中两条回归曲线分别用 1_E 和 2_E 表示，标"k"的曲线为 Winkler 地基梁式(6-278)的结果[135]。

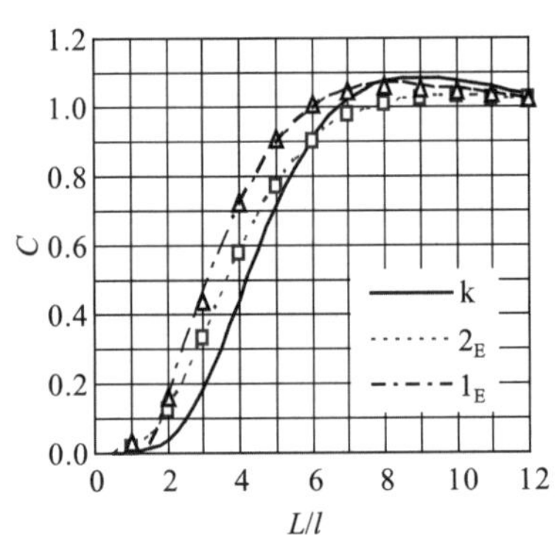

图 6-32　不同模型的温度翘曲应力系数

$$C_x=1-A_s\frac{\sin\left(\dfrac{L}{l\sqrt{8}}\right)}{\sinh\left(\dfrac{L}{l\sqrt{8}}\right)}-A_c\frac{\cos\left(\dfrac{L}{l\sqrt{8}}\right)}{\cosh\left(\dfrac{L}{l\sqrt{8}}\right)} \tag{6-279}$$

式中，l 为半空间体地基板的相对刚度半径，$l=h\left(\frac{E_r}{6E_{r0}}\right)^{1/3}$；其中，$E_{r0}$ 为半空间体地基的广义弹性模量，$E_{r0}=E_0/(1-\nu_0^2)$；E_r 为板广义弹性模量，当考察点位于板中部时，取 $E_r=E/(1-\nu^2)$，当考察点位于板边缘时，取 $E_r=E$。

梁任一点的翘曲应力系数 C 随 L/l、x/l 而变化的规律表征十分困难。图 6-33 给出了 $L/l=2,3,4,\cdots,14$ 时的翘曲应力系数 C 随 L/l、x/l 变化的规律。为此，引入一个等效梁长度 $\widetilde{L}$ 的概念，将任一点的翘曲应力系数 C 等效为梁长为 $\widetilde{L}$ 的板中点翘曲应力系数 C，即

$$C_x\left(\frac{x}{l},\frac{L}{l}\right)=C_x\left(\frac{\widetilde{L}}{l}\right) \tag{6-280}$$

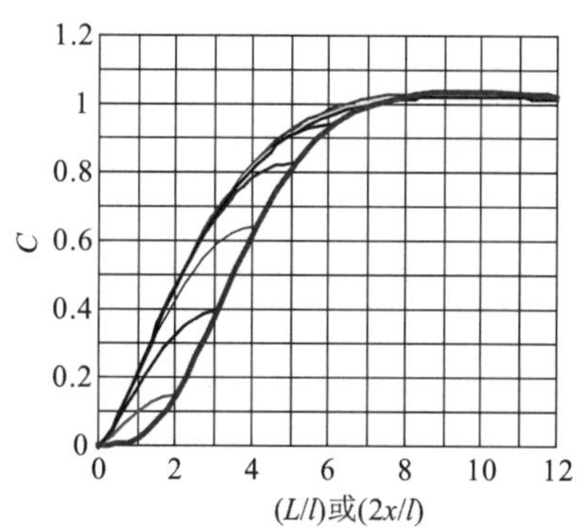

图 6-33　半无限地基梁翘曲应力系数

对半空间体地基梁的有限元解结果进行分析发现，等效梁长度 $\widetilde{L}$ 与实际梁长 L、计算点位置 $x(<L/2)$ 及梁相对刚度半径 l 之间有如下关系[135]：

$$\left.\begin{aligned}&\widetilde{L}=2[x^a(L'-x)]^{\frac{1}{1+a}}\\&L'=\begin{cases}L, & L\leqslant 8l\\8l, & L>8l\end{cases}\\&a=1+0.043\exp\left(\frac{L}{l}\right)\end{aligned}\right\} \tag{6-281}$$

6.9.4　近似处理方法的适用性

Westergaard 将板视为两组垂直交叉梁的叠加的这种处理方法，从力学角度来看，其实质是忽略了板扭曲变形和材料泊松比的部分影响，从而造成板刚度被夸大，板的形变减小，结构应力偏大。

图 6-34 给出了板相对刚度半径 l 为 0.6 m，平面尺寸 $B\times L$ 为 3.6 m×4.8 m 的 k 地基板和 E 地基板在温度梯度作用下的板底第一主应力比（与最大主应力之比）的等值线图[136]，其中，虚线为按 Westergaard 方法得到的结果，(a)图中的实线为本书 6.3 节中例 6.9 的结果，(b)图中的实线为有限元结果。图 6-34 表明：对于板最大主应力而言，Westergaard 处理方法的精度很高，误差很小，原因是首先温度梯度引起的板翘曲变形较平缓，板截面以弯曲为主，扭曲变形很小可予忽略；其次，x 轴和 y 轴向的约束较强，可近似为平面应变状态。

但是，在靠近板边区域的平行于板边的应力，该近似解的结果明显偏大，原因是它无法很好地考虑板边缘的侧向约束逐渐消失的过程。若欲高精度地计算靠近板边区域平行板边的翘曲应力，在计算式(6-277)中的泊松比 ν 项时须乘以一个修正系数 ξ：

$$\xi=\begin{cases}\dfrac{d}{3l}, & d<3l\\ 1, & d\geqslant 3l\end{cases} \tag{6-282}$$

式中，d 为考察点距板边缘的距离。

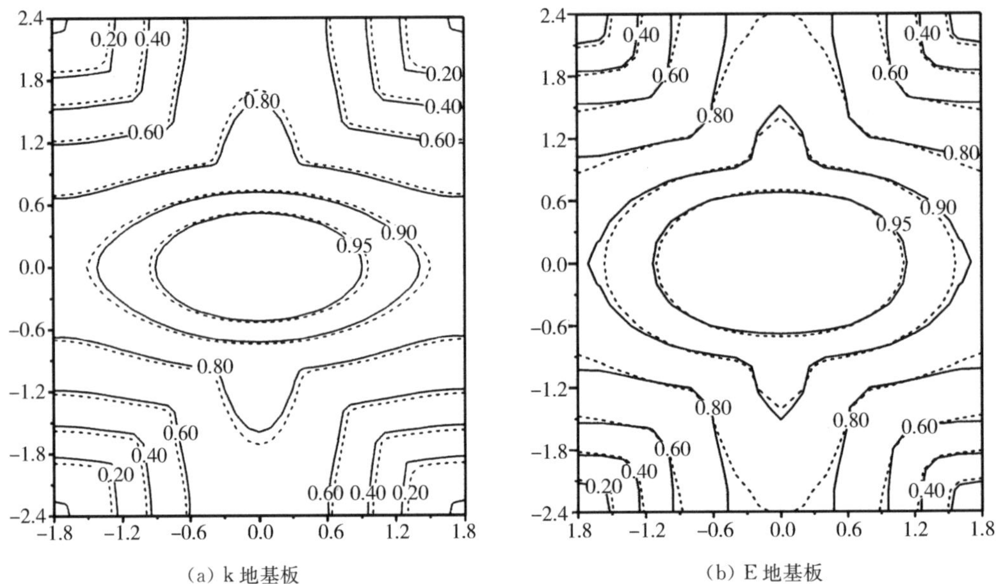

图 6-34　地基板翘曲应力等值线

6.9.5　弹性地基上双层板[137, 138]

当水泥混凝土铺面结构的基层为刚性、半刚性材料时，基层的温度梯度很小可忽略，水泥混凝土面层板的温度梯度引起的路面结构翘曲变形可采用弹性夹层的双层板模型进行求解。面层、基层之间夹层竖向弹簧刚度可较好地考虑上、下层梁竖向压缩效应，层间竖向弹簧刚度 k_v 可按式(6-283)估计：

$$k_v^{-1}=\frac{h_3}{E_{r3}}+\frac{10}{7}\sum_{i=c,\,b}\frac{h_i}{E_{ri}} \tag{6-283}$$

式中　h_3——夹层厚度，m；

E_{r3}——广义弹性模量，MPa；

i——参数下标，当 i 取 c 时表示面层，当 i 取 b 时表示基层。

当基层设置与面板相对应的横缝，面层、基层板平面同尺寸。面层温度梯度引起的面层、基层板温度翘曲应力仍可按式(6-277)计算，其中，h、E、ν 改为面层、基层对应值。面层、基层板中点的温度翘曲应力系数 C 计算式如下：

$$\left.\begin{aligned} C_1 &= 1-\frac{r_1F(\beta L/2)-r_2F(\alpha L/2)}{r_1-r_2} \\ C_2 &= -r_1r_2\frac{F(\alpha L/2)-F(\beta L/2)}{r_1-r_2} \end{aligned}\right\} \tag{6-284}$$

其中，$r_1=1-4\alpha^4\dfrac{D_c}{k_v}$，　$r_2=1-4\beta^4\dfrac{D_c}{k_v}$；

$\alpha=\sqrt[4]{\dfrac{a-\sqrt{a^2-4b}}{2}}$，　$\beta=\sqrt[4]{\dfrac{a+\sqrt{a^2-4b}}{2}}$，　$a=\dfrac{k_v}{D_c}+\dfrac{k_v+k}{D_b}$，　$b=\dfrac{k_vk}{D_cD_b}$。

当面层、基层之间不设柔软夹层时，式(6-284)可简化为

$$C_1=1-\frac{F(\alpha L/2)}{1+\lambda_D},\quad C_2=-\frac{F(\alpha L/2)}{1+\lambda_D} \tag{6-285}$$

当基层不设与面板相对应的横缝时，面层温度梯度引起的面层、基层板中点的温度翘曲应力系数 C 计算式为

$$\left.\begin{aligned} C_1 &= 1-\frac{\alpha r_2e(\alpha L/2)-\beta r_1e(\beta L/2)}{r_2\alpha G(\alpha L/2)-r_1\beta G(\beta L/2)} \\ C_2 &= -r_1r_2\frac{\alpha e(\alpha L/2)-\beta e(\beta L/2)}{r_2\alpha G(\alpha L/2)-r_1\beta G(\beta L/2)} \end{aligned}\right\} \tag{6-286}$$

其中，$G(t)=\dfrac{\sin t\cos t+\sinh t\cosh t}{\sin^2t+\sinh^2t}$，$e(t)=\dfrac{\cosh t\sin t+\sinh t\cos t}{\sin^2t+\sinh^2t}$。

当面层、基层之间不设柔软夹层时，式(6-286)可简化为

$$C_1=1-\frac{e(\alpha L/2)}{G(\alpha L/2)-\dfrac{r_1\beta}{r_2\alpha}},\quad C_2=-\frac{r_1e(\alpha L/2)}{G(\alpha L/2)-\dfrac{r_1\beta}{r_2\alpha}} \tag{6-287}$$

6.10　现行铺面设计中的荷载应力计算

6.10.1　公路水泥混凝土路面荷载应力

我国 2002 年颁布的《公路水泥混凝土路面设计规范》[91]中，车辆荷载引起的水泥混凝土路面板的结构应力，采用弹性半空间地基上四边自由矩形薄板模型分析，其中，双层水泥混凝土路面的层间接触条件，竖向假设连续，水平向分连续和光滑两种极端状况。车辆荷载分为四类：单轴-单轮、单轴-双轮、双轴-双轮、三轴-双轮，如图 6-35 所示。其中，轮-轴距根据偏保守原则确定，轮印、轮压和接地压强如表 6-5 所列。

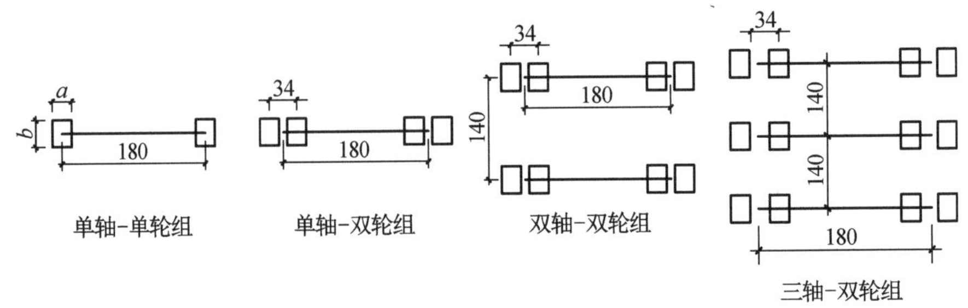

图 6-35 车辆荷载图式(单位: cm)

表 6-5 车辆荷载的轮印、轮压和接地压强

参数	数值					
双轮重/kN	20	40	60	80	100	120
轮胎充气压强/MPa	0.6	0.7	0.8	0.9	1.0	1.05
接地压强/MPa	0.40	0.52	0.63	0.74	0.85	0.95
单轮轮宽/mm	220	220	220	240	240	240

同时,2002 年颁布的《公路水泥混凝土路面设计规范》中纳入了基层顶面回弹模量修正系数的影响,车辆轴载作用于弹性半空间体上四边自由薄板的纵缝中部边缘所产生的结构最大弯矩采用式(6-288)进行回归:

$$M_P = \frac{A}{6} l^m P^n \tag{6-288}$$

式中 P ——轴总重,kN;

l ——板相对刚度半径,m;

A、m、n ——与轴载类型有关的回归系数,四种轴型的回归系数值见表 6-6。

表 6-6 荷载应力的回归系数

轮-轴类型	A	m	n
单轴-单轮	2.47×10^{-3}	0.707	0.881
单轴-双轮	1.75×10^{-3}	0.862	0.905
双轴-双轮	8.72×10^{-4}	0.843	0.893
三轴-双轮	5.41×10^{-4}	0.710	0.892

单层混凝土路面板最大应力 σ_p 位于最大弯矩点的板底,其计算式为

$$\sigma_P = \frac{6}{h^2} M_P \tag{6-289}$$

双层水泥混凝土路面的结构临界点,双层板层间滑动时位于上层板板底或下层板板

底；层间结合时位于下层板板底，它们的最大应力 $\sigma_{1,\mathrm{p}}$（上层板）、$\sigma_{2,\mathrm{p}}$（下层板）的计算式为

$$\left.\begin{aligned}\sigma_{1,\mathrm{p}}&=E_1h_1\frac{M_\mathrm{p}}{2D_\mathrm{g}}\\ \sigma_{2,\mathrm{p}}&=E_2(h_2+\xi_\mathrm{u}h_\mathrm{x})\frac{M_\mathrm{p}}{2D_\mathrm{g}}\end{aligned}\right\}\tag{6-290}$$

式中　E_1、E_2——上、下层板的弹性模量；

h_1、h_2——上、下层板的厚度；

ξ_u——层间结合系数，层间光滑时 $\xi_\mathrm{u}=0$，层间结合时 $\xi_\mathrm{u}=1$；

D_g——双层板总弯曲刚度，按式[6-291(a)]计算；

h_x——下层板中面至结合状况双层板中性面的距离，按式[6-291(b)]计算。

$$D_\mathrm{g}=\frac{E_{\mathrm{r1}}h_1^3}{12}+\frac{E_{\mathrm{r2}}h_2^3}{12}+\frac{eh_0^2}{4}\xi_\mathrm{u}\tag{6-291(a)}$$

$$h_\mathrm{x}=\frac{eh_0}{2E_{\mathrm{r2}}h_2}\tag{6-291(b)}$$

式中　E_r——广义弹性模量，$E_\mathrm{r}=E/(1-\nu^2)$；

h_0——双层板的总厚度，$h_0=h_1+h_2$；

e——双层板截面相对抗压刚度，$e=\left(\dfrac{1}{E_{\mathrm{r1}}h_1}+\dfrac{1}{E_{\mathrm{r2}}h_2}\right)^{-1}$。

我国在 2011 年颁布的《公路水泥混凝土路面设计规范》[92]中，粒料基层上水泥混凝土路面被视为弹性地基上单层板，而基层为碾压混凝土、贫混凝土等刚性材料，当基层采用水泥稳定碎石、二灰碎石等半刚性材料时，采用 Winkler 地基上双层板模型，水泥混凝土路面板与基层板的层间接触条件为水平光滑无摩阻，竖向受压时连续，受拉时分离，路面板与基层板平面尺寸可不尽相同，如图 6-36 所示。

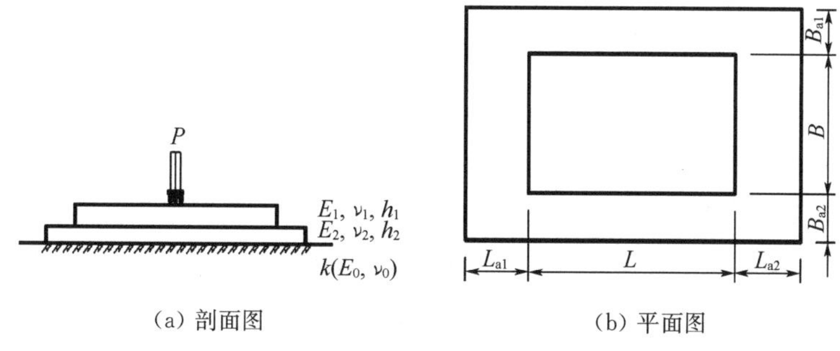

(a) 剖面图　　(b) 平面图

图 6-36　不等尺寸双层板模型

注：(1) 图 6-36(a)中，h_1、E_1、ν_1 分别为面层板的厚度、弹性模量和泊松比；h_2、E_2、ν_2 分别为基层的厚度、弹性模量和泊松比；$k(E_0、\nu_0)$ 为 k 地基的反应模量(其中 E_0 为地基的回弹模量、ν_0 为泊松比)。

(2) 图 6-36(b)中，L、B 分别为面板长度与宽度；L_{a1}、L_{a2}、B_{a1}、B_{a2} 分别表示四边的基层超宽量。

设计规范给出的单轮-双轮荷载在同尺寸双层板的临界荷位处的荷载应力为[92]

$$\left.\begin{aligned}\sigma_{1.\mathrm{p}}&=\frac{1.45\times10^{-3}}{1+D_2/D_1}\frac{l_g^{0.65}P^{0.94}}{h_1^2}\\\sigma_{2.\mathrm{p}}&=\frac{1.41\times10^{-3}}{1+D_1/D_2}\frac{l_g^{0.65}P^{0.94}}{h_2^2}\end{aligned}\right\}\tag{6-292}$$

近期，为修订公路水泥混凝土路面设计规范，笔者等人采用本书 6.3 节和 6.6 节的解法对单轴作用于单层和双层板纵缝边缘中部的荷载应力重新进行回归整理，得到可计入轮胎接地压力、单层($D_2=0$)及计入双层板层间竖向弹簧系数影响的双层板荷载应力统一解：

$$\left.\begin{aligned}\sigma_{1.\mathrm{p}}&=\frac{0.872}{1+\dfrac{0.8D_2}{D_1}}\left[\ln\left(\frac{l_g}{a_p}\right)+0.516\left(\frac{a_p}{l_g}\right)^2-0.066\right]\frac{P}{h_1^2}\\\sigma_{2.\mathrm{p}}&=\frac{0.855}{1+\dfrac{D_2}{0.8D_1}}\left[\ln\left(\frac{l_g}{a_p}\right)+0.516\left(\frac{a_p}{l_g}\right)^2-0.066\right]\frac{P}{h_2^2}\end{aligned}\right\}\tag{6-293}$$

式中 a_p——当量荷载半径，$a_p=\sqrt{\delta^2+\left(\dfrac{d_s}{2}\right)^2}$；

d_s——双轮距，一般可取 0.34 m；

δ——一侧双轮载的等效荷载面积半径，$\delta=\sqrt{\dfrac{P}{2p\pi}}$；

p——荷载接地压力，MPa；

l_g——双层板的总相对刚度半径，$l_g=\sqrt[4]{\dfrac{D_1+D_2}{k_g}}$，其中 k_g 为双层板层间竖向弹簧系数，$\dfrac{1}{k_g}=\dfrac{1}{k_0}+\dfrac{1}{k_v}$。

6.10.2 港区水泥混凝土铺面结构荷载应力[139]

港区堆场和道路铺面结构承受的荷载可分为装运机械和堆货荷载两大类。装(卸)运(输)机械的荷载类型繁多，有轮轴载和支腿、支板、支轮等，荷载量变化范围大，难以如同公路路面设计中那样简单地划分为若干类，现行《港口道路与堆场设计规范》[93]根据装运机械的轮、轴载量划分为 6 个等级，每级用一单轮荷载作为该级设计标准荷载。堆货荷载中对水泥混凝土路面结构损伤显著的是集装箱箱角荷载。

标准单轮荷载和装运机械支腿、支板、支轮荷载的临界荷位位于纵缝边缘中部，面层板荷载应力计算式如式(6-294)形式。单箱、单列、多列集装箱的荷载图式如图 6-37 所示。由于集装箱箱角面积较小，当面层板较厚时，面层板截面弯曲应变呈现非线性，集装箱单箱箱角引起的面层板荷载应力可在式(6-294)基础上乘以一个如式(6-295)所示的面层板应

变非线性修正系数 ζ_a 以做近似处理；多列集装箱箱角荷载应力引起的面层板荷载应力最大点大多出现在箱角荷载区域之外，因此，应变的非线性很弱无须修正，集装箱箱角位于板中、板边缘时的面层板荷载应力的计算式可也采用式(6-294)形式，其中当量荷载圆半径 a_p 按式(6-296)近似。

$$\sigma = A\left(\frac{1+\theta\nu}{1+D_2/D_1}\right)\frac{P}{h_1^2}\left[\ln\left(\frac{l_g}{a_p}\right)+B+(C-D\times d_e)\left(\frac{a_p}{l_g}\right)^2\right] \tag{6-294}$$

式中　P ——标准单轮、支腿、支板、支轮的荷载量，集装箱箱角荷载；

θ ——最大应力点的主次应变比，当荷载位于板中时 $\theta=1$，当荷载位于板边时 $\theta=0.13$；

a_p ——单轮荷载接地面积的当量圆半径，$a_p=(S/\pi)^{0.5}$，其中，S 为荷载作用面积；

d_e ——集装箱箱角之间的净间距，m；

A、B、C、D ——回归系数，与荷载形式和荷位有关，见表 6-7。

表 6-7　荷载应力的回归系数 *A*、*B*、*C*、*D*[93]

荷载形式		A	B	C	D
标准单轮荷载，集装箱单箱荷载，支腿、支座、支轮荷载		0.754	1.39	−2.31	0
多列集装箱	板边荷位	1.340	−0.118	1.29	1.17
	板中荷位	0.785	−0.326	1.74	1.30

$$\zeta_a = 1+0.014\left(\frac{l_g}{a_p}\right)-0.0014\left(\frac{l_g}{a_p}\right)^2 \tag{6-295}$$

$$a_p = 0.564(0.356+d_e) \tag{6-296}$$

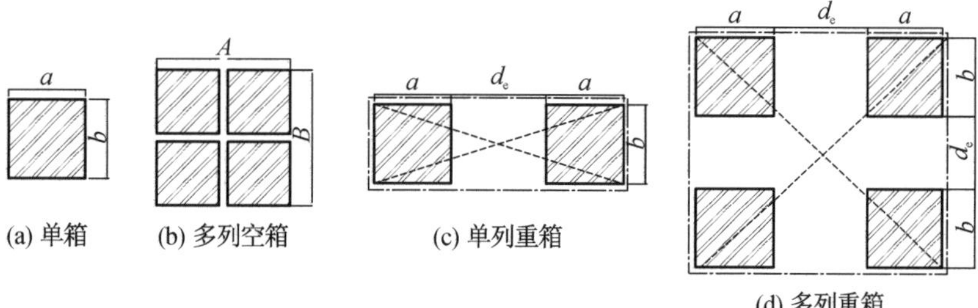

$a=178$, $b=162$, $A=370$, $B=340$, $d_e=200\sim400$

图 6-37　集装箱的荷载图式

港区水泥混凝土铺面结构的厚度有时较大，铺面板的相对长度 L/l_g 较小，荷载应力较无限大板的值小一些，应加以修正。将无限大板的荷载应力与有限尺寸板的荷载应力之比称为板长修正系数，记作 ζ_L。 对于纵缝边缘中部的荷载应力而言，板长修正系数 ζ_L 的回归式为

$$\zeta_L = 1 - \exp\left[-2.2\left(\frac{L}{l_1 + a_p}\right) - 1.5\right] \tag{6-297}$$

式中，l_1 为铺面板的相对刚度半径。

定点堆放的集装箱荷载从板边向板中内移，铺面板荷载应力 σ_1 快速下降，渐渐趋近于无限大板板中荷载应力 σ_{1z}，因此，加入荷载应力内移系数 ζ_d 加以修正：

$$\zeta_d = \frac{\sigma_1 - \sigma_{1z}}{\sigma_{1e} - \sigma_{1z}} \tag{6-298}$$

式中，σ_{1e} 为荷载位于板边时的荷载应力。

荷载应力内移系数 ζ_d 回归式为

$$\zeta_d = \exp\left[-5\left(\frac{d_P}{l_1 + a_p}\right)\right] \tag{6-299}$$

式中，d_P 为荷载距板边的距离。

第 7 章　地基板的塑性与极限承载力

地基与板的塑性在工程中是较为常见的，在国内外港口堆场、工业地坪的水泥混凝土铺面结构设计中，考虑板塑性及残余强度的地基板极限承载力理论的应用较为普遍，它尤其适合定点荷载与高韧性钢纤维混凝土铺面结构的场合。本章首先介绍分区求解弹塑性地基上板弯曲问题的方法，其次重点叙述现有的几种弹性地基板极限承载力理论：Winkler 地基板在圆形均布荷载作用下板极限承载力的迈耶霍夫刚塑性解、哈蒂弹塑性解，以及笔者提出的 Winkler 地基板在圆形均布荷载、圆形刚性承载板荷载作用下的弹塑性解；最后，讨论了双参数地基板在圆形均布荷载作用下的极限状态及微分方程，由兰佐尼在 2014 年给出，它在地基横向联系参数 $\vartheta=1$ 时有显式解析解。

7.1　弹塑性地基上板

弹塑性地基上板的求解，需区分地基的弹、塑性区，并各自建立微分方程求解，然后再根据其边界处的板连续条件拼合即可。对于 Winkler 地基、双参数地基而言，它们的弹、塑性区边界易区分，弹、塑性区的微分方程也显见，但对于连续介质地基，如半空间体，就十分不易了，本节不予讨论。

下面以弹塑性 Winkler 地基上无限大薄板在圆形均布荷载作用下的挠曲问题为例，说明地基弹、塑性区划分及分界处板连续条件的应用。

弹塑性的 Winkler 地基反力表示为

$$q=\begin{cases}kw, & w\leqslant w_e\\ kw_e+k_e(w-w_e), & w>w_e\end{cases} \tag{7-1}$$

式中　w_e——地基屈服弯沉；

k_e——地基屈服后的反应模量，理想弹塑性地基：$k_e=0$，应力强化地基：$k_e>0$，应力弱化地基：$k_e<0$。

由式(5-28)可知，在半径为 a_p 的圆形均布荷载 P($P=p_0\pi a_p^2$，p_0 为荷载集度)作用下，地基有屈服区的条件为

$$P\geqslant P_e=\frac{\pi\alpha^2 w_e k l^2}{1+\alpha\,\mathrm{ker}'(\alpha)} \tag{7-2}$$

式中　P_e——地基板屈服荷载，即地基板进入屈服阶段的临界荷载；

α——荷载圆相对半径，$\alpha = a_p/l$；

l——板弯曲刚度半径：$l = \sqrt[4]{\dfrac{Eh^3}{12(1-\mu^2)k}}$。

随着荷载增加，地基屈服区逐渐扩大，当屈服区半径 $r_e < a_p$，板划分为三个区域：圆板（$r \leqslant r_e$），环状板（$r_e < r \leqslant a_p$），带孔无限大板（$r > a_p$），见图 7-1(a)，三区域的微分方程为

$$\left.\begin{aligned} &D\nabla^4 w = p_0 - kw_e - k_e(w - w_e), && r \leqslant r_e \\ &D\nabla^4 w + kw = p_0, && r_e < r \leqslant a_p \\ &D\nabla^4 w + kw = 0, && r > a_p \end{aligned}\right\} \tag{7-3}$$

$r \leqslant r_e$ 圆板的解：

$$w = \begin{cases} A_{1,1}\,\mathrm{ber}(\rho_e) + A_{2,1}\,\mathrm{bei}(\rho_e) + \dfrac{p_0 - (k - k_e)w_e}{k_e}, & k_e > 0 \\ A_{1,2}\rho^2 + A_{2,2} + \dfrac{p_0 - kw_e}{64k}\rho^4, & k_e = 0 \\ A_{1,3}\mathrm{J}_0(\rho_e) + A_{2,3}\mathrm{I}_0(\rho_e) + \dfrac{p_0 - (k - k_e)w_e}{k_e}, & k_e < 0 \end{cases} \tag{7-4}$$

其中，$\rho_e = r/l_e$，$l_e^4 = \dfrac{Eh^3}{12(1-\mu^2)|k_e|}$。

$r_e < r \leqslant a_p$ 环状板的解：

$$w = B_1\mathrm{ker}(\rho) + B_2\mathrm{kei}(\rho) + B_3\mathrm{ber}(\rho) + B_4\mathrm{bei}(\rho) + \frac{p_0}{k} \tag{7-5}$$

其中，$\rho = r/l$。

$r > a_p$ 带孔无限大板的解：

$$w = C_1\mathrm{ker}(\rho) + C_2\mathrm{kei}(\rho) \tag{7-6}$$

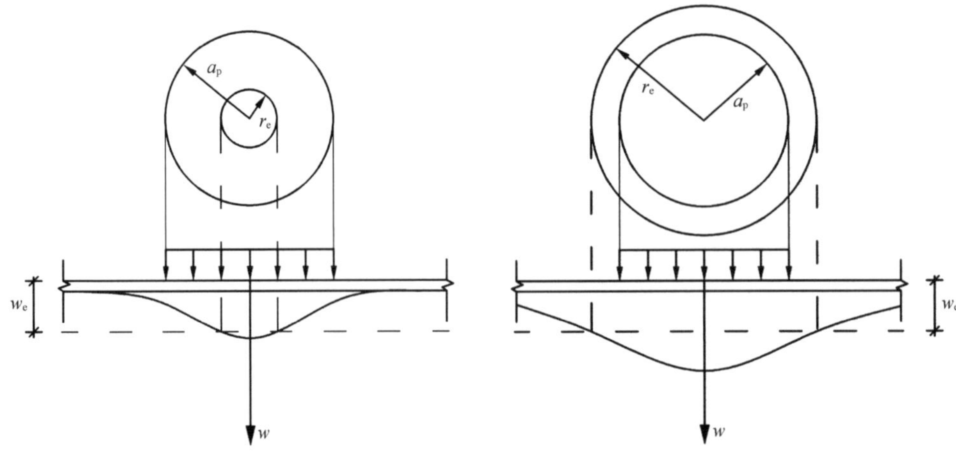

(a) $a_p > r_e$　　(b) $a_p < r_e$

图 7-1　弹塑性地基上无限大板分区示意

上述三个板挠曲方程共有 8 个待定常数 A_1、A_2、B_1、B_2、B_3、B_4、C_1、C_2，可根据 $r=r_e$ 及 $r=a_p$ 两处的板挠度 w、转角 $\theta=\frac{dw}{dr}$、弯矩 M_r 和剪力 Q_r 共计 8 个连续条件求出。板挠度 w、转角 $\theta=\frac{dw}{dr}$、弯矩 M_r 和剪力 Q_r 连续条件与 w、$\frac{dw}{dr}$、$\frac{d^2w}{dr^2}$、$\frac{d^3w}{dr^3}$ 连续条件等同，也与 w、$\frac{dw}{dr}$、$\nabla^2 w$、$\frac{d(\nabla^2 w)}{dr}$ 等价。

随着荷载继续增加，地基屈服区扩展至荷载圆边缘，即 $r_e=a_p$，此时，板三区域变为两区域：圆板（$r\leqslant r_e$），带孔无限大板（$r>r_e$）。两区域板挠曲方程如式(7-4)、式(7-6)所示，共有 4 个待定常数 A_1、A_2、C_1、C_2，可根据 $r=r_e$ 处的板挠度 w、转角 θ、弯矩 M_r 和剪力 Q_r 4 个连续条件求出。

若荷载继续增加，地基屈服区扩展至荷载圆之外，即 $r_e>a_p$，此时，板仍需划分为三个区域：圆板（$r\leqslant a_p$），环状板（$a_p<r\leqslant r_e$），带孔无限大板（$r>r_e$），见图 7-1(b)，其微分方程为

$$\begin{cases}D\,\nabla^4 w=p_0-kw_e-k_e(w-w_e), & r\leqslant a_p\\ D\,\nabla^4 w=-kw_e-k_e(w-w_e), & a_p<r\leqslant r_e\\ D\,\nabla^4 w+kw=0, & r>r_e\end{cases}\tag{7-7}$$

$r\leqslant a_p$ 圆板的板挠曲方程如式(7-4)所示，$r>r_e$ 带孔无限大板方程如式(7-6)所示，$a_p<r<r_e$ 环状板板挠曲方程为

$$w=\begin{cases}B_{1.1}\,\mathrm{ber}(\rho_e)+B_{2.1}\,\mathrm{bei}(\rho_e)+B_{3.1}\,\mathrm{ker}(\rho_e)+B_{4.1}\,\mathrm{kei}(\rho_e)-\dfrac{(k-k_e)w_e}{k_e}, & k_e>0\\ B_{1.2}\rho^2+B_{2.2}+B_{3.2}\ln\rho+B_{4.2}\rho^2\ln\rho-\dfrac{(k-k_e)w_e}{64k_e}\rho^4, & k_e=0\\ B_{1.3}J_0(\rho_e)+B_{2.3}I_0(\rho_e)+B_{3.3}Y_0(\rho_e)+B_{4.3}K_0(\rho_e)-\dfrac{(k-k_e)w_e}{k_e}, & k_e<0\end{cases}\tag{7-8}$$

上述三个板挠曲方程共有 8 个待定常数 A_1、A_2、B_1、B_2、B_3、B_4、C_1、C_2，可根据 $r=a_p$ 及 $r=r_e$ 两处的板挠度 w、转角 $\theta=\frac{dw}{dr}$、弯矩 M_r 和剪力 Q_r 共计 8 个连续条件求出。

例 7.1　求理想弹塑性 Winkler 地基上无限大板在集中力作用下屈服区的扩展规律。

理想弹塑性 Winkler 地基上无限大板，当地基有屈服区时，地基板的微分方程为

$$\begin{cases}D\,\nabla^4 w=-kw_e, & r\leqslant r_e\\ D\,\nabla^4 w+kw=0, & r>r_e\end{cases}\tag{7-9}$$

式中，r_e 为地基屈服区半径。

微分方程式(7-9)的解为

$$w=\begin{cases}a_1\ln\dfrac{r}{r_e}+a_2r^2\ln\dfrac{r}{r_e}+a_3r^2+a_4-\dfrac{kw_e}{64D}r^4, & r\leqslant r_e\\ b_1\mathrm{kei}\left(\dfrac{r}{l}\right)+b_2\mathrm{ker}\left(\dfrac{r}{l}\right)+b_3\mathrm{bei}\left(\dfrac{r}{l}\right)+b_4\mathrm{ber}\left(\dfrac{r}{l}\right), & r>r_e\end{cases}\tag{7-10}$$

边界条件:板中点弯沉有界及 $\lim\limits_{r\to0}2\pi rQ_r=P$,无穷远处弯沉及转角有界,代入式(7-10)得到

$$w=\begin{cases}\dfrac{Pr^2}{8\pi D}\ln\dfrac{r}{r_e}+a_3r^2+a_4-\dfrac{kw_e}{64D}r^4, & r\leqslant r_e\\ b_1\mathrm{kei}\left(\dfrac{r}{l}\right)+b_2\mathrm{ker}\left(\dfrac{r}{l}\right), & r>r_e\end{cases}\tag{7-11}$$

式(7-11)中待定常数 a_3、a_4、b_1、b_2,以及给定 P 条件下的 r_e(或给定 r_e条件下的 P),由屈服区边缘处两侧的 w、$\dfrac{\partial w}{\partial r}$、$\nabla^2 w$、$\dfrac{\partial(\nabla^2 w)}{\partial r}$ 相等的连续条件与地基屈服区边缘弯沉 w_e作为条件,即 $w(r_e+0)=w(r_e-0)=w_e$ 确定,即有如下五元非线性方程组:

$$\left.\begin{aligned}&(a_3l^2)\rho_e^2+a_4=\left(\frac{1}{64}\rho_e^4+1\right)w_e\\&b_1\mathrm{kei}(\rho_e)+b_2\mathrm{ker}(\rho_e)=w_e\\&2(a_3l^2)\rho_e-b_1\mathrm{kei}'(\rho_e)-b_2\mathrm{ker}'(\rho_e)=\frac{\xi8kl^2w_el}{8\pi D}r_e+\frac{kw_el}{16D}r_e^3=\left(\frac{\xi}{\pi}+\frac{1}{16}\rho_e^2\right)\rho_ew_e\\&4(a_3l^2)-b_1\mathrm{ker}(\rho_e)+b_2\mathrm{kei}(\rho_e)=\frac{\xi8kl^2w_el^2}{2\pi D}+\frac{kw_el^2}{4D}r_e^2=\left(\frac{4\xi}{\pi}+\frac{1}{4}\rho_e^2\right)w_e\\&b_1\mathrm{ker}'(\rho_e)-b_2\mathrm{kei}'(\rho_e)=-\frac{\xi8kl^2w_el^3}{2\pi Dr_e}-\frac{kw_el^3}{2D}r_e=\left(-\frac{4\xi}{\pi}-\frac{1}{2}\rho_e^2\right)\frac{w_e}{\rho_e}\end{aligned}\right\}\tag{7-12}$$

地基屈服区半径 r_e 与集中力 P 有关,将集中力 P 表示为 ξP_e,其中,$P_e=8kl^2w_e$ 为集中力作用点板弯沉达到屈服极限 w_0 时的荷载量,ξ 可称为荷载量系数。当 $\xi=1$ 时,地基开始进入屈服阶段,随着系数 ξ 增大,屈服区半径 r_e随之增大,板集中力作用点的弯沉比 λ_w(即实际弯沉 w 与屈服弯沉 w_0 之比 w/w_0)随之加速增大,它们的变化规律见图 7-2。

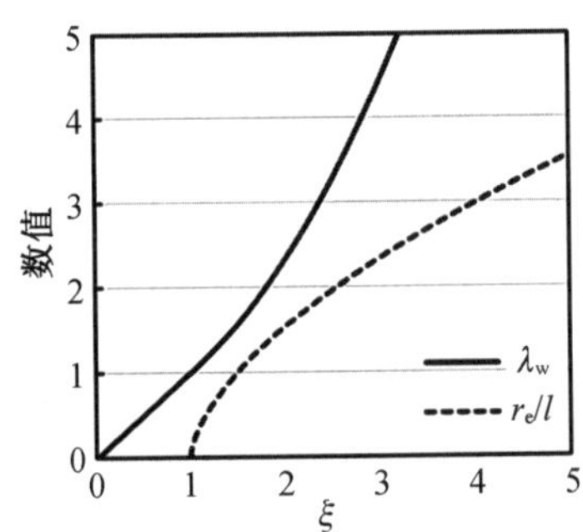

图 7-2　板中挠度、屈服区半径与荷载量系数的关系

7.2　Winkler 地基板极限承载力的刚塑性解

Winkler 地基上无限大板在板中作用圆形均布荷载情况下，板的工作状态可分为四个阶段：

(1) 弹性阶段：当荷载较小时，板处于弹性状态。

(2) 屈服阶段：随着荷载增大，荷载圆中心点的板底弯拉应力达到板的抗弯强度，板开始进入屈服阶段，此时的荷载量称为屈服荷载，记作 P_e；随着荷载继续增大，以荷载圆中心为起点的径向裂缝开始萌生。

(3) 环状裂缝形成：随着荷载不断增大，径向裂缝进一步扩展、伸长，直到距离面板中心某一半径 b 处的最大负弯矩所产生的弯拉应力达到板的抗弯强度，从而在板顶部出现环形裂缝。此时的荷载称为极限荷载，记作 P_s。

(4) 冲剪破坏：板顶出现环形裂缝后，荷载尚能有所增加，但挠度将大幅度增大，板随之出现冲剪破坏。

Winkler 地基板极限承载力的刚塑性解首先由迈耶霍夫提出，故也被称为迈耶霍夫理论。1960 年，迈耶霍夫[54]采用不完整的刚塑性假设，将荷载达到极限值 P_s 即板顶出现环状裂缝时的板径向挠曲方程设定为环裂圈外刚体无变形、环裂圈内为斜直线与对数曲线的组合，如图 7-3 所示。

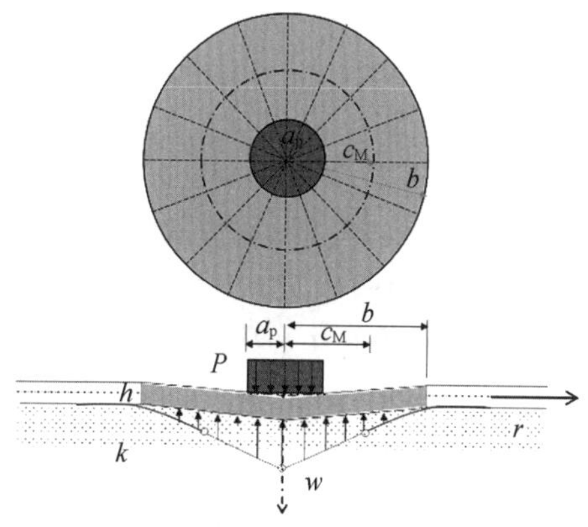

图 7-3　迈耶霍夫 1960 年板挠曲假设

$$w(r)=w_0\begin{cases}1-\dfrac{r}{c_M[1+\ln(b/c_M)]}, & r\leqslant c_M\\ \dfrac{\ln(b/r)}{1+\ln(b/c_M)}, & c_M<r\leqslant b\end{cases}\tag{7-13}$$

式中　w_0——荷载中点挠度；

r——距荷载中心点的径向距离；

c_M——斜直线与对数曲线的交界面半径；

b——环状裂缝的半径。

式(7-13)中的三个未知量：荷载中点挠度 w_0、斜直线与对数曲线的交接半径 c_M 和环状裂缝的半径 b，由下列三个条件联立解得。

$$M_r(c_M)=0,\quad M_r(b)=-M_s,\quad Q_r(b)=0\tag{7-14}$$

式中　M_s——板弹性极限弯矩；

M_r——径向弯矩；

Q_r——径向剪力。

式(7-14)中的径向剪力 Q_r 和径向弯矩 M_r 满足下列轴对称问题的静力平衡微分方程(图 7-4)：

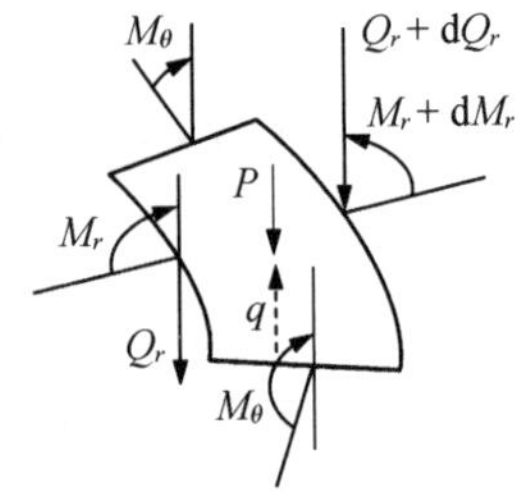

图 7-4　板微分单元的内力示意

$$\left.\begin{aligned}\frac{d}{dr}(rQ_r)&=-r(p-q)\\\frac{d}{dr}(rM_r)&=M_\theta+rQ_r\end{aligned}\right\}\tag{7-15}$$

式中　M_θ——板切向弯矩；

p——板顶竖向分布荷载；

q——板底地基反力，Winkler 地基时 $q=kw$。

圆形均布荷载时，板所承受的竖向总分布荷载为

$$p-q=\begin{cases}p_0-kw, & r\leqslant a_p\\-kw, & r>a_p\end{cases}\tag{7-16}$$

式中　p_0——均布外荷载的分布集度；

a_p——圆形均布荷载的半径；

k——地基反应模量。

在圆形均布荷载作用下，迈耶霍夫假设在环状裂缝之内，板的切向均处于屈服状态，切向屈服弯矩 M_θ 可近似为 M_s。在板的切向弯矩 M_θ 已知的前提下，联立以上四式可解得板的外荷载总量 P ($\pi a_p^2 p_0$) 与荷载圆半径 a_p、板极限弯矩 M_s 以及环状裂缝半径 b 的关系。但解较复杂，它是一个超越函数，在 $0.02<a_p/b<0.2$ 范围内，它可近似为

$$P=3.3\pi\left(1+\frac{6a_p}{b}\right)M_s\tag{7-17}$$

K. S. S Rao 等[140] 和 E.Radi 等[59] 根据 G. G.Meyerhof 于 1962 年发表的论文中的 P-a_p 曲线反推出 b 与 a_p 之间的关系，如式(7-18)所示。

$$\frac{b}{l}=1.63\sqrt{\frac{a_p}{l}}\tag{7-18}$$

式中，l 为地基板的相对刚度半径，$l^4=\dfrac{D}{k}$。

但式(7-18)未被实测验证，加之由于 P 是 b 的递减函数，无极值，因此，迈耶霍夫保守地建议环状裂缝半径 b 按板弹性阶段的弯沉盆半径($3.9l\sim4.0l$)取值，将 $b=4.0l$ 代入式(7-17)得到地基板极限承载力 P_s 计算式：

$$P_s=3.3\pi\left(1+\frac{3a_p}{2l}\right)M_s\tag{7-19}$$

上述解中有一缺陷是明显的，它的斜直线与对数曲线组合的板挠度无法从板材料本构关系角度进行释义。为此，迈耶霍夫[55] 在 1962 年摒弃了对数曲线部分，将斜直线与对数曲

线组合的二段线改为严格符合刚塑性假设的单斜直线，即板挠度如图 7-5 所示的倒锥体，公式如下：

$$w(r)=w_0\left(1-\frac{r}{b}\right),r\leqslant b \tag{7-20}$$

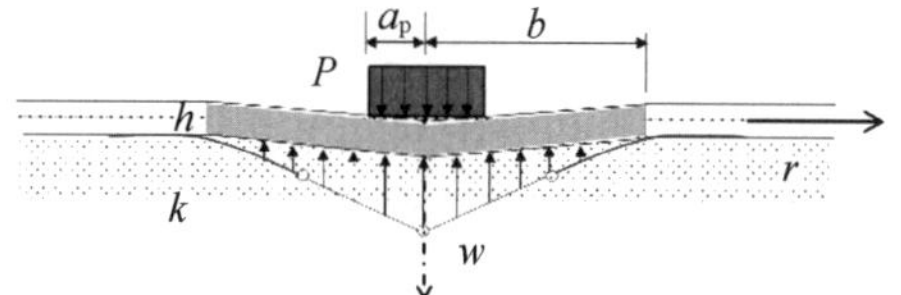

图 7-5　迈耶霍夫 1962 年板挠曲假设

由此推出，外荷载总量 P 与荷载圆半径 a、板屈服弯矩 M_s 以及环状裂缝半径 b 的关系如下：

$$P=\frac{4\pi(1+\lambda_e)}{1-\frac{4a_p}{3b}}M_s \tag{7-21}$$

式中，λ_e 为板残余弯曲强度比，即板屈服弯矩 M_e 与弹性极限弯矩 M_s 之比，如图 7-6 所示。

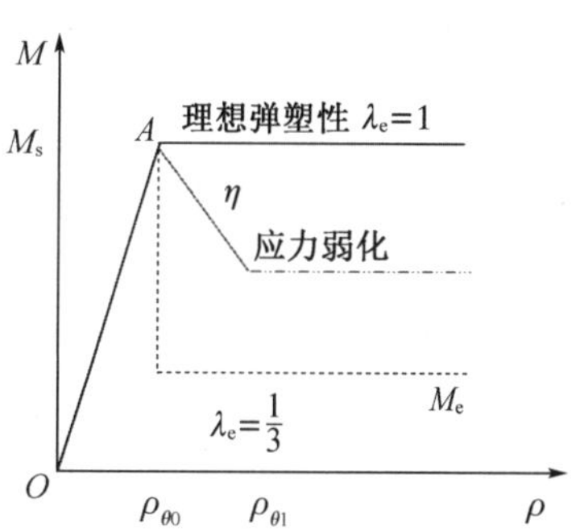

图 7-6　板的弹塑性弯曲本构关系

式(7-21)中 P 是 b 的单调递减函数，迈耶霍夫仍建议 b 取 $3.9l$～$4.0l$，将 $b=4.0l$ 代入式(7-21)得到 Winkler 地基板极限承载力 P_s 计算式：

$$P_s=\frac{4\pi(1+\lambda_e)}{1-\frac{a_p}{3l}}M_s \tag{7-22}$$

当圆形均布荷载作用在无限大板的板边缘时，板的工作状态如同板中受荷那样有四个阶段，其极限状态如图 7-7(a)所示。当圆形均布荷载作用在无限大板板角时，板的工作状态只有弹性和屈服断裂两个阶段，其极限状态如图 7-7(b)所示。

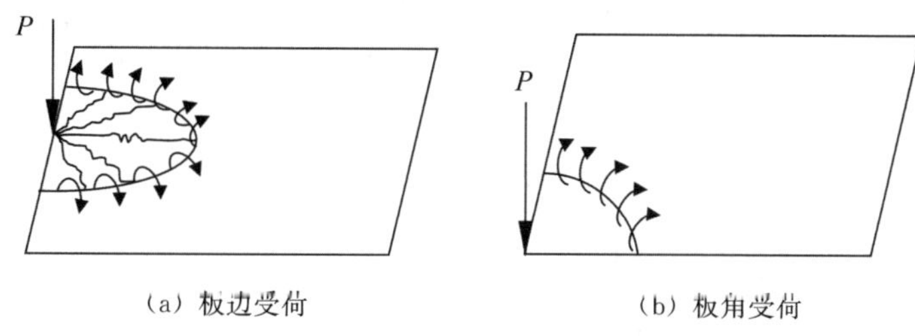

(a) 板边受荷　　(b) 板角受荷

图 7-7　板边、板角受荷的极限状态

板边、板角受荷的极限荷载可按上述方法导出，其中，板边极限荷载的计算式如式(7-23)所示，板角极限荷载的计算式如式(7-24)所示。

$$P_s = \frac{(\pi+2)M_s(1+\lambda_e)}{1-\frac{4\sqrt{2}a_p}{3b}} \tag{7-23}$$

$$P_s = \frac{4M_s}{1-\frac{8a_p}{3b}} \tag{7-24}$$

迈耶霍夫认为，板边受荷，当 a_p/b 在 0.05～0.75 范围内时，$b=2.9l$；板角受荷，当 a_p/b 在0.05～0.375 范围内时，$b=2.7l$。

上述板中、板边和板角三个受荷的 Winkler 地基板极限承载力的迈耶霍夫公式，在工业地坪、港口和厂矿的水泥混凝土铺面结构分析和设计方面得到了广泛应用。然而，上述基于刚塑性理论的地基板极限承载力 P_s的解却难以避免最大径向弯矩位置与其设定的环状塑性铰位置不相符的问题，板径向负弯矩最大值并不出现在这些解设定的环状裂缝半径 b 处，而是发生在环状裂缝圈内，如图 7-8 所示，也就是说，刚塑性理论不能满足轴对称问题的静力平衡方程。

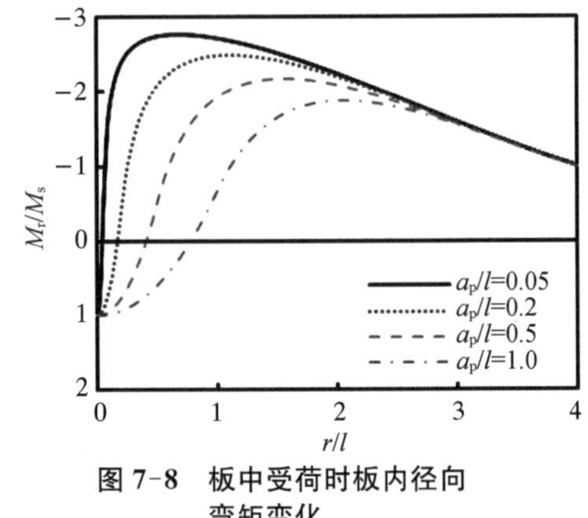

图 7-8　板中受荷时板内径向弯矩变化

7.3　Winkler 地基板弹塑性解的回顾

为了弥补刚塑性理论的缺陷，近年来 E.Radi 等[59]和谈至明等[88]根据板应力状态将板分为屈服区和弹性区。其中，E.Radi 认为在屈服区的板截面弯矩与曲率之间假设服从理想弹塑性，即本书 3.9.3 节的图 3-21 中虚线 OBC 的 $m-k_\rho$简化关系，谈至明则采用了刚塑性假设。

1. 理想弹塑性的屈服区

在轴对称条件下，屈服区域内板截面弯矩与板弯曲曲率之间的关系可表示为

$$\left.\begin{aligned} M_r=D(\rho_r^e+\nu\rho_\theta^e),\quad M_\theta=D(\rho_\theta^e+\nu\rho_r^e)\\ \rho_r^e+\rho_r^p=-w''(r),\quad \rho_\theta^e+\rho_\theta^p=-w'(r)/r \end{aligned}\right\} \tag{7-25}$$

式中　ρ_r^e、ρ_θ^e——径向、法向弹性曲率；

ρ_r^p、ρ_θ^p——径向、法向塑性曲率。

板的径向、法向弹性曲率可表示为

$$\rho_r^e=\frac{M_r-\nu M_\theta}{D(1-\nu^2)},\quad \rho_\theta^e=\frac{M_\theta-\nu M_r}{D(1-\nu^2)} \tag{7-26}$$

在板塑性区，仅板法向应变进入塑性阶段，法向弯矩 M_θ 等于屈服弯矩 M_e，而径向应变仍处于弹性阶段，即

$$\rho_r^p = 0, \quad \rho_\theta^p > 0, M_\theta = M_e \tag{7-27}$$

由此板径向弯矩、剪力可表示为

$$\left.\begin{aligned} M_r &= \nu M_e - D(1-\nu^2)w''(r) \\ Q_r &= -\frac{1-\nu}{r}[M_e + D(1+\nu)(w'' + rw''')] \end{aligned}\right\} \tag{7-28}$$

应用平衡方程，得到屈服区的板微分方程为

$$w^{(4)} + \frac{2}{r}w''' + \frac{w}{l^4(1-\nu^2)} = \frac{p}{kl^4(1-\nu^2)} \tag{7-29}$$

在圆形均布荷载区内($r \leqslant a_p$)时，其解如式[7-30(a)]所示，在荷载区外 $a_p < r \leqslant c$(c 为弹、塑性边界)，如式[7-30(b)]所示。

$$\begin{aligned} w = \frac{p}{k} + \frac{M_s l^2}{D}\Bigg[& a_{1\,0}F_3\left(\frac{1}{2}, \frac{3}{4}, \frac{3}{4}; -z\right) + a_2 \frac{r}{4l}\,{}_0F_3\left(\frac{3}{4}, 1, \frac{5}{4}; -z\right) + \\ & a_3\left(\frac{r}{4l}\right)^2 {}_0F_3\left(\frac{5}{4}, \frac{5}{4}, \frac{3}{2}; -z\right) + a_4 G_{04}^{20}\left(\begin{matrix} 0 & 0 & 0 & 0 \\ 1/4 & 1/4 & 1/2 & 0 \end{matrix}\middle| -z\right)\Bigg], \ r \leqslant a_p \end{aligned} \tag{7-30(a)}$$

$$\begin{aligned} w = \frac{M_s l^2}{D}\Bigg[& b_{1\,0}F_3\left(\frac{1}{2}, \frac{3}{4}, \frac{3}{4}; -z\right) + b_2 \frac{r}{4l}\,{}_0F_3\left(\frac{3}{4}, 1, \frac{5}{4}; -z\right) + \\ & b_3\left(\frac{r}{4l}\right)^2 {}_0F_3\left(\frac{5}{4}, \frac{5}{4}, \frac{3}{2}; -z\right) + b_4 G_{04}^{20}\left(\begin{matrix} 0 & 0 & 0 & 0 \\ 1/4 & 1/4 & 1/2 & 0 \end{matrix}\middle| -z\right)\Bigg], \ a_p < r \leqslant c \end{aligned} \tag{7-30(b)}$$

其中，$z = -(1-\nu^2)\left(\frac{r}{4l}\right)^4$；${}_0F_3(\gamma_1, \gamma_2, \gamma_3; z)$ 为超几何函数；G_{04}^{20} 为梅耶尔的 G_- 函数；c 为屈服区和弹性区交接处半径。

2. 刚塑性的屈服区

刚塑性屈服区地基板的挠度方程为

$$w(r) = w_0 + (w_c - w_0)\frac{r}{c}, \ r \leqslant c \tag{7-31}$$

式中　w_0——荷载圆中点的板挠度；

w_c——屈服区与弹性区交界处的板挠度。

3. 弹性区

一般情况下，板达到极限承载力时的屈服区和弹性区交界面大多位于外荷载之外，即

满足 $c>a_p$，因此，板弹性区的挠度微分方程可表示为

$$D\nabla^4 w^* + kw^* = 0 \tag{7-32}$$

式(7-32)的解可表示为

$$w^* = A_1\mathrm{ber}(r/l) + A_2\mathrm{bei}(r/l) + A_3\mathrm{ker}(r/l) + A_4\mathrm{kei}(r/l) \tag{7-33}$$

式中 bei、ber——零阶第一类开尔文函数；

kei、ker——零阶第二类开尔文函数；

A_1、A_2、A_3、A_4——待定常数。

对于无限大板，由 $r\to\infty$ 时收敛条件，可推得 $A_1 = A_2 = 0$，故式(7-33)可简化为

$$w^* = \frac{M_s l^2}{D}[B_1\mathrm{ker}(r/l) + B_2\mathrm{kei}(r/l)] \tag{7-34}$$

式中，B_1、B_2 为待定常数。

4. 极限承载力的解

对于理想弹塑性屈服区而言，利用 $r=a_p$，c 处两侧板挠度、转角、径向弯矩和剪力相等 8 个连续条件，以及 $r=0$ 处剪力为零、弯矩为屈服弯矩两个边界条件，总计 10 个连续及边界条件，可确定式(7-30)、式(7-34)中的 10 个待定常数 a_1、a_2、a_3、a_4、b_1、b_2、b_3、b_4、B_1、B_2，从而得到该问题微分方程的解，当屈服区或弹性区板负弯矩（板顶受拉）达到极限弯矩时，所对应的荷载即为板的极限承载力。此求解过程复杂，无法写出简明的结果，E. Radi 等给出了 $a_p/l=0.01\sim1$ 范围内的地基板极限承载力的近似式[59]：

$$P_s = 2\pi M_s(1+\lambda_e)\left[1+(1+\lambda_e)\frac{a_p}{l}\right] \tag{7-35}$$

对于刚塑性假设屈服区，在屈服区与弹性区边界 c 点补充了两个条件[88]：

$$M_r^*(c) = -M_s,\quad Q_r^*(c) = 0 \tag{7-36}$$

再根据地基合力与外荷载量相等，以及 c 点屈服区和弹性区两侧的板挠度、径向剪力和径向弯矩相等的条件，可解得 w_0、c、B_1、B_2，从而得到 Winkler 地基板的极限承载力 P_s 如式(7-37)所示[88]。

$$P_s = \frac{4\pi(1+\lambda_e)M_s}{1-\dfrac{4a}{3b}}\left[1-\frac{b^2}{12(1+\lambda_e)l^2}\xi_b\right] \tag{7-37}$$

其中，ξ_b 为环裂处挠度系数，即 $w(\rho_b)=\dfrac{M_s}{kl^2}\xi_b$。可通过对极限承载力 P_s 作 b 的导数，并由 $\dfrac{dP_s}{db}=0$ 条件解得。

E. Radi 等对屈服区采用理想弹塑性假设，在屈服弯矩与弹性极限弯矩相等即 $\lambda_e=1$

时的处理是较为合理的，但难以推广至应力强化或弱化的情况，且求解复杂，给出的近似式(7-35)精度不高；文献[88]中的式(7-36)假设不够合理，首先，它无法保证径向负弯矩最大值出现在 c 处，其次，径向负弯矩 M_r 达到极限弯矩 $-M_s$ 时，其径向剪力 $Q_r=0$ 也无法满足。

7.4　圆形均布荷载的弹塑性解[89]

板屈服区仍采用刚塑性假设，摒弃式(7-36)的假设，屈服区与弹性区以板切向弯曲曲率达到其弹性极限弯曲曲率来加以区分。板的极限状态如图 7-9 所示，其中，b 为环状裂缝的半径。

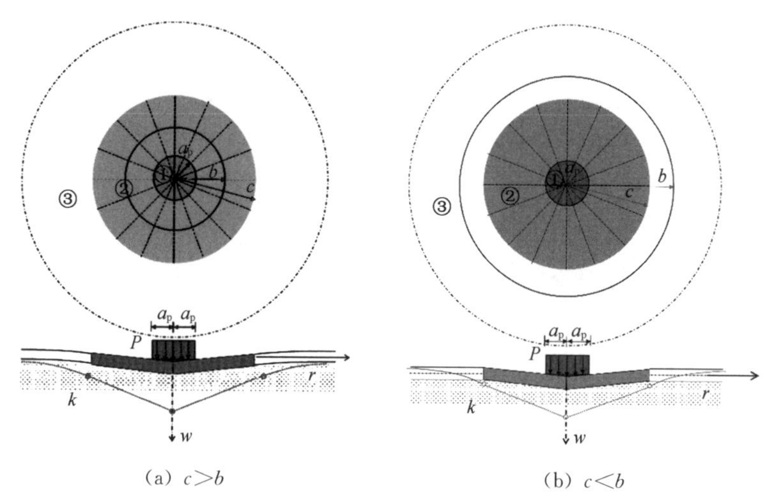

(a) $c>b$　　(b) $c<b$

区域①为荷载作用区；区域②为刚塑性区域；区域③为弹性区域

图 7-9　圆形均布荷载下的极限状态

在 $r<c$ 范围的板挠度方程如下：

$$w=\left(1-\frac{r}{c}\right)(w_0-w_c)+w_c=\left(1-\frac{r}{L_w}\right)w_0 \tag{7-38}$$

式中　w_c——板屈服区与弹性区边界处挠度；

L_w——当量板弯沉盆半径。

由板竖向静力平衡条件，得到圆形均布荷载合力 P：

$$P=\frac{\pi c^2}{3}k(w_0+2w_c)+2\pi cQ_{rc} \tag{7-39}$$

式中，Q_{rc}为板屈服区与弹性区边界处剪力。

根据板平衡微分方程式(7-15)，得到屈服区 $r<c$ 范围的径向剪力 Q_r、径向弯矩 M_r 表达式：

$$Q_r = -\frac{1}{2r}\begin{cases}\left(r^2 - \dfrac{2r^3}{3L_w}\right)kw_0 - \dfrac{Pr^2}{\pi a_p^2}, & r \leqslant a_p \\ \left(r^2 - \dfrac{2r^3}{3L_w}\right)kw_0 - \dfrac{P}{\pi}, & a_p < r \leqslant c\end{cases}$$

$$M_r = M_e + \frac{1}{6}\begin{cases}\left(r^2 - \dfrac{r^3}{2L_w}\right)kw_0 - \dfrac{Pr^2}{\pi a_p^2}, & r \leqslant a_p \\ \left(r^2 - \dfrac{r^3}{2L_w}\right)kw_0 - \dfrac{3P}{\pi} + \dfrac{2Pa_p}{\pi r}, & a_p < r \leqslant c\end{cases} \tag{7-40}$$

式中，M_e为切向屈服弯矩。

弹性区内 $r>c$ 范围，板挠度解 w^* 如式(7-34)所示，其径向剪力 Q_r^*、径向弯矩 M_r^* 和切向弯矩 M_θ^* 的表达式为

$$\left.\begin{aligned} M_r^* &= -M_s\left\{[-B_1\mathrm{kei}(\rho) + B_2\mathrm{ker}(\rho)] - \frac{1-\nu}{\rho}[B_1\mathrm{ker}'(\rho) + B_2\mathrm{kei}'(\rho)]\right\} \\ M_\theta^* &= -M_s\left\{\nu[-B_1\mathrm{kei}(\rho) + B_2\mathrm{ker}(\rho)] + \frac{1-\nu}{\rho}[B_1\mathrm{ker}'(\rho) + B_2\mathrm{kei}'(\rho)]\right\} \\ Q_r^* &= -\frac{M_s}{l}[-B_1\mathrm{kei}'(\rho) + B_2\mathrm{ker}'(\rho)] \end{aligned}\right\} \tag{7-41}$$

其中，$\rho = r/l$。

根据屈服区与弹性区划分准则，屈服区边界 $r=c$ 的切向弯曲曲率条件为

$$\rho_{\theta c} = -\frac{w_0}{cL_w} = -\frac{M_s}{D} \tag{7-42}$$

上述 4 个未知量 P、B_1、B_2、c 将由 $r=c$ 处的径向剪力、径向弯矩以及切向弯矩曲率连续条件代入(挠度连续条件满足)，地基板承载力 P 可表示为仅是屈服区边界半径 c 的函数，记作 $P(c)$。此外，L_w、B_1、B_2 也可表示为 c 的函数，记作：$L_w(c)$、$B_1(c)$、$B_2(c)$。随着外荷载增加，屈服区向外扩展，当板底径向弯矩 M_r的最大值等于板屈服弯矩 M_s时，环状裂缝出现，地基板达到其极限承载力 P_s。当荷载半径 a_p 较小时，环状裂缝出现在屈服区内，如图 7-9(a)所示，环状裂缝半径 b 由 M_r求极值确定，如式[7-43(a)]所示；当 a_p 较大时，环状裂缝出现在弹性区内，如图 7-9(b)所示，环状裂缝半径 b 由 M_r^* 求极值确定，如式[7-43(b)]所示。

$$b^3L_w(c) - \frac{3}{4}b^4 - \frac{P(c)a_pl^4}{\pi M_sc} = 0 \tag{7-43(a)}$$

$$\begin{aligned} &B_1(c)\left[\mathrm{kei}'(b/l) - 2\frac{1-\nu}{(b/l)^2}\mathrm{ker}'(b/l) - \frac{1-\nu}{b/l}\mathrm{kei}(b/l)\right] - \\ &B_2(c)\left[\mathrm{ker}'(b/l) + 2\frac{1-\nu}{(b/l)^2}\mathrm{kei}'(b/l) - \frac{1-\nu}{b/l}\mathrm{ker}(b/l)\right] = 0 \end{aligned} \tag{7-43(b)}$$

再利用 $M_r(b) = -M_s(b<c)$，如式(7-44)所示；或 $M_r^*(b) = -M_s(b>c)$，如式(7-45)

所示，可得到对应的 c 值。

$$1+\lambda_{e}-\frac{P(c)}{2\pi M_{s}}\left(1-\frac{2a_{p}}{3b}\right)+\frac{b^{2}}{6l^{2}}\left[\frac{2c^{2}-bc}{2l^{2}}+B_{1}(c)\mathrm{ker}(b/l)+B_{2}(c)\mathrm{kei}(b/l)\right]=0 \tag{7-44}$$

$$B_{1}(c)\left[\mathrm{kei}(b/l)+\frac{1-\nu}{b/l}\mathrm{ker}'(b/l)\right]+B_{2}(c)\left[\mathrm{ker}(b/l)+\frac{1-\nu}{b/l}\mathrm{kei}'(b/l)\right]+1=0 \tag{7-45}$$

将式(7-45)求得的 c 值代入式(7-46)，求出圆形均布荷载下地基板极限承载力系数 φ_{sf}。

$$\varphi_{sf}=\frac{1}{1-\dfrac{2a_{p}}{3c}-\dfrac{\alpha_{1}(c/l,\nu)}{\alpha_{2}(c/l,\nu)}}\left[1+\frac{\beta_{1}(c/l,\nu)-1-\beta_{2}(c/l,\nu)\dfrac{\alpha_{1}(c/l,\nu)}{\alpha_{2}(c/l,\nu)}}{1+\lambda_{e}}\right] \tag{7-46}$$

式中，α_1、α_2、β_1、β_2 分别为与屈服区相对半径 c/l、泊松比 ν 有关的参数，计算式如下：

$$\alpha_{1}(t,\nu)=1+\frac{t^{2}}{6}[f_{a2}(t,\nu)\mathrm{kei}(t)+f_{a1}(t,\nu)\mathrm{ker}(t)],$$

$$\alpha_{2}(t,\nu)=t\left[-f_{a1}(t,\nu)\mathrm{kei}'(t)+\frac{c}{2l}f_{a1}(t,\nu)\mathrm{ker}(t)+f_{a2}(t,\nu)\mathrm{ker}'(t)+\frac{t}{2}f_{a2}(t,\nu)\mathrm{kei}(t)\right],$$

$$\beta_{1}(t,\nu)=\frac{t^{4}}{12}+\frac{t^{2}}{6}[f_{b2}(t,\nu)\mathrm{kei}(t)+f_{b1}(t,\nu)\mathrm{ker}(t)],$$

$$\beta_{2}(t,\nu)=t\left[-f_{b1}(t,\nu)\mathrm{kei}'(t)+\frac{t}{2}f_{b1}(t,\nu)\mathrm{ker}(t)+f_{b2}(t,\nu)\mathrm{ker}'(t)+\frac{t}{2}f_{b2}(t,\nu)\mathrm{kei}(t)+\frac{t^{3}}{6}\right]。$$

其中，$f_{a1}(t,\nu)=-\dfrac{1}{1+\nu}\dfrac{\dfrac{\nu t}{1-\nu}\mathrm{ker}(t)+\mathrm{kei}'(t)}{\mathrm{ker}(t)\mathrm{ker}'(t)+\mathrm{kei}'(t)\mathrm{kei}(t)}$，

$$f_{b1}(t,\nu)=-\frac{1}{1+\nu}\frac{\dfrac{t}{1-\nu}\mathrm{ker}(t)-\mathrm{kei}'(t)}{\mathrm{ker}(c/l)\mathrm{ker}'(t)+\mathrm{kei}'(t)\mathrm{kei}(t)},$$

$$f_{a2}(t,\nu)=-\frac{1}{1+\nu}\frac{\dfrac{\nu t}{1-\nu}\mathrm{kei}(t)-\mathrm{ker}'(t)}{\mathrm{ker}(t)\mathrm{ker}'(t)+\mathrm{kei}(t)\mathrm{kei}'(t)},$$

$$f_{b2}(t,\nu)=-\frac{1}{1+\nu}\frac{\dfrac{t}{1-\nu}\mathrm{kei}(t)+\mathrm{ker}'(t)}{\mathrm{ker}(t)\mathrm{ker}'(t)+\mathrm{kei}(t)\mathrm{kei}'(t)}。$$

由此得到圆形均布荷载下地基板极限承载力计算式：

$$P_{sf}=2\pi M_s(1+\lambda_e)\varphi_{sf} \tag{7-47}$$

式(7-47)中的圆形均布荷载下地基板极限承载力系数 φ_{sf} 计算较为复杂且包含不常用的开尔文函数，为此，给出了 $a_p/l<1.8$ 条件下具有较高精度的回归近似式：

$$\varphi_{sf}=1.05+\frac{0.85\,(a_p/l)^2+1.55}{l/a_p+0.35\lambda_e} \tag{7-48}$$

地基板极限承载力 P_{sf} 随着板残余弯曲强度比 λ_e 降低而减小，与 $\lambda_e=1$ 时的 P_{sf} 相比，当 $\lambda_e=1/2$ 时，P_{sf} 下降 14%～25%，当 $\lambda_e=0$ 时，P_{sf} 下降 28%～50%，如图 7-10 所示。

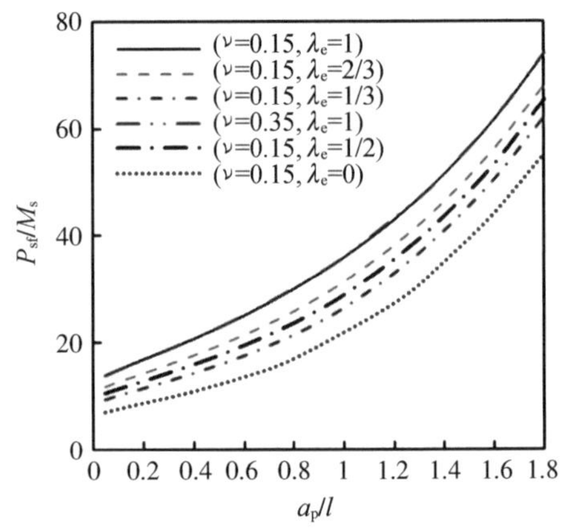

图 7-10　P_{sf} 与 a_p/l、λ_e 的关系

图 7-11 为 $\lambda_e=1/3$ 时，不同荷载圆相对半径 a_p/l 下板内径向弯矩 M_r、切向弯矩 M_θ、径向剪力 Q_r 及挠度 w 沿板径向分布情况。径向弯矩 M_r 在荷载圆中心位置至板顶出现环状裂缝的范围内，由 $\lambda_e M_s$ 变化至 $-M_s$，而切向弯矩 M_θ 在荷载圆中心位置至弹塑性交界处保持 $\lambda_e M_s$ 不变；在弹性区内 M_θ 随距荷载圆中心距离的增加由 M_s 逐渐减小为 0。

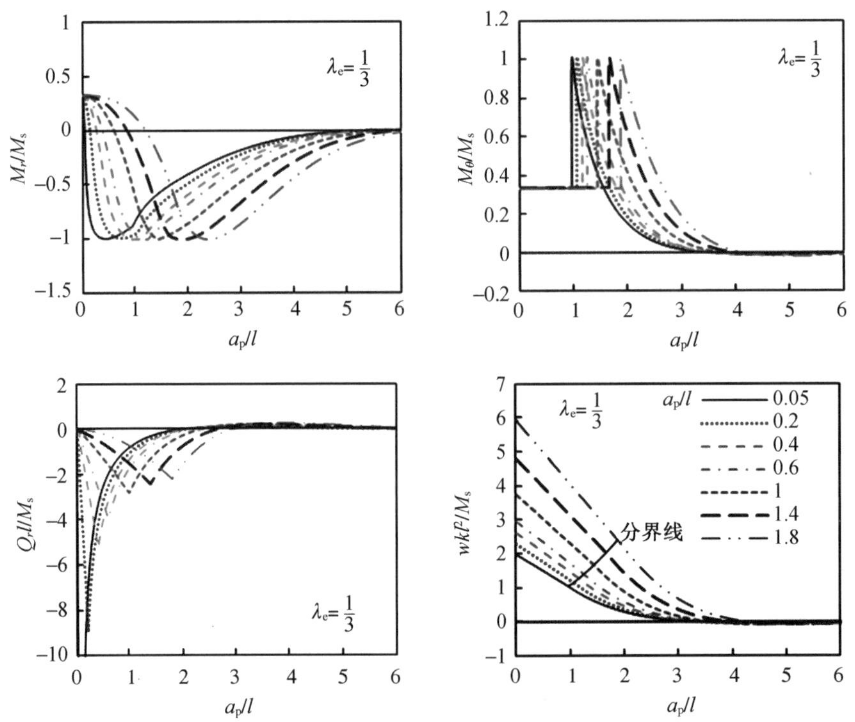

图 7-11　M_r、M_θ、Q_r 和 w 的径向变化曲线

图 7-12 给出了板弯曲符合理想弹塑性模型（残余弯曲强度比 $\lambda_e=1$）时，不同泊松比条件下，环状裂缝半径 b、屈服区边界半径 c 与荷载圆半径 a_p 之间的关系。从图 7-12 可以看到，泊松比 ν 对环状裂缝半径 b 影响很小，对屈服区边界半径 c 的影响也不大；环状裂缝半径 b、屈服区边界半径 c 均随着荷载圆半径 a_p 的增大而增大；当泊松比为 0.15，$a_p/l<0.861\,8$时，环状裂缝出现在屈服区，即 $b<c$；若 $a_p/l>0.861\,8$，环状裂缝出现在弹性区，即 $b>c$。

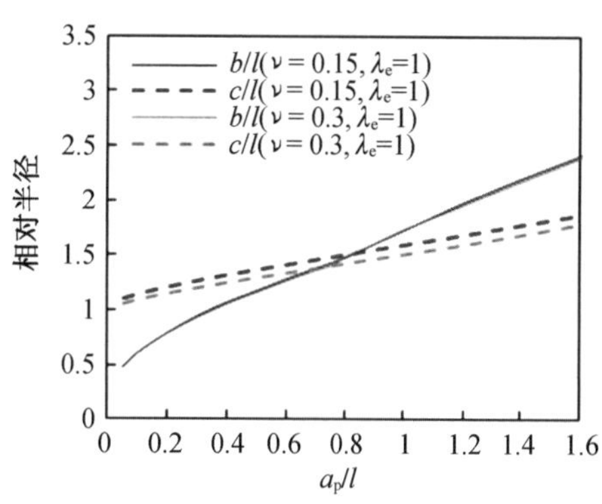

图 7-12　b、c 与 a_p 之间的关系

上面讨论了板弯曲本构为理想弹塑性（$\lambda_e=1$）和突降弱化（$\lambda_e<1$）的情形，如图 7-6 所示，而实际板材料弯曲弱化大多呈非突降的，因此，假设板材料弯曲本构关系为如图 7-6 中的三段线的应力弱化型，即 $r=c$ 处，$M_\theta=M_s$；$r=0$ 处，$M_\theta=M_e$；中间段 M_θ 以斜直线与横直线变化，其方程为

$$M_\theta=\begin{cases}D\rho_\theta, & \rho_\theta\leqslant\rho_{\theta 0}\\ D\rho_{\theta 0}-\eta D(\rho_\theta-\rho_{\theta 0}), & \rho_{\theta 0}<\rho_\theta\leqslant\rho_{\theta 1}\\ M_e, & \rho_\theta>\rho_{\theta 1}\end{cases}\tag{7-49}$$

式中　$\rho_{\theta 0}$——半径 $r=c$ 时曲率；

$\rho_{\theta 1}$——半径 $r=r_{\theta 1}$时曲率；

η——塑性弱化弯曲刚度与弹性弯曲刚度之比的绝对值。

当 η 足够小时，三段应力弱化模型中的弱化段变化较缓和，接近于理想的弹塑性状态 $\lambda_e=1$；当 η 较大时，三段应力弱化模型中的弱化段较陡峭，趋近 $\lambda_e<1$ 的弱化突降情形。

由屈服区的刚塑性假设，切向曲率 ρ_θ 计算式为

$$\rho_\theta=\frac{w_0-w_c}{rc}\tag{7-50}$$

根据式(7-49)和式(7-50)，建立非突降型应力弱化板极限承载力计算式，但由于该式过于复杂，因此，给出了基于修正突降弱化型板极限承载力的近似式，即式(7-51)：

$$P_s(\lambda_e,\ \eta)=P_{sf}(1)+[P_{sf}(\lambda_e)-P_{sf}(1)]e^{-\frac{\psi(a_p/l)}{\eta}}\tag{7-51}$$

其中，$P_{sf}(\lambda_e)$ 按式(7-47)计算；$\psi(t)=0.022+0.378t-0.127t^2$。

以上分析及计算式是针对无限大板而言，对于有限尺寸圆形地基板的极限承载力问题，若圆板尺寸较小，有可能不出现环状破裂面，为此，讨论有限尺寸圆板外边界为自由边界条件：$M_r|_{r=R_0}=Q_r|_{r=R_0}=0$（$R_0$ 为圆形地基板半径）的极限承载力问题。

随着圆板尺寸减小，弹塑区半径 c 增大，存在 $c=R_0$ 的情况，如图 7-13 中虚线所示，此

时的 R_0 为圆板能出现环状破裂面的临界相对半径，当圆板的半径小于该值时，圆板不会出现环裂区。图 7-14 给出在圆形均布荷载下，圆板外边界采用自由边条件时，板极限荷载系数 ξ_P 随圆板半径的变化规律，其中 ξ_P 定义为有限尺寸板的极限承载力 $P_s|_R$ 与无限大板的板中受荷的极限承载力 $P_s|_\infty$ 之比，即

$$\xi_P = \frac{P_s|_R}{P_s|_\infty} \tag{7-52}$$

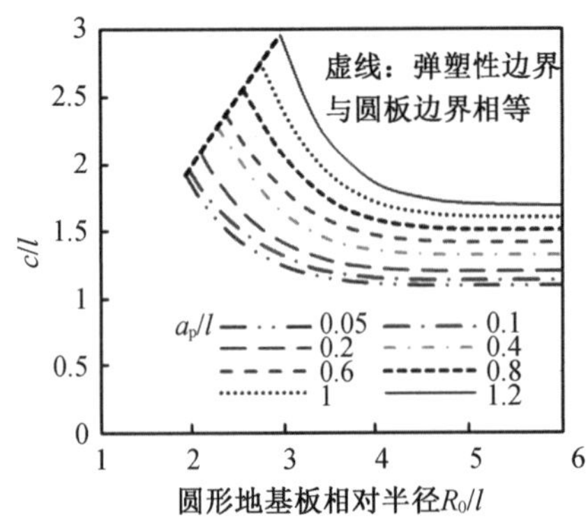

图 7-13　c/l 与 R_0/l 之间的关系

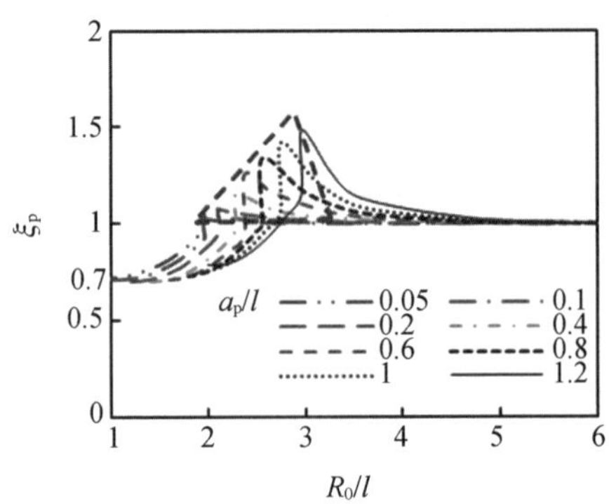

图 7-14　ξ_P 与 R_0/l 之间的关系

从图 7-14 可知，当圆板相对半径 R_0/l 大于临界值时，板的极限荷载系数 ξ_P 随着圆板半径的增加而减小，当圆板相对半径为 $5l\sim6l$ 时，逐渐趋于无限大板的情况。当圆板相对半径 R_0/l 小于临界值时，有限尺寸板不出现板顶破裂面，随着圆板相对半径的减小，板的极限荷载系数 ξ_P 在减小，最后趋于 0.7。在临界值附近，板的极限荷载系数变化范围为 1.1～1.5，但变化很敏感，因此，不宜考虑这部分的荷载增加量，建议不出现板顶破裂面小板的板极限承载力可保守地取为无限大板的 0.7 倍。

当混凝土板因正温度梯度而产生翘曲时，板底处于受拉状态，在外荷载作用下更早达到屈服，但板顶处于受压状态，其承载能力增强导致环状裂缝不易出现。在线性温度梯度条件下，板顶和板底增减量是相等的，相当于混凝土板的径向弯矩和切向弯矩整体抬高 ζM_s。计算结果表明，温度梯度对弹塑性区半径 c 影响较为明显，对环裂区半径 b 影响较小，而对极限承载力 P_s 的影响可忽略。

7.5　圆形刚性承载板荷载的弹塑性解

地基板在圆形刚性承载板作用下，一般情况刚性承载板边界处的板径向弯矩最先达到弹性极限而形成环形屈服铰（称为内环铰），随后板切向弯矩自内环铰起达到屈服并逐渐向外扩展，当板顶径向弯矩达到弹性极限时，板达到其承载力极限。板屈服区与弹性区边界的半径记作 c，在 $r<c$ 范围内的板挠度方程（图 7-15）：

$$w=\begin{cases} w_0, & r\leqslant a_p \\ w_0-(w_0-w_c)\dfrac{r-a_p}{c-a_p}, & r>a_p \end{cases} \tag{7-53}$$

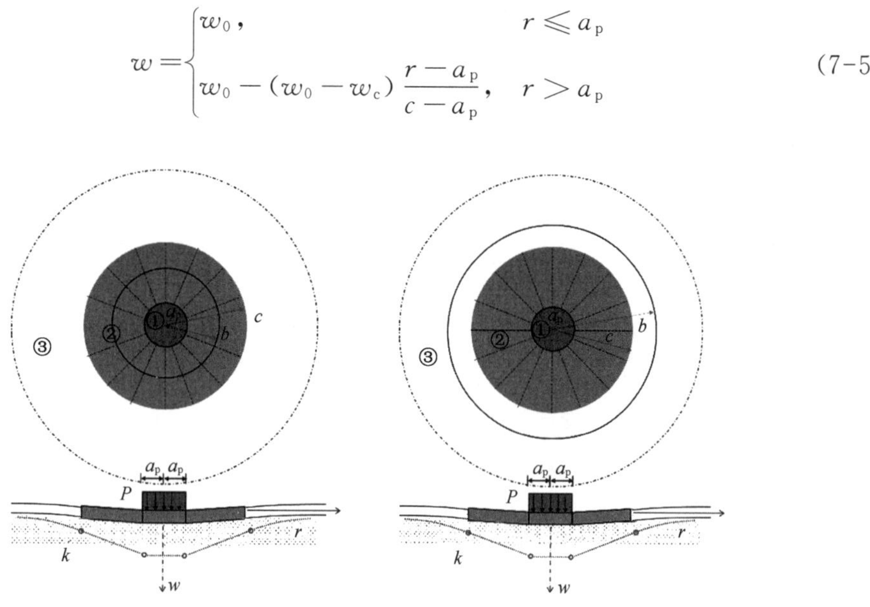

(a) $c>b$　　(b) $c<b$

区域①为荷载作用区；区域②为刚塑性区域；区域③为弹性区域。

图 7-15　刚性承载板下的极限状态

由板竖向静力平衡条件得到：

$$P=\pi c^2 k w_c+\frac{1}{3}\pi k(w_0-w_c)(c^2+a_p^2+a_p c)+2\pi c Q_{rc} \tag{7-54}$$

根据板平衡微分方程式(7-15)，得到屈服区 $r<c$ 范围内的径向剪力 Q_r、径向弯矩 M_r 表达式：

$$\left.\begin{aligned} Q_r &=-k\left[\frac{1}{2}w_0 r-\frac{w_0-w_c}{c-a_p}\left(\frac{1}{3}r^2-\frac{1}{2}a_p r\right)\right]-\frac{C_1}{r} \\ M_r &=M_e+k\left[\frac{1}{6}w_0 r^2-\frac{w_0-w_c}{c-a_p}\left(\frac{1}{12}r^3-\frac{1}{6}a_p r^2\right)\right]+C_1+\frac{C_2}{r} \end{aligned}\right\} \tag{7-55}$$

其中，$C_1=\dfrac{1}{6}\,\dfrac{\pi a_p^3 k w_0-\pi a_p^3 k w_c-3Pa_p+3Pc}{\pi(a_p-c)}$，$C_2=ka^3\left[\dfrac{2w_0 c-a_p(w_0+w_c)}{12(a_p-c)}\right]-a_p C_1$

当荷载半径 a_p 较小时，环状裂缝出现在屈服区内，如图 7-15(a)所示，环状裂缝半径 b 由 $\dfrac{\mathrm{d}M_r}{\mathrm{d}r}=0$ 和 $M_r(b)=-M_s$ 联立确定：

$$\left.\begin{aligned} & k\left[\frac{1}{3}w_0 b-\frac{w_0-w_c}{c_s-a_p}\left(\frac{1}{4}b^2-\frac{1}{3}a_p b\right)\right]-\frac{C_2(c)}{b^2} \\ & M_e+k\left[\frac{1}{6}w_0 b^2-\frac{w_0-w_c}{c_s-a_p}\left(\frac{1}{12}b^3-\frac{1}{6}a_p b^2\right)\right]+C_1(c_s)+\frac{C_2(c)}{b}+M_s=0 \end{aligned}\right\} \tag{7-56}$$

当荷载半径 a_p 较大时,环状裂缝出现在弹性区内,如图 7-15(b)所示,环状裂缝半径 b 由 $\dfrac{dM_r^*}{dr}=0$ 和 $M_r^*(b)=M_s$ 联立确定:

$$\left.\begin{aligned}&B_1(c)\left[\text{kei}'(\rho_b)-2\frac{1-\nu}{\rho_b^2}\text{ker}'(\rho_b)-\frac{1-\nu}{\rho_b}\text{kei}(\rho_b)\right]-B_2(c)\left[\text{ker}'(\rho_b)+2\frac{1-\nu}{\rho_b^2}\text{kei}'(\rho_b)-\right.\\&\left.\frac{1-\nu}{\rho_b}\text{ker}(\rho_b)\right]=0\\&[B_1(c)\text{kei}(\rho_b)-B_2(c)\text{ker}(\rho_b)]+\frac{1-\nu}{\rho_b}[B_1(c)\text{ker}'(\rho_b)+B_2(c)\text{kei}'(\rho_b)]+1=0\end{aligned}\right\}\tag{7-57}$$

其中,$\rho_b=b/l$。

求解上述等式,可得地基板达到极限承载力时屈服区临界边界半径 c、环状裂缝半径 b 和地基板极限承载力 P_{sr}:

$$\left.\begin{aligned}&P_{sr}=2\pi M_s(1+\lambda_e)\varphi_{sr}\\&\varphi_{sr}=\frac{1}{1-\dfrac{a_p}{c}-\dfrac{\alpha_3(c/l,\ a_p/l,\ \nu)}{\alpha_4(c/l,\ a_p/l,\ \nu)}}\times\\&\left[1+\frac{\beta_3(c/l,\ a_p/l,\ \nu)-1-\beta_4(c/l,\ a_p/l,\ \nu)\dfrac{\alpha_3(c/l,\ a_p/l,\ \nu)}{\alpha_4(c/l,\ a_p/l,\ \nu)}}{1+\lambda_e}\right]\end{aligned}\right\}\tag{7-58}$$

式中,α_3、α_4、β_3、β_4 为与屈服区相对半径 c/l、承载板相对半径 a_p/l 及板泊松比 ν 有关的参数,具体计算式如下:

$$\alpha_3(t,\ \tau,\ \nu)=1+\frac{t^2}{6}\left(1-\frac{\tau^3}{t^3}\right)[f_{a2}(t,\ \nu)\text{kei}(t)+f_{a1}(t,\ \nu)\text{ker}(t)],$$

$$\alpha_4(t,\ \tau,\ \nu)=t\left[-f_{a1}(t,\ \nu)\text{kei}'(t)+f_{a2}(t,\ \nu)\text{ker}'(t)+\frac{t}{2}f_{a1}(t,\ \nu)\text{ker}(t)+\right.$$
$$\left.\frac{t}{2}f_{a2}(t,\ \nu)\text{kei}(t)\right],$$

$$\beta_3(t,\ \tau,\ \nu)=\frac{t^2}{6}\left(1-\frac{\tau^3}{t^3}\right)[f_{b2}(t,\ \nu)\text{kei}(t)+f_{b1}(t,\ \nu)\text{ker}(t)]+$$
$$\frac{t^4}{12}\left(3\frac{\tau^4}{t^4}-4\frac{\tau^3}{t^3}+1\right),$$

$$\beta_4(t,\ \tau,\ \nu)=t\left[-f_{b1}(t,\ \nu)\text{kei}'(t)+f_{b2}(t,\ \nu)\text{ker}'(t)+\frac{c}{2l}f_{b1}(t,\ \nu)\text{ker}(t)+\right.$$
$$\left.\frac{c}{2l}f_{b2}(t,\ \nu)\text{kei}(t)+\frac{t^3}{6}\left(1-\frac{\tau^3}{t^3}\right)\right]。$$

另外，f_{a1}、f_{a2}、f_{b1}、f_{b2}同式(7-46)。

板的残余弯曲强度比$\lambda_e=1$时，不同泊松比条件下，环状裂缝半径 b、屈服区边界半径 c 与荷载圆半径a_p之间的关系如图 7-16 所示。从图 7-16 可以看到，与均布荷载条件类似，环状裂缝半径 b、屈服区边界半径 c 均随着荷载圆半径a_p的增大而增大，泊松比 ν 对环状裂缝半径 b 影响很小，对屈服区边界半径 c 的影响也不大；当泊松比为 0.15，$a_p/l=0.601$ 时，$b=c$，该荷载圆半径值相对于均布荷载条件要小，但是对应的环裂半径 b 值，二者相差不大。此外，当荷载圆半径相同时，刚性条件下的环裂半径比均布荷载条件下的环裂半径略大一些。

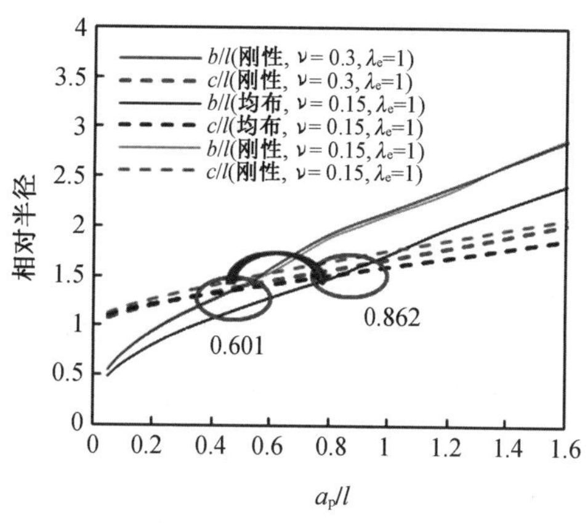

图 7-16　b、c 与 a_p 的关系

当板残余弯曲强度比λ_e小于 1 时，随着λ_e的减小屈服区内缩；当荷载圆半径 a_p 较小时，环状裂缝发生在屈服区，λ_e对环状裂缝半径 b 几乎无影响；当荷载圆半径 a_p 较大时，环状裂缝发生在弹性区或弹、塑性边界，λ_e对 b 的影响较为显著。

当荷载圆半径相同时，刚性承载板的 P_{sr}比均布承载板的 P_{sf}要大，且随着荷载圆半径的增大，二者相差越来越明显，当 $a_p/l=0.05$ 时，$P_{sr}/P_{sf}=1.04$；当 $a_p/l=0.4$ 时，$P_{sr}/P_{sf}=1.18$；当 $a_p/l=1.8$ 时，$P_{sr}/P_{sf}=1.30$。可见，当采用不同的加载模式时，得到的地基板极限承载力相差较大，最大相差约为 30%。

式(7-58)包含不常用的开尔文函数，为此，给出了 $a_p/l<1.8$ 条件下的地基板极限承载力系数回归式：

$$\varphi_{sr}=1.15+\frac{2.36(a_p/l)+1.35}{l/a_p+0.35\lambda_e} \tag{7-59}$$

图 7-17 为刚性承载板条件下地基板的极限承载随荷载圆半径的变化图。地基板极限承载力 P_{sr}随着λ_e降低而减小，与$\lambda_e=1$ 时的 P_{sr}相比，当$\lambda_e=2/3$ 时，P_{sr}下降 9%～17%，当$\lambda_e=1/3$ 时，P_{sr}下降 18%～37%，当$\lambda_e=0$ 时，P_{sr}下降28%～50%。

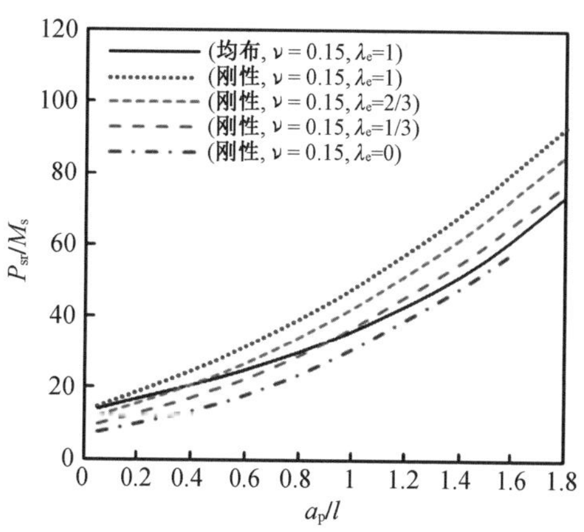

图 7-17　P_{sr}与 a_p/l、λ_e的关系

图 7-18 为$\lambda_e=1/3$ 时，不同荷载圆半径下板内径向弯矩 M_r、切向弯矩 M_θ及挠度 w 沿板径向的分布情况。径向弯矩 M_r在荷载圆边界处至板顶出现环状裂缝的范围内，由$\lambda_e M_s$ 变化至$-M_s$，而切向弯矩 M_θ在荷载圆边界位置至弹塑

性交界处保持$\lambda_e M_s$不变；在弹性区内M_θ随距荷载圆中心距离的增加逐渐减小为0。

板尺寸、温度梯度对圆形刚性承载板荷载下的板极限承载力的影响规律与圆形均布荷载的板极限承载力的影响规律相同。

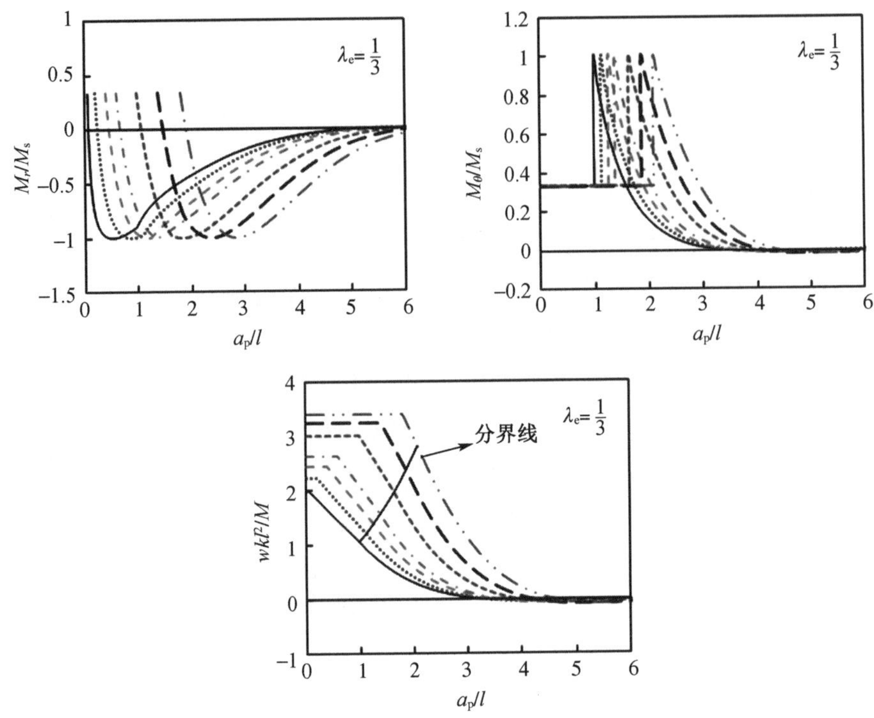

图 7-18　M_r、M_θ和 w 的径向变化曲线

7.6　双参数地基板极限承载力的弹塑性解[60,61]

当在圆形均布荷载作用下的双参数地基板达到其极限状态时，板的性状可划分为如图7-19所示的四个区域，图中1区域($r \leqslant d$)为板径向、法向弯矩均达到屈服的完全屈服区；2区域($d < r \leqslant c$)为板法向弯矩达到屈服的法向屈服区，该区域可细分为有外荷载的2.1区和无外荷载的2.2区；3区域($r > c$)为板弹性区。

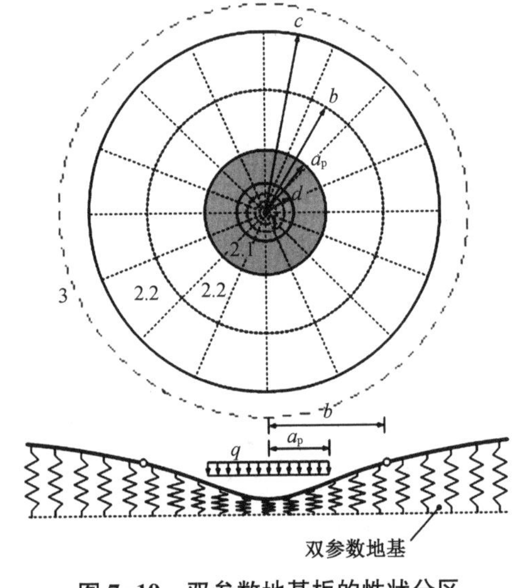

图 7-19　双参数地基板的性状分区

1. 完全屈服区($r \leqslant d$)

在板径向、法向弯矩达到屈服的完全屈服区内，径向曲率、法向曲率：$k_r^p \geqslant 0$、$k_\theta^p \geqslant 0$，在弯矩为理想弹塑假设下，板的弯矩和剪力为

$$\left.\begin{aligned}&M_r(r)=M_\theta(r)=M_s^+\\&Q_r(r)=0\end{aligned}\right\}\tag{7-60}$$

式中，M_s^+ 为板底受拉的板屈服弯矩。

由此得到，地基反力 q 等于外荷载分布集度 p，即

$$k_1 w-k_2\nabla^2 w=p\tag{7-61}$$

将 $k_2=2\vartheta k_1\tilde{l}^2$ 代入，式(7-61)的齐次解为

$$w(r)=A\mathrm{I}_0\left(\frac{r}{\sqrt{2\vartheta}\tilde{l}}\right)+B\mathrm{K}_0\left(\frac{r}{\sqrt{2\vartheta}\tilde{l}}\right)\tag{7-62}$$

式中，I_0、K_0 为零阶第一类、第二类变形贝塞尔函数。

结合板中点位移有界条件，微分方程式(7-61)的通解可表示为

$$w_1(r)=\frac{M_s^+\tilde{l}^2}{D}\left[\chi+a_0\mathrm{I}_0\left(\frac{r}{\sqrt{2\vartheta}\tilde{l}}\right)\right]\tag{7-63}$$

其中，$\chi=\dfrac{pD}{k_1M_s^+\tilde{l}^2}$，$\tilde{l}^4=\dfrac{D(1-\nu_0^2)}{k_1}$；

式中　D——板的弯曲刚度；

　　a_0——待定常数，与 $r=d$ 边界处的地基转角及位移有关。

2. 法向屈服区($d<r\leqslant c$)

在板法向屈服区内，径向、法向曲率：$k_r^p=0$、$k_\theta^p\geqslant 0$，板的弯矩和剪力为

$$\left.\begin{aligned}&M_\theta(r)=M_s^+\\&M_r=\nu M_s^+-D(1-\nu^2)w''\\&Q_r=\frac{1-\nu}{r}\left[M_s^++D(1+\nu)(w''+rw''')\right]\end{aligned}\right\}\tag{7-64}$$

代入板平衡方程，得到：

$$w^{(4)}+\frac{2}{r}w^{(3)}+\frac{1}{\tilde{l}^4}\left[w-2\vartheta\tilde{l}^2\left(w''+\frac{w'}{r}\right)-\frac{q}{k_1}\right]=0\tag{7-65}$$

其中，$k_1=\dfrac{k_2}{2\vartheta\tilde{l}^2}$。

当 $\vartheta=1$ 时，式(7-65)有显式解[60]，若 $d<r<a_p$，如式(7-66)所示，若 $a_p<r<c$，如式(7-67)所示。

$$w_{2.1}(r)=\frac{M_s^+\tilde{l}^2}{D}\{\chi+b_1\mathrm{e}^{-\rho}+b_2\mathrm{e}^{\rho}+b_3[\mathrm{e}^{\rho}\mathrm{Ei}(-2\rho)-\mathrm{e}^{-\rho}\ln\rho]+b_4[\mathrm{e}^{-\rho}\mathrm{Ei}(2\rho)-\mathrm{e}^{\rho}\ln\rho]\}\tag{7-66}$$

式中，$\rho=r/\tilde{l}$；b_1、b_2、b_3、b_4 为待定常数。

$$w_{2.2}(r)=\frac{M_s^+\tilde{l}^2}{D}\{c_1\mathrm{e}^{-\rho}+c_2\mathrm{e}^{\rho}+c_3[\mathrm{e}^{\rho}\mathrm{Ei}(-2\rho)-\mathrm{e}^{-\rho}\ln\rho]+c_4[\mathrm{e}^{-\rho}\mathrm{Ei}(2\rho)-\mathrm{e}^{\rho}\ln\rho]\} \tag{7-67}$$

式中　c_1、c_2、c_3、c_4——待定常数；

Ei——指数积分函数，$\mathrm{Ei}(x)=-\int_x^{\infty}\frac{\mathrm{e}^{-t}}{t}\mathrm{d}t$。

当 $\vartheta=0$ 时，式(7-65)退化为 Winkler 地基上法向弯矩屈服问题，其解见本书 7.3 节的式(7-30)。当 $\vartheta\neq 1$ 时，式(7-65)无简明显式解，可采用数值解或复变函数留数法求解。

3. 弹性区($r>c$)

当 $\vartheta=1$ 时，弹性区的带孔无限大的地基板微分方程为

$$\left.\begin{aligned}&w^{(4)}+\frac{2}{r}w^{(3)}-\frac{1}{r^2}w''+\frac{1}{r^3}w'+\frac{1-\nu^2}{\tilde{l}^4}\left[w-2\tilde{l}^2\left(w''+\frac{w'}{r}\right)\right]=0\\&\nabla^4w+\frac{1-\nu^2}{\tilde{l}^4}(w-2\tilde{l}^2\,\nabla^2w)=0\end{aligned}\right\} \tag{7-68}$$

微分方程式(7-68)的解为

$$\begin{aligned}w_3&=\frac{M_s^+\tilde{l}^2}{D}\mathrm{Re}[(d_1-\mathrm{i}d_2)\mathrm{H}_0^{(1)}(\beta\rho)]\\&=\frac{M_s^+\tilde{l}^2}{D}\{d_1\mathrm{Re}[\mathrm{H}_0^{(1)}(\beta\rho)]+d_2\mathrm{Im}[\mathrm{H}_0^{(1)}(\beta\rho)]\}\end{aligned} \tag{7-69}$$

其中，$\beta=\frac{\sqrt[4]{1-\nu^2}}{\sqrt{2}}(\sqrt{1-\sqrt{1-\nu^2}}+\mathrm{i}\sqrt{1-\sqrt{1-\nu^2}})$；$d_1$、$d_2$ 为待定常数。

4. 极限承载力的解

上述三个区域的方程解，共有 11 个待定常数：a_0、b_1、b_2、b_3、b_4、c_1、c_2、c_3、c_4、d_1、d_2，以及三个区域两个边界 d、c，共计 13 个待定常数，它们需根据各区域分界边的分界条件与板连续条件来确定。

$$w_1(d)=w_{2.1}(d),\ w_1'(d)=w_{2.1}'(d),\ D(1+\nu)w_1''(d)=-M_s^+,\ w_1^{(3)}(d)=0 \tag{7-70(a)}$$

$$w_{2.1}(a_p)=w_{2.2}(a_p),\ w_{2.1}'(a_p)=w_{2.2}'(a_p),\ w_{2.1}''(a_p)=w_{2.2}''(a_p),\ w'''_{2.1}(a_p)=w'''_{2.2}(a_p) \tag{7-70(b)}$$

$$\left.\begin{aligned}&w_{2.2}(c)=w_3(c),\ w_{2.2}'(c)=w_3'(c)\\&\frac{\nu M_s^+}{D}-(1-\nu^2)w_{2.2}''(c)=-w_3''(c)-\frac{\nu}{c}w_3'(c)\\&(1-\nu)\frac{M_s^+}{D}+(1-\nu^2)[w_2''(c)+cw_2^{(3)}(c)]=cw_3^{(3)}(c)+w_3''(c)-\frac{1}{c}w_3'(c)\end{aligned}\right\} \tag{7-70(c)}$$

在弹、塑性边界处尚且补充弹性板边界处法向弯矩等于屈服弯矩条件：

$$\nu w_3''(c)+\frac{w_3'(c)}{c}=-\frac{M_s^+}{D} \tag{7-71}$$

板顶出现环状断裂时的荷载 P 被称为地基板的极限承载力，当荷载圆半径相对较小时，环状破裂面发生在法向屈服区内 $b<c$，则满足条件：

$$\left.\begin{aligned}&D(1-\nu^2)w_2''(b)-(\nu+\mu)M_s^+=0\\&w_2'''(b)=0\end{aligned}\right\} \tag{7-72}$$

式中　μ ——正负屈服弯矩比，$\mu=\dfrac{M_s^-}{M_s^+}$；

M_s^- ——板顶受拉屈服弯矩。

当荷载圆半径相对较大时，环状破裂面发生在弹性区内 $b>c$，则满足条件：

$$\left.\begin{aligned}&w_3''(b)+\frac{\nu}{b}w_3'(b)-\frac{M_s^-}{D}=0\\&w_3'''(b)+\frac{\nu}{b}w_3''(b)-\frac{w_3'(b)}{b^2}=0\end{aligned}\right\} \tag{7-73}$$

将式(7-70)—式(7-73)联立可解出所有待定常数，从而确定地基板的极限承载力 P 及其环状破裂位置 b。

不过，由此得到的解十分复杂，因此，2014 年兰佐尼(L. Lanzoni)给出了 $\vartheta=1$ 条件下双参数地基板极限荷载的近似解：

$$P_{\max}=3\pi(1+\mu)M_s^+\left[1+\left(1-\frac{\mu}{10}\right)\frac{a_p}{L}+\left(\frac{5}{2}-\frac{\mu}{5}\right)\left(\frac{a_p}{L}\right)^2\right] \tag{7-74}$$

图 7-20 给出了正负屈服弯矩比 $\mu=1$ 时不同荷载圆半径 $a_p/\tilde{l}$ 条件下，板弯沉 w、径向弯矩 M_r、法向弯矩 M_θ 以及径向剪力 Q_r 沿径距 r 的变化曲线。图 7-21 给出了正负屈服弯

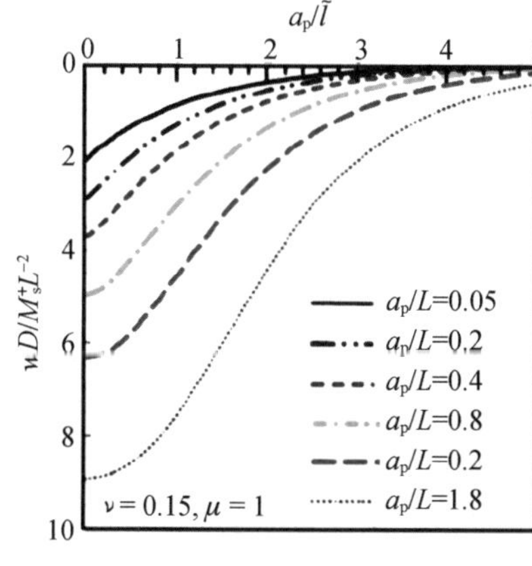

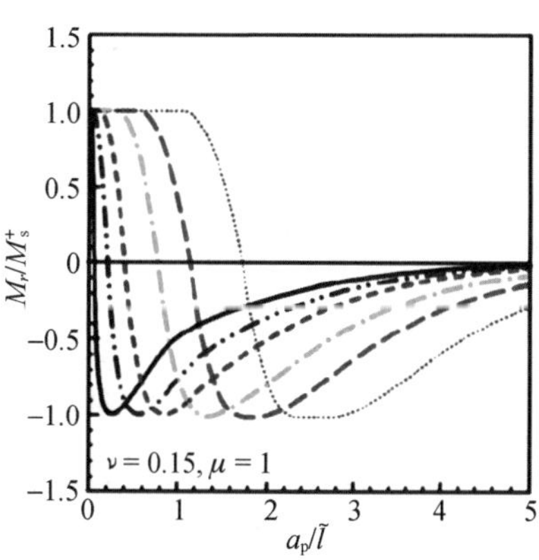

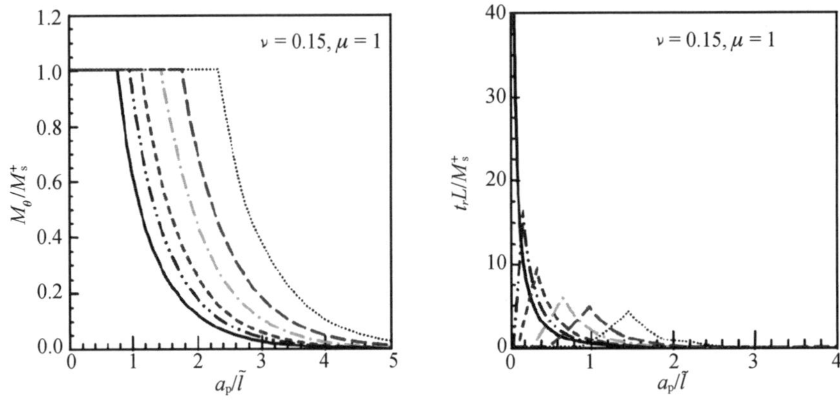

图 7-20　地基板弯沉与内力沿径距 r 的变化曲线

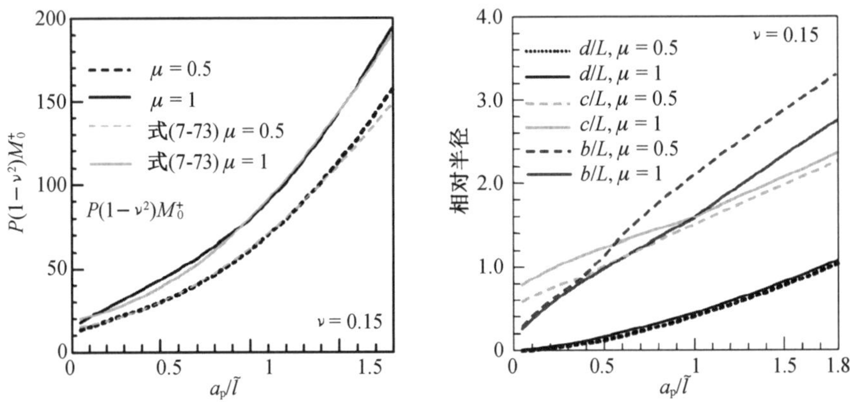

图 7-21　不同条件的板极限承载力 P、破裂环半径 b 及区域分界半径 d、c 与荷载圆半径的关系曲线

矩比 $\mu=1$, 0.5 时,地基板极限承载力 P、破裂环半径 b 以及完全屈服区和法向屈服区的分界半径 d、法向屈服区和弹性区的分界半径 c 与荷载圆半径 $a_p/\tilde{l}$ 的关系曲线。其中,地基板极限承载力 P 与荷载圆半径 $a_p/\tilde{l}$ 的关系图中,还给出两条式(7-73)的曲线。

7.7　其他情况的地基板极限承载力

7.7.1　板角区受荷的刚塑性解

图 7-22 为圆形均布荷载作用于 1/4 无限大板的板角处时,Winkler 地基板在弹性阶段的挠度等值线分布,其中,d_c 为圆形荷载中心距二板边的距离。板角破坏不像无限大板板中承受荷载那样,首先在板底产生径向裂缝,继而在板顶某个位置处形成环向裂缝,而是在竖向荷载作用下,板顶达到弯拉极限,发生板角断裂破坏。

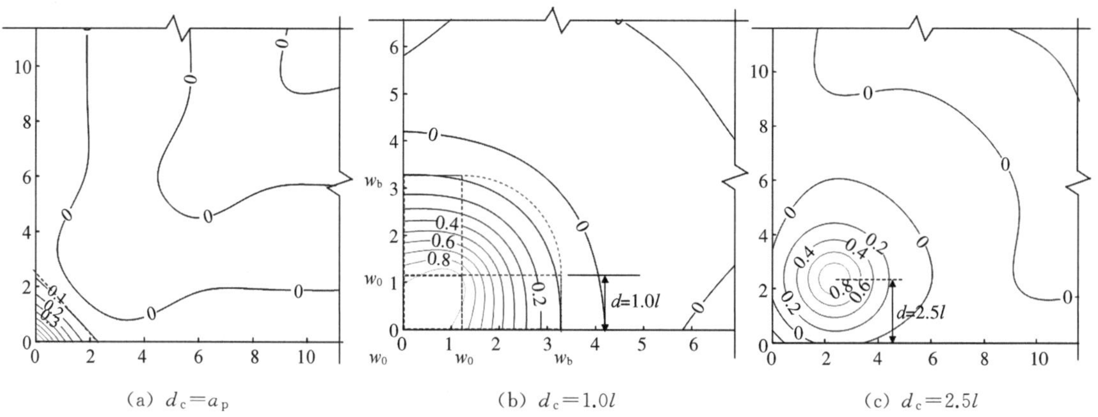

(a) $d_c=a_p$　(b) $d_c=1.0l$　(c) $d_c=2.5l$

图 7-22　圆形荷载作用临近板角处的板挠度等值线分布

基于板弹性状态时的挠度分布情况和板角极限破坏的特点，可假定圆形均布荷载仅作用于板角，即 $d_c=a_p$ 时，板的破坏模式为一个三角形下陷区，如图 7-23(a)所示。针对该问题，迈耶霍夫给出了刚塑性假设下圆形荷载作用于板角时板的极限承载力公式：

$$P_s=\frac{4M_s}{1-\dfrac{8a_p}{3b}} \tag{7-75}$$

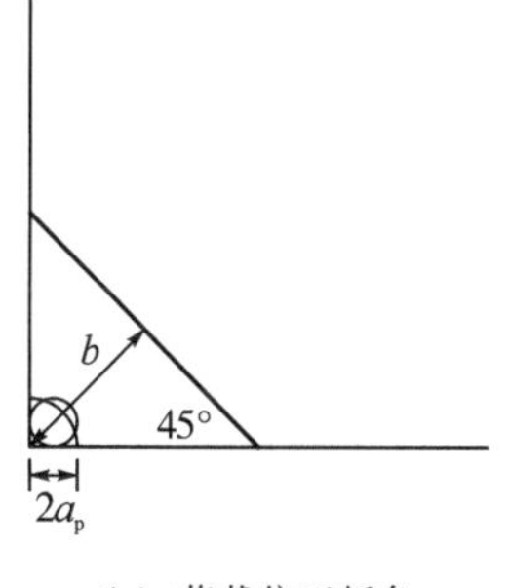

(a) 荷载位于板角

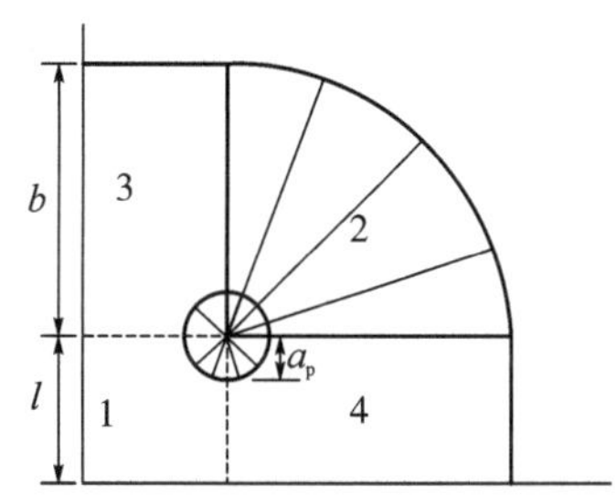

(b) 荷载临近板角

图 7-23　荷载位于或临近板角的破坏模式

根据图 7-22(b)所示的圆形均布荷载作用于距板两侧边缘距离 $d_c=1.0l$ 时的板挠度状况，它可近似为：两个矩形下陷区加一个正方形下陷区加一个扇形下陷区(90°)，如图 7-23(b)所示。按刚塑性假设，破裂边界为挠度 w_b 可取 0，板中心正方形下陷区的挠度 w_0，其他挠度呈线性变化。

板中心扇形(中心角为 90°)的应力和变形条件与无限大板一样，用无限大板的结果，只需将无限大板的结果乘以 1/4 即可，即

$$P_2=\frac{\pi M_s}{1-\dfrac{4a_p}{3b}}(1+\lambda_e) \tag{7-76}$$

板外围三个矩形区域的承载能力为

$$P_1+P_3+P_4=\frac{6l}{b-3a_p/2}M_s(1+\lambda_e) \tag{7-77}$$

因此，可得圆形均布荷载作用于距板两侧边缘 $1.0l$ 时的板极限承载力：

$$P_s=P_1+P_2+P_3+P_4=\left(\frac{6l}{b-\dfrac{3a_p}{2}}+\frac{\pi}{1-\dfrac{4a_p}{3b}}\right)M_s(1+\lambda_e) \tag{7-78}$$

当圆形均布荷载作用于距板两侧边缘 $d_c=2.5l$ 时，板弹性状态时的挠度分布与荷载位于板中十分相似，可直接运用板中受荷极限承载力公式。

由此得到了圆形均布荷载从板角到距板两侧边缘 $1.0l$ 处，再到距离板两侧边缘 $2.5l$ 处时板的极限承载力公式。因此建议，当荷载圆中心距板两边 d_c 均大于 $2.5l$ 时，可直接采用荷载位于板中的承载力；当荷载距板边 d_c 位于 $l<d_c<2.5l$ 范围内，可按板中承载力与 $d_c=1.0l$ 的承载力计算式(7-78)内插得到；当荷载距板边 d_c 位于 $a_p<d_c<1.0l$ 范围内，可采用式(7-75)和式(7-78)内插得到，如图 7-24 所示，图中 $d_c=2.5l$ 板承载力是按迈耶霍夫板中受荷计算的。

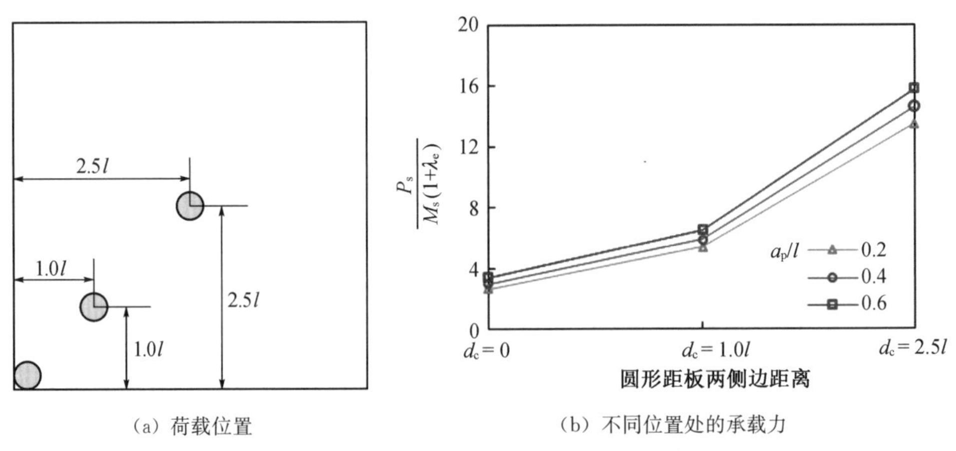

(a) 荷载位置　　(b) 不同位置处的承载力

图 7-24　荷载位于板角区域的板极限承载力

7.7.2　板边区受荷的刚塑性解

当半圆均布荷载位于板边、圆形均布荷载临近板边时，弹性阶段地基板挠度等值线分布如图 7-25 所示，其中，d_e为荷载圆心距板边的距离。

根据板弹性状态时的挠度分布情况，假定半圆荷载作用于板边缘，板达到极限状态时板挠度模式为：两个三角形下陷区加一个扇形下陷区，如图 7-25 所示。此时，板边半圆荷载圆心处挠度最大，记为 w_0，破裂区边界的挠度为 w_b，挠度沿径向线性变化。当板采用刚塑性假设时，w_b取 0。

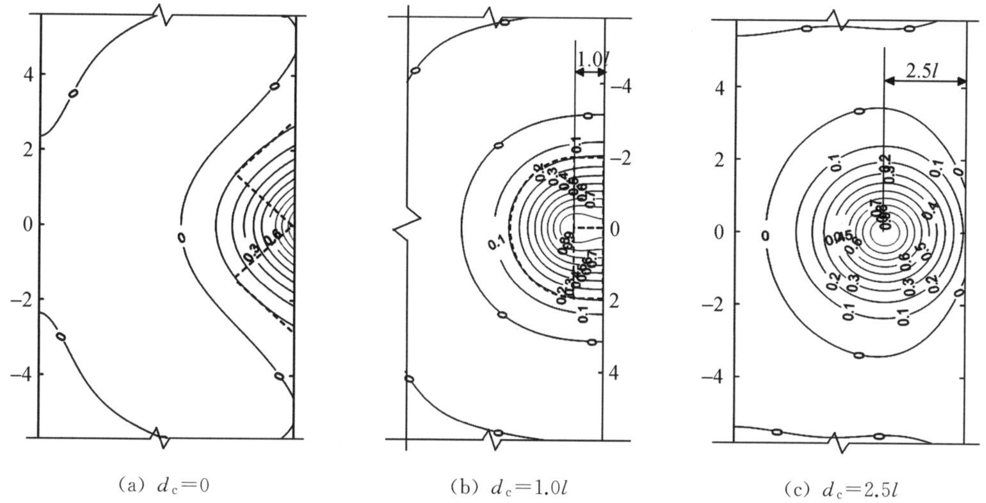

(a) $d_c=0$　　(b) $d_c=1.0l$　　(c) $d_c=2.5l$

图 7-25　半圆、圆形均布荷载作用板边区的板挠度等值线分布

中心扇形板(中心角为 90°)的应力和变形条件与无限大板一样,直接套用无限大板的结果,将无限大板的结果乘以 1/4 即可：

$$P_2=\frac{\pi M_s}{1-\dfrac{4\sqrt{2}a_p}{3b}}(1+\lambda_e) \tag{7-79}$$

两侧的三角区域,运用体积比拟原则可得到外围三角区域的承载能力：

$$P_1+P_3=\frac{4M_s(1+\lambda_e)}{1-\dfrac{4\sqrt{2}a_p}{3b}} \tag{7-80}$$

因此,可得刚塑性假设下,半圆荷载作用于板边缘的极限承载力：

$$P_s=P_1+P_2+P_3=\frac{(\pi+4)M_s(1+\lambda_e)}{1-\dfrac{4\sqrt{2}a_p}{3b}} \tag{7-81}$$

当圆形均布荷载距板边缘 $d_e=1.0l$ 时,板达到极限状态时的破坏模式为:两个矩形下陷区加一个扇形下陷区(180°)。此时,荷载中线挠度 w_0 与板边最大挠度 w_c 十分接近,可视为 $w_c=w_0$,破裂区边界的挠度为 w_b,其他挠度线性变化。当板假设为刚塑性时,w_b取 0,见图 7-26。

针对上述分析,即中心扇形(中心角为 180°)的应力和变形条件与无限大板一样,外围矩形区域与带状荷载情况相似(参考迈耶霍夫)。

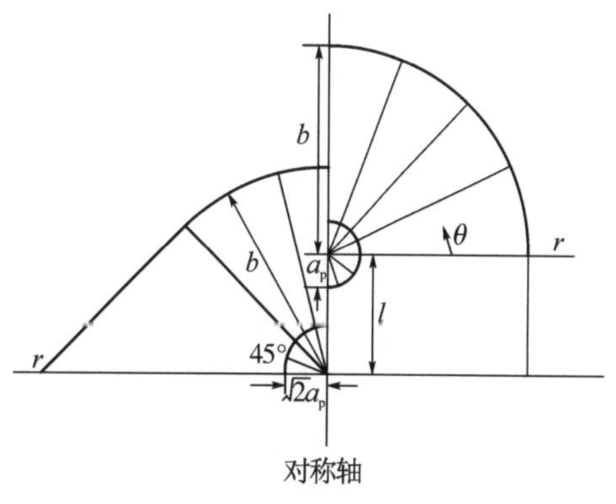

图 7-26　荷载位于或临近板边的破坏模式

对于外围矩形区域，运用迈耶霍夫的结果得到外围矩形区域的承载能力：

$$P_1+P_3=\frac{6M_s(1+\lambda_e)}{\frac{b}{l}\left(1-\frac{3a_p}{2b}\right)} \tag{7-82}$$

对于中心扇形，用无限大板的结果，只需将无限大板的结果乘以 1/2 即可：

$$P_2=\frac{2\pi M_s}{1-\frac{4a}{3b}}(1+\lambda_e) \tag{7-83}$$

因此，当圆形均布荷载作用于距板边缘 $d_e=1.0l$ 时，地基板的极限承载力可表示为

$$P_s=P_1+P_2+P_3=\left[\frac{6}{\frac{b}{l}\left(1-\frac{3a_p}{2b}\right)}+\frac{2\pi}{1-\frac{4a_p}{3b}}\right]M_s(1+\lambda_e) \tag{7-84}$$

当荷载作用于距板边缘 2.5l 时，板弹性状态时的挠度分布与板中受荷时的情况十分相似，其极限承载力可直接运用板中受荷极限承载力公式计算。半圆、圆形均布荷载从板边缘逐渐内移的板极限承载力可通过 $d_e=0$，1.0l，2.5l 三个极限承载力值直接内插得到。按迈耶霍夫板中荷载时 $b=3.9l$、板边荷载时 $b=2.9l$ 条件，不同荷载圆半径、位置下板的极限承载力，如图 7-27 所示。从图 7-27 可以看出，荷载位于板边缘 $d_e=0$ 时板极限承载力约为板中情况的 0.5 倍。

大量实验表明，基于刚塑性假设的迈耶霍夫地基板极限承载力的解是偏大的，而弹塑性解更为适合，也更精确。因此，应对刚塑性的迈耶霍夫解进行修正，可将板中受荷的弹塑性解 P_s^* 与迈耶霍夫解 P_{sM} 之比作为迈耶霍夫解的修正系数，即：

$$\xi=\frac{P_s^*}{P_{sM}}=\frac{1}{2}\left(1-\frac{a_p}{3l}\right)\left[1.05+\frac{0.85\,(a_p/l)^2+1.55}{l/a_p+0.35\lambda_e}\right] \tag{7-85}$$

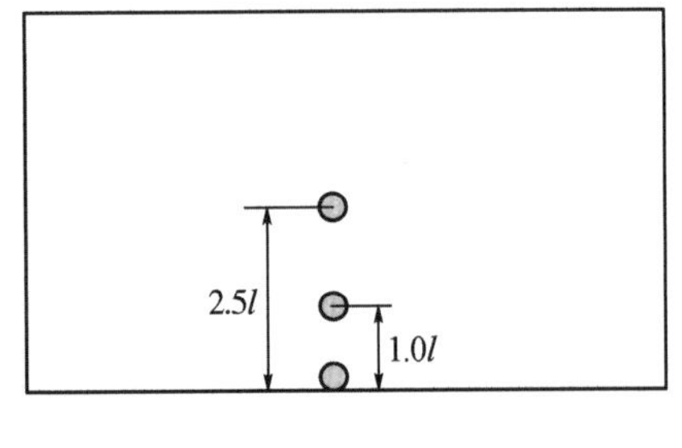

(a) 荷载位置

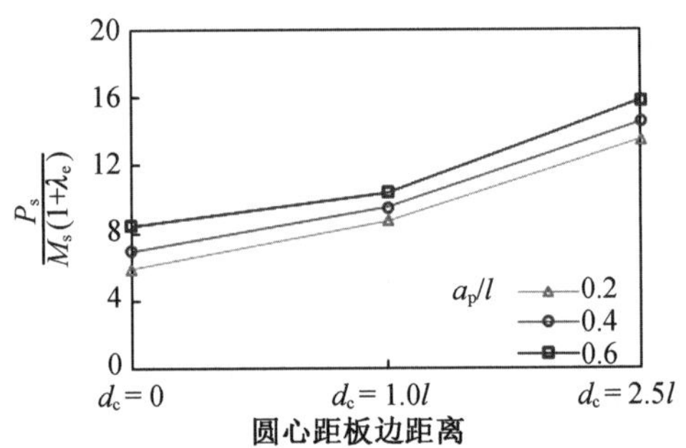

(b) 不同位置处的承载力

图 7-27　荷载临近板边时的板极限承载力

7.7.3　条形荷载下铺面板极限承载力

在工业与港口的堆场、室内仓储等场合，条形荷载或类似条形荷载（即矩形荷载的长宽比较大）是较为常见的。在条形荷载作用下，Winkler 地基板的力学响应可分为：①弹性阶段，直至条形荷载的下方板截面弯矩达到屈服值 M_s；②屈服阶段，板达到屈服弯矩点会形成可承受一定弯矩 $\lambda_e M_s$ 的塑性铰，随着荷载继续增大，在距条形荷载一定距离处板顶受拉的截面弯矩达到其屈服值 $-M_s$，使地基板变成一机动结构而丧失继续承载的能力，此时荷载量就是板极限承载力，如图 7-28 所示。

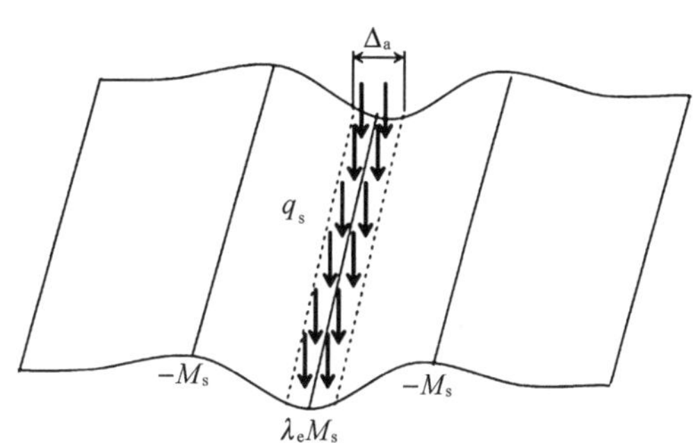

图 7-28　条形荷载下的板承载力极限状态

此问题的结构属于 Winkler 地基梁，其微分方程与边界条件可表示为

$$\left.\begin{aligned} &Dw^{(4)}+kw=p_a[1-\mathrm{H}(\Delta_a/2)] \\ &Dw'''\,|_{x=0}=0 \\ &Dw''\,|_{x=0}=\lambda_e M_s \end{aligned}\right\} \tag{7-86}$$

式中　p_a——条形荷载的分布集度；

Δ_a——条形荷载的分布宽度；

H——阶跃函数。

解式(7-86)得到，梁顶最大弯矩恰好是 $-M_s$，条形荷载的极限分布集度 p_s 为

$$p_s=\frac{M_s e^{\frac{\pi}{4}}}{\Delta_a l}\xi_1\left[\frac{\dfrac{\xi_2\Delta_a}{\sqrt{8}l}}{e^{-\left(\frac{\xi_2\Delta_a}{\sqrt{8}l}\right)}\sin\left(\dfrac{\xi_2\Delta_a}{\sqrt{8}l}\right)}\right] \tag{7-87(a)}$$

$$\left.\begin{aligned} &\xi_1=1+0.584\lambda_e \\ &\xi_2=1-0.133\lambda_e \end{aligned}\right\} \tag{7-87(b)}$$

式中　p_s——条形荷载的极限分布集度；

l——地基板相对刚度半径；

ξ_1、ξ_2——与裂后残余弯曲强度比有关的修正系数，按式[7-87(b)]计算。

7.7.4　相邻荷载影响叠加

当两个荷载十分接近，且距离不大于 2 倍板厚时，可将两荷载等效为一个荷载，其面积可认为是两个荷载圆面积加上二者之间距离所覆盖的面积，如图 7-29 所示。

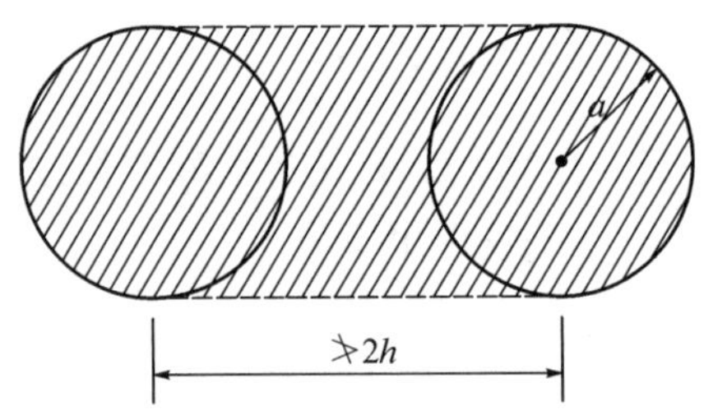

图 7-29　两个相邻荷载的等效接触面积计算

当多个荷载相距大于 2 倍板厚,但它们破裂带所围区域有重叠时,可按式(7-88)考虑多个荷载的叠加效应。

$$P_{js}=P_j\left[1+\sum_{i=1}^{n-1}\frac{2}{\pi}[\phi_{ji}-\sin(\phi_{ji})\cos(\phi_{ji})]\frac{P_i}{P_j}\right] \tag{7-88}$$

式中　P_{js}——对应于第 j 荷载的多个荷载的等效荷载量;

P_i——第 i 荷载量;

ϕ_{ji}——第 i 荷载与第 j 荷载之间的影响角,如图 7-30 所示,其计算式为

$$\phi_{ji}=\arccos\left(\frac{d_{ji}}{2R_{j\max}}\right) \tag{7-89}$$

式中　d_{ji}——第 i 荷载与第 j 荷载之间的中心距;

$R_{i\max}$——i 荷载的破裂区半径,一般按式(7-90)估计:

$$R_{i\max}=a_{pi}+4.5l \tag{7-90}$$

式中,a_{pi} 为第 i 圆荷载的半径。

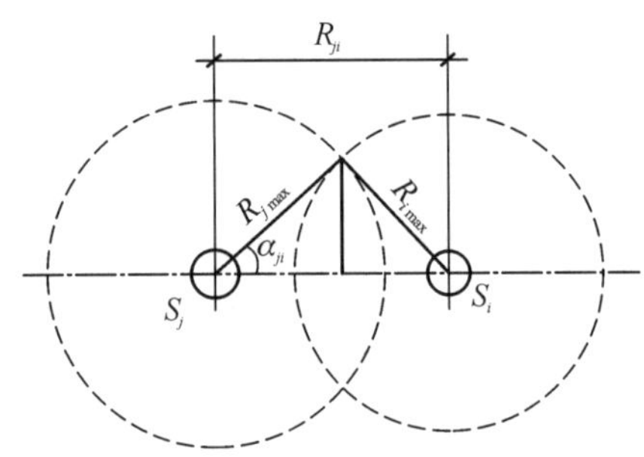

图 7-30　荷载影响角示意

经比较找到最不利荷载位置及其等效荷载量,再将其与该位置地基板极限承载力做对比,从而确定结构的安全储备,或根据板的疲劳方程进行疲劳寿命估计。

第 8 章　地基板的黏弹性

若荷载作用时间较长，则地基与板的黏性不可忽略，从量值来说其黏性主要来自地基。地基与板的黏性使得板挠度增加，地基黏性还会使板弯矩增大，而板黏性却使板弯矩减小。本章首先介绍黏弹性地基板的几种解析方法：分离变量法、准静态法和拉普拉斯变换法，以及无限大板的三重傅里叶变换法；随后，详细论述各类地基板（不同的地基类型、板理论、板形状与板边界条件）在脉冲荷载、简谐荷载、突加或突卸荷载，以及移动荷载作用下的黏弹性解。

8.1　概述

地基往往有明显的黏性特征，板弯曲应变也有些黏性，当板与地基的惯性力较小可忽略时，黏弹性地基上薄板、中厚板的微分方程如式[8-1(a)]、式[8-1(b)]所示。

$$D\,\nabla^4 w = p - q \tag{8-1(a)}$$

$$\left.\begin{aligned}&\left(D + c_s I\frac{\partial}{\partial t}\right)\nabla^4\Omega = p - q\\&\nabla^2 w - \nabla^2\Omega = -\frac{p-q}{\varphi^2 Gh}\end{aligned}\right\} \tag{8-1(b)}$$

式(8-1)中板挠度 w、转角函数 Ω、外荷载 p 与地基反力 q 均为时间 t 的函数。其中，地基反力 q 取决于地基的黏弹性模型，$c_s I\dfrac{\partial}{\partial t}(\nabla^4)$ 项是板截面弯曲应变阻尼引起的，c_s 可称为板截面阻尼系数，在薄板分析时也可计入。

黏弹性体有松弛和蠕变两个特性。松弛是指在常应变状态下，结构应力随时间下降的性质，此时的应力与应变比（σ/ε）被称为松弛模量，记作 $Y(t)$，它是一个时间非增函数。蠕变是指在常应力状态下，结构应变随时间增加的性质，此时的应变与应力比（ε/σ）被称为蠕变柔度，记作 $J(t)$，它是时间单调递增函数。

路德维希·玻尔兹曼（Ludwig Edward Boltzmann）的线性叠加原理指出：线性黏弹性材料的蠕变是整个加载历史的函数，每一阶段施加的荷载对最终形变的贡献是独立的，因而，最终形变是各阶段荷载所引起的形变的线性叠加。如图 8-1 所示，应力曲线可分解为基本部分 $\sigma_0 \mathrm{H}(t)$（H 为阶跃函数）和一系列无限小的增量 $\mathrm{d}\sigma \mathrm{H}(t-\tau)$，由此得到应变的计

算式为

$$\varepsilon(t)=\sigma_0 J(t)+\int_0^t J(t-\tau)\frac{\mathrm{d}\sigma(\tau)}{\mathrm{d}\tau}\mathrm{d}\tau \tag{8-2}$$

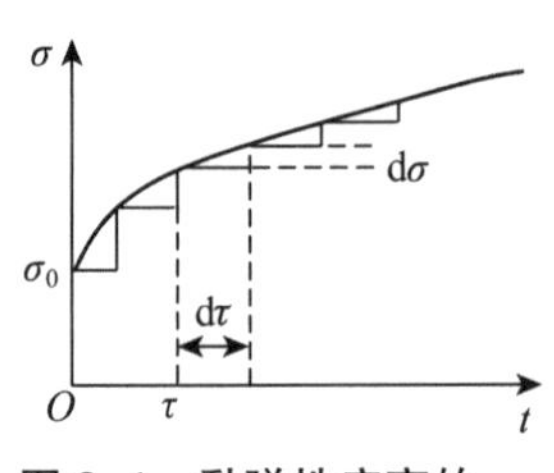

图 8-1 黏弹性应变的遗传积分

式中，σ_0 为初始($t=0$)应力。

式(8-2)的遗传积分为蠕变型本构方程，通过分部积分，可改写为

$$\varepsilon(t)=\sigma(t)J(0)+\int_0^t \sigma(\tau)\frac{\mathrm{d}J(t-\tau)}{\mathrm{d}(t-\tau)}\mathrm{d}\tau=J(t)*\mathrm{d}\sigma(t) \tag{8-3}$$

式中，* 为 Stieltjes 卷积符号。

同理可得松弛型本构方程的表达式：

$$\begin{aligned}\sigma(t)&=\varepsilon_0 Y(t)+\int_0^t Y(t-\tau)\frac{\mathrm{d}\varepsilon(\tau)}{\mathrm{d}\tau}\mathrm{d}\tau\\&=\varepsilon(t)Y(0)+\int_0^t \varepsilon(\tau)\frac{\mathrm{d}Y(t-\tau)}{\mathrm{d}(t-\tau)}\mathrm{d}\tau=Y(t)*\mathrm{d}\varepsilon(t)\end{aligned} \tag{8-4}$$

黏弹性材料在变形过程中其变形能转变为热量而耗散，即其位能、动能、变形能之和是不守恒的。表征黏弹性材料耗散能力的指标主要有耗散率(单位时间内的耗散能)与耗损比(一个应力循环中耗散能与所贮弹性能最大值之比)。

8.2 黏弹性地基板的解析方法

线黏弹性问题一般有三种解法：分离变量法、准静态法和拉普拉斯变换法。若无限大板时还可采用三重傅里叶变换法进行求解。

1. 分离变量法

下面通过开尔文地基上外边界简支的圆形薄板(不计板黏性)中点突加轴对称荷载的挠曲问题来说明分离变量法的解法与步骤。

如图 8-2 所示的外边界简支的开尔文地基上圆形薄板，在突加轴对称荷载下板弯曲问题可表示为

$$\left.\begin{aligned}&D\,\nabla^4 w(r,t)+kw(r,t)+\eta\frac{\partial w(r,t)}{\partial t}=p(r)\mathrm{H}(t)\\&w(r,t)\big|_{r=R}=\left.\frac{\partial^2 w(r,t)}{\partial^2 r}\right|_{r=R}=0\\&w(r,t)\big|_{t=0}=0\end{aligned}\right\} \tag{8-5}$$

式中，R 为圆板半径。

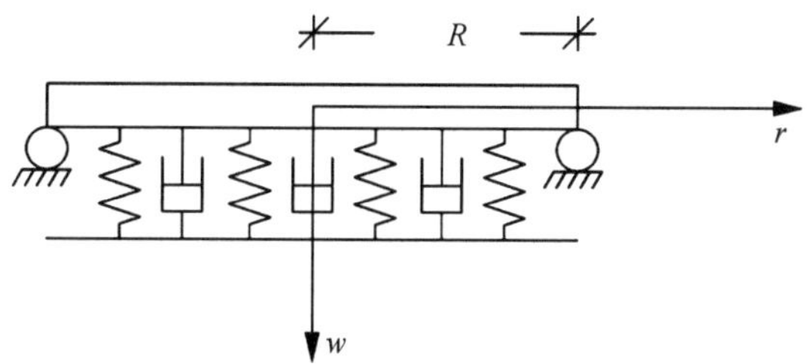

图 8-2　外边界简支的开尔文地基上圆形薄板

先求齐次解 $\tilde{w}$，作分离变量 $\tilde{w}(r, t) = W(r)T(t)$，代入式(8-5) 整理得到：

$$\frac{D\nabla^4 W(r) + kW(r)}{W(r)} = -\frac{\eta}{T(t)}\frac{\partial T(t)}{\partial t} = c^2 \tag{8-6}$$

式(8-6)中第一部分是径距 r 的函数，第二部分是时间 t 的函数，成立的前提是 c^2 为常数，因此得到：

$$\left.\begin{aligned} &\nabla^4 W(r) + \left(\frac{k - c^2}{D}\right)W(r) = 0 \\ &\frac{\mathrm{d}T(t)}{\mathrm{d}t} = -\frac{c^2}{\eta}T(t) \end{aligned}\right\} \tag{8-7}$$

解式(8-7)得到：

$$T = B_0 \mathrm{e}^{-\frac{c2}{\eta}t} \tag{8-8(a)}$$

$$W = \begin{cases} A_1 \mathrm{J}_0(\psi\rho) + A_2 \mathrm{Y}_0(\psi\rho) + A_3 \mathrm{I}_0(\psi\rho) + A_4 \mathrm{K}_0(\psi\rho), & c^2 \geqslant k \\ B_1 \mathrm{ber}(\psi\rho) + B_2 \mathrm{bei}(\psi\rho) + B_3 \mathrm{ker}(\psi\rho) + B_4 \mathrm{kei}(\psi\rho), & c^2 < k \end{cases} \tag{8-8(b)}$$

其中，$\rho = \dfrac{r}{l}$，$l = \sqrt[4]{\dfrac{D}{k}}$，$\psi = \sqrt[4]{|c^2/k - 1|}$；$\mathrm{J}_0$、$\mathrm{Y}_0$、$\mathrm{I}_0$、$\mathrm{K}_0$ 为贝塞尔函数；ber、bei、ker、kei 为开尔文函数。

式[8-8(b)]中，$c^2 < k$ 时，无非零解；$c^2 > k$ 时，$x \to 0$，$\mathrm{Y}_0(x) \to \infty$，$\mathrm{K}_0(x) \to \infty$，由板无孔有界条件得到 $A_2 = A_4 = 0$；由圆板外边缘简支及非零解条件，得到求解板的特征方程和 A_1 与 A_3 的比值 λ 如下：

$$\left.\begin{aligned} &\lambda = -\frac{\mathrm{J}_0(\phi)}{\mathrm{I}_0(\phi)} = -\frac{A_1}{A_3} \\ &\left[-\mathrm{J}_0(\phi) + (1-\nu)\frac{\mathrm{J}_1(\phi)}{\phi}\right] + \lambda\left[{}^2\mathrm{I}_0(\phi) - (1-\nu)\frac{\mathrm{I}_1(\phi)}{\psi}\right] = 0 \end{aligned}\right\} \tag{8-9}$$

其中，$\phi = \psi R / l$。

由式(8-9)可求得一系列的 ϕ_n 和 λ_n，$n = 1, 2, 3, \cdots$。其中，前十个列于表 8-1。从表 8-1 可以看到，随着 n 增大，λ_n 迅速趋近零，$\phi_{n+1} - \phi_n \approx \pi$。 对应于 ϕ_n 的 ψ_n 和 c_n^2：$\psi_n =$

$\phi_n l/R$，$c_n^2 = k(1+\psi_n^4)$。

表 8-1　简支圆板的振动特征值(ν=0.15)

n	1	2	3	4	5	6	7	8	9	10
ψ_n	2.168	5.435	8.602	11.754	14.902	18.047	21.191	24.335	27.478	30.621
λ_n	-5.0×10^{-2}	7.2×10^{-4}	-1.9×10^{-5}	5.8×10^{-7}	-2.0×10^{-8}	7.0×10^{-10}	-2.5×10^{-11}	9.6×10^{-13}	-3.6×10^{-14}	1.4×10^{-15}

齐次解则为

$$\tilde{w}(\rho,\ t) = \sum_{n=1}^{\infty} A_n [\mathrm{J}_0(\psi_n\rho) + \lambda_n \mathrm{I}_0(\psi_n\rho)] \mathrm{e}^{-\frac{(1+\psi_n^4)k}{\eta}t} \tag{8-10}$$

再解问题的特解 $\hat{w}(\rho,\ t)$，它表示为

$$\hat{w}(\rho,\ t) = \sum_{n=1}^{\infty} q_n(t) [\mathrm{J}_0(\psi_n\rho) + \lambda_n \mathrm{I}_0(\psi_n\rho)] \tag{8-11}$$

将式(8-11)代入式(8-5)，则得到：

$$\sum_{n=1}^{\infty} [(1+\psi_n^4)kq_n + \eta q'_n][\mathrm{J}_0(\psi_n\rho) + \lambda_n \mathrm{I}_0(\psi_n\rho)] = p(\rho)\mathrm{H}(t) \tag{8-12}$$

利用特征函数$[\mathrm{J}_0(\psi_n\rho) + \lambda_n \mathrm{I}_0(\psi_n\rho)]$的正交性，得到：

$$\left.\begin{aligned} &(1+\psi_n^4)kq_n + \eta q'_n = p_n \mathrm{H}(t) \\ &p_n = \frac{1}{M_n}\int_0^{R/l} p(\rho)[\mathrm{J}_0(\psi_n\rho) + \lambda_n \mathrm{I}_0(\psi_n\rho)]\rho\,\mathrm{d}\rho \end{aligned}\right\} \tag{8-13}$$

其中，$M_n = \int_0^{R/l} [\mathrm{J}_0(\psi_n\rho) + \lambda_n \mathrm{I}_0(\psi_n\rho)]^2 \rho\,\mathrm{d}\rho$。

由此得到 q_n 的解为

$$q_n = \frac{p_n}{(1+\psi_n^4)k}\left[1 - \mathrm{e}^{-\frac{(1+\psi_n^4)k}{\eta}t}\right] \tag{8-14}$$

合并齐次解和特解，代入初始条件 $w(\rho,\ 0)=0$，得到开尔文地基上圆形薄板突加轴对称荷载的挠曲方程的解：

$$w(\rho,\ t) = \sum_{n=1}^{\infty} \frac{p_n}{(1+\psi_n^4)k}\left[1 - \mathrm{e}^{-\frac{(1+\psi_n^4)k}{\eta}t}\right][\mathrm{J}_0(\psi_n\rho) + \lambda_n \mathrm{I}_0(\psi_n\rho)] \tag{8-15}$$

2. 准静态法

对于准静态问题，若位移、应变和应力场变量的拉普拉斯变换存在，且在所研究的时间范围内的应力边界 B_σ 和位移边界 B_u 保持不变，则黏弹性问题的基本方程的拉普拉斯变换如式[8-16(a)]所示。线弹性问题的基本方程如式[8-16(b)]所示。

$$\left.\begin{aligned}&\bar{\varepsilon}_{ij}=\frac{1}{2}(\bar{u}_{i,j}+\bar{u}_{j,i})\\&\bar{\sigma}_{ij,j}+\bar{F}_i=0\\&\bar{\sigma}_{ij}=s\bar{\lambda}(s)\bar{\varepsilon}_{kk}\delta_{ij}+2s\bar{\mu}(s)\bar{\varepsilon}_{ij}\\&B_\sigma:\bar{\sigma}_{ij}n_j=\bar{S}_i\\&B_u:\bar{u}_i=\bar{\Delta}_i\end{aligned}\right\}\qquad[8\text{-}16(a)]$$

$$\left.\begin{aligned}&\varepsilon_{ij}=\frac{1}{2}(u_{i,j}+u_{j,i})\\&\sigma_{ij,j}+F_i=0\\&\sigma_{ij}=\lambda\varepsilon_{kk}\delta_{ij}+2\mu\varepsilon_{ij}\\&B_\sigma:\sigma_{ij}n_j=S_i\\&B_u:u_i=\Delta_i\end{aligned}\right\}\qquad[8\text{-}16(b)]$$

其中，$\varepsilon_{kk}=\varepsilon_x+\varepsilon_y+\varepsilon_z$

式中　λ、μ ——材料的拉梅系数；

B_σ—— 应力边界；

B_u—— 位移边界；

n_j—— 边界 B_σ 上外法线的方向余弦；

S_i—— 边界 B_σ 上已知面力分量；

Δ—— 边界 B_u 上已知位移分量；

F_i—— 外荷载；

σ_i ——应力；

u_i——位移；

δ_{ij} ——Kronecker 符号，$\delta_{ij}=\begin{cases}1, & i=j\\0, & i\neq j\end{cases}$。

拉梅系数 λ、μ 与胡克系数 E、ν 的关系为

$$\lambda=\frac{E\nu}{(1+\nu)(1-2\nu)},\ \mu=\frac{E}{2(1+\nu)}=G \qquad (8\text{-}17)$$

对比式[8-16(a)]和式[8-16(b)]可以发现，作如表 8-2 所示的对应关系可使黏弹性问题与弹性问题在数学形式上一致。

表 8-2　黏弹性-弹性对应关系[141]

黏弹性	$\bar{u}_i$	$\bar{\varepsilon}_{ij}$	$\bar{\sigma}_{ij}$	$\bar{F}_i$	$\bar{S}_i$	$\bar{\Delta}_i$	$s\bar{\lambda}$	$s\bar{\mu}$
↕	↕	↕	↕	↕	↕	↕	↕	↕
弹性	u_i	ε_{ij}	σ_{ij}	F_i	S_i	Δ_i	λ	μ

若将弹性解的拉梅系数 λ 换成 $s\bar{\lambda}$，μ 换成 $s\bar{\mu}$，则可得到黏弹性解的拉普拉斯变换，其后所要做的一切就是拉普拉斯逆变换。若弹性解出现其他弹性常数，如杨氏模量 E、泊松比 ν、体积模量 K，应先换成拉梅系数 λ、μ，然后再用 $s\bar{\lambda}$、$s\bar{\mu}$ 代替。

$$E=\left(\frac{3\lambda+2\mu}{\lambda+\mu}\right)\mu,\ \nu=\frac{1}{2}\left(\frac{\lambda}{\lambda+\mu}\right),\ K=\lambda+\frac{2}{3}\mu \tag{8-18(a)}$$

或用体积模量和剪切模量表示：

$$E=\frac{9KG}{3K+G},\ \nu=\frac{1}{2}\left(\frac{3K-2G}{3K+G}\right),\ \lambda=K-\frac{2}{3}G \tag{8-18(b)}$$

黏弹性-弹性的对应原理只适用于准静态问题，若惯性效应不能忽略，上述对应关系不成立。式(8-15)和式(8-16)中的平衡方程将被运动方程所取代。但在稳定简谐振动时上述对应关系仍成立，即便引入惯性力也无妨。

例 8.1 求突加竖向轴对称荷载下，黏弹性半空间体(体积变化为弹性，剪切变形分别为麦克斯韦弹性模型、开尔文黏弹性模型)表面位移的解。

由式(2-86)可知，如图 8-3 所示的半空间体在竖向轴对称作用下的表面位移弹性解为

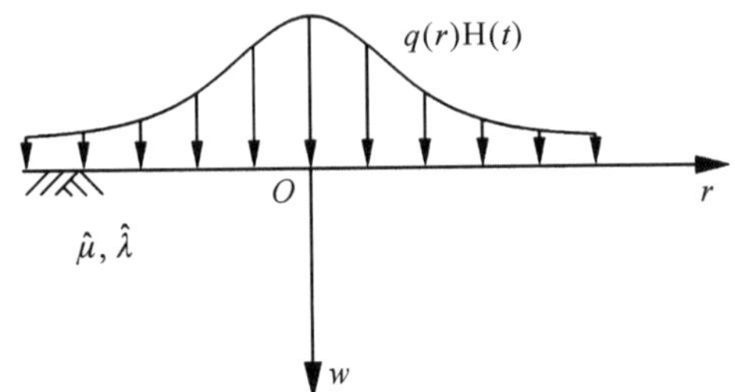

图 8-3 黏弹性半空间体上突加轴对称荷载

$$\left.\begin{aligned}u_r&=-\frac{1}{2\mu}(1-2\nu)\int_0^{\infty}\bar{q}(\xi)\mathrm{J}_1(\xi r)\mathrm{d}\xi\\ w&=\frac{1}{\mu}(1-\nu)\int_0^{\infty}\bar{q}(\xi)\mathrm{J}_0(\xi r)\mathrm{d}\xi\end{aligned}\right\} \tag{8-19}$$

将式(8-19)换变为黏弹性的拉普拉斯变换：

$$\left.\begin{aligned}\bar{u}_r&=-\frac{1}{2\hat{\mu}}(1-2\hat{\nu})\int_0^{\infty}\bar{q}(\xi)\mathrm{J}_1(\xi r)\mathrm{d}\xi\\ \bar{w}&=\frac{1}{\hat{\mu}}(1-\hat{\nu})\int_0^{\infty}\bar{q}(\xi)\mathrm{J}_0(\xi r)\mathrm{d}\xi\end{aligned}\right\} \tag{8-20}$$

其中，$\hat{\mu}=s\bar{\mu}(s)$，$\hat{\nu}=\frac{1}{2}\left[\frac{\hat{\lambda}(s)}{\hat{\lambda}(s)+\hat{\mu}(s)}\right]=\frac{1}{2}\left[\frac{\bar{\lambda}(s)}{\bar{\lambda}(s)+\bar{\mu}(s)}\right]$。

麦克斯韦模型、开尔文模型的泊松比 $\hat{\nu}$ 和剪切模量倒数的黏弹参数 $1/\hat{\mu}$ 可表示为

$$\hat{x}=c_1+\frac{c_2}{c_3+s} \tag{8-21}$$

式中，c_1、c_2、c_3 为与黏弹性系数有关参数，见表 8-3。

表 8-3　$\hat{\nu}$ 和 $1/\hat{\mu}$ 的参数 c_1、c_2、c_3

参数		c_1	c_2	c_3
$\hat{\nu}$	麦克斯韦模型	$\dfrac{3K-2\mu_m}{2(3K+\mu_m)}$	$\dfrac{9K\mu_m^2}{2\eta_m(3K+\mu_m)^2}$	$\dfrac{3K\mu_m}{\eta_m(3K+\mu_m)}$
	开尔文模型	-1	$\dfrac{9K}{2\eta_k}$	$\dfrac{3K+\mu_k}{\eta_k}$
$1/\hat{\mu}$	麦克斯韦模型	$\dfrac{1}{\mu_m}$	$\dfrac{1}{\eta_m}$	0
	开尔文模型	0	$\dfrac{1}{\eta_k}$	$\dfrac{\mu_k}{\eta_k}$

泊松比与剪切模量倒数之积 $\hat{\nu}/\hat{\mu}$ 可表示为

$$\frac{\hat{\nu}}{\hat{\mu}}=\left(c_{1\nu}+\frac{c_{2\nu}}{c_{3\nu}+s}\right)\left(c_{1G}+\frac{c_{2G}}{c_{3G}+s}\right)=b_1+\frac{b_2}{c_{3\nu}+s}+\frac{b_3}{c_{3G}+s} \tag{8-22}$$

其中，$b_1=c_{1\nu}c_{1G}$，$b_2=c_{2\nu}c_{1G}+\dfrac{c_{2\nu}c_{2G}}{c_{3G}-c_{3\nu}}$，$b_3=c_{1\nu}c_{2G}-\dfrac{c_{2\nu}c_{2G}}{c_{3G}-c_{3\nu}}$；

$c_{1\nu}$、$c_{2\nu}$、$c_{3\nu}$为表 8-3 中 $\hat{\nu}$ 的对应项；c_{1G}、c_{2G}、c_{3G}为表 8-3 中 $1/\hat{\mu}$ 的对应项。

对于突加荷载 $q(r)\mathrm{H}(t)$，其拉普拉斯变换为：$L[q(r)\mathrm{H}(t)]=\dfrac{q(r)}{s}$，因此，只需求解拉普拉斯逆变换 $L^{-1}\left[\dfrac{1}{s\bar{\mu}}\right]$、$L^{-1}\left[\dfrac{\hat{\nu}}{s\bar{\mu}}\right]$：

$$\left.\begin{aligned}&L^{-1}\left[\frac{c_1}{s}+\frac{c_2}{(c_3+s)s}\right]=c_1\mathrm{H}(t)+\frac{c_2}{c_3}(1-\mathrm{e}^{-c_3t})\\&L^{-1}\left[\frac{b_1}{s}+\frac{b_2}{(c_{3\nu}+s)s}+\frac{b_3}{(c_{3G}+s)s}\right]=b_1\mathrm{H}(t)+\frac{b_2}{c_{3\nu}}(1-\mathrm{e}^{-c_{3\nu}t})+\frac{b_3}{c_{3G}}(1-\mathrm{e}^{-c_{3G}t})\end{aligned}\right\} \tag{8-23}$$

半空间体表面位移的黏弹性解则为

$$\left.\begin{aligned}&\bar{u}_r=-\left(\frac{1}{2}L^{-1}\left[\frac{1}{s\bar{\mu}}\right]-L^{-1}\left[\frac{\hat{\nu}}{s\bar{\mu}}\right]\right)\int_0^{\infty}\bar{q}(\xi)\mathrm{J}_1(\xi r)\mathrm{d}\xi\\&\bar{w}=\left(L^{-1}\left[\frac{1}{s\bar{\mu}}\right]-L^{-1}\left[\frac{\hat{\nu}}{s\bar{\mu}}\right]\right)\int_0^{\infty}\bar{q}(\xi)\mathrm{J}_0(\xi r)\mathrm{d}\xi\end{aligned}\right\} \tag{8-24}$$

当剪切变形服从开尔文黏弹性模型时：

$$\left.\begin{aligned}\frac{1}{s\bar{\mu}}&=\frac{1}{\mu_{\mathrm{k}}+\eta_{\mathrm{k}}s}\\ \frac{\hat{\nu}}{s\bar{\mu}}&=\frac{1}{2}\left(\frac{1}{\mu_{\mathrm{k}}+\eta_{\mathrm{k}}s}-\frac{3}{3K+\mu_{\mathrm{k}}+\eta_{\mathrm{k}}s}\right)\end{aligned}\right\}\tag{8-25}$$

求拉普拉斯逆变换 $L^{-1}\left[\frac{1}{s\bar{\mu}}\right]$、$L^{-1}\left[\frac{\hat{\nu}}{s\bar{\mu}}\right]$：

$$\left.\begin{aligned}L^{-1}\left[\frac{1}{s\bar{\mu}}\right]&=\frac{1}{\mu_{\mathrm{k}}}\left(1-\mathrm{e}^{-\frac{\mu_{\mathrm{k}}}{\eta_{\mathrm{k}}}t}\right)\\ L^{-1}\left[\frac{\hat{\nu}}{s\bar{\mu}}\right]&=-\frac{3}{2(3K+\mu_{\mathrm{k}})}\left(1-\mathrm{e}^{-\frac{3K+\mu_{\mathrm{k}}}{\eta_{\mathrm{k}}}t}\right)+\frac{1}{2\mu_{\mathrm{k}}}\left(1-\mathrm{e}^{-\frac{\mu_{\mathrm{k}}}{\eta_{\mathrm{k}}}t}\right)\end{aligned}\right\}\tag{8-26}$$

开尔文黏弹性半空间体表面位移的解为

$$\left.\begin{aligned}\bar{u}_r&=-\frac{3}{2(3K+G_{\mathrm{k}})}\left(1-\mathrm{e}^{-\frac{3K+\mu_{\mathrm{k}}}{\eta_{\mathrm{k}}}t}\right)\int_0^{\infty}\bar{q}(\xi)\mathrm{J}_1(\xi r)\mathrm{d}\xi\\ \bar{w}&=\left[\frac{3}{2(3K+G_{\mathrm{k}})}\left(1-\mathrm{e}^{-\frac{3K+\mu_{\mathrm{k}}}{\eta_{\mathrm{k}}}t}\right)+\frac{1}{2G_{\mathrm{k}}}\left(1-\mathrm{e}^{-\frac{\mu_{\mathrm{k}}}{\eta_{\mathrm{k}}}t}\right)\right]\int_0^{\infty}\bar{q}(\xi)\mathrm{J}_0(\xi r)\mathrm{d}\xi\end{aligned}\right\}\tag{8-27}$$

当剪切变形服从麦克斯韦黏弹性模型时，$\frac{1}{s\hat{\mu}}$、$\frac{\hat{\nu}}{\hat{\mu}s}$ 的拉普拉斯逆变换为

$$\left.\begin{aligned}L^{-1}\left[\frac{1}{s\bar{\mu}}\right]&=\frac{\mathrm{H}(t)}{\mu_{\mathrm{m}}}\\ L^{-1}\left[\frac{\hat{\nu}}{s\bar{\mu}}\right]&=\frac{3K-2\mu_{\mathrm{m}}}{2\mu_{\mathrm{m}}(3K+\mu_{\mathrm{m}})}\mathrm{H}(t)-\frac{\mu_{\mathrm{m}}}{2K(3K+\mu_{\mathrm{m}})}\left[1-\mathrm{e}^{-\left(\frac{3K\mu_{\mathrm{m}}}{\eta_{\mathrm{m}}(3K+\mu_{\mathrm{m}})}\right)t}\right]\end{aligned}\right\}\tag{8-28}$$

麦克斯韦黏弹性半空间体表面位移的解为

$$\left.\begin{aligned}\bar{u}_r&=-\left\{\frac{3K+2\mu_{\mathrm{m}}}{2\mu_{\mathrm{m}}(3K+\mu_{\mathrm{m}})}+\frac{\mu_{\mathrm{m}}}{2K(3K+\mu_{\mathrm{m}})}\left[1-\mathrm{e}^{-\left(\frac{3K\mu_{\mathrm{m}}}{\eta_{\mathrm{m}}(3K+\mu_{\mathrm{m}})}\right)t}\right]\right\}\int_0^{\infty}\bar{q}(\xi)\mathrm{J}_1(\xi r)\mathrm{d}\xi\\ \bar{w}&=\left\{\frac{3}{2(3K+\mu_{\mathrm{m}})}+\frac{\mu_{\mathrm{m}}}{2K(3K+\mu_{\mathrm{m}})}\left[1-\mathrm{e}^{-\left(\frac{3K\mu_{\mathrm{m}}}{\eta_{\mathrm{m}}(3K+\mu_{\mathrm{m}})}\right)t}\right]\right\}\int_0^{\infty}\bar{q}(\xi)\mathrm{J}_0(\xi r)\mathrm{d}\xi\end{aligned}\right\}\tag{8-29}$$

3. 拉普拉斯变换法

在某些场合，可采用对时间变量 t 进行拉普拉斯变换，将偏微分方程变为常微分方程，待解常微分方程后，再进行拉普拉斯逆变换，从而得到问题的解。但是，最后一步的拉普拉斯逆变换往往难以得到简明显式。

下面以式(8-30)给出的"外边界简支的开尔文地基上圆板中点突加集中力"为例，参见

图 8-4，说明拉普拉斯变换法应用。

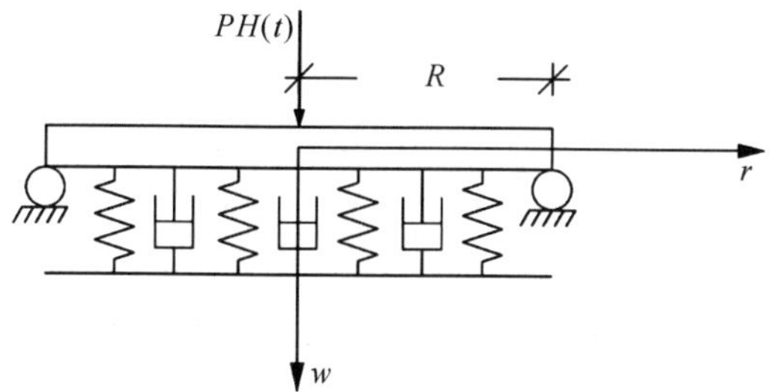

图 8-4　开尔文地基上圆板中点突加集中力

本问题的微分方程、边界及初始条件可表示为

$$\left.\begin{aligned} &D\,\nabla^4 w(r,\,t)+kw(r,\,t)+\eta\frac{\partial w(r,\,t)}{\partial t}=\lim_{a_p\to 0}\frac{P\delta(r-a_p)}{2\pi a_p}\mathrm{H}(t)\\ &w(r,\,t)\,|_{r=R}=\frac{\partial^2 w(r,\,t)}{\partial^2 r}\bigg|_{r=R}=0\\ &w(r,\,t)\,|_{t=0}=0 \end{aligned}\right\}\tag{8-30}$$

式中，δ 狄利克雷函数，也称为脉冲函数。

对上式的时间变量 t 进行拉普拉斯变换，得到：

$$\left.\begin{aligned} &D\,\nabla^4\bar{w}(r,\,s)+(k+\eta s)\bar{w}(r,\,s)=\lim_{a_p\to 0}\frac{P\delta(r-a_p)}{2\pi a_p s}\\ &\bar{w}(r,\,s)\,|_{r=R}=s^2\,\frac{\mathrm{d}^2\bar{w}(r,\,s)}{\mathrm{d}^2 r}\bigg|_{r=R}=0\\ &w(r,\,s)\,|_{t=0}=0 \end{aligned}\right\}\tag{8-31}$$

根据例 5.1，可得到 $\bar{w}$ 的解为

$$\bar{w}(r,\,s)=\frac{\bar{l}^2 P}{2\pi D s}[A_1(\bar{\rho}_R)\,\mathrm{ber}(\bar{\rho})+A_2(\bar{\rho}_R)\,\mathrm{bei}(\bar{\rho})-\mathrm{kei}(\bar{\rho})]\tag{8-32}$$

其中，$\bar{l}=\sqrt[4]{\dfrac{D}{k+\eta s}}$；$\bar{\rho}=r/\bar{l}$，$\bar{\rho}_R=R/\bar{l}$；$R$ 为圆板半径；A_1、A_2 与圆板外边界条件有关，其解见例 5.1。

对式(8-32)进行拉普拉斯逆变换不太简便，难以直接写出显式结果，只能用其定义式：

$$w(r,\,t)=\frac{P}{(2\pi)^2 i}\int_{\beta-i\infty}^{\beta+i\infty}\frac{\bar{l}^2}{Ds}[A_1(\bar{\rho}_R)\,\mathrm{ber}(\bar{\rho})+A_2(\bar{\rho}_R)\,\mathrm{bei}(\bar{\rho})-\mathrm{kei}(\bar{\rho})]\,\mathrm{e}^{st}\mathrm{d}s\tag{8-33}$$

当 $R\to\infty$，A_1、A_2 趋于零，则式(8-33)改写为

$$w(r,\,t)=-\frac{P}{(2\pi)^2 i}\int_{\beta-i\infty}^{\beta+i\infty}\frac{1}{s\sqrt{D(k+\eta s)}}\mathrm{kei}\left(r\sqrt[4]{\frac{k+\eta s}{D}}\right)\mathrm{e}^{st}\mathrm{d}s\tag{8-34}$$

8.3 黏弹性的圆形地基薄板

轴对称荷载作用下的黏弹性地基上圆形薄板的微分方程为

$$D\,\nabla^4 w = p(r,\ t) - q(r,\ t) \tag{8-35}$$

如图 2-20 所示的开尔文地基、麦克斯韦地基、三参数固体地基的地基反力表达式为

(1) 开尔文地基

$$q(r,\ t) = kw(r,\ t) + \eta\,\frac{\partial w(r,\ t)}{\partial t} \tag{8-36(a)}$$

(2) 麦克斯韦地基

$$q(r,\ t) + \frac{\eta \partial q(r,\ t)}{k \partial t} = \eta\,\frac{\partial w(r,\ t)}{\partial t} \tag{8-36(b)}$$

(3) 三参数固体地基

$$(k_{\mathrm{E1}} + k_{\mathrm{E2}})q(r,\ t) + \eta_2\,\frac{\partial q(r,\ t)}{\partial t} = k_{\mathrm{E1}}k_{\mathrm{E2}}w(r,\ t) + k_{\mathrm{E1}}\eta_2\,\frac{\partial w(r,\ t)}{\partial t} \tag{8-36(c)}$$

将黏弹性地基表达式(8-36)代入地基板微分方程式(8-35),得到:

(1) 开尔文地基

$$D\,\nabla^4 w + kw(r,\ t) + \eta\,\frac{\partial w(r,\ t)}{\partial t} = p(r,\ t) \tag{8-37(a)}$$

(2) 麦克斯韦地基

$$D\left(\frac{\eta}{k}\,\frac{\partial}{\partial t} + 1\right)\nabla^4 w(r,\ t) + \eta\,\frac{\partial}{\partial t}w(r,\ t) = \left(1 + \frac{\eta}{k}\,\frac{\partial}{\partial t}\right)p(r,\ t) \tag{8-37(b)}$$

(3) 三参数固体地基

$$D\left(k_{\mathrm{E1}} + k_{\mathrm{E2}} + \eta_2\,\frac{\partial}{\partial t}\right)\nabla^4 w + k_{\mathrm{E1}}\left(k_{\mathrm{E2}} + \eta_2\,\frac{\partial}{\partial t}\right)w = \left(k_{\mathrm{E1}} + k_{\mathrm{E2}} + \eta_2\,\frac{\partial}{\partial t}\right)p \tag{8-37(c)}$$

先求齐次解 $\tilde{w}$,作分离变量 $\tilde{w}(r,\ t) = W(r)T(t)$,代入式(8-37)整理得到三种地基板的统一式为

$$\left.\begin{aligned} &\tilde{l}^4\,\nabla^4 W(r) - \zeta(D,\ c_{\mathrm{s}}I,\ c^2,\ \cdots)W(r) = 0 \\ &\frac{\mathrm{d}T(t)}{\mathrm{d}t} = -c^2 T(t) \end{aligned}\right\} \tag{8-38}$$

其中，三类地基的当量弯曲刚度半径及地基黏弹函数 ζ 的表达式为

（1）开尔文地基

$$\zeta = c^2 \frac{\eta}{k} - 1,\ \tilde{l}^4 = \frac{D}{k} \tag{8-39(a)}$$

（2）麦克斯韦地基

$$\zeta = \frac{c^2 k}{c^2 \eta - k},\quad \tilde{l}^4 = \frac{D}{k} \tag{8-39(b)}$$

（3）三参数固体地基

$$\zeta = \frac{(c^2 \eta_2 - k_{E2})(k_{E1} + k_{E2})}{(k_{E1} + k_{E2} - c^2 \eta_2) k_{E2}},\quad \tilde{l}^4 = \frac{D(k_{E1} + k_{E2})}{k_{E1} k_{E2}} \tag{8-39(c)}$$

其中，$\tilde{l}$ 为黏弹性地基板的当量弯曲刚度半径，对于开尔文地基与三参数固体地基来说是黏性消失后的最终刚度半径，对于麦克斯韦地基来说是初始刚度半径。

解式(8-38)得到：

$$T = B\mathrm{e}^{-c^2 t} \tag{8-40(a)}$$

$$W = \begin{cases} A_1 \mathrm{J}_0(\psi\tilde{\rho}) + A_1 \mathrm{Y}_0(\psi\tilde{\rho}) + A_1 \mathrm{I}_0(\psi\tilde{\rho}) + A_1 \mathrm{K}_0(\psi\tilde{\rho}), & \zeta > 0 \\ B_1 \mathrm{ber}(\psi\tilde{\rho}) + B_2 \mathrm{bei}(\psi\tilde{\rho}) + B_3 \mathrm{ker}(\psi\tilde{\rho}) + B_4 \mathrm{kei}(\psi\tilde{\rho}), & \zeta < 0 \end{cases} \tag{8-40(b)}$$

其中，$\psi = \sqrt[4]{|\zeta|}$，$\tilde{\rho} = r/\tilde{l}$。

式[8-40(b)]中当 $\zeta < 0$ 时，无非零解；当 $\zeta > 0$ 时，由无孔圆板板中点位移有界条件得到：$A_2 = A_4 = 0$；由圆板外边边界 $r = R$（简支、滑支、固支及自由）条件得到板的特征方程：

$$\left.\begin{aligned} &F(\psi R/\tilde{l},\ \phi) = 0 \\ &\phi = -\frac{A_1}{A_3} \end{aligned}\right\} \tag{8-41}$$

由非零解条件得到一系列 ψ_n、ϕ_n，$n = 1, 2, \cdots$。进而可求得 c_n^2。

齐次解则为

$$\tilde{w}(\tilde{\rho},\ t) = \sum_{n=1}^{\infty} A_n [\mathrm{J}_0(\psi_n \tilde{\rho}) + \phi_n \mathrm{I}_0(\psi_n \tilde{\rho})] \mathrm{e}^{-c_n^2 t} \tag{8-42}$$

其他类型的黏弹性地基板只要定义当量弯曲刚度半径 $\tilde{l}$ 及推得 ζ 值，就可利用式(8-40) 求得板挠度 w 的分离变量的 W 解，以及如式(8-42)所示的齐次解 $\tilde{w}$。例如，另一种较常见的三参数固体地基(图 8-5)上板，其微分方程、当量弯曲刚度半径 $\tilde{l}$ 和地基黏弹函数 ζ 为

$$k_{c1}q(r,t)+\eta_{c1}\frac{\partial q(r,t)}{\partial t}=k_{c1}k_{c}w(r,t)+\eta_{c1}(k_{c1}+k_{c})\frac{\partial w(r,t)}{\partial t}$$

[8-43(a)]

$$\zeta=\frac{\eta_{c1}(k_{c1}+k_{c})c^{2}-k_{c1}k_{c}}{k_{c}(k_{c1}-\eta_{c1}c^{2})},\ \tilde{l}^{4}=\frac{D}{k_{c}}\qquad [8\text{-}43(b)]$$

两种三参数固体模型尽管看起来有所不同,但实质是相通的,二者的三个参数之间有如下关系:

$$k_{c}=\frac{k_{E1}k_{E2}}{k_{E1}+k_{E2}},\quad k_{1c}=\frac{k_{E1}^{2}}{k_{E1}+k_{E2}},\quad \eta_{c1}=\eta_{2}\left(\frac{k_{E1}}{k_{E1}+k_{E2}}\right)^{2}$$

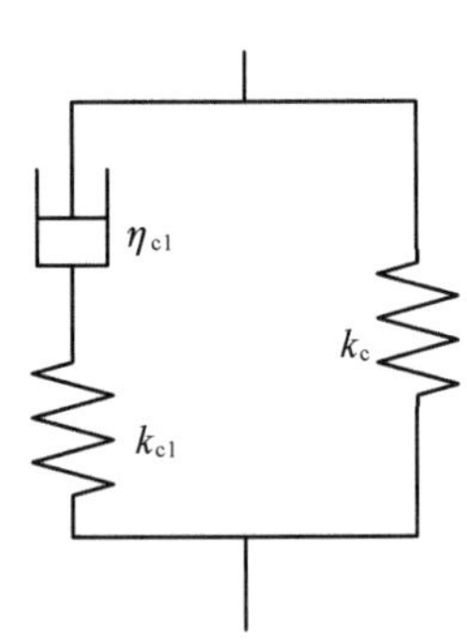

图 8-5 第二种三参数固体地基

下面以开尔文地基上薄板为例,讨论瞬时脉冲荷载、突加荷载、突然卸载和任意荷载等几种典型情况。

1. 瞬时脉冲荷载

瞬时脉冲荷载的荷载及初始条件为

$$p(r,t)=p(r)\delta(t),\quad w(r,t)\mid_{t=0}=0 \tag{8-44}$$

特解 $\hat{w}(r,t)$ 形式与式(8-11)相同,将式(8-44)代入得到:

$$\sum_{n=1}^{\infty}[(1+\psi_{n}^{4})kq_{n}+\eta q'_{n}][\mathrm{J}_{0}(\psi_{n}\tilde{\rho})+\phi_{n}\mathrm{I}_{0}(\psi_{n}\tilde{\rho})]=p(r)\delta(t) \tag{8-45}$$

对式(8-45)进行拉普拉斯变换及逆变换,并利用特征函数的正交性,整理求得:

$$q_{n}=\frac{p_{n}}{\eta}\mathrm{e}^{-\frac{(1+\psi_{n}^{4})k}{\eta}t},t\geqslant 0 \tag{8-46}$$

其中, $p_{n}=\dfrac{1}{M_{n}}\displaystyle\int_{0}^{R/l}p(\tilde{\rho})[\mathrm{J}_{0}(\psi_{n}\tilde{\rho})+\phi_{n}\mathrm{I}_{0}(\psi_{n}\tilde{\rho})]\tilde{\rho}\,\mathrm{d}\tilde{\rho}$;

$$M_{n}=\int_{0}^{R/l}[\mathrm{J}_{0}(\psi_{n}\tilde{\rho})+\phi_{n}\mathrm{I}_{0}(\psi_{n}\tilde{\rho})]^{2}\tilde{\rho}\,\mathrm{d}\tilde{\rho};\ L^{-1}\left[\frac{1}{(1+\psi_{n}^{4})k+\eta s}\right]=\mathrm{e}^{-\frac{(1+\psi_{n}^{4})k}{\eta}t}。$$

合并齐次解和特解,代入初始条件 $w(r,0)=0$,得到脉冲荷载的解:

$$w(\tilde{\rho},t)=\sum_{n=1}^{\infty}\frac{p_{n}}{\eta}\mathrm{e}^{-\frac{(1+\psi_{n}^{4})k}{\eta}t}[\mathrm{J}_{0}(\psi_{n}\tilde{\rho})+\phi_{n}\mathrm{I}_{0}(\psi_{n}\tilde{\rho})] \tag{8-47}$$

2. 突加荷载

突加荷载的荷载及初始条件为

$$p(r,t)=p(r)\mathrm{H}(t),\ w(r,t)\mid_{t=0}=0 \tag{8-48}$$

特解 $\hat{w}(r,t)$ 形式与式(8-11)相同,将式(8-48)代入得到:

$$\sum_{n=1}^{\infty}[(1+\psi_{n}^{4})kq_{n}+\eta q'_{n}][\mathrm{J}_{0}(\psi_{n}\tilde{\rho})+\phi_{n}\mathrm{I}_{0}(\psi_{n}\tilde{\rho})]=p(r)\mathrm{H}(t) \tag{8-49}$$

从而求得：

$$q_n=\frac{p_n}{(1+\psi_n^4)k}\left[1-e^{-\frac{(1+\psi_n^4)k}{\eta}t}\right],\quad t\geqslant 0 \tag{8-50}$$

合并齐次解和特解，代入初始条件 $w(r,0)=0$，得到突加荷载的解：

$$w(\tilde{\rho},t)=\sum_{n=1}^{\infty}\frac{p_n}{(1+\psi_n^4)k}\left[1-e^{-\frac{(1+\psi_n^4)k}{\eta}t}\right][J_0(\psi_n\tilde{\rho})+\phi_n I_0(\psi_n\tilde{\rho})] \tag{8-51}$$

3. 突然卸载

卸载的荷载及初始条件为

$$p(r,t)=p(r)[1-H(t)],\quad w(r,t)\mid_{t=0}=w_0(r) \tag{8-52}$$

式(8-52)中的板初始挠度 w_0 可视为式(8-51)中 $t\to\infty$ 的情形：

$$w_0(\tilde{\rho})=\sum_{n=1}^{\infty}\frac{p_n}{(1+\psi_n^4)k}[J_0(\psi_n\tilde{\rho})+\phi_n I_0(\psi_n\tilde{\rho})] \tag{8-53}$$

本问题中当 $t\geqslant 0$ 时无荷载，因此其特解 $q_n=0$，只有齐次解 $\tilde{w}(r,t)$，应用初始条件得到：

$$w(\tilde{\rho},t)=\sum_{n=1}^{\infty}\frac{p_n}{(1+\psi_n^4)k}[J_0(\psi_n\tilde{\rho})+\phi_n I_0(\psi_n\tilde{\rho})]e^{-\frac{(1+\psi_n^4)}{\eta}t} \tag{8-54}$$

4. 任意荷载

任意荷载的荷载及初始条件为

$$p(r,t),\ w(r,t)\mid_{t=0}=0 \tag{8-55}$$

任意荷载 $p(r,t)$ 可分解为一系列时刻 Δt、$2\Delta t$、…、$M\Delta t$ 的突加增量 $\Delta p(r,0)$、$\Delta p(r,\Delta t)$、$\Delta p(r,2\Delta t)$、…、$\Delta p(r,M\Delta t)$，如图 8-6 所示。

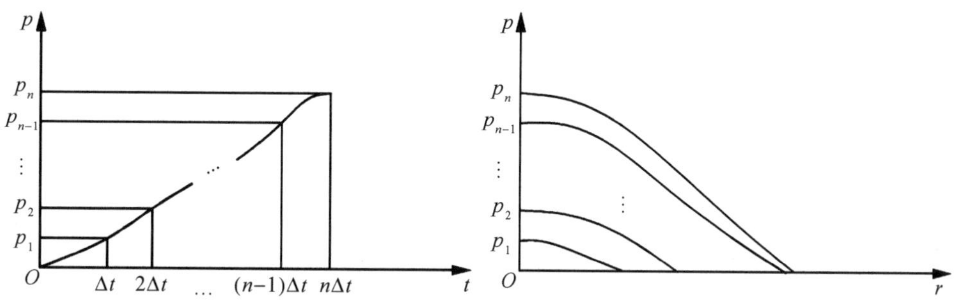

图 8-6　任意荷载的分解

根据玻尔兹曼(Boltzmann)线性叠加原理，以及式(8-51)给出的突加荷载解，可从得到：

$$w(\tilde{\rho},t)=\sum_{m=0}^{M}\sum_{n=1}^{\infty}\frac{\Delta p(r,m\Delta\tau)\mathrm{H}(t-m\Delta t)}{(1+\psi_n^4)k}\left[1-\mathrm{e}^{-\frac{(1+\psi_n^4)k}{\eta}(t-m\Delta\tau)}\right]\times$$

$$[\mathrm{J}_0(\psi_n\tilde{\rho})+\phi_n\mathrm{I}_0(\psi_n\tilde{\rho})] \tag{8-56}$$

$$=\sum_{n=1}^{\infty}\left\{\frac{\mathrm{J}_0(\psi_n\tilde{\rho})+\phi_n\mathrm{I}_0(\psi_n\tilde{\rho})}{(1+\psi_n^4)k}\int_0^t p'_n(\tau)\left[1-\mathrm{e}^{-\frac{(1+\psi_n^4)k}{\eta}(t-\tau)}\right]\mathrm{d}\tau\right\}$$

其中，$p'_n(\tau)=\frac{1}{M_n}\int_0^R\frac{\partial p(\tilde{\rho},\tau)}{\partial\tau}[\mathrm{J}_0(\psi_n\tilde{\rho})+\phi_n\mathrm{I}_0(\psi_n\tilde{\rho})]\tilde{\rho}\mathrm{d}\tilde{\rho}$。

例 8.2 求开尔文地基薄板在板中点作用简谐点荷载下的稳态挠曲方程。

板中心简谐点荷载可表示为

$$p(r,t)=\lim_{a_\mathrm{p}\to 0}\frac{P}{2\pi a_\mathrm{p}}\delta(r-a_\mathrm{p})\sin(\omega t) \tag{8-57}$$

式中，ω 为简谐荷载的频率。

由此得到：

$$p'_n(\tau)=\frac{P\omega(1+\varphi_n)}{2\pi M_n}\cos(\omega\tau) \tag{8-58}$$

代入式(8-56)得到：

$$w(\tilde{\rho},t)=\frac{P\omega}{2\pi}\sum_{n=1}^{\infty}\left\{\int_0^t\frac{(1+\varphi_n)\cos(\omega\tau)}{M_n(1+\psi_n^4)k}\left[1-\mathrm{e}^{-\frac{(1+\psi_n^4)k}{\eta}(t-\tau)}\right]\mathrm{d}\tau[\mathrm{J}_0(\psi_n\tilde{\rho})+\phi_n\mathrm{I}_0(\psi_n\tilde{\rho})]\right\} \tag{8-59}$$

式(8-59)关于 τ 的积分为

$$\int_0^t\cos(\omega\tau)\left(1-\mathrm{e}^{-f_n(t-\tau)}\right)\mathrm{d}\tau=\left\{\frac{\sin(\omega\tau)}{\omega}-\frac{\mathrm{e}^{-f_n(t-\tau)}}{f_n^2+\omega^2}[-f_n\cos(\omega\tau)+\omega\sin(\omega\tau)]\right\}\Bigg|_0^t$$

$$=\frac{\sin(\omega t)}{\omega}+\frac{f_n\cos(\omega t)-\omega\sin(\omega t)-f_n\mathrm{e}^{-f_nt}}{f_n^2+\omega^2}$$

$$=\frac{1}{\omega}\left[\frac{f_n^2}{f_n^2+\omega^2}\sin(\omega t)+\frac{\omega f_n}{f_n^2+\omega^2}\cos(\omega t)-\frac{\omega f_n\mathrm{e}^{-f_nt}}{f_n^2+\omega^2}\right] \tag{8-60}$$

其中，$f_n=\frac{(1+\psi_n^4)k}{\eta}$。

稳态解则为

$$w(r,t)=\frac{P}{2\pi}\sum_{n=1}^{\infty}\left\{\frac{(1+\phi_n)[\mathrm{J}_0(\psi_n\tilde{\rho})+\phi_n\mathrm{I}_0(\psi_n\tilde{\rho})]}{M_n(1+\psi_n^4)k\omega}\left[\frac{f_n^2}{f_n^2+\omega^2}\sin(\omega t)+\right.\right.$$

$$\left.\left.\frac{\omega f_n}{f_n^2+\omega^2}\cos(\omega t)\right]\right\} \tag{8-61}$$

其中，$\lim\limits_{t\to\infty}\int_0^t \cos(\omega\tau)\left(1-\mathrm{e}^{-\frac{\tau}{f(\alpha n)}}\right)\mathrm{d}\tau=\frac{1}{\omega}\left[\frac{f_n^2}{f_n^2+\omega^2}\sin(\omega t)+\frac{\omega f_n}{f_n^2+\omega^2}\cos(\omega t)\right]$。

黏弹性双参数地基反力可表示为

$$q(r,t)=[\hat{k}_1(t)-\hat{k}_2(t)\nabla^2]w(r,t) \tag{8-62}$$

式中，$\hat{k}_1$、$\hat{k}_2$ 为与时间 t 有关，且包含对时间导数项的黏弹性反应模量。

对地基反力 q 分离变量，$q(r,t)=Q(r)T(t)$ 且 $T=B\mathrm{e}^{-c^2t}$ 时，Q 与板挠度 w 分离变量 W 之间的关系可表示为

$$Q(r)=[\hat{k}_1(c^2)-\hat{k}_2(c^2)\nabla^2]W(r) \tag{8-63}$$

黏弹性反应模量 $\hat{k}_1$、$\hat{k}_2$ 若符合开尔文地基模型，则有表达式如式[8-64(a)]所示；若符合麦克斯韦地基模型，则有表达式如式[8-64(b)]所示；若符合三参数固体地基模型，则有表达式如式[8-64(c)]所示。

$$\hat{k}_i=k_i-c^2\eta_i\quad(i=1,2) \tag*{[8-64(a)]}$$

$$\hat{k}_i=-\frac{c^2\eta_i k_i}{k_i-c^2\eta_i}\quad(i=1,2) \tag*{[8-64(b)]}$$

$$\hat{k}_i=\frac{k_{i.1}(k_{i.2}-c^2\eta_{i.2})}{k_{i.1}+k_{i.2}-c^2\eta_{i.2}}\quad(i=1,2) \tag*{[8-64(c)]}$$

例如，当 $\hat{k}_1$ 符合开尔文地基模型，$\hat{k}_2$ 符合麦克斯韦地基模型时，黏弹性双参数地基板挠度的分离变量 W 的齐次解为

$$\nabla^4 W+\frac{c^2\eta_2 k_2}{D(k_2-c^2\eta_2)}\nabla^2 W(r)+\left(\frac{k_1-c^2\eta_1}{D}\right)W(r)=0 \tag{8-65}$$

整理得到：

$$(\nabla_\rho^2+\psi_1^2)(\nabla_\rho^2-\psi_2^2)W=0 \tag{8-66}$$

其中，$\psi_1^2=\sqrt{\theta^2-\chi}+\theta$，$\psi_2^2=\sqrt{\theta^2-\chi}-\theta$，$\theta=\frac{\vartheta c^2\eta_2}{k_2-c^2\eta_2}$，$\chi=1-c^2\frac{\eta_1}{k_1}$，$l^4=\frac{D}{k_1}$，$\vartheta=\frac{k_2}{2k_1l^2}$。

进而解得：

$$W=A_1\mathrm{J}_0(\psi_1\rho)+A_1\mathrm{Y}_0(\psi_1\rho)+A_1\mathrm{I}_0(\psi_2\rho)+A_1\mathrm{K}_0(\psi_2\rho) \tag{8-67}$$

其中，$\rho=r/l$。

以下解法与基于 Winkler 地基的黏弹性地基板相同，故此处不再赘述。

8.4 黏弹性的圆形地基中厚板

对于中厚板而言,计算步骤与薄板的相同,但其满足边界条件的特征函数求解稍复杂,它有两个位移函数,内、外边界各需要满足三个边界条件。黏弹性地基上中厚板的微分方程为

$$\left.\begin{aligned}&\left(D+c_{s}I\frac{\partial}{\partial t}\right)\nabla^{4}\Omega=p-q\\&\phi^{2}Gh\ \nabla^{2}(w-\Omega)=-p+q\end{aligned}\right\}\tag{8-68}$$

当为开尔文地基时,将地基反力 $q=kw+\eta\dfrac{\partial w}{\partial t}$ 代入式(8-68),消元整理得到两个独立方程:

$$\left.\begin{aligned}&\left(D+c_{s}I\frac{\partial}{\partial t}\right)\nabla^{4}w-\frac{1}{\phi^{2}Gh}\left(D+c_{s}I\frac{\partial}{\partial t}\right)\left(k+\eta\frac{\partial}{\partial t}\right)\nabla^{2}w+\left(k+\eta\frac{\partial}{\partial t}\right)w\\&\quad=\left[1-\frac{1}{\phi^{2}Gh}\left(D+c_{s}I\frac{\partial}{\partial t}\right)\nabla^{2}\right]p\\&\left(D+c_{s}I\frac{\partial}{\partial t}\right)\nabla^{6}\Omega-\frac{1}{\phi^{2}Gh}\left(D+c_{s}I\frac{\partial}{\partial t}\right)\left(k+\eta\frac{\partial}{\partial t}\right)\nabla^{4}\Omega+\left(k+\eta\frac{\partial}{\partial t}\right)\nabla^{2}\Omega=\nabla^{2}p\end{aligned}\right\}\tag{8-69}$$

对式(8-69)的齐次解作变量分离:$w=W(r)T(t)$,$\Omega=Z(r)T(t)$,且 $\dfrac{\mathrm{d}T}{T\mathrm{d}t}=-c^{2}$,整理得到:

$$\left.\begin{aligned}&\nabla^{4}W-\frac{k-c^{2}\eta}{\phi^{2}Gh}\nabla^{2}W+\frac{k-c^{2}\eta}{D-c^{2}c_{s}I}W=0\\&\nabla^{6}Z-\frac{k-c^{2}\eta}{\phi^{2}Gh}\nabla^{4}Z+\frac{k-c^{2}\eta}{D-c^{2}c_{s}I}\nabla^{2}Z=0\end{aligned}\right\}\tag{8-70}$$

进一步整理得到:

$$\left.\begin{aligned}&(\nabla_{\rho}^{2}+\psi_{1}^{2})(\nabla_{\rho}^{2}-\psi_{2}^{2})W=0\\&\nabla_{\rho}^{2}(\nabla_{\rho}^{2}+\psi_{1}^{2})(\nabla_{\rho}^{2}-\psi_{2}^{2})Z=0\end{aligned}\right\}\tag{8-71}$$

其中:$\psi_{1}^{2}=\kappa\left(1-c^{2}\dfrac{\eta}{k}\right)\left[\sqrt{1-\dfrac{1}{\kappa^{2}\left(1-c^{2}\dfrac{\eta}{k}\right)\left(1-c^{2}\dfrac{c_{s}}{E_{r}}\right)}}+1\right]$,

$$\psi_{2}^{2}=\kappa\left(1-c^{2}\frac{\eta}{k}\right)\left[\sqrt{1-\frac{1}{\kappa^{2}\left(1-c^{2}\dfrac{\eta}{k}\right)\left(1-c^{2}\dfrac{c_{s}}{E_{r}}\right)}}-1\right];$$

E_r为板的广义弹性模量，$E_r=\dfrac{E}{1-\nu^2}$；

κ 为地基中厚板的剪切效应系数，$\kappa=\dfrac{D}{2\phi^2 Ghl^2}=\dfrac{\sqrt{Dk}}{2\phi^2 Gh}$。

从而求得 W、Z 的解为

$$\left.\begin{aligned}W&=A_1\mathrm{J}_0(\psi_1\rho)+A_2\mathrm{Y}_0(\psi_1\rho)+A_3\mathrm{I}_0(\psi_2\rho)+A_4\mathrm{K}_0(\psi_2\rho)\\Z&=B_1\mathrm{J}_0(\psi_1\rho)+B_2\mathrm{Y}_0(\psi_1\rho)+B_3\mathrm{I}_0(\psi_2\rho)+B_4\mathrm{K}_0(\psi_2\rho)+B_5\ln\rho+B_6\end{aligned}\right\}\tag{8-72}$$

上式中待定常数 A_1、…、A_4 与 B_1、…、B_6 是线性相关的，其相关关系见式(8-73)。

$$W=\left[1-2\kappa\left(1-c^2\frac{c_s}{E_r}\right)\nabla_\rho^2\right]Z\tag{8-73}$$

将式(8-72)代入式(8-73)，得到：

$$A_i=\left[1+2\kappa\left(1-c^2\frac{c_s}{E_r}\right)\psi_1^2\right]B_i\quad(i=1,\ 2),$$

$$A_i=\left[1+2\kappa\left(1-c^2\frac{c_s}{E_r}\right)\psi_2^2\right]B_i\quad(i=3,\ 4)。$$

当板中无孔时，由位移有限条件得到 $A_2=A_4=A_5=B_2=B_4=B_5=0$，由圆板外边界条件及非零条件可得到一系列的 A_{1n}、A_{2n}、A_{6n}（或 B_{1n}、B_{3n}、B_{6n}）及 c_n^2，必须注意满足双参数地基的边界分布反力条件，从而求得地基上中厚板的特征函数 $W_n(Z_n)$。方程特解及通解的求法与薄板的相同。

当为三参数固体地基时，两个独立方程为

$$\left.\begin{aligned}&\left(k_{E1}+k_{E2}+\eta_2\frac{\partial}{\partial t}\right)\left(D+c_sI\frac{\partial}{\partial t}\right)\nabla^4 w-\left(\frac{D+c_sI\dfrac{\partial}{\partial t}}{\phi^2 Gh}\right)\left(k_{E1}k_{E2}+k_{E1}\eta_2\frac{\partial}{\partial t}\right)\nabla^2 w+\\&\left(k_{E1}k_{E2}+k_{E1}\eta_2\frac{\partial}{\partial t}\right)w=\left(k_{E1}+k_{E2}+\eta_2\frac{\partial}{\partial t}\right)\left[1-\left(\frac{D+c_sI\dfrac{\partial}{\partial t}}{\phi^2 Gh}\right)\nabla^2\right]p\\&\left(k_{E1}+k_{E2}+\eta_2\frac{\partial}{\partial t}\right)\left(D+c_sI\frac{\partial}{\partial t}\right)\nabla^6\Omega-\left(k_{E1}k_{E2}+k_{E1}\eta_2\frac{\partial}{\partial t}\right)\left(\frac{D+c_sI\dfrac{\partial}{\partial t}}{\phi^2 Gh}\right)\nabla^4\Omega+\\&\left(k_{E1}k_{E2}+k_{E1}\eta_2\frac{\partial}{\partial t}\right)\nabla^2\Omega=\left(k_{E1}+k_{E2}+\eta_2\frac{\partial}{\partial t}\right)\nabla^2 p\end{aligned}\right\}\tag{8-74}$$

对式(8-74)的齐次解作变量分离：$w=W(r)T(t)$，$\Omega=Z(r)T(t)$，且 $\dfrac{\mathrm{d}T}{T\mathrm{d}t}=-c^2$，整理得到：

$$\left.\begin{aligned}&\nabla^4 W-\frac{1}{\phi^2 Gh}\frac{k_{E1}k_{E2}\left(1-c^2\dfrac{\eta_2}{k_2}\right)}{(k_{E1}+k_{E2}-c^2\eta_2)}\nabla^2 W+\frac{k_{E1}k_{E2}\left(1-c^2\dfrac{\eta_2}{k_2}\right)}{D(k_{E1}+k_{E2}-c^2\eta_2)\left(1-c^2\dfrac{c_s}{E_r}\right)}W=0\\&\nabla^6 Z-\frac{1}{\phi^2 Gh}\frac{k_{E1}k_{E2}\left(1-c^2\dfrac{\eta_2}{k_2}\right)}{(k_{E1}+k_{E2}-c^2\eta_2)}\nabla^4 Z+\frac{k_{E1}k_{E2}\left(1-c^2\dfrac{\eta_2}{k_2}\right)}{D(k_{E1}+k_{E2}-c^2\eta_2)\left(1-c^2\dfrac{c_s}{E_r}\right)}\nabla^2 Z=0\end{aligned}\right\}\tag{8-75}$$

W、Z 解的形式与式(8-72)的相同，但其中的 ψ_1^2 和 ψ_2^2 有所不同，其表达式为

$$\psi_1^2=\kappa\xi\left[\sqrt{1-\frac{1}{\kappa^2\xi\left(1-c^2\dfrac{c_s}{E_r}\right)}}+1\right],\psi_2^2=\kappa\xi\left[\sqrt{1-\frac{1}{\kappa^2\xi\left(1-c^2\dfrac{c_s}{E_r}\right)}}-1\right]\tag{8-76}$$

其中，$\xi=\dfrac{1-\dfrac{c^2\eta_2}{k_{E1}}}{1-\dfrac{c^2\eta_2}{k_{E1}+k_{E2}}}$，$\kappa=\dfrac{D}{2\phi^2 Gh\tilde{l}^2}$，$\tilde{l}^4=\dfrac{D(k_{E1}+k_{E2})}{k_{E1}k_{E2}}$。

参数 ξ 与本书 8.3 节薄板中的参数 ζ 是相同的。其他类型的黏弹性地基中厚板只要定义当量弯曲刚度半径与 $\tilde{l}$ 推得 ξ 值，就可利用式(8-71) 求得 ψ_1^2、ψ_2^2，进而由式(8-72)得到板挠度 w 及转角函数 Ω 齐次解的分离变量的 W、Z 解。

对于双参数地基上中厚板，在对板挠度 w、板转角函数 Ω、外荷载 p 与地基反力 q 作分离变量，$w=WT$，$\Omega=ZT$，$p=PT$，$q=QT$ 且 $T=Be^{-c^2t}$，当双参数有黏性时，Q 如式(8-63)所示，则有：

$$\left.\begin{aligned}&(D-c^2c_sI)\nabla^4 Z+[\hat{k}_1(c^2)-\hat{k}_2(c^2)\nabla^2]W=P\\&\nabla^2 W=\nabla^2 Z-\left(\frac{D-c^2c_sI}{\phi^2 Gh}\right)\nabla^4 Z\end{aligned}\right\}\tag{8-77}$$

在知晓两参数黏弹性规律后，便可解上式，从而求得齐次解的 W、Z。例如，当 $\hat{k}_1$、$\hat{k}_2$ 均符合开尔文模型时，式(8-77)的齐次方程可整理得到式(8-78)的形式，后续解法与前文相同。

$$\left.\begin{aligned}&\left(\frac{D-c^2c_sI}{k_1-c^2\eta_1}\right)\left(1+\frac{k_2-c^2\eta_2}{\phi^2 Gh}\right)\nabla^6 Z-\left(\frac{k_2-c^2\eta_2}{k_1-c^2\eta_1}-\frac{D-c^2c_sI}{\phi^2 Gh}\right)\nabla^4 Z+\nabla^2 Z=0\\&\left(\frac{D-c^2c_sI}{k_1-c^2\eta_1}\right)\left(1+\frac{k_2-c^2\eta_2}{\phi^2 Gh}\right)\nabla^4 W-\left(\frac{k_2-c^2\eta_2}{k_1-c^2\eta_1}-\frac{D-c^2c_sI}{\phi^2 Gh}\right)\nabla^2 W+W=0\end{aligned}\right\}\tag{8-78}$$

例 8.3 求外圆边界简支的开尔文地基上圆形中厚板在突加均布面荷载下的板挠曲方程。

突加均布面荷载的无孔圆形板，由中点弯沉和内力有界条件，$A_2=A_4=B_2=B_4=B_5=0$，由此得到：

$$\left.\begin{aligned}W&=A_1\mathrm{J}_0(\psi_1\rho)+A_3\mathrm{J}_0(\psi_2\rho)\\Z&=B_1\mathrm{J}_0(\psi_1\rho)+B_3\mathrm{J}_0(\psi_2\rho)+B_6\end{aligned}\right\}\tag{8-79}$$

其中，$A_1=\left[1+2\kappa\left(1-c^2\dfrac{c_{\mathrm{s}}}{E_{\mathrm{r}}}\right)\psi_1^2\right]B_1$，$A_3=\left[1+2\kappa\left(1-c^2\dfrac{c_{\mathrm{s}}}{E_{\mathrm{r}}}\right)\psi_2^2\right]B_3$。

由外边界简支条件 $W\mid_{r=R}=M_r\mid_{r=R}=\psi_\theta\mid_{r=R}=0$，式(8-79)中 B_6 不产生板的位移与内力，可视为零。由此得到：

$$\left.\begin{aligned}&A_1\mathrm{J}_0(\psi_1R/l)+A_3\mathrm{I}_0(\psi_2R/l)=0\\&B_1\psi_1^2\left[\mathrm{J}_0(\psi_1R/l)-(1-\nu)\frac{\mathrm{J}_1(\psi_1R/l)}{\psi_1R/l}\right]-B_3\psi_2^2\left[\mathrm{I}_0(\psi_2R/l)-(1-\nu)\frac{\mathrm{I}_1(\psi_2R/l)}{\psi_2R/l}\right]=0\end{aligned}\right\}\tag{8-80}$$

求式(8-80)的非零解，可得到 c_n，$n=1, 2, \cdots$，及对应的 A_n、B_n、$\psi_{1.n}$、$\psi_{2.n}$、ϕ_{An}、ϕ_{Bn}，$n=1, 2, \cdots$，则本问题的齐次解为

$$\tilde{w}=\sum_{n=1}^{\infty}W_n(r)\,\mathrm{e}^{-c_nt},\ \tilde{\Omega}=\sum_{n=1}^{\infty}Z_n(r)\,\mathrm{e}^{-c_nt}\tag{8-81}$$

其中，$W_n=A_n\chi_n$，$\chi_n=\mathrm{J}_0(\psi_{1.n}\rho)+\phi_{An}\mathrm{I}_0(\psi_{2.n}\rho)$，$Z_n=B_n\chi_n^*$，$\chi_n^*=\mathrm{J}_0(\psi_{1.n}\rho)+\phi_{Bn}\mathrm{I}_0(\psi_{2.n}\rho)$。

式(8-81)中的 χ_n 被称为特征方程，本问题的特解可表示为

$$\hat{w}(\rho, t)=\sum_{n=1}^{\infty}q_n(t)\chi_n(\rho)\tag{8-82}$$

将式(8-82)代入地基中厚板微分方程式(8-69)可得到：

$$\sum_{n=1}^{\infty}\left\{(Dq_n+c_{\mathrm{s}}Iq_n')\nabla^4\chi_n-\frac{1}{\phi^2Gh}[Dkq_n+(D\eta+c_{\mathrm{s}}Ik)q_n'+c_{\mathrm{s}}I\eta q_n'']\nabla^2\chi_n+(kq_n+\eta q_n')\chi_n\right\}=p_0\tag{8-83(a)}$$

或

$$\sum_{n=1}^{\infty}\{[A_{1n}q''_n+B_{1n}q'_n+C_{1n}q_n]\mathrm{J}_0(\psi_{1.n}\rho)+\phi_{An}[A_{2n}q''_n+B_{2n}q'_n+C_{2n}q_n]\mathrm{I}_0(\psi_{2.n}\rho)\}=p_0\tag{8-83(b)}$$

其中，

$$\left.\begin{aligned}&A_{1n}=2\kappa\eta\frac{c_s}{E_r}\psi_{1.n}^2,\ B_{1n}=k\frac{c_s}{E_r}\psi_{1.n}^4+\eta+2\kappa\left(\eta+k\frac{c_s}{E_r}\right)\psi_{1.n}^2,\\&C_{1n}=k(\psi_{1.n}^4+2\kappa\psi_{1.n}^2+1)\\&A_{2n}=2\kappa\eta\frac{c_s}{E_r}\psi_{2.n}^2,\ B_{2n}=k\frac{c_s}{E_r}\psi_{2.n}^4+\eta+2\kappa\left(\eta+k\frac{c_s}{E_r}\right)\psi_{2.n}^2,\\&C_{2n}=k(\psi_{2.n}^4+2\kappa\psi_{2.n}^2+1)\end{aligned}\right\};$$

$$\left.\begin{aligned}&l^2\ \nabla^2\chi_n=-\psi_{1.n}^2\mathrm{J}_0(\psi_{1.n}\rho)+\phi_{An}\psi_{2.n}^2\mathrm{I}_0(\psi_{2.n}\rho)\\&l^4\ \nabla^4\chi_n=\psi_{1.n}^4\mathrm{J}_0(\psi_{1.n}\rho)+\phi_{An}\psi_{2.n}^4\mathrm{I}_0(\psi_{2.n}\rho)\end{aligned}\right\}。$$

解得特解为

$$q_n=\frac{2p_0[\mathrm{J}_0(\psi_{1.n}R/l)+\phi_{An}\mathrm{I}_0(\psi_{2.n}R/l)]}{C_{1n}\ [\mathrm{J}_1(\psi_{1.n})]^2+\phi_{An}^2C_{2n}\ [\mathrm{I}_1(\psi_{2.n})]^2}\tag{8-84}$$

应用初始条件 $w\mid_{t=0}=0$ ，得到本问题板挠度解为

$$w=2p_0\sum_{n=1}^{\infty}\frac{\mathrm{J}_0(\psi_{1.n}R/l)+\phi_{An}\mathrm{I}_0(\psi_{2.n}R/l)}{C_{1n}\ [\mathrm{J}_1(\psi_{1.n})]^2+\phi_{An}^2C_{2n}\ [\mathrm{I}_1(\psi_{2.n})]^2}(1-\mathrm{e}^{-c_nt})\chi_n(\rho)\tag{8-85}$$

8.5 黏弹性的无限大地基板

黏弹性地基上无限大板的求解可将 8.4 节中的解推广至圆板半径 R 为无限即可，以 8.4 节中开尔文地基板的任意荷载计算式(8-56)为例。当 $R\to\infty$，$\phi_n\to 0$，特征值 ψ 的增量 $\mathrm{d}\psi_n$ 为

$$\mathrm{d}\psi_n=(\psi_{n+1}-\psi_n)\approx\pi l/R\to 0\tag{8-86}$$

而 M_n 则为

$$\begin{aligned}M_n&=\int_0^{R/l}[\mathrm{J}_0(\psi_n\rho)]^2\rho\,\mathrm{d}\rho\overset{\rho l/R=t}{=}R^2\int_0^1\left[\mathrm{J}_0\left(\psi_n\frac{R}{l}t\right)\right]^2t\,\mathrm{d}t\\&=\frac{R^2}{2}\left\{\left[\mathrm{J}_1\left(\psi_n\frac{R}{l}\right)\right]^2+\left[\mathrm{J}_0\left(\psi_n\frac{R}{l}\right)\right]^2\right\}\\&\overset{\psi_nR\gg1}{=}\frac{R}{\pi\psi_nl}\left[\cos^2\left(\psi_n\frac{R}{l}-\frac{\pi}{4}\right)+\cos^2\left(\psi_n\frac{R}{l}-\frac{\pi}{2}-\frac{\pi}{4}\right)\right]\\&=\frac{R}{\pi\psi_nl}=\frac{1}{\psi_n(\psi_{n+1}-\psi_n)}=\frac{1}{\psi_n\mathrm{d}\psi_n}\end{aligned}\tag{8-87}$$

由此，式(8-56)转变为积分形式：

$$w(\rho,t)=\int_0^{\infty}\frac{\mathrm{J}_0(\psi\rho)}{(\psi^4+1)k}\left\{\int_0^t\frac{\partial\bar{p}(\tau)}{\partial\tau}\left[1-\mathrm{e}^{-\frac{(\psi^4+1)k}{\eta}(t-\tau)}\right]\mathrm{d}\tau\right\}\psi\,\mathrm{d}\psi\tag{8-88}$$

其中，$\dfrac{\partial \bar{p}(\tau)}{\partial \tau}=\dfrac{\mathrm{d}}{\mathrm{d}\tau}\int_0^{R/l} p(\rho,\tau)\mathrm{J}_0(\psi\rho)\rho\,\mathrm{d}\rho$。

在多数情况下，用分离变量法求解十分烦琐，而应用准静态法就相对更简洁明了。下面分别讨论基于 Winkler 地基、双参数地基与弹性半空间地基上无限大板静载解的准静态解法。

1. 基于 Winkler 地基上无限大板的准静态解

轴对称静载条件下 Winkler 地基上无限大薄板的挠曲解：

$$w(r)=\int_0^{\infty}\frac{\bar{p}(\xi)\mathrm{J}_0(\xi r)\xi}{D\xi^4+k}\mathrm{d}\alpha \tag{8-89}$$

按准静态法，改写为适合黏弹性问题的解则为

$$\tilde{w}(r,s)=\int_0^{\infty}\frac{\tilde{\bar{p}}(\xi,s)\mathrm{J}_0(\xi r)\xi}{\hat{D}\xi^4+\hat{k}}\mathrm{d}\xi \tag{8-90}$$

式中，$\tilde{\bar{p}}(\xi,s)$ 是外荷载的径距 r 作汉克尔变换、对时间 t 作拉普拉斯变换：

$$\tilde{\bar{p}}(\xi,s)=\int_0^{\infty}\left[\int_0^{\infty}p(r,t)\mathrm{J}_0(\xi r)r\,\mathrm{d}r\right]\mathrm{e}^{-st}\,\mathrm{d}t$$

式(8-90)可解任意黏弹性地基模型与任意轴对称荷载下的无限大薄板问题。

例 8.4　开尔文地基、麦克斯韦地基、三参数固体黏性地基上不计入板弯曲黏性的无限大薄板，计算在 0 时刻突加集中力 P 及施加瞬时脉冲荷载 $P\delta(t)$时的挠度解。

设荷载作用点为柱坐标系原点，突加集中力 $p(r,t)=\lim\limits_{a_\mathrm{p}\to 0}\dfrac{P}{2\pi a_\mathrm{p}}\delta(r-a_\mathrm{p})\mathrm{H}(t)$，则有：

$$\tilde{\bar{p}}(\xi,s)=\frac{1}{s}\int_0^{\infty}\lim_{a_\mathrm{p}\to 0}\frac{P}{2\pi a_\mathrm{p}}\delta(r-a_\mathrm{p})\mathrm{J}_0(\alpha r)r\,\mathrm{d}r=\frac{P}{2\pi s} \tag{8-91}$$

施加瞬时脉冲荷载 $p(r,t)=\lim\limits_{a_\mathrm{p}\to 0}\dfrac{P}{2\pi a_\mathrm{p}}\delta(r-a_\mathrm{p})\delta(t)$，则有：

$$\tilde{\bar{p}}(\xi,s)=\int_0^{\infty}\lim_{a_\mathrm{p}\to 0}\frac{P}{2\pi a_\mathrm{p}}\delta(r-a_\mathrm{p})\mathrm{J}_0(\alpha r)r\,\mathrm{d}r=\frac{P}{2\pi} \tag{8-92}$$

(1) 开尔文地基：$\hat{k}=k+s\eta$，则有：

$$\frac{1}{D\xi^4+\hat{k}}=\frac{1}{D\xi^4+k+s\eta}-\frac{1}{\eta}\frac{1}{\left(\dfrac{D\xi^4+k}{\eta}\right)+s} \tag{8-93}$$

将式(8-91)、式(8-93)代入式(8-90)，并求拉普拉斯逆变换，得到开尔文地基上无限大板突加集中力的挠曲方程：

$$w(r,\ t)=\frac{P}{2\pi}\int_0^{\infty}\frac{\mathrm{J}_0(\xi r)\xi}{D\xi^4+k}\left(1-\mathrm{e}^{-\frac{D\xi^4+k}{\eta}t}\right)\mathrm{d}\xi \tag{8-94(a)}$$

其中，$L^{-1}\left[\frac{1}{a+s}\right]=\mathrm{e}^{-at}\mathrm{H}(t)$，$L^{-1}\left[\frac{1}{s(a+s)}\right]=\frac{1}{a}\left(1-\mathrm{e}^{-at}\right)$。

将式(8-92)、式(8-93)代入式(8-90)，并求拉普拉斯逆变换，得到开尔文地基上无限大板施加瞬时脉冲荷载 P 的挠曲方程：

$$w(r,\ t)=\frac{P}{2\pi}\int_0^{\infty}\frac{\mathrm{J}_0(\xi r)\xi}{\eta}\mathrm{e}^{-\frac{D\xi^4+k}{\eta}t}\mathrm{d}\xi \tag{8-94(b)}$$

(2) 麦克斯韦模型：$\hat{k}=\frac{k\eta s}{k+s\eta}$，则有：

$$\frac{1}{D\xi^4+\hat{k}}=\frac{1}{D\xi^4+\frac{k\eta s}{k+s\eta}}=\frac{1}{D\xi^4+k}\left[1+\frac{k^2}{(D\xi^4+k)\eta}\frac{1}{\frac{D\xi^4 k}{(D\xi^4+k)\eta}+s}\right] \tag{8-95}$$

将式(8-91)、式(8-95)代入式(8-90)并求拉普拉斯逆变换，得到麦克斯韦地基上无限大板突加集中力的挠曲方程：

$$w(r,\ t)=\frac{P}{2\pi}\int_0^{\infty}\frac{\mathrm{J}_0(\xi r)\xi}{D\xi^4+k}\left[1+\frac{k}{D\xi^4}\left(1-\mathrm{e}^{-\frac{t}{\eta\left(\frac{1}{k}+\frac{1}{D\xi^4}\right)}}\right)\right]\mathrm{d}\xi \tag{8-96(a)}$$

施加瞬时脉冲荷载 P 的挠曲方程：

$$w(r,\ t)=\frac{P}{2\pi}\int_0^{\infty}\frac{\mathrm{J}_0(\xi r)\xi}{D\xi^4+k}\left[\frac{k^2}{\eta(D\xi^4+k)}\mathrm{e}^{-\frac{t}{\eta\left(\frac{1}{k}+\frac{1}{D\xi^4}\right)}}\right]\mathrm{d}\xi \tag{8-96(b)}$$

(3) 三参数固体黏性地基：$\hat{k}=\frac{k_{\mathrm{E1}}(k_{\mathrm{E2}}+s\eta_2)}{k_{\mathrm{E1}}+k_{\mathrm{E2}}+s\eta_2}$，则有：

$$\frac{1}{D\xi^4+\hat{k}}=\frac{1}{k_{\mathrm{E1}}+D\xi^4}\left[1+\frac{\frac{k_{\mathrm{E1}}^2}{(k_{\mathrm{E1}}+D\xi^4)\eta_2}}{\left(\frac{D\xi^4(k_{\mathrm{E1}}+k_{\mathrm{E2}})+k_{\mathrm{E1}}k_{\mathrm{E2}}}{(k_{\mathrm{E1}}+D\xi^4)\eta_2}\right)+s}\right] \tag{8-97}$$

三参数固体黏性地基上无限大板突加集中力的挠曲方程：

$$w(r,\ t)=\frac{P}{2\pi}\int_0^{\infty}\frac{\mathrm{J}_0(\xi r)\xi}{D\xi^4+k_{\mathrm{E1}}}\left[1+\frac{k_{\mathrm{E1}}^2}{D\xi^4(k_{\mathrm{E1}}+k_{\mathrm{E2}})+k_{\mathrm{E1}}k_{\mathrm{E2}}}\left(1-\mathrm{e}^{-\frac{D\xi^4(k_{\mathrm{E1}}+k_{\mathrm{E2}})+k_{\mathrm{E1}}k_{\mathrm{E2}}}{(D\xi^4+k_{\mathrm{E1}})\eta_2}t}\right)\right]\mathrm{d}\xi \tag{8-98(a)}$$

施加瞬时脉冲荷载 P 的挠曲方程：

$$w(r,\ t)=\frac{P}{2\pi}\int_0^{\infty}\frac{\mathrm{J}_0(\xi r)\xi}{D\xi^4+k_{\mathrm{E1}}}\left[\frac{k_{\mathrm{E1}}^2}{(k_{\mathrm{E1}}+D\xi^4)\eta_2}\mathrm{e}^{-\frac{D\xi^4(k_{\mathrm{E1}}+k_{\mathrm{E2}})+k_{\mathrm{E1}}k_{\mathrm{E2}}}{(D\xi^4+k_{\mathrm{E1}})\eta_2}t}\right]\mathrm{d}\xi \tag{8-98(b)}$$

上述三个集中力作用的开尔文地基、麦克斯韦地基、三参数固体黏性地基上板的解即式(8-94)、式(8-96)和式(8-98)十分重要，利用它们可通过积分推广至任意荷载的情形。

例 8.5　开尔文地基上无限大薄板，求在 t_1 时刻突加集中力 P、在 t_2 时刻卸去集中力 P 后的解。

荷载表达式为：$p(r,\ t)=\lim\limits_{a_{\mathrm{p}}\to 0}\dfrac{P}{2\pi a_{\mathrm{p}}}\delta(r-a_{\mathrm{p}})[\mathrm{H}(t-t_1)-\mathrm{H}(t-t_2)]$

$$\begin{aligned}\tilde{\bar{p}}(\xi,\ s)&=\int_0^{\infty}\left[\int_0^{\infty}\lim_{a_{\mathrm{p}}\to 0}\frac{P}{2\pi a_{\mathrm{p}}}\delta(r-a_{\mathrm{p}})[\mathrm{H}(t-t_1)-\mathrm{H}(t-t_2)]\mathrm{J}_0(\alpha r)r\mathrm{d}r\right]\mathrm{e}^{-st}\mathrm{d}t\\&=\int_0^{\infty}\lim_{a_{\mathrm{p}}\to 0}\frac{P}{2\pi a_{\mathrm{p}}}\delta(r-a_{\mathrm{p}})\mathrm{J}_0(\alpha r)r\mathrm{d}r\times\int_0^{\infty}[\mathrm{H}(t-t_1)-\mathrm{H}(t-t_2)]\mathrm{e}^{-st}\mathrm{d}t\\&=\frac{P}{2\pi}\left(\frac{\mathrm{e}^{-t_1 s}-\mathrm{e}^{-t_2 s}}{s}\right)\end{aligned}\tag{8-99}$$

$$\frac{\tilde{\bar{p}}(\xi,\ s)}{D\xi^4+\hat{k}}=\frac{P}{2\pi(D\xi^4+k)}\frac{\mathrm{e}^{-t_1 s}-\mathrm{e}^{-t_2 s}}{s\left[1+s\left(\dfrac{\eta}{D\xi^4+k}\right)\right]}\tag{8-100}$$

将式(8-100)代入式(8-90)，得到开尔文地基上无限大板的挠曲方程：

$$w(r,\ t)=\frac{P}{2\pi}\int_0^{\infty}\frac{\mathrm{J}_0(\xi r)\xi}{D\xi^4+k}\left[\left(1-\mathrm{e}^{-\frac{D\xi^4+k}{\eta}(t-t_1)}\right)\mathrm{H}(t-t_1)-\left(1-\mathrm{e}^{-\frac{D\xi^4+k}{\eta}(t-t_2)}\right)\mathrm{H}(t-t_2)\right]\mathrm{d}\xi,\quad t\geqslant t_2\tag{8-101}$$

2. 基于双参数地基上无限大板的准静态解

轴对称静载条件下双参数地基上无限大板的挠曲解：

$$w(r)=\int_0^{\infty}\frac{\bar{p}(\xi)\mathrm{J}_0(\xi r)\xi}{D\xi^4+k_2\xi^2+k_1}\mathrm{d}\xi\tag{8-102}$$

按准静态法，改写为适合黏弹性问题的解则为

$$\bar{w}(r,\ s)=\int_0^{\infty}\frac{\tilde{\bar{p}}(\xi,\ s)\mathrm{J}_0(\xi r)\xi}{\hat{D}\xi^4+\hat{k}_2\xi^2+\hat{k}_1}\mathrm{d}\xi\tag{8-103}$$

例 8.6　双参数地基上无限大薄板，地基双参数均服从开尔文模型，求在轴对称简谐荷载作用下的稳态解。

轴对称简谐荷载 $p(r,\ t)=p_0(r)\sin\omega t$，则有：

$$\tilde{\bar{p}}(\xi,\ s)=\bar{p}(\xi)\frac{\omega}{s^2+\omega^2}\tag{8-104}$$

地基两参数均服从开尔文模型 $\hat{k}_1 = k_1 + s\eta_1$， $\hat{k}_2 = k_2 + s\eta_2$ 则有：

$$\begin{aligned}\frac{1}{\hat{D}\xi^4 + \hat{k}_2\xi^2 + \hat{k}_1} &= \frac{1}{D\xi^4 + (k_2 + \eta_2 s)\xi^2 + (k_1 + \eta_1 s)} \\ &= \frac{1}{\eta_2\xi^2 + \eta_1}\frac{1}{\left(\dfrac{D\xi^4 + k_2\xi^2 + k_1}{\eta_2\xi^2 + \eta_1}\right) + s}\end{aligned} \tag{8-105}$$

将式(8-104)、式(8-105)代入式(8-103)，得到黏弹性双参数地基上无限大板在轴对称简谐荷载下的挠曲方程的拉普拉斯变换：

$$\bar{w}(r, s) = \int_0^\infty \frac{\bar{p}(\xi)\mathrm{J}_0(\xi r)\xi}{D\xi^4 + k_2\xi^2 + k_1}\left[\frac{\omega}{(s^2 + \omega^2)(1 + s/\psi)}\right]\mathrm{d}\xi \tag{8-106}$$

其中，$\psi = \dfrac{D\xi^4 + k_2\xi^2 + k_1}{\eta_2\xi^2 + \eta_1}$。

对式(8-106)进行拉普拉斯逆变换，得到

$$w(r, t) = \int_0^\infty \frac{\bar{p}(\xi)\mathrm{J}_0(\xi r)\xi}{D\xi^4 + k_2\xi^2 + k_1}\left(\frac{\psi\omega}{\psi^2 + \omega^2}\right)\left[-\cos(\omega t) + \frac{\psi}{\omega}\sin(\omega t) + \psi\mathrm{e}^{-\psi t}\right]\mathrm{d}\xi \tag{8-107}$$

则简谐轴对称荷载作用下黏弹性双参数地基上无限大板的挠曲方程稳态解为

$$\begin{aligned}w(r, t) &= \int_0^\infty \frac{\bar{p}(\xi)\mathrm{J}_0(\xi r)\xi}{D\xi^4 + k_2\xi^2 + k_1}\left(\frac{\psi\omega}{\psi^2 + \omega^2}\right)\left[-\cos(\omega t) + \frac{\psi}{\omega}\sin(\omega t)\right]\mathrm{d}\xi \\ &= \frac{1}{k_1 l^2}\int_0^\infty \frac{\bar{p}(t)\mathrm{J}_0(tr/l)t}{(t^4 + 2\vartheta t^2 + 1)}\left(\frac{\psi\omega}{\psi^2 + \omega^2}\right)\left[-\cos(\omega t) + \frac{\psi}{\omega}\sin(\omega t)\right]\mathrm{d}t\end{aligned} \tag{8-108}$$

3. 基于弹性半空间体地基上无限大板的准静态解

轴对称静载条件下弹性半空间体地基上无限大板的挠曲解：

$$w(r) = \int_0^\infty \frac{\bar{p}(\xi)\mathrm{J}_0(\xi r)}{D\xi^3 + \dfrac{E_0}{2(1 - \nu_0^2)}}\mathrm{d}\xi \tag{8-109}$$

按准静态法，改写为适合黏弹性问题的解则为

$$\bar{w}(r, s) = \int_0^\infty \frac{\tilde{\bar{p}}(\xi, s)\mathrm{J}_0(\xi r)\xi}{\hat{D}\xi^3 + \hat{G}/(1 - \hat{\nu}_0)}\mathrm{d}\xi \tag{8-110}$$

若不计泊松比的黏弹性影响而视为常量，则半空间体的黏弹性模量 $\hat{E}_0$ 可假设服从开

尔文模型（$\hat{E}_0 = E_k + \mu_k s$）或其他黏弹性模型。但这种处理对连续介质体不太适合，它可能造成连续介质体积不恰当地压缩或膨胀，因此，一般宜采用体积变形弹性，剪切变形黏弹性的假设，在此假设下材料泊松比不是常数而是黏弹性参数。

例 8.7　体积变形为弹性变形、剪切变形服从开尔文模型的半空间体，不计入板弯曲黏性的无限大板，求其在突加轴对称简谐荷载时的解。

由本书 8.2 节中例 8.1 可知，当半空间体的体积变形为弹性变形、剪切变形服从开尔文模型时，黏弹性模量、泊松比为

$$\left.\begin{aligned}&\hat{G} = G_k + \eta_k s\\&\hat{\nu} = \frac{1}{2}\left[1 - \frac{3(G_k + \eta_k s)}{3K + G_k + \eta_k s}\right]\end{aligned}\right\}\tag{8-111}$$

则有：

$$\begin{aligned}\frac{1}{D\xi^3 + \hat{G}/(1-\hat{\nu}_0)} &= \frac{3K + 4\hat{G}}{3KD\xi^3 + (4D\xi^3 + 6K)\hat{G} + 2\hat{G}^2}\\&= \frac{a_0 + b_0\hat{G}}{(\hat{G} + b_1)(\hat{G} + c_1)} = \frac{b_2}{\hat{G} + b_1} + \frac{c_2}{\hat{G} + c_1}\end{aligned}\tag{8-112}$$

其中，$a_0 = 1.5K$，$b_0 = 2$，$b_1 = \dfrac{-(2D\xi^3 + 3K) + \sqrt{(2D\xi^3 + 3K)^2 - 9(KD\xi^3)^2}}{2}$，$c_1 = \dfrac{-(2D\xi^3 + 3K) - \sqrt{(2D\xi^3 + 3K)^2 - 9(KD\xi^3)^2}}{2}$，$b_2 = \dfrac{a_0 - b_0 b_1}{c_1 - b_1}$，$c_2 = b_0 - b_2$。

将 $\tilde{\bar{p}}(\xi, s) = \bar{p}(\xi)/s$ 代入，得到：

$$\frac{\tilde{\bar{p}}(\xi, s)}{\hat{D}\xi^3 + \hat{G}/(1-\hat{\nu}_0)} = \frac{\bar{p}(\xi)}{\eta_k s}\left[\frac{b_2}{\dfrac{G_k + b_1}{\eta_k} + s} + \frac{c_2}{\dfrac{G_k + c_1}{\eta_k} + s}\right]\tag{8-113}$$

对式(8-113)进行拉普拉斯逆变换并代入式(8-110)，得到：

$$w(r) = \int_0^\infty \frac{\bar{p}(\xi)\mathrm{J}_0(\xi r)\xi}{\eta_k}\left[\frac{b_2\eta_k}{G_k + b_1}\left(1 - \mathrm{e}^{-\frac{G_k+b_1}{\eta_k}t}\right) + \frac{c_2\eta_k}{G_k + c_1}\left(1 - \mathrm{e}^{-\frac{G_k+c_1}{\eta_k}t}\right)\right]\mathrm{d}\xi\tag{8-114}$$

4. 无限大中厚板的准静态解

轴对称静载条件下 Winkler 地基上无限大中厚板的挠曲解：

$$\left.\begin{aligned}w &= \int_0^\infty \frac{\bar{p}(1 + 2\kappa l^2\xi^2)\xi}{D\xi^4 + k(1 + 2\kappa l^2\xi^2)}\mathrm{J}_0(\xi r)\mathrm{d}\xi\\\Omega &= \int_0^\infty \frac{\bar{p}\xi}{D\xi^4 + k(1 + 2\kappa l^2\xi^2)}\mathrm{J}_0(\xi r)\mathrm{d}\xi\end{aligned}\right\}\tag{8-115}$$

式中，κ ——地基中厚板的剪切效应系数，$\kappa=\dfrac{D}{2\varphi^2Ghl^2}=\dfrac{\sqrt{Dk}}{2\varphi^2Gh}$；

k——Winkler 地基的反应模量。

按准静态法，改写为适合黏弹性问题的解则为

$$\left.\begin{aligned}\bar{w}(r,s)&=\int_0^\infty\frac{\tilde{\bar{p}}(\xi)(1+2\kappa l^2\xi^2)\xi}{\hat{D}\xi^4+\hat{k}(2\kappa l^2\xi^2+1)}\mathrm{J}_0(\xi r)\mathrm{d}\xi\\ \bar{\Omega}(r,s)&=\int_0^\infty\frac{\tilde{\bar{p}}(\xi)\xi}{\hat{D}\xi^4+\hat{k}(2\kappa l^2\xi^2+1)}\mathrm{J}_0(\xi r)\mathrm{d}\xi\end{aligned}\right\}\tag{8-116}$$

板弯曲黏弹性：$\hat{D}=D+c_sIs$，开尔文地基：$\hat{k}=k+\eta s$。

$$\frac{1}{\hat{D}\xi^4+\hat{k}(2\kappa l^2\xi^2+1)}=\frac{1}{D\xi^4+k(2\kappa l^2\xi^2+1)}\frac{1}{1+\left[\dfrac{c_sI\xi^4+\eta(2\kappa l^2\xi^2+1)}{D\xi^4+k(2\kappa l^2\xi^2+1)}\right]s}\tag{8-117}$$

在突加轴对称荷载 $p(r)\mathrm{H}(t)$ 时，其挠曲解为

$$\left.\begin{aligned}w(r,t)&=\int_0^\infty\frac{\tilde{\bar{p}}(\xi)(1+2\kappa l^2\xi^2)\xi}{D\xi^4+k(2\kappa\xi^2+1)}\mathrm{J}_0(\xi r)\left\{1-\mathrm{e}^{-\frac{D\xi^4+k(2\kappa l^2\xi^2+1)}{c_sI\xi^4+\eta(2\kappa l^2\xi^2+1)}t}\right\}\mathrm{d}\xi\\ \Omega(r,t)&=\int_0^\infty\frac{\tilde{\bar{p}}(\xi)\xi}{D\xi^4+k(2\kappa l^2\xi^2+1)}\mathrm{J}_0(\xi r)\left\{1-\mathrm{e}^{-\frac{D\xi^4+k(2\kappa l^2\xi^2+1)}{c_sI\xi^4+\eta(2\kappa l^2\xi^2+1)}t}\right\}\mathrm{d}\xi\end{aligned}\right\}\tag{8-118}$$

在施加瞬时脉冲轴对称荷载 $p(r)\delta(t)$ 时，其挠曲解为

$$\left.\begin{aligned}w(r,t)&=\int_0^\infty\frac{\tilde{\bar{p}}(\xi)(1+2\kappa l^2\xi^2)}{c_sI\xi^4+\eta(2\kappa l^2\xi^2+1)}\mathrm{e}^{-\frac{D\xi^4+k(2\kappa l^2\xi^2+1)}{c_sI\xi^4+\eta(2\kappa l^2\xi^2+1)}t}\mathrm{d}\xi\\ \Omega(r,t)&=\int_0^\infty\frac{\tilde{\bar{p}}(\xi)}{c_sI\xi^4+\eta(2\kappa l^2\xi^2+1)}\mathrm{e}^{-\frac{D\xi^4+k(2\kappa l^2\xi^2+1)}{c_sI\xi^4+\eta(2\kappa l^2\xi^2+1)}t}\mathrm{d}\xi\end{aligned}\right\}\tag{8-119}$$

由此可方便地推出双参数地基、半空间地基上无限大中厚板的黏弹性解，在此不一一叙述。

5. 无限大板的傅里叶变换解

直角坐标下的无限大板，可采用对 x 轴、y 轴及时间 t 进行三重傅里叶变换进行求解。

下面以双参数（两个地基参数 k_1、k_2 均服从开尔文模型）地基薄板突加集中力为例，说明三重傅里叶变换法的应用。

本问题的微分方程与初始条件如下：

$$\left.\begin{array}{l}\left[D\nabla^4+\left(k_2+\eta_2\dfrac{\partial}{\partial t}\right)\nabla^2+\left(k_1+\eta_1\dfrac{\partial}{\partial t}\right)\right]w(x,y,t)=P\delta(x)\delta(y)\mathrm{H}(t)\\ w(x,y,t)\big|_{t=0}=0\end{array}\right\} \tag{8-120}$$

对式(8-120)进行三重傅里叶变换,得到:

$$\breve{w}(\xi,\zeta,\tau)=P\left[\frac{\dfrac{1}{i\tau}+\pi\delta(\tau)}{D(\xi^2+\zeta^2)^2-(k_2+i\eta_2\tau)(\xi^2+\zeta^2)+(k_1+i\eta_1\tau)}\right] \tag{8-121}$$

对式(8-121)求傅里叶逆变换:

$$\begin{aligned}w(x,y,t)&=\frac{8}{\pi^3}\int_{-\infty}^{\infty}\int_{-\infty}^{\infty}\int_{-\infty}^{\infty}\breve{w}(\xi,\zeta,\tau)\ \mathrm{e}^{-\mathrm{i}(\xi x+\zeta y+\tau t)}\mathrm{d}\xi\mathrm{d}\zeta\mathrm{d}\tau\\ &=\frac{8P}{\pi^3}\int_{-\infty}^{\infty}\int_{-\infty}^{\infty}\int_{-\infty}^{\infty}\frac{\left[\dfrac{1}{i\tau}+\pi\delta(\tau)\right]\mathrm{e}^{-\mathrm{i}(\xi x+\zeta y+\tau t)}\mathrm{d}\xi\mathrm{d}\zeta\mathrm{d}\tau}{D(\xi^2+\zeta^2)^2-(k_2+i\eta_2\tau)(\xi^2+\zeta^2)+(k_1+i\eta_1\tau)}\end{aligned} \tag{8-122}$$

8.6　黏弹性的矩形地基板

适用于纳维解的四边简(滑)支,以及一对边简支、另一对边滑支三种情形可采用准静态法求解,其他边界条件时,采用准静态法求解就不太方便与简洁,其原因是地基与板的黏弹性参数隐含在方程的其他参数之中,使用方程的拉普拉斯逆变换十分困难,大多数情况下只能采用数值法求逆,从而丧失了简洁明了的解析解形式。

四边简支板的双参数地基薄板的微分方程为

$$\left.\begin{array}{l}D\nabla^4w(x,y)-k_2\nabla^2w(x,y)+k_1w(x,y)=p(x,y)\\ w\big|_{x=0}=w\big|_{x=L}=w\big|_{y=0}=w\big|_{y=B}=0\\ \dfrac{\partial^2w}{\partial x^2}\Big|_{x=0}=\dfrac{\partial^2w}{\partial x^2}\Big|_{x=L}=\dfrac{\partial^2w}{\partial y^2}\Big|_{y=0}=\dfrac{\partial^2w}{\partial y^2}\Big|_{y=B}=0\end{array}\right\} \tag{8-123}$$

板挠度 $w(x,y)$ 的解为

$$\left.\begin{array}{l}w(x,y)=\displaystyle\sum_{m=1}^{\infty}\sum_{n=1}^{\infty}A_{mn}\sin(\alpha_mx)\sin(\beta_ny)\\ A_{mn}=\dfrac{4}{LB}\dfrac{\displaystyle\int_0^L\int_0^Bq(x,y)\sin(\alpha_mx)\sin(\beta_ny)\mathrm{d}x\mathrm{d}y}{D(\alpha_\mathrm{m}^2+\beta_n^2)^2+k_2(\alpha_\mathrm{m}^2+\beta_n^2)+k_1}\end{array}\right\} \tag{8-124}$$

其中，$\alpha_m=\dfrac{m\pi}{L}$，$\beta_n=\dfrac{n\pi}{B}$。

按准静态法，A_{mn} 改为黏弹性参数 $\hat{A}_{mn}$：

$$\hat{A}_{mn}=\frac{4}{LB}\frac{\int_0^L\int_0^B\bar{q}(x,y,s)\sin(\alpha_m x)\sin(\beta_n y)\mathrm{d}x\mathrm{d}y}{\hat{D}(\alpha_m^2+\beta_n^2)^2+\hat{k}_2(\alpha_m^2+\beta_n^2)+\hat{k}_1} \tag{8-125}$$

可以发现，式(8-125)的解法与本书 8.5 节的“基于双参数地基上无限大板的准静态解”中的解法相似，其求解过程可参照式(8-103)的求解过程，此处不再一一复述。

将式(8-125)推广至板长 L、板宽 B 趋于无穷时，就变换为重傅里叶变换与逆变换问题。坐标原点移至板中点，荷载双轴对称即为重余弦变换与逆变换，如式[8-126(a)]所示；双轴反对称即为重正弦变换与逆变换，如式[8-126(b)]所示；x 轴对称、y 轴反对称则为 x 轴余弦变换、y 轴正弦变换与逆变换，如式[8-126(c)]所示；y 轴对称、x 轴反对称则为 y 轴余弦变换、x 轴正弦变换与逆变换，如式[8-126(d)]所示。

$$\bar{w}_{cc}(x,y,s)=\frac{1}{\pi^2}\int_0^\infty\int_0^\infty\frac{\tilde{\bar{p}}_{cc}(\xi,\zeta,s)\cos(\xi x)\cos(\zeta y)}{\hat{D}(\xi^2+\zeta^2)^2+\hat{k}_2(\xi^2+\zeta^2)+\hat{k}_1}\mathrm{d}\xi\mathrm{d}\zeta \tag{8-126(a)}$$

$$\bar{w}_{ss}(x,y,s)=\frac{1}{\pi^2}\int_0^\infty\int_0^\infty\frac{\tilde{\bar{p}}_{ss}(\xi,\zeta,s)\sin(\xi x)\sin(\zeta y)}{\hat{D}(\xi^2+\zeta^2)^2+\hat{k}_2(\xi^2+\zeta^2)+\hat{k}_1}\mathrm{d}\xi\mathrm{d}\zeta \tag{8-126(b)}$$

$$\bar{w}_{cs}(x,y,s)=\frac{1}{\pi^2}\int_0^\infty\int_0^\infty\frac{\tilde{\bar{p}}_{cs}(\xi,\zeta,s)\cos(\xi x)\sin(\zeta y)}{\hat{D}(\xi^2+\zeta^2)^2+\hat{k}_2(\xi^2+\zeta^2)+\hat{k}_1}\mathrm{d}\xi\mathrm{d}\zeta \tag{8-126(c)}$$

$$\bar{w}_{sc}(x,y,s)=\frac{1}{\pi^2}\int_0^\infty\int_0^\infty\frac{\tilde{\bar{p}}_{sc}(\xi,\zeta,s)\sin(\xi x)\cos(\zeta y)}{\hat{D}(\xi^2+\zeta^2)^2+\hat{k}_2(\xi^2+\zeta^2)+\hat{k}_1}\mathrm{d}\xi\mathrm{d}\zeta \tag{8-126(d)}$$

其中，$\tilde{\bar{p}}_{cc}(\xi,\zeta,s)=\int_0^\infty\left[\int_0^\infty\int_0^\infty p(x,y,t)\cos(\xi x)\cos(\zeta y)\mathrm{d}x\mathrm{d}y\right]\mathrm{e}^{-st}\mathrm{d}t$，

$\tilde{\bar{p}}_{ss}(\xi,\zeta,s)=\int_0^\infty\left[\int_0^\infty\int_0^\infty p(x,y,t)\sin(\xi x)\sin(\zeta y)\mathrm{d}x\mathrm{d}y\right]\mathrm{e}^{-st}\mathrm{d}t$，

$\tilde{\bar{p}}_{cs}(\xi,\zeta,s)=\int_0^\infty\left[\int_0^\infty\int_0^\infty p(x,y,t)\cos(\xi x)\sin(\zeta y)\mathrm{d}x\mathrm{d}y\right]\mathrm{e}^{-st}\mathrm{d}t$，

$\tilde{\bar{p}}_{sc}(\xi,\zeta,s)=\int_0^\infty\left[\int_0^\infty\int_0^\infty p(x,y,t)\sin(\xi x)\cos(\zeta y)\mathrm{d}x\mathrm{d}y\right]\mathrm{e}^{-st}\mathrm{d}t$。

对式(8-126)进行拉普拉斯逆变换，便可得到板挠度解。

针对一对边简(滑)支、另一对边任何边界问题，在静态问题时可采用莱维法求解，在 Winkler 地基或双参数地基时，其解的形式如下：

$$\left.\begin{aligned}&w(x,y)=\sum_{m=1}^{\infty}Y_m\sin(\alpha_m x)\\&Y_m(y)=\sinh(\gamma_{1m}y)[A_{1.m}\sin(\gamma_{2m}y)+A_{2.m}\cos(\gamma_{2m}y)]+\\&\qquad\cosh(\gamma_{1m}y)[A_{3.m}\sin(\gamma_{2m}y)+A_{4.m}\cos(\gamma_{2m}y)]+Y_m^*(y)\end{aligned}\right\}\tag{8-127}$$

式(8-127)中的参数 γ_{1m}、γ_{2m}，待定常数 $A_{1.m}$、$A_{2.m}$、$A_{3.m}$、$A_{4.m}$ 由边界条件确定，且均与地基及板材料参数有关，难以对地基与板的黏弹性参数进行拉普拉斯逆变换，除了数值解之外。因此，一般宜分离变量求解，下面以式(8-128)给出的"x 轴对边简支、y 轴对边自由的开尔文地基板，在板中点突加一集中力 P"为例，阐明求解步骤。

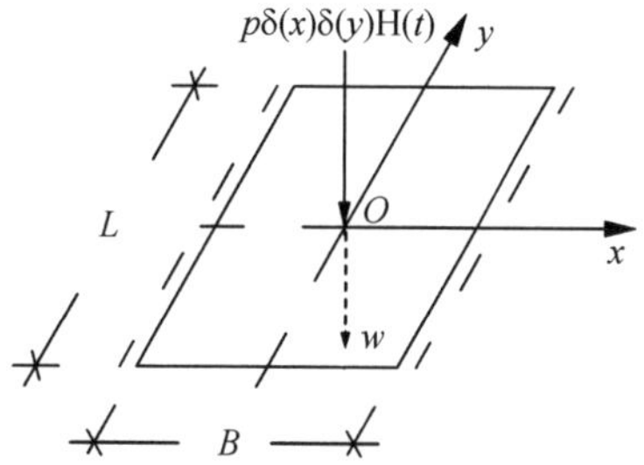

图 8-7　板中突加集中力的开尔文地基矩形薄板

如图 8-7 所示，直角坐标系原点设于矩形板中点、板中点突加集中力的开尔文地基板微分方程为

$$\left.\begin{aligned}&D\,\nabla^4 w(x,y,t)+kw(x,y,t)+\eta\frac{\partial w(x,y,t)}{\partial t}=P\delta(x)\delta(y)\mathrm{H}(t)\\&w\big|_{x=L/2}=\frac{\partial^2 w}{\partial x^2}\bigg|_{x=L/2}=w\big|_{x=-L/2}=\frac{\partial^2 w}{\partial x^2}\bigg|_{x=-L/2}=0\\&M_y\big|_{y=B/2}=V_y\big|_{y=B/2}=M_y\big|_{y=-B/2}=V_y\big|_{y=-B/2}=0\\&w(x,y,0)=0\end{aligned}\right\}\tag{8-128}$$

对式(8-128)的齐次解作分离变量：$\tilde{w}(x,y,t)=W(x,y)T(t)$，得到：

$$\frac{D\,\nabla^4 W(x,y)+kW(x,y)}{W(x,y)}=-\eta\frac{\mathrm{d}T(t)}{T(t)\mathrm{d}t}=c^2\tag{8-129}$$

W 采用莱维解形式展开：$W(x,y)=\sum_{m=1}^{\infty}Y_m\sin\left[\alpha_m\left(x+\frac{L}{2}\right)\right]$，代入式(8-129)，整理解得：

$$D\left[Y_m^{(4)}-2\alpha_m^2Y_m^{(2)}+\left(\alpha_m^4+\frac{k-c^2}{D}\right)Y_m\right]=0\tag{8-130}$$

其中，$\alpha_m=\frac{m\pi}{L}$。

当 $\alpha_m^4+\frac{k-c^2}{D}>0$，则齐次方程无非零解；当 $\alpha_m^4+\frac{k-c^2}{D}<0$，应用对称条件的齐次方程解为

$$Y_m(y)=A_{1.m}\cosh(\gamma_{1.m}y)+A_{2.m}\cos(\gamma_{2.m}y)\tag{8-131}$$

其中，$\gamma_{1m}^2=\sqrt{\dfrac{c^2-k}{D}}+\alpha_m^2$，$\gamma_{2m}^2=\sqrt{\dfrac{c^2-k}{D}}-\alpha_m^2$。

代入 $y=B/2$ 的自由边界条件，$M_{y,m}|_{y=B/2}=V_{y,m}|_{y=B/2}=0$，$M_{y,m}$、$V_{y,m}$ 的计算式为

$$\left.\begin{aligned}M_{y,m}&=-D\left[\frac{\mathrm{d}^2Y_m}{\mathrm{d}y^2}-\nu Y_m\alpha_m^2\right]=0\\V_{y,m}&=D\left[\frac{\mathrm{d}^3Y_m}{\mathrm{d}y^3}-(2-\nu)\frac{\mathrm{d}Y_m}{\mathrm{d}y}\alpha_m^2\right]=0\end{aligned}\right\}\tag{8-132}$$

将自由边界条件代入式(8-131)，并按非零解条件得到方程如下：

$$\frac{\gamma_{1,m}[\gamma_{1,m}^2-(2-\nu)\alpha_m^2]}{\gamma_{1,m}^2-\nu\alpha_m^2}\tanh\frac{\gamma_{1,m}B}{2}+\frac{\eta_m[\gamma_{2,m}^2+(2-\nu)\alpha_m^2]}{\gamma_{2,m}^2+\nu\alpha_m^2}\tan\frac{\gamma_{2,m}B}{2}=0\tag{8-133}$$

式(8-133)是一超越方程，可求得一系列的 $c_{m,n}^2(m=1,\ 2\cdots,\ n=1,\ 2\cdots)$，对应的 $\gamma_{1,mn}$、$\gamma_{2,mn}$、ϕ_{mn}，以及特征函数 $W_{m,n}^*$：

$$W_{m,n}^*=\bar{Y}_{m,n}(y)\sin\left[\alpha_m\left(x+\frac{L}{2}\right)\right]=[\cosh(\gamma_{1,mn}y)+\phi_{nm}\cos(\gamma_{2,mn}y)]\sin\left[\alpha_m\left(x+\frac{L}{2}\right)\right]\tag{8-134}$$

由此得到式(8-128)的齐次解为

$$\begin{aligned}\widetilde{w}(x,\ y,\ t)&=\sum_{n=1}^{\infty}\sum_{m=1}^{\infty}A_{m,n}W_{m,n}^*(x,\ y)T_{m,n}(t)\\&=\sum_{n=1}^{\infty}\left\{\sum_{m=1}^{\infty}A_{m,n}Y_{m,n}\sin\left[\alpha_m\left(x+\frac{L}{2}\right)\right]\mathrm{e}^{-\frac{c_{m,n}^2}{\eta}}\right\}\end{aligned}\tag{8-135}$$

方程特解的形式为

$$\hat{w}(x,\ y,\ t)=\sum_{n=1}^{\infty}\left\{\sum_{m=1}^{\infty}W_{m,n}^*\ \hat{T}_{m,n}(t)\right\}\tag{8-136}$$

代入式(8-128)得到：

$$\sum_{n=1}^{\infty}\left\{\sum_{m=1}^{\infty}Y_{m,n}\sin\left[\alpha_m\left(x+\frac{L}{2}\right)\right]\left[c_{m,n}^2\hat{T}(t)+\eta\frac{\mathrm{d}\hat{T}(t)}{\mathrm{d}t}\right]\right\}=P\delta(x)\delta(y)\mathrm{H}(t)\tag{8-137}$$

利用特征函数的正交性，并应用初始条件 $w(x,\ y,\ 0)=0$，求得本问题的解：

$$w(x,\ y,\ t)=P\sum_{n=1}^{\infty}\left\{\sum_{m=1}^{\infty}\frac{(1+\varphi_{nm})c_{m,n}^2\sin\left(\dfrac{m\pi}{2}\right)}{M_{m,n}}Y_{m,n}\sin\left[\alpha_m\left(x+\frac{L}{2}\right)\right]\left(1-\mathrm{e}^{-\frac{c_{m,n}^2}{\eta}t}\right)\right\}\tag{8-138}$$

其中，$M_{m.n}=4\int_0^{B/2}Y_{m.n}^2\mathrm{d}y\int_0^{L/2}\sin^2\left[\alpha_m\left(x+\frac{L}{2}\right)\right]\,\mathrm{d}x=L\int_0^{B/2}Y_{m.n}^2\mathrm{d}y$。

其他边界条件，其一般解可采用二维莱维解叠加构成，对两边或以上自由边时，还需引入板刚体位移项，求解过程与莱维解的相同，也更烦琐些，尤其是特征值 c^2 的求解十分不易。

例 8.8 求开尔文地基上四边固支正方形板（边长为 L），板中点突加集中力 P 时挠曲方程。

坐标系原点设于板中点，本问题的方程式为

$$\left.\begin{aligned}&D\,\nabla^4 w(x,\ y,\ t)+kw(x,\ y,\ t)+\eta\frac{\partial w(x,\ y,\ t)}{\partial t}=P\delta(x)\delta(y)\mathrm{H}(t)\\&w\big|_{x=L/2}=\frac{\partial w}{\partial x}\bigg|_{x=L/2}=w\big|_{x=-L/2}=\frac{\partial w}{\partial x}\bigg|_{x=-L/2}=0\\&w\big|_{y=L/2}=\frac{\partial w}{\partial y}\bigg|_{y=L/2}=w\big|_{y=-L/2}=\frac{\partial w}{\partial y}\bigg|_{y=-L/2}=0\\&w(x,\ y,\ 0)=0\end{aligned}\right\}\tag{8-139}$$

对板挠度进行分离变量：$w(x,\ y,\ t)=W(x,\ y)T(t)$，代入式(8-139)的齐次方程，得到如式(8-129)的结果。本问题具有双轴对称性，因此，二维莱维解形式的板挠度齐次解表示为

$$\left.\begin{aligned}&W(x,\ y)=\sum_{m=1}^{\infty}A_mY_m\cos(\alpha_m x)+\sum_{n=1}^{\infty}B_nX_n\cos(\beta_n y)\\&Y_m(y)=\cosh(\gamma_{y1.m}y)+\lambda_{y.m}\cos(\gamma_{y2.m}y)\\&X_n(x)=\cosh(\gamma_{x1.n}x)+\lambda_{x.n}\cos(\gamma_{x2.n}x)\end{aligned}\right\}\tag{8-140}$$

其中，$\gamma_{x1.m}=\sqrt{\sqrt{\dfrac{c_n^2-k}{D}}+\alpha_m^2}$，$\gamma_{x2.m}=\sqrt{\sqrt{\dfrac{c_n^2-k}{D}}-\alpha_m^2}$，$\gamma_{y1.n}=\sqrt{\sqrt{\dfrac{c_n^2-k}{D}}+\beta_n^2}$，

$\gamma_{y2.n}=\sqrt{\sqrt{\dfrac{c_n^2-k}{D}}-\beta_n^2}$，$\alpha_m=\dfrac{2m\pi}{L}$，$\beta_n=\dfrac{2n\pi}{L}$。

代入边界条件：

$$\left.\begin{aligned}&W\left(\frac{L}{2},\ y\right)=\sum_{m=1}^{\infty}A_mY_m\cos(m\pi)+\sum_{n=1}^{\infty}B_nX_n\bigg|_{x=\frac{L}{2}}\cos(\beta_n y)=0\\&\frac{\partial W}{\partial x}\bigg|_{x=\frac{L}{2}}=\sum_{n=1}^{\infty}B_nX'_n\bigg|_{x=\frac{L}{2}}\cos(\beta_n y)=0\end{aligned}\right\}\tag{8-141}$$

$$\left.\begin{aligned}
&W\left(x,\frac{L}{2}\right)=\sum_{m=1}^{\infty}A_mY_m\Big|_{y=\frac{L}{2}}\cos(\alpha_mx)+\sum_{n=1}^{\infty}B_nX_n\cos(n\pi)=0\\
&\frac{\partial W}{\partial y}\Big|_{y=\frac{L}{2}}=\sum_{m=1}^{\infty}A_mY'_m\Big|_{y=\frac{L}{2}}\cos(\alpha_mx)=0
\end{aligned}\right\}$$

解式(8-141)得到：

$$\lambda_{y.m}=\frac{\gamma_{y1.m}\sinh\left(\frac{\gamma_{y1.m}L}{2}\right)}{\gamma_{y2.m}\sin\left(\frac{\gamma_{y2.m}L}{2}\right)},\ \lambda_{x.n}=\frac{\gamma_{x1.n}\sinh\left(\frac{\gamma_{x1.n}L}{2}\right)}{\gamma_{x2.n}\sin\left(\frac{\gamma_{x2.n}L}{2}\right)} \tag{[8-142(a)]}$$

$$\left.\begin{aligned}
&\sum_{m=1}^{\infty}A_m\xi Y_{m.n}\cos(m\pi)+B_nX_n\Big|_{x=\frac{L}{2}}=0\quad(n=1,2,\cdots)\\
&A_mY_m\Big|_{y=\frac{L}{2}}+\sum_{n=1}^{\infty}B_n\xi X_{n.m}\cos(n\pi)=0\quad(m=1,2,\cdots)
\end{aligned}\right\} \tag{[8-142(b)]}$$

其中，$\xi Y_{m.n}=\frac{2}{L}\int_0^{L/2}Y_m\cos(\beta_ny)\mathrm{d}y$，$\xi X_{n.m}=\frac{2}{L}\int_0^{L/2}X_n\cos(\alpha_mx)\mathrm{d}x$。

由式[8-142(b)]的非零解条件求出 c_i^2，$i=1,2,\cdots$，由于是非线性方程，求解较为困难。由式[8-142(b)]可建立关于 $A_{m.i}$、$B_{n.i}$ 的线性方程组：

$$\begin{bmatrix}
d_{i.11} & \cdots & d_{i.1m} & d_{i.1(m+1)} & \cdots & d_{i.1(m+n)}\\
\vdots & & & & & \vdots\\
d_{i.m1} & \cdots & d_{i.mm} & d_{i.m(m+1)} & \cdots & d_{i.m(m+n)}\\
d_{i.(m+1)1} & \cdots & d_{i.(m+1)m} & d_{i.(m+1)(m+1)} & \cdots & d_{i.(m+1)(m+n)}\\
\vdots & & & & & \vdots\\
d_{i.(m+n)1} & \cdots & d_{i.(m+n)m} & d_{i.(m+n)(m+1)} & \cdots & d_{i.(m+n)(m+n)}
\end{bmatrix}\begin{bmatrix}A_{i.1}\\ \vdots\\ A_{i.m}\\ B_{i.1}\\ \vdots\\ B_{i.n}\end{bmatrix}=\begin{bmatrix}0\\ \vdots\\ 0\\ 0\\ \vdots\\ 0\end{bmatrix} \tag{8-143}$$

非零解 c_i^2，$i=1,2,\cdots$，可根据如下方程求出：

$$x(c^2)=\det\boldsymbol{D}=0 \tag{8-144}$$

进而求出与 c_i^2 相对应的 $A_{m.i}$、$B_{n.i}$、$Y_{m.i}$ 和 $X_{m.i}$，问题的特征函数为

$$W_i(x,y)=\sum_{m=1}^{\infty}A_{m.i}Y_{m.i}\cos(\alpha_mx)+\sum_{n=1}^{\infty}B_{n.i}X_{n.i}\cos(\beta_ny) \tag{8-145}$$

方程的特解表示为

$$\hat{w}(x,y,t)=\sum_{i=1}^{\infty}W_i^*\hat{T}_i(t) \tag{8-146}$$

代入方程式(8-139)得到：

$$\hat{w}(x, y, t) = \sum_{i=1}^{\infty} W_i^* \left[c_i^2 \hat{T}_i(t) + \eta \frac{\mathrm{d}\hat{T}_i(t)}{\mathrm{d}t} \right] = P\delta(x)\delta(y)\mathrm{H}(t) \tag{8-147}$$

根据特征函数正交性，整理得到：

$$c_i^2 \hat{T}_i(t) + \eta \frac{\mathrm{d}\hat{T}_i(t)}{\mathrm{d}t} = P \frac{N_i}{M_i} \mathrm{H}(t) \tag{8-148}$$

其中，$M_i = \int_0^{L/2}\int_0^{L/2} [W_i^*]^2 \mathrm{d}x\mathrm{d}y$，$N_i = \sum_{m=1}^{\infty} A_{m.i}(1+\lambda_{y.m}) + \sum_{n=1}^{\infty} B_{n.i}(1+\lambda_{x.n})$。

利用初始条件，得到通解：

$$w(x, y, t) = P \sum_{i=1}^{\infty} \frac{N_i}{M_i} W_i^* \left(1 - \mathrm{e}^{-\frac{c_i^2}{\eta}t}\right) \tag{8-149}$$

8.7　移动荷载下的黏弹性地基板

移动荷载的表征与特解的求解是移动荷载下黏弹性地基板的两个主要问题。在直角坐标系下，点源荷载（集中力）可表示为沿 x 坐标轴上移动，如式（8-150）所示；矩形局部均布荷载可表示为沿 x 坐标轴上移动，如式（8-151）所示。

$$p(x, y, t) = P\delta(y)\delta[x - f(t)] \tag{8-150}$$

$$p(x, y, t) = \frac{P}{ab}\{\mathrm{H}[x - f(t)] - \mathrm{H}[x - a - f(t)]\}[\mathrm{H}(y + b/2) - \mathrm{H}(y - b/2)] \tag{8-151}$$

式中，$f(t)$为荷载移动函数，当为匀速时 $f(t) = vt$；v 为移动速度。

1. 无限大板的准静态解

利用直角坐标系下四边简支板的准静态解推广至无限大板的计算式（8-126）进行求解。该方法实质上是利用问题对称性或反对称性，对 x、y 进行余弦或正弦变换，对时间 t 进行拉普拉斯变换的三重复合积分变换方法。

沿 x 轴移动荷载可视为双轴对称与 y 轴对称、x 轴反对称两种情形的叠加。

例 8.9　开尔文地基薄板，集中力 P 从原点匀速沿 x 轴正向移动，求板的挠度解。

如图 8-8 所示，移动集中力荷载分解为双轴对称 p_{cc} 和 x 轴对称 y 轴反对称 p_{sc} 的叠加：

$$p_{cc} = p_{sc} = \frac{P}{2}\delta(y)\delta(x - vt)\mathrm{H}(t) \tag{8-152}$$

对式（8-152）进行三重复合积分变换得到：

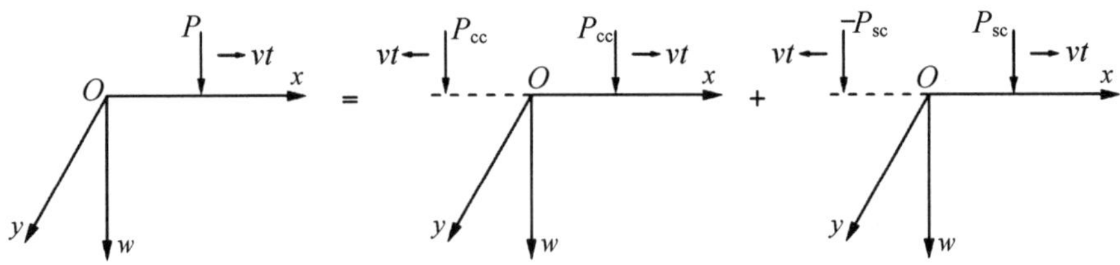

图 8-8　移动集中力的分解

$$\tilde{\tilde{p}}_{cc}=\frac{P}{2}\frac{s}{s^2+(\xi v)^2},\ \tilde{\tilde{p}}_{sc}=\frac{P}{2}\frac{\xi v}{s^2+(\xi v)^2} \tag{8-153}$$

代入式(8-126)得到：

$$\left.\begin{aligned}\bar{w}_{cc}(x,y,s)&=\frac{P}{2\pi^2}\int_0^{\infty}\int_0^{\infty}\frac{s\cos(\xi x)\cos(\zeta y)}{[s^2+(\xi v)^2][D(\xi^2+\zeta^2)^2+k+\eta s]}\mathrm{d}\xi\mathrm{d}\zeta\\ \bar{w}_{sc}(x,y,s)&=\frac{P}{2\pi^2}\int_0^{\infty}\int_0^{\infty}\frac{\xi v\sin(\xi x)\cos(\zeta y)}{[s^2+(\xi v)^2][D(\xi^2+\zeta^2)^2+k+\eta s]}\mathrm{d}\xi\mathrm{d}\zeta\end{aligned}\right\} \tag{8-154}$$

对式(8-154)进行拉普拉斯逆变换，有：

$$\left.\begin{aligned}&\frac{s}{(s^2+a^2)(1+bs)}=\frac{1}{a^2b^2+1}\left[\frac{a^2bs-a^2}{s^2+a^2}+\frac{1}{1+bs}\right]\\ &\frac{1}{(s^2+a^2)(1+bs)}=\frac{1}{a^2b^2+1}\left[\frac{-bs+1}{s^2+a^2}+\frac{b^2}{1+bs}\right]\\ &L\left[\frac{s}{(s^2+a^2)(1+bs)}\right]=\frac{1}{a^2b^2+1}\left[a^2b\cos(\xi vt)-a\sin(\xi vt)+\mathrm{e}^{-\frac{D(\xi^2+\zeta^2)^2+k}{\eta}t}\right]\\ &L\left[\frac{1}{(s^2+a^2)(1+bs)}\right]=\frac{1}{a^2b^2+1}\left[-b\cos(\xi vt)+\sin(\xi vt)+b^2\mathrm{e}^{-\frac{D(\xi^2+\zeta^2)^2+k}{\eta}t}\right]\end{aligned}\right\} \tag{8-155}$$

其中，$a=\xi v$，$b=\dfrac{\eta}{D(\xi^2+\zeta^2)^2+k}$。

将式(8-154)代入式(8-153)得到本问题的解为

$$\begin{aligned}w(x,y,t)&=w_{cc}(x,y,t)+w_{sc}(x,y,t)\\ &=\frac{P}{2\pi^2}\int_0^{\infty}\int_0^{\infty}\frac{\cos(\zeta y)}{a^2b^2+1}\left\{\cos(\xi x)\left[a^2b\cos(\xi vt)-a\sin(\xi vt)+\mathrm{e}^{-\frac{D(\xi^2+\zeta^2)^2+k}{\eta}t}\right]+\right.\\ &\left.\xi v\sin(\xi x)\left[-b\cos(\xi vt)+\sin(\xi vt)+b^2\mathrm{e}^{-\frac{D(\xi^2+\zeta^2)^2+k}{\eta}t}\right]\right\}\mathrm{d}\xi\mathrm{d}\zeta\end{aligned} \tag{8-156}$$

2. 无限大板的三重傅里叶变换法

若对时间 t 进行拉普拉斯变换或逆变换较为困难时，应用本书 8.5 节中“无限大板的傅里叶变换解”的方法求解更为方便。

下面以双参数(两个地基参数 k_1、k_2 均服从开尔文模型)地基板突加集中力为例，说明三重傅里叶变换法的应用。以式(8-157)给出的计入板弯曲阻尼的黏弹性双参数地基无限大板，在零时刻突加一沿 x 轴移动点源荷载。

$$\left.\begin{array}{l}\left[\left(D+c_sI\dfrac{\partial}{\partial t}\right)\nabla^4-\left(k_2+\eta_2\dfrac{\partial}{\partial t}\right)\nabla^2+\left(k_1+\eta_1\dfrac{\partial}{\partial t}\right)\right]w(x,y,t)=P\delta(x-\nu t)\delta(y)\mathrm{H}(t)\\ w(x,y,t)\mid_{t=0}=0\end{array}\right\}\tag{8-157}$$

荷载项 $P\delta(x-\nu t)\delta(y)\mathrm{H}(t)$ 的三重傅里叶变换：

$$\begin{aligned}F(\xi,\zeta,\tau)&=P\int_{-\infty}^{\infty}\int_{-\infty}^{\infty}\int_{-\infty}^{\infty}\delta(y)\delta(x-\nu t)\mathrm{H}(t)\mathrm{e}^{\mathrm{i}(\xi x+\zeta y+t\tau)}\mathrm{d}x\,\mathrm{d}y\,\mathrm{d}t\\&=P\int_{-\infty}^{\infty}\mathrm{H}(t)\mathrm{e}^{\mathrm{i}(\xi vt+t\tau)}\mathrm{d}t=P\int_{0}^{\infty}\mathrm{e}^{\mathrm{i}(\xi v+\tau)t}\mathrm{d}t=2\pi P\delta(\tau+\xi v)\end{aligned}\tag{8-158}$$

对式(8-157)进行三重傅里叶变换[142]，得到：

$$\breve{w}(\xi,\zeta,\tau)=2\pi P\left[\frac{\delta(\tau+\xi v)}{(D+ic_sI\tau)(\xi^2+\zeta^2)^2+(k_2+i\eta_2\tau)(\xi^2+\zeta^2)+(k_1+i\eta_1\tau)}\right]\tag{8-159}$$

对式(8-159)求傅里叶逆变换：

$$\begin{aligned}w(x,y,t)&=\int_{-\infty}^{\infty}\int_{-\infty}^{\infty}\int_{-\infty}^{\infty}\breve{w}(\xi,\zeta,\tau)\ \mathrm{e}^{-\mathrm{i}(\xi x+\zeta y+\tau t)}\mathrm{d}\xi\mathrm{d}\zeta\mathrm{d}\tau\\&=\frac{16P}{\pi^2}\int_{-\infty}^{\infty}\int_{-\infty}^{\infty}\int_{-\infty}^{\infty}\frac{\delta(\tau+\xi v)\mathrm{e}^{-\mathrm{i}(\xi x+\zeta y+\tau t)}\mathrm{d}\xi\mathrm{d}\zeta\mathrm{d}\tau}{D(\xi^2+\zeta^2)^2+(k_2+\eta_2 i\tau)(\xi^2+\zeta^2)+(k_1+\eta_1 i\tau)}\end{aligned}\tag{8-160}$$

3. 瞬时脉冲荷载解的推广

上述二重傅里叶变换加拉普拉斯变换或三重傅里叶变换法只适用于无限大板，对于有限尺寸板，采用基于瞬时脉冲荷载解的格林函数法更为方便，当然格林函数法也适用于无限大板。下面以移动集中力下板挠曲问题为例。

当已知任意时刻 τ 作用于给定坐标(x_0,y_0)的瞬时脉冲荷载 $p(x_0,y_0,\tau)=P\delta(x-x_0)\delta(y-y_0)\delta(t-\tau)$ 引起的黏弹性地基板挠度方程 $w(x,y,t,x_0,y_0,\tau)=PG(x,y,t,x_0,y_0,\tau)$ 时，则移动集中力 P 对任一点(x,y)的挠度，可认为是无穷多个瞬时脉冲荷

载在集中力 P 移动轨迹 $x_0(t)$、$y_0(t)$ 上先后作用引起的，因此任一点挠度 $w(x, y, t)$ 可按式(8-161)计算：

$$\begin{aligned}w(x, y, t) = & P\sum_{n=1}^{\infty}\{G[x, y, t, x_0(0), y_0(0), 0]+\\ & G[x, y, t, x_0(\Delta\tau), y_0(\Delta\tau), \Delta\tau]+\cdots+\\ & G[x, y, t, x_0(n\Delta\tau), y_0(n\Delta\tau), n\Delta\tau]+\cdots\}\\ = & P\int_0^t G[x, y, t, x_0(\tau), y_0(\tau), \tau]\mathrm{d}\tau\end{aligned} \tag{8-161}$$

对于有方向性的弯矩与剪力，采用叠加法较为复杂，可直接根据式(8-161)求出的挠度进行求导得到。

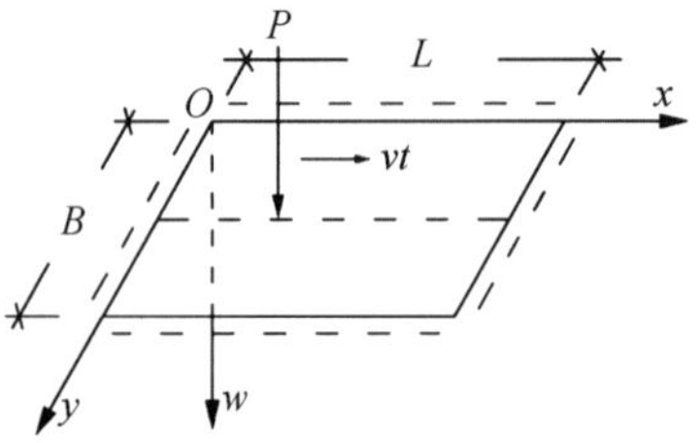

例 8.10 如图 8-9 所示的开尔文地基上四边简支矩形板，有一个集中力 P 在 0 时刻从 $(0, B/2)$ 点沿 x 轴正向以 v 速度移动，求集中力位于板上时 $(0\leqslant t\leqslant L/v)$ 地基板的挠度。

图 8-9 四边简支方板作用移动集中力

本问题的任意时刻 τ 瞬时脉冲荷载作用于 $(x_0, B/2)$，因此，瞬时脉冲荷载可表示为

$$p(x_0, y_0, \tau) = P\delta(x-x_0)\delta(y-B/2)\delta(t-\tau) \tag{8-162}$$

开尔文地基上四边简支矩形板的特征函数为

$$W(x, y) = \sum_{m=1}^{\infty}\sum_{n=1}^{\infty}A_{mn}W_{mn}(x, y) = \sum_{m=1}^{\infty}\sum_{n=1}^{\infty}A_{mn}\sin(\alpha_m x)\sin(\beta_n y) \tag{8-163}$$

其中，$\alpha_m = \dfrac{m\pi}{L}$，$\beta_n = \dfrac{n\pi}{B}$。

将 $w(x, y) = \sum_{m=1}^{\infty}\sum_{n=1}^{\infty}W_{mn}(x, y)T_{mn}$ 代入板微分方程得到：

$$\begin{aligned}& \sum_{m=1}^{\infty}\sum_{n=1}^{\infty}\left\{[D(\alpha_m^2+\beta_n^2)^2+k]T_{mn}+\eta\frac{\partial T_{mn}}{\partial t}\right\}\sin(\alpha_m x)\sin(\beta_n y)\\ & = P\delta(x-x_0)\delta(y-B/2)\delta(t-\tau)\end{aligned} \tag{8-164}$$

利用 $W(x, y)$ 的正交性及对上式的时间 t 作拉普拉斯变换，得到：

$$\bar{T}_{mn} = \frac{4P\sin\left(\dfrac{n\pi}{2}\right)\sin(\alpha_m x_0)}{LB\eta}\frac{\mathrm{e}^{-\tau s}}{\dfrac{D(\alpha_m^2+\beta_n^2)^2+k}{\eta}+s} \tag{8-165}$$

从而求得本问题的格林函数为

$$G(x, y, t, x_0, y_0, \tau)=\frac{4}{LB}\sum_{m=1}^{\infty}\sum_{n=1,3,\cdots}^{\infty}\left[\sin\left(\frac{n\pi}{2}\right)\frac{\sin(\alpha_m x_0)}{\eta}e^{-\frac{D(\alpha_m^2+\beta_n^2)^2+k}{\eta}(t-\tau)}\right]\times \sin(\alpha_m x)\sin(\beta_n y) \tag{8-166}$$

再应用式(8-161)得到 $0\leqslant t\leqslant L/v$ 时间段的地基板挠度解：

$$\begin{aligned}w(x, y, t)&=P\int_0^t G[x, y, t, x_0(\tau), y_0(\tau), \tau]\mathrm{d}\tau\\&=\frac{4P}{LB}\sum_{m=1}^{\infty}\sum_{n=1,3,\cdots}^{\infty}\sin\left(\frac{n\pi}{2}\right)\left[\int_0^t\frac{\sin(\alpha_m v\tau)}{\eta}e^{-\frac{D(\alpha_m^2+\beta_n^2)^2+k}{\eta}(t-\tau)}\mathrm{d}\tau\right]\sin(\alpha_m x)\sin(\beta_n y)\end{aligned} \tag{8-167}$$

其中，$\int_0^t\frac{\sin(\alpha_m v\tau)}{\eta}e^{-\frac{D(\alpha_m^2+\beta_n^2)^2+k}{\eta}(t-\tau)}\mathrm{d}\tau \xlongequal{b=\frac{D(\alpha_m^2+\beta_n^2)^2+k}{\eta}} \frac{e^{-bt}}{\eta}\int_0^t\sin(\alpha_m v\tau)e^{b\tau}\mathrm{d}\tau$

$$=\frac{e^{-bt}}{\eta}\frac{e^{b\tau}}{\alpha_m^2v^2+b^2}[b\sin(\alpha_m v\tau)-\alpha_m v\cos(\alpha_m v\tau)]\Big|_0^t$$

$$=\frac{b\sin(\alpha_m vt)-\alpha_m v\cos(\alpha_m vt)+\alpha_m v e^{-bt}}{\eta(\alpha_m^2v^2+b^2)}。$$

第 9 章　地基板的振动

铺面结构上最常见的车辆、飞机与装卸机械的轮轴载都属于动态荷载，也就是说地基板主要工作状态是动态的，现国际上检测铺面结构整体结构性能的落锤式弯沉测定法的荷载属于短历时(30 ms 左右)冲击荷载，因此，研究地基板的动态问题十分必要。与静态问题相比，地基板的动态振动问题增加了板与地基的惯性力，因此，求解更复杂，可能会遇到多元非线性方程组或超大矩阵的本征问题。本章先介绍三类动荷载(脉动周期荷载、移动荷载和冲击荷载)的特点；随后，详细论述无限大地基板黏弹性问题的积分变换法，圆形与矩形地基板的自振频率及振型函数求解的分离变量法与积分变换法；进而，讨论地基板的自由振动与强迫振动，其中，较大篇幅介绍点源荷载的格林函数求解及其应用。

9.1　概述

在静态或准静态问题中，地基与板的惯性是被忽略的，当考察地基板在动态荷载激励下的地基板振动响应时，地基与板的惯性力须计入。考虑板惯性的薄板、中厚板的运动微分方程见本书 3.9 节中式(3-128)和式(3-130)，或计入板弯曲阻尼的式(3-133)、式(3-136)和式(3-137)；考虑地基惯性的地基反力方程见本书 2.4.5 节中式(2-130)、式(2-131)和式(2-137)。

结构振动可分为四类：自由振动、强迫振动、自激振动和参数振动，后两种振动在土木工程中并不常见[143]。地基板的振动主要有自由振动和强迫振动两类，强迫振动是指承受持续动荷载激励下的地基板结构响应；自由振动是指在初始位移、初始速度等初始激励下，或动荷载持续激励之后的地基板结构响应。

作用于地基板的动荷载可分为三类：脉动周期荷载、移动荷载和冲击荷载。

定点的脉动周期荷载均可分解为傅里叶级数形式，即视为多个简谐荷载的叠加：

$$p(x,y,t)=\sum_{n=0}^{\infty}p_n(x,y)\sin(\omega_n t) \tag{9-1}$$

式中，ω_n 为第 n 个振动圆频率，$\omega_n=\dfrac{2n\pi}{T}$，其中，$T$ 为振动周期。

典型移动荷载是行驶在地基板上的车辆、飞机、装卸机械的轮、轴载等。这些轮、轴载除了机械振动外，往往伴随着因地基板不平整而引起的竖向惯性力变化，例如，外荷载为在

x 轴上沿 x 正向匀速移动的点质量为 m 时的表达式为

$$p(x,\ y,\ t)=m\left[g+\frac{\partial^2 w_0(vt)}{\partial t^2}-\frac{\partial^2 w(vt)}{\partial t^2}\right]\delta(y)\delta(x-v_x t) \tag{9-2}$$

式中　g——重力加速度；

w_0——地基板表面的初始竖向坐标；

v_x——x 方向的速度。

冲量引起的冲击荷载 P 的时间分布通常可处理为矩形、三角形、抛物线、半正弦、半圆或半正弦平方分布，当作用持续时间为 Δt 时，作用力 P 的分布函数如下所示，参见图 9-1：

(1) 矩形分布：$P(t)=\frac{mv}{\Delta t}[\mathrm{H}(t)-\mathrm{H}(t-\Delta t)]$；

(2) 三角形分布：$P(t)=\frac{2mv}{\Delta t}\left\{\frac{2t}{\Delta t}\left[\mathrm{H}(t)-\mathrm{H}\left(t-\frac{\Delta t}{2}\right)\right]+\left(2-\frac{2t}{\Delta t}\right)\times\left[\mathrm{H}\left(t-\frac{\Delta t}{2}\right)-\mathrm{H}(t-\Delta t)\right]\right\}$；

(3) 抛物线分布：$P(t)=\frac{6mv}{\Delta t}\left[\frac{t}{\Delta t}\left(\frac{t}{\Delta t}-1\right)\right][\mathrm{H}(t)-\mathrm{H}(t-\Delta t)]$；

(4) 半正弦分布：$P(t)=\frac{\pi mv}{2\Delta t}\sin\left(\frac{\pi t}{\Delta t}\right)[\mathrm{H}(t)-\mathrm{H}(t-\Delta t)]$；

(5) 半圆分布：$P(t)=\frac{4mv}{\pi\Delta t}\sqrt{1-\left(1-\frac{2t}{\Delta t}\right)^2}[\mathrm{H}(t)-\mathrm{H}(t-\Delta t)]$；

(6) 半正弦平方分布：$P(t)=\frac{2mv}{\Delta t}\sin^2\left(\frac{\pi t}{2\Delta t}\right)[\mathrm{H}(t)-\mathrm{H}(t-\Delta t)]$。

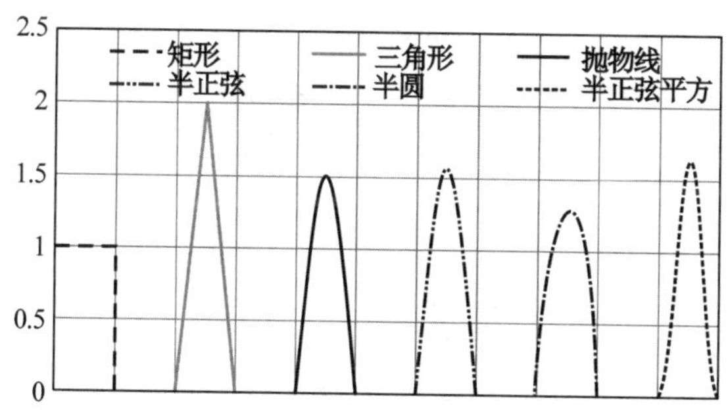

图 9-1　冲击荷载的分布类型

冲量可换算为作用力与时间的乘积：

$$mv=\int P\,\mathrm{d}t \tag{9-3}$$

式中　m——冲击物的质量；

v——冲击速度；

P——作用力；

t——作用时间。

若持续时间 Δt 后冲击物仍有残余冲量，则上述冲量 mv 应改为冲量损失量 Δmv。

例 9.1 考察不计橡胶垫与铺面结构黏性阻尼条件下，落锤式弯沉测定法中落锤荷载的运动规律及对铺面的冲击压力。

当前铺面结构表面弯沉大多采用落锤式弯沉仪进行测定。落锤式弯沉仪有车载式与便携式两类，其冲击荷载系统由落锤、橡胶垫和刚性承载板构成，如图 9-2 所示。其中，落锤质量为 m，落锤距橡胶垫距离为 H，橡胶垫厚为 δ，落锤跳起脱开橡胶垫即被接住。

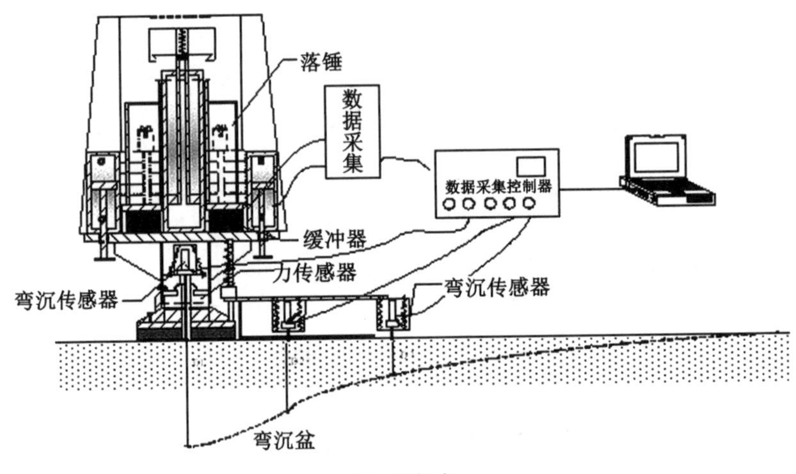

(a) 车载式

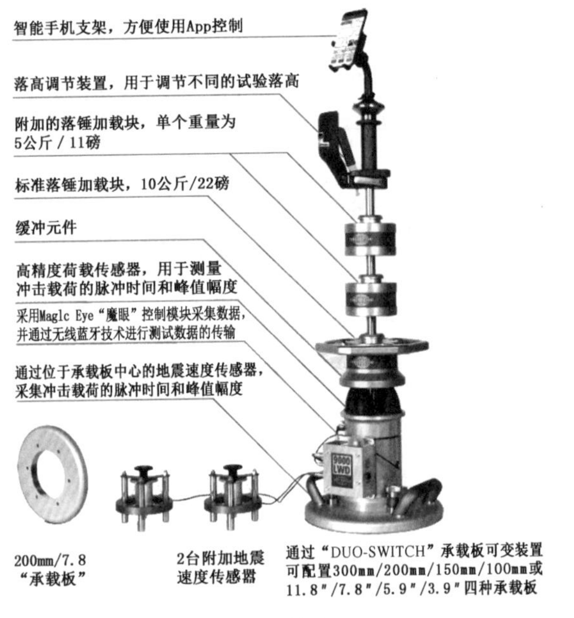

(b) 便携式

图 9-2 落锤式弯沉仪示意

取落锤与橡胶垫接触时为零时刻，$t=0$，橡胶垫表面为坐标原点。落锤运动的微分方程为

$$m\frac{\mathrm{d}^2 x_1}{\mathrm{d}t^2}=mg-k(x_1-x_0),0<t<\Delta t \tag{9-4}$$

式中　x_1——落锤坐标；

x_0——由铺面变形引起刚性承载板的竖向位移；

Δt——落锤跳起时间，也可称为冲击荷载的冲击时长；

k——橡胶垫的压缩反应模量。

按纯压状态计，橡胶垫的压缩反应模量 k 为

$$k=\frac{E_1 S}{(1-\nu_1^2)\delta} \tag{9-5}$$

式中　E_1——橡胶垫的弹性模量；

ν_1——橡胶垫的泊松比；

S——橡胶垫当量截面积；

δ——橡胶垫厚度。

铺面变形引起刚性承载板的竖向位移可按式(9-6)估计。

$$x_0=\frac{P(1-\nu_0^2)}{2a_{\mathrm{p}}E_0}=\frac{k(x_1-x_0)(1-\nu_0^2)}{2a_{\mathrm{p}}E_0}=x_1\left(\frac{b_0}{1+b_0}\right) \tag{9-6}$$

其中，$b_0=\frac{k(1-\nu_0^2)}{2a_{\mathrm{p}}E_0}=\frac{S}{2a_{\mathrm{p}}\delta}\frac{E_{\mathrm{r1}}}{E_{\mathrm{r0}}}$；

式中　E_0——铺面结构层的整体当量模量；

ν_0——铺面结构层的泊松比；

a_{p}——刚性承载板半径；

E_{r}——材料广义模量，$E_{\mathrm{r}}=\frac{E}{1-\nu^2}$；

P——承载板上承受的落锤总冲击压力。

解微分方程式(9-4)，并代入初始条件；$x_1\Big|_{t=0}=0$，$\frac{\mathrm{d}x_1}{\mathrm{d}t}\Big|_{t=0}=v_{x.0}=\sqrt{2gH}$，其中 H 为落锤高度，得到：

$$x_1=\frac{v_{x.0}}{\omega}[\beta(1-\cos\omega t)+\sin(\omega t)] \tag{9-7}$$

其中，$\omega=\sqrt{\frac{k}{m(1+b_0)}}$，$\beta=\sqrt{\frac{(1+b_0)mg}{2Hk}}=\frac{g}{\omega v_{x.0}}=\frac{1}{\omega}\sqrt{\frac{g}{2H}}$；$v_{x.t}$ 为 t 时刻的落锤运动速度。

由落锤运动方程(9-7)得到铺面顶的冲击力如式(9-8)所示，落锤跳起时刻 Δt 的计算

如式(9-9)所示。

$$
\begin{aligned}
P &= k(x_1 - x_0) = \frac{k}{1+b_0}x_1 = \frac{kv_{x.0}}{(1+b_0)\omega}[\beta(1-\cos\omega t)+\sin(\omega t)] \\
&= \frac{kv_{x.0}}{(1+b_0)\omega}\{\beta + \sqrt{1+\beta^2}\sin[\omega(t-t_0)]\} \\
&= mg + P_\delta \sin[\omega(t-t_0)]
\end{aligned} \tag{9-8}
$$

其中，$t_0 = \arccos(1/\sqrt{1+\beta^2})$，$P_\delta = \frac{k\sqrt{1+\beta^2}\,v_{x.0}}{(1+b_0)\omega} = \sqrt{\frac{mv_{x.0}k}{1+b_0} + (mg)^2}$。

$$
\Delta t = \frac{1}{\omega}\left[\pi + 2\sin^{-1}\left(\frac{\beta}{\sqrt{1+\beta^2}}\right)\right] \tag{9-9}
$$

从式(9-8)可以看出，落锤的冲击形式为锤自重加正弦分布，一般情况下，锤自重 mg 与冲击压力 P_δ 相比是小值，通常被忽略。由式(9-9)得到最大冲击力 $P_{\max} = mg + P_\delta$，出现时刻为 $\Delta t/2$。

落锤冲击冲量增量与冲击压力时程之间的关系如式(9-10)所示，其中，式中第二项是落锤的自重。

$$
\begin{aligned}
\Delta mv &= m(v_{x.0} - v_{x.\Delta t}) = mv_{x.0}[1 - \beta\sin(\omega\Delta t) - \cos(\omega\Delta t)] \\
&= \int_0^{\Delta t} P\,\mathrm{d}t - mg\Delta t
\end{aligned} \tag{9-10}
$$

式中，$v_{x.\Delta t}$ 为落锤起跳时的速度。

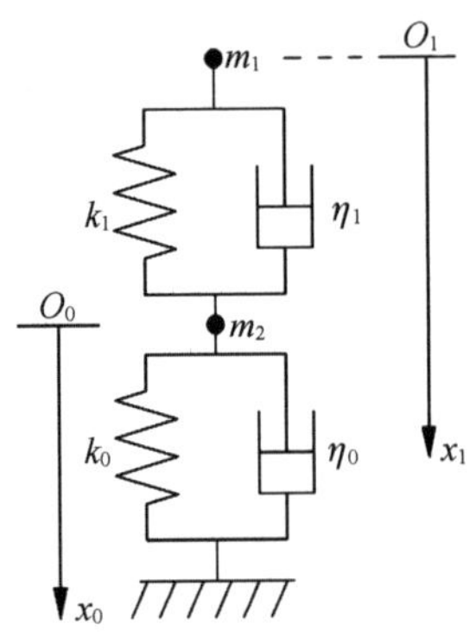

图 9-3　计入黏性与惯性的落锤冲击力学模型

实际上落锤冲击荷载需更详细的解析，例如，橡胶垫与地基均假设服从开尔文模型，且计入刚性承载板的惯性，其力学图式如图 9-3 所示，则落锤的运动方程如式[9-11(a)]所示，从外荷载视角来看铺面顶面压力 p 的方程如式[9-11(b)]所示，从地基反力视角来看铺面顶面压力 p 的方程如式[9-11(c)]所示。

$$
m_1\frac{\mathrm{d}^2x_1}{\mathrm{d}t^2} = m_1 g - k_1(x_1 - x_0) - \eta_1\frac{\mathrm{d}(x_1 - x_0)}{\mathrm{d}t} \tag{9-11(a)}
$$

$$
p = k_1(x_1 - x_0) + \eta_1\frac{\mathrm{d}(x_1 - x_0)}{\mathrm{d}t} + m_2\left(g - \frac{\mathrm{d}^2x_0}{\mathrm{d}t^2}\right) = m_1\left(g - \frac{\mathrm{d}^2x_1}{\mathrm{d}t^2}\right) + m_2\left(g - \frac{\mathrm{d}^2x_0}{\mathrm{d}t^2}\right) \tag{9-11(b)}
$$

$$
p = k_0x_0 + \eta_0\frac{\mathrm{d}x_0}{\mathrm{d}t} \tag{9-11(c)}
$$

式中　m_1、m_2——落锤与刚性承载板的质量；

k_1、η_1——橡胶垫的弹簧常数与黏滞系数；

k_0、η_0——地基的弹簧常数与黏滞系数。

其中，地基的弹簧常数 k_0 可表示为 $k_0=\dfrac{2E_0}{\pi(1-\nu_0^2)a_p}$，则式(9-11)可整理成两个独立的微分方程：

$$\left.\begin{array}{l}\left\{k_0k_1+(k_0\eta_1+k_1\eta_0)\dfrac{\mathrm{d}}{\mathrm{d}t}+[\eta_0\eta_1+k_1m_2+m_1(k_1+k_0)]\dfrac{\mathrm{d}^2}{\mathrm{d}t^2}+\right.\\ \quad\left.[m_2\eta_1+(\eta_1+\eta_0)m_1]\dfrac{\mathrm{d}^3}{\mathrm{d}t^3}+m_2m_1\dfrac{\mathrm{d}^4}{\mathrm{d}t^4}\right\}x_1=[k_1(m_2+m_1)+k_0m_1]g\\ \left\{k_0k_1+(k_0\eta_1+k_1\eta_0)\dfrac{\mathrm{d}}{\mathrm{d}t}+[\eta_1\eta_0+k_1m_2+m_1(k_0+k_1)]\dfrac{\mathrm{d}^2}{\mathrm{d}t^2}+\right.\\ \quad\left.[\eta_1m_2+m_1(\eta_0+\eta_1)]\dfrac{\mathrm{d}^3}{\mathrm{d}t^3}+m_1m_2\dfrac{\mathrm{d}^4}{\mathrm{d}t^4}\right\}x_0=k_1(m_2+m_1)g\end{array}\right\}\tag{9-12}$$

求解式(9-12)得到落锤位置 x_1 与铺面挠度 x_0 的表达式：

$$\left.\begin{array}{l}x_1=\mathrm{e}^{-\lambda t}(A_1\sin\alpha t+A_2\cos\alpha t)+\mathrm{e}^{\lambda t}(A_3\sin\alpha t+A_3\cos\alpha t)+\left(\dfrac{m_2+m_1}{k_0}+\dfrac{m_1}{k_1}\right)g\\ x_0=\mathrm{e}^{-\lambda t}(B_1\sin\alpha t+B_2\cos\alpha t)+\mathrm{e}^{\lambda t}(B_3\sin\alpha t+B_3\cos\alpha t)+\dfrac{m_2+m_1}{k_0}g\end{array}\right\}\tag{9-13}$$

其中，$\pm\lambda$、$\pm\alpha\mathrm{i}$ 是式(9-14)四次方程的根；待定常数 A_1、A_2、A_3、A_4 与 B_1、B_2、B_3、B_4 线性相关，可从式(9-15)推出。

$$\frac{k_0k_1}{m_2m_1}+\left(\frac{k_0\eta_1+k_1\eta_0}{m_2m_1}\right)\xi+\left[\frac{\eta_0\eta_1+m_2k_1+m_1(k_1+k_0)}{m_2m_1}\right]\xi^2+\left(\frac{\eta_1}{m_1}+\frac{\eta_1+\eta_0}{m_2}\right)\xi^3+\xi^4=0\tag{9-14}$$

$$-m_1\frac{\mathrm{d}^2x_1}{\mathrm{d}t^2}=k_0x_0+\eta_0\frac{\mathrm{d}x_0}{\mathrm{d}t}+m_2\frac{\mathrm{d}^2x_0}{\mathrm{d}t^2}-(m_2+m_1)g\tag{9-15}$$

落锤位置 x_1 与铺面挠度 x_0 的初始条件：

$$\left.\begin{array}{l}x_1\big|_{t=0}=x_0\big|_{t=0}=0\\ \dfrac{\mathrm{d}x_1}{\mathrm{d}t}\Big|_{t=0}=\sqrt{2gH},\ \dfrac{\mathrm{d}x_0}{\mathrm{d}t}\Big|_{t=0}=0\end{array}\right\}\tag{9-16}$$

9.2　无限大地基板的振动

9.2.1　无限大地基板振动的一般解

1. 薄板振动

地基上无限大薄板的运动微分方程通常如式(9-17)所示，也可增加考量板截面弯曲形变的阻尼与惯性,如式(9-18)所示。

$$\left(D\ \nabla^4+\rho h\ \frac{\partial^2}{\partial t^2}\right)w=(p-q) \tag{9-17}$$

$$\left[\left(D+c_s I\ \frac{\partial}{\partial t}\right)\nabla^4-\frac{\partial^2}{\partial t^2}(\rho I\ \nabla^2-\rho h)\right]w=(p-q) \tag{9-18}$$

式(9-17)可视为式(9-18)中 $c_s=0$ 及 $\rho I=0$ 的特例,因此,除言明之外,采用式(9-18)形式。设 $t=0$ 时刻薄板处于未加载的初始静止状态,对式(9-18)进行拉普拉斯变换,得到:

$$[(D+c_s Is)\ \nabla^4-\rho Is^2\ \nabla^2+\rho hs^2]\bar{w}=(\bar{p}-\bar{q}) \tag{9-19}$$

当外荷载 p 轴对称时,对式(9-19)再进行零阶汉克尔变换,得到:

$$[(D+c_s Is)\xi^4+\rho Is^2\xi^2+\rho hs^2]\tilde{\bar{w}}=(\tilde{\bar{p}}-\tilde{\bar{q}}) \tag{9-20}$$

地基反力的拉普拉斯及汉克尔变换 $\tilde{\bar{q}}$ 一般可表示为

$$\tilde{\bar{q}}=\tilde{f}_q(\xi,\ s)\tilde{\bar{w}} \tag{9-21}$$

常见地基模型(图 9-4)下的函数 $\tilde{f}_q(\xi,\ s)$ 如表 9-1 所列。

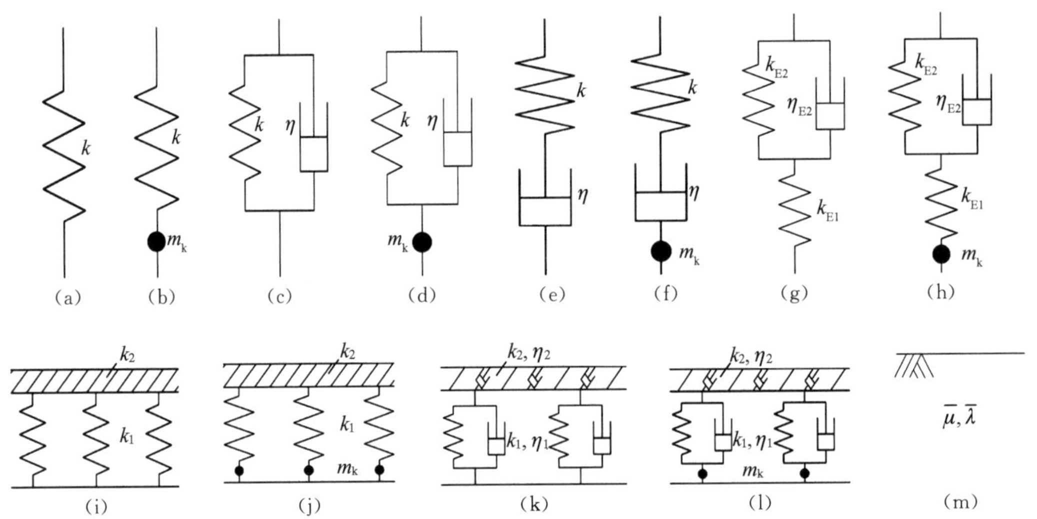

图 9-4 黏弹性地基模型简图

表 9-1 不同地基模型下的函数 $\tilde{f}_q(\xi,\ s)$、$\hat{f}_q(\xi,\ \zeta,\ s)$

地基模型	函数 $\tilde{f}_q(\xi,\ s)$	函数 $\hat{f}_q(\xi,\ \zeta,\ s)$	图式
Winkler 地基	k	k	a
计惯性的 Winkler 地基	$k+m_k s^2$	$k+m_k s^2$	b
开尔文地基	$k+\eta s$	$k+\eta s$	c

（续表）

地基模型	函数 $\widetilde{f}_q(\xi, s)$	函数 $\widehat{f}_q(\xi, \zeta, s)$	图式
计惯性的开尔文地基	$k+\eta s+m_k s^2$	$k+\eta s+m_k s^2$	d
麦克斯韦地基	$\dfrac{\eta k s}{k+\eta s}$	$\dfrac{\eta k s}{k+\eta s}$	e
计惯性的麦克斯韦地基	$\dfrac{\eta k s}{k+\eta s}+m_k s^2$	$\dfrac{\eta k s}{k+\eta s}+m_k s^2$	f
三参数固体地基	$\dfrac{k_{E2}(k_{E1}+\eta_{E1}s)}{k_{E2}+k_{E1}+\eta_{E1}s}$	$\dfrac{k_{E2}(k_{E1}+\eta_{E1}s)}{k_{E2}+k_{E1}+\eta_{E1}s}$	g
计惯性的三参数固体地基	$\dfrac{k_{E2}(k_{E1}+\eta_{E1}s)}{k_{E2}+k_{E1}+\eta_{E1}s}+m_k s^2$	$\dfrac{k_{E2}(k_{E1}+\eta_{E1}s)}{k_{E2}+k_{E1}+\eta_{E1}s}+m_k s^2$	h
双参数地基	$k_1+k_2\xi^2$	$k_1+k_2(\xi^2+\zeta^2)$	i
计惯性的双参数地基	$k_1+k_2\xi^2+m_k s^2$	$k_1+k_2(\xi^2+\zeta^2)+m_k s^2$	j
双参数地基中 k_1、k_2 服从开尔文模型	$k_1+\eta_1 s+(k_2+\eta_2 s)\xi^2$	$k_1+\eta_1 s+(k_2+\eta_2 s)(\xi^2+\zeta^2)$	k
计惯性的双参数地基，k_1、k_2 服从开尔文模型	$k_1+\eta_1 s+(k_2+\eta_2 s)\xi^2+m_k s^2$	$k_1+\eta_1 s+m_k s^2+(k_2+\eta_2 s)(\xi^2+\zeta^2)$	l
半空间体地基*	$\dfrac{\bar{\mu}[4\xi^2\gamma_1\gamma_2-(\xi^2+\gamma_1^2)^2]}{(\xi^2-\gamma_1^2)\gamma_2}$		m

注*：$\gamma_1=\sqrt{\xi^2+\dfrac{\rho s^2}{\bar{\mu}}}$，$\gamma_2=\sqrt{\xi^2+\dfrac{\rho s^2}{\bar{\lambda}+2\bar{\mu}}}$。

由此得到轴对称条件下无限大薄板挠度 w 的拉普拉斯变换的一般解：

$$\bar{w}=\int_0^{\infty}\frac{\widetilde{\bar{p}}\mathrm{J}_0(\xi r)\xi\mathrm{d}\xi}{(D+c_s Is)\xi^4+\rho Is^2\xi^2+\rho hs^2+\widetilde{f}_p(\xi, s)} \tag{9-22}$$

当外荷载 p 不具有轴对称性时，可对外荷载 p、板挠度 w 和地基反力 q 进行径距 r 与幅角 θ 的变量分离，将外荷载 p、板挠度 w 和地基反力 q 展开为幅角 θ 的傅里叶级数：

$$\chi(r, \theta)=\frac{\chi_0}{2}+\sum_{n=1}^{\infty}[\chi_{cm}(r)\cos(m\theta)+\chi_{sm}(r)\sin(m\theta)] \quad (\chi=\bar{p}, \bar{w}, \bar{q}) \tag{9-23}$$

将 $\bar{p}$、$\bar{w}$、$\bar{q}$ 的傅里叶展开式代入方程式(9-19)，得到：

$$(D+c_s Is)\left(\frac{\mathrm{d}^2}{\mathrm{d}r^2}+\frac{\mathrm{d}}{r\mathrm{d}r}-\frac{m^2}{r^2}\right)^2\bar{w}_i-\rho Is^2\left(\frac{\mathrm{d}^2}{\mathrm{d}r^2}+\frac{\mathrm{d}}{r\mathrm{d}r}-\frac{m^2}{r^2}\right)\bar{w}_i+ \\ \rho hs^2\bar{w}_i=\bar{p}_i-\bar{q}_i \quad (i=0, sm, cm; m=1, 2, 3, \cdots) \tag{9-24}$$

对式(9-24)进行 m 阶汉克尔变换，得到：

$$[(D+c_s Is)\xi^4+\rho Is^2\xi^2+\rho hs^2]\,\tilde{\tilde{w}}_m=(\tilde{\tilde{p}}_m-\tilde{\tilde{q}}_m) \tag{9-25}$$

式中，$\tilde{\tilde{w}}_m$、$\tilde{\tilde{p}}_m$、$\tilde{\tilde{q}}_m$ 分别为 p、w、q 的 m 阶汉克尔变换。

对 $\tilde{\tilde{w}}_m$ 进行 m 阶汉克尔逆变换、拉普拉斯逆变换求得 w_m，再线性叠加得到地基板挠度 w。

非轴对称荷载的无限大板问题也可采用直角坐标系方法求解，尤其是矩形荷载时，用直角坐标更为适合。对地基上薄板的运动微分方程式(9-18)进行 x 与 y 方向双重傅里叶变换：

$$[(D+c_s Is)(\xi^2+\zeta^2)^2+\rho Is^2(\xi^2+\zeta^2)+\rho hs^2]\,\hat{\bar{w}}_{x,y}=\hat{\bar{p}}_{x,y}-\hat{\bar{q}}_{x,y} \tag{9-26}$$

其中，$\hat{\chi}_{x,y}(\xi,\zeta)=\int_{-\infty}^{\infty}\int_{-\infty}^{\infty}\chi(x,y)\mathrm{e}^{-\mathrm{i}\xi x-\mathrm{i}\zeta y}\mathrm{d}x\,\mathrm{d}y \quad (\chi=\bar{p},\bar{w},\bar{q})$。

地基反力与挠度之间的关系可用式(9-27)表征，其关系函数 $\hat{f}_q(\xi,\zeta,s)$ 与式(9-21)中的 $\tilde{f}_q(\xi,s)$ 十分相近，只需将式(9-21)中的 ξ 改为 $\sqrt{(\xi^2+\zeta^2)}$ 即可，常见地基模型下的函数 $\hat{f}_q$ 如表 9-1 所列。

$$\hat{\bar{q}}_{x,y}=\hat{f}_q(\xi,\zeta,s)\,\hat{\bar{w}}_{x,y} \tag{9-27}$$

由此得到直角坐标下无限大薄板挠度 w 的拉普拉斯变换的一般解：

$$\bar{w}=\frac{1}{4\pi^2}\int_{-\infty}^{\infty}\int_{-\infty}^{\infty}\frac{\hat{\bar{p}}_{x,y}\mathrm{e}^{\mathrm{i}\xi x+\mathrm{i}\zeta y}\mathrm{d}\xi\,\mathrm{d}\zeta}{(D+c_s Is)(\xi^2+\zeta^2)^2+\rho Is^2(\xi^2+\zeta^2)+\rho hs^2+\hat{f}_q} \tag{9-28}$$

若外荷载 p 具有 x 轴或 y 轴的对称性，则可将傅里叶变换改为余弦变换，若具有 x 轴或 y 轴的反对称性，则可将傅里叶变换改为正弦变换。

2. 中厚板振动

地基上无限大中厚板的运动微分方程可表示为

$$\left.\begin{aligned}&\left[\left(D+c_s I\frac{\partial}{\partial t}\right)\nabla^2-\rho I\frac{\partial^2}{\partial t^2}\right]\nabla^2\Omega+\rho h\frac{\partial^2 w}{\partial t^2}=p-q\\&\nabla^2 w-\nabla^2\Omega-\frac{\rho h}{\phi^2 Gh}\frac{\partial^2 w}{\partial t^2}=-\frac{p-q}{\phi^2 Gh}\end{aligned}\right\} \tag{9-29}$$

板弯沉 w 与转角函数 Ω 之间的关系为

$$\tilde{\bar{w}}=\left[\frac{(D+c_s Is)\xi^2+\rho Is^2}{\phi^2 Gh}+1\right]\tilde{\bar{\Omega}},\quad w=-\left[\frac{\left(D+c_s I\dfrac{\partial}{\partial t}\right)\nabla^2-\rho I\dfrac{\partial^2}{\partial t^2}}{\phi^2 Gh}-1\right]\Omega \tag{9-30}$$

当外荷载非轴对称时，先如式(9-29)展开为傅里叶级数，然后进行 m 阶汉克尔变换处理。当外荷载轴对称时，对式(9-29)进行拉普拉斯变换与零阶汉克尔变换，整理得到：

$$\left.\begin{aligned}\tilde{\tilde{w}}&=\frac{(D+c_sIs)\xi^2+\rho Is^2+\phi^2Gh}{(D\xi^2+c_sIs\xi^2+\rho Is^2)\left(\xi^2+\frac{\rho}{\phi^2G}s^2\right)+\rho hs^2}\frac{\tilde{\tilde{p}}-\tilde{\tilde{q}}}{\phi^2Gh}\\ \tilde{\tilde{\Omega}}&=\frac{1}{(D\xi^2+c_sIs\xi^2+\rho Is^2)\left(\xi^2+\frac{\rho}{\phi^2G}s^2\right)+\rho hs^2}(\tilde{\tilde{p}}-\tilde{\tilde{q}})\end{aligned}\right\}\tag{9-31}$$

将 $\tilde{\tilde{q}}=\tilde{f}_q(\xi,s)\tilde{\tilde{w}}$ 代入式(9-31)，得到无限大中厚板挠度 w 及位移函数 Ω 的拉普拉斯变换的表达式：

$$\left.\begin{aligned}\bar{w}&=\int_0^\infty\frac{\tilde{\tilde{p}}\left[\frac{(D+c_sIs)\xi^2+\rho Is^2}{\phi^2Gh}+1\right]\mathrm{J}_0(\xi r)\xi\mathrm{d}\xi}{(D\xi^2+c_sIs\xi^2+\rho Is^2)\left(\xi^2+\frac{\rho hs^2+\tilde{f}_q}{\phi^2Gh}\right)+\rho hs^2+\tilde{f}_q}\\ \bar{\Omega}&=\int_0^\infty\frac{\tilde{\tilde{p}}J_0(\xi r)\xi\mathrm{d}\xi}{(D\xi^2+c_sIs\xi^2+\rho Is^2)\left(\xi^2+\frac{\rho hs^2+\tilde{f}_q}{\phi^2Gh}\right)+\rho hs^2+\tilde{f}_q}\end{aligned}\right\}\tag{9-32}$$

在采用直角坐标系对式(9-29)进行 x 方向与 y 方向双重傅里叶变换，整理得到板挠度 w 与位移函数 Ω 表达式之后，再进行双重傅里叶逆变换，可得到中厚板挠度 w 与位移函数 Ω 的拉普拉斯变换的一般解：

$$\left.\begin{aligned}\bar{w}&=\frac{1}{4\pi^2}\int_{-\infty}^{\infty}\int_{-\infty}^{\infty}\frac{\hat{\bar{p}}\left[(D\xi^2+c_sIs)(\xi^2+\zeta^2)+\rho Is^2+\phi^2Gh\right]}{\Delta}\mathrm{e}^{\mathrm{i}(\xi x+\zeta y)}\mathrm{d}\xi\mathrm{d}\zeta\\ \bar{\Omega}&=\frac{1}{4\pi^2}\int_{-\infty}^{\infty}\int_{-\infty}^{\infty}\frac{\hat{\bar{p}}\phi^2Gh}{\Delta}\mathrm{e}^{\mathrm{i}(\xi x+\zeta y)}\mathrm{d}\xi\mathrm{d}\zeta\end{aligned}\right\}\tag{9-33}$$

其中，$\Delta=[(D+c_sIs)(\xi^2+\zeta^2)+\rho Is^2][\phi^2Gh(\xi^2+\zeta^2)+\rho hs^2+\hat{f}_q]+\phi^2Gh(\rho hs^2+\hat{f}_q)$。

3. 计地基水平摩阻力的薄板振动

考虑板竖向与水平位移，以及弯曲惯性的有水平摩阻弹性地基上薄板的轴对称运动微分方程为

$$\left.\begin{aligned}&\left(D+c_sI\frac{\partial}{\partial t}\right)\nabla^4w-\frac{\partial^2}{\partial t^2}(\rho I\nabla^2-\rho h)w=p_v-q_v+\frac{h}{2}\left(\frac{\mathrm{d}}{\mathrm{d}r}+\frac{1}{r}\right)\left(p_u-\rho h\frac{\partial^2u_r}{\partial t^2}+q_u\right)\\ &S\frac{\mathrm{d}}{\mathrm{d}r}\left(\frac{\mathrm{d}}{\mathrm{d}r}+\frac{1}{r}\right)u_r=p_u-\rho h\frac{\partial^2u_r}{\partial t^2}-q_u\end{aligned}\right\}\tag{9-34}$$

式中　q_v、q_u——地基竖向、水平向反力；

u_r——板的径向水平位移；

p_v、p_u——板面的竖向、水平向分布荷载。

对式(9-34)的时间 t 进行拉普拉斯变换得到：

$$\left.\begin{aligned}&\left[(D+c_{\mathrm{s}}Is)\nabla^4-k_{\mathrm{u}}\left(\frac{h}{2}\right)^2\nabla^2-s^2(\rho I\,\nabla^2-\rho h)\right]\bar{w}+\left(s^2\frac{\rho h^2}{2}+k_{\mathrm{u}}\frac{h}{2}\right)\bar{y}=\bar{p}_{\mathrm{v}}-\bar{q}_{\mathrm{v}}+\frac{h}{2}\bar{Z}_{\mathrm{p}}\\&[S\,\nabla^2+(\rho hs^2-k_{\mathrm{u}})]\bar{y}+k\frac{h}{2}\nabla^2\bar{w}=-\bar{Z}_{\mathrm{p}}\end{aligned}\right\}\tag{9-35}$$

其中，$\bar{y}=\left(\frac{\mathrm{d}}{\mathrm{d}r}+\frac{1}{r}\right)\bar{u}_r$，$Z_{\mathrm{p}}=\left(\frac{\mathrm{d}}{\mathrm{d}r}+\frac{1}{r}\right)p_{\mathrm{u}}$。

对式(9-35)的径距 r 作汉克尔变换，且将 $\tilde{\bar{q}}_{\mathrm{v}}=\tilde{f}_{\mathrm{q}}(\xi)\tilde{\bar{w}}$ 代入，得到：

$$\left.\begin{aligned}&\left[(D+c_{\mathrm{s}}Is)\xi^4+k_{\mathrm{u}}\left(\frac{h}{2}\right)^2\xi^2+s^2(\rho I\xi^2+\rho h)+\tilde{f}_{\mathrm{q}}\right]\tilde{\bar{w}}+\left(\frac{\rho h^2s^2}{2}+\frac{k_{\mathrm{u}}h}{2}\right)\tilde{\bar{y}}=\tilde{\bar{p}}_{\mathrm{v}}+\frac{h}{2}\tilde{\bar{Z}}_{\mathrm{p}}\\&[S\xi^2+(k_{\mathrm{u}}-\rho hs^2)]\tilde{\bar{y}}+k\frac{h}{2}\xi^2\tilde{\bar{w}}=-\tilde{\bar{Z}}_{\mathrm{p}}\end{aligned}\right\}\tag{9-36}$$

解式(9-36)，再作汉克尔与拉普拉斯逆变换，就可得到板弯沉 w 和径向水平位移函数 y 的解。参照本书第 4 章中的相关计算式可求得板各项位移与内力。

4. 双层板振动

板间有竖向弹簧的弹性地基上双层薄板的运动微分方程为

$$\left.\begin{aligned}&\left[\left(D_1+c_{\mathrm{s1}}I_1\frac{\partial}{\partial t}\right)\nabla^4+\frac{\partial^2}{\partial t^2}(\rho_1h_1-\rho_1I_1\,\nabla^2)+k_{\mathrm{v}}\right]w_1-k_{\mathrm{v}}w_2=p\\&\left[\left(D_2+c_{\mathrm{s2}}I_2\frac{\partial}{\partial t}\right)\nabla^4+\frac{\partial^2}{\partial t^2}(\rho_2h_2-\rho_2I_2\,\nabla^2)+k_{\mathrm{v}}\right]w_2-k_{\mathrm{v}}w_1=-q_0\end{aligned}\right\}\tag{9-37}$$

式中 q_0——地基竖向反力；

k_{v}——双层板层间竖向弹簧系数，也可以是具有黏性的弹簧。

对式(9-37)的时间 t 进行拉普拉斯变换，径距 r 作汉克尔变换，且将 $\tilde{\bar{q}}=\tilde{f}_{\mathrm{q}}(\xi)\tilde{\bar{w}}$ 代入，得到：

$$\left.\begin{aligned}&[(D_1+c_{\mathrm{s1}}I_1s)\xi^4+s^2(\rho_1h_1+\rho_1I_1\xi^2)+\tilde{\bar{k}}_{\mathrm{v}}]\tilde{\bar{w}}_1-\tilde{\bar{k}}_{\mathrm{v}}\tilde{\bar{w}}_2=\tilde{\bar{p}}\\&[(D_2+c_{\mathrm{s2}}I_2s)\xi^4+s^2(\rho_2h_2+\rho_2I_2\xi^2)+\tilde{\bar{k}}_{\mathrm{v}}+\tilde{\bar{f}}_{\mathrm{q}}]\tilde{\bar{w}}_2-\tilde{\bar{k}}_{\mathrm{v}}\tilde{\bar{w}}_1=0\end{aligned}\right\}\tag{9-38}$$

解式(9-38)，再作汉克尔与拉普拉斯的逆变换，就可得到双层板板弯沉 w_1、w_2 的解。

例 9.2 求有水平摩阻的开尔文地基上薄板（只计板竖向位移惯性），在突加圆形均匀荷载下的板弯沉振动解。

设零时刻突加圆形均匀荷载，荷载中心点为柱坐标原点，突加圆形均匀荷载的表达式见式[9-39(a)]，其对时间 t 的拉普拉斯及对径距 r 的汉克尔变换表达式如式[9-39(b)]

所示。

$$p(r,\ t)=\frac{P}{\pi a_{\mathrm{p}}^{2}}[1-\mathrm{H}(r-a_{\mathrm{p}})]\mathrm{H}(t) \tag{9-39(a)}$$

$$\tilde{\tilde{p}}=P\,\frac{\mathrm{J}_1(a_{\mathrm{p}}\xi)}{\pi a_{\mathrm{p}}\xi s} \tag{9-39(b)}$$

将仅计板竖向位移惯性条件代入式(9-36),整理得到:

$$\tilde{\tilde{w}}=\frac{1}{\rho h}\frac{\tilde{\tilde{p}}_{\mathrm{v}}}{\left(s^{2}+\frac{\eta}{2\rho h}\right)^{2}+\omega^{2}} \tag{9-40}$$

其中,$\omega^{2}=\dfrac{D\xi^{4}+k}{\rho h}+\dfrac{Sk_{\mathrm{u}}h\xi^{4}}{4\rho(S\xi^{2}+k_{\mathrm{u}})}-\left(\dfrac{\eta}{2\rho h}\right)^{2}$。

将式(9-39)代入式(9-40)且先求拉普拉斯逆变换如式(9-41)所示,再求汉克尔逆变换如式(9-42)所示。

$$\begin{aligned}\bar{w}&=\frac{P\mathrm{J}_1(a_{\mathrm{p}}\xi)}{\rho h\pi a_{\mathrm{p}}\xi}L\left\{\frac{1}{[(s+\eta/2\rho h)^{2}+\omega^{2}]s}\right\}\\&=\frac{P\mathrm{J}_1(a_{\mathrm{p}}\xi)}{\rho h\pi a_{\mathrm{p}}\xi}\frac{1}{\left(\frac{\eta}{2\rho h}\right)^{2}+\omega^{2}}\left\{1-\mathrm{e}^{-\frac{\eta}{2\rho h}}\left[\cos(\omega t)+\frac{\eta}{2\rho h\omega}\sin(\omega t)\right]\right\}\end{aligned} \tag{9-41}$$

$$w=\frac{P}{\rho h\pi a_{\mathrm{p}}}\int_{0}^{\infty}\frac{1}{\left(\frac{\eta}{2\rho h}\right)^{2}+\omega^{2}}\left\{1-\mathrm{e}^{-\frac{\eta}{2\rho h}}\left[\cos(\omega t)+\frac{\eta}{2\rho h\omega}\sin(\omega t)\right]\right\}\mathrm{J}_1(a_{\mathrm{p}}\xi)\mathrm{J}_1(r\xi)\mathrm{d}\xi \tag{9-42}$$

其中,$L[\cdot]$ 为拉普拉斯变换符,

$$\begin{aligned}L\left\{\frac{1}{[(s+\eta/2\rho h)^{2}+\omega^{2}]s}\right\}&=\frac{1}{\left(\frac{\eta}{2\rho h}\right)^{2}+\omega^{2}}L\left[\frac{1}{s}-\frac{s+\eta/\rho h}{(s+\eta/2\rho h)^{2}+\omega^{2}}\right]\\&=\frac{1}{\left(\frac{\eta}{2\rho h}\right)^{2}+\omega^{2}}\left\{1-\mathrm{e}^{-\frac{\eta}{2\rho h}}\left[\cos\omega t+\frac{\eta}{2\rho h\omega}\sin(\omega t)\right]\right\}。\end{aligned}$$

9.2.2　点源荷载下的板振动解及推广

点源荷载也称为脉冲荷载,轴对称问题的点源荷载实际上是单位环状线荷载,见图 9-5,可表示为

$$p=\frac{1}{2\pi\zeta}\delta(r-\zeta)\delta(t-\tau) \tag{9-43}$$

式中　ζ ——点源荷载作用点坐标,即环状线分布荷载的半径;

τ ——作用时刻。

式(9-44)给出点源荷载的拉普拉斯变换及零阶汉克尔变换为

$$\tilde{\bar{p}} = \frac{\mathrm{J}_0(\xi\zeta)}{2\pi}\mathrm{e}^{-s\tau} \tag{9-44}$$

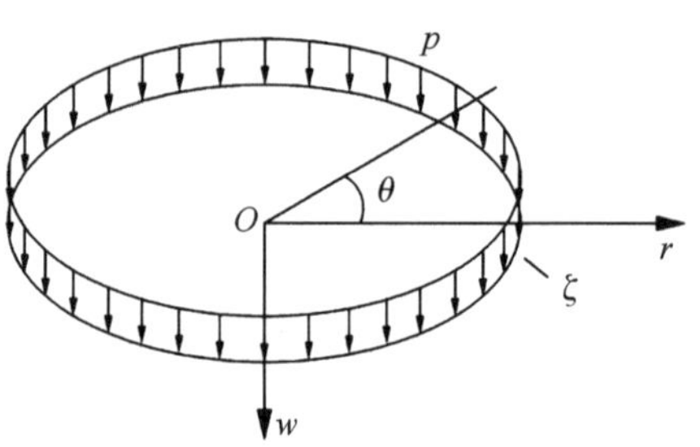

图 9-5　轴对称的点源荷载示意

将式(9-44)代入式(9-22)并进行拉普拉斯逆变换,可得到如式(9-45)所示的轴对称点源荷载下的无限大薄板振动解,记作:$G_{\mathrm{w}}(r,t,\zeta,\tau)$;将式(9-44)代入式(9-33)并进行拉普拉斯逆变换,可得到式(9-46)所示的轴对称点源荷载下的无限大中厚板振动解,记作:$G_{\mathrm{w}}(r,t,\zeta,\tau)$ 与 $G_{\Omega}(r,t,\zeta,\tau)$。

$$G_{\mathrm{w}}(r,t,\zeta,\tau) = \frac{1}{2\pi}\int_0^{\infty} g_{\mathrm{w}}(\xi,t,\tau)\ \mathrm{J}_0(\xi\zeta)\mathrm{J}_0(\xi r)\xi\mathrm{d}\xi \tag{9-45}$$

其中,$g_{\mathrm{w}}(\xi,t,\tau) = L^{-1}\left[\dfrac{\mathrm{e}^{-s\tau}}{(D+c_{\mathrm{s}}Is)\xi^4 + \rho Is^2\xi^2 + \rho hs^2 + \tilde{f}_{\mathrm{p}}(\xi,s)}\right]$。

$$\left.\begin{aligned} G_{\mathrm{w}}(r,t,\zeta,\tau) &= \frac{1}{2\pi}\int_0^{\infty} g_{\mathrm{w}}(r,t,\tau)\mathrm{J}_0(\xi r)\xi\mathrm{J}_0(\xi\zeta)\mathrm{d}\xi \\ G_{\Omega}(r,t,\zeta,\tau) &= \frac{1}{2\pi}\int_0^{\infty} g_{\Omega}(r,t,\tau)\mathrm{J}_0(\xi r)\xi\mathrm{J}_0(\xi\zeta)\mathrm{d}\xi \end{aligned}\right\} \tag{9-46}$$

其中,$g_{\mathrm{w}}(r,t,\tau) = L^{-1}\left[\dfrac{(D+c_{\mathrm{s}}Is)\xi^2 + \rho Is^2 + \phi^2 Gh}{\Delta}\mathrm{e}^{-s\tau}\right]$,

$g_{\Omega}(r,t,\tau) = L^{-1}\left(\dfrac{\phi^2 Gh\,\mathrm{e}^{-s\tau}}{\Delta}\right)$,$L^{-1}[\cdot]$ 为拉普拉斯逆变换符,

$\Delta = [(D+c_{\mathrm{s}}Is)\xi^2 + \rho Is^2](\phi^2 Gh\xi^2 + \rho hs^2 + \tilde{f}_{\mathrm{q}}) + \phi^2 Gh(\rho hs^2 + \tilde{f})$。

直角坐标系下的点源荷载如式[9-47(a)]所示,它对时间 t 的拉普拉斯变换及对坐标 x、y 的双重傅里叶变换如式[9-47(b)]所示。

$$p = \delta(x-u)\delta(y-v)\delta(t-\tau) \tag{9-47(a)}$$

$$\hat{\bar{p}} = \int_{-\infty}^{\infty}\int_{-\infty}^{\infty}\mathrm{e}^{-\mathrm{i}(\xi x+\zeta y)}\delta(x-u)\delta(y-v)\mathrm{e}^{-s\tau}\mathrm{d}x\mathrm{d}y = \mathrm{e}^{-\mathrm{i}(\xi u+\zeta v)}\mathrm{e}^{-s\tau} \tag{9-47(b)}$$

将式[9-47(b)]代入式(9-28)并进行拉普拉斯逆变换,可得到如式(9-48)所示的点源荷载下无限大薄板振动解,记作:$G_{\mathrm{w}}(x,y,t,u,v,\tau)$;将式[9-47(b)]代入式(9-44)并进行拉普拉斯逆变换,可得到如式(9-49)所示的点源荷载下的无限大中厚板振动解,记作:$G_{\mathrm{w}}(x,y,t,u,v,\tau)$ 与 $G_{\Omega}(x,y,t,u,v,\tau)$。

$$G_{\mathrm{w}}(x,y,t,u,v,\tau)=\frac{1}{4\pi^2}\int_{-\infty}^{\infty}\int_{-\infty}^{\infty}g_{\mathrm{w}}(\xi,\zeta,t,\tau)\mathrm{e}^{\mathrm{i}[\xi(x-u)+\zeta(y-v)]}\mathrm{d}\xi\mathrm{d}\zeta \tag{9-48}$$

其中，$g_{\mathrm{w}}(\xi,\zeta,t,\tau)=L\left[\dfrac{\mathrm{e}^{-s\tau}}{(D+c_{\mathrm{s}}Is)(\xi^2+\zeta^2)^2+\rho Is^2(\xi^2+\zeta^2)+\rho hs^2+\hat{f}_{\mathrm{q}}}\right]$。

$$\left.\begin{aligned}G_{\mathrm{w}}(x,y,t,u,v,\tau)&=\frac{1}{4\pi^2}\int_{-\infty}^{\infty}\int_{-\infty}^{\infty}g_{\mathrm{w}}\mathrm{e}^{\mathrm{i}[\xi(x-u)+\zeta(y-v)]}\mathrm{d}\xi\mathrm{d}\zeta\\G_{\Omega}(x,y,t,u,v,\tau)&=\frac{1}{4\pi^2}\int_{-\infty}^{\infty}\int_{-\infty}^{\infty}g_{\Omega}\mathrm{e}^{\mathrm{i}[\xi(x-u)+\zeta(y-v)]}\mathrm{d}\xi\mathrm{d}\zeta\end{aligned}\right\} \tag{9-49}$$

其中，$g_{\mathrm{w}}=L^{-1}\left[\dfrac{(D+c_{\mathrm{s}}Is)(\xi^2+\zeta^2)+\rho Is^2+\phi^2Gh}{\Delta}\mathrm{e}^{-s\tau}\right]$，$g_{\Omega}=L^{-1}\left[\dfrac{\phi^2Gh}{\Delta}\mathrm{e}^{-s\tau}\right]$，

$\Delta=[(D+c_{\mathrm{s}}Is)(\xi^2+\zeta^2)+\rho Is^2][\phi^2Gh(\xi^2+\zeta^2)+\rho hs^2+\hat{f}_{\mathrm{q}}]+\phi^2Gh(\rho hs^2+\hat{f}_{\mathrm{q}})$。

例 9.3　求开尔文地基上无限大薄板在零时刻作用脉冲集中力 P 时的柱坐标系与直角坐标系下的挠度解。

(1) 设脉冲集中力 P 作用点为柱坐标原点，则在作用于原点脉冲集中力的拉普拉斯变换与汉克尔变换为：$\tilde{\bar{p}}=P/2\pi$，代入式(9-25)，得到：

$$\begin{aligned}\bar{w}&=\frac{P}{2\pi}\int_0^{\infty}\frac{\mathrm{J}_0(\xi r)\xi\mathrm{d}\xi}{(D+c_{\mathrm{s}}Is)\xi^4+\rho Is^2\xi^2+\rho hs^2+k+\eta s}\\&=\frac{P}{2\pi}\int_0^{\infty}\frac{\mathrm{J}_0(\xi r)\xi\mathrm{d}\xi}{(\rho I\xi^2+\rho h)[(s+\lambda)^2+\omega^2]}\end{aligned} \tag{9-50}$$

其中，$\lambda=\dfrac{c_{\mathrm{s}}I\xi^4+\eta}{2(\rho I\xi^2+\rho h)}$，$\omega^2=\dfrac{D\xi^4+k}{\rho I\xi^2+\rho h}-\lambda^2$。

对式(9-50)进行拉普拉斯逆变换，则得到开尔文地基上无限大板在点源荷载的挠度解：

$$w=\frac{P}{2\pi}\int_0^{\infty}\frac{\mathrm{e}^{-\lambda t}\sin\omega t\,\mathrm{J}_0(\xi r)\xi\mathrm{d}\xi}{\omega(\rho I\xi^2+\rho h)} \tag{9-51}$$

(2) 脉冲集中力 P 作用点为直角坐标系原点，将作用于原点的脉冲集中力 P 进行拉普拉斯变换与双重傅里叶变换：$\hat{\bar{p}}=P$，代入式 (9-31)并进行拉普拉斯逆变换以及双重傅里叶逆变换，得到：

$$w=\frac{P}{4\pi^2}\int_{-\infty}^{\infty}\int_{-\infty}^{\infty}\frac{\mathrm{e}^{-\hat{\lambda}t}\sin\hat{\omega}t\,\mathrm{e}^{-s\tau}\mathrm{e}^{\mathrm{i}\xi x+\mathrm{i}\zeta y}\mathrm{d}x\mathrm{d}y}{\hat{\omega}[\rho I(\xi^2+\zeta^2)+\rho h]} \tag{9-52}$$

其中，$\hat{\lambda}=\dfrac{c_{\mathrm{s}}I(\xi^2+\zeta^2)^2+\eta}{2[\rho I(\xi^2+\zeta^2)+\rho h]}$，$\hat{\omega}^2=\dfrac{D(\xi^2+\zeta^2)^2+k}{\rho I(\xi^2+\zeta^2)+\rho h}-\hat{\lambda}^2$。

无限大板在点源荷载下的振动解是一个无限大板运动场的格林函数,可方便推广至其他场合。对于轴对称荷载,地基中厚板振动的一般解可表示为式(9-53)的形式,其他荷载可表示为式(9-54)的形式,薄板问题可认为仅有弯沉项且 $\phi^2 Gh=0$ 即可。

$$\left.\begin{aligned} w(r,t)&=2\pi\int_0^{\infty}\left[\int_0^t p(\zeta,\tau)G_{\mathrm{w}}(r,t,\zeta,\tau)\mathrm{d}\tau\right]\zeta\mathrm{d}\zeta \\ \Omega(r,t)&=2\pi\int_0^{\infty}\left[\int_0^t p(\zeta,\tau)G_{\Omega}(r,t,\zeta,\tau)\mathrm{d}\tau\right]\zeta\mathrm{d}\zeta \end{aligned}\right\} \tag{9-53}$$

$$\left.\begin{aligned} w(x,y,t)&=\int_{-\infty}^{\infty}\int_{-\infty}^{\infty}\left[\int_0^t p(u_x,u_y,\tau)G_{\mathrm{w}}(x,y,t,u_x,u_y,\tau)\mathrm{d}\tau\right]\mathrm{d}u_x\mathrm{d}u_y \\ \Omega(x,y,t)&=\int_{-\infty}^{\infty}\int_{-\infty}^{\infty}\left[\int_0^t p(u_x,u_y,\tau)G_{\Omega}(x,y,t,u_x,u_y,\tau)\mathrm{d}\tau\right]\mathrm{d}u_x\mathrm{d}u_y \end{aligned}\right\} \tag{9-54}$$

例 9.4 求不计板径向应变阻尼与惯性条件下,简谐集中力作用下的 Winkler 地基上无限大薄板的振动解。

解法一: 利用柱坐标系的轴对称格林函数 $G_{\mathrm{w}}(r,t,\zeta,\tau)$ 求解。

设集中力 P 作用点为柱坐标原点,简谐集中力可表示为式(9-55)的形式。

$$p(r,t)=P\lim_{a_{\mathrm{p}}\to 0}\frac{\delta(r-a_{\mathrm{p}})}{2\pi a_{\mathrm{p}}}\sin(\theta t) \tag{9-55}$$

将不计板径向应变阻尼与惯性、Winkler 地基条件代入式(9-45)得到本问题的格林函数 $G_{\mathrm{w}}(r,t,\zeta,\tau)$:

$$G_{\mathrm{w}}(r,t,\zeta,\tau)=\frac{1}{2\pi\rho h}\int_0^{\infty}\frac{\sin[\omega(t-\tau)]}{\omega}\mathrm{J}_0(\xi\zeta)\mathrm{J}_0(\xi r)\xi\mathrm{d}\xi,\quad t\geqslant\tau \tag{9-56}$$

式(9-45)中的 $g_{\mathrm{w}}(\xi,t,\tau)=L^{-1}\left(\dfrac{\mathrm{e}^{-s\tau}}{D\xi^4+\rho hs^2+k}\right)=\dfrac{1}{\rho h}L^{-1}\left(\dfrac{\mathrm{e}^{-s\tau}}{s^2+\omega^2}\right)=\dfrac{\sin[\omega(t-\tau)]}{\rho h\omega}$,其中,$\omega^2=\dfrac{D\xi^4+k}{\rho h}$,$L^{-1}[\cdot]$ 为拉普拉斯逆变换符。

再应用式(9-53)求简谐集中力作用下的解:

$$\begin{aligned} w(r,t)&=2\pi\int_0^{t}\left[\int_0^{\infty}G(r,t,\zeta,\tau)\lim_{a_{\mathrm{p}}\to 0}\frac{P\delta(\zeta-a_{\mathrm{p}})}{2\pi a_{\mathrm{p}}}\zeta\mathrm{d}\zeta\right]\sin(\theta\tau)\mathrm{d}\tau \\ &=\frac{P}{2\pi\rho h}\int_0^{\infty}\left[\int_0^t\frac{\sin[\omega(t-\tau)]\sin(\theta\tau)}{\omega}\mathrm{d}\tau\right]\mathrm{J}_0(\xi r)\xi\mathrm{d}\xi \\ &=\frac{P}{2\pi\rho h}\int_0^{\infty}\frac{\omega\sin(\theta t)-\theta\sin(\omega t)}{\omega(\omega^2-\theta^2)}\mathrm{J}_0(\xi r)\xi\mathrm{d}\xi \end{aligned}$$

$$=\frac{P}{2\pi\rho h}\int_0^{\infty}\frac{\theta}{\omega^2-\theta^2}\left[\frac{\sin(\theta t)}{\theta}-\frac{\sin(\omega t)}{\omega}\right]\mathrm{J}_0(\xi r)\xi\mathrm{d}\xi \tag{9-57}$$

其中，$\int_0^{\infty}\left[\lim_{a\to 0}\int_0^{\infty}\frac{\delta(\zeta-a)}{a}\mathrm{J}_0(\xi\zeta)\zeta\mathrm{d}\zeta\right]=\lim_{a\to 0}\mathrm{J}_0(\xi a)=1$，

$$\int_0^t\frac{\sin[\omega(t-\tau)]\sin(\theta t)}{\omega}\mathrm{d}\tau=\frac{1}{2\omega}\int_0^t\{\cos[(\omega+\theta)\tau-\omega t]-\cos[(\omega-\theta)\tau-\omega t]\}\mathrm{d}\tau$$

$$=\frac{1}{2\omega}\left\{\frac{\sin[(\omega+\theta)\tau-\omega t]}{\omega+\theta}-\frac{\sin[(\omega-\theta)\tau-\omega t]}{\omega-\theta}\right\}\bigg|_0^t=\frac{\omega\sin(\theta t)-\theta\sin(\omega t)}{\omega(\omega^2-\theta^2)}。$$

解法二： 利用直角坐标系的格林函数 $G_{\mathrm{w}}(x, y, t, u, v, \tau)$ 求解。

设集中力 P 作用点为直角坐标原点，原点作用的简谐集中力如式(9-58)所示。

$$p(x, y, t)=P\delta(x)\delta(y)\sin(\theta t) \tag{9-58}$$

求式(9-48)所示的点源荷载的格林函数：

$$G_{\mathrm{w}}(x, y, t, u_x, u_y, \tau)=\frac{1}{4\pi^2}\int_{-\infty}^{\infty}\int_{-\infty}^{\infty}\frac{\mathrm{e}^{-s\tau}\sin(\hat{\omega}t)\,\mathrm{e}^{\mathrm{i}[\xi(x-u_x)+\zeta(y-u_y)]}}{\hat{\omega}[\rho I(\xi^2+\zeta^2)+\rho h]}\mathrm{d}\xi\mathrm{d}\zeta \tag{9-59}$$

其中，$\hat{\omega}^2=\dfrac{D(\xi^2+\zeta^2)^2+k}{\rho h}$。

再应用式(9-54)求简谐集中力作用下的解：

$$w(x, y, t)=\int_0^t\left[\int_{-\infty}^{\infty}\int_{-\infty}^{\infty}G(x, y, t, u, v, \tau)p(u, v, \tau)\mathrm{d}u\mathrm{d}v\right]\mathrm{d}\tau$$

$$=\frac{P}{4\pi^2\rho h}\int_{-\infty}^{\infty}\int_{-\infty}^{\infty}\frac{\hat{\omega}\sin(\theta t)-\theta\sin(\hat{\omega}t)}{\hat{\omega}(\hat{\omega}^2-\theta^2)}\mathrm{e}^{\mathrm{i}(\xi x+y\zeta)}\mathrm{d}\xi\mathrm{d}\zeta \tag{9-60}$$

解法三： 直接利用拉普拉斯与汉克尔变换求解。

求式(9-55)所示的柱坐标系下外荷载 p 的拉普拉斯变换与汉克尔变换 $\tilde{\bar{p}}$：

$$\tilde{\bar{p}}=\frac{P}{2\pi}\frac{\theta}{s^2+\theta^2} \tag{9-61}$$

代入式(9-22)得到：

$$\begin{aligned}\bar{w}&=\frac{P}{2\pi\rho h}\int_0^{\infty}\frac{\theta\mathrm{J}_0(\xi r)\xi\mathrm{d}\xi}{(s^2+\theta^2)(s^2+\omega^2)}\\&=\frac{P}{2\pi\rho h}\int_0^{\infty}\frac{\theta}{\omega^2-\theta^2}\left(\frac{\sin\theta t}{\theta}-\frac{\sin\omega t}{\omega}\right)\mathrm{J}_0(\xi r)\xi\mathrm{d}\xi\end{aligned} \tag{9-62}$$

其中，$\dfrac{\theta}{(s^2+\theta^2)(s^2+\omega^2)}=\dfrac{\theta}{\omega^2-\theta^2}\left[\dfrac{1}{(s^2+\theta^2)}-\dfrac{1}{(s^2+\omega^2)}\right]$。

9.2.3 突加、卸载后的无限大板振动

当轴对称荷载时，突加荷载可用式(9-63)表示；直角坐标系下，突加荷载可用式(9-64)表示。

$$p(r,\ t)=p_0(r)\mathrm{H}(t-t_0) \tag{9-63}$$

$$p(x,\ y,\ t)=p_0(x,\ y)\mathrm{H}(t-t_0) \tag{9-64}$$

式中，t_0 为加载时刻。

对式(9-63)进行拉普拉斯与汉克尔变换后得到式(9-65)的结果，对式(9-64)进行拉普拉斯及双重傅里叶变换后得到式(9-66)的结果。

$$\tilde{\bar{p}}(\xi,\ s)=\bar{p}_0(\xi)\frac{\mathrm{e}^{-st_0}}{s} \tag{9-65}$$

$$\hat{\bar{p}}(\xi,\ \zeta,\ s)=\hat{p}_0(\xi,\ \zeta)\frac{\mathrm{e}^{-st_0}}{s} \tag{9-66}$$

将式(9-65)、式(9-66)代入式(9-22)或式(9-28)并进行拉普拉斯逆变换，可得到突加荷载下的无限大薄板振动解；将式(9-65)、式(9-66)代入式(9-32)或式(9-33)并进行拉普拉斯逆变换，可得到突加荷载下的无限大中厚板振动解。

例 9.5 双参数地基(其中，参数 k_1 服从开尔文模型，k_2 弹性)上无限大薄板，在零时刻突加荷载半径为 a_p、总荷载量为 P 的圆形均布荷载，如图 9-6 所示，求板的振动解。

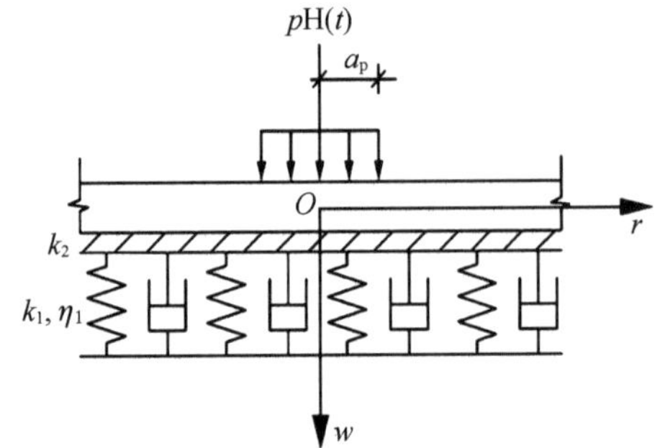

图 9-6 双参数地基薄板突加圆形均布荷载

将圆形均布荷载中点设为柱坐标原点，则在零时刻突加半径为 a_p，总荷载量为 P 的圆形均布荷载可表示为

$$p(r,\ t)=\frac{P}{\pi a_\mathrm{p}^2}[1-\mathrm{H}(r-a_\mathrm{p})]\mathrm{H}(t) \tag{9-67}$$

对式(9-67)进行拉普拉斯与汉克尔变换后得到：

$$\tilde{\bar{p}}(\xi,\ s)=\frac{P\mathrm{J}_1(a_\mathrm{p}\xi)}{\pi a_\mathrm{p}\xi s} \tag{9-68}$$

将式(9-68)代入式(9-22)，得到：

$$\begin{aligned}\bar{w}&=\frac{P}{\pi a_\mathrm{p}}\int_0^\infty\frac{\mathrm{J}_1(a_\mathrm{p}\xi)\mathrm{J}_0(\xi r)\mathrm{d}\xi}{s[\rho(I\xi^2+h)s^2+(c_\mathrm{s}I\xi^4+\eta_1)s+D\xi^4+k_2\xi^2+k_1]}\\&=\frac{P}{\pi a_\mathrm{p}\rho}\int_0^\infty\frac{\mathrm{J}_1(a_\mathrm{p}\xi)\mathrm{J}_0(\xi r)\mathrm{d}\xi}{(I\xi^2+h)s[(s+\lambda)^2+\omega^2]}\end{aligned} \tag{9-69}$$

其中，$\lambda=\dfrac{c_{s}I\xi^{4}+\eta_{1}}{2\rho(I\xi^{2}+h)}$，$\omega^{2}=\dfrac{D\xi^{4}+k_{2}\xi^{2}+k_{1}}{\rho(I\xi^{2}+h)}-\lambda^{2}$。

对式(9-69)进行拉普拉斯逆变换，得到：

$$w=\frac{P}{\pi a_{p}\rho}\int_{0}^{\infty}\frac{e^{-\lambda t}}{(I\xi^{2}+h)(\lambda^{2}+\omega^{2})}\left[1-\frac{\lambda}{\omega}\sin(\omega t)-\cos(\omega t)\right]J_{1}(a_{p}\xi)J_{0}(\xi r)d\xi \tag{9-70}$$

突然卸载后的地基板振动属于自由振动，因此，需研究地基板的运动微分方程即式(9-18)、式(9-29)的齐次解问题，对于薄板问题齐次解的特征方程如式(9-71)所示，中厚板问题齐次解的特征方程如式(9-72)所示。板振动齐次解中的待定系数根据卸载时刻的板状态确定。

$$(D+c_{s}Is)\xi^{4}+\rho Is^{2}\xi^{2}+\rho hs^{2}+\widetilde{f}_{q}=0 \tag{9-71}$$

$$(D\xi^{2}+c_{s}Is\xi^{2}+\rho Is^{2})(\phi^{2}Gh\xi^{2}+\rho hs^{2}+\widetilde{f}_{q})+\phi^{2}Gh(\rho hs^{2}+\widetilde{f}_{q})=0 \tag{9-72}$$

下面通过几个例子说明无限大地基板自由振动的求解步骤，直角坐标系地基板的齐次解较复杂些，需对变量 x、y 进行分离；在地基板有阻尼的情况下，卸载后的地基板自由振动也可视为二次加载的结果，其中，第一次加载以构成板初始状态为目标，而第二次加载为第一次加载的卸载。

例 9.6　计地基惯性的开尔文地基上无限大薄板有一集中力 P 长期作用，在时刻 t_{0} 突然卸去，求卸载后的板自由振动。

先求集中力长期作用下的地基板挠曲状态。由于长期作用，开尔文地基转变为 Winkler 地基，板的挠曲解为

$$w_{0}=\frac{P}{2\pi kl^{2}}\int_{0}^{\infty}\frac{J_{0}(tr/l)t\,dt}{t^{4}+1}=-\frac{P}{2\pi kl^{2}}\text{kei}(r/l) \tag{9-73}$$

计地基惯性的开尔文地基上薄板的特征方程：

$$(\rho I\xi^{2}+\rho h+m_{k})s^{2}+(c_{s}I\xi^{4}+\eta)s+D\xi^{4}+k=0 \tag{9-74}$$

解式(9-74)得到两个特征根：

$$s_{1,2}=-\lambda\pm i\omega \tag{9-75}$$

其中，$\lambda=\dfrac{1}{2}\dfrac{c_{s}I\xi^{4}+\eta}{\rho I\xi^{2}+\rho h+m_{k}}$，$\omega^{2}=\dfrac{D\xi^{4}+k}{\rho I\xi^{2}+\rho h+m_{k}}-\lambda^{2}$。

计地基惯性的开尔文地基上薄板的齐次解为

$$\widetilde{w}=e^{-\lambda t}[A\sin(\omega t)+B\cos(\omega t)] \tag{9-76}$$

$$w=\int_0^{\infty}\mathrm{e}^{-\lambda t}[A\sin(\omega t)+B\cos(\omega t)]\mathrm{J}_0(r\xi)\xi\mathrm{d}\xi \tag{9-77}$$

应用初始条件：$w\left|_{t=0}=\frac{P}{2\pi kl^2}\int_0^{\infty}\frac{\mathrm{J}_0(tr/l)t\mathrm{d}t}{t^4+1}\right.$，$\left.\frac{\partial w}{\partial t}\right|_{t=0}=0$，得到：

$$\left.\begin{aligned}&w\left|_{t=0}=\int_0^{\infty}B\mathrm{J}_0(r\xi)\xi\mathrm{d}\xi=\frac{P}{2\pi kl^2}\int_0^{\infty}\frac{\mathrm{J}_0(tr/l)t\mathrm{d}t}{t^4+1}\right.\\&\left.\frac{\partial w}{\partial t}\right|_{t=0}=\int_0^{\infty}(-\lambda B+A\omega)\mathrm{J}_0(r\xi)\xi\mathrm{d}\xi=0\end{aligned}\right\} \tag{9-78}$$

解得待定系数 A、B：

$$\left.\begin{aligned}&B=\frac{P}{2\pi}\frac{1}{D\xi^4+k}\\&A=\frac{\lambda}{\omega}B\end{aligned}\right\} \tag{9-79}$$

将待定系数 A、B 代入式(9-77)，得到突然卸载集中力 P 的开尔文地基上无限大板的振动方程为

$$w=\frac{P}{2\pi}\int_0^{\infty}\frac{\mathrm{e}^{-\lambda t}(\lambda\sin\omega t+\omega\cos\omega t)}{\omega(D\xi^4+k)}\mathrm{J}_0(r\xi)\xi\mathrm{d}\xi \tag{9-80}$$

例 9.7 开尔文地基上无限大薄板(不计板径向应变阻尼与惯性)有相距 $2d$ 的两个大小相同的集中力 P 长期作用，在零时刻突然卸去，按二次加载法求卸载后的板振动。

设直角坐标系的 x 轴为两个集中力连线，原点位于两个集中力的中点，第一次加载时刻为 $-t_0$，则荷载函数表示为

$$p_1(x,\ y,\ t)=P[\delta(x-d)+\delta(x+d)]\delta(y)\mathrm{H}(t+t_0) \tag{9-81}$$

对式(9-81)进行对 t 的拉普拉斯变换，因 p_1 具有双轴对称性，故对 x、y 轴进行双重傅里叶变换改为双重余弦变换。

$$\hat{\bar{p}}_1(x,\ y,\ t)=P\cos(\xi d)\frac{\mathrm{e}^{t_0 s}}{s} \tag{9-82}$$

由此得到直角坐标下无限大薄板挠度 w 的拉普拉斯变换的一般解：

$$\begin{aligned}\bar{w}&=\frac{4P}{\pi^2}\int_0^{\infty}\int_0^{\infty}\frac{\mathrm{e}^{t_0 s}\cos(\xi d)\cos(\xi x)\cos(\zeta y)\mathrm{d}\xi\mathrm{d}\zeta}{s[(D+c_sIs)(\xi^2+\zeta^2)^2+\rho Is^2(\xi^2+\zeta^2)+\rho hs^2+k+\eta s]}\\&=\frac{4P}{\pi^2}\int_0^{\infty}\int_0^{\infty}\frac{\mathrm{e}^{t_0 s}\cos(\xi d)\cos(\xi x)\cos(\zeta y)}{\rho[I(\xi^2+\zeta^2)+h][(s+\hat{\lambda})^2+\hat{\omega}^2]s}\mathrm{d}\xi\mathrm{d}\zeta\end{aligned} \tag{9-83}$$

其中，$\hat{\lambda}=\dfrac{c_s I(\xi^2+\zeta^2)^2+\eta}{2\rho[I(\xi^2+\zeta^2)+h]}$，$\hat{\omega}^2=\dfrac{k+D(\xi^2+\zeta^2)^2}{\rho[I(\xi^2+\zeta^2)+h]}-\hat{\lambda}^2$。

对式(9-83)求拉普拉斯逆变换，得到：

$$w_1=\frac{4P}{\pi^2}\int_0^\infty\int_0^\infty\frac{1-e^{-\hat{\lambda}(t+t_0)}[\hat{\omega}\cos\hat{\omega}(t+t_0)+2\hat{\lambda}\sin\hat{\omega}(t+t_0)]}{\hat{\omega}(\hat{\lambda}^2+\hat{\omega}^2)\rho[I(\xi^2+\zeta^2)+h]}\cos(\xi d)\cos(\xi x)\cos(\zeta y)\mathrm{d}\xi\mathrm{d}\zeta \tag{9-84}$$

其中，$L^{-1}\left[\dfrac{e^{t_0 s}}{s[(s+\hat{\lambda})^2+\hat{\omega}^2]}\right]=\dfrac{1}{\hat{\lambda}^2+\hat{\omega}^2}L^{-1}\left[e^{t_0 s}\left(\dfrac{1}{s}-\dfrac{s+2\hat{\lambda}}{(s+\hat{\lambda})^2+\hat{\omega}^2}\right)\right]$

$=\dfrac{1}{\hat{\lambda}^2+\hat{\omega}^2}\left\{\mathrm{H}(t+t_0)-e^{-\hat{\lambda}t}\left[\cos\hat{\omega}(t+t_0)+\dfrac{2\hat{\lambda}}{\hat{\omega}}\sin\hat{\omega}(t+t_0)\right]\right\}$。

第二次加载函数可表示为：$p_2(x, y, t)=-P[\delta(x-d)+\delta(x+d)]\delta(y)\mathrm{H}(t)$，方便得到其挠度解为

$$w_2=-\frac{4P}{\pi^2}\int_0^\infty\int_0^\infty\frac{1-e^{-\hat{\lambda}t}[\hat{\omega}\cos(\hat{\omega}t)+2\hat{\lambda}\sin(\hat{\omega}t)]}{\hat{\omega}(\hat{\lambda}^2+\hat{\omega}^2)\rho[I(\xi^2+\zeta^2)+h]}\cos(\xi d)\cos(\xi x)\cos(\zeta y)\mathrm{d}\xi\mathrm{d}\zeta \tag{9-85}$$

合并两次加载，取 t_0 足够大，则得到本问题的解为

$$w=w_1|_{t_0\to\infty}+w_2=\frac{4P}{\pi^2}\int_0^\infty\int_0^\infty\frac{e^{-\hat{\lambda}t}[\hat{\omega}\cos(\hat{\omega}t)+2\hat{\lambda}\sin(\hat{\omega}t)]}{\hat{\omega}(\hat{\lambda}^2+\hat{\omega}^2)\rho[I(\xi^2+\zeta^2)+h]}\cos(\xi d)\cos(\xi x)\cos(\zeta y)\mathrm{d}\xi\mathrm{d}\zeta \tag{9-86}$$

轴对称冲击荷载作用下的无限大板振动问题，当冲击荷载的汉克尔变换、拉普拉斯变换 $\hat{\bar{p}}$ 较易求得时，可先用式(9-22)的一般解求出板弯沉的拉普拉斯变换 $\bar{w}$，再进行拉普拉斯逆变换。当点源荷载的格林函数易得时，采用如式(9-53)所示的格林函数法解法更简便；有些场合也可采用突加载与卸载的方法求解，如例 9.7。

例 9.8　开尔文地基上无限大薄板(不计板径向应变阻尼与惯性)上作用不同类型的冲击荷载，考察在等冲量情况下，不同冲击荷载类型及冲击时长对板中点弯沉的影响规律。

开尔文地基上不计板径向应变阻尼与惯性的薄板的点源荷载格林函数为

$$G(r, t, \zeta, \tau)=\frac{1}{2\pi\rho h}\int_0^\infty e^{-\left(\frac{\eta}{2\rho h}\right)\tau}\frac{\sin[\omega(t-\tau)]}{\omega}\mathrm{J}_0(\xi\zeta)\mathrm{J}_0(\xi r)\xi\mathrm{d}\xi,\quad t\geqslant\tau \tag{9-87}$$

其中，$g_w(\xi, t, \tau)=L^{-1}\left[\dfrac{e^{-s\tau}}{D\xi^4+\rho h s^2+k+\eta s}\right]=\dfrac{1}{\rho h}L^{-1}\left[\dfrac{e^{st}}{\left(s+\dfrac{\eta}{2\rho h}\right)^2+\omega^2}\right]$

$=\dfrac{e^{-\left(\frac{\eta}{2\rho h}\right)\tau}}{\rho h}\dfrac{\sin[\omega(t-\tau)]}{\omega}$，$\omega^2=\dfrac{D\xi^4+k}{\rho h}-\left(\dfrac{\eta}{2\rho h}\right)^2$。

则对于冲击荷载 $p(r, t)$ 引起的板振动解为

$$w(r, t)=\frac{1}{\rho h}\int_0^{\infty}\left\{\int_0^{r}\left[\int_0^{\infty}p(\zeta, \tau)\mathrm{J}_0(\xi\zeta)\zeta\mathrm{d}\zeta\right]\mathrm{e}^{-\left(\frac{\eta}{2\rho h}\right)\tau}\frac{\sin[\omega(t-\tau)]}{\omega}\mathrm{d}\tau\right\}\mathrm{J}_0(\xi r)\xi\mathrm{d}\xi \tag{9-88}$$

为了定量考察不同冲击荷载形式对地基板动态挠度的影响，现取地基板各参数为：板的模量 $E=30\text{GPa}$、泊松比 $\nu=0.15$、厚度 $h=0.25$ m、密度 $\rho=2\ 500\ \text{kg/m}^3$，地基反应模量 $k=40\ \text{MPa/m}^3$、阻尼系数 $\eta=0$，板相对半径 $R/l=30$，冲量 $mv=1$ kN·s，均布冲击荷载圆的相对半径 $a_p/l=0.5$。在矩形、半正弦和三角形冲击荷载（空间分布为圆形均布）形式下，板中点最大挠度随冲击时长 Δt 的变化如图 9-7 所示。由图 9-7 可以看出，就板中点处最大挠度而言，当冲击时长趋于零时，不同冲击形式均收敛于相同值，即收敛于脉冲荷载 $mv\delta(t)$ 产生的弯沉值；当 $\Delta t>2$ ms 时，不同脉冲形式引起的差异可能超过 1%，应予以考量，其中，三角形冲击形式引起的弯沉最大，半正弦次之，矩形最小，这与其冲击压力峰值大小排列是一致的。

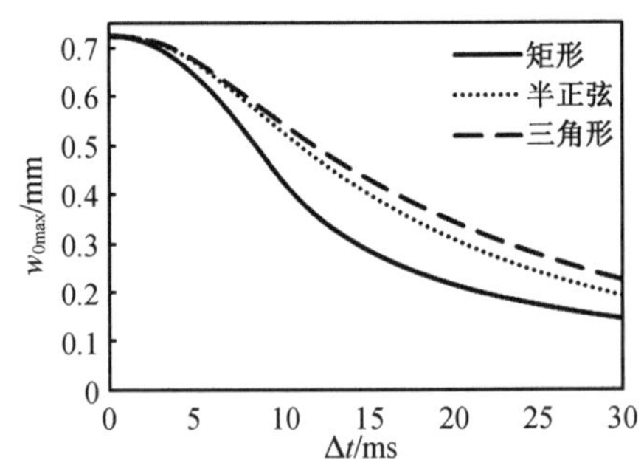

图 9-7　等冲量下板中最大挠度与冲击时长关系

9.2.4　移动荷载下的无限大板振动

如图 9-8 所示，无限大地基板上匀速移动的集中力可表示为式(9-89)的形式，匀速移动的矩形($2a_p\times 2b_p$)均布荷载可用式(9-90)表示。

$$p(x, y, t)=P\delta(y)\delta(x-vt) \tag{9-89}$$

$$p(x, y, t)=\frac{P}{4a_pb_p}[\mathrm{H}(y-b_p)-\mathrm{H}(y+b_p)][\mathrm{H}(x-a_p-vt)-\mathrm{H}(x+a_p-vt)] \tag{9-90}$$

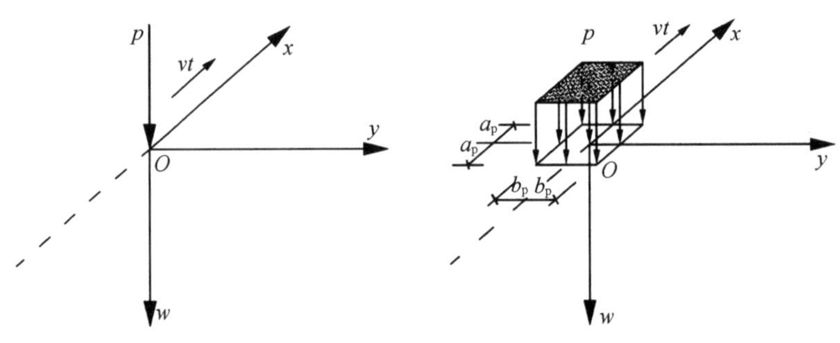

(a) 匀速移动的集中力　　(b) 匀速移动的矩形荷载

图 9-8　移动荷载示意

将式(9-89)代入式(9-53),式(9-90)代入式(9-54),可得到匀速移动荷载下的无限大地基的振动解。

对式(9-89)、式(9-90)进行时间 t 的拉普拉斯与 x、y 双重傅里叶变换:

$$\left.\begin{aligned}\bar{p}(x,y,s)&=P\delta(y)L[\delta(vt-x)]=\frac{P}{v}\delta(y)\mathrm{e}^{-\frac{sx}{v}}\\ \hat{\bar{p}}(\xi,\zeta,s)&=\frac{P}{v}F\left[\mathrm{e}^{-\frac{sx}{v}}\right]=\frac{P}{v}\frac{1}{\frac{s}{v}+\mathrm{i}\xi}=\frac{P}{s+\mathrm{i}v\xi}\end{aligned}\right\}\tag{9-91}$$

$$\left.\begin{aligned}\bar{p}(x,y,s)&=\frac{P}{2a_{\mathrm{p}}b_{\mathrm{p}}}[\mathrm{H}(y-b_{\mathrm{p}})-\mathrm{H}(y+b_{\mathrm{p}})]\frac{\mathrm{e}^{-\frac{sx}{v}}}{s}\sinh\left(\frac{a_{\mathrm{p}}s}{v}\right)\\ \hat{\bar{p}}(\xi,\zeta,s)&=-\frac{2\pi P}{a_{\mathrm{p}}b_{\mathrm{p}}}\left[\frac{1}{\mathrm{i}\zeta}+\pi\delta(\zeta)\right]\sinh(\mathrm{i}b_{\mathrm{p}}\zeta)\delta\left(\xi+\mathrm{i}\frac{s}{v}\right)\frac{\sinh\left(\frac{a_{\mathrm{p}}s}{v}\right)}{s}\end{aligned}\right\}\tag{9-92}$$

若需要求匀速移动荷载下的稳态解,只要取 x 足够大就可以,零时刻突加荷载的影响可忽略。

在求移动荷载下无限大板稳态解时,还有第三种解法,对外荷载 p、板挠度 w 和地基反力 q 进行 x、y、t 的三重傅里叶变换 $\breve{p}$、$\breve{w}$、$\breve{q}$,再代入地基板微分方程解后再求逆变换,其中,薄板挠度 w 解的一般式如式(9-93)所示,中厚度板挠度 w、位移函数 Ω 解的一般式如式(9-94)所示。

$$w=\frac{1}{8\pi^3}\int_{-\infty}^{\infty}\int_{-\infty}^{\infty}\int_{-\infty}^{\infty}\frac{\breve{p}\,\mathrm{e}^{\mathrm{i}(\xi x+\zeta y+\chi t)}\,\mathrm{d}\xi\,\mathrm{d}\zeta\,d\chi}{\{D(\xi^2+\zeta^2)^2+\mathrm{i}\chi c_{\mathrm{s}}I(\xi^2+\zeta^2)^2+\chi^2[\rho I(\xi^2+\zeta^2)-\rho h]+\breve{f}_{\mathrm{q}}\}}\tag{9-93}$$

其中,$\breve{f}_{\mathrm{q}}=\breve{q}/\breve{w}$。

$$\left.\begin{aligned}w&=\frac{1}{8\pi^3}\int_{-\infty}^{\infty}\int_{-\infty}^{\infty}\frac{\breve{p}[(D\xi^2-\mathrm{i}c_{\mathrm{s}}I\chi)(\xi^2+\zeta^2)-\rho I\chi^2+\phi^2Gh]}{\Delta}\mathrm{e}^{\mathrm{i}(\xi x+\zeta y+\chi t)}\,\mathrm{d}\xi\,\mathrm{d}\zeta\,\mathrm{d}\chi\\ \Omega&=\frac{1}{8\pi^3}\int_{-\infty}^{\infty}\int_{-\infty}^{\infty}\frac{\breve{p}\phi^2Gh}{\Delta}\mathrm{e}^{\mathrm{i}(\xi x+\zeta y+\chi t)}\,\mathrm{d}\xi\,\mathrm{d}\zeta\,\mathrm{d}\chi\end{aligned}\right\}\tag{9-94}$$

其中,$\Delta=[(D+\mathrm{i}c_{\mathrm{s}}I\chi)(\xi^2+\zeta^2)-\rho I\chi^2][\phi^2Gh(\xi^2+\zeta^2)-\rho h\chi^2+\breve{f}_{\mathrm{q}}]+\phi^2Gh(-\rho h\chi^2+\breve{f}_{\mathrm{q}})$。

其他更复杂的移动荷载,如非匀速的、移动中荷载量变化的荷载等,只要求得对时间 t 的拉普拉斯变换与对坐标 x、y 傅里叶变换,或对 x、y、t 三重傅里叶变换,就可利用式(9-28)、式(9-31)、式(9-53)和式(9-54)求解无限大板的振动。

9.3 圆形地基板的振动

由本书第 5 章可知，弹性半空间体上圆板因地基反力难以表征，只能采用级数法或连杆法解之，因此，本章不讨论半空间体上圆板的振动问题，只讨论 Winkler 地基、双参数地基以及在此基础上增加一个或多个黏壶或(和)弹簧的黏弹性地基上圆形振动问题，稍加推广可适用于带孔无限大板或环形板的振动问题。

与无限大地基板相比，圆形、带孔无限大板或环形地基板尚需满足其边界条件，而其边界有简支、滑支、固支和自由四类。

9.3.1 圆形地基板的自由振动

圆形地基板的自由振动通常有两种解法，一种是先利用分离变量法求出板的自振频率及振型函数，然后根据振型函数的正交性来拟合板的初始状况；另一种是通过对时间 t 积分变换(常用拉普拉斯变换)将含时间 t 的偏微分方程简化后直接求解。

当地基模型不太复杂时，可直接采用分离变量法进行求解。例如，不计板径向应变阻尼但计入地基惯性的开尔文地基上薄板的齐次运动微分方程为

$$D\,\nabla^4 w+\frac{\partial^2}{\partial t^2}(-\rho I\,\nabla^2 w+\rho h w)+\left(k+\eta\,\frac{\partial}{\partial t}+m_{\mathrm{k}}\,\frac{\partial^2}{\partial t^2}\right)w=0 \tag{9-95}$$

对式(9-95)板挠度 w 中的变量 r、t 进行分离，即 $w(r,\ t)=W(r)T(t)$，则有：

$$\frac{(D\,\nabla^4+k)W}{(-\rho I\,\nabla^2+\rho h+m_{\mathrm{k}})W}=-\frac{1}{T}\left[\frac{\eta W}{(-\rho I\,\nabla^2+\rho h+m_{\mathrm{k}})W}\,\frac{\mathrm{d}T}{\mathrm{d}t}+\frac{\mathrm{d}^2 T}{\mathrm{d}t^2}\right] \tag{9-96}$$

若变量可分离，则有：

$$\left.\begin{aligned}&\frac{(D\,\nabla^4+k)W}{(-\rho I\,\nabla^2+\rho h+m_{\mathrm{k}})W}=-\frac{1}{T}\left(2\lambda\,\frac{dT}{\mathrm{d}t}+\frac{\mathrm{d}^2 T}{\mathrm{d}t^2}\right)=c^2\\&2\lambda=\frac{\eta W}{(-\rho I\,\nabla^2+\rho h+m_{\mathrm{k}})W}\end{aligned}\right\} \tag{9-97}$$

解式(9-97)，得到：

$$\left.\begin{aligned}&T=\mathrm{e}^{-\lambda t}(B_1\sin\omega t+B_2\cos\omega t)\\&(\nabla^2+\psi_1^2)(\nabla^2-\psi_2^2)W=0\end{aligned}\right\} \tag{9-98}$$

其中，$\psi_1^2=\sqrt{\Delta}+\left(\frac{c^2\rho I}{2D}\right)$，$\psi_2^2=\sqrt{\Delta}-\left(\frac{c^2\rho I}{2D}\right)$；$\omega=\sqrt{c^2-\lambda^2}$；$\lambda=\frac{\eta}{2(\rho h+m_{\mathrm{k}}+\rho I\psi_1^2)}$；

$\Delta=\left(\frac{c^2\rho I}{2D}\right)^2+c^2\left(\frac{\rho h+m_{\mathrm{k}}}{D}\right)-\frac{k}{D}$。

可以证实，当 $\Delta>0$ 时有振动解，当 $\Delta<0$ 时无振动解。因此，式(9-98)中的 W 为两个

零阶贝塞尔方程的解：

$$W = A_1 J_0(\psi_1 r) + A_2 H_0^{(1)}(\psi_1 r) + A_3 I_0(\psi_2 r) + A_4 K_0(\psi_2 r) \tag{9-99}$$

根据环状板内、外两个边界的四个边界及非零解要求，确定式(9-99)中隐含的 c^2，以及 4 个待定常数中的 3 个：$\phi_2 = A_2/A_1$、$\phi_3 = A_3/A_1$、$\phi_4 = A_4/A_1$。

由 $H_0^{(1)}(0) \to \infty$，$K_0(0) \to \infty$ 可知，当板中无孔时，$A_2 = A_4 = 0$。根据圆板外边缘($r = R$)的边界条件，建立包含待定常数 A_1、A_3 和 c^2 的线性方程组，由非零解条件确定一系列 c_n、ψ_{1n}、ψ_{2n}，$n = 1, 2, 3, \cdots$，及 A_{1n} 与 A_{3n} 之比 ϕ_n，进而确定一系列 ω_n、λ_n，$n = 1, 2, 3, \cdots$。代入板外边缘边界条件及非零条件，得到求解 c_n^2 的非线性方程及板振型方程如下：

(1) 固支

$$\left.\begin{aligned} &\frac{\psi_{1n} J_1(\psi_{1n} R)}{J_0(\psi_{1n} R)} + \frac{\psi_{2n} I_1(\psi_{2n} R)}{I_0(\psi_{2n} R)} = 0 \\ &W_n = J_0(\psi_{1n} r) - \frac{J_0(\psi_{1n} R)}{I_0(\psi_{2n} R)} J_0(\psi_{2n} r) \end{aligned}\right\} \tag{9-100(a)}$$

(2) 简支

$$\left.\begin{aligned} &\psi_{1n}^2 \left[1 - \left(\frac{1-\nu}{\psi_{1n} R}\right) \frac{J_1(\psi_{1n} R)}{J_0(\psi_{1n} R)}\right] - \psi_{2n}^2 \left[1 - \left(\frac{1-\nu}{\psi_{2n} R}\right) \frac{I_1(\psi_{2n} R)}{I_0(\psi_{2n} R)}\right] = 0 \\ &W_n = J_0(\psi_{1n} r) - \frac{J_0(\psi_{1n} R)}{I_0(\psi_{2n} R)} J_0(\psi_{2n} r) \end{aligned}\right\} \tag{9-100(b)}$$

(3) 滑支

$$\left.\begin{aligned} &J_1(\psi_{1n} R) = 0 \\ &W_n = J_0(\psi_{1n} r) \end{aligned}\right\} \tag{9-100(c)}$$

(4) 自由

$$\begin{aligned} &\frac{1}{\psi_{1n}}\left[\frac{J_0(\psi_{1n} R)}{J_1(\alpha_n R)} - \frac{1-\nu}{\psi_{1n} R}\right] + \frac{1}{\psi_{2n}}\left[\frac{I_0(\psi_{2n} R)}{I_1(\psi_{2n} R)} - \frac{1-\nu}{\psi_{2n} R}\right] = 0 \\ &W_n = J_0(\psi_{1n} r) - \frac{\psi_{1n}^3 J_1(\psi_{1n} R)}{\psi_{2n}^3 I_1(\psi_{2n} R)} I_0(\psi_{2n} r) \end{aligned} \tag{9-100(d)}$$

由此解得地基板的自由振动方程：

$$w = \sum_{n=1}^{\infty} [J_0(\psi_{1n} r) + \phi_n I_0(\psi_{2n} r)] e^{-\lambda_n t} [B_{1n} \sin(\omega_n t) + B_{2n} \cos(\omega_n t)] \tag{9-101}$$

式(9-101)中，$W_n = J_0(\psi_{1n} r) + \phi_n I_0(\psi_{2n} r)$，$n = 1, 2, \cdots$ 之间具有正交性，待定常数 B_{1n}、B_{2n} 由地基板初始状况确定。当已知 $w|_{t=0} = f(r)$，$\left.\frac{\partial w}{\partial t}\right|_{t=0} = g(r)$ 时：

$$\left.\begin{aligned} w\big|_{t=0} &= \sum_{n=1}^{\infty}[\mathrm{J}_0(\psi_{1n}r)+\phi_n\mathrm{I}_0(\psi_{2n}r)]B_{2n}=f(r) \\ \frac{\partial w}{\partial t}\bigg|_{t=0} &= \sum_{n=1}^{\infty}[\mathrm{J}_0(\psi_{1n}r)+\phi_n\mathrm{I}_0(\psi_{2n}r)]B_{1n}\omega_n=g(r) \end{aligned}\right\} \tag{9-102}$$

由此解得待定常数 B_{1n} 和 B_{2n}：

$$\left.\begin{aligned} B_{1n} &= \frac{1}{M_n\omega_n}\sum_{n=1}^{\infty}\int_0^R g(r)[\mathrm{J}_0(\psi_{1n}r)+\phi_n\mathrm{I}_0(\psi_{2n}r)]\ r\mathrm{d}r \\ B_{2n} &= \frac{1}{M_n}\sum_{n=1}^{\infty}\int_0^R f(r)[\mathrm{J}_0(\psi_{1n}r)+\phi_n\mathrm{I}_0(\psi_{2n}r)]\ r\mathrm{d}r \end{aligned}\right\} \tag{9-103}$$

其中，$M_n=\int_0^R [\mathrm{J}_0(\psi_{1n}r)+\phi_n\mathrm{I}_0(\psi_{2n}r)]^2 r\mathrm{d}r$。

对于双参数地基(双参数均服从开尔文模型)上薄板，其运动齐次微分方程如式(9-104)所示。按上述分离变量法解得与式(9-98)相同的结果，但参数 ψ_1、ψ_2、λ 有所不同，它们的表达式如式(9-105)所示。

$$\left[D\,\nabla^4+\frac{\partial^2}{\partial t^2}(-\rho I\,\nabla^2+\rho h)+k_1+\eta_1\frac{\partial}{\partial t}-\left(k_2+\eta_2\frac{\partial}{\partial t}\right)\nabla^2\right]w=0 \tag{9-104}$$

$$\left.\begin{aligned} \psi_1^2 &= \sqrt{\frac{c^2\rho h-k_1}{D}+\left(\frac{c^2\rho I-k_2}{2D}\right)^2}+\left(\frac{c^2\rho I-k_2}{2D}\right) \\ \psi_2^2 &= \sqrt{\frac{c^2\rho h-k_1}{D}+\left(\frac{c^2\rho I-k_2}{2D}\right)^2}-\left(\frac{c^2\rho I-k_2}{2D}\right) \\ \omega^2+\lambda^2 &= c^2,\ \lambda=\frac{\eta_1+\psi_1^2\eta_2}{2\rho(h+\psi_1^2 I)} \end{aligned}\right\} \tag{9-105}$$

当黏弹性地基模型较复杂，如三参数固体地基时，直接采用分离变量不太简便，可根据结构自振概念，将 $T(t)$ 函数表示为 e^{st} 代入方程进行分离变量处理。若已知结构无阻尼时，s 为虚数：$\pm\mathrm{i}\omega$；有阻尼时，s 为复数：$-\lambda\pm\mathrm{i}\omega$；若 s 无虚部时，则结构无振动，属过黏状态。

例 9.9 求外边界简支的三参数固体地基上计入板径向应变黏性与惯性的圆形薄板的振型函数与自振频率。

三参数固体地基上计入板径向应变黏性与惯性的圆形薄板齐次运动微分方程可表示为

$$\left.\begin{aligned} &\left[D\,\nabla^4+c_s I\frac{\partial}{\partial t}\nabla^4+\frac{\partial^2}{\partial t^2}(-\rho I\,\nabla^2+\rho h)\right]w=-q \\ &(k_{\mathrm{E2}}+k_{\mathrm{E1}})q+\eta_1\frac{\partial q}{\partial t}=k_{\mathrm{E2}}\left(k_{\mathrm{E1}}+\eta_1\frac{\partial}{\partial t}\right)w \end{aligned}\right\} \tag{9-106}$$

将薄板挠度 w 与地基反力 q 表示为：$w=W\mathrm{e}^{st}$，$q=Q\mathrm{e}^{st}$，代入式(9-106)得到：

$$\left.\begin{aligned}&[D\nabla^4+c_sIs\nabla^4+s^2(-\rho I\nabla^2+\rho h)]W=-Q\\&[(k_{E2}+k_{E1})+\eta_1 s]Q=k_{E2}(k_{E1}+\eta_1 s)W\end{aligned}\right\}\tag{9-107}$$

整理得到：

$$(D+c_sIs)\nabla^4W-s^2\rho I\nabla^2W+\left[s^2\rho h+\frac{k_{E2}(k_{E1}+\eta_1 s)}{k_{E2}+k_{E1}+\eta_1 s}\right]W=0\tag{9-108}$$

由此得到与式(9-99)相同形式的振型函数：

$$W_n=\mathrm{J}_0(\psi_{1n}r)+\phi_{2.n}\mathrm{H}_0^{(1)}(\psi_{1n}r)+\phi_{3.n}\mathrm{I}_0(\psi_{2n}r)+\phi_{4.n}\mathrm{K}_0(\psi_{2n}r)\tag{9-109}$$

其中，

$$\psi_{1n}^2=\sqrt{\left[\frac{s_n^2\rho I}{2(D+c_sIs_n)}\right]^2-\frac{s_n^2\rho h(k_{E2}+k_{E1}+\eta_1 s_n)+k_{E2}(k_{E1}+\eta_1 s_n)}{(D+c_sIs_n)(k_2+k_1+\eta_1 s_n)}}-\frac{s_n^2\rho I}{2(D+c_sIs_n)},$$

$$\psi_{2n}^2=\sqrt{\left[\frac{s_n^2\rho I}{2(D+c_sIs_n)}\right]^2-\frac{s_n^2\rho h(k_{E2}+k_{E1}+\eta_1 s_n)+k_{E2}(k_{E1}+\eta_1 s_n)}{(D+c_sIs_n)(k_2+k_1+\eta_1 s_n)}}+\frac{s_n^2\rho I}{2(D+c_sIs_n)}。$$

将式(9-109)代入无孔条件，得 $\phi_{3.n}=\phi_{4.n}=0$，由外边界简支条件得到式[9-100(b)]所示的板振型函数，以及求解 c_n^2、ψ_{1n}、ψ_{2n}、ϕ_{3n} 的非线性方程，进而解得 $s_n=-\lambda_n\pm \mathrm{i}\omega_n$，其中，$\omega_n$ 是地基板的自振频率。

地基板的自由振动属于偏微分方程的初值问题，一般情况下，可采用对时间 t 进行拉普拉斯变换后直接求解。

例 9.10　用拉普拉斯变换法求解例 9.9 中给出的三参数固体地基上计板径向应变黏性与惯性薄板，在已知初始状态：$w|_{t=0}=f(r)$，$\left.\dfrac{\partial w}{\partial t}\right|_{t=0}=g(r)$ 下的自由振动。

对式(9-106)的时间 t 进行拉普拉斯变换，整理得到：

$$(D+c_sIs)\nabla^4\bar{w}-\rho Is^2\nabla^2\bar{w}+\left[s^2\rho h+\frac{k_{E2}(k_{E1}+\eta_1 s)}{(k_{E2}+k_{E1})+\eta_1 s}\right]\bar{w}=F(r,s)\tag{9-110}$$

其中，$F(r,s)=c_sI\nabla^4 f+\rho I\left[-s\nabla^2 f+\dfrac{\partial}{\partial t}(\nabla^2 g)\right]+\rho h(sf-g)$；

$$L\left[\frac{\partial}{\partial t}(\nabla^4 w)\right]=s\nabla^4\bar{w}-\nabla^4 w(r,0)=s\nabla^4\bar{w}-\nabla^4 f;$$

$$\begin{aligned}L\left[\frac{\partial^2}{\partial t^2}(\nabla^2 w)\right]&=s^2\nabla^2\bar{w}-s\nabla^2 w(r,0)+\frac{\partial}{\partial t}[\nabla^2 w(r,0)]\\&=s^2\nabla^2\bar{w}-s\nabla^2 f+\frac{\partial}{\partial t}(\nabla^2 g);\end{aligned}$$

$$L\left[\frac{\partial^2}{\partial t^2}w\right]=s^2\bar{w}-sw(r,0)+\frac{\partial w(r,0)}{\partial t}=s^2\bar{w}-sf+g。$$

解方程式(9-110)得到：

$$\bar{w}=A_1\mathrm{J}_0(\psi_1 r)+A_2\mathrm{H}_0^{(1)}(\psi_1 r)+A_3\mathrm{I}_0(\psi_2 r)+A_4\mathrm{K}_0(\psi_2 r)+\bar{w}^* \tag{9-111}$$

式中　$\bar{w}^*$ ——对应 $F(r, s)$ 的特解；

A_1、A_2、A_3、A_4——待定常数，由板的内外边界条件确定。

对式(9-111)求拉普拉斯逆变换可得到地基板的挠度解，但在一般场合，获得拉普拉斯逆变换的解析解以及求对应 $F(r, s)$ 的特解 $\tilde{w}^*$ 较困难，地基板的振动解大多需要根据拉普拉斯逆变换的定义式积分得到，且难以获得结构自振频率、幅度、衰减率等结构重要信息。

对于中厚板的自由振动，可采用将 $T(t)$ 表示为 e^{st} 的分离变量法求得。以式(9-112)所示的开尔文地基上中厚板为例，说明求解的一般步骤。

$$\left.\begin{aligned}&D\,\nabla^4\Omega+c_sI\frac{\partial}{\partial t}(\nabla^4\Omega)-\rho I\frac{\partial^2}{\partial t^2}(\nabla^2\Omega)+\rho h\frac{\partial^2 w}{\partial t^2}+\left(k+\eta\frac{\partial^2}{\partial t^2}\right)w=0\\&\nabla^2 w-\nabla^2\Omega-\frac{\rho}{\phi^2 G}\frac{\partial^2 w}{\partial t^2}-\frac{1}{\phi^2 Gh}\left(k+\eta\frac{\partial^2}{\partial t^2}\right)w=0\end{aligned}\right\} \tag{9-112}$$

令 $w=W\mathrm{e}^{st}$，$\Omega=\Phi\mathrm{e}^{st}$ 代入式(9-112)，得到：

$$\left.\begin{aligned}&[(D+c_sIs)\,\nabla^4-\rho Is^2\,\nabla^2]\Phi+(\rho hs^2+k+\eta s)W=0\\&\phi^2Gh\,\nabla^2\Phi-[\phi^2Gh\,\nabla^2-(\rho hs^2+k+\eta s)]W=0\end{aligned}\right\} \tag{9-113}$$

整理上式得到：

$$\left.\begin{aligned}&(\nabla^2+\psi_1^2)(\nabla^2-\psi_2^2)W=0\\&(\nabla^2+\psi_1^2)(\nabla^2-\psi_2^2)\,\nabla^2\Phi=0\end{aligned}\right\} \tag{9-114}$$

其中，$\psi_1^2=\sqrt{f^2-e}-f$，$\psi_2^2=\sqrt{f^2-e}+f$，$2f=\dfrac{\rho Is^2}{D+c_sIs}+\dfrac{\rho hs^2+k+\eta s}{\phi^2Gh}$，

$e=\left(\dfrac{\rho Is^2}{\phi^2Gh}+1\right)\left(\dfrac{\rho hs^2+k+\eta s}{D+c_sIs}\right)$。

由此解得：

$$\left.\begin{aligned}&\Phi=A_1\mathrm{J}_0(\psi_1 r)+A_2\mathrm{H}_0^{(1)}(\psi_1 r)+A_3\mathrm{I}_0(\psi_2 r)+A_4\mathrm{K}_0(\psi_2 r)+A_5+A_6\ln r\\&W=B_1\mathrm{J}_0(\psi_1 r)+B_2\mathrm{H}_0^{(1)}(\psi_1 r)+B_3\mathrm{I}_0(\psi_2 r)+B_4\mathrm{K}_0(\psi_2 r)\end{aligned}\right\} \tag{9-115}$$

式(9-115)中待定常数 A_1、A_2、A_3、A_4 与 B_1、B_2、B_3、B_4 之间的关系为

$$\left.\begin{aligned}&B_1=-\frac{(D+c_sIs)\psi_1^4+\rho Is^2\psi_1^2}{\rho hs^2+k+\eta s}A_1,\quad B_2=-\frac{(D+c_sIs)\psi_1^4+\rho Is^2\psi_1^2}{\rho hs^2+k+\eta s}A_2\\&B_3=-\frac{(D+c_sIs)\psi_2^4-\rho Is^2\psi_2^2}{\rho hs^2+k+\eta s}A_3,\quad B_4=-\frac{(D+c_sIs)\psi_2^4-\rho Is^2\psi_2^2}{\rho hs^2+k+\eta s}A_4\end{aligned}\right\} \tag{9-116}$$

将式(9-115)代入板内、外边界各 3 个边界条件,以及非零解条件,可得到一系列 s,其共轭的虚数部分即地基上中厚板的自振频率。

9.3.2 圆形地基板的强迫振动

地基板的强迫振动求解方法有两种:一种是通过上节中分离变量求出振型函数,然后利用振型函数的正交性求强迫振动的特解;另一种是先求点源荷载激励的格林函数,再利用格林函数的积分求解。

在求得如式(9-101)所示地基板的自由振动方程之后,将强迫振动的外荷载 $p(r, t)$展开为

$$\left.\begin{aligned} p(r, t) &= \sum_{n=1}^{\infty} W_n(r) p_n(t) \\ p_n(t) &= \frac{1}{M_n}\int_0^{R_a} p(r, t) W_n(r) r\mathrm{d}r \end{aligned}\right\} \tag{9-117}$$

其中,$W_n = \mathrm{J}_0(\psi_{1n} r) + \phi_n \mathrm{I}_0(\psi_{2n} r)$, $M_n = \int_0^R W_n^2 r\mathrm{d}r$, r 为圆板半径。

地基板的特解表示为 $w^*(r, t) = \sum_{n=1}^{\infty} W_n(r) T_n^*(t)$,将 w^* 与式(9-117)代入地基板的运动微分方程,得到特解方程为

$$\frac{\mathrm{d}^2 T_n^*}{\mathrm{d}t^2} + 2\lambda_n \frac{\mathrm{d}T_n^*}{\mathrm{d}t} + c_n^2 T_n^* = \frac{2\lambda_n}{\eta} p_n(t) \tag{9-118}$$

由此得到地基上圆板的强迫振动通解为

$$w = \sum_{n=1}^{\infty} [\mathrm{J}_0(\psi_{1n} r) + \phi_n \mathrm{I}_0(\psi_{2n} r)] \{\mathrm{e}^{-\lambda_n t}[B_{1n}\sin(\omega_n t) + B_{2n}\cos(\omega_n t)] + T_n^*\} \tag{9-119}$$

式(9-119)中的特解是满足板边界条件的,待定常数 B_{1n}、B_{2n} 由板初始条件确定。

例 9.11 用分离变量法求解外边界简支的开尔文地基(不计地基惯性、板径向变形惯性与阻尼)上圆形薄板在环状简谐线荷载下的振动方程稳态解,讨论环状线荷载半径的影响,并考察其共振现象。

本问题的地基板微分方程为

$$\left(D\nabla^4 + \frac{\partial^2}{\partial t^2}\rho h + k + \eta\frac{\partial}{\partial t}\right)\bar{w} = p(r, t) \tag{9-120}$$

环状简谐线荷载 p 及其拉普拉斯变换可表示为

$$p(r, t) = P\frac{\delta(r - a_{\mathrm{p}})}{2\pi a_{\mathrm{p}}}\sin(\theta t), \quad \bar{p}(r, s) = P\frac{\delta(r - a_{\mathrm{p}})}{2\pi a_{\mathrm{p}}}\frac{\theta}{s^2 + \theta^2} \tag{9-121}$$

式中，a_p 为环状简谐线荷载的半径。

开尔文地基上圆形薄板齐次微分方程的分离变量解为

$$\left.\begin{aligned} T &= e^{-\lambda t}[B_1\sin(\omega t)+B_2\cos(\omega t)] \\ W &= A_1 J_0(\psi r)+A_2 H_0^{(1)}(\psi r)+A_3 I_0(\psi r)+A_4 K_0(\psi r) \end{aligned}\right\} \tag{9-122}$$

其中，$\omega^2=c^2-\lambda^2$，$\psi^2=\sqrt{c^2\dfrac{\rho h}{D}-\dfrac{k}{D}}$，$\lambda=\dfrac{\eta}{2\rho h}$。

由板中无孔条件，得到 $A_2=A_4=0$；由外边界简支条件，得到式(9-123)。

$$\left.\begin{aligned} &W\,|_{r=R_a}=A_1 J_0(\psi R)+A_3 I_0(\psi R)=0 \\ &-\frac{M_r}{D}\bigg|_{r=R_a}=\psi^2\left\{A_1\left[-J_0(\psi R)-\left(\frac{1-\nu}{\psi R}\right)J_0'(\psi R)\right]+\right. \\ &\qquad\qquad \left.A_3\left[I_0(\psi R)-\left(\frac{1-\nu}{\psi R}\right)I_0'(\psi R)\right]\right\}=0 \end{aligned}\right\} \tag{9-123}$$

由式(9-123)及非零解条件，得到 ψ_n、c_n^2、ω_n 和 ϕ_n。

$$\frac{J_1(\psi_n R)}{J_0(\psi_n R)}-\frac{I_1(\psi_n R)}{I_0(\psi_n R)}=0 \quad (n=1,\ 2,\ \cdots) \tag{9-124}$$

$$\phi_n=\frac{A_3}{A_1}=-\frac{J_0(\psi_n R)}{I_0(\psi_n R)} \tag{9-125}$$

上两式中解的前七项 $\psi_n R$、ϕ_n 见表 9-2。

表 9-2　例 9.11 的地基板振动参数

n	1	2	3	4	5	6	7
$\psi_n R$	2.17	5.44	8.60	11.75	14.90	18.05	21.19
ϕ_n	-4.98×10^{-2}	7.19×10^{-4}	1.88×10^{-5}	7.19×10^{-4}	5.83×10^{-7}	-1.96×10^{-8}	6.96×10^{-10}

由此得到振动的特征函数 W_n：

$$W_n(r)=J_0(\psi_n r)+\phi_n I_0(\psi_n r) \tag{9-126}$$

方程特解 $w^*(r,\ t)=\sum\limits_{n=1}^{\infty}W_n(r)T_n^*(t)$ 中的 T_n^* 满足如下方程：

$$\frac{d^2T_n^*}{dt^2}+2\lambda\frac{dT_n^*}{dt}+c_n^2T_n^*=\frac{p_n(t)}{\rho h} \tag{9-127}$$

其中，$p_n(t)=\dfrac{P}{2\pi M_n}[J_0(\psi_n a_p)+\phi_n I_0(\psi_n a_p)]\sin(\theta t)$，

$$M_n=\int_0^{R_a}[J_0(\psi_n r)+\phi_n I_0(\psi_n r)]^2 r\,dr。$$

对式(9-127)求拉普拉斯变换，得到：

$$\bar{T}_n^* = \frac{P}{2\rho h \pi M_n}[J_0(\psi_n a_p) + \phi_n I_0(\psi_n a_p)] \frac{\theta}{(s^2+\theta^2)(s^2+2\lambda s+c_n^2)} \tag{9-128}$$

对式(9-128)求拉普拉斯逆变换，解得：

$$T_n^* = \frac{P}{2\rho h \pi M_n}[J_0(\psi_n a_p) + \phi_n I_0(\psi_n a_p)]\Big\{a_{1n}\sin\theta - \theta b_n \cos\theta + \mathrm{e}^{-\lambda t}\left[b_n\cos(\omega_n t) + \frac{a_{n2}-b\lambda}{\omega_n}\sin(\omega_n t)\right]\Big\} \tag{9-129}$$

其中，$L\left[\frac{1}{(s^2+\theta^2)(s^2+2\lambda s+c_n^2)}\right] = \frac{a_{n1}}{\theta}\sin\theta - b_n\cos\theta + \mathrm{e}^{-\lambda t}\left[b_n\cos(\omega_n t) + \frac{a_{n2}-b\lambda}{\omega_n}\sin(\omega_n t)\right]$；

$$\begin{aligned}\frac{1}{(s^2+\theta^2)(s^2+2\lambda s+c_n^2)} &= \frac{a_{n1}-b_n s}{(s^2+\theta^2)} + \frac{a_{n2}+b_n s}{(s+\lambda)^2+c_n^2-\lambda^2} \\ &= \frac{a_{n1}}{(s^2+\theta^2)} - \frac{b_n s}{(s^2+\theta^2)} + \frac{b_n(s+\lambda)}{(s+\lambda)^2+c_n^2-\lambda^2} + \\ &\quad \frac{a_{n2}-b_n\lambda}{(s+\lambda)^2+c_n^2-\lambda^2}\end{aligned}$$

其中，$a_{n2}+a_{n1}-2\lambda b_n=0, 2\lambda a_{n1}+b_n(\theta_n^2-c_n^2)=0, a_{n2}\theta^2+a_{n1}c_n^2=1$。

略去其自振部分，得到地基板的稳态振动解。也可直接利用式(9-127)求解，令 $T_n^* = A\sin(\theta t)+B\cos(\theta t)$，代入式(9-127)解得：

$$T_n^* = \frac{P}{2\rho h \pi M_n}[J_0(\psi_n a_p) + \phi_n I_0(\psi_n a_p)] \frac{(c_n^2-\theta^2)\sin(\theta t) - 2\lambda\theta\cos(\theta t)}{(2\lambda\theta)^2+(c_n^2-\theta^2)^2} \tag{9-130}$$

环状简谐线荷载下的地基板的振动稳态方程为

$$\begin{aligned} w^*(r,t) &= \frac{P}{2\pi\rho h}\sum_{n=1}^{\infty}\frac{W_n(r)W_n(a_p)}{M_n}\left[\frac{(c_n^2-\theta^2)\sin(\theta t) - 2\lambda\theta\cos(\theta t)}{(2\lambda\theta)^2+(c_n^2-\theta^2)^2}\right] \\ &= \frac{P}{2\pi\rho h}\sum_{n=1}^{\infty}\frac{W_n(r)W_n(a_p)}{M_n}\frac{\sin(\theta t-\theta_n)}{\sqrt{(2\lambda\theta)^2+(c_n^2-\theta^2)^2}} \end{aligned} \tag{9-131}$$

其中，$\cos\theta_n = \frac{c_n^2-\theta^2}{\sqrt{(2\lambda\theta)^2+(c_n^2-\theta^2)^2}}$，$\sin\theta_n = \frac{2\lambda\theta}{\sqrt{(2\lambda\theta)^2+(c_n^2-\theta^2)^2}}$。

从式(9-131)可以看到，在荷载总量相同条件下，板中点振幅与 $[J_0(\psi_n a_p) + \phi_n I_0(\psi_n a_p)]$ 成正比，其随荷载半径增加而下降的速率稍快于其半径倒数下降的速率；当外荷载振频与 ω_n 接近时，振幅趋向最大，即为共振现象，且振频阶数 n 越小，共振现象越严重，此时外力功恰好与地基板阻尼所做功相等，若阻尼下降，板弯沉会快速上升。图 9-9 给出了坐标原点(即荷载中点)板最大弯沉 $w_{\max}$ 和外荷载振频与系统第一阶固有频率之比 $\xi(\theta/\omega_1)$ 的关系图。

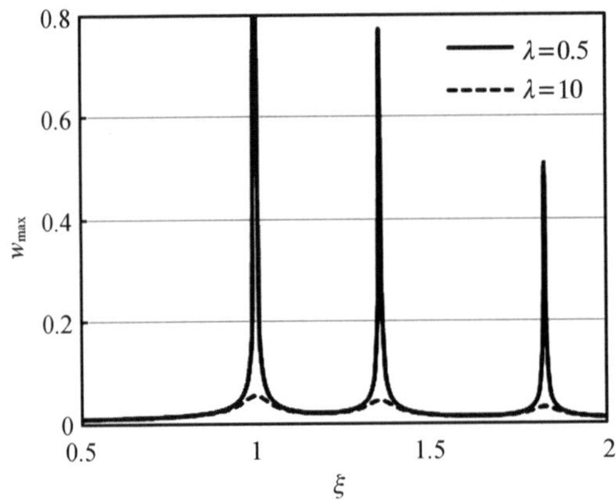

图 9-9　板中点最大弯沉与频率的比关系

将如式(9-44)所示的轴对称条件下点源荷载代入式(9-127),得到:

$$\frac{\mathrm{d}^2 T_n^*}{\mathrm{d}t^2}+2\lambda\frac{\mathrm{d}T_n^*}{\mathrm{d}t}+c_n^2 T_n^*=\frac{\mathrm{J}_0(\psi_n\zeta)+\phi_n\mathrm{I}_0(\psi_n\zeta)}{2\pi\rho h M_n}\delta(t-\tau) \tag{9-132}$$

式中　ζ——点源荷载的作用半径;

τ——点源荷载的作用时间。

对式(9-132)作拉普拉斯变换,得到:

$$\bar{T}_n^*=\frac{\mathrm{J}_0(\psi_n\zeta)+\phi_n\mathrm{I}_0(\psi_n\zeta)}{2\pi\rho h M_n}\frac{\mathrm{e}^{-s\tau}}{(s+\lambda)^2+\omega_n^2} \tag{9-133}$$

其中,$\omega_n^2=c_n^2-\lambda^2$。

再进行拉普拉斯逆变换,得到特解:

$$T_n^*=\frac{\mathrm{J}_0(\psi_n\zeta)+\phi_n\mathrm{I}_0(\psi_n\zeta)}{2\pi\rho h M_n\omega_n}\mathrm{e}^{-\lambda(t-\tau)}\sin[\omega_n(t-\tau)] \tag{9-134}$$

由此得到点源荷载下的开尔文地基圆形薄板(不计地基惯性、板径向变形惯性与阻尼)的振动解,即格林函数:

$$G(r,t,\zeta,\tau)=\frac{1}{2\pi\rho h}\sum_{n=1}^{\infty}\left\{\frac{W_n(r)W_n(\zeta)}{M_n\omega_n}\mathrm{e}^{-\lambda(t-\tau)}\sin[\omega_n(t-\tau)]\right\} \tag{9-135}$$

例 9.12　应用式(9-135)的格林函数求解外边界简支的开尔文地基圆形薄板在板中圆形均布的简谐荷载作用下的振动方程解。

板中圆形均布简谐荷载可表示为

$$p(r,t)=\frac{P}{\pi a_{\mathrm{p}}^2}[1-\mathrm{H}(r-a_{\mathrm{p}})]\sin(\theta t) \tag{9-136}$$

将式(9-136)与式(9-135)给出的格林函数 $G(r,t,\zeta,\tau)$ 代入式(9-53)，得到板中圆形均布简谐荷载作用下的振动方程的解为

$$w(r,t)=2\pi\int_0^t\left[\int_0^\infty G_w(r,t,\zeta,\tau)\frac{P}{\pi a_p^2}[1-\mathrm{H}(\zeta-a_p)]\zeta\mathrm{d}\zeta\right]\sin\theta\tau\mathrm{d}\tau$$
$$=\frac{2P}{a_p^2}\int_0^t\left[\int_0^{a_p}G_w(r,t,\zeta,\tau)\zeta\mathrm{d}\zeta\right]\sin\theta\tau d\tau$$
$$=\frac{P}{\pi a_p^2\rho h}\sum_{n=1}^{\infty}\frac{W_n(r)}{M_n\omega_n}\left[\int_0^t \mathrm{e}^{-\lambda(t-\tau)}\sin\omega_n(t-\tau)\sin\theta\tau d\tau\right]$$
$$=\frac{P}{\pi\psi_n a_p\rho h}\sum_{n=1}^{\infty}\frac{W_n(r)[\mathrm{J}_1(\psi_n a_p)+\phi_n\mathrm{I}_1(\psi_n a_p)]}{M_n\omega_n}T_n \tag{9-137}$$

其中，$\int_0^{a_p}W_n(\zeta)\zeta\mathrm{d}\zeta=\int_0^{a_p}[\mathrm{J}_0(\psi_n\zeta)+\phi_n\mathrm{I}_0(\psi_n\zeta)]\zeta\mathrm{d}\zeta=\frac{1}{\psi_n^2}\int_0^{\psi_n a_p}[\mathrm{J}_0(x)+\phi_n\mathrm{I}_0(x)]x\mathrm{d}x$

$$=\frac{1}{\psi_n^2}[\mathrm{J}_1(x)+\phi_n\mathrm{I}_1(x)]x\Big|_0^{\psi_n a_p}=\frac{a_p}{\psi_n}[\mathrm{J}_1(\psi_n a_p)+\phi_n\mathrm{I}_1(\psi_n a_p)];$$

$x\mathrm{J}_0(x)=\frac{\mathrm{d}[x\mathrm{J}_1(x)]}{\mathrm{d}x}$，$x\mathrm{I}_0(x)=\frac{\mathrm{d}[x\mathrm{I}_1(x)]}{\mathrm{d}x}$；

$T_n=\int_0^t\mathrm{e}^{-\lambda(t-\tau)}\sin[\omega_n(t-\tau)]\sin(\theta\tau)\mathrm{d}\tau$。

例 9.13　考察开尔文地基上外周边自由的圆形薄板(不计径向变形惯性与阻尼)，在半正弦荷载冲击形式下的振动规律。

为方便分析地基板结构参数对板动态响应的影响，选定了 8 种典型工况，编号①—⑧，工况①为基准工况，结构及荷载参数为：板的模量 $E=30$ GPa、泊松比 $\nu=0.15$、厚度 $h=0.25$m、密度 $\rho=2\ 500\ \mathrm{kg/m^3}$，地基反应模量 $k=40\ \mathrm{MPa/m^3}$、阻尼系数 $\eta=0$，板相对半径 $R/l=5$，冲击荷载形式为半正弦、冲量 $mv=0.5$ kN·s，冲击时长 $\Delta t=20$ ms、冲击荷载空间分析为相对半径 $a_p/l=0.5$ 的均布圆形；其他工况为基准工况的某一参数值增大或减小，具体情况列于表 9-3。表 9-3 还列出了上述 8 种典型工况在冲击荷载作用下地基板中点的最大挠度值，从中可以发现，板厚、地基反应模量与冲击时长的改变(工况②、③、⑧)对板弯沉影响较大；而荷载圆半径、板长、地基阻尼(工况④、⑤、⑥、⑦)的改变造成的影响较小。

表 9-3　8 种典型工况及板中点最大挠度 w_0

工况	①	②	③	④	⑤	⑥	⑦	⑧
参数	基准	$h=0.5$ m	$k=$ 80 MPa/m^3	$\delta=1$	$R/l=3$	$R/l=30$	$\eta=0.3\eta_0^*$	$\Delta t=10$ ms
w_0/mm	0.154 6	0.053 1	0.096 9	0.133 6	0.186 3	0.155 2	0.131 8	0.278 0

注：* η_0 为地基板的临界阻尼，即地基板发生振动时的最大阻尼值，$\eta_0=2\sqrt{k\rho h}$。

图 9-10 是上述 8 种典型工况地基板动态相对弯沉(各点最大挠度与中点最大挠度之比 φ_w)曲线。从图 9-10 可以看到,当板半径较小(工况⑤)时,板端位置出现突增突降现象,即出现鞭梢效应;当冲击时长 Δt 较短时,如工况⑧,曲线不光滑,有明显的振荡节点,且鞭梢效应强烈;板长度与地基阻尼的增大(工况⑥、工况⑦)对节点振荡与鞭梢效应有削弱作用;从工况②、工况③、工况④对应的曲线可以看到,板厚、地基反应模量、荷载半径变化对板振动形态的影响相对较小。

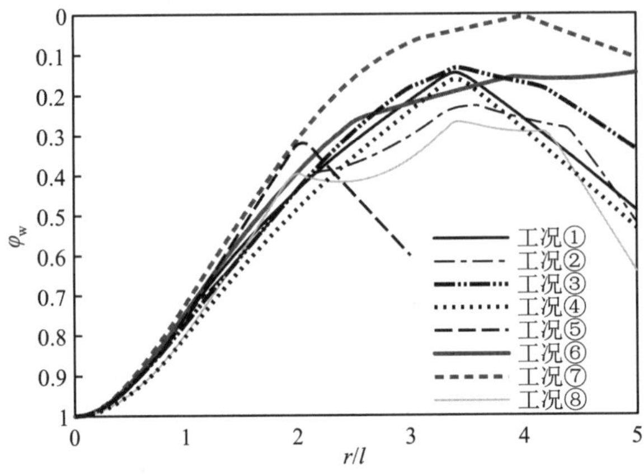

图 9-10 8 种典型工况的板各点相对弯沉变化

9.4 矩形地基板的振动

矩形地基板振动的求解方法与圆板的求解方法基本相同,但板的边界条件满足稍困难些,地基模型限于黏弹性化 Winkler 地基,如开尔文、麦克斯韦、三参数固体模型,或双参数地基与 Winkler 地基复合的模型。在现有研究中,双参数地基板边界的线分布反力描述不严谨,半空间体板边缘的分布反力的集中问题也没有很好解析,因此,本节对双参数地基矩形板、半空间体板矩形振动不做讨论。

9.4.1 矩形地基板的振型函数与自振频率

矩形地基板的振型函数与自振频率可采用分离变量求得,板挠度、地基反力均可设为:$w=We^{st}$,$q=Qe^{st}$,代入地基板齐次运动微分方程,再根据边界条件,建立齐次的线性方程组,然后根据非零解条件求出 s 值,若 s 为一对共轭虚数,则该值即为地基板的自振(固有)频率 $\omega=|is|$;若 s 为一对共轭复数,地基板的自振(固有)频率为该值的虚数,即 $\omega=|\mathrm{Im}(s)|$,其实数部分为负值,其绝对值为振动的衰减系数 λ;若 s 为实数,则结构属过黏状态无振动现象。下面讨论式(9-138)所示的开尔文地基上计板截面转动惯性与拉应变阻尼板的几种边界条件下,用分离变量法求解地基板自振频率问题。

$$D\nabla^4 w + c_s I\frac{\partial}{\partial t}\nabla^4 w + \frac{\partial^2}{\partial t^2}(-\rho I\nabla^2 w + \rho h w) = p - kw - \eta\frac{\partial w}{\partial t} \tag{9-138}$$

将 $w = We^{st}$ 代入式(9-138)齐次微分方程($p=0$)，整理得到：

$$[(D + c_s Is)\nabla^4 - \rho I\nabla^2 s^2 + \rho h s^2 + \eta s + k]W = 0 \tag{9-139}$$

解方程式(9-139)，得到：

$$(\nabla^2 + \psi_1^2)(\nabla^2 - \psi_2^2)W = 0 \tag{9-140}$$

其中，$\psi_1^2 = \sqrt{\left[\frac{\rho Is^2}{2(c_s Is + D)}\right]^2 - \frac{\rho hs^2 + \eta s + k}{c_s Is + D}} - \frac{\rho Is^2}{2(c_s Is + D)}$，

$\psi_2^2 = \sqrt{\left[\frac{\rho Is^2}{2(c_s Is + D)}\right]^2 - \frac{\rho hs^2 + \eta s + k}{c_s Is + D}} + \frac{\rho Is^2}{2(c_s Is + D)}$。

地基板的自振频率 ω、衰减系数 λ、振型函数 W 均与矩形板边界条件有关，下面分几种情况讨论。

1. 四边简支板

四边简支地基板的振型函数可取：$W_{mn} = \sin(\alpha_m x)\sin(\beta_n y)$，其中，$\alpha_m = \frac{m\pi}{L}$，$\beta_n = \frac{n\pi}{B}$，代入式(9-139)得到：

$$[(c_s I\chi_{nm}^2 + \eta)s + (\rho I\chi_{nm} + \rho h)s^2 + D\chi_{nm}^2 + k]\sin(\alpha_m x)\sin(\beta_n y) = 0 \tag{9-141}$$

其中，$\chi_{nm} = \alpha_m^2 + \beta_n^2$。

函数 W_{mn} 满足四边简支条件，由非零解条件得到：

$$(\rho I\chi_{nm} + \rho h)s^2 + (c_s I\chi_{mn}^2 + \eta)s + D\chi_{mn}^2 + k = 0 \tag{9-142}$$

由式(9-142)解得 s 的两个根：

$$s_{nm1,2} = -\frac{c_s I\chi_{nm}^2 + \eta}{2(\rho I\chi_{nm} + \rho h)} \pm i\sqrt{\frac{D\chi_{nm}^2 + k}{\rho I\chi_{nm} + \rho h} - \left[\frac{c_s I\chi_{nm}^2 + \eta}{2(\rho I\chi_{nm} + \rho h)}\right]^2} \tag{9-143}$$

当 $D\chi_{nm}^2 + k \leqslant \frac{(c_s I\chi_{nm}^2 + \eta)^2}{4(\rho I\chi_{nm} + \rho h)}$ 时，地基板处于过黏状态无振动。当 $D\chi_{nm}^2 + k > \frac{(c_s I\chi_{nm}^2 + \eta)^2}{4(\rho I\chi_{nm} + \rho h)}$ 时，地基板有振动解，地基板的自振频率 $\omega_{nm} = \sqrt{\frac{D\chi_{nm}^2 + k}{\rho I\chi_{nm} + \rho h} - \left[\frac{c_s I\chi_{nm}^2 + \eta}{2(\rho I\chi_{nm} + \rho h)}\right]^2}$，衰减系数 $\lambda_{nm} = -\frac{c_s I\chi_{nm}^2 + \eta}{2(\rho I\chi_{nm} + \rho h)}$。自振频率 ω_{nm} 与衰减系数 λ_{nm} 都随着 n 与 m 的增大而增大，其基本频率($n=m=1$) ω_{11}，基本衰减系数 λ_{11}；随着地基黏性 η 与板黏性 c_s 的增加，衰减系数 λ_{nm} 增大而自振频率 ω_{nm} 减小。

四边滑支板时，振型函数 $W_{nm} = \cos(\alpha_m x)\cos(\beta_n y)$，$s$ 的解与式(9-142)相同，但 n、m

可从零起，其基本频率($n=m=0$) $\omega_{00}=\sqrt{\frac{k}{\rho h}-\left(\frac{\eta}{2\rho h}\right)^2}$ 是板整体的刚体上下振动。

2. 对边简支板

振型函数取 $W_m=Y_m\sin(\alpha_m x)$，其中 $\alpha_m=\frac{m\pi}{L}$，代入式(9-139)得到：

$$(c_s Is_m+D)(Y_m^{(2)}-Y_m\alpha_m^2)^2-\rho Is_m^2(Y_m^{(2)}-Y_m\alpha_m^2)+(\eta s_m+\rho hs_m^2+k)Y_m=0 \tag{9-144(a)}$$

或表示为

$$Y_m^{(4)}-2b_m Y_m^{(2)}+c_m Y_m=0 \tag{9-144(b)}$$

其中，$b_m=\alpha_m^2+\frac{\rho Is_m^2}{2(c_s Is_m+D)}$，$c_m=\alpha_m^4+\frac{(\rho I\alpha_m^2+\rho h)s_m^2+\eta s_m+k}{c_s Is_m+D}$。

式[9-144(b)]的特征方程的4个根为

$$\lambda_{m1,2,3,4}=\pm\sqrt{b_m\pm\sqrt{b_m^2-c_m}}=\pm\sqrt{\alpha_m^2+\frac{\rho Is_m^2}{2(c_s Is_m+D)}\pm\sqrt{\Delta}} \tag{9-145}$$

其中，$\Delta=\left[\frac{\rho Is_m^2}{2(c_s Is_m+D)}\right]^2-\frac{\rho hs_n^2+\eta s_m+k}{c_s Is_m+D}=\left[\frac{\rho Is_m^2}{2(c_s Is_m+D)}-1\right]^2$
$-\left[1+\frac{\eta s_m+k}{c_s Is_m+D}\right]$。

因此，Y_m 函数的解如式(9-146)所示，如4个根为两对共轭复数：$\lambda_{m1,2,3,4}=\pm\gamma_{1m}\pm \mathrm{i}\gamma_{2m}$ 则为情形①；如4个根为两对正负实数：$\lambda_{n1,2,3,4}=\pm\gamma_{1m}$，$\pm\gamma_{2m}$ 则为情形②；如4个根为一对正负实数、一对共轭虚数：$\lambda_{m1,2,3,4}=\pm\gamma_{1m}$，$\pm \mathrm{i}\gamma_{2m}$ 则为情形③。

$$Y_m=\begin{cases}\sinh(\gamma_{1m}y)[A_{1m}\sin(\gamma_{2m}y)+A_{2m}\cos(\gamma_{2m}y)]+\cosh(\gamma_{1m}y)[A_{3m}\sin(\gamma_{2m}y)+\\ \quad A_{4m}\cos(\gamma_{2m}y)] & ①\\ A_{1m}\sinh(\gamma_{1m}y)+A_{2m}\cosh(\gamma_{1m}r)+A_{3m}\sinh(\gamma_{2m}y)+A_{4m}\cosh(\gamma_{2m}y) & ②\\ A_{1m}\sinh(\gamma_{1m}y)+A_{2m}\cosh(\gamma_{1m}y)+A_{3m}\sin(\gamma_{2m}y)+A_{4m}\cos(\gamma_{2m}y) & ③\end{cases} \tag{9-146}$$

将 $y=0$，B 两端的边界代入式(9-146)，得到关于待定常数 A_{1m}、A_{2m}、A_{3m}、A_{4m} 的4个线性方程，其中系数矩阵 $\boldsymbol{C}$ 应是奇异的，满足 $\det\boldsymbol{C}=0$，即非零解条件，从而求出待定常数 s_m，式(9-146)中的情形①、②均无非零解，只有情形③有非零解，也就是说只有情形③可能有振动解。s_m 解就是 $\det\boldsymbol{C}=0$ 的根，s_m 解不是一个而是一系列 $s_{m.k}$，$k=1,2,\cdots$，从小到大排列，得到 $s_{m.k}$、$\omega_{m.k}$，$k=1,2,\cdots$，以及 $\phi_{2m.k}$、$\phi_{3m.k}$、$\phi_{4m.k}$，$k=1,2,\cdots$，与之对应的方程解 $Y_{m.k}$ 表示为

$$Y_{m.k}=\sinh(\gamma_{1m.k}y)+\phi_{2m.k}\cosh(\gamma_{1m.k}y)+\phi_{3m.k}\sin(\gamma_{2m.k}y)+\phi_{4m.k}\cos(\gamma_{2m.k}y) \tag{9-147}$$

当 s_m 为实数时，地基板属过黏状态，无振动；当 s_m 为一对共轭虚数或复数时，地基板有振动解，其自振频率 $\omega_m=|\mathrm{Im}(s_m)|$，衰减系数 $\lambda_m=\mathrm{Re}(-s_m)$。

例 9.14　求一对边简支、另一对边固定的 Winkler 地基上矩形薄板（不计径向变形惯性与阻尼）的自振频率。

本问题中板的长、宽分别记作 L、B，直角坐标系原点设于板的一角点，地基板微分方程与边界条件可表示为

$$\left.\begin{aligned}&D\nabla^4 w+\frac{\partial^2\rho h w}{\partial t^2}+kw=0\\&w|_{x=0}=w|_{x=L}=\left.\frac{\partial^2 w}{\partial x^2}\right|_{x=0}=\left.\frac{\partial^2 w}{\partial x^2}\right|_{x=L}=0\\&w|_{y=0}=w|_{y=B}=\left.\frac{\partial w}{\partial y}\right|_{y=0}=\left.\frac{\partial w}{\partial y}\right|_{y=B}=0\end{aligned}\right\}\tag{9-148}$$

将 $W_m=Y_m\sin(\alpha_m x)$ 代入式(9-148)，解得如式(9-149)的结果，其中函数 Y_m 特征方程的 4 个根为

$\lambda_{m1,2,3,4}=\pm\sqrt{\alpha_m^2\pm\mathrm{i}\sqrt{\dfrac{\rho h s_m^2+k}{D}}}$。函数 Y_n 解为

$$Y_m=\begin{cases}\sinh(\gamma_{1m}y)[A_{1m}\sin(\gamma_{2m}y)+A_{2m}\cos(\gamma_{2m}y)]+\cosh(\gamma_{1m}y)\times\\ \quad[A_{3n}\sin(\gamma_{2m}y)+A_{4n}\cos(\gamma_{2m}y)], & s_m<\mathrm{i}\sqrt{\dfrac{k}{\rho h}}\\ A_{1m}\sinh(\gamma_{1m}y)+A_{2m}\cosh(\gamma_{1m}y)+A_{3m}\sinh(\gamma_{2m}y)+A_{4m}\cosh(\gamma_{2m}y), & s_m\leqslant \mathrm{i}\Delta_m\\ A_{1m}\sinh(\gamma_{1m}y)+A_{2m}\cosh(\gamma_{1m}y)+A_{3m}\sin(\gamma_{2m}y)+A_{4m}\cos(\gamma_{2m}y), & s_m>\mathrm{i}\Delta_m\end{cases}\tag{9-149}$$

其中，$\Delta_m=\dfrac{D\alpha_m^4+k}{\rho h}$。

当 $s_m<\mathrm{i}\sqrt{\dfrac{k}{\rho h}}$ 时，$\gamma_{1m}\pm\mathrm{i}\gamma_{2m}=\sqrt{\alpha_m^2\pm\mathrm{i}\sqrt{\dfrac{k+\rho h s_m^2}{D}}}$，$\det\mathbf{C}=0$ 为

$$\det\begin{bmatrix}0 & 0 & 0 & 1\\ \sinh(\gamma_{1m}B)\sin(\gamma_{2m}B) & \sinh(\gamma_{1m}B)\cos(\gamma_{2m}B) & \cosh(\gamma_{1m}B)\sin(\gamma_{2m}B) & \cosh(\gamma_{1m}B)\cos(\gamma_{2m}B)\\ 0 & \gamma_{1m} & \gamma_{2m} & 0\\ \begin{matrix}[\gamma_{1m}\cosh(\gamma_{1m}B)\sin(\gamma_{2m}B)+\\ \gamma_{2m}\sinh(\gamma_{1m}B)\cos(\gamma_{2m}B)]\end{matrix} & \begin{matrix}[\gamma_{1m}\cosh(\gamma_{1m}B)\cos(\gamma_{2m}B)-\\ \gamma_{2m}\sinh(\gamma_{1m}B)\sin(\gamma_{2m}B)]\end{matrix} & \begin{matrix}[\gamma_{1m}\sinh(\gamma_{1m}B)\sin(\gamma_{2m}B)+\\ \gamma_{2m}\cosh(\gamma_{1m}B)\cos(\gamma_{2m}B)]\end{matrix} & \begin{matrix}[\gamma_{1m}\sinh(\gamma_{1m}B)\cos(\gamma_{2m}B)-\\ \gamma_{2m}\cosh(\gamma_{1m}B)\sin(\gamma_{2m}B)]\end{matrix}\end{bmatrix}=0\tag{9-150}$$

无非零解。

当 $s_m\leqslant\mathrm{i}\Delta_m$ 时，$\gamma_{1m}=\sqrt{\alpha_m^2+\sqrt{-\dfrac{\rho h s_m^2+k}{D}}}$，$\gamma_{2m}=\sqrt{\alpha_m^2-\sqrt{-\dfrac{\rho h s_m^2+k}{D}}}$，$\det\mathbf{C}=0$ 为

$$\det\begin{bmatrix} 0 & 1 & 0 & 1 \\ \sinh(\gamma_{1m}B) & \cosh(\gamma_{1m}B) & \sinh(\gamma_{2m}B) & \cosh(\gamma_{2m}B) \\ \gamma_{1m} & 0 & \gamma_{2m} & 0 \\ \gamma_{1m}\cosh(\gamma_{1m}B) & \gamma_{1m}\sinh(\gamma_{1m}B) & \gamma_{2m}\cosh(\gamma_{2m}B) & \gamma_{2m}\sinh(\gamma_{2m}B) \end{bmatrix}=0 \tag{9-151}$$

无非零解。

当 $s_m > \mathrm{i}\Delta_m$ 时，$\gamma_{1m}=\sqrt{\alpha_m^2+\sqrt{-\dfrac{\rho h s_m^2+k}{D}}}$，$\gamma_{2m}=\sqrt{\sqrt{-\dfrac{\rho h s_m^2+k}{D}}-\alpha_m^2}$，$\det \mathbf{C}=0$ 为

$$\det\begin{bmatrix} 0 & 1 & 0 & 1 \\ \sinh(\gamma_{1m}B) & \cosh(\gamma_{1m}B) & \sin(\gamma_{2m}B) & \cos(\gamma_{2m}B) \\ \gamma_{1m} & 0 & \gamma_{2m} & 0 \\ \gamma_{1m}\cosh(\gamma_{1m}B) & \gamma_{1m}\sinh(\gamma_{1m}B) & \gamma_{2m}\cos(\gamma_{2m}B) & -\gamma_{2m}\sin(\gamma_{2m}B) \end{bmatrix}=0 \tag{9-152}$$

从而求得 s_n 的方程为

$$\gamma_{1m}\gamma_{2m}\left[\cos(\gamma_{2m}B)-\cosh(\gamma_{1m}B)\right]^2+\left[\gamma_{1m}\sinh(\gamma_{1m}B)+\gamma_{2m}\sin(\gamma_{2m}B)\right]\times \\ \left[\gamma_{1m}\sin(\gamma_{2m}B)-\gamma_{2m}\sinh(\gamma_{1m}B)\right]=0 \tag{9-153}$$

或写成：

$$\cosh(\gamma_{1m}B)\cos(\gamma_{2m}B)-\left(\frac{\gamma_{1m}^2-\gamma_{2m}^2}{2\gamma_{1m}\gamma_{2m}}\right)\sinh(\gamma_{1m}B)\sin(\gamma_{2m}B)=1 \tag{9-154}$$

解式(9-153)或式(9-154)可得到一个间断的系列 $s_{m.k}$，$k=1,\ 2,\ \cdots$。由于本问题是无阻尼弹性问题，$\lambda_{m.k}=\mathrm{Re}(-s_{m.k})=0$，地基板的固有频率为 $\omega_{m.k}=|\mathrm{i}s_{m.k}|$，$k=1,\ 2,\ \cdots$，由此得到一系列 $\gamma_{1m.k}$、$\gamma_{2m.k}$，另外，式(9-147)中的 $\phi_{2m.k}$、$\phi_{3m.k}$、$\phi_{4m.k}$，$k=1,\ 2,\ \cdots$，可采用任意 3 个边界条件求出，例如：

$$\begin{bmatrix} \cosh(\gamma_{1m.k}B) & \sin(\gamma_{2m.k}B) & \cos(\gamma_{2m.k}B) \\ 0 & \gamma_{2m.k} & 0 \\ 1 & 0 & 1 \end{bmatrix}\begin{bmatrix} \phi_{2m.k} \\ \phi_{3m.k} \\ \phi_{4m.k} \end{bmatrix}=-\begin{bmatrix} \sinh(\gamma_{1m.k}B) \\ \gamma_{1m.k} \\ 0 \end{bmatrix} \tag{9-155}$$

从上例中可以看到，方程(9-149)中特征根为两对共轭复数的情形①、两对正负实数的情形②是无非零解的，对于其他边界条件也是如此，因此，对边简支的板的振型方程只有式(9-149)中的情形③有振动解，其振型方程如式(9-149) 的情形③所示。当对边滑支时，将振型函数中的 sin 改为 cos，m 从 0 开始即可。

3. 任意边界板

任意边界板的振动求解较烦琐，但求解方法与步骤也相同，即求解式(9-139)有非零解

的振型函数以及待定 s 的值,其中,s 的虚数值 $|\mathrm{Im}(s)|$ 为地基板的自振频率,实数 $\mathrm{Re}(-s)$ 为衰减系数。

任意边界板的振型函数由满足微分方程的两项组成,其中第二项是板刚体位移项。

$$\left.\begin{aligned} &W = W_1 + W_2 \\ &W_1 = \sum_{m=1}^{\infty} Y_m \sin(\alpha_m x) + \sum_{n=1}^{\infty} X_n \sin(\beta_n y) \\ &W_2 = \sum_{n=1}^{\infty}\sum_{m=1}^{\infty} Z_{nm} \sin(\alpha_m x)\sin(\beta_n y) + \tilde{\omega}_0 + \tilde{\omega}_x x + \tilde{\omega}_y y \end{aligned}\right\} \tag{9-156}$$

其中,$\alpha_m = \dfrac{m\pi}{L}$,$\beta_n = \dfrac{n\pi}{B}$。

代入式(9-139)得到:

$$\sum_{m=1}^{\infty}\left[Y_m^{(4)} - \left(2\alpha_m^2 + \frac{\rho I s^2}{c_s I s + D}\right)Y_m^{(2)} + \left(\alpha_m^4 + \frac{\rho I s^2 \alpha_m^2 + \rho h s^2 + \eta s + k}{c_s I s + D}\right)Y_m\right]\sin(\alpha_m x) + \sum_{n=1}^{\infty}\left[X_n^{(4)} - \left(2\beta_n^2 + \frac{\rho I s^2}{c_s I s + D}\right)X_n^{(2)} + \left(\beta_n^4 + \frac{\rho I s^2 \beta_n^2 + \rho h s^2 + \eta s + k}{c_s I s + D}\right)X_n\right]\sin(\beta_n y) = 0 \tag{9-157}$$

$$\sum_{n=1}^{\infty}\sum_{m=1}^{\infty} Z_{nm}[(D + c_s I s)\chi_{nm}^2 + \rho I s^2 \nabla^2 \chi_{nm} + \eta s + \rho h s^2 + k]\sin(\alpha_m x)\sin(\beta_n y) + (\rho h s^2 + \eta s + k)(\tilde{\omega}_0 + \tilde{\omega}_x x + \tilde{\omega}_y y) = 0 \tag{9-158}$$

其中,$\chi_{nm} = \alpha_m^2 + \beta_n^2$。

由式(9-157)解得:

$$\left.\begin{aligned} Y_m &= A_{1.m}\cosh(\gamma_{y1.m} y) + A_{2.n}\sinh(\gamma_{y1.m} y) + A_{3.m}\psi_c(\gamma_{y2.m} y) + A_{4.n}\psi_s(\gamma_{y2.m} y) \\ X_n &= B_{1.n}\cosh(\gamma_{x1.n} x) + B_{2.n}\sinh(\gamma_{x1.n} x) + B_{3.n}\psi_c(\gamma_{x2.n} x) + B_{4.n}\psi_s(\gamma_{x2.n} x) \end{aligned}\right\} \tag{9-159}$$

其中,$\gamma_{y1.m}^2 = \sqrt{\Delta} + \left[\alpha_m^2 + \dfrac{\rho I s^2}{2(c_s I s + D)}\right]$,$\gamma_{y2.m}^2 = \sqrt{\Delta} - \left[\alpha_m^2 + \dfrac{\rho I s^2}{2(c_s I s + D)}\right]$,$\gamma_{x1.n}^2 = \sqrt{\Delta} + \left[\beta_n^2 + \dfrac{\rho I s^2}{2(c_s I s + D)}\right]$,$\gamma_{x2.n}^2 = \sqrt{\Delta} - \left[\beta_n^2 + \dfrac{\rho I s^2}{2(c_s I s + D)}\right]$,$\Delta = \left(\dfrac{\rho I s^2}{2(c_s I s + D)}\right)^2 - \dfrac{\rho h s^2 + \eta s + k}{c_s I s + D}$。

函数 ψ_c、ψ_s 可表示为

$$\begin{aligned} \psi_c(t) &= \begin{cases} \cosh(-\mathrm{i}t), & \gamma_{x(y)2}^2 < 0 \\ \cos(t), & \gamma_{x(y)2}^2 > 0 \end{cases} \\ \psi_s(t) &= \begin{cases} \sinh(-\mathrm{i}t), & \gamma_{x(y)2}^2 < 0 \\ \sin(t), & \gamma_{x(y)2}^2 > 0 \end{cases} \end{aligned} \tag{9-160}$$

由式(9-158)解得：

$$Z_{nm}=-\frac{(\rho hs^2+\eta s+k)(w_0a_{nm}+\omega_xb_{x.nm}+\omega_yb_{y.nm})}{(D+c_sIs)\chi_{nm}^2+\rho Is^2\chi_{nm}+\eta s+\rho hs^2+k} \tag{9-161}$$

其中，$a_{nm}=(-1)^{\frac{m+n}{2}}\dfrac{16}{mn\pi^2}$，$b_{x.nm}=(-1)^{\frac{m+n}{2}}\dfrac{16}{mn^2\pi^3}$，$b_{y.nm}=(-1)^{\frac{m+n}{2}}\dfrac{16}{m^2n\pi^3}$。

对于给定的 n、m，待定常数有 8 个：$A_{1.m}$、$A_{2.m}$、$A_{3.m}$、$A_{4.m}$、$B_{1.n}$、$B_{2.n}$、$B_{3.n}$、$B_{4.n}$。4 条边界共计 8 个边界条件，板刚体位移有三个：ω_0、ω_x、ω_x，需增补三个角点反力为零条件，最终形成 $4(M+N)+3$ 个方程（M、N 为 m、n 的最大值）：

$$\boldsymbol{Cx}=0 \tag{9-162}$$

$\boldsymbol{C}$ 为 $4(M+N)+3$ 阶矩阵，$\boldsymbol{x}=[A_{1.1},\ \cdots,\ A_{M.4},\ B_{1.1},\ \cdots,\ B_{N.4},w_0,\omega_x,\omega_x]^{\mathrm{T}}$，因此，板自振频率求解转变为 $\det(\boldsymbol{C})=0$ 的非零根，一般情况下，满足板边界条件且有非零解时，γ_{x2}^2 与 γ_{y2}^2 均大于零。由于 $\boldsymbol{x}$ 中的每个元素都是 s 的函数，且是满足式(9-162)的复数或虚数，求解是相当不便的。在一些情况下，可采取一些手段加以简化，比如，可根据对称与反对称性，分别有双轴对称、双轴反对称、一轴对称另一轴反对称四种情形，则矩阵 $\boldsymbol{C}$ 可缩减为 $2(M+N)+1$ 阶（双轴对称、一轴对称另一轴反对称），或 $2(M+N)$ 阶（双轴反对称）；若板与地基均无黏性阻尼，则上述方程中 s 只有虚数解，用 $-\omega^2$（$s=\mathrm{i}\omega$）代替 s^2，则 ω 为 $\det(\boldsymbol{C})=0$ 的实根。

式(9-162)的非零解 s 不是一个，而是一系列 s_k，$k=1,\ 2,\ \cdots$，与其对应的振型函数为

$$W_k=\sum_{m=1}^{\infty}Y_{m.k}\sin(\alpha_mx)+\sum_{n=1}^{\infty}X_{n.k}\sin(\beta_ny)+\sum_{n=1}^{\infty}\sum_{m=1}^{\infty}Z_{nm.k}\sin(\alpha_mx)\sin(\beta_ny)+\tilde{\omega}_{0.k}+\tilde{\omega}_{x.k}x+\tilde{\omega}_{y.k}y \tag{9-163}$$

其中，$Y_{m.k}=\cosh(\gamma_{y1m.k}y)+\phi_{y2m.k}\sinh(\gamma_{y1m.k}y)+\phi_{y3m.k}\psi_{\mathrm{c}}(\gamma_{y2m.k}y)+\phi_{y4m.k}\psi_{\mathrm{s}}(\gamma_{y2m.k}y)$，$X_{n.k}=\cosh(\gamma_{x1n.k}x)+\phi_{x2n.k}\sinh(\gamma_{x1n.k}x)+\phi_{x3n.k}\psi_{\mathrm{c}}(\gamma_{x2n.k}x)+\phi_{x4n.k}\psi_{\mathrm{s}}(\gamma_{x2n.k}x)$。

例 9.15 求不计板弯曲拉应变惯性与阻尼的 Winkler 地基上四边固定方板，双轴对称的自振频率。

此问题无阻尼且无板刚体位移，坐标原点设于板中点。板的振型方程取为

$$W=\sum_{m=1}^{\infty}Y_m\cos(\hat{\alpha}_mx)+\sum_{n=1}^{\infty}X_n\cos(\hat{\beta}_ny) \tag{9-164}$$

其中，$\hat{\alpha}_m=\dfrac{(2m+1)\pi}{L}$，$\hat{\beta}_n=\dfrac{(2n+1)\pi}{L}$；$L$ 为板长、板宽。

代入板微分方程，并用 $-\omega^2$ 代替 s^2，整理得到：

$$\left.\begin{aligned}Y_m&=A_{m1}\cosh(\gamma_{y1.m}y)+A_{m3}\psi_{\mathrm{c}}(\gamma_{y2.m}y)\\X_n&=B_{n1}\cosh(\gamma_{x1.n}x)+B_{n3}\psi_{\mathrm{c}}(\gamma_{x2.n}x)\end{aligned}\right\} \tag{9-165}$$

其中，$\gamma_{y1.m}=\sqrt{\sqrt{\frac{\rho h\omega^2-k}{D}}+\hat{\alpha}_m^2}$，$\gamma_{y2.m}=\sqrt{\sqrt{\frac{\rho h\omega^2-k}{D}}-\hat{\alpha}_m^2}$，$\gamma_{x1.n}=\sqrt{\sqrt{\frac{\rho h\omega^2-k}{D}}+\hat{\beta}_n^2}$，$\gamma_{x2.n}=\sqrt{\sqrt{\frac{\rho h\omega^2-k}{D}}-\hat{\beta}_n^2}$；$\omega\geqslant\sqrt{\frac{k}{\rho h}}$。

代入固定边界条件，$W|_{x=L/2}=W|_{y=L/2}=\left.\frac{\partial W}{\partial x}\right|_{x=L/2}=\left.\frac{\partial W}{\partial y}\right|_{y=L/2}=0$。由 $W|_{x=L/2}=W|_{y=L/2}=0$ 条件，得到：

$$\left.\begin{aligned}Y_m&=A_mY_m^*,\quad Y_m^*=\cosh(\gamma_{y1.m}y)-\phi_{y.m}\psi_c(\gamma_{y2.m}y)\\X_n&=B_nX_n^*,\quad X_n^*=\cosh(\gamma_{x1.n}x)-\phi_{x.n}\psi_c(\gamma_{x2.n}x)\end{aligned}\right\}\tag{9-166}$$

其中，$\phi_{y.m}=\cosh\left(\frac{\gamma_{y1.m}L}{2}\right)\Big/\psi_c\left(\frac{\gamma_{y2.m}L}{2}\right)$，$\phi_{x.n}=\cosh\left(\frac{\gamma_{x1.n}L}{2}\right)\Big/\psi_c\left(\frac{\gamma_{x2.n}L}{2}\right)$。

由 $\left.\frac{\partial W}{\partial x}\right|_{x=L/2}=\left.\frac{\partial W}{\partial y}\right|_{y=L/2}=0$ 条件，并将 Y_m^* 展开为 $\cos(\hat{\beta}_nx)$ 级数，X_n^* 展开为 $\cos(\hat{\alpha}_mx)$ 级数，整理得到：

$$\left.\begin{aligned}&\sum_{n=1}^{\infty}\left[-\sum_{m=1}^{\infty}(-1)^nA_m\hat{\alpha}_m\xi Y_{m.n}^*+B_n\left.\frac{\partial X_n^*}{\partial x}\right|_{x=L/2}\right]\cos(\hat{\beta}_ny)=0\\&\sum_{m=1}^{\infty}\left[A_m\left.\frac{\partial Y_m^*}{\partial y}\right|_{y=L/2}-\sum_{n=1}^{\infty}(-1)^nB_n\hat{\beta}_n\xi X_{n.m}^*\right]\cos(\hat{\alpha}_mx)=0\end{aligned}\right\}\tag{9-167}$$

其中，$\xi Y_{m.n}^*=\frac{2}{L}\int_{-L/2}^{L/2}Y_m^*\cos(\hat{\beta}_ny)\mathrm{d}y$，$\xi X_{n.m}^*=\frac{2}{L}\int_{-L/2}^{L/2}X_n^*\cos(\hat{\alpha}_mx)\mathrm{d}x$。

由此得到 $2(M+N)$ 个方程：

$$\left.\begin{aligned}&-\sum_{m=1}^{\infty}(-1)^nA_m\hat{\alpha}_m\xi Y_{m.n}^*+B_n\left.\frac{\partial X_n^*}{\partial x}\right|_{x=L/2}=0\quad(n=1,2,3\cdots N)\\&A_m\left.\frac{\partial Y_m^*}{\partial y}\right|_{y=L/2}-\sum_{n=1}^{\infty}(-1)^nB_n\hat{\beta}_n\xi X_{n.m}^*=0\quad(m=1,2,3\cdots M)\end{aligned}\right\}\tag{9-168}$$

由式(9-168)给出 $2(M+N)$ 个方程，以及非零解条件，可得到 Winkler 地基上四边固定方板双轴对称的自振频率 ω_k，$k=1,2,\cdots$，以及与 ω_k 对应的 $A_{m.k}$、$B_{n.k}$、$\phi_{y.mk}$、$\phi_{x.nk}$，进而可计算得到 $\gamma_{y1m.k}$、$\gamma_{y2m.k}$、$\gamma_{x1n.k}$、$\gamma_{x2n.k}$ 值。

通过对矩形地基板微分方程中的时间 t 作拉普拉斯变换来求地基板振型函数与自振频率，本质上与设 $w=We^{st}$，$q=Qe^{st}$ 的分离变量法是相同的。下面以如式(9-169)所示的双参数地基(下)与开尔文地基(上)复合地基上一对边简支、另一对边滑支的矩形薄板为例，见图9-11，说明采用拉普拉斯变换求地基板振型函数与自振频率的步骤。

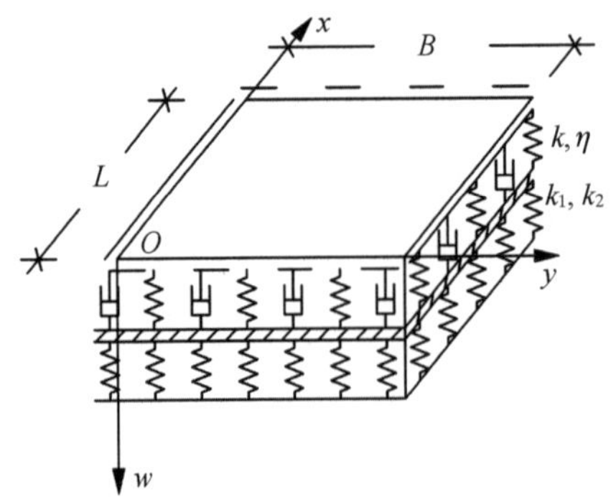

图 9-11　复合地基上一对边简支、另一对边滑支的矩形薄板

板、地基的微分方程及板边界条件如下：

$$\left.\begin{aligned}&\left[\left(D+c_{s}I\frac{\partial}{\partial t}\right)\nabla^{4}+\frac{\partial^{2}}{\partial t^{2}}(-\rho I\ \nabla^{2}+\rho h)\right]w_{1}=p-q\\&q=k(w_{1}-w_{2})+\eta\frac{\partial(w_{1}-w_{2})}{\partial t}\\&q=k_{1}w_{2}-k_{2}\ \nabla^{2}w_{2}\\&w_{1}\mid_{x=0}=w_{1}\mid_{x=L}=M_{x1}\mid_{x=0}=M_{x1}\mid_{x=L}=0\\&w_{1}\mid_{y=0}=w_{1}\mid_{y=B}=\frac{\partial w_{1}}{\partial y}\bigg|_{x=0}=\frac{\partial w_{1}}{\partial y}\bigg|_{x=B}=0\end{aligned}\right\}\tag{9-169}$$

式中　w_1——板与开尔文地基表面弯沉；

w_2——双参数地基表面弯沉；

q——两类地基表面反力。

对式(9-169)作 t 的拉普拉斯变换，并消去 q、w_2，获得关于 w_1 的方程：

$$\left[(D+c_{s}Is)\ \nabla^{4}+s^{2}(-\rho I\ \nabla^{2}+\rho h)+\frac{(k+\eta s)(k_{1}-k_{2}\ \nabla^{2})}{k+\eta s+k_{1}-k_{2}\ \nabla^{2}}\right]\bar{w}_{1}=p\tag{9-170}$$

一对边简支、另一对边滑支的矩形薄板的特征方程为：$W_{mn}=\sin(\alpha_{m}x)\cos(\beta_{n}y)$ 代入式(9-170)的齐次形式，整理得到：

$$a_{3}s^{3}+a_{2}s^{2}+a_{1}s+a_{0}=0\tag{9-171}$$

其中，$a_{3}=(\rho I\chi_{nm}+\rho h)\eta$，

$a_{2}=(\rho I\chi_{nm}+\rho h)(k+k_{1}+k_{2}\beta_{nm})+c_{s}I\chi_{nm}^{2}\eta$，

$a_{1}=(k_{1}+k_{2}\chi_{nm})\eta+c_{s}I\chi_{nm}^{2}(k+k_{1}+k_{2}\chi_{nm})+D\chi_{nm}^{2}\eta$，

$a_{0}=(k_{1}+k_{2}\chi_{nm})k+D\chi_{nm}^{2}(k+k_{1}+k_{2}\chi_{nm})$，

$\chi_{nm}=\alpha_{m}^{2}+\beta_{n}^{2}$。

若式(9-171)三个根均为实数，则地基板无振动解，属过黏状态；有一个实根，另一对共

轭复数或虚数根，则这对根 s 的虚数值 $|\mathrm{Im}(s)|$ 为地基板的自振频率，实数 $\mathrm{Re}(-s)$ 为衰减系数。

9.4.2 矩形地基板的自由振动

四边简支地基板的自由振动方程可表示为

$$w=\sum_{n=1}^{\infty}\sum_{m=1}^{\infty}\sin\alpha_m x\sin\beta_n y\ \ \mathrm{e}^{-\lambda_{nm}t}\left[C_{1.nm}\cos(\omega_{nm}t)+C_{2.nm}\sin(\omega_{nm}t)\right] \tag{9-172}$$

式(9-172)中的待定常数 $C_{1.nm}$、$C_{2.nm}$ 由板的初始条件确定。若已知板的初始状态函数：$w\,|_{t=0}=f(x,\ y)$，$\left.\dfrac{\partial w}{\partial t}\right|_{t=0}=g(x,\ y)$，则有：

$$\left.\begin{aligned}C_{1.nm}&=\frac{4}{LB}\int_0^L\int_0^B f(x,\ y)\sin(\alpha_m x)\sin(\beta_n y)\mathrm{d}x\,\mathrm{d}y\\C_{2.nm}&=\frac{4}{\omega_{nm}LB}\int_0^L\int_0^B g(x,\ y)\sin(\alpha_m x)\sin(\beta_n y)\mathrm{d}x\,\mathrm{d}y\end{aligned}\right\} \tag{9-173}$$

对边简支地基板的自由振动方程可表示为

$$w=\sum_{k=1}^{\infty}\sum_{m=1}^{\infty}Y_{m.k}\sin\alpha_m x\left\{\mathrm{e}^{-\lambda_{m.k}t}\left[C_{1m.k}\cos(\omega_{m.k}t)+C_{2m.k}\sin(\omega_{m.k}t)\right]\right\} \tag{9-174}$$

其中，$Y_{m.k}=\sinh(\gamma_{1m.k}y)+\phi_{2m.k}\cosh(\gamma_{1m.k}y)+\phi_{3m.k}\sin(\gamma_{2m.k}y)+\phi_{4m.k}\cos(\gamma_{2m.k}y)$。

系数 $\phi_{2m.k}$、$\phi_{3m.k}$、$\phi_{4m.k}$ 是振型函数中的确定值，因此，式(9-174)待定常数只有两个：$C_{1m.k}$、$C_{2m.k}$，由板的初始条件确定。已知板初始状态函数：$w\,|_{t=0}=f(x,\ y)$，$\left.\dfrac{\partial w}{\partial t}\right|_{t=0}=g(x,\ y)$ 时，则有：

$$\left.\begin{aligned}C_{1m.k}&=\frac{2}{L}\int_0^B Y_{m.k}\left[\int_0^L f(x,\ y)\sin(\alpha_m x)\mathrm{d}x\right]\mathrm{d}y\\C_{2m.k}&=\frac{2}{\omega_{m.k}M_{m.k}L}\int_0^B Y_{m.k}\left[\int_0^L g(x,\ y)\sin(\alpha_m x)\mathrm{d}x\right]\mathrm{d}y\end{aligned}\right\} \tag{9-175}$$

其中，$M_{m.k}=\displaystyle\int_0^B Y_{m.k}^2\,\mathrm{d}y$。

任意边界地基板的自由振动方程可表示为

$$w=\sum_{k=1}^{\infty}W_k\mathrm{e}^{-\lambda_k t}\left[C_{1.k}\cos(\omega_k t)+C_{2.k}\sin(\omega_k t)\right] \tag{9-176}$$

式(9-176)中 W_k 为地基板的振型函数，如式(9-163)所示。在已知板初始状态函数：

$w\big|_{t=0}=f(x,y)$，$\left.\dfrac{\partial w}{\partial t}\right|_{t=0}=g(x,y)$ 时，$C_{1,k}$、$C_{2,k}$ 可按式(9-177)确定：

$$\left.\begin{aligned}C_{1,k}&=\frac{1}{M_k}\int_0^L\int_0^B f(x,y)W_k\,\mathrm{d}x\,\mathrm{d}y\\C_{2,k}&=\frac{1}{\omega_k M_k}\int_0^L\int_0^B g(x,y)W_k\,\mathrm{d}x\,\mathrm{d}y\end{aligned}\right\}\tag{9-177}$$

其中，$M_k=\int_0^L\int_0^B W_k^2\,\mathrm{d}x\,\mathrm{d}y$。

9.4.3 矩形地基板的格林函数

直角坐标系下的点源荷载激励可表示为

$$p(x,y,t)=\delta(x-u_x)\delta(y-u_y)\delta(t-\tau)\tag{9-178}$$

将点源荷载激励展开为振型函数 W 级数形式：$p(x,y,t)=\sum_{k=1}^{\infty}W_k(x,y)p_k(t)$，利用振型函数的正交性，整理得到：

$$p_k(t)=\frac{W_k(u_x,u_y)}{M_k}\delta(t-\tau)\tag{9-179}$$

其中，$M_k=\int_0^L\int_0^B W_k^2\,\mathrm{d}x\,\mathrm{d}y$。

点源荷载激励下的特解表示为：$w^*=\sum_{k=1}^{\infty}W_kT_k(t)$，与式(9-179)所示的点源荷载一起代入式(9-138)的地基板微分方程，得到：

$$(D\,\nabla^4+k)W_kT_k+(c_sI\,\nabla^4+\eta)W_k\frac{dT_k}{\mathrm{d}t}+(-\rho I\,\nabla^2+\rho h)W_k\frac{d^2T_k}{\mathrm{d}t^2}=W_kp_k(t)\tag{9-180}$$

对时间进行拉普拉斯变换，则得到：

$$\bar{T}_k=\frac{d_k\,\bar{p}_k}{(\omega_k^2+\lambda_k^2)+2\lambda_ks+s^2}=\frac{d_k\,\bar{p}_k}{\omega_k^2+(\lambda_k+s)^2}\tag{9-181}$$

其中，$d_k=\dfrac{W_k}{(-\rho I\,\nabla^2+\rho h)W_k}=\dfrac{2\lambda_kW_k}{(c_sI\,\nabla^4+\eta)W_k}=\dfrac{(\omega_k^2+\lambda_k^2)W_k}{(D\,\nabla^4+k)W_k}$；$\dfrac{(c_sI\,\nabla^4+\eta)W_k}{(D\,\nabla^4+k)W_k}=\dfrac{2\lambda_k}{(\omega_k^2+\lambda_k^2)}$。

对式(9-181)进行拉普拉斯逆变换，则得到：

$$T_k = \frac{d_k W_k(u_x, u_y)}{M_k} e^{-\lambda_k(t-\tau)} \frac{\sin \omega_k(t-\tau)}{\omega_k} \tag{9-182}$$

点源荷载激励下的振动方程(格林函数):

$$G(x, y, t, u_x, u_y, \tau) = \sum_{k=1}^{\infty} \frac{d_k W_k(x, y) W_k(u_x, u_y)}{M_k} e^{-\lambda_k(t-\tau)} \frac{\sin \omega_k(t-\tau)}{\omega_k} \tag{9-183}$$

当四边简支时,振型函数: $W_{mn} = \sin(\alpha_m x)\sin(\beta_n y)$。计算得到式(9-181)的参数 d_{mn}、M_{mn}、λ_{mn}、ω_{mn} 为

$$d_{mn} = \frac{1}{\rho I \chi_{nm} + \rho h}, \ M_{mn} = \frac{BL}{4} \tag{9-184(a)}$$

$$\lambda_{mn} = -\frac{c_s I \chi_{nm}^2 + \eta}{2(\rho I \chi_{nm} + \rho h)}, \ \omega_{mn}^2 = \frac{D \chi_{nm}^2 + k}{\rho I \chi_{nm} + \rho h} - \lambda_{nm}^2 \tag{9-184(b)}$$

其中, $\alpha_m = \frac{m\pi}{L}$, $\beta_n = \frac{n\pi}{B}$, $\chi_{mn} = \alpha_m^2 + \beta_n^2$。

由此得到:

$$G(x, y, t, u_x, u_y, \tau) = \frac{4}{LB} \sum_{m=1}^{\infty} \sum_{n=1}^{\infty} d_{mn} e^{-\lambda_{mn}(t-\tau)} \sin[\omega_{mn}(t-\tau)] \cdot \sin(\alpha_m u_x)\sin(\beta_n u_y)\sin(\alpha_m x)\sin(\beta_n y) \tag{9-185}$$

当对边简支时,振型函数: $W_m = Y_m \sin(\alpha_m x)$,点源荷载 $p(x, y, t)$ 展开为

$$\left.\begin{aligned} p(x, y, t) &= \sum_{m=1}^{\infty} W_m(x, y) p_m(t) \\ p_m(u_x, u_y, t) &= \sum_{m=1}^{\infty} Y_m(u_y) \sin(\alpha_m u_x) \frac{\delta(t-\tau)}{M_m} \end{aligned}\right\} \tag{9-186}$$

对应振型函数 W_m 由边界条件及非零解可确定一系列 $\lambda_{m.k}$ 和 $\omega_{m.k}$, $k=1, 2, \cdots$,以及 $Y_{m.k}$, $M_{m.k}$,式(9-181)中的参数 $d_{m.k}$ 的计算式为:

$$d_{m.k} = \frac{1}{\rho h + \rho I(\alpha_m^2 + \gamma_{1m.k}^2)} \tag{9-187}$$

对于点源荷载 p_m 项的特解: $w_k^* = \sum_{m=1}^{\infty} W_{m.k} T_{m.k}^*(t)$,代入板微分方程,得到:

$$T_{m.k}^* = \frac{d_{m.k} Y_{m.k}(u_y)\sin(\alpha_m u_x)}{M_{m.k}} e^{-\lambda_{m.k}(t-\tau)} \frac{\sin[\omega_{m.k}(t-\tau)]}{\omega_{m.k}} \tag{9-188}$$

由此得到:

$$G(x, y, t, u_x, u_y, \tau)$$
$$=\sum_{k=1}^{\infty}\left\{\sum_{m=1}^{\infty}\frac{d_{m.k}}{M_{m.k}}e^{-\lambda_{m.k}(t-\tau)}\frac{\sin[\omega_{m.k}(t-\tau)]}{\omega_{m.k}}Y_{m.k}(y)\sin(\alpha_m x)Y_{m.k}(u_y)\sin(\alpha_m u_x)\right\} \quad (9-189)$$

任意边界地基板在点源荷载激励下的解可用式(9-183)表示。振型函数 W_k 如式(9-176)所示。

在已知地基板的点源荷载下的格林函数情况下，地基板在持续任意外荷载 $p(x, y, t)$ 作用振动可表示为

$$w(x, y, t)=\int_0^t\int_0^L\int_0^B p(u_x, u_y, \tau)G(x, y, t, u_x, u_y, \tau)\mathrm{d}u_x\mathrm{d}u_y\mathrm{d}\tau \quad (9-190)$$

例 9.16 求四边简支的不计弯曲阻尼与惯性的开尔文地基上矩形板，在板中点作用一个简谐集中力 P 下的振动解。

本问题的微分方程可表示为

$$\left.\begin{aligned}&D^4w+kw+\eta\frac{\mathrm{d}w}{\mathrm{d}t}+\rho h\frac{\mathrm{d}^2w}{\mathrm{d}t^2}=P\delta\left(y-\frac{B}{2}\right)\delta\left(x-\frac{L}{2}\right)\sin(\theta t)\\&w|_{x=0}=w|_{x=L}=\left.\frac{\mathrm{d}w}{\mathrm{d}x}\right|_{x=0}=\left.\frac{\mathrm{d}w}{\mathrm{d}x}\right|_{x=L}=0\\&w|_{y=0}=w|_{y=B}=\left.\frac{\mathrm{d}w}{\mathrm{d}y}\right|_{y=0}=\left.\frac{\mathrm{d}w}{\mathrm{d}y}\right|_{y=B}=0\\&w|_{t=0}=\left.\frac{\mathrm{d}w}{\mathrm{d}t}\right|_{t=0}=0\end{aligned}\right\} \quad (9-191)$$

由式(9-184)得到本问题的格林函数：

$$G(x, y, t, u_x, u_y, \tau)$$
$$=\frac{4}{LB\rho h}\sum_{m=1}^{\infty}\sum_{n=1}^{\infty}\sin(\alpha_m u_x)\sin(\beta_n u_y)\sin(\alpha_m x)\sin[\beta_n y\, e^{-\lambda(t-\tau)}]\sin[\omega_{mn}(t-\tau)]$$
$$(9-192)$$

其中，$\lambda=-\frac{\eta}{2\rho h}$，$\omega_{nm}^2=\frac{D(\alpha_m^2+\beta_n^2)^2+k}{\rho h}-\lambda^2$，$\beta_n=\frac{n\pi}{B}$，$\alpha_m=\frac{m\pi}{L}$。

应用式(9-190)得到地基板的振动解：

$$\left.\begin{aligned}&w(x, y, t)=\frac{4P}{LB\rho h}\sum_{m=1}^{\infty}\sum_{n=1}^{\infty}\sin\left(\frac{m\pi}{2}\right)\sin\left(\frac{n\pi}{2}\right)\sin(\alpha_m x)\sin(\beta_n y)T_{mn}(t)\\&T_{mn}(t)=\int_0^t e^{-\lambda(t-\tau)}\sin[\omega_{mn}(t-\tau)]\sin(\theta\tau)\mathrm{d}\tau\end{aligned}\right\} \quad (9-193)$$

例 9.17 四边简支的不计弯曲阻尼与惯性的开尔文地基上矩形板，有一以速度 v 移动

的集中力 P 在 $t=0$ 时刻突然作用于板中点并沿 $y=B/2$ 轴正向移动，求板中点的挠度。

本问题的微分方程可表示为

$$\left.\begin{aligned}&D^4 w + kw + \eta \frac{\mathrm{d}w}{\mathrm{d}t} + \rho h \frac{\mathrm{d}^2 w}{\mathrm{d}t^2} = P\delta\left(y - \frac{B}{2}\right)\delta\left(x - \frac{L}{2} - vt\right)\\&w\,|_{x=0} = w\,|_{x=L} = \left.\frac{\mathrm{d}w}{\mathrm{d}x}\right|_{x=0} = \left.\frac{\mathrm{d}w}{\mathrm{d}x}\right|_{x=L} = 0\\&w\,|_{y=0} = w\,|_{y=B} = \left.\frac{\mathrm{d}w}{\mathrm{d}y}\right|_{y=0} = \left.\frac{\mathrm{d}w}{\mathrm{d}y}\right|_{y=B} = 0\\&w\,|_{t=0} = \left.\frac{\mathrm{d}w}{\mathrm{d}t}\right|_{t=0} = 0\end{aligned}\right\} \tag{9-194}$$

根据例 9.16 中式(9-192)及式(9-190)得到移动荷载下的地基板振动解：

$$\left.\begin{aligned}&w(x,\ y,\ t) = \frac{4P}{LB\rho h}\sum_{m=1}^{\infty}\sum_{n=1}^{\infty}\frac{1}{\omega_{mn}}\sin\left(\frac{n\pi}{2}\right)\sin(\alpha_m x)\sin(\beta_n y)T_{mn}(t,\ v)\\&T_{mn}(t,\ v) = \int_0^t \mathrm{e}^{-\lambda(t-\tau)}\sin[\omega_{mn}(t-\tau)]\sin\left(\alpha_m vt + \frac{m\pi}{2}\right)\mathrm{d}\tau\end{aligned}\right\} \tag{9-195}$$

由此得到板中点的挠度的计算式：

$$w\left(\frac{L}{2},\ \frac{B}{2},\ t\right) = \frac{4P}{LB\rho h}\sum_{m=1}^{\infty}\sum_{n=1}^{\infty}\left[\sin\left(\frac{n\pi}{2}\right)\right]^2\sin\left(\frac{m\pi}{2}\right)\frac{T_{mn}(t,\ v)}{\omega_{mn}} = \frac{P}{kl^2}\varphi_{\mathrm{w}} \tag{9-196}$$

图 9-12 给出某一矩形板(地基模量 $k=40$ MPa，板长 $L=10$ m，板宽 $B=5$ m，板厚 $h=0.25$ m，板模量 $E=30$ GPa、泊松比 $\nu=0.15$)在两种阻尼系数 $\lambda=0.1\mathrm{s}^{-1}$、$0.5\ \mathrm{s}^{-1}$、两种荷载速度 $v=1$ m/s、5 m/s 条件下的板中点挠度系数的振动图。从图 9-12 可以看到，当荷载作用于板中位置附近时，板中挠度和振幅均最大，板中点的挠度振幅的衰减主要取决于阻尼与时间乘积，而与荷载速度及作用位置关系不大。

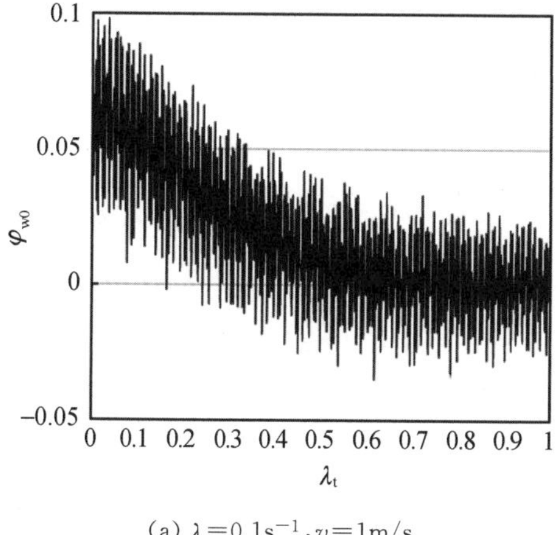

(a) $\lambda=0.1\mathrm{s}^{-1}$，$v=1$m/s

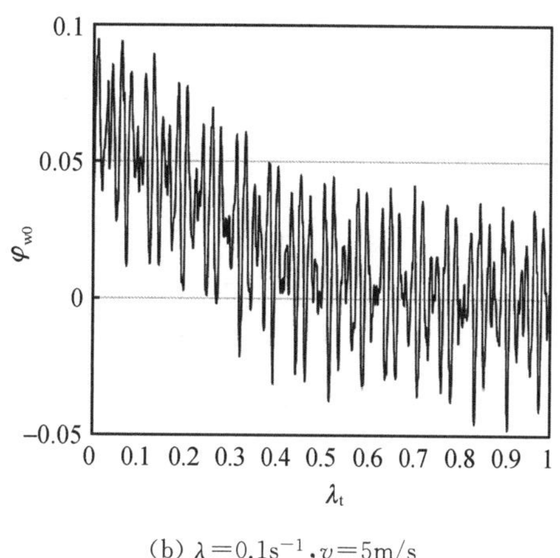

(b) $\lambda=0.1\mathrm{s}^{-1}$，$v=5$m/s

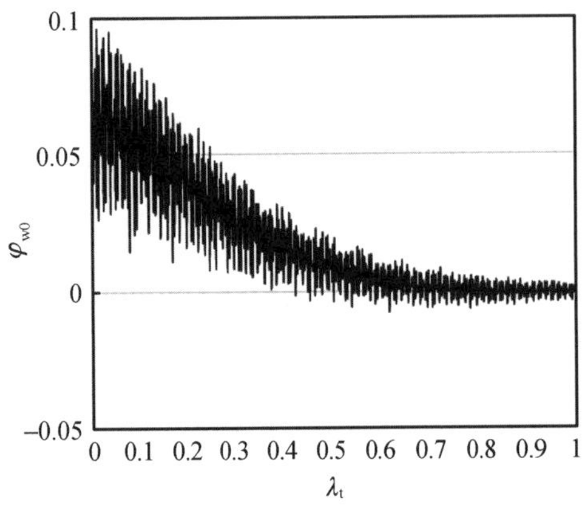

(c) $\lambda=0.5\mathrm{s}^{-1}, v=1\mathrm{m/s}$

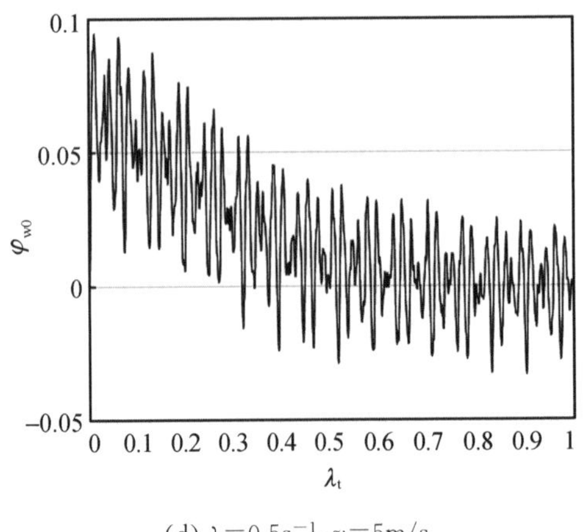

(d) $\lambda=0.5\mathrm{s}^{-1}, v=5\mathrm{m/s}$

图 9-12 移动荷载下板中点挠度$\left(\lambda_t=\dfrac{2vt}{L}\right)$

9.4.4 地基矩形中厚板的振动

地基上矩形中厚板的齐次运动微分方程可表示为

$$\left.\begin{aligned}&\left[\left(D+c_s I\frac{\partial}{\partial t}\right)\nabla^2-\rho I\frac{\partial^2}{\partial t^2}\right]\nabla^2\Omega+\rho h\frac{\partial^2 w}{\partial t^2}+q=0\\&\left(\nabla^2-\frac{\rho}{\phi^2 G}\frac{\partial^2}{\partial t^2}\right)w-\nabla^2\Omega-\frac{q}{\phi^2 Gh}=0\end{aligned}\right\}\tag{9-197}$$

令 $w=W\mathrm{e}^{st}$，$\Omega=\Phi\mathrm{e}^{st}$ 代入式(9-197)，得到：

$$\left.\begin{aligned}&[(D+c_s Is)\nabla^4-\rho Is^2\nabla^2]\Phi+(\rho hs^2+f_q)W=0\\&\phi^2 Gh\nabla^2\Phi-[\phi^2 Gh\nabla^2-(\rho hs^2+f_q)]W=0\end{aligned}\right\}\tag{9-198}$$

其中，$q=f_q W\mathrm{e}^{st}$。

消元整理上式得到：

$$\left.\begin{aligned}&\left\{\nabla^4-\left[\frac{\rho Is^2}{D+c_s Is}+\frac{\rho hs^2+f_q}{\phi^2 Gh}\right]\nabla^2+\left[\frac{\rho hs^2+f_q}{D+c_s Is}\left(1+\frac{\rho Is^2}{\phi^2 Gh}\right)\right]\right\}\nabla^2\Phi=0\\&\left\{\nabla^4-\left[\frac{\rho Is^2}{D+c_s Is}+\frac{\rho hs^2+f_q}{\phi^2 Gh}\right]\nabla^2+\left[\frac{\rho hs^2+f_q}{D+c_s Is}\left(1+\frac{\rho Is^2}{\phi^2 Gh}\right)\right]\right\}W=0\end{aligned}\right\}\tag{9-199}$$

解式(9-199) 得到：

$$\left.\begin{aligned}&(\nabla^2+\psi_1^2)(\nabla^2-\psi_2^2)W=0\\&(\nabla^2+\psi_1^2)(\nabla^2-\psi_2^2)\nabla^2\Phi=0\end{aligned}\right\}\tag{9-200}$$

其中，$\psi_1^2=\sqrt{\lambda^2-e}+\lambda$，$\psi_2^2=\sqrt{\lambda^2-e}-\lambda$，$2\lambda=\frac{\rho Is^2}{D+c_s Is}+\frac{\rho hs^2+f_q}{\phi^2 Gh}$，

$e=\left(\frac{\rho Is^2}{\phi^2 Gh}+1\right)\left(\frac{\rho hs^2+f_q}{D+c_s Is}\right)$。

下面分四边简(滑)支、对边简(滑)支与任意边界三种情况讨论。

1. 四边简(滑)支

特征函数 W、Φ 可表示为

$$W=\sum_n^{\infty}\sum_m^{\infty}A_{nm}\sin(\alpha_m x)\sin(\beta_n y),\Phi=\sum_n^{\infty}\sum_m^{\infty}B_{nm}\sin(\alpha_m x)\sin(\beta_n y) \tag{9-201}$$

代入式(9-200)可得到式(9-202)所示的关于 s_{mn} 方程式 $g(s_{mn})=0$。

$$(D+c_s Is_{mn})\left(\chi_{mn}+\frac{\rho hs_{mn}^2+f_q}{\phi^2 Gh}\right)\chi_{mn}+\rho Is_{mn}^2\chi_{mn}+(\rho hs_{mn}^2+f_q)\left(1+\frac{\rho Is_{mn}^2}{\phi^2 Gh}\right)=0 \tag{9-202}$$

其中，$\chi_{mn}=\alpha_m^2+\beta_n^2$。

式(9-202)是一元四次(或以上)代数方程，其解 s_{mn} 均为实数时，地基板属过黏状态，无振动；当 s_{mn} 中有一对共轭虚数或共轭复数时，地基板有振动解，其自振频率 $\omega_{mn}=|\mathrm{Im}(s_{mn})|$，衰减系数 $\lambda_{mn}=\mathrm{Re}(-s_{mn})$。

2. 对边简(滑)支

特征函数 W、Φ 可表示为

$$W=\sum_m^{\infty}Y_m\sin(\alpha_m x),\Phi=\sum_m^{\infty}\Psi_m\cos(\alpha_m x) \tag{9-203}$$

代入地基中厚板微分方程，得到：

$$(Y_m^{(2)}-\alpha_m^2 Y_m)^2-\left[\frac{\rho Is^2}{D+c_s Is}+\frac{\rho hs^2+f_q}{\phi^2 Gh}\right](Y_m^{(2)}-\alpha_m^2 Y_m)+\left[\frac{\rho hs^2+f_q}{D+c_s Is}\left(1+\frac{\rho Is^2}{\phi^2 Gh}\right)\right]Y_m=0 \tag{9-204}$$

整理得到与式[9-144(b)]相似的结果。

$$\left.\begin{aligned}Y_m^{(4)}-2b_m Y_m^{(2)}+c_m Y_m=0\\ \Psi_m^{(6)}-2b_m\Psi_m^{(4)}+c_m\Psi_m^{(2)}=0\end{aligned}\right\} \tag{9-205}$$

其中，$b_m=\alpha_m^2+\frac{\rho Is^2}{2(D+c_s Is)}+\frac{\rho hs^2+f_q}{2\phi^2 Gh}$，

$c_m=\alpha_m^4+\left(\frac{\rho Is^2}{D+c_s Is}+\frac{\rho hs^2+f_q}{\phi^2 Gh}\right)\alpha_m^2+\frac{\rho hs^2+f_q}{D+c_s Is}\left(1+\frac{\rho Is^2}{\phi^2 Gh}\right)$。

后续解法与上节薄板的相同，特征方程式(9－205)的 4 个根为：$\lambda_{m1,2,3,4}=$

$\sqrt{b_m \pm \sqrt{b_m^2 - c_m}}$，当 4 个根为一对正负实数、一对共轭虚数：$\lambda_{m1,2,3,4} = \pm\gamma_{1m}$，$\pm i\gamma_{2m}$ 时，有非零解，特征函数 Y_n、Ψ_n 的解如式(9-206)所示。式(9-207)中的待定常数 A_{1n}、A_{2n}、A_{3n}、A_{4n} 与 B_{1n}、B_{2n}、B_{3n}、B_{4n} 是相关的，可由式(9-206)推出。

$$\left.\begin{aligned}Y_n &= A_{1n}\sinh(\gamma_{1n}y) + A_{2n}\cosh(\gamma_{1n}y) + A_{3n}\sin(\gamma_{2n}y) + A_{4n}\cos(\gamma_{2n}y)\\ \Psi_n &= B_{1n}\sinh(\gamma_{1n}y) + B_{2n}\cosh(\gamma_{1n}y) + B_{3n}\sin(\gamma_{2n}y) + B_{4n}\cos(\gamma_{2n}y) + B_{5n}\ln y + B_{6n}\end{aligned}\right\} \tag{9-206}$$

$$\left(\nabla^2 - \frac{\rho h s^2 + f_q}{\phi^2 G h}\right) W_n = \nabla^2 \Psi_n \tag{9-207}$$

$y=0$，B 两端的共计 6 个边界代入式(9-205)，以及附加非零解条件，可求出一系列 $s_{n,k}$，$k=1, 2, \cdots$，进而求得 ω_{nk}、$\gamma_{1n,k}$、$\gamma_{2n,k}$，$k=1, 2, \cdots$。当 $s_{n,k}$ 为实数时，地基板属过黏状态，无振动；当 $s_{n,k}$ 为一对共轭虚数或复数时，地基板有振动解，其自振频率 $\omega_{n,k} = |\mathrm{Im}(s_{n,k})|$，衰减系数 $\lambda_{n,k} = \mathrm{Re}(-s_{n,k})$。

3. 任意边界

中厚板任意边界板的振动求解方法和步骤与薄板的相同。中厚板的振型函数如式(9-208)所示，其板挠度由两项组成，其中，第二项是板刚体位移项：

$$\left.\begin{aligned}W &= W_1 + W_2\\ W_1 &= \sum_{m=1}^{\infty} WY_m \sin(\alpha_m x) + \sum_{m=1}^{\infty} WX_n \sin(\beta_n y)\\ W_2 &= \sum_{n=1}^{\infty}\sum_{m=1}^{\infty} WZ_{nm}\sin(\alpha_m x)\sin(\beta_n y) + \tilde{\omega}_0\\ \Phi_1 &= \sum_{m=0}^{\infty} \Psi Y_m \cos(\alpha_m x) + \sum_{n=0}^{\infty} \Psi X_n \cos(\beta_n y)\\ \Phi_2 &= \sum_{n=1}^{\infty}\sum_{m=1}^{\infty} \Psi Z_{nm}\cos(\alpha_m x)\cos(\beta_n y) + \tilde{\omega}_x x + \tilde{\omega}_y y\end{aligned}\right\} \tag{9-208}$$

其中，$\alpha_m = \dfrac{m\pi}{L}$，$\beta_n = \dfrac{n\pi}{B}$。

代入式(9-197)即可得到如式(9-209)形式的方程：

$$\left.\begin{aligned}&(\nabla^4 - 2b_s\nabla^2 + c_s)W_1 = 0, \qquad (\nabla^4 - 2b_s\nabla^2 + c_s)W_2 = 0\\ &(\nabla^4 - 2b_s\nabla^2 + c_s)\nabla^2\Phi_1 = 0, \quad (\nabla^4 - 2b_s\nabla^2 + c_s)\nabla^2\Phi_2 = 0\end{aligned}\right\} \tag{9-209}$$

其中，$b_s(s) = \dfrac{\rho I s^2}{2(D + c_s I s)} + \dfrac{\rho h s^2 + f_q}{2\phi^2 G h}$，$c_s(s) = \dfrac{\rho h s^2 + f_q}{D + c_s I s}\left(1 + \dfrac{\rho I s^2}{\phi^2 G h}\right)$。

整理上式得到式(9-210)、式(9-211)。

$$\left.\begin{aligned}&\left[\frac{d^4}{dy^4}-2(\alpha_m^2+b_s)\frac{d^2}{dy^2}+\alpha_m^4+2b\alpha_m^2+c_s\right]WY_m=0\\&\left[\frac{d^4}{dx^4}-2(\beta_n^2+b_s)\frac{d^2}{dx^2}+\beta_n^4+2b\beta_n^2+c_s\right]WX_n=0\\&WZ_{nm}=-\frac{c\tilde{\omega}_0 a_{nm}}{\chi_{nm}^2+2b_s\chi_{nm}+c_s}\end{aligned}\right\}\tag{9-210}$$

其中，$a_{nm}=(-1)^{\frac{m+n}{2}}\dfrac{16}{mn\pi^2}$，$b_{x.nm}=(-1)^{\frac{m+n}{2}}\dfrac{16}{mn^2\pi^3}$，$b_{y.nm}=(-1)^{\frac{m+n}{2}}\dfrac{16}{m^2n\pi^3}$，$\chi_{nm}=\alpha_m^2+\beta_n^2$。

$$\left.\begin{aligned}&\left[\frac{d^4}{dy^4}-2(\alpha_m^2+b_s)\frac{d^2}{dy^2}+\alpha_m^4+2b_s\alpha_m^2+c_s\right]\left(\frac{d^2}{dx^2}-\alpha_m^2\right)\Psi Y_m=0\\&\left[\frac{d^4}{dx^4}-2(\beta_n^2+b_s)\frac{d^2}{dx^2}+\beta_n^4+2b_s\beta_n^2+c_s\right]\left(\frac{d^2}{dx^2}-\beta_n^2\right)\Psi X_n=0\\&\Psi Z_{nm}=-\frac{c(\tilde{\omega}_x b_{x.nm}+\tilde{\omega}_y b_{y.nm})}{\chi_{nm}^2+2b_s\chi_{nm}+c_s}\end{aligned}\right\}\tag{9-211}$$

解式(9-209)、式(9-210)得到 WX_m、WY_n、ΨX_m、ΨY_n 的表达式为

$$\left.\begin{aligned}WY_m=&A_{w1.m}\sinh(\gamma_{y1m}y)+A_{w2.m}\cosh(\gamma_{y1m}y)+A_{w3.m}\sin(\gamma_{y2m}y)+A_{w4.m}\cos(\gamma_{y2m}y)\\WX_n=&B_{w1.n}\sinh(\gamma_{x1n}x)+B_{w2.n}\cosh(\gamma_{x1n}x)+B_{w3.n}\sin(\gamma_{x2n}x)+B_{w4.n}\cos(\gamma_{x2n}x)\\\Psi Y_m=&A_{\Phi1.m}\sinh(\gamma_{y1m}y)+A_{\Phi2.m}\cosh(\gamma_{y1m}y)+A_{\Phi3.m}\sin(\gamma_{y2m}y)+A_{\Phi4.m}\cos(\gamma_{y2m}y)+\\&A_{\Phi5.n}\ln y+A_{\Phi6.n}\\\Psi X_n=&B_{\Phi1.n}\sinh(\gamma_{x1n}x)+B_{\Phi2.n}\cosh(\gamma_{x1n}x)+B_{\Phi3.n}\sin(\gamma_{x2n}x)+B_{\Phi4.n}\cos(\gamma_{x2n}x)+\\&B_{\Phi5.n}\ln x+B_{\Phi6.n}\end{aligned}\right\}\tag{9-212}$$

式(9-212)中 $A_{w1.m}$、$A_{w2.m}$、$A_{w3.m}$、$A_{w4.m}$ 与 $A_{\Phi1.m}$、$A_{\Phi2.m}$、$A_{\Phi3.m}$、$A_{\Phi4.m}$，以及 $B_{w1.n}$、$B_{w2.n}$、$B_{w3.n}$、$B_{w.4n}$ 与 $B_{\Phi1.n}$、$B_{\Phi2.n}$、$B_{\Phi3.n}$、$B_{\Phi4.n}$ 是相关的，$A_{\Phi5.m}$、$A_{\Phi6.m}$ 与 $B_{\Phi5.n}$、$B_{\Phi6.n}$ 也是相关的，它们两两相关，关系如式(9-213)所示，因此，式(9-212)中在给定 m、n 情况下共有 12 个未知待定常数，每条边有 3 个边界条件合计 4×3=12 个条件。在 m 取 1, 2, …,M,n 取 1,2, …,N 情况下，共有($6M+6N$)个待定常数，加上 W_2、Ψ_2 中 3 个刚性位移 $\tilde{\omega}_0$、$\tilde{\omega}_x$、$\tilde{\omega}_y$，以及尚有待确定的 s，共计($6M+6N+4$)个待定常数；板边界条件有($6M+6N$)个，加上板三个角的角点力 R_c 为零条件，以及方程非零解条件，共计($6M+6N+4$)个条件，条件与待定常数二者相等。

$$\left(\nabla^2-\frac{\rho hs^2+f_q}{\phi^2Gh}\right)W=\nabla^2\Psi\tag{9-213}$$

由此可求出一系列 s_k,$k=1, 2, \cdots$，进而求得 ω_k、γ_{xk}、γ_{yk}，$k=1, 2, \cdots$，以及 $A_{w1.m.k}$ 与 $A_{w2.m.k}$、$A_{w3.m.k}$、$A_{w4.m.k}$，$A_{\Phi1.m.k}$ 与 $A_{\Phi2.m.k}$、$A_{\Phi3.m.k}$、$A_{\Phi4.m.k}$，$B_{w1.n.k}$ 与 $B_{w2.n.k}$、$B_{w3.n.k}$、$B_{w.4n.k}$，$B_{\Phi1.n.k}$ 与 $B_{\Phi2.n.k}$、$B_{\Phi3.n.k}$、$B_{\Phi4.n.k}$，$A_{\Phi5.m.k}$ 与 $A_{\Phi6.m.k}$，以及 $B_{\Phi5.n.k}$ 与 $B_{\Phi6.n.k}$ 的比值，其中 $k=1, 2, \cdots$。当 s_k 为实数时，地基板属过黏状态，无振动；当 s_k 为一对共轭虚数或复数时，地基板有振动解，其自振频率 $\omega_k=|\mathrm{Im}(s_k)|$，衰减系数 $\lambda_k=\mathrm{Re}(-s_k)$。

参考文献

[1] 姚祖康. 铺面工程[M]. 上海:同济大学出版社，2001.

[2] 陈仲颐，叶书麟. 基础工程学[M].北京:中国建筑工业出版社，1990.

[3] POPOV G YA. Plates on a linearly elastic foundation (a survey)[J]. Soviet Applied Mechanics，1972，8(3)：231-242.

[4] KORENEV B G. Structures resting on an elastic foundation[J]. Structural Mechanics in the USSR，1960：160-190.

[5] 葛尔布诺夫-伯沙道夫. 弹性地基上结构物的计算[M]. 北京:中国工业出版社，1963.

[6] SELVADURAIA P S. 土与基础相互作用的弹性分析[M]. 北京：中国铁道出版社，1984.

[7] SZILARD R. 板的理论和分析:经典法和数值法 [M]. 陈太平,戈鹤翔,周孝贤,译.北京:中国铁道出版社，1984.

[8] 杨耀乾. 平板理论[M]. 北京:中国铁道出版社，1980.

[9] HERTZ H. On the equilibrium of floating elastic plates[J].Annual Review Of Physical Chemistry，1884，22：449-455.

[10] WYMAN M. Deflections of an infinite plate[J]. Canadian Journal of Research，1950，28(3)：293-302.

[11] SCHLEICHER F. Kreisplatten auf elastischer unterlage[M].Berlin:Julius Springer，1926.

[12] HETÉNYI M. Beams on elastic foundation[M].Ann Arbor，MI：University of Michigan Press，1946.

[13] LIVESLEY R K. Some notes on the mathematical theory of a loaded elastic plate resting on an elastic foundation[J]. The Quarterly Journal of Mechanics and Applied Mathematics，1953，6(1)：32-44.

[14] TIMOSHENKO S P，WOINOWSKY-KRIEGER S. Theory of plates and shells[M]. New York：McGraw-hill，1959.

[15] POPOV G YA.Bending of an unbounded plate supported by an elastic foundation[J]. Trans.Am. Sco. Civ.Eng，1959:116:1083-1095.

[16] KERR A D.Elastic plates on a liquid foundation models[J].Journal of Applied Mechanics，1963，31：491-498.

[17] FRYBA L. Vibration of solids and structures under moving loads [J]. Groningen：Noorghoff International Publ.，1972.

[18] PANC V. Theories of elastic plates[M].Leyden:Noorghoff International Publication，1975.

[19] WESTERGAARD H M. Om beregning af plader paa elastik underlag med saerligt hueblik paa om spandinger i betonveje[J].Ingenioeren，1923，32:512-524.

[20] WESTERGAARD H M. Stresses in concrete pavements computed by theoretical analysis[J]. Journal of Highway Research, 1926, 7(2):25-32.

[21] WESTERGAARD H M, HOLL D L, BRADBURY R D, et al. Stresses in concrete runways of airports[C]//Highway Research Board Proceedings, 1940.

[22] WESTERGAARD H M. New formulas for stress in concrete pavements of airfields[J]. American Society of Civil Engineers Transactions, 1948:425-444.

[23] NAGHDI P M, ROWLEY J C.On the bending of axially symmetric plates on elastic foundations[C]//Proceedings of the First Midwestern Conference on Solid Mechanics, 1953: 119-123.

[24] FILONENKO-BORODICH M M. Some approximate theories of elastic foundation[J]. Uchenyie Zapiski Moskovkogo Gosudarstuennogo Universiteta Mekhanika, 1940, 46: 3-18.

[25] PASTERNAK P L. On a new method of analysis of an elastic foundation by means of two foundation constants[M].Moscow:Gosudarstvennoe Izdatelstro Liberaturi po Stroitelstvui Arkhitekture, 1954.

[26] VLAZOV V Z, LEONTIEV U N.Beams, plates and shells on elastic foundations[J]. Israel Program for Scientific Translation, 1966.

[27] HOGG A H A. Equilibrium of a thin plate symmetrically loaded and resting on an elastic foundation of infinite depth[J].Dublin Philosophical Magazine and Journal of Science, 1938, 25(168): 576-582.

[28] HOLL D L. Thin plates on elastic foundations[C]//Proceedings of the Fifth International Congress for Applied Mechanics, Cambridge, Mass, 1938: 71-74.

[29] HOLL D L. Equilibrium of a thin plate, symmetrically loaded, on a flexible subgrade[J]. Iowa State College Journal of Science, 1938, 12(4): 455-459.

[30] SHEKHTER O IA. On determination of ground settlement with bedding layers below the foundation [J].Gi*d*rotekhnicheskoe stroitel'stvo, 1937.

[31] SHEKHTER O IA. Analysis of an infinite plate resting on an elastic foundation of finite and infininte thickness and loaded by a consentrated force[J]. Sb. Tr. Nauchno-Issled. Sekt, Fundamentstr, 1939, 10.

[32] LEONEV M Y. Consideration of horizontal forces when calculating an infinite plate lying on an elastic halfspace[J]. Prikl. Math. Mech, 1939, 3(3).

[33] SZABÓ I. Die achsensymmetrisch belastete dicke Kreisplatte auf elastischer Unterlage[J]. Ingenieur-Archiv, 1951, 19(2): 128-142.

[34] SZABÓ I. Die in Achsenrichtung rotationssymmetrisch belastete dicke Kreisplatte auf nachgiebiger und auf starrer Unterlage[J]. Journal of Applied Mathematics and Mechanics/Zeitschrift für Angewandte Mathematik und Mechanik, 1952, 32(4-5): 145-153.

[35] PISTER K S, WESTMANN R A. Bending of plates on an elastic foundation[J]. Journal of Applied Mechanics, 1962, 29(2): 369-374.

[36] PISTER K S.Viscoelastic plate on a viscoelastic foundation[J].Transactions of the American Society of Civil Engineers, 1963, 128(1): 937-948.

[37] STADLER W. The general solution of the classical problem of the response of an infinite plate with an elastic foundation and damping[J].Journal of Elasticity, 1971, 1(1): 37-49.

[38] HOLL D L. Dynamic loads on thin plates on elastic foundations[C]//Proceedings of Symposia in Applied Mathematics, 1950.

[39] HOSKIN B C, LEE E H. Flexible surfaces on viscoelastic subgrades[J].Journal of the Engineering Mechanics Division, 1959, 85(4): 11-30.

[40] NADAI A. Theory of flow and fracture of solids: Volume 2[M].New York: McGraw-Hill Book Company Incorporated, 1963.

[41] VINT J, ELGOOD W N I. The deformation of a bloom plate resting on an elastic base when a load is transmitted to the plate by means of a stanchion [J]. The London, Edinburgh, and Dublin Philosophical Magazine and Journal of Science, 1935, 19(124): 1-21.

[42] REISMANN H. Bending of circular and ring-shaped plates on an elastic foundation[J]. Journal of Applied Mechanics, 1954, 76:45-51.

[43] CONWAY H D. Analysis of some circular plates on elastic foundations and the flexural vibration of some circular plates[J].Journal of Applied Mechanics, 1955, 22:275-276.

[44] BROTCHIE J F. General method for analysis of flat slabs and plates[J]. Aci Structural Journal, 1957, 54(7):31-50.

[45] BOROWICKA H. Influence of rigidity of a circular foundation slab on the distribution of pressures over the contact surface[C]//Proceedings of the 1st International Conference of Soil Mechanics, 1936.

[46] BOROWICKA H. Druckverteilung unter elastischen Platten[J]. Ingenieur-Archiv, 1939, 10(2): 113-125.

[47] GORBUNOV-POSADOV M I. Slabs on elastic foundation[M].Moscow:Gosstroiizdat, 1941.

[48] ZEMOCHKIN B N. Analysis of circular plates on elastic foundation[J]. Mosk Izd Voenno Inzh Akad, 1939.

[49] ISHKOVA A G. Exact solution of the problem of a circular plate in bending on the elastic halfspace under the action of a uniformly distributed anti-symmetrical load [C]//Dokl. Akad. Nauk. USSR. 1947.

[50] YEH G C K. Bending of a rectangular plate on an elastic foundation with 2 adjacent edges fixed and the others free[J].Journal of Applied Mechanics-Transactions of the ASME, 1954, 21(3): 289.

[51] MURPHY G, ARNOLD L K , CLEGHORN M P, et al. Stresses and deflections in loaded rectangular plate on elastic foundation[R]. Ames: Iowa State College of Agriculture and Mechanic Arts, 1937.

[52] GORBUNOV-POSADOV M I. Beams and rectangular plates on a foundation identified with an elastic half-space[C]//Dokl. Akad. Nauk SSS R, 1939.

[53] ZEMOCHKIN B N, SINITSYN A P. Practical methods for calculation of beams and plates on elastic foundation (without using Winkler's hypothesis)[J].Strouzdat, Moscow (in Russian), 1947.

[54] MEYERHOF G G. Bearing capacity of floating ice sheets[J].Journal of the Engineering Mechanics Division, 1960, 86(5): 113-145.

[55] MEYERHOF G G. Load-carrying capacity of concrete pavements[J].Journal of the Soil Mechanics and Foundations Division, 1962, 88(3): 89-116.

[56] 中华人民共和国住房和城乡建设部.建筑地面设计规范:GB 50037—2013 [S]. 北京:中国计划出版社，2014.

[57] Concrete Society. Concrete Industrial Ground Floors: A Guide to Design and Construction [R]. Concrete Society，2003.

[58] ACI Committee. Design of Slabs-on-ground[R]. American Concrete Institute，2006.

[59] RADI E，DI MAIDA P. Analytical solution for ductile and FRC plates on elastic ground loaded on a small circular area[J]. Journal of Mechanics of Materials and Structures，2014，9(3): 313-331.

[60] LANZONI L，RADI E，NOBILI A. Ultimate carrying capacity of elastic-plastic plates on a Pasternak foundation[J]. Journal of Applied Mechanics，2014，81(5): 051013-1-051013-9.

[61] LANZONI L，NOBILI A，RADi E，et al. Axisymmetric loading of an elastic-plastic plate on a general two-parameter foundation [J]. Journal of Mechanics of Materials and Structures，2015，10(4): 459-479.

[62] 朱照宏，王秉纲，郭大智. 路面力学计算[M]. 北京：人民交通出版社，1985.

[63] 石小平，姚祖康. 弹性地基上四边自由矩形厚板的解[J]. 河北工学院学报，1985(1):59-77.

[64] 王克林，黄义. 弹性地基上四边自由矩形板[J]. 计算力学学报，1985，2(2):47-58.

[65] 王克林，黄义. 弹性地基上四边自由的矩形厚板[J]. 固体力学学报，1986(1):40-52.

[66] 石小平，姚祖康. Пастернак 基础上四边自由矩形厚板的解[J]. 同济大学学报:自然科学版，1989，17(2):173-184.

[67] 成祥生. 弹性地基板由运动载荷引起的动力反应[J]. 应用数学和力学，1987(4):347-356.

[68] 黄晓明，邓学钧. 移动荷载作用下粘弹性 Winkler 地基板的力学分析[J]. 重庆交通大学学报:自然科学版，1990，9(2):45-51.

[69] 黄晓明，邓学钧. 弹性半空间地基板在动荷作用下的力学分析[J]. 岩土工程学报，1991(4):68-72.

[70] 孙璐，邓学钧. 弹性基础无限大板对移动荷载的响应[J]. 力学学报，1996，28(6):756-760.

[71] 孙璐，邓学钧. 运动负荷下粘弹性 Kelvin 地基上无限大板的稳态响应[J]. 岩土工程学报，1997(2): 14-22.

[72] 张系斌. 粘弹性地基上矩形薄板的振动[J]. 工程力学，2000(3):248-252.

[73] 祝彦知，薛保亮，王广国. 粘弹性地基上粘弹性地基板的自由振动解析[J]. 岩石力学与工程学报，2002，21(1):112-118.

[74] 何芳社，钟光珞. 粘弹性地基上矩形板的准静态弯曲[J]. 西安建筑科技大学学报:自然科学版，2004，36(3):353-355.

[75] 姚祖康，谈至明. 弹性半无限地基上矩形厚板的有限元分析[J]. 华东公路，1989，4: 1-4.

[76] 谈至明.港区刚性铺面结构的荷载应力[J].水运工程，1997(4):54-58.

[77] 谈至明.半结合式双层板弯曲的近似计算[J].公路，2001(4):25-26.

[78] 谈至明，姚祖康，田波，等. 水泥混凝土路面的荷载应力分析[J].公路，2002(8):15-18.

[79] 谈至明，刘伯莹，等. 水泥混凝土路面的温度应力分析[J].公路，2002(8):19-23.

[80] 周玉民，谈至明，刘伯莹. 水泥混凝土路面脱空状态下的荷载应力[J].同济大学学报:自然科学版，2007，35(3):341-345.

[81] 周玉民，谈至明，赵军. 考虑基层超宽的水泥混凝土路面荷载应力计算[J].同济大学学报:自然科学

版，2007，35(10):1347-1351.

[82] 谈至明，谭福平.水泥混凝土路面板底脱空区水运动规律的分析模型[J].水动力学研究与进展(A辑)，2008，23(3):281-286.

[83] 谈至明，周玉民. 不等尺寸双层混凝土路面结构力学模型研究[J].工程力学，2010(3):132-137.

[84] 谈至明，铺面力学 [M].2 版.北京:人民交通出版社，2021.

[85] 谈至明，郭晶晶. 弹性地基上无限大板的统一解[J].应用力学学报，2016，33(1):25-29，177.

[86] 谈至明，郭晶晶，陈景亮.双向弹簧夹层假定的弹性地基上双层板的解[J].应用数学和力学，2016，37(4):382-390.

[87] 谈至明，从志敏，杜建訸，等.考虑接缝传荷的文克勒地基上矩形薄板的级数解[J].应用力学学报，2020，37(2):500-508，922-923.

[88] 谈至明，姚尧，郭晶晶.文克勒地基板极限承载力的弹塑解[J].同济大学学报:自然科学版，2016，44(5):730-733.

[89] 谈至明，从志敏，姚尧.再论文克勒地基板极限承载力的弹塑性解[J].中国公路学报，2019，32(11):129-136.

[90] CONG Z，TAN Z，ZHU T.Ultimate bearing capacity of plate on Winkler foundation subjected to a circular uniform load[J].International Journal of Pavement Research and Technology，2021，14(6):668-675.

[91] 中华人民共和国交通部.公路水泥混凝土路面设计规范:JTG D40—2002[S].北京:人民交通出版社，2003.

[92] 中华人民共和国交通运输部.公路水泥混凝土路面设计规范:JTG D40—2011[S].北京:人民交通出版社，2011.

[93] 中华人民共和国交通运输部.港口道路与堆场设计规范:JTS 168—2017[S].北京:人民交通出版社，2017.

[94] 黄仰贤.路面分析与设计[M]. 余定选，齐诚，译.北京:人民交通出版社，1998.

[95] HUANG Y H，WANG S T. Finite-element analysis of concrete slabs and its implications for rigid pavement design[J]Highway Research Record，1973(466):55-69.

[96] HUANG Y H. Finite element analysis of slabs on elastic solids[J]. Journal of Transportation Engineering，1974，100:403-416.

[97] MRAZKOVE M. The calculation of plates on elastic foundation using the finite element method[J]. Stavebnicky Cas.，1972，20:534-545.

[98] YANG T Y. A finite element analysis of plates on a two parameter foundation model[J]. Computers and Structures，1972，2(4):593-614.

[99] IOANNIDES A M，THOMPSON M R，BARENBERG E J.Westergaard solutions reconsidered[J]. Transportation Research Record，1985，1043: 13-23.

[100] IOANNIDES A M，THOMPSON M R，AND BARENBErg E J. Finite element analysis of-on-grade using a variety of support models[C]//Proceedings of the 3rd International Conference on Concrete Pavement Design and Rehabilitation，Purdue University，1985.

[101] WANG S K，SARGIOUS M，CHEUNG Y K. Advanced analysis of rigid pavements[J].

Transportation Engineering Journal of ASCE, 1972, 98(1): 37-44.
[102] CHEUNG Y K, ZINKIEWICZ O C. Plates and tanks on elastic foundations: an application of finite element method[J].International Journal of Solids and Structures, 1965, 1(4): 451-461.
[103] 姚祖康. 水泥混凝土路面设计[M]. 合肥:安徽科学技术出版社,1999.
[104] 姚祖康. 水泥混凝土路面荷载应力的有限元分析[J]. 同济大学学报: 自然科学版, 1979, 7(3): 45-55.
[105] 姚祖康. 水泥混凝土路面的翘曲应力[J]. 同济大学学报:自然科学版, 1981, 9(3) : 44-54.
[106] 夏永旭, 王秉纲. 道路结构力学计算[M]. 北京:人民交通出版社,2003.
[107] 戴经梁, 王秉纲. 双层水泥混凝土路面的应力分析[J]. 西安公路学院学报, 1986, 4(2):2-5.
[108] 邓学钧. 弹性多层地基刚性路面板的力学分析[J]. 岩土工程学报, 1986, 8(5): 31-38.
[109] 姚炳卿. 有夹层的双层刚性道面的有限元分析方法[J]. 岩土工程学报, 1993, 15(1):1-9.
[110] WINKLER E. Die Lehre von der elastizital und festigkeit[M]. Prague:Dominicus, 1867.
[111] FILONENKO-BORODICH M M. A very simple model of elasitic foundation capable of spreading the lcod[J].Sb. Tr. Mosk. Elektro. Inst. Inzh. Trans., 1945.
[112] REISSNER E. Deflection of plates on viscoelastic foundation[J]. Journal of Applied Mechanics-Transactions of the ASME, 1958, 80:144-145.
[113] TIMOSHENKO S P, GOODIER J N. Theory of elasticity[M].3nd ed. New York:Graw-Hill, 1970.
[114] TIMOSHENKO S P, YOUNG D H. Theory of Structures[M].New York:McGraw-Hill, 1965.
[115] 徐芝纶. 弹性力学(上、下册)[M].4 版.北京:高等教育出版社, 2006.
[116] CERRUTI V. Ricerche intorno all'equilibrio de'corpi elastici isotropi: memoria[M]. Salviucci:Coi tipi del, 1882.
[117] 谈至明, 杨康迪. 有限厚度、大压入的球压试验材料力学响应[J].力学季刊 2019, 40 (4):42-49.
[118] 丁皓江. 横观各向同性弹性力学[M]. 杭州:浙江大学出版社, 1997.
[119] 苏育才, 姜翠波, 张跃辉. 矩阵理论[M].北京:科学出版社, 2006.
[120] 黄克智. 板壳理论[M]. 北京:清华大学出版社, 1987.
[121] REISSNER E. On the theory of bending of elastic plates[J]. Journal of Mathematics and Physics, 1944, 23(1-4): 184-191.
[122] REISSNER E. The effect of transverse shear deformation on the bending of elastic plates[J].Journal of Applied Mechanics-Transactions of the ASME, 1945, 67:69-77.
[123] HENCKY H. Über die berücksichtigung der schubverzerrung in ebenen platten[J]. Ingenieur-Archiv, 1947, 16(1): 72-76.
[124] KROMM A. Verallgemeinerte theorie der plattenstatik[J].Ingenieur-Archiv, 1953, 21(4): 266-286.
[125] MINDLIN R D. Influence of rotatory inertia and shear on flexural motions of isotropic, elastic plates [J].Journal of Applied Mechanics-Transactions of the ASME, 1951, 18:31-38.
[126] 列赫尼茨基.各向异性板[M]. 胡海昌, 译.北京:科学出版社, 1963.
[127] VON KARMAN T. Encyklopadie der mathematischen wissenschaften[J].1910, 349: 422.
[128] 杨桂通. 弹塑性力学引论[M]. 北京:清华大学出版社,2004.
[129] 谈至明, 熊军, 姜艺, 等. 沥青加铺层温度应力研究(Ⅱ): 内力及层间反力近似解[J]. 同济大学学

报：自然科学版，2009，37(2)：197-202.

[130] REISSNER E. Stresses in elastic plates over flexible foundations[J]. Journal of Engineering Mechanics-ASCE，1955，81.

[131] 黄义，何芳社. 弹性地基上的梁、板、壳[M]. 北京：科学出版社，2005.

[132] 从志敏. 有塑限的钢纤维混凝土铺面结构分析和设计方法研究[D]. 上海：同济大学，2019.

[133] 谈至明，赵振岐. 温克勒地基上四边自由矩形薄板温度翘曲解[J]. 中国公路学报，2016，29(7)：10-14.

[134] BRADBURY R D. Reinforced Concrete Pavements[J]. D.C. Wire Reinforcement Institute，1938.

[135] TAN Zhiming，ZHOU Yumin，YU Xinhua. Curling Stresses in two-layered cement concrete pavement structure[C]//International conference of concrete pavement，2009.

[136] 谈至明，周玉民，刘伯莹. 水泥混凝土路面板温度翘曲应力[J]. 公路，2004(11)：63-67.

[137] 谈至明，姚祖康. 层间约束引起的双层水泥混凝土路面板的温度应力[J]. 交通运输工程学报，2005，1(1)：25-28.

[138] 谈至明，姚祖康，刘伯莹. 双层水泥混凝土路面板的温度应力[J]. 中国公路学报，2003，16(2)：10-12.

[139] 周玉民，谈至明，胡洪龙，等. 港口道路堆场水泥混凝土铺面荷载应力计算[J]. 同济大学学报：自然科学版，2014，42(11)：1670-1675.

[140] RAO K S S，SINGH S. Concentrated load-carrying capacity of concrete slabs on ground[J]. Journal of Structural Engineering，1986，112(12)：2628-2645.

[141] 周光泉，刘孝敏. 粘弹性理论[M]. 合肥：中国科学技术大学出版社，2006.

[142] R.光拉夫，J.彭津. 结构动力学[M].2 版.王光远，等，译.北京：高等教育出版社，2006.

[143] ZAITSEV V F，POLYANIN A D. Handbook of exact solutions for ordinary differential equations [M].Boca Raton：CRC Press，2002.